AF831590

Holzfrei

Nr. 31 1954
S. 6875—7106 4. August

Chemisches Zentralblatt

Vollständiges Repertorium für alle Zweige der reinen und angewandten Chemie

1830 gegründet. 1897—1945 von der Deutschen Chemischen Gesellschaft fortgeführt.
Im Auftrage der Deutschen Akademie der Wissenschaften zu Berlin, der Chemischen Gesellschaft in der Deutschen Demokratischen Republik, der Akademie der Wissenschaften zu Göttingen und der Gesellschaft Deutscher Chemiker

herausgegeben von Prof. Dr. Maximilian Pflücke

125. Jahrgang

1954

Chefredakteure: Dr. Eugen Klever und Prof. Dr. Maximilian Pflücke

Akademie-Verlag GmbH., Berlin — Verlag Chemie, GmbH., Weinheim/Bergstr.

Inhalt

Ein vollständiger oder gekürzter Abdruck der Referate ist
ohne Genehmigung der Redaktion und des Verlages verboten!

Namenregister

Prof. Dr. ARNO SCHÜLLER

Die Eigenschaften der Minerale

Ein Lehr- und Hilfsbuch zum Bestimmen von mineralischen Rohstoffen und Kristallformen

Teil II:

Mineralchemische Tabellen und qualitativ-chemische Nachweisverfahren

Für die Zwecke der Mineralbestimmung sind hier erstmalig alle uns bis 1952 bekannten Minerale zusammengestellt. Sie werden nach ihren diagnostisch wichtigen Eigenschaften kurz charakterisiert. Aufgeführt sind: chemische Formel, äußere Kennzeichen, wie Farbe, Härte, Dichte, kristalloptische Daten für die Untersuchung im Polarisationsmikroskop und im Erzmikroskop, Kristallsystem, Lagerstättentypus bzw. genetischer Typus. Die Anordnung erfolgte rein chemisch nach Elementen und nach Kationen.
Zum erstenmal ist für Spezialisten und Fachleute, für Mineralogen, Geologen und Chemiker ein neuartiges, vollständiges Hilfsmittel zur raschen Orientierung über die Eigenschaften der Minerale und eine wesentliche Hilfe beim Bestimmen von Kristallen und mineralischen Rohstoffen geschaffen.

604 Seiten - 49 Abbildungen - Gr. 8° - 1954 - in Halbleinen 42,- DM

Bestellungen an eine Buchhandlung erbeten!

AKADEMIE-VERLAG · BERLIN

Chemisches Zentralblatt

1954 Nr. 31 4. August

Geschichte. Unterricht.

—, *Nobelpreis für Medizin und Physiologie 1953.* Kurze Würdigung der Arbeiten von H. A. KREBS u. FRITZ LIPMANN auf dem Gebiete des Zellstoffwechsels aus Anlaß der Verleihung des NOBEL-Preises für 1953. (Nature [London] **172.** 837—38. 7/11. 1953.) KLEVER. 1

Th. Förster, *Günter Scheibe 60 Jahre.* Würdigung der vielseitigen Forschungsarbeiten von G. SCHEIBE (geboren am 24/11. 1893 in München) bes. auf dem Gebiete der Spektroskopie organ. u. anorgan. Verbindungen. — Bild. (Z. Elektrochem., Ber. Bunsenges. physik. Chem. **57.** 783—84. 1953.) KLEVER. 1

J. Moszew, *A. N. Nessmejanow. Lebensbild eines großen Gelehrten und Bürgers.* Nachruf auf den russ. organ. Chemiker u. Würdigung seiner Arbeiten auf dem Gebiete der Anlagerungsverbb. vom Typ $ArN_2Cl \cdot HgCl_2$ usw. sowie der Additionsverbb. von C_2H_2 an $HgCl_2$, $SnCl_2$, $TlCl_3$ usw. u. der Rkk. dieser Verbindungen. (Przemysł chem. **9** (**32**). 23—25. Jan. 1953.) R. K. MÜLLER. 1

Kenichi Shinohara, *Das emeritierte Forschungsmitglied, Shoji Nishikawa, verstorben.* Nachruf auf den am 5/1. 1952 verstorbenen Professor der Universität Tokyo, S. NISHIKAWA (geboren 5/12. 1884 in Hachioji) u. Würdigung seiner Arbeiten auf den Gebieten der Kristallstruktur, der Röntgenstrahlen- u. Elektronenbeugung sowie der Kernstruktur. (J. sci. Res. Inst. [Tokyo] **46.** i—ii. Sept. 1952. [Orig.: engl.]) GERHARD SCHMIDT. 1

Aldo Crivelli, *Die römischen Gläser von Locarno.* Vf. beschreibt einige Gläser der Sammlung des Stadtmuseums von Locarno, die auf 2 farbigen Tafeln abgebildet sind. Er gibt einen kurzen Überblick über die Geschichte des Glases u. verweist auf die Feststellung, daß die Gläser nicht in Locarno entstanden sind, sondern aus den Zentren der Glasindustrie Alexandrien (Ägypten) u. Aquileja (Italien) wahrscheinlich dorthin eingeführt wurden. Die örtlich u. zeitlich lokalisierten Fundstellen dieser Gläser ermöglichen, besser als in anderen Sammlungen, sichere u. gutbelegte chronolog. u. techn. Forschungen anzustellen. (Schweiz. Bau-Ztg. **71.** 570—71. 26/9. 1953.) KÜHNERT. 2

Jack De Ment, *Das erste Gesetz der Fluorescenz.* Vf. teilt mit, daß das 1942 von ihm ausgesprochene 1. Gesetz der Fluorescenz, daß „Energie von einem fluorescierenden Syst. absorbiert werden muß, bevor eine Emission erfolgt", in dieser Form schon 1876 von LOMMEL ausgesprochen wurde. (Science [Washington] **118.** 117. 24/7. 1953. Portland, Ore., De Ment Labor.) RUDOLPH. 2

I. B. Sarchin, *Aus der Vergangenheit der heimischen Pharmazie in der ersten Hälfte des 19. Jahrhunderts.* Bericht über die wissenschaftliche Tätigkeit der Pharmazeuten in der ersten Hälfte des 19. Jahrhunderts, namentlich über A. P. NELJUBIN (1785 bis 1858, St. Petersburg) u. A. A. IOWSKI (1796—1857, Moskau). (Аптечное Дело [Apotheken] **1952.** Nr. 6. 50—56. Nov./Dez. Ssemaschko-Inst. für Organisation des Gesundheitsschutzes u. Geschichte der Med. der Akad. der Med. Wiss. der UdSSR.) v. WILPERT. 2

A. Allgemeine und physikalische Chemie.

Ahmed Balloul, Cours de chimie. Tome 1. Chimie générale et métalloïdes. 7e édition. Paris: Eyrolles. 1953. (435 S. m. Abb.) fr. 1460,—.

Ahmed Balloul, Cours de chimie. Tome 3. Métaux. 4e édition. Paris: Eyrolles. 1953. (368 S. m. Abb.) fr. 1200,—.

Gaetano Castelfranchi, Trattato di fisica per le facoltà di medicina, biologia, farmacia, agraria e scienze naturali. Meccanica dei solidi e dei fluidi. Termologia. Acustica. Ottica. Elettrologia. Struttura dell'atomo. 4a edizione completamente rinnovata. Milano: U. Hoepli. 1953. (XXIII + 672 S. m. 626 Abb.)

R. M. Goody, The physics of the stratosphere. New York: Cambridge Univ. Press. 1954. (197 S., Diagr.) $ 5,00.

—, The Van Nostrand chemist's dictionary. London: Macmillan. 1954. (IV + 762 S.) 60 s.

A₁. Kernphysik und Kernchemie.

E. C. G. Stueckelberg und **A. Petermann,** *Die Normalisierung der Konstanten in der Quantentheorie.* (Vgl. C. **1951.** I. 2113; **1952.** 7281 u. **1953.** 2705.) Vff. schlagen eine mathemat. Begründung der von STUECKELBERG u. Mitarbeitern angewandten Meth. vor, um den Prodd. der invarianten Verteilungen eine definitive Bedeutung zu geben. (Helv. physica Acta **26.** 499—520. 15/9. 1953. Genève, Univ., Inst. de Phys.) GERHARD SCHMIDT. 80

H. T. Flint und **E. Marjorie Williamson,** *Koordinatenoperatoren und Fundamentallängen.* Vf. diskutiert die physikal. Bedeutung verschied. mathemat. Ausdrücke, die in den Koordinatenoperatoren der fünfdimensionalen Geometrie erscheinen. Bei der Bewegung eines Elektrons mit dem Impuls p soll in Bewegungsrichtung keine Länge $\leq x_5 p/m_0 c$, in Richtung der Normalen keine Länge $\leq \hbar/m_0 c$ möglich sein. Danach könnte ein Elektron keinen Kreis mit kleinerem Radius als $\hbar/m_0 c$ beschreiben. (Physic. Rev. [2] **90.** 318—19. 15/4. 1953. London, Univ., Bedford Coll.) HEINSOHN. 80

M. Avramy Melvin, *Generalisierung der neuen klassischen Elektrodynamik.* (Sitzungsbericht.) Die Generalisierungen der neuen DIRAC-Theorie scheinen u. a. für die Elektrodynamik eine einheitliche Grundlage zu liefern. Während die erste Spezialform als Supraleitfähigkeitstheorie bezeichnet wird, ist die zweite allgemeinere Form eine Theorie des gleichförmigen Stromes, da das Ladungs–M.-Verhältnis überall gleichförmig ist. (Physic. Rev. [2] **90.** 357. 15/4. 1953. Florida State Univ.) GERHARD SCHMIDT. 80

H. S. Green, *Eine verallgemeinerte Methode von Feldquantelung.* Vf. untersucht eine Meth. der Feldquantelung, die allgemeiner als die üblichen Methoden der Quantelung in Übereinstimmung mit der BOSE- oder FERMI-Statistik ist. Die Vertauschungseigg. u. Matrixdarstellungen der gequantelten Feldamplituden werden bestimmt, die Energieniveaus des Feldes in der üblichen Weise abgeleitet. Es ergibt sich, daß Spin/2-Felder in einer solchen Weise gequantelt werden können, daß eine beliebige endliche Zahl von Teilchen in jedem Eigenzustand existieren kann. (Physic. Rev. [2] **90.** 270—73. 15/4. 1953. Adelaide, Univ. of Adelaide.) GERHARD SCHMIDT. 80

Frederik J. Belinfante, *Materie–Materie-Wechselwirkung durch verzögerte Felder.* (Sitzungsbericht.) Die Möglichkeit, die Materie–Materie-Wechselwrkg. u. die Feld–Materie-Wechselwrkg. durch verzögerte Felder auszudrücken, wird diskutiert. (Physic. Rev. [2] **87.** 224. 1/7. 1952. Purdue Univ.) WIEDEMANN. 80

M. Abd El-Wahab, L. Allegretti, M. G. El-Fandi und **M. El-Sherbini,** *Zunahme der Intensität der Höhenstrahlen in Seehöhe bei Sandstürmen.* Die in Nordägypten im Frühling auftretenden Sandwolken („Khamsin") u. Sandstürme verursachen eine Zunahme der Intensität der Höhenstrahlen bis ca. 50%, die der Windgeschwindigkeit parallel geht. (Nuovo Cimento [9] **9.** 734—35. 1/8. 1952. Alexandria, Farouk I-Univ., Phys. Dep.) R. K. MÜLLER. 85

P. Bassi, C. Manduchi und **P. Veronesi,** *Über die Zenitverteilung der Nucleonenkomponente mittlerer Energie.* Mit einer Ionisationskammer in einer Seehöhe von 2000 m wird die Zenitverteilung der Nucleonenkomponente der Höhenstrahlung von mittlerer Energie (Mittelwert $\lambda_A = 350$ g/cm²) untersucht. Bei Annahme einer Verteilung vom Typ $\cos^n \vartheta$ ergibt sich $n = 1{,}66 \pm 0{,}33$. (Nuovo Cimento [9] **9.** 722—25. 1/8. 1952. Padova, Univ., Ist. di Fis.,Centro di stud. degli Ioni veloci del C. N. R.; Bologna, Univ., Ist. di Fis.) R. K. MÜLLER. 85

C. Milone, *Über die durchdringenden Teilchen in ausgedehnten Höhenstrahlschauern und die Entwicklungsphase der Schauer.* Das Verhältnis (R) der Zahl der durchdringenden Teilchen zur Gesamtzahl der Teilchen in ausgedehnten Höhenstrahlschauern wird in Abhängigkeit von der mittleren D. Δ der registrierten Schauer in Seehöhe untersucht. Bei zunehmender Δ nimmt R etwas ab. Da dieser Befund zu dem anderer Autoren in einer Höhenlage von 3260 m in Widerspruch steht, wird angenommen, daß R mit dem Alter der Schauer zunimmt. (Nuovo Cimento [9] **9.** 637—41. 1/8. 1952. Catania, Univ., Ist. di Fis.) R. K. MÜLLER. 85

C. Milone, *Über die Elektronen und Photonen in den ausgedehnten Schauern von Höhenstrahlen.* (Vgl. C. **1953.** 2546.) Das Verhältnis zwischen der Zahl der Photonen u. Elektronen je Oberflächeneinheit (f/e) wird mittels GEIGER-MÜLLER-Zählern in einer Höhe von 40 m über Seehöhe in den ausgedehnten Schauern ($\Delta \cong 2$ Teilchen/m²) unmittelbar an diesen u. in 50 m Entfernung von ihnen untersucht, wobei durch sehr kleine Oberfläche der Nachweisgeräte im Vgl. mit den Zählern die Wahrscheinlichkeit gleichzeitigen Auftreffens eines Elektrons u. eines Photons prakt. ausgeschaltet wird. In allen Fällen wird f/e ≅ 1 gefunden. Es wird die Wahrscheinlichkeit geprüft, unter einer bestimmten Höhe von Pb mindestens ein von einem Photon des Schauers erzeugtes Elektron zu finden; die gefundenen Werte stimmen mit der Berechnung nach Århley [1948] befriedigend überein. Aus dem Koeff. für die Absorption von Photonen in den Schauern (0,53 u. 0,50 ± 0,06 cm^{-1} Pb in 0 bzw. 50 m Entfernung) wird geschlossen, daß in den untersuchten Schauern ein hoher Prozentsatz von Photonen eine Energie unter 10 MeV hat. (Nuovo Cimento [9] **10.** 1126—41. 1/8. 1953. Catania, Univ., Ist. di Fis.) R. K. Müller. 85

Herman Yagoda, *Die Emission langsamer positiver und negativer Mesonen bei durch Höhenstrahlung ausgelösten Kernzertrümmerungen.* Ergänzend zu der C. **1952.** 1603 referierten Arbeit wurden 26 π^+ u. 145 π^- gefunden, das niedrige Verhältnis π^+/π^- von ~0,18 wird auf die Erzeugungen von Meson durch neutrale Strahlung zurückgeführt. Die Wahrscheinlichkeit der Emission von π^- ist nahezu dem Quadrat der Multiplizität der Sterne proportional. Die Energie der langsamen Mesonen liegt zwischen 0,3 u. 40 MeV. Die Häufigkeit der Mesonenerzeugung ist für Energien unter 8 MeV proportional $E^{0,6}$, für höhere Energien proportional $E^{2,3}$. (Physic. Rev. [2] **85.** 891—900. 1/3. 1952. Bethesda, Md., Public Health Serv., Exp. Biol. and Med. Inst. of Nat. Inst. of Health.) Wiedemann. 85

Roger H. Hildebrand, *Erzeugung neutraler Mesonen bei n–p-Stößen.* (Vgl. C. **1952.** 7763.) Mit Hilfe einer Dreifachkoinzidenzanordnung, in der die beiden π^0-Zerfalls-γ-Quanten in Koinzidenz mit dem auftretenden Deuteron nachgewiesen werden, wird die Winkelverteilung von π^0-Mesonen bestimmt, wie sie mit 400 MeV-Neutronen bei dem Prozeß $n + p \rightarrow d + \pi^0$ auftritt. Im Schwerpunktssyst. lassen sich die Ergebnisse durch die Funktion $0{,}2 + \cos^2 \Theta$ darstellen. Die Übereinstimmung dieser Verteilung mit der π^+-Verteilung stützt die Annahme einer Ladungsunabhängigkeit bei Meson–Nucleon-Wechselwirkungen. (Physic. Rev. [2] **89.** 1090—92. 1/3. 1953. Chicago, Ill., Univ. of Chicago, Dep. of Phys. and Inst. for Nucl. Stud.) Weigel. 90

S. W. Barnes, D. L. Clark, J. P. Perry und **C. E. Angell,** *Die Gesamtwirkungsquerschnitte positiver Pionen in Wasserstoff.* Durch Beschuß von Al mit 240 MeV-Protonen wurden Pionen von 50 MeV erzeugt. Es wurde ein Strahl ausgewählt, unter 160° zur prim. Protonenrichtung u. auf 37 MeV abgebremst. Mittels einer Koinzidenz–Antikoinzidenz-Anordnung aus trans-Stilben-Scintillationskristallen wurde der Wirkungsquerschnitt in H als Differenz von CH_2—C gemessen. Bei einer Zahl von $9 \cdot 10^5$ positiven Pionen wurde der Wert 12,4 ± 3 mbarn erhalten. Hieraus wird ein totaler Wirkungsquerschnitt der positiven Pionen von 16,6 ± 4, 20,8 bzw. 14,9 mbarn berechnet, je nachdem ob isotrope Streuung, $\cos^2 \Theta$- oder $\sin^2 \Theta$-Verteilung angenommen wird. (Physic. Rev. [2] **87.** 669—70. 15/8. 1952. Rochester, N. Y., Univ.) Wiedemann. 90

K. A. Brueckner, *Die elastische Streuung von Pionen in Deuterium.* Die elast. Streuung von Pionen in Deuterium wird nach der Meth. der Impulsapproximation behandelt u. dabei die Effekte der multiplen Streuung der Mesonen durch die beiden Nucleonen des Deuteriums berücksichtigt. Hierdurch wird vor allem bei großen Phasenverschiebungen von 90° die elast. Streuung nach rückwärts fast völlig unterdrückt. Ferner ergibt sich, daß die elast. Streuung bei der üblichen Meth. überschätzt wird. Beide Folgerungen stimmen qualitativ mit den Experimenten überein. (Physic. Rev. [2] **90.** 715—16. 15/5. 1953. Bloomington, Ind., Indiana Univ.) Wiedemann. 90

F. W. Spiers, *Strahlungsabsorption und Energieverlust durch primäre und sekundäre Teilchen.* Vf. behandelt Prozesse, bei denen ionisierende Strahlung Energie auf Materie überträgt, u. untersucht, in welcher Form sek. Elektronen über diese aufgenommene Energie verfügen. Einige Energiedaten von Sekundärelektronen werden für verschied. Strahlungsarten angegeben. Die Formen des Energieverlustes durch schnelle geladene Teilchen werden besprochen u. die Größe der Energie, die notwendig ist, um ein Ionenpaar zu erzeugen, wird im Verhältnis zum Teilchentyp, der Geschwindigkeit u. den Eigg. des absorbierenden Mediums diskutiert. (Discuss. Faraday Soc. Nr. **12.** 13—24. 1952. Leeds, Univ., Dep. of Med. Phys.) E.-L. Jahn. 90

U. Fano und **L. V. Spencer,** *Aus der Elektronenverlangsamung resultierendes Energiespektrum.* (Sitzungsbericht.) Unter Annahme einer gleichmäßig verteilten Elektronenquelle der Energie E_0 berechneten Vff. den Strom y (E_0, E) dE der Elektronen der Energie E, die eine kleine Einheitskugelprobe durchqueren. Die Verteilung der Energieverluste ε ist sehr schief mit einem ε^{-2}-Ausläufer, welcher durch Bremsstrahlung noch weiter ausgedehnt ist. Eine analyt. Behandlung vom Landau-Typ lieferte einen für alle E_0 gültigen Integralausdruck. Das Integral stellt im wesentlichen eine mittlere reziproke Bremszahl mit langsam variierendem Wert $\sim 0,1$ dar. Die analyt. Behandlung ist bei kleinem E nicht mehr möglich. (Physic. Rev. [2] **91.** 240. 1/7. 1953. Nat. Bur. of Stand.) Gottfried. 90

Luigi A. Radicati, *Über die endliche Ausdehnung des Elektrons in der Theorie von Feynman.* Vf. versucht, die Divergenz in dem Ausdruck für die Eigenenergie des Elektrons anders als Feynman zu beheben, indem er gewisse Punktfunktionen durch allgemeinere Integralfunktionen ersetzt, die noch von einem weiteren Parameter λ abhängen. Das Ergebnis kann anschaulich gedeutet werden als Hinzunahme eines neutralen Vektorfeldes mit Quanten der Energie $\sqrt{k^2 + \lambda^2}$ zu dem elektromagnet. Feld. (Atti Accad. naz. Lincei, Rend., Cl. Sci. fisiche, mat., natur. [8] **8.** 232—34. März 1950.) Niehrs. 90

J. W. Gardner, *Richtungskorrelation zwischen sukzessiven inneren Konversionselektronen.* 2. Mitt. (1. vgl. Proc. physic. Soc., Sect. A **62.** [1949.] 763.) Vf. zeigt, daß die Richtungskorrelation zwischen zwei Konversionselektronen in Kaskade für reine magnet. u. gemischte Übergänge vollständig aus Symmetriegründen bestimmt werden kann. (Proc. physic. Soc., Sect. A **64.** 238—49. 1/3. 1951. Harwell, Berks., A. E. R. E., Theoret. Phys. Div.) Gerhard Schmidt. 90

I. B. McDiarmid, *Winkeltrennung zwischen Elektronenpaaren.* Vf. mißt die Verteilung der Winkel zwischen den projizierten Bahnspuren von Elektronenpaaren, die durch harte γ-Strahlen in G 5-Emulsionen erzeugt werden. Eine Kurve zeigt die Abhängigkeit des mittleren projizierten Winkels von der Energie der Elektronenpaare zwischen 5 u. 60 MeV. (Canad. J. Physics **31.** 337—38. Febr. 1953. Kingston, Ontario, Can., Queen's Univ., Synchrotron Labor.) G. Herrmann. 90

W. J. Carr jr., *Spinabhängige Kopplungen in einem Vielelektronensystem.* (Sitzungsbericht.) Vf. diskutiert die Anwendbarkeit des Dirac-Van Vleck-Modells für ein Vielelektronensystem. (Physic. Rev. [2] **90.** 383. 15/4. 1953. Westinghouse Res. Labor.) v. Harlem. 95

Edith F. Reilly, *Elektrostatische Energiematrizen der f^4-Konfiguration.* Vf. berechnet die elektrostat. Energiematrizen der f^4-Konfiguration nach der Racah-Meth., die Terme gleicher Art trennt. Die Diagonalsumme dieser Matrizen wird durch die Slatersche Summenregel geprüft. (Physic. Rev. [2] **91.** 876—78. 15/8. 1953. Philadelphia, Pa., Univ. of Pennsylvania.) Gerhard Schmidt. 95

Rudolf Hoppe, *Über die Elektronenkonfiguration der schwersten Elemente.* Vf. gibt einen Bericht von Dawson wieder, in dem die Elektronenkonfiguration von *Th, U, Np, Pu, Am* u. *Cm* an Hand von magnet. Messungen früherer Autoren an Verbb. dieser Elemente diskutiert wird. Bei Th^{2+}, Th^{3+}, U^{4+}, Np^{5+} u. $(Pu\ O_2)^{2+}$ liegen vermutlich 6d-Elektronen, bei Ionen mit mehr als 3 Außenelektronen 5f-Elektronen vor, während bei Ionen mit 3 Außenelektronen (U^{3+}, Np^{4+}) gemischte Besetzung beider Niveaus wahrscheinlich ist. Danach entspricht das Verh. der niederen Glieder der Reihe im wesentlichen dem von Übergangselementen, das der höheren weist sie als Actiniden aus. Bei einer etwaigen Darstellbarkeit der noch höheren Glieder dieser Reihe wäre bei $Z = 103$ die Auffüllung des 5f-Niveaus zu erwarten. (Angew. Chem. **65.** 485—89. 7/10. 1953. Münster, Univ., Anorg.-chem. Inst.) Heinsohn. 95

H. W. Newson und **E. Merzbacher,** *Magische Zahlen und das statistische Kernmodell.* (Sitzungsbericht.) Während das Fermische Gasmodell des Kerns die allg. Merkmale der Energieniveaudichten in angeregten Kernen, bes. ihre Abhängigkeit von der Anregungsenergie u. der Teilchenzahl vorhersagt, versagt es, um solche Einzelheiten, wie die Zunahme in dem mittleren Niveauabstand in Verbindungskernen in der Nähe der mag. Neutronenzahlen zu beschreiben. Bei dem Vers., einige Einflüsse der Schalenstruktur in das Schema der einzelnen Teilchenenergieniveaus einzubauen, welche die Nucleonen des Gases besetzen können, wurde ein „Halbleitermodell“ für den Kern in Betracht gezogen. Es wurde die folgende Reihenfolge der einzelnen Teilchenenergieniveaus angenommen: Ein tiefliegendes, n-fach entartetes Niveau, das durch eine veränderliche Lücke von der Reihe der Energieniveaus eines freien Teilchens, begrenzt auf das Kernvol., getrennt ist u. wo jedoch die Niveaus unmittelbar über der Lücke so dicht sind wie die nahe der Fermi-Energie in dem gewöhnlichen Modell. Für tiefe Tempp. wurden Berechnungen angestellt u. die Entropie gegen die Anregungsenergie für verschied. Lückengrößen aufgetragen. Es werden verschied. Wege diskutiert, um die Veränderlichen in dem Modell mit charakterist. Kerngrößen in Verbindung zu bringen. (Physic. Rev. [2] **91.** 241. 1/7. 1953. Duke Univ. u. Univ. of North Carolina.) Gottfried. 95

G. Szamosi, *Zur Schalenstruktur der Atomkerne.* 1. Mitt. Ein theoret. Ansatz zur Deutung des Schalenaufbaus der Atomkerne unter Voraussetzung einer starken Spin–Bahn-Wechselwrkg. liefert eine SCHRÖDINGER-Gleichung für die Wellenfunktion φ_i des i-ten Nucleons, in die das Potential Φ des den Atomkern umgebenden Mesonenfeldes eingeht. Unter Annahme von Kugelsymmetrie für Φ werden Ausdrücke für das Potential Φ_a (außerhalb) u. Φ_i (innerhalb) des Kerns abgeleitet. Das durch Φ_a u. Φ_i erklärte Potential stellt eine Mesonenmulde dar, deren Gestalt zwischen den beiden Extremen des rechteckigen Topfes u. des Oscillatorenpotentials liegt. In dieser Mulde läßt sich die Nucleonenbewegung unter Berücksichtigung der Spin–Bahn-Wechselwrkg. untersuchen. Die Niveauwerte für die einzelnen Kernniveaus werden für eine Nucleonenzahl 150—160 u. 200—210 berechnet u. zwischen beiden Fällen Unterschiede in der Niveauverteilung gefunden. Die Zahlen 70 u. 90 scheinen nach dem Modell einen gewissen mag. Charakter zu besitzen. (Naturwissenschaften **40.** 105. Febr. 1953. Budapest, Zentralforschungsinst. für Phys., Abt. für theoret. Kernphys.) WEIGEL. 95

G. Bernardini, E. T. Booth und **S. J. Lindenbaum,** *Die Wechselwirkungen energiereicher Nucleonen mit Kernen.* 2. Mitt. (1. vgl. C. **1954.** 6416.) Vff. berechnen die Wechselwirkungen energiereicher Nucleonen mit Kernen nach einem dem GOLDBERGERschen Modell ähnlichen Verfahren. Zur Unters. der relativ komplizierten Kaskadenprozesse wird die Monte-Carlo-Meth. herangezogen. Die theoret. Ergebnisse werden mit den empir. Befunden an Kernen von G 5-Photoemulsionen verglichen, die mit 300—400 MeV-Protonen u. Neutronen beschossen wurden. Innerhalb der Fehlergrenzen besteht Übereinstimmung; hieraus wird geschlossen, daß das Modell eines nucleon. Kaskadenprozesses die experimentellen Ergebnisse zu deuten vermag. (Physic. Rev. [2] **88.** 1017—26. 1/12. 1952. New York, Columbia Univ.) WEIGEL. 103

H. McManus und **W. T. Sharp,** *Direkte Wechselwirkung und Compoundkern für 14 MeV-Neutronen.* (Sitzungsbericht.) Für Elemente mit $A > 80$ liegen die Querschnitte für (n, α)- u. (n, p)-Rkk. bei $E_n = 14$ MeV weit über den nach der Theorie von WEISSKOPF vorausberechneten Werten. Dies deutet darauf hin, daß ein 14 MeV-Neutron eine besondere Möglichkeit zur Wechselwrkg. mit den Einzelnucleonen des Targetkerns besitzen muß, ohne daß ein Compoundsyst. gebildet wird. Der für einen solchen Mechanismus zu erwartende Effekt auf die σ-Werte wird abgeschätzt; er erweist sich als unempfindlich gegen die Wahl der Kernparameter, hängt aber krit. von den Q-Werten ab. Eine 5—10%ig. Wahrscheinlichkeit für die direkte Wechselwrkg. mit Einzelnucleonen genügt zur Erklärung der beobachteten (n, p)-Querschnitte; für $A < 80$ überwiegt der Compoundkernanteil. (Physic. Rev. [2] **87.** 188. 1/7. 1952. Chalk River Labor.) WEIGEL. 103

D. K. Cartwright, L. L. Green und **J. C. Willmott,** *Die Winkelverteilung der α-Teilchen aus der Reaktion $^7Li(p, \alpha)$.* Die Winkelverteilung der α-Teilchen aus ^{7}Li(p, α) wird bei Protonenenergien von 610 (I), 710 (II) u. 800 keV (III) gemessen, die Koeffizienten A u. B der Verteilungsfunktion $Y(\Theta) = Y(90)(1 + A \cdot \cos^2\Theta + B \cdot \cos^4\Theta)$ bestimmt. Für A werden gefunden: $1{,}39 \pm 0{,}05$ (I), $1{,}72 \pm 0{,}04$ (II) bzw. $2{,}08 \pm 0{,}05$ (III); für B $-0{,}12 \pm 0{,}07$ (I), $-0{,}18 \pm 0{,}05$ (II) bzw. $-0{,}20 \pm 0{,}08$ (III). (Philos. Mag. [7] **44.** 1307—08. Nov. 1953. Liverpool, Univ.) WEIGEL. 103

R. N. H. Haslam, L. Katz, E. H. Crosby, R. G. Summers-Gill und **A. G. W. Cameron,** *Wirkungsquerschnitt der Reaktion $^9Be(\gamma, p)^8Li$.* Vff. messen die Anregungsfunktion der Rk. ^{9}Be(γ, p)^{8}Li für Betatron-Bremsstrahlung zwischen 16,9 (Schwellenwert) u. 26 MeV. Die Anordnung gestattet die Best. der Intensität der β^--Strahlung des 0,88 Sek.-^{8}Li; das störende 0,82 Sek.-^{6}*He* aus ^{9}Be(n, α) wird durch Al-Absorber abgedeckt. Die absol. Wirkungsquerschnitte werden durch Vgl. mit der Rk. ^{63}Cu(γ, n)·^{62}Cu bestimmt. Die Anregungsfunktion zeigt ein Maximum von 2,72 ($\pm$0,8) mbarn bei 22,2 MeV mit einer Halbwertsbreite von 4,7 MeV. Der integrale Wirkungsquerschnitt bis 26 MeV beträgt 0,013 MeV-barn. (Canad. J. Physics **31.** 210—17. Febr. 1953. Saskatoon, Univ. of Saskatchewan, Dep. of Phys.) G. HERRMANN. 103

D. C. Salter und **L. Bird,** *Die Anregungsfunktion für die Reaktion $^9Be(p, p\,2n)^7Be$.* Die Anregungsfunktion der Rk. ^{9}Be(p, p2n) wird mit Hilfe übereinandergeschichteter Be- u. C-Folien untersucht. Die Primärprotonen werden durch Streuung an einem W-Sondentarget in der Vakuumkammer des Cyclotrons monochromatisiert u. treten mit $155{,}3 < E_p < 156{,}8$ MeV in den Stoß der Targetfolien ein. Gemessen wird die in den Folien induzierte ^{7}Be-Aktivität; als Monitor dient die in den C-Folien induzierte Rk. ^{12}C(p, 3p 3n)^{7}Be. Die Anregungsfunktion steigt von 40 MeV aus zu einem Maximum bei ~50 MeV an, um nach höheren Energien wieder abzunehmen. (Philos. Mag. [7] **44.** 1305—06. Nov. 1953. Harwell, Berks., A. E. R. E.) WEIGEL. 103

B. L. Cohen, E. Newman, T. H. Handley und **A. Timnick,** *Winkelverteilung der Deuteronen aus $^{9}Be(p, d)^{8}Be$.* 22 MeV-Cyclotronprotonen treffen auf ein dünnes Be-Target u. lösen die Rk. ^{9}Be(p, d)^{8}Be (Grundzustand) aus. Die Deuteronen wurden durch die nach der Rk. ^{208}Pb(d, p)^{209}Pb entstehende 3,3 Std.-Aktivität u. durch die 15 Std.-Aktivität aus der Rk. ^{23}Na(d, p)^{24}Na nachgewiesen. Die Pb-Folien wurden nach dem Beschuß chem. behandelt, um die protoneninduzierten Aktivitäten zu entfernen, u. dann unter einem GEIGER-Endfensterzähler vermessen. Der Na-Detektor bestand hauptsächlich aus NaF, die Messung mit dem Scintillationsspektrometer begann ca. 36 Std. nach Beschuß. Die gemessene Winkelverteilung der Neutronen aus ^{9}Be(p, d)^{8}Be wird graph. wiedergegeben. Die ausgeprägte Spitze in Vorwärtsrichtung zeigt, daß die Rk. nahezu vollständig unter Neutronenaufnahme abläuft. Inwieweit eine theoret. Analyse der Winkelverteilung die Best. von Parität u. Spin zuläßt, wird diskutiert. (Physic. Rev. [2] **90.** 323—24. 15/4. 1953. Oak Ridge, Tenn., O. R. N. L.) GERHARD SCHMIDT. 103

P. H. Stelson und **W. M. Preston,** *Totaler Neutronenquerschnitt von Natrium.* Der totale Neutroneneinfangquerschnitt von Na wird im Bereich von 120—1000 keV gemessen mit einer Auflösung von 2,5—5 keV. Eine Anzahl von Resonanzen, die Anregungszuständen des Compoundkerns ^{24}Na entsprechen, werden untersucht. In einigen Fällen ist es möglich, J- u. *l*-Werte zuzuordnen u. die Niveauabstände D_J^l zu berechnen. Vff. zeigen, daß sich die D_J^l-Werte, die ein Maß für die Komplexität eines Zustandes sind, für 2 gleichartige Zustände von etwa der gleichen Anregungsenergie (7,5 MeV) im ^{24}Na-Kern etwa um den Faktor 8 unterscheiden. Eine anomale S-Wellenresonanz bei 300 keV deutet auf eine mögliche Spinabhängigkeit der Potentialstreuung hin. (Physic. Rev. [2] **88.** 1354—57. 15/12. 1952. Cambridge, Mass., M. I. T., Labor. for Nucl. Sci. and Engng.) WEIGEL. 103

Si-Chang Fung und **I. Perlman,** *Impulsübertragung bei der Kernanregung durch energiereiche Teilchen.* Dünne *Al*-Folien (0,25—0,5 · 10^{-3} in.) wurden mit Protonen von 60—340 MeV, Deuteronen von 40—194 MeV u. α-Teilchen von 60—380 MeV beschossen, die durch Rückstoß herausgeschleuderten ^{24}*Na*-Kerne in Graphit oder Polystyrolfolien aufgefangen u. gemessen. In der Vorwärtsrichtung hat der Anteil der herausgeschleuderten ^{24}Na ein Maximum, das bei Protonen ∼26, bei α-Teilchen 68% beträgt, dann fällt er mit zunehmender Energie der einfallenden Teilchen ab. Der Anteil der nach rückwärts herausgeschleuderten ^{24}Na macht nur wenige % aus. Dieses Verh. kann durch die Annahme einer konstanten Kernanregung erklärt werden, das einfallende Teilchen verliert diesen Energiebetrag u. verläßt den Kern wieder in der Vorwärtsrichtung. Die Kernanregung wird bei Protonen zu ∼60—70 MeV, bei α-Teilchen zu 110 MeV angenommen. Der Kern ist demnach teilweise durchsichtig. Eine Berechnung unter der Annahme der vollständigen Energieübertragung auf einen Compoundkern gibt befriedigende Übereinstimmung mit den Experimenten nur bei Protonenenergien von 70 MeV u. α-Energien von 80 MeV. (Physic. Rev. [2] **87.** 623—27. 15/8. 1952. Berkeley, Calif., Univ. of California, Radiat. Labor. and Dep. of Chem.) WIEDEMANN. 103

David Green, Harold K. Ticho und **J. Reginald Richardson,** *Die γ-Strahlungen von ^{48}V und ^{92}Nb.* (Sitzungsbericht.) Vff. stellen ^{48}V durch (p, n)-Rk. auf Ti u. ^{93}Nb durch (p, pn)-Rk. auf Nb her u. untersuchen nach chem. Abtrennung die γ-Strahlungen der beiden Isotopen im Scintillationsspektrometer. In ^{48}V wurde neben den γ-Gruppen bei 0,99 u. 1,32 MeV eine weitere von 2,22 ± 0,02 MeV mit einer Intensität von 3,5% der 1,32 MeV-γ-Intensität gefunden, bei Nb wurden γ-Gruppen bei 0,933 ± 0,009 MeV u. 1,84 ± 0,02 MeV gefunden, deren erste ^{92}Nb, deren zweite einem Isomer von ^{93}Nb zugeordnet wird. Eine im Untergrund auftretende 1,45 MeV-γ-Strahlung wird als von ^{40}*K* herrührend erkannt. (Physic. Rev. [2] **87.** 195. 1/7. 1952. Los Angeles, Calif., Univ. of California.) WEIGEL. 103

G. E. Boyd und **R. A. Charpie,** *Massenzuordnung und γ-Strahlungen des 7 Stunden-Molybdänisomers.* Vff. bestrahlen Nb mit 20 MeV-Protonen, trennen eine Mo-Fraktion daraus ab u. messen nach deren sorgfältiger Reinigung das Abklingen der auftretenden γ-Strahlung über ein Intervall von > 60 Stunden. Gefunden wird $T_{1/2}$ = 6,95 ± 0,05 Stunden. Das mit Hilfe eines NaJ (Tl)-Scintillationsspektrometers aufgenommene γ-Spektr. zeigt 3 Gruppen bei 290, 690 u. 1464 keV mit den relativen Intensitäten 11,2:4:1. Die gleichen γ-Gruppen sowie eine weitere bei 905 keV, die dem 10,2 Tage-^{92}*Nb* angehört, wurden auch in dem ursprünglichen Nb-Target aufgefunden. Eine Best. der Anregungskurve durch eine 90 Min. dauernde Bestrahlung übereinandergeschichteter Nb-Folien mit einem 10 μA-Bündel von 20,1 MeV-Protonen führt auf ein Maximum bei ca. 11,5 MeV. Hieraus u. durch Vgl. mit der Energiebilanz der (p, γ)-, (p, n)- u. (p, 2n)-Rkk., die theoret. zum 6,95 Std.-Mo führen müßten, wird geschlossen, daß es sich bei dem 6,95 Std.-Mo um ^{93}Mo handeln muß, das durch die (p, n)-Rk. aus ^{93}Nb entsteht. (Physic. Rev. [2] **88.** 681—82. 1/11. **1952.** Oak Ridge, Tenn., O. R. N. L.) Weigel. 103

G. A. Bartholomew und **B. B. Kinsey,** *γ-Strahlen aus dem Neutroneneinfang in* ^{113}*Cd.* (Sitzungsbericht.) Mit einem Paar-Spektrometer (Auflösung 100 keV) wurden die γ-Strahlen aus der Rk. ^{113}Cd (n, γ)^{114}Cd vermessen. Die γ-Strahlen höchster Energie (in MeV) sind A: 9,046 ± 0,008 (absol. Intensität 0,14%); B: 8,483 ± 0,008 (0,23%); C: 7,841 ± 0,010 (0,12%); D: 7,726 ± 0,010 (0,16%); E: 7,665 ± 0,010 (0,21%) u. F: 6,820 ± 0,13 MeV (0,36%). Die Energiedifferenz 0,563 ± 0,008 MeV zwischen den γ-Strahlen A u. B ist gleich der Energie des ersten ^{114}Cd-Energieniveaus. Da oberhalb A keine γ-Strahlen beobachtet wurden, wird auf eine Neutronenbindungsenergie von 9,046 MeV für ^{114}Cd geschlossen. Die partiellen Strahlungsbreiten der γ-Strahlen können aus der Gesamtbreite (0,115 eV) der ^{113}Cd-Resonanz u. den absol. Intensitäten erhalten werden. (Physic. Rev. [2] **90.** 355. 15/4. 1953. Chalk River Labor.) Gerhard Schmidt. 103

Guy von Dardel, *Eine Präzisionsmessung der Halbwertszeit von Radium C.* Ausführliche Darst. der C. **1951.** I. 2394 referierten Arbeit. (Ark. Fysik **2.** 337—52. 1950. Stockholm.) Nelkowski. 103

Shiji Kojima und **Shizuko Hashimoto,** *Wechselwirkung zwischen RaE-β-Strahlen und Materie.* Für γ-Strahlen von RaE wurden die Absorptionskoeffizienten zu 0,88 cm^{-1} für Cu u. zu 1,57 cm^{-1} für Pb, entsprechend 0,37 bzw. 0,56 MeV in Übereinstimmung mit früheren Bremsstrahlungsmessungen bestimmt. Die Differenz zwischen den beobachteten u. erwarteten Koinzidenzen wird der Paarbldg. infolge der kinet. Energie der RaE-β-Strahlen zugeschrieben. Die Wirkungsquerschnitte für Paarbldg. betragen: $\sigma_{Pb} = (1,3 \pm 0,6) \cdot 10^{-23}$ cm^2; $\sigma_{Sn} = (4,2 \pm 2,1) \cdot 10^{-24}$ cm^2 u. $\sigma_{Cu} = (1,5 \pm 4,5) \cdot 10^{-24}$ cm^2, während der theoret. Wert bei 10^{-27} cm^2 liegt. (J. physic. Soc. Japan **5.** 20—22. Jan./Febr. 1950. Tokyo, Univ. of Literat. and Sci. [Orig.: engl.]) Nelkowski. 103

B. W. Sargent, L. Yaffe und **A. P. Gray,** *Messung der Halbwertszeiten von AcC″,* ^{66}*Cu,* ^{27}*Mg,* ^{51}*Ti,* ^{206}*Tl und* ^{52}*V.* Folgende Halbwertszeiten (in Min.) werden mit einem Quarzfaden-β-Elektroskop gemessen: AcC″ (^{207}Tl) 4,79 ± 0,02; ^{66}Cu 5,10 ± 0,02; ^{27}Mg 9,45 ± 0,04; ^{51}Ti 5,79 ± 0,03; ^{206}Tl 4,19 ± 0,02 u. ^{52}V 3,76 ± 0,02. AcC″ wird durch Rückstoß aus dem akt. Nd. AcEm (An) gewonnen, die übrigen Aktivitäten werden durch Bestrahlung der reinsten Metalle oder Oxyde mit langsamen Meilerneutronen erhalten. Langlebige Komponenten werden bei der Auswertung berücksichtigt. (Canad. J. Physics **31.** 235—49. Febr. 1953. Chalk River, Ontario, Can., A. E. of Canada Ltd., Phys. and Chem. Branch.) G. Herrmann. 103

B. L. Goodlet, *Die Aussicht auf wirtschaftliche Atomenergie.* Das Problem der Wirtschaftlichkeit bei der Erzeugung von Atomenergie in verschied. Reaktorentypen wird diskutiert. (Atomics **4.** 311—17. Dez. 1953. Harwell, A. E. R. E.) Gerhard Schmidt. 110

Charles Cassignol, *Über die Erzeugung von pulsierenden Ionenbündeln durch Richtungsmodulation kontinuierlicher Strahlenbündel.* Eine Meth. zur Umwandlung eines gleichförmigen Ionenstrahls, wie er etwa aus einem Van de Graaff-Generator kommt, in einen pulsierenden Strahl entsprechend höherer Intensität wird beschrieben. Der Strahl wird durch ein variierendes elektr. Feld abgelenkt u. dadurch der Einfallswinkel in ein magnet. 180°-Ablenkungssyst. variiert. Infolge der Abhängigkeit der Laufzeit auf dem Wege Einfallsblende–Ausfallsblende wird ein Pulsieren des ausfallenden Elektronenstrahls erreicht. Es wird theoret. untersucht, wie Form u. Dauer der ausfallenden Ionenimpulse von den Daten des elektr. Ablenkfeldes, den Blenden u. Apparateabmessungen abhängen. (C. R. hebd. Séances Acad. Sci. **237.** 710—11. 5/10. 1953.) Lenz. 112

J. E. Draper und **B. D. McDaniel,** *Eine pulsierende Quelle schneller Neutronen.* (Sitzungsbericht.) Bei Verwendung der natürlichen zeitlichen Häufung eines ausgefilterten $^1/_3$ harmon. 100 keV-Cyclotron–Deuteronen-Bündels erzeugen Vff. eine pulsierende Quelle von 14 MeV–T–D-Neutronen. Eine Kurve verzögerter Koinzidenzen zwischen den zeitlichen u. den Neutronenimpulsen in einem Stilbenscintillationskristall, 13 cm vom Target entfernt, zeigt eine volle Breite von weniger als 10 mμsec bei 8 MHz. (Physic. Rev. [2] **90.** 362. 15/4. 1953. Cornell Univ.) Gerhard Schmidt. 112

Raymond L. Murray und **Lawrence T. Ratner,** *Elektrische Felder in Cyclotron-Dees.* Formeln für das elektr. Feld in den Dees von Cyclotrons werden mit Hilfe der Schwarz-Christoffel-Transformation abgeleitet. Eine einfache Meth. zur numer. Berechnung des Feldes für beliebige Werte des Verhältnisses Höhe:Spaltweite der

Dees wird angegeben. (J. appl. Physics **24.** 67—69. Jan. 1953. Oak Ridge, Tenn., Oak Ridge Nat. Labor.) Lenz. 112

Donald W. Green, J. C. Harris und **John N. Cooper,** *Methode zur Bestimmung der Halbwertszeit von Positronenstrahlern.* (Sitzungsbericht.) Es wird eine App. zur Messung von Halbwertszeiten im Bereich zwischen 2 u. 15 Sek. bei der Unters. von durch Protoneneinfang erzeugten Positronenstrahlern beschrieben. Vorläufige Messungen am 6 Sek.-^{26}Al aus ^{25}Mg(p, γ) werden mitgeteilt. (Physic. Rev. [2] **90.** 1132. 15/6. 1953. Ohio State Univ.) Weigel. 112

P. Kunze und **G. Schulz,** *Niederspannungszählrohre.* Verss. mit handelsüblichen Glimmröhren in Verbindung mit einem Röhrenlöschkreis führten zur Entw. von Niederspannungszählrohren mit Ne–He–Ar-Füllung von 20, 40 u. 80 Torr Gesamtdruck. Es wurde die Einsatzspannung als Funktion dieses Druckes gemessen. Die Charakteristiken sind noch nicht befriedigend. Die kleinste Einsatzspannung liegt bei 150 Volt. (Ann. Physik [6] **11.** 225—38. 1953. Rostock, Univ., Physik. Inst.) H. Hauswald. 112

A. M. Cormack, *Impulsbestimmung aus Nebelkammeraufnahmen in axial symmetrischen Magnetfeldern.* Aus der Berechnung der Bahn eines geladenen Teilchens im axialsymm. Magnetfeld wird eine Gleichung abgeleitet, mit der aus mehreren Tangentenrichtungen u. dem radialen Feldverlauf der Impuls des Teilchens berechnet werden kann. (Rev. sci. Instruments **24.** 232. März 1953. Rondebosch, Cape Town, South Africa, Univ. of Cape Town, Phys. Dep.) Pollermann. 112

Irving L. Kofsky, *Steuerungssystem für eine Ballonnebelkammer.* Vf. beschreibt eine Röhrenschaltung zur zeitlichen Steuerung u. zur Regenerierung einer Nebelkammer vom Standardtyp für Höhen bis 15 g·cm^{-2} Restdruck. Die Anordnung ist in sich abgeschlossen, leicht, zuverlässig u. robust. (Rev. sci. Instruments **24.** 227—28. März 1953. Syracuse, N. Y., Univ.) Pollermann. 112

E. H. Cooke-Yarborough und **M. C. B. Russell,** *Ein einfaches Massenspektrometer zur Analyse stabiler Tracerelemente.* Beschreibung eines einfachen Massenspektrometers, das zur schnellen Best. der Isotopenhäufigkeiten stabiler Tracerelemente niedrigen At.-Gew. (die seltenen Isotope von C, N u. O) dient. Im Interesse der leichten Handhabung wurde der zu analysierende Massenbereich klein gehalten (zwischen 16 u. 50) u. die Auflösung beschränkt, so daß ein permanentes Magnetsyst. verwendet werden konnte. Meßmeth., Untergrundgeräusch u. Stabilisierungseinrichtungen werden besprochen. Die Genauigkeit der Häufigkeitsbest. beträgt 1%. Die Bedienung des Instruments erfordert keine Spezialausbildung. (J. sci. Instruments **30.** 474—80. Dez. 1953. Harwell, Berks., A. E. R. E.) Conrad. 112

G. H. Palmer und **K. L. Aitken,** *Eine Massenspektrometer-Ionenquelle für festes Material.* Beschreibung einer Ionenquelle für massenspektrometr. Unterss. an festen Substanzen. Die Analysenprobe wird in einem kleinen W- oder Ta-Tiegel durch Strahlung eines Glühfadens oder durch Elektronenbeschuß bis zu einem Dampfdruck der Größenordnung 10^{-4} mm Hg aufgeheizt, wobei entweder neutrale Atome bzw. Moll. oder Ionen ausgesandt werden, die dann in eine Ionenquelle Nierscher Bauart eintreten. Mit dem beschriebenen Instrument werden gut fokussierte, monoenerget. Ionenströme der Größenordnung 10^{-11}—10^{-12} A erhalten. Als Beispiele sind Isotopenhäufigkeitsbestimmungen an *Pb*, *U* u. *Ni* angeführt. (J. sci. Instruments **30.** 314—16. Sept. 1953. Harwell, Berks., A. E. R. E.) Conrad. 112

J. V. Major, *Eine schnelle Methode zur Messung der Verzerrung in Kernemulsionen.* Beschreibung einer Meth. zur Messung der Verzerrung in Kernemulsionen, welche zu einer Krümmung in Bahnspuren von Höhenstrahlteilchen führt. Die extremen Teile einer Bahnspur im Gesichtsfeld eines Mikroskopes werden symm. zum Mittelpunkt des Gesichtsfeldes u. eines Okularmikrometers auf dessen Skala gelegt. In halber Dicke der Emulsion wird der größte Abstand vom Mittelpunkt der Skala bis zur Bahnspur sowie die Richtung dieser Verbindungslinie gemessen. Aus diesen Meßwerten ergeben sich Größe u. Richtung der Verzerrung. Für eine 400 μ dicke Ilford G 5-Emulsion (5 × 5 cm^2) werden die Verzerrungskonturen bestimmt. (Brit. J. appl. Physics **3.** 309—10. Okt. 1952. Manchester, Univ., Phys. Labors.) Eichhoff. 112

G. E. Eden, G. H. J. Elkins und **G. A. Truesdale,** *Beseitigung radioaktiver Substanzen aus dem Wasser durch biologische Behandlungsmethoden.* Zusammenfassung der experimentellen Ergebnisse über die Beseitigung radioakt. Isotope bei biol. Untersuchungen. Es werden Diagramme für die Beseitigung durch langsame Sandfilterung u. durch aktivierten Schlamm aus einer synthet. Nähr-Fl. wiedergegeben. (Atomics **5.** 133—42. 158. Mai 1954. Water Pollut. Res. Labor.) Gerhard Schmidt. 112

A. Prévot-Bernas, *Übertragungsmittel und chemischer Schutz gegen ionisierende Strahlungen.* Vf. bestrahlt eine wss. Lsg. von *Acrylonitril* (I) mit der γ-Strahlung eines Ra-Präp. (275 mC; 0,86 r/Min.) u. untersucht viscosimetr. die Polymerisation des I als Bestrahlungsfolge. Das Mol.-Gew. wird zu 235000 bestimmt. Wird der Lsg. vor der Bestrahlung *Cystein* (II) zugesetzt, dann beträgt das Mol.-Gew. nach der Bestrahlung 21000 (Konz. von II 0,01 mol.) bzw. 5800 (0,02 mol.) bzw. 2200 (1,25 mol.). Bei Zusatz von *Thioharnstoff* (0,66 mol.) (III) an Stelle von II wird als Mol.-Gew. 66000 ermittelt. Die Ergebnisse werden in Verb. mit den Unterss. über die Schutzwrkg. von II u. III gegen die Wrkg. ionisierender Strahlen diskutiert. (J. Chim. physique Physico-Chim. biol. **50.** 445—46. Juli/Aug. 1953. Paris, Labor. de Chim. Phys.) REUSSE. 112

H. R. Lukens jr., E. E. Anderson und **L. J. Beaufait jr.,** *Lochkartensystem für Radioisotope.* Verwendung von Lochkarten zur schnellen Identifizierung eines Isotops auf Grund seiner Strahlungseigg. u. Halbwertszeit. — Beispiele. (Analytic. Chem. **26.** 651—52. April 1954. Richmond, Calif., Tracerlabor., Inc., Western Div.)

GERHARD SCHMIDT. 112

H. B. Dorgelo, Elementaire deeltjes, atomen en moleculen. 5e dr. met medew. van **C. C. Seppen-Poutsma** en **D. van Zoonen,** Delft: Delftsche U. M. (296 S.) fl. 15,—.

A$_2$. Optisches Verhalten der Materie.

A. I. Lebedinski, *Staub und Gas im interstellaren Raum.* Unter Zugrundelegung vorzugsweiser H_2-Mol.-Bldg. aus atomarem H untersucht Vf. die bei der Adsorption von Atomen an der Oberfläche von interstellaren Staubpartikeln auftretende lokale Erwärmung u. die damit verknüpfte Verdampfung. (Доклады Академии Наук СССР [Ber. Akad. Wiss. UdSSR] [N. S.] **92.** 507—10. 21/9. 1953. Leningrad, Pädagog. Hertz.-Inst.) AMBERGER. 113

Joseph W. Chamberlain und **Norman J. Oliver,** *OH im Luftleuchten in hohen Breiten.* Vff. geben in einer Tabelle die beobachteten u. berechneten Werte der Bandenursprünge 7—3, 6—2, 5—1, 9—4, 4—0, 8—3, 7—2, 6—1, 9—3, 5—0, 8—2 u. 7—1 für OH im Luftleuchten an. Diese OH-Banden sind 1952 in Thule, Grönland, beobachtet u. aufgezeichnet worden. Die 9—3-, 5—0- u. 8—2-Banden des OH sind in einer Abb. angegeben. (Physic. Rev. [2] **90.** 1118—19. 15/6. 1953. Cambridge, Mass., Geophys. Res. Directorate, Air Force Cambridge Res., Center, Air Res. and Developm. Command.) D. HAHN. 113

B. M. Sen, *Balmer-Serien nach der neuen klassischen Licht- und Materietheorie.* Es werden zwei Typen von Lichtwellen, das komplette Energiephoton hν u. das partielle Energiephoton h$\delta\nu$ zur Erklärung des Teilchen- u. Wellencharakters des Lichtes angenommen. Die Rechnungen werden an Hand des einfachen H-Atommodells durchgeführt, wobei die „effektive Frequenz" $\int_n^m 1/\tau \cdot dn$ neu eingeführt u. die BALMER-Formel damit abgeleitet wird. Vf. findet, daß die Energie der emittierten Wellen zur Klasse der partiellen Energiephotonen h$\delta\nu$ gehört u. der Abfall der Energie von einem Niveau zum anderen durch die emittierte Photonenzahl ergänzt wird. Bei Anerkennung dieser These wird die BOHRsche Formel eine handliche Regel zur Best. der Frequenz ohne unlog. Konsequenzen. (Sci. and Cult. **18.** 504—05. April 1953. Calcutta.)

D. HAHN. 114

P. Torkington, *Wechselwirkungen in schwingenden Molekülen.* (Vgl. C. **1953.** 6204.) Nach Diskussion der Theorien über den Ursprung der wechselseitigen Beeinflussung von Schwingungen im Mol. bespricht Vf. eingehend die Möglichkeit, diesen Einfl. auf eine Änderung der Brechungshybridisierung während der Schwingung zurückzuführen. Wie er zeigt, ergibt sich das richtige Vorzeichen für die Wechselwirkungsterme, falls als Parameter die Bahnamplitude der Bindungselektronen (**A**) nach PAULING eingeführt wird. **A** ist direkt auf den Valenzwinkel zurückzuführen. An der Äthylenverb. wird die Brauchbarkeit der Meth. gezeigt. Allg. folgt, daß bestimmend für das Ausmaß der Wechselwrkg. das Energieinkrement im Syst. der schwingenden Bindungen ist, bezogen auf das Inkrement bei Fehlen einer Änderung von **A.** (J. chem. Physics **21.** 83—87. Jan. 1953. Manchester, Brit. Rayon Res. Assoc.) KRESZE. 114

Kurt E. Shuler, *Über Schwingungsübergangswahrscheinlichkeiten in Elektronenübergängen.* Vf. bringt Ergänzungen zu den Berechnungen der Schwingungsübergangswahrscheinlichkeiten in Elektronenübergängen von PILLOW (C. **1954.** 1644). Die Annahme, daß das elektron. Momentenintegral $R_e = \int \psi_e' \cdot M \psi_e'' \, d\tau$ unabhängig vom zwischennuclearen Abstand r ist, scheint nicht zutreffend zu sein; daher sollte in die Ergebnisse der Berechnungen der Schwingungsübergangswahrscheinlichkeiten in

Elektronenübergängen nicht zu viel Vertrauen gesetzt werden. (Proc. physic. Soc., Sect. A **65.** 70. 1/1. 1952. Silver Spring, Md., Johns Hopkins Univ., Appl. Phys. Labor.) D. HAHN. 114

Sydney Meshkov, *Theorie komplexer Spektren.* Es wird eine Meth. angegeben, um die Energiezustände eines Atoms oder Ions aus den experimentell bekannten Zuständen höher ionisierter Ionen zu berechnen. Es ist nur die Kenntnis des nächsthöheren Energiezustandes nötig. Die Methodik kann auf ein Syst. äquivalenter oder nichtäquivalenter Elektronen angewandt werden, sie basiert auf dem von GOUDSMIT u. BACHER (Physic. Rev. [2] **46.** [1934.] 948) angegebenen Näherungsverfahren. Explizit werden Konfigurationen p^2s, p^3s, d^2p behandelt. Eine Anwendung auf die $3d^24p$-Konfiguration von *Ti II,* ausgedrückt durch die experimentell bekannten Energien der $3d^2$ u. 3d4p-Konfigurationen von Ti III, gibt Übereinstimmung auf 249 cm^{-1} mittleren quadrat. Fehler. (Physic. Rev. [2] **91.** 871—76. 15/8. 1953. Philadelphia, Pa., Univ., Randal Morgan Labor. of Phys.) H. C. WOLF. 114

Y. Cauchois, *Das K-Emissionsspektrum von Aluminium in der Gegend des Leitungsbandes.* Das K-Emissionsspektr. des reinen metall. Al (Al = 99,99 %, Fe = 0,002 %, Si = 0,002 %, Cu = 0,003 %) wurde mit Hilfe eines fokussierenden Spektrographen untersucht. Das Fenster der Röhre bestand aus Be oder Li, anstatt aus Al, wie gewöhnlich. Die Breite der K_β-Bande war kleiner als bisher berichtet. Das Maximum der Intensität in der Nähe der Kante konnte im Gegensatz zu FARINEAU (vgl. Ann. Physique [11] **10.** [1938.] 20) nicht beobachtet werden. Die Form der K_β-Bande wird verglichen mit jener der L-Bande u. diskutiert auf Grund der neuen Hypothese der Bindungsniveaus gemäß der Röntgenionisation in Verbindung mit der Anordnung der Zustände in den ersten zwei BRILLOUIN-Zonen. (Acta crystallogr. [Copenhagen] **6.** 352—56. 10/4. 1953. Paris, Fac. des Sci., Labor. de Chim. Phys.) SWINNE. 116

S. L. Whitcher und **Norman Todd,** *Die Röntgenabsorptionskoeffizienten für ein Borosilicatglas.* Vff. haben den Röntgenabsorptionskoeff. für ein Pyrex-Borosilicatglas folgender Zus. additiv aus den Absorptionskoeffizienten der chem. Bestandteile unter Berücksichtigung von deren prozentualem Geh. berechnet: Si 37,80 %, B 4,04 %, Al 1,16 %, Na 2,67 %, K 0,17 % u. Sauerstoff 54,16 %. Die Massenabsorptionskoeffizienten der Elemente wurden nach der Formel von VICTOREEN berechnet u. für verschied. Wellenlängen kürzer als die jeweilige K-Grenze (1,235—0,025) tabelliert. Entsprechend der Formel werden neben dem Absorptionskoeff. dessen Komponenten (lichtelektr. Absorptionskoeff. u. COMPTON-Streuung) aufgeführt. (Radiology **61.** 103—05. Juli 1953. Los Angeles, Calif., Univ. of California, School of Med., Atomic Energy Project.) REUSSE. 116

F. Rössler, *Optische Eigenschaften von Rußteilchen.* Die Vorgänge der Streuung u. Absorption in einem trüben Medium werden zusammenfassend dargestellt. Es werden bes. Rußteilchen in leuchtenden Flammen betrachtet. Mittels einer Zusatzannahme über die Größenverteilung der Rußteilchen können Theorie u. Experiment miteinander in Einklang gebracht werden. Es wird gezeigt, welche Fälle bereits anschaulich, ohne die exakte Rechnung nach der MIEschen Theorie, erfaßt werden können. (Optik **10.** 531—53. 1953. Weil am Rh.) LINDBERG. 119

Joseph Powers und **Richard S. Stein,** *Untersuchung der Lichtstreuung an einer Mischung von CCl_4 und CS_2.* Die Depolarisation u. Intensität des Streulichtes an einem Gemisch von CCl_4 u. CS_2 wurden untersucht. Der Streukoeff. steigt etwa proportional dem Molenbruch von CS_2 an, die Depolarisation steigt ebenfalls, aber nicht linear mit dem Molenbruch. Die effektive Depolarisation durch CS_2 in Lsg. wird berechnet. (J. chem. Physics **21.** 1611—12. Sept. 1953. Amherst, Mass., Univ. of Massachusetts, Dep. of Chem.) H. C. WOLF. 119

Kozo Ishiguro, *Die Änderung des Brechungsindex halbleitender Schichten bei Bestrahlung mit intensivem Licht.* Kurze Mitt. über Messungen der Brechungsindices von im Vakuum auf Glas aufgedampften *Ge-*, *ZnS-* u. *CdS*-Schichten bei intensiver Bestrahlung mit einer W-Glühlampe (Intensität 10 W/cm^2) oder Hg-Hochdrucklampe (5 W/cm^2). Es ergibt sich allg. Erhöhung des Brechungsindex bei Bestrahlung bis zu Δ n/n $\approx$ 5 bzw. 1 bzw. 1 %, wobei der Effekt bei Bestrahlung von der Glasseite größer ist als auf der Luftseite. Die An- bzw. Abklingzeit beträgt einige Zehntelsekunden. Die langwellige Grenze der diesen Effekt hervorrufenden Strahlung wird für ZnS bei 3800, für CdS oberhalb 5000 Å angegeben, während Ge im gesamten Bereich der angewandten Strahlung Effekte der gleichen Größenordnung zeigt. (J. physic. Soc. Japan **8.** 260—70. März/April 1953. Komaba, Tokyo, Univ. of Tokyo, Fac. of Gen. Educat., Dep. of Phys. [Orig.: engl.]) R. STEIN. 119

F. H. Smith, *Dünne Metallschichten als reflexmindernder Belag auf Grenzflächen Dielektrikum–Luft.* Auf einem Glas mit $n = 1{,}52$ ergeben *Rh*-Schichten mit 70% Durchlässigkeit eine ausgeprägte Reflexminderung. Bei Betrachtung im Auflichtmikroskop entsteht der Eindruck einer Dunkelfeldbeleuchtung (alleiniges Leuchten von Schichtfehlern bzw. Fremdkörpern; Anwendungsmöglichkeit). Die Erscheinung beruht auf einem $\lambda/2$-Phasensprung an der Glas–Luft-Grenze, der aber in der Richtung Luft–Glas ausbleibt. (Nature [London] **172.** 462. 5/9. 1953. Croydon, C. Baker of Holborn Ltd., Metron Works.) G. LOCHMANN. 119

Maurice Françon, *Farbphasenkontrast.* Vf. untersuchte einen Farbphasenkontrast, speziell für die reflektierenden Phasenplatten. Man erhält ihn durch eine einfache, senkrecht zur Achse geschnittene Quarzplatte, die zwischen dem Polarisator u. der reflektierenden Phasenplatte angeordnet ist. Der Winkel, um den die einfallende geradlinige Schwingung gedreht wird, hängt von der Wellenlänge ab. Durch eine geeignete Orientierung des Analysators löscht man gewisse Wellenlängen aus u. erhält so einen Farbphasenkontrast. (Rev. Opt. théor. instrument. **32.** 557–61. Okt. 1953.) GOTTFRIED. 119

Lucienne Couture-Mathieu und **Jean-Paul Mathieu,** *Neue Messungen der Polarisationsunregelmäßigkeiten im Raman-Spektrum des Calcits.* Es werden die Intensitäten der transversalen Streuung von polarisiertem Licht in der Grundschwingung des CO_3-Ions im Calcit bei verschied. Orientierungen der opt. Achse zu der Streuebene gemessen. In der Nähe von 40–45° ergeben sich starke u. entgegengesetzt gerichtete Intensitätsänderungen für beide verschieden polarisierten Anteile des Streulichts. (C. R. hebd. Séances Acad. Sci. **236.** 1868–70. 11/5. 1953.) GOUBEAU. 120

Annette Weil, *Das Raman-Spektrum des Kristallwassers im $K_2HgCl_4 \cdot H_2O$.* Mit natürlichem u. polarisiertem Licht wird das RAMAN-Spektr. des W. in einem Einkristall von $K_2HgCl_4 \cdot H_2O$ bei verschied. Kristallorientierungen gemessen. Die Ergebnisse werden an Hand der Kristallsymmetrie ausgedeutet u. theoret. berechnet. (C. R. hebd. Séances Acad. Sci. **236.** 2147–49. 1/6. 1953.) GOUBEAU. 120

Robert M. Hill und **Walter Gordy,** *Temperaturabhängigkeit der Linienbreiten von Sauerstoff.* (Sitzungsbericht.) Es wurden bei $T = 300$, 195 u. 90° die Linienbreiten mehrerer der mm-Wellenlinien des O_2 gemessen. Es wurde eine mittlere Temperaturabhängigkeit von $1/T$ für die Linienbreite festgestellt. (Physic. Rev. [2] **91.** 222. 1/7. 1953. Duke Univ.) GOTTFRIED. 121

Masataka Mizushima, *Über die Frequenzen der Mikrowellenabsorptionslinien von Sauerstoff.* (Sitzungsbericht.) Ausgehend von der Tatsache, daß die Frequenzen der Mikrowellenabsorptionslinien von O_2 nicht gut der Formel von SCHLAPP (vgl. Physic. Rev. [2] **51.** [1937.] 342) genügen, untersuchte Vf. dessen Theorie u. fand, daß sie in 2 Punkten verbessert werden muß. Zuerst wurde die Abhängigkeit von λ von N untersucht, wo λ die Kopplungskonstante des Elektronenspins u. der Molekülachse u. N die Rotationsquantenzahl des Mol. bedeutet. Gute Übereinstimmung mit den experimentellen Ergebnissen erhält man bei der Abhängigkeit von $\nu_+ (N - 1) + \nu_- (N + 1)$ von N. Ein weiterer Fehler der SCHLAPPschen Theorie ist, daß er den Einfl. der magnet. Wechselwrkg. zwischen Spin u. Mol.-Rotation in Rechnung setzt. Die so verbesserten Formeln genügen gut neueren experimentellen Ergebnissen. Folgende Konstante wurden erhalten: $B = 1{,}4372605\ \mathrm{cm}^{-1}$; $\lambda_0 = 1{,}984627\ \mathrm{cm}^{-1}$; $\lambda_1 = 0{,}000050\ \mathrm{cm}^{-1}$ u. $\mu = -0{,}008432\ \mathrm{cm}^{-1}$, wo λ_1 die geringe Abhängigkeit des λ von N angibt. (Physic. Rev. [2] **91.** 222. 1/7. 1953. Duke Univ.) GOTTFRIED. 121

R. Trambarulo, S. N. Ghosh, C. A. Burrus jr. und **W. Gordy,** *Mikrowellenspektrum und Moleküleigenschaften von Ozon.* (Vgl. C. **1954.** 1407.) (Sitzungsbericht.) Es wurden von O_3 zwischen 42 u. 118 kMHz 4 niedrige J-Rotationsübergänge gemessen. Aus diesen Messungen folgt, daß das Mol. ein gleichschenkliges Dreieck mit einem Spitzenwinkel von $116^0 49' \pm 30'$ u. mit den zwei gleichen Abständen $1{,}278 \pm 0{,}003$ Å bildet. Das aus dem STARK-Effekt gefundene Dipolmoment beträgt $0{,}53 \pm 0{,}02$ D. Aus ZEEMAN-Unterss. konnte festgestellt werden, daß der mol. g-Faktor eine starke Abhängigkeit vom Rotationszustand hat. (Physic. Rev. [2] **91.** 222. 1/7. 1953. Duke Univ.) GOTTFRIED. 121

G. Birnbaum und **A. A. Maryott,** *Absorption im Niederfrequenzbereich des NH_3-Inversionsspektrums.* Zur Prüfung der VAN VLECK-WEISSKOPF-Gleichung für die Absorption im Mikrowellenbereich messen Vff. die Absorption im NH_3-Inversionsspektr. bei 2800 MHz u. 100 Torr Gasdruck. Die gefundene Absorption war um 40% höher als nach der Theorie zu erwarten, desgl. die Absorption bei 9000 MHz. Nur im Zentrum des Inversionsspektr. bei 24000 MHz stimmen Theorie u. Experiment überein. Dagegen wurde gezeigt, daß die Theorie die Druck- u. Temperaturabhängigkeit der Absorption im Bereich von 50—300 Torr u. 25—100° relativ gut wiedergibt. (J. chem. Physics **21**. 1774—77. Okt. 1953. Washington, D. C., Nat. Bur. of Stand.) HARTMANN. 121

George R. Bird und **Richard C. Mockler,** *Das Mikrowellenspektrum des instabilen Moleküls Kohlenstoffmonosulfid.* (Sitzungsbericht.) Von $^{12}C^{32}S$ u. $^{12}C^{34}S$ wurden die beiden $J = 0 \rightarrow 1$-Übergänge bei 48990,55 $\pm$0,08 MHz bzw. 48207,038 $\pm$0,020 MHz beobachtet. Das CS wurde in einer elektr. Entladung erzeugt u. floß kontinuierlich durch die übliche STARK-Zelle. Unter Benutzung von aus UV-Daten errechneten Werten für α_e u. D_e wurden die folgenden Ergebnisse erhalten: $^{12}C^{32}S$, $B_e = 24588,86 \pm 1$ MHz; $r_e = 1,5347$ Å u. $^{12}C^{34}S$, $B_e = 24194,90 \pm 1$ MHz; $r_e = 1,5347$ Å. Das Massenverhältnis $^{34}S/^{32}S$ ist 1,06242. (Physic. Rev. [2] **91**. 222. 1/7. 1953. Columbia Univ.) GOTTFRIED. 121

Ralph Livingston, *Reine Quadrupolspektren in festen Körpern.* (Vgl. C. **1953**. 2072.) Für jedes stabile Cl-Isotop wird eine charakterist. Resonanzabsorption der Radiofrequenzenergie in der Nähe von 30 MHz beobachtet. Dieses Phänomen wird an ^{35}Cl u. ^{37}Cl näher untersucht, indem die Energieniveaus, Resonanzlinien des Cl, der ZEEMAN-Effekt u. die Asymmetrie im Feldgradiententensor betrachtet werden. Es werden die gemessenen Radiofrequenzen u. Quadrupolkopplungen für folgende Cl-Verbb. angegeben: $SOCl_2$, CH_2Cl_2, Cl_2, $CHCl_3$, $POCl_3$, CCl_4, CH_3Cl, $AsCl_3$, CCl_3-CCl_3, CH_3CCl_3, CH_3CHCl_2, $(CH_3)_2CCl_2$, CH_3CH_2Cl, $(CH_3)_2CHCl$, $(CH_3)_3CCl$. (Science [Washington] **118**. 61—66. 17/7. 1953. Oak Ridge, Tenn., Oak Ridge Nat. Labor.) D. HAHN. 121

F. Daniels, C. A. Boyd und **D. F. Saunders,** *Thermoluminescenz als wissenschaftliches Forschungsmittel.* Übersetzung der C. **1953**. 8279 referierten Arbeit. (Успехи Физических Наук [Fortschr. physik. Wiss.] **51**. 271—86. Okt. 1953.) AMBERGER. 125

T. Todd Reboul, *Luminescenzeffekte in chemisch reinem ZnO.* (Sitzungsbericht.) ZnO-Sinterkörper aus spektroskop. reinem Material haben bei Röntgenstrahlerregung für die 395 mμ-Bande ein Abklingen $\tau < 10^{-5}$ sec bei allen Tempp. zwischen 100 u. 300° K u. für die 510 mμ-Bande bei 100° K ein τ von ca. $4 \cdot 10^{-4}$ sec u. bei Raumtemp. von 1 μsec. Thermoluminescenz tritt nur für die 510 mμ-Bande auf. Ein Glow-Maximum bei 137° K verschiebt sich auf 154° K, wenn die Erhitzungsgeschwindigkeit von 1,6 auf 18°/min gesteigert wird. Die entsprechende Haftstellentiefe ist 0,24 eV. Aus dem Verlauf von log τ mit T^{-1} wird eine diesem Wert entsprechende Aktivierungsenergie nicht gefunden. (Physic. Rev. [2] **91**. 229. 1/7. 1953. Univ. of Pennsylvania.) RUDOLPH. 125

Albrecht Fischer, *Zur Elektroluminescenz der Halbleiterphosphore.* Bringt man einzelne Kriställchen von *ZnO/Zn-*, *ZnS/Ag-*, *ZnOMgO/Zn-*, *ZnSCdS/Ag-*, *ZnS/Cu-*, *ZnSZnO/Cu-*, *ZnSZnSe/Cu* u. Zn_2SiO_4-Leuchtstoffen zwischen zwei ebene Elektroden, von denen die eine durchsichtig ist, so können bei angelegten Gleich- oder Wechselspannungen von 2,5—10 V Luminescenzerscheinungen auftreten, bei denen es sich nicht um Thermoluminescenz infolge JOULEscher Erwärmung oder Umweganregung durch Glimmentladung handelt. Die Luminescenzintensität steigt mit der Spannung an, zeigt Sättigung u. wird bei höheren Spannungen, wahrscheinlich infolge Erwärmung der Kristalle, wieder schwächer. Weitere Unterss. wurden an ZnO/Zn-Sinterschichten vorgenommen. Dabei traten u. a. Gleichrichtereffekte auf. Zur Erklärung der Elektroluminescenz diskutiert Vf. Anregung durch Stoßionisation; daneben wird die Möglichkeit der Rekombination von Elektronen mit Aktivatoren in der Randschicht, die durch innere Feldemission ionisiert worden sind, erwähnt. (Z. Naturforsch. **8a**. 756—57. Nov. 1953. Gießen, Justus-Liebig-Hochsch., Physikal. Inst.) R. STEIN. 125

J. Franks, *Über die Züchtung von Thallium-aktivierten Alkalihalogenideinkristallen.* In einer nach STÖBER (Z. Kristallogr., Mineralog. Petrogr. **61**. [1924.] 299) modifizierten App. werden mit Tl aktivierte Alkalihalogenideinkristalle in Form von Halbkugeln gezüchtet. Die App. wird beschrieben, Wachstumsgeschwindigkeit ca. 4 mm/h. Die Tl-aktivierten Jodide senden bei Elektronenbeschuß intensives Licht zwischen 4000 u. 4800 Å aus. *CsJ(Tl)* fluoresciert weiter im Grünen. Bei α-Beschuß ist CsJ(Tl) 1,5fach empfindlicher als KJ(Tl) u. 1,7fach empfindlicher als RbJ(Tl). Bei kleinerer Auflösungszeit wird dies Verhältnis noch weiter zugunsten des CsJ verschoben, es hat also eine kürzere Ausstrahldauer. CsJ(Tl)-Kristalle erscheinen bes. gut geeignet für Leuchtschirme. (Brit. J. appl. Physics **4**. 377—78. Dez. 1953. London, Univ., Birkbeck Coll.) H. C. WOLF. 125

A_3. Elektrizität. Magnetismus. Elektrochemie.

R. Guizonnier, *Gleichartige Ladungen in isolierenden Ölen unter dem Einfluß einer Gleichspannungsdifferenz.* Zwischen zwei koaxialen Zylindern aus vernickeltem Messing (Höhe 9 cm, Durchmesser 5 u. 4,4 cm), die in das zu untersuchende Öl eintauchen, wird eine Gleichspannungsdifferenz gelegt. Vf. untersuchte mit einer Pt-Sonde die Potentialverteilung im Öl (*Paraffinöl, Siliconöl, Transformatoröl Diala 902* u. *Vaselinöl*) in Abhängigkeit vom Abstand von der positiven Elektrode für verschied. Schaltungen (ein Zylinder +, der andere geerdet, einer —, der andere geerdet u. einer +, der andere —). Die Ergebnisse bestätigen die Theorie von GROSS (Physic. Rev. [2] **66.** [1944.] 26) über die Bldg. von gleichartigen Ladungen in Elektreten. (J. Physique Radium **14.** 55 S—56 S. Dez. 1953. Bordeaux, Fac. des Sci.)
v. HARLEM. 130

Ch. A. Dsherpetow und **A. A. Saitzew,** *Geschichtete Hochfrequenzentladung.* Die Bldg. stationärer u. beweglicher Schichten bei Hochfrequenzentladung wurde mit Frequenzen von $6 \cdot 10^6$—10^8 Hz untersucht. Es wurden symm. Entladungen in Ne- oder Ar-Röhren hergestellt. Das Entstehen stationärer Schichten hängt mit dem Vorhandensein stabiler Verhältnisse im Kathoden–Anoden-Raum zusammen. Die Geschwindigkeit der Schichtenbldg. bei der Gleichstromentladung mit unstabilem Prozeß richtet sich nicht nach der Geschwindigkeit der Ionen oder der Frequenzänderung des Prozesses, der sich im Kathodenbereich abspielt u. in einigen Fällen sogar im Anodenbereich stattfindet. (Доклады Академии Наук СССР [Ber. Akad. Wiss. UdSSR] [N. S.] **89.** 825—28. 11/4. 1953. Moskau, Lomonossow-Univ.)
A. KUNZE. 131

A. Stetter, *Untersuchungen an einer stromstarken, langdauernden Kondensatorentladung bei verschiedenen Drucken (Pfeilsticker-Funken).* Die Unterss. am PFEILSTICKERschen Niederspannungsfunken (vgl. C. **1941.** I. 1847) mit 250 V Ladespannung wurden zur Klärung der Anregung von Nichtmetallen in dieser Lichtquelle durch Best. des Materialabbaus, des Intensitätsverhältnisses von Linien zu Untergrund u. der Temp. in Abhängigkeit vom Druck zwischen 20 u. 760 Torr, zum Teil unter Zeitauflsg. der Entladung mit einer Drehspiegelanordnung, ausgeführt. Die ausführlich diskutierte Temperaturbest. wurde mit dem Intensitätsverhältnis ausgewählter Cu- u. Mg-Linien vorgenommen u. ergab eine vom Verlauf der Entladung unabhängige Anregungstemp. von $\sim 6000^0$ K bei einem geringen Anstieg der Temp. mit dem Druck. (Spectrochim. Acta [London] **5.** 350—63. Febr. 1953. Dortmund, Staatl. Materialprüfungsamt Nordrhein-Westfalen.) EICHHOFF. 131

J. B. Hasted und **S. H. M. El Sabeh,** *Die dielektrischen Eigenschaften von Wasser in Lösungen.* Die DKK. u. dielektr. Verluste von W. u. von Lsgg. von *NaCl, NaBr, Natriumpropionat, Propylalkohol, Propylaminhydrochlorid* u. *Tetramethylammoniumbromid* in W. werden zwischen 0 u. 60° im Mikrowellengebiet bei 1,267, 3,282 u. 9,22 cm bestimmt. Die DK. von W. steigt bei mm-Wellen zwischen 0 u. 60° von 5,0 auf 5,9; Ursache ist die Zunahme der Zahl der an ihre Nachbarn asymm. gebundenen Wassermoleküle. In den Lsgg. macht sich die rotationshemmende Bindung an die gelösten Moll. in der Dispersion u. Absorption des W. bemerkbar. Die Relaxationszeiten werden diskutiert u. mit den thermodynam. Eigg. des W. u. der Struktur der Lsgg. in Verbindung gebracht. (Trans. Faraday Soc. **49.** 1003—11. Sept. 1953. London, Univ., Dep. of Phys.) K. L. WOLF. 132

M. K. Wilkinson, *Kristallographische Änderungen der Feldemission von Wolfram.* Zur Messung von Feldemissionsströmen als Funktion kristallograph. Richtungen wird eine photometr. Meth. angewendet. Die Messungen bestätigen in der FOWLER-NORDHEIM-Theorie nochmals den Exponenten 3/2 für die Elektronenaustrittsarbeit. (J. appl. Physics **24.** 1203—09. Sept. 1953. Cambridge, Mass., Inst. of Technol., Res. Labor. of Electronics.) M. DRECHSLER. 134

Ss. W. Karpatschew, M. W. Smirnow, S. Ss. Woltschenkowa und **G. K. Stepanow,** *Elektronenaustrittsarbeit aus Quecksilber in einer Wasserdampfatmosphäre.* (Vgl. C. **1954.** 4100.) Adsorption von H_2O-Moll. an Hg führt zu einer anfänglichen Steigerung der Austrittsarbeit, die ihr Maximum bei einer Bedeckung von ca. 10^{-10} Mol H_2O/cm^2 erreicht. Im Maximum beträgt die Steigerung der Austrittsarbeit über 1 eV gegenüber dem Austritt ins Vakuum, während sich klass. nur eine Steigerung von ca. 0,36 eV errechnet. (Журнал Физической Химии [J. physik. Chem.] **27.** 1370—73. Sept. 1953. Swerdlowsk, Inst. für Chem. u. Metallurgie der Uraler Zweigstelle der Akad. der Wiss. der UdSSR.) AMBERGER. 134

William A. Chupka und **Mark G. Inghram,** *Von Kohlenstoffoberflächen abdampfende Molekülarten.* Graphit von ca. 2500° K wird durch Beschuß mit 17 V-Elektronen

ionisiert. Die massenspektrometr. Analyse zeigt ein Ionenverhältnis von $C^+ : C^{2+} : C_3^+ = 1 : 0,5 : 1,6$. Aus der Temperaturabhängigkeit werden Sublimationsenergien bestimmt: C (bis 2000° K) 177 ± 6 kcal/Mol, C_2 u. C_3 (2500° K) je 200 ± 10 kcal/Mol. (J. chem. Physics **21**. 1313. Juli 1953. Lemont, Ill., Argonne Nat. Labor.)
M. DRECHSLER. 134

H. Gobrecht und **F. Speer**, *Ein Beitrag zur Sekundärelektronenemission von Störstellenhalbleitern.* Vff. untersuchten die Sekundärelektronen (SE)-Ausbeute von *Ge*-Kristallen u. von Ge- u. *Se*-Aufdampfschichten mit u. ohne Verunreinigung in Abhängigkeit von der Energie der Primärelektronen, sowie die nur teilweise bekannten Ausbeutekurven der für Ge verwendeten Verunreinigungsmetalle *Ga, Sb, Tl* u. *Bi*, ebenfalls in Form von Aufdampfschichten. Es ergibt sich, daß die SE-Ausbeute von Störstellenhalbleitern in geringem, aber nachweisbarem Umfang von der Störstellenkonz. beeinflußt wird. Der Leitungstyp u. die Art der die Leitfähigkeit beeinflussenden Störstellen sind hinsichtlich der SE-Emission zumindest bei Ge u. Se ohne Bedeutung. (Z. Physik **135**. 602—14. 1953. Berlin-Charlottenburg, Techn. Univ., Physikal. Inst.)
R. STEIN. 134

K. W. Böer und **K. Junge**, *Zur Frequenzabhängigkeit von Elektronenschwankungserscheinungen in Halbleitern.* Durch theoret. Überlegungen wird gezeigt, daß das komplexe Verh. von Halbleiterwiderständen in beträchtlichem Maße die Frequenzabhängigkeit ihrer Elektronenschwankung beeinflußt. Bisher ungeklärte experimentelle Ergebnisse lassen sich durch diese Überlegungen weitgehend erklären. (Z. Naturforsch. **8a**. 753—55. Nov. 1953. Berlin, Humboldt-Univ., II. Physik. Inst.) R. STEIN. 135

K. Seiler, D. Geist, K. Keller und **K. Blank**, *Gibt es bei Germanium eine thermische Fehlordnung?* Es werden Temperverss. mit Ge-Einkristallen im Hinblick auf etwaige Leitfähigkeitsänderungen unternommen. Vff. folgern aus den Ergebnissen, daß reines Ge durch Glühen u. Abschrecken seinen Widerstand nicht ändert. Auftretende Änderungen weisen auf — möglicherweise nur oberflächlich vorhandene — Verunreinigungen hin. Bes. Ca, Mg, Tl u. Cu werden als wirksam angesehen, dagegen nicht Si. (Naturwissenschaften **40**. 56. Jan. 1953. Nürnberg, Süddeutsche Apparate-Fabrik, Standard-Labor., u. Stuttgart, TH, Inst. für Theoret. u. Angewandte Phys.)
R. LEVI. 135

A. B. Lidiard, *Antiferromagnetismus in Metallen.* Neutronenbeugungsverss. von SHULL u. WILKINSON haben gezeigt, daß in *Cr* wie in *α-Mn* ein antiferromagnet. Ordnungszustand (T_c = 475 bzw. 100° K) auftritt. Das dabei an das Atom gebundene magnet. Moment ist sehr klein (etwa ein halbes BOHRsches Magneton). Diese kleinen Momente u. das Fehlen jeder bemerkbaren Anomalie in der Susceptibilität u. der spezif. Wärme ergibt für die Theorie von NÉEL-ZENER beträchtliche Schwierigkeiten. Diese werden jedoch überwunden durch die Anwendung der „Kollektiven-Elektronen-Theorie" von SLATER. (Proc. physic. Soc., Sect. A **66**. 1188—90. 1/12. 1953. Berkeley, Calif., Univ. of California, Dep. of Phys.) v. HARLEM. 137

N. H. March und **B. Donovan**, *Bemerkung über den Spin-Paramagnetismus eines freien Elektronengases.* Vff. diskutieren den Einfl. des Austausches auf den Spinparamagnetismus eines freien Elektronengases. Es ergibt sich, daß im allg. der Austausch einen großen Einfl. auf die Susceptibilität hat u. nur bei extrem hohen Tempp. vernachlässigt werden darf. Es wird ein Vgl. mit der einfacheren Behandlung nach STONER durchgeführt u. die qualitativen Ähnlichkeiten hervorgehoben. (Proc. physic. Soc., Sect. A **66**. 1104—08. 1/12. 1953. Sheffield, Univ., Dep. of Phys.; London, North. Polytech. Dep. of Phys.) v. HARLEM. 137

Ernst M. Cohn und **Morris Mentser**, *Die c–g–s-Einheiten der magnetischen Susceptibilität und spezifischen Magnetisierung.* Die Einheiten für Suscepitiblität u. Magnetisierung können so gewählt werden, daß sie im unrationalisierten 3- u. 4-dimensionalen c–g–s-Syst. ident. sind. Diese Einheiten u. ihre Definitionsgleichungen werden gegeben u. Unstimmigkeiten in der Literatur besprochen. Einführung der neuen Definitionen könnte manche vorhandene Verwirrung beseitigen u. die verschied. Auffassungen einigen. (Amer. J. Physics **21**. 681—82. Dez. 1953. Bruceton, Pa., Bur. of Mines, Fuels-Technol. Div.) v. HARLEM. 137

L. Néel, *Die Theorie des Ferromagnetismus und ihre Bestätigungen.* Kurze Übersicht über die vom Vf. entwickelte Theorie des magnet. Verh. der *Ferrite* (Ferrimagnetismus) u. ihre experimentellen Bestätigungen, bes. über die Temperaturabhängigkeit der Sättigungsmagnetisierung. (J. Physique Radium **14**. 64 S. Dez. 1953. Grenoble, Fac. des Sci.) v. HARLEM. 137

Warren E. Henry, *Magnetische Sättigung und scheinbare molekulare Felder des $MnCl_2 \cdot 4\,H_2O$.* $MnCl_2 \cdot 4\,H_2O$ hat eine NÉEL-Temp. von 1,6° K im Magnetfeld Null, magnet. Sättigung wird bei 58000 Gauß u. 1,3° K erreicht. Aus der Abhängigkeit des magnet. Moments von H/T (vgl. C. **1953.** 6820) u. dem Vgl. mit der BRILLOUIN-Funktion wird das scheinbare mol. Feld auf 14000 Gauß geschätzt. Die Möglichkeit der Berechnung des antiferromagnet. Austauschintegrals wird angedeutet. (Physic. Rev. [2] **90.** 492. 1/5.; Sitzungsbericht: [2] **91.** 435. 15/7. 1953. Washington, D. C., Naval Res. Labor.) WIEDEMANN. 137

N. J. Poulis und **G. E. G. Hardeman,** *Lage der Protonen im $CuCl_2 . 2H_2O$, bestimmt nach der Methode der magnetischen Kernresonanz.* Das Resonanzdiagramm für den Einkristall $CuCl_2 \cdot 2H_2O$ im Temperaturbereich 20—14° K zeigt, daß der Kristall paramagnet. ist. Für jede Richtung von H_0 werden vier Resonanzfrequenzen gefunden. Unterhalb 4,3° K ist der Kristall antiferromagnetisch. Für jede Richtung von H_0 ergeben sich hier 8 Resonanzfrequenzen. Bei Feldern über 2000 Oe (gemessen bis ca. 7400 Oe), wird eine Störung der bei niedrigen Feldern beobachteten Resonanzkurven gefunden, da bei solchen Feldern die Cu-Ionenspins nicht mehr längs der Achse a ausgerichtet sind. Aus den Meßkurven werden die Lagen der Protonen im Kristall berechnet. (J. Chim. physique Physico-Chim. biol. **50.** C 110—C 113. Sept. 1953. Leiden, Univ.) v. HARLEM. 137

Erich Lange, *Über analoge Grundbegriffe der Elektrochemie und der Elektroinduktion.* (Vgl. C. **1954.** 4326.) Vf. vergleicht elektrochem. Grundbegriffe mit denen der Elektroinduktion u. weist darauf hin, daß die Zellspannung $U_{1,1}'$ als Wirkungsgröße in der offenen galvan. Zelle der induzierten Spannung $U_{1,2}$ in der offenen Schleife u. die eingeprägte EMK E der Zelle als Ursachengröße der induzierten EMK E_{ind} in der Leiterschleife entspricht. Er regt an, die Bezeichnung EMK für die meßbare elektr. Spannung einer galvan. Zelle durch den Begriff Zellspannung mit dem Symbol U zu ersetzen u. den Begriff der EMK mit dem Symbol E der chem. nichtelektrostat. Ursachengröße vorzubehalten. (Z. Elektrochem., Ber. Bunsenges. physik. Chem. **58.** 80—83. 1954. Erlangen, Univ., Inst. für physikal. Chem. u. Elektrochem.) R. LEVI. 138

Heinz Gerischer, *Wechselstrommeßmethoden in der Elektrochemie.* Es wird eine Übersicht über Methoden u. Anwendungsmöglichkeiten von Wechselstrommessungen für elektrochem. Unterss. unter Verwendung von sinusförmigem Wechselstrom außerhalb des Ultrakurzwellenbereichs gegeben. Im einzelnen werden Impedanzmessungen mit Brücken, im Resonanzkreis u. mit Ausschlagmethoden die elektrochem. Meßobjekte u. die Wahl der geeignetsten Meßanordnung behandelt. Im 2. Teil wird auf die speziellen Anwendungsgebiete dieser Methoden, auf die Messung der elektrolyt. Leitfähigkeit, die Messung der DKK. u. die Messung von Phasengrenzimpedanzen eingegangen. Hinsichtlich der Leitfähigkeitsmessungen wird die Leitfähigkeitszelle, die Elimination der Nebenschlußimpedanz u. der Polarisationsimpedanz sowie einige neuere Anordnungen zur Widerstandsmessung bei hoher Frequenz behandelt. Bei den DK.-Messungen wird ein Überblick über die Fehlerquellen in der Meßzelle sowie über verschied. Meßmethoden bes. unter Verwendung von Brücken mit T-Gliedern gegeben. Bei der Besprechung der Messung von Phasengrenzimpedanzen werden Ursprung u. Eigg. von Phasengrenzimpedanzen erörtert u. die Meßzellen für Elektrodenimpedanzen, die Elimination des Elektrolytwiderstandes, Meßanordnungen mit Brückenschaltungen, oscillograph. Aufnahme von Elektrodenkennlinien bei Wechselstromfluß u. Wechselstrommessungen mit Überlagerung von Gleichstrom beschrieben. — 200 Literaturzitate. (Z. Elektrochem., Ber. Bunsenges. physik. Chem. **58.** 9—24. 1954. Göttingen, Max-Planck-Inst. für Phys. Chem.) R. LEVI. 138

D. S. Payne, *Die elektrolytische Leitfähigkeit von Lösungen von Phosphorpentachlorid.* Die elektrolyt. Leitfähigkeit von PCl_5 wurde in Lsgg. von *$POCl_3$*, *Benzoylchlorid, Dioxan, Ae., Nitrobenzol, Benzonitril* u. *Acetonitril* bei 25° gemessen. Die Leitfähigkeit von Ae.- u. Dioxanlsgg. ist äußerst gering, die von Acet- u. Benzonitrillsgg. auffallend groß. Es wird daher vermutet, daß der wesentliche Faktor nicht in der DK. des Lösungsm. sondern in seiner Fähigkeit liegt, das gebildete Ion durch Komplexbldg. zu stabilisieren. Der Dissoziationsmechanismus wird gemäß $2 PCl_5 \rightleftharpoons PCl_4^+ + PCl_6^-$ angenommen. Durch Überführungsexperimente wurde die Existenz dieser beiden Ionenarten bestätigt. Es gelang jedoch nicht, Verbb. darzustellen, die PCl_6^- als Anion u. Alkaliionen als Kationen enthalten. Über die Darst. von PCl_4^+ enthaltenden Verbb. soll später berichtet werden. (J. chem. Soc. [London] **1953.** 1052—55. April. Glasgow, Univ.) R. LEVI. 138

Frederick Eugene Bailey jr. und **Andrew Patterson jr.,** *Die Leitfähigkeit unter dem Einfluß starker Felder einer wässerigen Lösung von Cadmiumchlorid bei 25°.* Die Leitfähigkeit von $1,697 \cdot 10^{-4}$ mol. $CdCl_2$-Lsg. wird im Vgl. zu der von $2,889 \cdot 10^{-4}$ mol. KCl-

Lsg. bei Feldern von 0—200 kV/cm im Hinblick auf das von HARNED u. FITZGERALD („The Physical Chemistry of Electrolytic Solutions“ 2nd ed., Reinhold Publ. Corp., New York, N. Y., 1950. 418—421) unter der Annahme vollständiger Dissoziation des $CdCl_2$ in $CdCl^+$ u. Cl^- vorgeschlagene Dissoziationsgleichgewicht $CdCl^+ \rightleftharpoons Cd^{2+} + Cl^-$ mit K = 0,011 bei 25° untersucht. Die sich ergebende Kurve wird diskutiert. Zur völligen Aufklärung sind noch weitere Messungen an stärkeren Elektrolyten ähnlichen Valenztyps erforderlich. (J. Amer. chem. Soc. **75.** 1471—72. 20/3. 1953. New Haven, Conn., Yale Univ., Sterling Chem. Labor.) R. LEVI. 138

F. H. Spedding und **J. L. Dye,** *Leitfähigkeiten, Überführungszahlen und Aktivitätskoeffizienten von wässerigen Lösungen einiger Chloride der Seltenen Erden bei 25°.* Die Äquivalentleitfähigkeiten, Kationenüberführungszahlen u. Aktivitätskoeffizienten von $DyCl_3$, $HoCl_3$ u. $TmCl_3$ wurden für bis zu 0,1 n Lsgg. bestimmt. Zur Vermeidung von Kolloidbldg. durch Hydrolyse wurde beim Äquivalentpunkt gearbeitet, der durch Säuretitration ermittelt wurde. Um zu prüfen, ob die Hydrolyse einen meßbaren Einfl. ausübt, wurden die Messungen an Lsgg. von $NdCl_3$, $ErCl_3$ u. $YbCl_3$ beim Äquivalenzpunkt wiederholt. Es zeigte sich, daß die geringe Abweichung von der Äquivalenz bei den Chloriden der leichteren Elemente vernachlässigbar waren, bei den schwereren jedoch den experimentellen Fehler überstieg. Die Werte für die Äquivalentleitfähigkeit sind in einer Tabelle angegeben. Die Überführungszahlen lassen sich als Funktion der Wurzel aus der Normalität angeben. Es ergab sich für $NdCl_3$ 0,4776—0,120·$n^{1/2}$, $DyCl_3$ 0,4655 — 0,120 $n^{1/2}$, $HoCl_3$ 0,4613 — 0,126·$n^{1/2}$, $ErCl_3$ 0,4601 — 0,125 $n^{1/2}$, $TmCl_3$ 0 ,4604 — 0,118 $n^{1/2}$, $YbCl_3$ 0,4604 — 0,125 $n^{1/2}$. Der mittlere Fehler liegt zwischen 0,0003 u. 0,0005. Die für die Volumenkorrekturen benötigten Dichten wurden bestimmt u. als lineare Funktion der Konz. angegeben. Die Aktivitätskoeffizienten wurden aus EMK-Messungen an Konzentrationsketten mit Überführung unter Verwendung der berechneten Überführungszahlen bestimmt. Für den mittleren Abstand bei stärkster Annäherung der Ionen å u. für die mittlere Differenz zwischen den experimentell bestimmten Koeffizienten u. den nach dem DEBYE-HÜCKELschen Gesetz unter Verwendung dieser å-Werte berechneten betragen für $NdCl_3$ 5,49 bzw. 0,0011, für $DyCl_3$ 5,32 bzw. 0,0013, für $HoCl_3$ 6,04 bzw. 0,0023, für $ErCl_3$ 5,92 bzw. 0,0012, für $TmCl_3$ 5,81 bzw. 0,0010, für $YbCl_3$ 5,90 bzw. 0,0021. (Vgl. auch C. **1954.** 2558.) (J. Amer. chem. Soc. **76.** 879—81. 5/2. 1954. Ames, Io., Iowa State Coll., Inst. of Atomic Res. and Dep. of Chem.) R. LEVI. 138

F. H. Spedding und **S. Jaffe,** *Leitfähigkeiten, Löslichkeiten und Ionisationskonstanten einiger Sulfate der Seltenen Erden in wässeriger Lösung bei 25°.* Die Äquivalentleitfähigkeiten u. Löslichkeiten der Sulfate von *La, Ce, Pr, Nd, Sm, Gd, Ho, Er, Yb* u. *Y* in wss. Lsg. wurden bei 25° gemessen. Die Löslichkeiten in g in 100 g W. betragen in der genannten Reihenfolge: 2,142, 5,063, 10,88, 5,591, 1,488, 3,299, 6,705, 15,19, 36,01, 9,673. Die Leitfähigkeiten sind angegeben. Sie sind viel geringer als für starke Elektrolyte zu erwarten wäre, was auf die Bldg. von Komplexionen des Typs MSO_4^+ in verd. Lsgg. zurückgeführt wird. Die Ionisationskonstante k für die Dissoziation dieser Komplexe werden aus den Leitfähigkeitsdaten mit Hilfe der ONSAGERschen Gleichung für die Äquivalentleitfähigkeit berechnet. $k \cdot 10^{-4}$ beträgt für den Komplex des La 2,4, des Ce 2,6, des Pr 2,4, des Nd 2,3, des Sm 2,2, des Gd 2,2, des Ho 2,6, des Er 2,6, des Yb 2,6, des Y 3,4 (J. Amer. chem. Soc. **6.** 882—84. 5/2. 1954.) R. LEVI. 138

F. H. Spedding und **S. Jaffe,** *Leitfähigkeiten, Überführungszahlen und Aktivitätskoeffizienten einiger Perchlorate und Nitrate der Seltenen Erden bei 25°.* Die Äquivalentleitfähigkeiten u. Kationenüberführungszahlen wss. Lsgg. der Perchlorate von *La, Pr, Nd, Sm, Gd, Ho, Er* u. *Yb*, u. der Nitrate von La, Nd u. Gd wurden bei 25° in bis zu 0,1 n Lsgg. bestimmt. Die Leitfähigkeiten sind in einer Tabelle angegeben. Die Überführungszahlen lassen sich als Funktion der Normalität angeben, die für die genannten Verbb. in der angegebenen Reihenfolge folgende Werte hat: 0,5038 — 0,101 $n^{1/2}$, 0,5067 — 0,102 $n^{1/2}$, 0,5067 — 0,0931 $n^{1/2}$ 0,5072 — 0,102 $n^{1/2}$, 0,501 — 0,100 $n^{1/2}$, 0,4909 — 0,0924 $n^{1/2}$, 0,4947 — 0,112 $n^{1/2}$, 0,4930 — 0,111 $n^{1/2}$ 0,4895 — 0,0597 $n^{1/2}$, 0,4922 — 0,0698 $n^{1/2}$, 0,4857— 0,0746 $n^{1/2}$. Die mittleren Abweichungen betragen 0,0002—0,0005. Die Dichten der wss. Lsgg. sind als Funktion der Konz. angegeben. Weiter wurde eine Meth. entwickelt, die es erlaubt, den mittleren Abstand bei stärkster Annäherung der Ionen, å, näherungsweise zu ermitteln, um daraus die Aktivitätskoeffizienten mit Hilfe der DEBYE-HÜCKELschen Gleichung zu bestimmen. Sie beruht darauf, daß für eine Reihe willkürlich angenommener å-Werte die elektrophoret. Korrekturen berechnet u. diese in die ONSAGERsche Gleichung für die Äquivalentleitfähigkeit eingeführt werden. Der richtige å-Wert wird dann aus der graph. Darst.

der hieraus extrapolierten Werte für die Äquivalentleitfähigkeit bei unendlicher Verdünnung als Funktion von $c^{1/2}$ ermittelt. Hierbei ergibt sich für die Perchlorate von La ein å von 7,0 (Å), von Pr 7,2, Nd 6,0, Sm 6,8, Gd 6,4, Ho 6,3, Er 6,8, Yb 7,2 u. für die Nitrate von La 4,4, Nd 4,5, Gd 4,4. Aus den durchschnittlichen Werten für die Perchlorate von 6,7 Å u. 4,5 Å für die Nitrate wird ebenso wie bei den Chloriden mit einem durchschnittlichen å von 5,7 Å auf eine monomol. Wasserschicht, die das Kation umschließt, geschlossen. (J. Amer. chem. Soc. **76**. 884—88. 5/2. 1954.) R. LEVI. 138

J. L. Dye und **F. H. Spedding**, *Die Anwendung der Onsagerschen Leitfähigkeitstheorie auf die Leitfähigkeiten und Überführungszahlen unsymmetrischer Elektrolyte.* Es wird eine mathemat. Behandlung der ONSAGERschen Leitfähigkeitsgleichung gegeben, wobei die Integrale, die von ONSAGER nur angenähert ermittelt wurden, mit Hilfe graph. Methoden bestimmt werden. Während das angenäherte Verf. für 1-1-Elektrolyte ausreicht, ist die neue Meth. auch für das Verh. asymm. Elektrolyte anwendbar. Das neue Verf. wurde auf die Leitfähigkeiten u. Überführungszahlen von $CaCl_2$, $NdCl_3$ u. $ErCl_3$ angewandt. Die Übereinstimmung zwischen Theorie u. Experiment ist befriedigend. (J. Amer. chem. Soc. **76**. 888—92. 5/2. 1954.) R. LEVI. 138

D. MacGillavry, *Eine vergleichende Untersuchung unpolarisierbarer und polarisierbarer Metall–Lösungs-Systeme.* Frühere Potentialmessungen des Vf. an *Ni* in Ni-ionenfreien Hydroxyd- u. Phosphatlsgg. (vgl. C. **1952**. 2966), werden diskutiert. Die in Fällen, in denen sich kein elektrochem. Gleichgewicht ausbilden kann, beobachteten Potentiale werden als Adsorptionspotentiale erklärt. Derartige Metall–Lsg.-Systeme sind im Gegensatz zu denen mit elektrochem. Gleichgewicht polarisierbar. Die Chemisorption in der inneren HELMHOLTZschen Schicht wird in Zusammenhang mit der Reversibilität u. der Polarisierbarkeit des Syst. diskutiert. (J. chem. Physics **19**. 1499—1504. Dez. 1951. Worcester, Mass., Clark Univ., Dep. of Chem.) R. LEVI. 140

Charles Eyraud und **Pierre Gilly**, *Experimentelle Anordnung zur Untersuchung der Entladung von elektrolytischen Anionen durch Gasionen.* Vff. beschreiben eine U-rohrartige Anordnung, bei der sich in einem Schenkel innerhalb des Elektrolyten die Kathode befindet, im anderen Schenkel oberhalb der Fl. eine schwache Entladung von ca. 8 mA aufrechterhalten wird. Im Gegensatz zu Anordnungen, bei denen der Elektrolyt direkt als Kathode einer Glimm- oder Bogenentladung dient, erreichen Vff. mit ihrem App., daß die Grenzfläche Fl.–Gas eine Äquipotentialfläche darstellt. Die Anordnung wurde mit 38%ig. H_2SO_4 erprobt. Sie gestattet nach 1—2 Std., die Menge des peroxyd. O_2 u. gegebenenfalls anderer Reaktionsprodd. zu dosieren. (C. R. hebd. Séances Acad. Sci. **234**. 1553—55. 5/4. 1952.) R. LEVI. 141

Denise Laforgue-Kantzer, *Elektrolyse von Phosphorsäure zwischen Kupferelektroden. Fall geringer Stromdichten.* (Vgl. C. **1952**. 2130.) Die Elektrolyse von H_3PO_4 zwischen Cu-Elektroden bei geringen Stromdichten wird unter Verwendung einer Hilfselektrode untersucht. Aus den aufgenommenen Kurven wird geschlossen, daß gleichzeitig Entladung von Anionen u. Auflsg. von Cu stattfindet, u. zwar ist anfänglich die Auflsg. zu Cu^{2+} viel langsamer als die zu Cu^+. (C. R. hebd. Séances Acad. Sci. **234**. 1284—87. 17/3. 1952.) R. LEVI. 141

C. A. Discher, *Einige Eigenschaften der Lösungen von Zinn(II)-sulfat und ihre Rolle bei der galvanischen Abscheidung von Zinn. 1. Mitt. Nur Zinn(II)-sulfat enthaltende Lösungen.* Reines Sn(II)-Sulfat (hergestellt durch Fällen mit A. aus Lsg. von handelsüblichem Salz) wurde in dest. W. in N_2-Atmosphäre gelöst. Die hierbei auftretende Hydrolyse hat im allg. keinen Einfl. auf die Eigg. der Lsgg., die nur von der Konz. des Salzes abhängen. — Für verschieden konz. Lsgg. wurden bei genau 25° bestimmt: D., Brechungsindex, Oberflächenspannung, Viscosität, Gefrierpunktserniedrigung, elektr. Leitfähigkeit, Überführungszahlen, Elektrodenpotentiale $E_{Sn, Sn^{2+}}$ u. E_{H,H^+}. Die Abhängigkeit von der Sn^{2+}-Konz. wird in Kurven u. Tabellen wiedergegeben. — Die Meßergebnisse werden im Zusammenhang mit dem Zustand der Lsgg. diskutiert, wobei 3 relativ scharf abgegrenzte Gebiete erkennbar sind: Lsgg. mit 0,00—0,12, 0,12—0,35 u. 0,35—0,70 Mol Sn^{2+}. Im Bereich niedriger Sn-Konzz. ist mol. $SnSO_4$ gelöst, bei höheren Konzz. tritt zunehmend das Syst. $Sn[Sn(SO_4)_2]$ mit den dazugehörenden Ionen in Erscheinung. (J. electrochem. Soc. **100**. 45—51. Jan. 1953. Newark, N. J., Rutgers Univ., State Univ. of New Jersey, Coll. of Pharm.) SKALIKS. 141

Dennis R. Turner, *Der Einfluß der Temperatur auf das Kathodenpotential während der elektrolytischen Abscheidung von Nickel.* Es wurde der Einfl. der Temp. auf das Kathodenpotential während der Abscheidung von Ni aus WATTS-Bädern untersucht. Stromdichten zwischen 0,4 u. 100 mA/cm². Tempp. zwischen 20 u. 90°. Die Beziehung Kathodenpotential–Temp. ist linear, jedoch mit einem Knick bei ca. —0,42 V (Änderung der Neigung der Geraden). Bei Extrapolation der Geradenteile aus dem Bereich oberhalb —0,42 V in das Gebiet niedriger Potentiale erhält man Konvergenz nach ca. 0 V u. 165°. Es wird folgende empir. Gleichung für die Meßwerte angegeben: $E_c = 0{,}0034\ (4\,i^{1/2} + 1)(t - t_0)$. Hierin sind E_c = Kathodenpotential, i = Stromdichte in A/cm² u. t = Temp. in ° C; t_0 = 165°. Die beobachtete Änderung des Kathodenpotentials mit der Stromdichte wird auf die H_2-Überspannung zurückgeführt, welche durch die Diffusion der H-Ionen durch eine Raumladungsschicht aus Ni-Ionen an der Kathodenoberfläche bedingt ist. Die Gleichung gilt nicht für Stromdichten unterhalb ca. 0,4 mA/cm². Bei Erniedrigung u. anschließender Erhöhung der Temp. wurde an frisch polierten Ni-Elektroden ein Hysteresiseffekt in den E_c–t-Kurven beobachtet. Dieser Effekt u. der Knick in den Kurven bei ca. —0,42 V werden auf die Adsorption von atomarem H zurückgeführt. Bei —0,42 V ist die verfügbare Oberflächenenergie der Kathode gleich der für die Desorption des H aus dem Ni erforderlichen. (J. electrochem. Soc. **100.** 15—21. Jan. 1953. East Pittsburgh, Pa., Westinghouse Res. Labor.) SKALIKS. 141

H. K. El-Shamy und **S. El-Din Zayan,** *Die elektrolytische Erzeugung von vierwertigem Uran.* Der Einfl. der Konz. der Uranylionen, der Acidität, der Temp., des Rührens u. des Elektrodenmaterials auf die Grenzstromdichte bei der elektrolyt. Red. von sauren Uranylchloridlsgg. zu U^{4+} wird untersucht. Weiter wird durch Aufnahme von Strom–Potentialkurven gegen eine Bezugselektrode die Red. unter verschied. Bedingungen quantitativ verfolgt. (J. chem. Soc. [London] **1953.** 384—86. Febr. Alexandria, Univ., Fac. of Sci.) R. LEVI. 141

N. Ibl, Y. Barrada und **G. Trümpler,** *Zur Kenntnis der natürlichen Konvektion bei der Elektrolyse. Interferometrische Untersuchungen der Diffusionsschicht.* 1. Mitt. (Vgl. C. **1954.** 5016.) Der Kathodenfilm in elektrolyt. Bädern wird mit Hilfe einer interferometr. Meth. untersucht. Die Anordnung, die ein Jamin-Interferometer mit einer zylindr. Linse zur Fokussierung der Zelle enthält, wird eingehend beschrieben. Die Ergebnisse werden mit den nach anderen Methoden erhaltenen u. mit denen der hydrodynam. Theorie der natürlichen Konvektion verglichen. Die Dicke der Diffusionsschicht einer vertikalen Elektrode bei natürlicher Konvektion wird in Übereinstimmung mit der Theorie in weiten Grenzen als unabhängig von der Konz. gefunden. Mit steigender Stromdichte wird eine Abnahme der Diffusionsschicht beobachtet, die im Gebiet kleiner Stromdichten kleiner, bei großen Stromdichten größer als die theoret. zu sein scheint. (Helv. chim. Acta **37.** 583—97. 15/3. 1954. Zürich, ETH, Phys.-chem. u. elektrochem. Labor.) R. LEVI. 141

B. Breyer und **S. Hacobian,** *Elektrodenreaktionen in Wechselfeldern.* 1. Mitt. *Der aktive Raum bei Wechselstrom.* Ein Ausdruck für die Dicke d des akt. Raumes, in dem elektrochem. Wechselstromprozesse stattfinden, wird durch Betrachtung des Diffusionsprozesses an einer Hg-Tropfelektrode abgeleitet. Es wird gezeigt, daß d von der Amplitude, der Winkelfrequenz u. dem Phasenwinkel des Wechselstroms u. dem Diffusionskoeff. der zu entladenden Ionen abhängt. In einer Tabelle werden die d-Werte für 10^{-3} n Tl^+-, Cd^{2+}- u. In^{3+}-Lsgg. in 0,5 n HCl für verschied. Frequenzen u. Spannungen angegeben. (Austral. J. Sci. **14.** 118—20. Febr. 1952. Sydney, Univ., Fac. of Agricult., Phys.-chem. Labor.) R. LEVI. 142

Robert L. Pecsok, *Polarographische Untersuchungen über die Oxydation und Hydrolyse von Natriumborhydrid.* Vf. findet in gepufferter $NaBH_4$-Lsg. bei p_H 9 oder größer eine einzige stark irreversible anod. Stufe. Sie wird der Rk. $BH_4^- + 8\,OH^- = BO_2^- + 6\,H_2O + 8\,e^-$ zugeschrieben. Das Normalpotential dieser Rk. gegen die Normal-H_2-Elektrode wird aus bekannten thermodynam. Daten zu 1,23 V berechnet (freie Energie —231 000 cal). Weiter wird mit Hilfe der polarograph. Meth. der von HOEKSTRA (A. E. C. D. 2144, Juni 1947) vorgeschlagene Hydrolysenmechanismus $BH_4^- + H^+ + 2\,H_2O = HBO_2 + 4\,H_2$ bestätigt u. die Hydrolysengeschwindigkeit bestimmt. Die Geschwindigkeitskonstante beträgt $8{,}7 \cdot 10^6$ bei 15°, $1{,}5 \cdot 10^7$ bei 25° u. $2{,}4 \cdot 10^7$ bei 35°. (J. Amer. chem. Soc. **75.** 2862—64. 20/6. 1953. Los Angeles, Calif., Univ. of California, Dep. of Chem.) R. LEVI. 142

Paul Drossbach, *Zur Theorie der Polarisationsspannung bei der Elektrolyse geschmolzener Salze.* Es werden Randwertprobleme, die sowohl für die Theorie der Einzelpotentiale wie für die der Meßmeth. der Polarisationsspannungen von Bedeutung sind, behandelt. Im einzelnen werden erörtert: Diffusion u. Überführung bei Ggw. eines Fremdelektrolyten, Gleichstrom u. Wechselstrom u. Diffusion bei Zylindersymmetrie bei Vorliegen eines einfachen bin. Elektrolyten, der Temperaturanstieg in der Nähe der Elektrode mit kleinme Durchmesser, die Aufnahme der Stromdichte–

Polarisationsspannungskurve bei stoßweiser Steigerung der Stromdichte, die Messung des Zellwiderstandes mit Rechteckstrom statt Wechselstrom, der Rechteckstrom bei Zylindersymmetrie u. die Abschalt- u. Einschaltkurven. In einem experimentellen Teil werden Stromstärke-Polarisationsspannungskurven von geschmolzenem $PbCl_2$, K_2TiF_6, K_2NbF_7, K_2ZrF_6 u. K_2TaF_7 in KCl + LiCl gegeben. Nur beim $PbCl_2$ zeigt sich eine ausgeprägte Grenzstromdichte. Weiter wurden Abschaltkurven in Schmelzen von $NiCl_2$ u. $CuCl$ in KCl + NaCl aufgenommen u. Messungen mit Rechteckstrom durchgeführt. Die Ergebnisse werden diskutiert. (Z. Elektrochem., Ber. Bunsenges. physik. Chem. **58.** 66—76. 1954. München, TH, Labor. für phys. Chem. u. Elektrochem.) R. LEVI. 142

R. H. Cousens, D. J. G. Ives und **R. W. Pittman,** *Anodenprozesse.* 1. Mitt. *Anodisierung von Quecksilber in Salzsäure bei niedrigen Stromdichten.* Zur Klärung der Frage, ob die Kalomelelektrode eine besondere Grenzschichtstruktur besitzt, haben Vff. das anod. Verh. des Hg in 0,1n HCl bei 25° untersucht, indem sie die Zusammenhänge zwischen dem Potential der Hg-Elektrode, der durchgeflossenen Elektrizitätsmenge u. der Zeit messend verfolgten. Die Stromstärke war bei diesen Gleichgewichtsexperimenten nicht konstant, sondern wurde von Zeit zu Zeit unterbrochen, um das Syst. zum Gleichgewicht zu bringen. Das Restpotential des Hg in 0,1 n HCl vor der anod. Polarisation ist um einige mV kleiner als das Kalomelpotential von 396,8 mV. Durch $60 \cdot 10^{-3}$ Coulomb wird es auf das Potential der Kalomelelektrode gebracht. Für die Sättigung der Lsg. mit Kalomel wären theoret. nur 10^{-12} Coulomb erforderlich, wenn Kalomel das einzige anod. Reaktionsprod. wäre. Bei weiterer Anodisierung steigt das Potential der Elektrode auf ein Maximum, um dann auf das der Kalomelelektrode abzufallen. Auch die Polarisations/Zeitkurven zeigen Maxima, ihre Lage stimmt mit der Beobachtung der ersten Kalomelkristalle auf der Hg-Oberfläche überein. Zur Prüfung der Reversibilität der Elektroden haben Vff. auch Polarisationskurven im Stromdichtebereich von 0,04—0,20 μA/cm^2 aufgenommen. Der Verlauf dieser Kurven, verbunden mit einer deutlichen Hysterese deutet ebenfalls darauf hin, daß mehrere Elektrodenprozesse ablaufen. Auch durch die Verfolgung langsam ablaufender elektrochem. Prozesse wird die Annahme der Vff. bestätigt, daß Kalomel ganz oder teilweise durch sek. Prozesse gebildet wird. Anodisierung unter den von den Vff. angewandten Bedingungen führt nicht zur Kalomelelektrode. Die anod. Rk. besteht vielmehr in der Bldg. lösl. Hg-Verbindungen. Die Konzz. dieser Verbb. sind wesentlich größer als die, die sich aus dem Disproportionierungsgleichgewicht des Kalomels ergeben, das durch eine nicht elektrochem. Rk. gebildet wird. (J. chem. Soc. [London] **1953.** 3972—80. Dez. London, Birkbeck Coll.) WOELK. 142

R. H. Cousens, D. J. G. Ives und **R. W. Pittman,** *Anodenprozesse.* 2. Mitt. *Oscillographische Untersuchungen von Prozessen an der Quecksilberanode in Salzsäure* (1. vgl. vorst. Ref.) Das Potential der Elektrode Hg/0,1 n HCl haben Vff. mit Hilfe eines Kathodenstrahloscillographen in Abhängigkeit von Zeit u. Stromdichte gemessen. Die erhaltenen Potential/Zeitkurven werden auf der Grundlage einer idealisierten Kurve diskutiert. Diese Kurve besteht aus 4 Teilen, die sich durch verschied. Anstiege unterscheiden. Der erste Abschnitt wird dem Ladungsvorgang der Doppelschichtkapazität zugeschrieben. Im folgenden Zeitraum bleibt das Potential konstant um einige mV positiver als das Kalomelpotential. Dieser Teil der Polarisationskurve kann mit der Kalomelbldg. identifiziert werden. Im anschließenden Teil der Kurve erfolgt ein Übergang der Elektrode vom polarisierten in den unpolarisierten Zustand. Die Deutung der experimentell erhaltenen Kurven nach diesen Gesichtspunkten führt zu Ergebnissen, die zum Teil im Gegensatz zu den durch die Gleichgewichtsexperimente (l. c.) erhaltenen stehen. (Berücksichtigung der Entladung von Cl^--Ionen.) (J. chem. Soc. [London] **1953.** 3980—87. Dez.) WOELK. 142

R. H. Cousens, D. J. G. Ives und **R. W. Pittman,** *Anodenprozesse.* 3. Mitt. *Die Passivierung von Quecksilber in Salzsäure.* (2. vgl vorst. Ref.) Die weitere Unters. des Hg-Potentials in 0,1 n HCl erstreckte sich auf die Passivierung des Hg durch anod. Polarisation. Vff. vermuten, daß zur Ausbldg. der Passivität eine Schicht von ~22 Å genügt, deren Bldg. auch im Einklang mit den früher (l. c.) beobachteten Polarisations/Zeitkurven steht. Die Passivierungszeit definieren Vff. als die Zeit, die erforderlich ist, um nach dem Einschalten des Stromes Passivität zu erreichen. Sie steht in direktem Zusammenhang mit der Stromdichte nach $i \cdot t^{0,75} = \text{const.}$ Der Zustand der Elektrode während der Passivierung u. der Passivität wird im Zusammenhang mit früher erhaltenen Beobachtungen diskutiert. Vff. weisen jedoch darauf hin, daß eine eindeutige Erklärung des anod. Verh. des Hg in HCl noch nicht möglich ist. (J. chem. Soc. [London] **1953.** 3988—90. Dez.) WOELK. 142

A$_4$. Thermodynamik. Thermochemie.

René Bergeon, *Der dritte Virialkoeffizient für ein intramolekulares Potential mit einer Rückstoßkraft nach* r^{-s}. Es wird ein Ausdruck für den 3. Virialkoeff. für verschied. Potentialformen in Form einer Reihe entwickelt, um die Möglichkeit zu haben, mit größerer Genauigkeit gegen höhere Tempp. zu extrapolieren, bei denen die Rückstoßkräfte von größerer Bedeutung sind. (C. R. hebd. Séances Acad. Sci. **234.** 1039—41. 3/3. 1952.) R. LEVI. 146

R. C. Cairns, *Die Kondensation von Dampf aus Gas–Dampf-Gemischen.* Zur experimentellen Prüfung der von COLBURN u. HOUGEN (Ind. Engng. Chem., ind. Edit. **26.** [1934.] 1178), I. C. SMITH (Ind. Engng. Chem., ind. Edit. **34.** [1942.] 1248) u. COLBURN (Instn. mechan. Engr., Proc. [London] **164.** [1951.] 448) vorgeschlagenen Methoden zur Berechnung der zur Kühlung von Dampf–Fll.-Gemischen notwendigen Kondensor-Kühlfläche untersucht Vf. das Verh. eines einzelnen vertikalen Röhrenkondensors. Für die Systeme *Chlf.-Luft* (120,2—94,0° F) u. *W.-Luft* (168,3—129,9° F) werden die experimentellen Ergebnisse mit den berechneten Daten verglichen. Es zeigte sich, daß in den untersuchten Temperaturbereichen nach der COLBURN-HOUGENschen Formel die notwendige Fläche für Chlf.–Luft auf 2% u. für W.–Luft auf 5% genau berchnet werden konnte. Die von SMITH (l. c.) vorgeschlagene Abänderung der COLBURN-HOUGENschen Formel erwies sich in den untersuchten Fällen als unnötig. Nach der Näherungsmeth. von COLBURN (l. c.) ergab sich für beide Systeme eine um 40% zu große Fläche. (Chem. Engng. Sci. **2.** 127—38. Juni 1953. Sydney, Australia, New South Wales Univ. of Technol., School of Chem. Engng.) KARUTZ. 147

Ludwig Luft-Zurakowski, *Eine Apparatur zur experimentellen Erforschung des Gebietes hoher Drucke und hoher Temperaturen.* Vf. entwirft ein Modell zur Unters. der Gasgesetze bei Drucken bis zu 1000 at u. Tempp. bis zu 1000°, in dem die experimentellen Daten direkt bestimmt werden können u. keine Extrapolationen nötig sind. (Trans. Kansas Acad. Sci. **56.** 382—86. Sept. 1953. Lawrence, Kan., Univ.) WANNAGAT. 149

Yatendra Pal Varshni, *Van der Waalssches a und Ionisationspotential von inerten Gasen.* Vf. zeigt, daß zwischen der Konstanten a der VAN DER WAALSschen Gleichung u. dem Ionisationspotential V der Edelgase die Beziehung $a = -0{,}0004478 + 188{,}33/V^4$ besteht, wobei a in at · cm^4 u. V in Volt. (J. chem. Physics **21.** 1119. Juni 1953. Allahabad, India, Univ., Dep. of Phys.) FUCHS. 149

Norbert V. Ibl und **Barnett F. Dodge,** *Bemerkung zur Duhemschen Gleichung.* Vff. diskutieren die Gültigkeitsbedingungen der in der Praxis üblicherweise verwendeten einfachen Formen der GIBBS-DUHEMschen Gleichung. Es wird eine einfache Ableitung der Beziehungen bei konstantem Druck bzw. konstanter Temp. für ein bin. Dampf–Fl.-System im Gleichgewichtszustand gegeben, die den Zusammenhang zwischen den Flüchtigkeiten bzw. den Aktivitätskoeffizienten der Komponenten bzw. den Zuss. der Dampf- u. Flüssigkeitsphase u. T bzw. p ergibt. Die Anwendbarkeit der allg. Formeln wird am Beispiel *Aceton–Schwefelkohlenstoff* — bes. für p = const im Hinblick auf Destillationsprobleme — diskutiert. (Chem. Engng. Sci. **2.** 120—26. Juni 1953. Zürich, Swiss Fed. Inst. of Technol., Labor. of Phys. Chem., u. New Haven, Conn., Yale Univ., Dep. of Chem. Engng.) KARUTZ. 150

P. A. H. Wyatt, *Reaktionen in der Dampfphase und die Duhem-Margulessche Gleichung (mit einigen Hinweisen auf Salpetersäure).* Wenn bei Verdampfungsprozessen Rkk. in der Dampfphase stattfinden, sind die gemessenen Partialdrucke weitgehend von der verwendeten experimentellen Meth. abhängig u. die DUHEM-MARGULESsche Gleichung $\sum \varkappa_i \, d\ln p_i = 0$ kann nicht ohne weiteres direkt auf die experimentellen Ergebnisse angewendet werden. Vf. diskutiert die Möglichkeiten, Formeln vom Typ der D.–M.-Gleichung unter Berücksichtigung der für die Dampfphasengleichgewichte gültigen Gleichungen abzuleiten, die auch im oben erwähnten Fall anwendbar sind. Das Syst. W.–HNO_3 wird unter zwei Gesichtspunkten betrachtet: 1. der Möglichkeit eines Überschusses von N_2O_5 im Dampf der reinen HNO_3 u. 2. dem Einfl. der Dampfphasen-Rk. $4\,HNO_3 \rightleftharpoons 4\,NO_2 + O_2 + 2\,H_2O$. Die experimentellen Ergebnisse früherer Autoren u. deren Deutungen werden diskutiert. (Trans. Faraday Soc. **50.** 352—57. April 1954. Sheffield, Univ.) KARUTZ. 150

C. G. Stevens und **E. T. Turkdogan,** *Die Bildungswärmen von Trimanganphosphat und Trimagnesiumphosphat.* Vff. bestimmten nach einer calorimetr. Meth. die Lösungswärmen von kristallinem $Mn_3P_2O_8$ ($\Delta H_{348°K} = -28910 \pm 120$ cal), kristallinem $Mg_3P_2O_8$ (-47690 ± 100), kristallinem *MnO* (-81890 ± 335), kristallinem *MgO* (-106380 ± 450) u. orthorhomb. P_2O_5 (-52250 ± 420) in 1 n *HCl* bei 75° mit Endkonzz. der gelösten Substanzen von 0,057 Mol/Liter bei MgO u. MnO u. 0,019 Mol/

Liter in den anderen Fällen. Aus diesen Ergebnissen berechneten Vff. die Bildungswärmen von $Mn_3P_2O_8$ zu $\Delta H_{348°K}$ = —105230 ± 550 cal u. von $Mg_3P_2O_8$ zu $\Delta H_{348°K}$ = —110940 ± 620 cal. Unter Heranziehung von Literaturwerten ergaben sich für die Bildungswärmen aus den Elementen im Normalzustand folgende Werte: $\Delta H_{298°K}$ = —749750 ± 7000 cal für $Mn_3P_2O_8$ u. $\Delta H_{298°K}$ = —910860 ± 7000 cal für $Mg_3P_2O_8$. (Trans. Faraday Soc. **50.** 370—73. April 1954. London, Brit. Iron & Steel Res. Ass.) KARUTZ. 155

E. C. Baughan, *Die Verdampfungswärmen der Elemente.* Vf. diskutiert die Verdampfungswärmen L_0 (bei 0°K) der metall. Elemente für die Bldg. von Atomen im „Grundzustand". Dabei werden folgende Voraussetzungen gemacht: die Verdampfungswärme Λ_0 für die Bldg. von Atomen im „Valenzzustand" ($\Lambda_0 = L_0 + E_0$ mit E_0 = Anregungsenergie des „Valenzzustandes") ist proportional 1. der Anzahl der erstnächsten Nachbarn jedes Atoms im Gitter, 2. der Anzahl der Valenzelektronen u. 3. einer allg. Funktion f(d), die nur von den Atomabständen abhängig ist. Die Formeln werden an den Elementen der Gruppen Ia, IIa u. IIIa geprüft, deren Wertigkeit mit Sicherheit bekannt ist, u. werden dann angewendet auf die Wertigkeiten der Übergangselemente. Dabei kommt Vf. zu Ergebnissen, die in guter Übereinstimmung stehen mit der Arbeit von HUME-ROTHERY, IRVING u. WILLIAMS (Proc. roy. Soc. [London] Ser. A **208.** [1951.] 431). Es werden weiterhin einige Voraussagen über noch nicht genau bekannte Verdampfungswärmen gemacht u. einige Anomalien aufgezeigt. (Trans. Faraday Soc. **50.** 322—35. April 1954. Shrivenham, Berkshire, Royal Military Coll. of Sci., Chem. Dep.) KARUTZ. 155

J. M. Dumoré, H. J. Merk und **J. A. Prins,** *Wärmeübergang von Wasser auf Eis durch thermische Konvektion.* Eine Eiskugel (Temp. T = 0°, Oberfläche = F, Durchmesser = D) wird in einer großen Menge von wärmerem W. (Temp. in großem Abstand = T_∞, Wärmeleitfähigkeit = λ) untergetaucht. Die in der Zeit t auf das Eis übergegangene Wärmemenge Q ergibt sich nahe übereinstimmend aus der Abnahme von D u. aus der Gewichtsabnahme. Zur Beschreibung der Versuchsergebnisse dient der Faktor α in der Gleichung $Q = \alpha \cdot F \cdot t \cdot (T_\infty - T)$. Angegeben ist der dimensionslose Ausdruck $\alpha D/\lambda$ = Nu = NUSSELTsche Kennzahl. Für von 0° aus wachsendes T_∞ ergibt sich wegen der Ausdehnungsanomalie von W. eine wechselnde Richtung der Konvektionsströmung, dementsprechend ein wechselnder Wert von Nu, nämlich zunächst steigend von ca. 2—7 (Maximum bei $T_\infty \approx 3°$), dann fallend zu einem Minimalwert (Spitze mit Nu = 4 für T_∞ = 4,8°), schließlich steigend auf Nu = 12—16 bei 18°. Näherungsweise Herleitung dieser Funktion s. Original. (Nature [London] **172.** 460—61. 5/9. 1953. Delft, TH, Labor. für techn. Physik.) G. LOCHMANN. 158

A_5. Kolloidchemie. Grenzschichtforschung.

R. Bedos, *Dielektrische Eigenschaften eines kolloidalen Silbers bei hoher Frequenz.* In Fortführung früherer Unterss. (vgl. C. **1953.** 814) über das Verh. eines Ag-Hydrosols in einem Wechselfeld von 0,1—1,5 MHz untersuchte Vf. nach der gleichen Meth. Ag-Hydrosole mit Ag-Konzz. von 0,25; 0,125; 0,06 u. 0,03‰ in Feldern bis zu 10 MHz. Bei jeder Frequenz zwischen 2 u. 10 MHz erhält man innerhalb der Meßgenauigkeit für die akt. Terme der komplexen Impedanz der Meßzelle die gleichen Werte, einerlei ob die Zelle mit dem Koll. oder mit W. gefüllt war, welches zur Verdünnung benutzt wurde. Unterhalb 2 MHz treten Abweichungen zwischen den für das W. u. für das Koll. erhaltenen Parametern auf, u. zwar werden diese Abweichungen immer größer, je niedriger die Frequenz u. je höher die Kolloidkonz. sind. (J. Physique Radium **14.** 35 S—36 S. Okt. 1953. Marseille, Fac. des Sci., Labor. de Phys. M. P. C.) GOTTFRIED. 162

G. B. Moses, A. F. Sirianni und **I. E. Puddington,** *Temperatureffekte bei thixotropen Systemen.* Es wird der Einfl. der Temp. u. einer hohen Scherbeanspruchung auf den Thixotropiekoeff. einiger aus einer Seife u. Mineralöl bestehenden Schmiermittel untersucht. Dabei wird eine temperaturabhängige Bindung zwischen den Teilchen beobachtet, die bes. im Falle der *Na-Seifen* infolge hoher Scherbeanspruchung für längere Zeitabschnitte zerstört werden kann. Anscheinend handelt es sich um eine dem Sinterungsvorgang ähnliche Erscheinung, da durch Erwärmen auf eine bestimmte Temp. eine Erholung herbeigeführt werden kann. Eine verminderte Temperaturabhängigkeit bei der Thixotropie nichtseifenartiger Systeme (SiO_2-Bentonit- oder Rußdispersionen in KW-stoffen) wurde ebenfalls beobachtet, obwohl diese durch Änderung der Art der Oberfläche der festen Teilchen weitgehend verändert wird. (Canad. J. Technol. **31.** 121—25. Juni 1953. Ottawa, National Res. Labor.) HENTSCHEL. 163

W. M. Champion und **G. D. Halsey jr.**, *Eine neue Mehrschichtisotherme unter Berücksichtigung der Entropie.* Vff. modifizierten eine früher entwickelte Mehrschichtisotherme (vgl. HILL u. Mitarbeiter, C. **1952**. 6178) so, daß bei der neuen Isotherme auch die Änderungen der Adsorptionsentropie berücksichtigt werden können. Das Modell ist ähnlich wie früher (l. c.), nur kann jetzt jede Verteilungsfunktion für die Adsorptionsenergie benutzt werden. Außerdem wird zur Berechnung der Oberflächenbedeckung die Stufenfunktions-Adsorptionsisotherme durch die Gleichungen von T. L. HILL (C. **1948**. E. 177) ersetzt. Zur Berechnung der thermodynam. Funktionen einer Reihe von Energieverteilungen werden graph. Methoden herangezogen. Diese berechneten Funktionen werden mit experimentellen Daten aus der Literatur verglichen; sie zeigen eine befriedigende Übereinstimmung. (J. Amer. chem. Soc. **76**. 974—78. 20/2. 1954. Washington, D. C., Univ., Dep. of Chem.) G. HEINRICH. 176

M. Wahba und **C. Kemball,** *Die Adsorptionswärme von Ammoniak und Wasserstoff an Metallfilmen.* Mit Hilfe eines ähnlichen mikrocalorimetr. Verf., wie es BEECK, COLE u. WHEELER (C. **1951**. II. 18) benutzten, werden bei 21° die Adsorptionswärmen von NH_3 u. H_2 an aufgedampften Filmen von *Ni*, *Fe* u. *W* gemessen u. gleichzeitig die Adsorptionsisothermen dieser Gase bestimmt. In allen Fällen wurde eine deutliche Abnahme der Adsorptionswärmen bei steigender Belegungsdichte der Oberfläche beobachtet. Die Adsorptionswärme für NH_3 war größer als für H_2, mit Ausnahme der Ni-Filme mit einer mehrere Mol.-Lagen starken Adsorptionsschicht. Da die Adsorption von NH_3 etwas träger als die von H_2 ist, wird angenommen, daß für die Adsorption unter Dissoziation in NH_2 u. H eine geringe Aktivierungswärme erforderlich ist. Infolge Adsorption u. Desorption von NH_3 an den Wänden der Glasapp. sind einige Korrekturen vorzunehmen. Die Fe- u. W-Filme geben bei stärkerer Bedeckung mit NH_3 erst rasch u. später langsam ein permanentes Gas, wahrscheinlich H_2, ab u. aus dem aus einem bekannten Vol. adsorbierten NH_3 gebildeten Betrag ist auf die Dissoziation in NH-Radikale oder N-Atome zu schließen. (Trans. Faraday Soc. **49**. 1351—60. Nov. 1953. Cambridge, Mass., Univ., Dep. of Phys. Chem.)
HENTSCHEL. 176

S. J. Gregg, *Die Herstellung aktiver Festkörper durch thermische Zersetzung.* 1. Mitt. *Einführung.* Die Bldg. akt. Festkörper durch Zers. nach A → B + Gas ist mit einer Vergrößerung der spezif. Oberfläche verbunden. Die Kurve spezif. Oberfläche/Temp. bei t = const. kann, je nach dem Mechanismus der Rk., verschied. Form haben. Vf. zeigt an Hand der in der Literatur bekannten experimentellen Ergebnisse, daß 4 Fälle zu unterscheiden sind: Die Kurve hat ein Maximum, wenn B prim. als instabiles Pseudogitter gebildet wird, das schnell zur stabilen Form rekristallisiert. Ein kontinuierlicher Abfall der Kurve deutet darauf hin, daß die Gitter von A u. B gleich sind. Nur geringe Änderungen der spezif. Oberfläche mit der Temp. ergeben sich, wenn B eine A ähnliche, nahezu stabile Struktur hat. Ein Verlust von Kristallwasser in weiten Temperaturbereichen bewirkt ein kontinuierliches Ansteigen der Kurve im entsprechenden Temperaturgebiet. (J. chem. Soc. [London] **1953**. 3940—44. Dez. Exeter, Univ. College.) WOELK. 176

S. J. Gregg und **K. J. Hill,** *Die Herstellung aktiver Festkörper durch thermische Zersetzung.* 2. Mitt. *Eisen(III)-oxyd.* (1. vgl. vorst. Ref.) Eisenoxydgel, hergestellt durch Fällung von $FeCl_3$ mit NH_4OH in sehr verd. Lsg., wurde 5 Std. lang Tempp. zwischen 50 u. 800° ausgesetzt; anschließend wurden die Adsorptionsisothermen von N_2 u. O_2 bei —183° u. von CCl_4 bei 25° bestimmt. Ferner wurden untersucht: die Immersionswärmen H in CCl_4 u. Dekalin, die scheinbaren Dichten in H_2O, CCl_4, Dekalin u. Butylphthalat, die Lsg. in HCl u. HCl + Dithionit als Reduktionsmittel, der H_2O-Geh. sowie die Röntgen-Pulverdiagramme. Die aus den 3 Adsorptionsisothermen berechneten Oberflächen S zeigen zum Teil größere Unterschiede. Die Kurven S/T u. H/T fallen ab 50° kontinuierlich mit der Temp. ab. Durch die therm. Behandlung wird also die Sinterung, nicht die Aktivierung begünstigt. Aus dem Einfl. von Mol.-Größe u. Form der verwendeten Fll. auf die Dichten des Oxyds schließen Vff. auf ein größeres Porenvolumen. Für die Bindung des H_2O ergeben die Bestimmungen des H_2O-Geh. verschied. Proben folgende Möglichkeiten: außerhalb oder innerhalb der Micellen adsorbierte H_2O-Moll. u. OH-Gruppen in einem instabilen Hydroxyd, $Fe(OH)_3$ oder FeO·OH. Eine Unterscheidung dieser 3 Bindungsarten war nicht möglich. Die Lösungsgeschwindigkeit in Säure ist für die bei Tempp. zwischen 150 u. 500° behandelten Oxydproben wesentlich größer als für die bei 800° gewonnenen. Dies kann auf das Verschwinden der bei Tempp. $<500°$ noch vorhandenen Gitterspannungen zurückgeführt werden. In Ggw. des Reduktionsmittels ist dieser Einfl. des Gitterzustandes auf die Lösungsgeschwindigkeit geringer. (J. chem. Soc. [London] **1953**. 3945—51. Dez.) WOELK. 176

S. J. Gregg und **M. J. Stephens,** *Die Herstellung aktiver Festkörper durch thermische Zersetzung.* 3. Mitt. *Die Calcinierung von Kaolinit.* (2. vgl. vorst. Ref.) Vff. untersuchen die Frage, ob durch den H_2O-Verlust des Kaolinits beim Erhitzen auf höhere Tempp. ein Anstieg der spezif. Oberfläche S bewirkt wird, indem sie die Adsorptionsisothermen für N_2 u. O_2 von bei Tempp. zwischen 50 u. 1400° calcinierten Kaolinitproben bestimmen. Aus diesen Isothermen u. den in CCl_4 u. im Vakuum bestimmten Dichten wurden die Oberflächen nach der Meth. von BRUNAUER, EMMETT u. TELLER berechnet. Die Löslichkeiten in 1nHCl wurden konduktometr. bei 93°, der H_2O-Geh. isotherm u. bei steigender Temp. untersucht. Im Gegensatz zu den bei $Al(OH)_3$ u. $Mg(OH)_2$ erhaltenen Ergebnissen wurde auch hier (vgl. l. c.) kein Anstieg, sondern ein langsamer Abfall von S bis 800° gefunden. Auch die Dichten zeigen, daß kein Pseudogitter gebildet wird. Die im Gitter des entstehenden Prod. befindlichen Leerstellen sind zu klein, um N_2-, O_2- oder CCl_4-Moll. aufzunehmen, aber groß genug für H^+-Ionen. Letzteres geht aus der wesentlich größeren Löslichkeit der bei 500° erhaltenen Probe (~37%) gegenüber denen des Ausgangsmaterials u. der 1000°-Probe hervor. Der Anstieg der scheinbaren D. u. der stärkere Abfall von S bei Tempp. >800° kann auf stärkere Sinterung zurückgeführt werden. (J. chem. Soc. [London] **1953.** **3951**—**56.** Dez.) WOELK. 176

E. V. Ballou und **Sydney Ross,** *Die Adsorption von Benzol und Wasserdampf an Molybdändisulfid.* Wegen seiner Ähnlichkeit mit Graphit hinsichtlich einer leichten Spaltbarkeit nach der (0 0 0 1)-Ebene wird für das hexagonale u. feingemahlene Molybdändisulfid (gereinigter Molybdänit) die Adsorption von N_2, Bzl., *Toluol*, *Heptan* u. Wasserdampf durch Aufnahme der Adsorptionskurven untersucht. Da MoS_2 sich leicht mit einer Oberflächenhaut von Trioxyd, namentlich beim Erhitzen auf 110°, bedeckt, werden die Proben durch Extraktion mit verschied. organ. Lösungsmitteln vorbehandelt. Zur Entfernung der Oxydschicht wird eine Behandlung mit NH_4OH-Lsg. mit u. ohne anschließende Behandlung mit H_2S bei 125° vorgenommen. Die oxydfreie Oberfläche ist im Gegensatz zur anoxydierten hydrophob, u. der Betrag an adsorbiertem Wasserdampf ist proportional zum Ausmaß der Oberflächenoxydation. (J. physic. Chem. **57.** 653—57. Okt. 1953. Troy, N. Y., Rensselaer Polytechn. Inst.) HENTSCHEL. 176

A_6. Strukturforschung.

Ludwig Mayer, *Elektronenoptische Abbildung eines Elektronenstrahls.* Ein Strahl von 2,5 kV-Elektronen, welcher dicht an der Oberfläche eines Elektronenspiegels vorbeiführt, beeinflußt in beobachtbarer Weise einen dazu senkrecht verlaufenden breiteren, an diesem Elektronenspiegel reflektierten u. daher dort wesentlich langsameren Strahl. Der reflektierte Strahl überträgt nach erneuter Beschleunigung u. Ablenkung durch ein Magnetfeld auf einen Leuchtschirm oder eine Photoplatte ein deutliches Schattenbild des zum Spiegel parallelen Strahls. (J. appl. Physics **24.** 105—06. Jan. 1953. Wright-Patterson Air Force Base, Ohio, Comp. and Systems Labor.) LENZ. 181

Edgar G. Johnson und **Alfred O. Nier,** *Winkelaberrationen in sektorförmigen elektromagnetischen Linsen für die Fokussierung von Strahlen geladener Teilchen.* Der allg. Ausdruck für die Winkelaberrationen 2. Ordnung sektorförmiger elektromagnet. Linsen wird abgeleitet, welche aus der Überlagerung eines homogenen Magnetfeldes mit einem radialen elektr. Feld bestehen. Das Ergebnis wird auf die Sonderfälle des rein magnet. u. rein elektr. Feldes spezialisiert. Die ionenopt. Eigg. eines Massenspektrometers mit elektr. u. magnet. Sektorfeldern mit Geschwindigkeitsfokussierung 1. Ordnung u. Winkelfokussierung 2. Ordnung werden berechnet. (Physic. Rev. [2] **91.** 10—17. 1/7. 1953. Minneapolis, Minn., Univ., Dep. of Phys.) LENZ. 181

Kuo-Chu Ho und **Robert J. Moon,** *Berechnung der elektrostatischen Potentialverteilung für elektronenoptische Systeme.* Rechner. Entwurf eines Elektronenstrahlerzeugers, welcher einen zylindr., raumladungsbegrenzten Elektronenstrahl liefern soll. Der raumladungsbegrenzte Elektronenstrahl wird als Randbedingung vorgegeben u. von seiner Begrenzung aus mit Hilfe des Maschenverf. das übrige Feld einschließlich der Form seiner erzeugenden Elektronen berechnet. Die Übereinstimmung mit dem von PIERCE (C. **1941.** I. 5) für dasselbe Problem experimentell im elektrolyt. Trog gewonnene Ergebnis ist gut. (J. appl. Physics **24.** 1186—93. Sept. 1953. Chicago, Ill., Univ., Inst. of Radiobiol. and Biophys.) LENZ. 181

M. Laudet und **P. Pilod,** *Das Potential einer elektrostatischen Elektronenlinse. Vergleich numerischer Rechenergebnisse mit Messungen am elektrolytischen Trog.* Das Feld einer elektrostat. Einzellinse mit 3 äquidistanten Elektroden gleicher Mittelbohrung wird einmal rechner. nach dem Maschenverf. u. einmal mittels des elektrolyt.

Troges bestimmt. Diskussion der Vor- u. Nachteile beider Methoden. (J. Physique Radium **14.** 323—28. Mai 1953. Toulouse, Fac. des Sci., Phys. théor. et Labor. d'Opt. électron.) LENZ. 181

George H. Vineyard, *Streuungskorrektur zweiter Ordnung in der Neutronen- und Röntgenstrahlenbeugung.* (Sitzungsbericht.) Es wurden Berechnungen zur Abschätzung der bei Röntgen- u. Neutronenstrukturbestimmungen anzubringenden Korrekturen für Mehrfachstreuung durchgeführt. Angenommen wurde hierbei, daß die Probe aus einer ebenen Tafel besteht, welche aus kleinen, mit regellosen Phasen streuenden Elementen zusammengesetzt ist. Die Intensität der n-fach gestreuten Strahlung läßt sich durch iterierte Integrale ausdrücken. Die Streuung zweiter Ordnung wurde mit Hilfe einer Annäherung explizit ausgewertet, welche Gültigkeit besitzt, wenn die Streuung von jedem Element in einer Anzahl von Richtungen nahezu gleich verteilt ist, wie dies gewöhnlich bei Fll. u. kristallinen Pulvern der Fall ist. Aus den für verschied. experimentelle Anordnungen erhaltenen Kurven folgt, daß in allen Fällen das Verhältnis der Streuung zweiter Ordnung zu der erster Ordnung proportional dem Verhältnis des Streuungswirkungsquerschnitts zu den Streuungs- plus Absorptionswirkungsquerschnitten ist. Aus diesem Grund ist allg. Mehrfachstreuung mit Neutronen wichtiger als mit Röntgenstrahlen. Bei Durchstrahlungsverss. ist die Streuung zweiter Ordnung für alle Streuwinkel $\ll 180^0$ nahezu isotrop. So lange schließlich die Streuung zweiter Ordnung im Vgl. zu der Streuung erster Ordnung klein ist, wird die Mehrfachstreuung im wesentlichen durch die Streuung zweiter Ordnung beschrieben. (Physic. Rev. [2] **91.** 239—40. 1/7. 1953. Brookhaven Nat. Labor.) GOTTFRIED. 181

Marvin C. Tobin, *Die Transformationseigenschaften von inneren Koordinaten unter Deckoperationen.* Theoret. Untersuchung. (J. chem. Physics **20.** 1980. Dez. 1952. Cambridge, Mass., Arthur D. Little, Inc.) GOTTFRIED. 181

D. W. Smits und **E. H. Wiebenga,** *Messung von Röntgenstrahlintensitäten auf integrierten Weißenberg-Diagrammen.* Es wird ein einfaches Photometer zur Auswertung von integrierten WEISSENBERG-Aufnahmen (vgl. hierzu WIEBENGA u. SMITS, C. **1951.** II. 3278) beschrieben. Eine Arbeitsvorschrift zur homogenen Entw. der Filme wird gegeben. (J. sci. Instruments **30.** 280—81. Aug. 1953. Groningen, State Univ.) GOTTFRIED. 181

Fausto G. Fumi, *Physikalische Eigenschaften von Kristallen: Die Direktinspektionsmethode.* Strukturtheoret. Untersuchung. (Acta crystallogr. [Copenhagen] **5.** 44—48. Jan. 1952. Urbana, Ill., Univ., Dep. of Phys.) GOTTFRIED. 181

D. Sayre, *Die quadrierende Methode: Eine neue Methode für die Phasenbestimmung.* Es werden eine Reihe von Beziehungen entwickelt, die zwischen den Strukturfaktoren von Kristallen bestehen, welche nur aus gleichen Atomen bestehen u. die ebenso für gewöhnliche, nur aus C-, N-, O- u. H-Atomen bestehende organ. Kristalle Gültigkeit besitzen. Diese Beziehungen sind eine Folge der Ähnlichkeiten zwischen der Elektronendichtefunktion $d(\bar{x})$ u. ihrem Quadrat $d^2(\bar{x})$ für solche Kristalle; sie machen außerdem die allg. Feststellung, daß die Phase von $F(a + b)$ der von $F(a)$ $F(b)$ nahe verwandt ist. Die vorgeschlagene Meth. wurde auf die Strukturbest. des *Oxyprolins* angewandt, die bereits früher von ZUSSMAN (vgl. C. **1951.** II. 2301) mittels anderer Methoden aufgeklärt worden war. Es war möglich, innerhalb einiger Tage die Vorzeichen von 31 Strukturfaktoren festzustellen, von denen 30 richtig waren; die hiermit durchgeführte FOURIER-Synth. zeigte eine befriedigende Festlegung des Moleküls. (Acta crystallogr. [Copenhagen] **5.** 60—65. Jan. 1952. Oxford, Univ. Museum, Labor. of Chem. Crystallography.) GOTTFRIED. 181

W. Cochran, *Eine Beziehung zwischen den Vorzeichen von Strukturfaktoren.* Ausgehend von der von SAYRE abgeleiteten Gleichung (vgl. vorst. Ref.) entwickelte Vf. eine den HARKER-KASPERschen Ungleichungen (HARKER u. KASPER, C. **1949.** II. 843) verwandte Beziehung zwischen den Vorzeichen der Strukturfaktoren. Es wird untersucht, wie weit eine partielle FOURIER-Reihe, die als Koeffizienten nur einige der größeren Strukturfaktoren enthält, die Elektronendichte in einer Kristallstruktur wiedergibt. Unter Benutzung der Beziehungen zwischen den Strukturfaktoren einer Elektronenverteilung u. denen des Quadrats dieser Verteilung, wird die wahrscheinliche Beziehung abgeleitet. An Hand von 2 Beispielen, Glutamin u. dem Monohydrat des Guaninhydrochlorids, wird die Anwendbarkeit der Meth. diskutiert. (Acta crystallogr. [Copenhagen] **5.** 65—67. Jan. 1952. State College, Pa., Pennsylvania State Coll., Physics Dep.; Cambridge, England, Cavendish Labor.) KRÖNERT. 181

Rudolf Gevers, *Intensität der gebeugten Röntgenstrahlen von Kristallen hexagonaler und kubischer dichtester Packung mit Packungs-, Wachstums- und Deformationsfehlern.*

Vf. untersuchte theoret. nach der verallgemeinerten Meth. von HENDRICKS u. TELLER (vgl. J. Chim. physique Physico-Chim. biol. **10.** [1942.] 147) die Intensität der Streuung von Röntgenstrahlen an hexagonal u. kub. dichtest gepackten Kriställchen mit gleichzeitig auftretenden Wachstums- u. Deformationsfehlern. (C. R. hebd. Séances Acad. Sci. **237.** 463—64. 17/8. 1953.) GOTTFRIED. 181

P. Gay, P. B. Hirsch und **J. N. Kellar,** *Asymmetrische Röntgenreflexionen von angeschliffenen Kristallen.* Zur Messung der Intensitäten von asymm. Reflexionen wurde ein monochromat. Röntgenstrahl an dem zu untersuchenden Kristall reflektiert u. die Änderung von I/I_0 mit dem Winkel Φ gemessen, wo Φ den Winkel zwischen den reflektierenden Ebenen u. der Spur der Kristalloberfläche in der Ebene der einfallenden u. reflektierten Strahlen bedeutet. Der Kristall wurde unter einem Winkel $\omega(\geq\vartheta) - \vartheta =$ BRAGG-Winkel zu den reflektierenden Ebenen abgeschliffen oder geschnitten. Durch Drehen des Kristalls wurde für jeden Wert von Φ die optimale Reflexionsstellung bestimmt, u. hierauf wurden die Intensitäten der einfallenden u. reflektierten Strahlen gemessen. Untersucht wurden Kristalle von *Calcit* u. *LiF*, u. zwar frische, unbehandelte Kristallspaltflächen, leicht u. stärker angeschliffene Spaltflächen sowie nach dem Anschleifen polierte oder geätzte Oberflächen. Aus den erhaltenen Intensitäten muß auf die Existenz von Unvollkommenheiten bei den verschieden behandelten Kristallflächen geschlossen werden. Elektronenaufnahmen von frischen oder abgeätzten Spaltflächen von Calcit gaben KIKUCHI-Linien, was einen hohen Grad von Vollkommenheit anzeigt. Bei leichtem Anschleifen werden diese Linien undeutlicher sowie ein Kreuzgitter von in die Länge gezogenen Interferenzflecken. Eine schwach polierte Oberfläche ergab ein Pulverdiagramm, während eine hochpolierte Oberfläche ein Diagramm lieferte, das für eine BEILBY-Schicht typ. ist. Die gleichen Beobachtungen wurden mittels röntgenograph. Methoden gemacht. Die Ggw. von absorbierenden Material auf der Oberfläche von *Steinsalz* u. *Fluorit* wurde röntgenograph. nachgewiesen u. ihre Dicke für alle untersuchten Kristalle nach verschied. Vorbehandlungen der Kristallflächen bestimmt. (Vgl. hierzu C. **1954.** 2773.) (Acta crystallogr. [Copenhagen] **5.** 7—11. Jan. 1952. Cambridge, Cavendish Labor., Crystallographic Labor.) GOTTFRIED. 181

B. Widom und **S. H. Bauer,** *Energieaustausch bei Molekülzusammenstößen.* (Sitzungsbericht.) Nach EUCKEN u. KÜCHLER (vgl. Physik. Z. **39.** [1938.] 831) hat der mittlere Wirkungsquerschnitt für Entanregungszusammenstöße zwischen CO_2 u. W. ein Maximum bei ca. 350° K; seine Abnahme bei höheren Tempp. wurde bisher als anomal angesehen. Wenn man auf dieses Syst. die semiklass. Theorie unelast. Molekülzusammenstöße von ZENER (vgl. Physic. Rev. [2] **38.** [1931.] 277) anwendet, dann erhält man einen effektiven Stoßdurchmesser, welcher einer monoton abfallenden Funktion der Temp. folgt; dieses Verh. ist eine direkte Folge der gegenseitigen Reaktionsfähigkeit dieser Moleküle. Wenn man außerdem eine Korrektur für niedrige Energien anbringt, dann muß der berechnete Stoßdurchmesser auch bei tiefen Tempp. abnehmen. Die Ergebnisse sind dann über den gesamten Temperaturbereich in qualitativer Übereinstimmung mit den experimentellen Tatsachen. (Physic. Rev. [2] **91.** 240. 1/7. 1953. Cornell Univ.) GOTTFRIED. 182

Massimo Rocca, *Die Polymerisation des Wassers.* Auf Grund elektronentheoret. Überlegungen u. ihrer experimentellen Nachprüfung kommt Vf. zu Vorstellungen über die verschied. Polymerisationszustände des Wassermol., das in 5 verschied. Formen auftreten kann: Monomol. im Dampfzustand, als Fl. mit allmählichem Übergang von Dihydrol zu Hexahydrol, unter 0° fest, vermutlich als Hexahydrol, in fester, cycl. Hyperpolymerisation, z. B. aus dem H_2O_2-Stoffwechsel, in Co-Komplexen usw., u. endotherm polymerisiert. (Chimica [Milano] **6.** 278—81. Aug. 1951.) R. K. MÜLLER. 182

J. D. Bernal, *Die Rolle des Wassers in den kristallisierten Substanzen.* Nach einem kurzen einleitenden Überblick über die innere Struktur des Wassermol. gibt Vf. eine neue Klassifikation der wasserhaltigen krist. Substanzen. Es werden die folgenden Hauptgruppen aufgestellt, *Nesohydrate* N, *Inohydrate* I, *Phyllohydrate* P u. *Tectohydrate* T. Die N enthalten die Wassermoll. isoliert oder in kleinen Gruppen, im allg. um ein Ion koordiniert; sie lassen sich in verschied. Gruppen unterteilen: in N(a) liegt das Mol. H_2O isoliert vor, in N(b), N(c) u. N(d) sind die H_2O-Moll. zum Teil oder ganz direkt an ein Metallatom koordiniert. Diese 3 Gruppen entsprechen der Tatsache, daß die Anzahl der H_2O-Moll. niedriger, gleich oder größer ist als die Koordination des positiven Ions für das Wasser. Der Fall N(c) ist der einfachste: alle Wassermoll. bilden ein Koordinationspolyeder um das Metallion; in N(b) ist jedes H_2O-Mol. an ein Kation gebunden, die Zahl dieser Moll. ist jedoch nicht aus-

reichend, um die Koordination dieses Ions abzusättigen. In N(d) schließlich sind mehr H_2O-Moll. vorhanden, als um Metallionen koordiniert sind. Diese zusätzlichen H_2O-Moll. wirken als sek. Kettenglieder, welche durch OH-Bindungen, teils von den an die Metallatome gebundenen Wassermoll., teils von den O-Atomen des Anions zusammengehalten werden. Die I-Gruppe enthält Ketten von H_2O-Moll. u. hat nur wenig Repräsentanten. In den P-Hydraten bilden die H_2O-Moll. Schichten; sie zerfallen in 2 Gruppen je nachdem, ob der Geh. an W. u. die Abstände zwischen den Schichten unveränderlich sind oder nicht. In der Klasse T bilden die H_2O-Moll. eine kontinuierliche Phase, in die andere Moll. oder Ionen eingeschlossen sind. Die kristallinen T haben als Analoga unter den amorphen Substanzen die wss. Lsgg. von Moll. u. Ionen. Die Anordnung der H_2O-Moll. um die Ionen u. die fremden Moll. ist in beiden Fällen gleich, u. zwar koordinierte H-Atome u. OH-Bindungen für die polaren Typen, Bldg. von Lücken mit OH-Bindungen für die neutralen Moll.; in beiden Fällen sind die Wassermoll. tetrakoordiniert. Der einzige Unterschied ist, daß der Ordnungszustand auf große Entfernung nicht mehr eingehalten ist. Einen besonderen Fall bilden die Lsgg. mit sehr großen amphoteren Ionen mit einem Durchmesser von 100 Å oder mehr. In diesem Falle bilden kugelförmige amphotere Ionen Koazervate, längliche Ionen Taktoide mit mesomorpher Orientierung oder faserige Ionen Gele. Aus der Literatur werden die einzelnen Gruppen u. Untergruppen mit Beispielen belegt. (J. Chim. physique Physico-Chim. biol. **50.** C1—C12. Juli/Aug. 1953. London, Univ.)
GOTTFRIED. 190

W. A. Wooster, *Der Einfluß der Wassermoleküle auf die physikalischen Eigenschaften der kristallinen Hydrate.* An Hand von bekannten Kristallstrukturen untersucht Vf. die Beziehungen zwischen der Struktur u. den folgenden Eigg.: Wärmeausdehnung, Piezo- u. Ferroelektrizität, Elastizität, Dielektrizität, Optik, Härte u. Spaltbarkeit. Vf. weist zunächst darauf hin, daß keine physikal. Eig. der Hydrate allein durch die Wassermoll. bestimmt wird, sondern daß auch die positiven u. negativen Ionen des Gitters dazu beitragen. Bzgl. der Wärmeausdehnung kann man feststellen, daß, falls die Anordnung der Wassermoll. deutlich anisotrop ist, auch die Wärmeausdehnung anisotrop ist. Ferner kann aus den verschied. Strukturen ersehen werden, daß der Einfl. der Wassermoll. des Typs H_2O oder des Typs —H—O—H— der ist, die Wärmeausdehnung zu erhöhen. Bzgl. der Piezoelektrizität kann ausgesagt werden, daß die kettenförmige Anordnung der Atome —O—H—O—H—O—H— bzw. der Anordnung O—H_2O—O—H_2O— bei einer Verschiebung der H-Atome in bezug auf die O-Atome, u. zwar in demselben Sinne, ein elektr. Moment entwickeln kann. Auch bei der Elastizität scheint der Beitrag der Ketten O—H—O— wegen der Biegsamkeit des Valenzwinkels eine wichtige Rolle zu spielen. Die dielektr. Eigg. lassen sich nicht einwandfrei durch die Strukturen erklären. Die opt. Eigg. der Hydrate sind eng mit der Umgebung der Ionen durch die Wassermoll. verknüpft. Wenn diese Umgebung mehr oder weniger isotrop ist, das heißt, wenn jedes Kation von 6 oder mehr Moll. W. umgeben ist, dann ist der Kristall auch opt. isotrop oder niedrig doppelbrechend. Eine hohe Doppelbrechung zeigt an, daß das Ion oder das Mol. mit großem Brechungsvermögen selbst sehr anisotrop ist u. daß die Anordnung der Wassermoll. um dieses Ion oder Mol. eine Folge dieser Anisotropie ist. — Sind in einem Gitter die Wassermoll. oktaedr. um das Metallion angeordnet, dann ist die Härte des Kristalls niedrig. In den *Silicathydraten* andererseits wird die Struktur durch die Si—O-Bindungen bestimmt, während die Wassermoll. die Hohlräume des Gitters besetzen. Für diese Kristalle ist die Härte groß. Die Spaltbarkeit der Hydrate wird durch den Charakter der gesamten Struktur bestimmt. (J. Chim. physique Physico-Chim. biol. **50.** C19—C25. Juli/Aug. 1953. Cambridge.) GOTTFRIED. 190

Rosalind E. Franklin, *Die Rolle des Wassers in der Struktur der Graphitsäure.* (Vgl. C. **1952.** 4735.) Die Graphitsäure mit der ungefähren Zus. HC_4O_2 besitzt nach röntgenograph. Unterss. eine lamellare Struktur, in der je eine C-Schicht von 2 Schichten O (u. H) umgeben ist. Bei Variation des Feuchtigkeitsgeh. der Säure können eine oder 2 monomol. Schichten W. zwischen die 2 strukturellen O-Schichten eingelagert werden. Nach röntgenograph. Unterss. an trockner Säure u. solcher mit verschied. Wassergeh. verbreitern sich die Abstände der C-Schichten, während gleichzeitig die Intensität der dem W. zugeordneten Bande zunimmt. Jedoch schon in trocknem Zustand tritt eine intensive Bande auf, die innerhalb der Meßgenauigkeit der des W. entspricht. Die Form dieser Bande ist die einer Fl. mit 2 Dimensionen. Aus diesen Beobachtungen läßt sich folgern, daß eine strukturelle Kontinuität zwischen den O-Schichten der Säure u. denen des absorbierten W. besteht. Röntgenograph. Unterss. der Strukturänderungen der Säure bei der Red. in saurer Umgebung ergaben, daß es sich bei der Graphitsäure um eine Ionenstruktur handelt, in der die Kationen einfache C-Schichten u. die Anionen Mehrfachschichten der Zus. $(O_xH_y)_n$ sind, deren Struktur der des W. ähnlich ist, welches einen Teil seines H-Geh. verloren hat. In trocknem Zustand ist $x \sim 2y$, in feuchtem $2y > x > y/_2$. Wenn sich x dem Wert y/2 nähert, wird die Struktur instabil. (J. Chim. physique Physico-Chim. biol. **50.** C26. Juli/Aug. 1953.) GOTTFRIED. 190

M. Dank und **H. B. Callen,** *Eine Iterations–Variations-Berechnung der elektronischen Struktur von Diamant.* (Sitzungsbericht.) Mit Hilfe einer verbesserten integralen Iterationsmeth. zur Lsg. der HARTREE-FOCK-Gleichungen wird die Valenzbandbreite des Diamanten zu 27,9 eV u. die Breite der verbotenen Zone zwischen Valenzband u. niedrigstem s-Zustand des Leitungsbandes zu 17,8 eV gegenüber den experimentellen Werten 18 bzw. 14 eV berechnet. Diese Iterations-Variationsmeth. scheint demnach geeigneter als die WIGNER-SEITZ-Meth. zu sein. (Physic. Rev. [2] **91.** 229. 1/7. 1953. Univ. of Pennsylvania.) RUDOLPH. 195

James A. Ibers, *Die Elementarzelle und Raumgruppe von Tetrapyridinkupfer(II)-fluoborat,* Vf. stellt von Tetrapyridinkupfer(II)-fluoborat. $Cu(C_5H_5N)_4(BF_4)_2$, LAUE-Aufnahmen her u. findet, daß es orthorhomb. ist mit $a = 10{,}22 \pm 0{,}01$, $b = 13{,}87 \pm 0{,}01$ u. $c = 16{,}56 \pm 0{,}01$ Å. Weiterhin wurden Aufnahmen nach der WEISSENBERG-Meth. gemacht. Daraus wurde die Raumgruppe mit D_2^4—$P2_12_12_1$ bestimmt. Kein piezoelektr. Effekt konnte beobachtet werden. Die D. betrug, pyknometr. gemessen, 1,55. (Acta crystallogr. [Copenhagen] **6.** 367. 10/4. 1953. Pasadena, Calif., California Inst. of Technol., Gates and Crellin Labor. of Chem.) SWINNE. 195

Anders Byström, Siw Bäcklund und **Karl-Axel Wilhelmi,** *Die Kristallstruktur von $NaSbF_4$.* Vf. berichten über die Best. der Kristallstruktur des $NaSbF_4$ mit Hilfe von Pulver-, Drehkristall- u. WEISSENBERG-Aufnahmen. Es ergibt sich eine monokline Elementarzelle mit den Dimensionen $a = 8{,}06 \pm 0{,}01$, $b = 5{,}52 \pm 0{,}01$, $c = 8{,}56 \pm 0{,}01$ Å, $\beta = 94{,}1^0$. Die D. beträgt 3,83, berechnet 3,85 $g \cdot cm^{-3}$. Die Elementarzelle enthält 4 Formeleinheiten, Raumgruppe C_{2h}^5—$P\,2_1/c$. Die Struktur ist aus $[SbF_4^-]_\infty$-Doppelketten parallel zur b-Achse aufgebaut. Ergänzend werden als Näherungswerte für die Gitterkonstanten des Na_2SbF_5 $a = 8{,}1$, $b = 5{,}4$ u. $c = 11{,}2$ Å angegeben, die Elementarzelle enthält ebenfalls 4 Formeleinheiten. (Ark. Kemi **6.** Nr. 7. 77—87. 1953. Stockholm, Univ., Inst. of Inorg. and Physic. Chem.) R. STEIN. 195

Frans E. Wickman, *Die Kristallstruktur von Galenobismutit, $PbBi_2S_4$.* Es wurde röntgenograph. ein kleines nadelförmiges Kriställchen von Galenobismutit von Nordmarken untersucht. Nadelachse ist die b-Achse. Die rhomb. Zelle hat die Dimensionen $a = 11{,}65 \pm 0{,}05$ Å; $b = 4{,}08 \pm 0{,}03$ Å; $c = 14{,}49 \pm 0{,}05$ Å; Raumgruppe ist D_{2h}^{16}-Pnma; Z = 4. Mit Hilfe der PATTERSON-Projektion wurden die schweren Atome festgelegt; die Lagen der S-Atome wurden auf Grund von Raumerfüllungsbetrachtungen u. unter Zugrundelegung plausibler Koordinationsverhältnisse gefunden. In dem Gitter liegen sämtliche Atome in der vierzähligen Lage 4 (c) mit den Parametern: 4 Pb (x =) 0,072; (z =) 0,400; 4 Bi_1: 0,250; 0,645; 4 Bi_2: 0,110; 0,900; 4 S_1: 0,333; 0,035; 4 S_2: 0,285; 0,285; 4 S_3: 0,077; 0,090; 4 S_4: 0,013; 0,735. In dem Gitter bilden die S-Atome um das Pb-Atom ein schwach verzerrtes Oktaeder mit Pb–S-Abständen zwischen 2,96 u. 3,04 Å. Die Anordnungen um die Bi-Atome sind weniger regulär; 6 S-Atome bilden um Bi_1 ein trigonales Prisma mit Bi–S-Abständen zwischen 2,77 u. 2,98 Å Die Anordnung um das Bi_2-Atom ist ähnlich der des Sb_1-Atoms in Stibnit (vgl. hierzu HOFMANN, Z. Kristallogr., Mineralog. Petrogr., Abt. A **86.** [1933.] 225). Die Pb- u. Bi-Atome bilden um das S_1-Atom ein verzerrtes Oktaeder. (Ark. Mineralog. Geol. **1.** 219—25. 1952. Stockholm, Riksmuseet, Mineralog. Avd.) GOTTFRIED. 195

Jean Claude Monier und **René Weil,** ***Epitaxieuntersuchungen mit negativen Ergebnissen beim Ausgang von Lösungen und mit positiven Resultaten beim Ausgang von der Dampfphase.*** Verss. von ROYER (vgl. C. R. hebd. Séances Acad. Sci. **196.** [1933.]. 282) über die orientierte Aufwachsung von neutralen Moll. auf Unterlagen mit Ionenstruktur waren negativ. Vff. nahmen diese Unterss. auf, doch gingen sie nicht von Lsgg. aus, sondern sublimierten die betreffenden Substanzen auf die Unterlage. Auf diese Weise erhielten sie orientierte Aufwachsungen von *SnJ_4* **(I)**, *Hexamethylentetramin* **(II)**, *Naphthalin* **(III)** u. *Anthracen* **(IV)** auf verschied. Unterlagen mit Ionenstruktur. Bei **I** liegt eine (111)-Fläche parallel der Ebene (001) des *Sylvins.* Die **I**-Kriställchen bilden schlecht entwickelte dreiseitige Dreiecke, deren eine Kante angenähert mit der [110]-Richtung der Unterlage zusammenfällt. — **II** liegt mit seiner (110)-Fläche auf den Unterlagen u. bildet Kriställchen in Form von Parallelogrammen mit einem spitzen Winkel von 70° 32′. Auf der Spaltfläche von *KJ* liegen die Winkelhalbierenden der obigen Parallelogramme parallel den Richtungen [100] u. [010] des KJ. Auf (001) von ***Muskovit*** liegt die Winkelhalbierende des spitzen Winkels parallel der Spur von

(010) des Glimmers. — **III** setzt sich auf den Spaltflächen des Sylvins u. *Calcits* in Form von Rhomben oder Parallelogrammen ab; der stumpfe Winkel beträgt statist. $108^0 \pm 0{,}8^0$, was dem Winkel zwischen den Richtungen [110] u. [$1\bar{1}0$] entspricht. Verwachsungsebene des **III** ist (001). Die große Diagonale der **III**-Kriställchen liegt parallel den Spaltvorrichtungen des Sylvins bzw. parallel der [110]-Richtung des Calcits. — **IV** scheidet sich auf (001) von Sylvin in Form von Rhomben ab, deren spitzer Winkel dem Winkel zwischen [110] u. [$\bar{1}10$] entspricht. Ca. 50% der aufgedampften Kriställchen liegen mit ihren Diagonalen parallel einer der [110]-Richtungen des Sylvins, während die restlichen Kristalle regellos aufgewachsen sind. (C. R. hebd. Séances Acad. Sci. **237**. 399—401. 3/8. 1953.) GOTTFRIED. 196

E. N. da C. Andrade und **A. J. Kennedy**, *Ein Oberflächeneffekt in dem Kriechverhalten von polykristallinem Blei.* Bezeichnet man mit β das vorübergehende u. mit $\varkappa$ das permanente Fließen, wo β von dem Gleiten innerhalb der Kristallkörner u. $\varkappa$ von der Bewegung zwischen den Körnern abhängig ist, dann ist $l = l_0 (1 + \beta t^{1/3})$ exp. $(\varkappa t)$ für käufliches Pb bei Zimmertemperatur. Für Pb hat $\varkappa$ endliche Werte; bei Zusatz von 0,05% Te zu reinem Pb ist der Wert von $\varkappa$, mit Ausnahme von den höchsten Zugspannungen, Null. Vff. stellten Zugverss. an Pb mit Zusatz von 0,05% Te in dem Spannungsbereich von ca. 50—95 kg/cm² bei 31,5° an, u. zwar an Drähten mit Durchmessern von 1—5 mm u. einer Korngröße von 0,2 mm in allen Proben. Trägt man die Zugspannung gegen β(Sek.$^{-1/3}$) graph. auf, so ergibt sich aus den erhaltenen Kurven, daß man, um das gleiche vorübergehende Kriechen in den verschied. Drähten zu erhalten, eine mittlere Zugspannung benötigt, die um so größer ist, je dicker der Draht ist. Bezeichnet man mit S die mittlere Zugspannung, um einen bestimmten Wert von β, d.h. ein bestimmtes vorübergehendes Kriechen zu erhalten, dann ist $S = S_0 r^2/(r - na)^2$, wo a den mittleren Korndurchmesser, r den Radius des Drahtes, S_0 den Wert von S für sehr große Werte von r u. n eine zu findende Konstante bedeutet; na stellt die äquivalente Dicke der reichen Oberflächenschicht dar. Aus den Verss. wurde für n ein Wert von 0,31 erhalten. Trägt man die β-Werte für alle Drähte gegen die effektive Zugspannung auf u. nimmt für $\beta = 2{,}50 \cdot 10^{-3}$ Sek.$^{-1/3}$ u. n = 0,31, dann erhält man S_0-Werte, die innerhalb 0,3% mit der mittleren Zugspannung zusammenfallen. n wird der „effektive Tiefenkoeff." genannt. Die Nichtgleichmäßigkeit des Verh. über den gesamten Querschnitt wurde durch Rückstrahlaufnahmen an Proben nachgewiesen, die allmählich durch Kaltätzung mit H_2O_2 + Essigsäure (1 + 3) abgeätzt worden waren. Aus den Aufnahmen ergibt sich deutlich das Auftreten eines Oberflächeneffektes im Fließen eines polykristallinen Metalls. (Proc. physic. Soc., Sect. B. **64**. 363—66. 1/4. 1951. London, Royal Institution, Davy Faraday Res. Labor.) GOTTFRIED. 200

Arvid E. Roach, Carl L. Goodzeit und **Paul A. Totta**, *Abreibwiderstand von Lagermetallen.* Bei Unters. einer großen Anzahl von Lagermetallen stellten die Vff. fest, daß gute Lagermetalle solche sind, die bei ihren FF. eine äußerst begrenzte feste Löslichkeit in Fe besitzen. So haben *Pb, Sn, In, Tl* u. *Cd* sehr guten Abreibwiderstand u. eine zu vernachlässigende Löslichkeit in Fe. *Cu, Au, Pt* u. *Ni* haben dagegen einen sehr schlechten Abreibwiderstand u. große Löslichkeit in Fe. In der Mitte stehen *Ag, Zn* u. *Al.* Je unähnlicher 2 Metalle sind, um so größer ist ihr Abreibwiderstand, wenn sie zusammen gerieben werden. Die Metalle sollten speziell in bezug auf die Kristallbindungskräfte u. ihre Atomgrößen unähnlich sein, wobei sich der erste Faktor auf Grund des Period. Syst. beschreiben läßt. Die Hauptlagermetalle (Fe, Ni, Cr, Mn, V u. Mo) sind alle Übergangsmetalle mit starker metall. Bindung. Metalle wie Cu u. Au, die im Period. Syst. direkt auf die Übergangsmetalle folgen, haben geringen Abreibwiderstand, wenn sie zusammen mit Stahllagermetallen als Lagermetalle verwandt werden. Die B-Untergruppe der Metalle (wie Pb, Sn, In, Cd u. Tl), welche weniger starke metall. Bindung besitzen, haben ausgezeichneten Abreibwiderstand gegenüber Lagermetallen der Übergangsreihe. (Nature [London] **172**. 301. 15/8. 1953. Detroit, Mich., Gen. Motors Corp., Res. Labor. Div., Mechan. Developm. Dep.) GOTTFRIED. 200

B. Lincoln, *Elastische Deformation und die Reibungsgesetze.* Vf. bespricht zunächst einige Reibungsgesetze, bes. solche, welche sich auf Textilfasern beziehen. Er gibt selbst eine neue Beziehung für Fasern an zwischen der Reibungskraft F u. der Belastung W, u. zwar für zwei in Kontakt befindliche zylindr. Fasern, die longitudinal verlaufende Rauheiten von gleichmäßigem zylindr. Querschnitt besitzen u. gleichmäßig verteilt sind. Für diesen Fall gilt: $F = SW^{8/9} R_c^{2/9} R_a^{2/3} K/d^{2/3}$; hierin bedeuten S die effektive Scherspannung an der Grenzfläche in dem wirklichen Kontaktbereich, R_c den Radius der Fasern, R_a den der Rauheiten, d ihren seitlichen Abstand u. K eine Konstante, in der der YOUNGsche Modul mit der Potenz—8/9 enthalten ist. Obwohl zuvor postuliert worden war, daß die Deformation der Rauheiten vollkommen elast. sein sollte, ist F proportional $W^{8/9}$, was besagt, daß die Deformation der Rauheiten zum Teil plast. ist. Die obige Gleichung zeigt die Abhängigkeit der Reibungseigg. von der Oberflächenkonfiguration der sich reibenden Elemente. Man kann zwischen plast. u. elast. Deformation von Oberflächenrauheiten nur unterscheiden, wenn ihre Dimensionen u. ihre Verteilung bekannt sind. (Nature [London] **172.** 169—70. 25/7. 1953. Leeds, Wool Industries Res. Association.) GOTTFRIED. 200

G. N. Ramachandran und **W. A. Wooster,** *Bestimmung elastischer Konstanten von Kristallen aus diffusen Röntgenstrahlreflexen.* 1. Mitt. *Theorie der Methode.* Das Verf. baut sich auf der Theorie von WALLER (Z. Physik **17.** [1923.] 398; **51.** [1928.] 213) auf. Die Hauptschwierigkeit der Meth. besteht in der Messung des Verhältnisses von eingestrahlter monochromat. u. reflektierter, sehr schwacher Strahlung. Die Intensität wird mit Hilfe eines GEIGER-Zähler-Spektrometers bestimmt. Die interessierende reflektierte Strahlung, die in einer dem BRAGGschen Glanzwinkel eng benachbarten Richtung diffus gestreut wird, wird durch ein Schlitzsyst. begrenzt. Korrekturen, die der Divergenz, der COMPTON-Streuung, der Auswrkg. weißen Röntgenlichts u. der Mosaikstruktur des Kristalls Rechnung tragen, werden angewandt. Es werden die theoret. Grundlagen für die Verknüpfung von beobachteten Effekten u. den elast. Konstanten angegeben. Eine besondere Meth. erlaubt es, das Verhältnis der elast. Konstanten von kub. Kristallen anzugeben. Der Hauptanteil der diffusen Strahlung stammt von Röntgenstrahlen, die von einer elast. Welle gestreut werden. Ein kleiner Teil wird von Röntgenstrahlen geliefert, die von 2 elast. Wellen gestreut werden. Ein Verf. zur Korrektur der Ergebnisse hinsichtlich der diffusen Strahlung 2. Ordnung wird angegeben. (Acta crystallogr. [London] **4.** 335—44. Juli 1951. Cambridge, Cavendish Labor., Crystallogr. Labor.) KRÖNERT. 200

G. N. Ramachandran und **W. A. Wooster,** *Bestimmung elastischer Konstanten von Kristallen aus diffusen Röntgenstrahlreflexen.* 2. Mitt. *Anwendung auf einige kubische Kristalle.* (1. vgl. vorst. Ref.) Es werden die Formeln abgeleitet, die beobachtete diffuse Röntgenstrahlreflexe u. die elast. Konstanten verknüpfen. Es werden die Intensitäten diffuser Reflexe, die Punkten auf verschied. reziproken Gittergeraden entsprechen, verglichen. Diese Geraden werden so gewählt, daß sie sich jeweils paarweise in einem reziproken Gitterpunkt schneiden u. parallel zu wichtigen kristallograph. Achsen, wie [1 1 0] u. [1 1 1], verlaufen. Vgl. dieser Intensitäten führt direkt zu einer Messung des Verhältnisses der drei elast. Konstanten c_{11}, c_{12} u. c_{44} mit einer Genauigkeit von 5%. Durch absol. Intensitätsbestimmungen können die Absolutwerte der elast. Konstanten angegeben werden, allerdings mit geringerer Genauigkeit. Messungen an *KCl* u. *KBr* geben mit nach anderen Methoden bestimmten Werten Übereinstimmung. Weiterhin werden die Konstanten für *$NaClO_3$* u. *PbS* bestimmt. Die Werte (c_{11}; c_{12}; c_{44}) sind: KCl (4,3; 0,75; 0,79); KBr (3,8; 0,60; 0,64); $NaClO_3$ (4,9; 1,5; 1,2); PbS (10,2; 3,8; 2,5) $\cdot 10^{11}$ dyn $\cdot$ cm^{-2}. Erstmalig wurden die elast. Konstanten einer rein organ. Substanz bestimmt; die Werte von *Hexamethylentetramin* sind: $c_{11} = 1{,}5$; $c_{12} = 0{,}3$; $c_{44} = 0{,}7 \cdot 10^{11}$ dyn $\cdot$ cm^{-2}. (Acta crystallogr. [London] **4.** 431—40. Sept. 1951.) KRÖNERT. 200

R. F. S. Hearmon, *Über die Elastizitätskoeffizienten „3. Ordnung“.* Vf. diskutiert die Elastizitätskonstanten 3. Ordnung u. einige Eigg. der Spannungstensoren. Eine direkte Aufzählung der Konstanten 3. Ordnung wird für alle Kristallklassen u. für das isotrop. Syst. beschrieben. Es werden Schätzungen der numer. Werte gewisser Kombinationen der Konstanten 3. Grades für die fünf kub. Kristalle *KCl, NaCl, CuZn, Cu* u. *Al* gegeben. (Acta crystallogr. [Copenhagen] **6.** 331—40. 10/4. 1953. Princes Risborough, Aylesbury, Bucks., Forest Prod. Res. Labor., Phys. Sect.) SWINNE. 200

A$_7$. Gleichgewichte. Kinetik.

Joseph A. Schufle und **H. Morris Eiland,** *Untersuchung von Indiumhalogenidkomplexen mittels Ionenaustauschverfahren.* Die Gleichgewichtskonstanten für die verschied. Komplexe $InCl^{2+}$, $InCl_2^+$, $InCl_3$, die analogen Bromide u. Fluoride, sowie für InJ^{2+} werden bestimmt. Die Verss. werden mit dem Kationenaustauscher Amberlite IR-120 in Na-Form beim p_H 3,8 u. der Ionenstärke 1 mit ^{114}In als Spurenelement durchgeführt. Zur Berechnung wird der Ansatz von FRONAEUS (vgl. C. **1952.** 6342) verwendet. Die Bildungskonstanten für die F^--Komplexe sind extrem groß. Durch Berücksichtigung der Bldg. von $InOH^{2+}$ durch Hydrolyse wird eine Übereinstimmung mit Werten aus anderen Arbeiten festgestellt. Die Konzentrationsbereiche der überwiegenden Existenz von $InCl^{2+}$, $InCl_2^+$, $InBr^{2+}$ u. $InBr_2^+$ werden bestimmt. (J. Amer. chem. Soc. **76.** 960—62. 20/2. 1954. Socorro, N. Mex., New Mexico Inst. of Mining and Technol., Dep. of Chem.) BLASIUS. 223

Bruno J. Zwolinski und **Rudolph J. Marcus**, *Geschwindigkeiten chemischer Reaktionen in der Nähe des Gleichgewichts.* (Vgl. GILKERSON, JONES u. GALLUP, C. **1953.** 4498.) Vff. leiten für die Reaktionsgeschwindigkeit v in der Nähe des Gleichgewichts die Gleichung $v \cong -k \cdot C^{\neq} \Delta F/h \cdot N_L$ ab (ΔF=freie Energie der Aktivierung, $C^{\neq}$=Konz. des Übergangszustandes). Sie unterstützen die Feststellung, daß diese Beziehung zwischen v u. ΔF nur dicht am Gleichgewicht gilt. (J. chem. Physics **21.** 2235. Dez. 1953. Menlo Park, Calif., Stanford Res. Inst. u. Salt Lake City, Utah, Univ.) GNAUCK. 225

Herman B. van der Heijde, *Spurenuntersuchungen über die Austauschreaktionen einiger Sauerstoffsäuren des Schwefels.* (Kurze Mitt.) Es wurde der Austausch von ^{35}S zwischen markierter H_2SO_3 u. $H_2S_2O_4$ bzw. ihrer Ionen bei verschied. p_H-Werten untersucht. Bei p_H 1—2 u. ~7 war der Austausch in 10—20 Sek. vollständig. In einer 1 n NaOH wurde nach 90 Sek. kein Austausch beobachtet. Zwischen $NaHSO_3$ (^{35}S-markiert) u. inakt. $K_2S_3O_6$ war nach 96 Std. beim p_H ~7 kein Austausch festzustellen. Das angewandte Analysenverf. wird kurz beschrieben. (Recueil Trav. chim. Pays-Bas **72.** 95—96. Jan. 1953. Amsterdam, Inst. voor Kernphysisch Onderzoek, 18 Oosterringdijk.) BRAASCH. 225

A. Maschka, *Eine kinetische Methode zur Bestimmung der Hydrolysenkonstanten von Nitrosylverbindungen. (Die Geschwindigkeit der Ammoniumnitritzersetzung in stark salzsaurer Lösung.)* Die Geschwindigkeit der Zers. von NH_4NO_2 in stark HCl-sauren Lsgg. wird bei 25° durch Messung der N_2-Entw. bestimmt. Dabei werden NH_4Cl-Lsgg. (0,25—1,0 mol.) u. $NaNO_2$-Lsgg. (0,005—0,010 mol.) in HCl (0,25—9,0 mol.) eingetragen. Die Reaktionsgeschwindigkeit ist proportional den Konzz. von HNO_2 u. NH_4Cl sowie der mittleren Ionenaktivität der HCl u. geht mit zunehmender Konz. der HCl durch ein Maximum. Dies Maximum erklärt Vf. durch die Annahme, daß ab einer gewissen HCl-Konz. merkbare Mengen HNO_2 zur Bldg. von NOCl verbraucht werden, u. entwickelt daraus eine Meth. zur Best. der Hydrolysenkonstante des NOCl aus den kinet. Messungen. Die Konstante beträgt $K = (9,0 \pm 0,3) \cdot 10^2$ bei 25°. Zusätze von LiCl zu den Reaktionslsgg. beeinflussen die Reaktionsgeschwindigkeit infolge der damit verbundenen Änderung des Aktivitätskoeff. der HCl; jedoch sind geringe NH_4Cl-Zusätze (bis 0,25 Mol pro Liter) prakt. wirkungslos. (Mh. Chem. **84.** 853—71. 15/10. S.-B. österr. Akad. Wiss., math.-naturwiss. Kl., Abt. IIb **162.** 853—71. 1953. Wien, TH, Inst. für Physik. Chem.) M. SCHENK. 225

A. Maschka, *Kinetische Bestimmung der Hydrolysenkonstante von Nitrosylschwefelsäure. (Die Geschwindigkeit der Ammoniumnitritzersetzung in stark schwefelsaurer Lösung.)* (Vgl. vorst. Ref.) Die Geschwindigkeit der N_2-Entw. aus NH_4NO_2 wurde in stark schwefelsauren Lsgg. (2—12 mol.) bei 25°, $(NH_4)_2SO_4$-Konzz. von 0,25—1,0 mol. u. HNO_2-Konz. von 0,01 mol. gemessen. Die Reaktionsgeschwindigkeit ist proportional den Konzz. an $(NH_4)_2SO_4$ u. HNO_2 sowie der mittleren Ionenaktivität der H_2SO_4; sie durchläuft ein von der H_2SO_4-Konz. abhängiges Maximum, das durch den merklichen Verbrauch von HNO_2 unter Bldg. von $NOHSO_4$ zu erklären ist. Zusätze von Neutralsalzen (Na- bzw. Li-Sulfat) beeinflussen die Reaktionsgeschwindigkeit durch Erhöhung des Aktivitätskoeff. der H_2SO_4. Die Hydrolysenkonstante des $NOHSO_4$ beträgt $(3,3 \pm 0,3) \cdot 10^4$ bei 25°, die freie Bildungsenthalpie von gelöstem $NOHSO_4$ berechnet sich zu $\Delta F = -127,8$ kcal bei 25°. (Mh. Chem. **84.** 872—82. 15/10. S.-B. österr. Akad. Wiss., math.-naturwiss. Kl., Abt. IIb **162.** 872—82. 1953.) M. SCHENK. 225

J. Eggert und **Th. Rohr**, *Über die Landolt-Reaktion.* 7. Mitt. *Weitere Befunde an Typ I, II und III der Landolt-Reaktion.* (6. vgl. Helv. chim. Acta **32.** [1949.] 692.) Für die l. c. auf Grund der Geschwindigkeit der 3 Teil-Rkk. unterschiedenen 3 Typen der LANDOLT-Rk. werden weitere Beobachtungen gebracht. Zum Typ I werden mit zusätzlicher Verwendung von JO_4^- als Oxydationsmittel die Ergebnisse an SO_3^{2-} u. $S_2O_3^{2-}$ bestätigt u. erweitert; im ersteren Falle liegen die Umschlagszeiten in Abhängigkeit von den Konzz. für JO_4^- u. JO_3^- auf den gleichen Kurven, im 2. Fall werden getrennte Kurven beobachtet u. interpretiert. Die katalyt. Wrkg. des $S_2O_3^{2-}$, bes. auf die JO_4^--Rk., wird hervorgehoben. — Für Typ II werden als neue Reduktionsmittel das Eisen(II)-oxalat-Ion u. der Fe(II)-Komplex der Äthylendiamintetraessigsäure gefunden. Für Fe(II)-Oxalat werden die Abhängigkeit der Umschlagszeit vom p_H u. von den Konzz. [JO_3^-] u. [Fe] u. der Einfl. des p_H auf die photograph. Wrkg. geprüft; beide Rkk. haben Extremalwerte in eng benachbarten p_H-Gebieten. — Bei Typ III werden die Umschlagszeiten in Beziehung zur Konst. der red. Stoffe u. als Funktionen der Konzz. von Reduktionsmitteln (R), JO_3^- u. H^+ untersucht u. gesetzmäßige Abhängigkeit von der Konst. einer Anzahl photograph. Entwicklersubstanzen gefunden. Die Kinetik des Reaktionsverlaufes, verfolgt am zeitlichen Anstieg der Konz. des entstehenden Jods [J_2], wird nach der Meth. der Teil-Rkk. aufgenommen; dies ergibt, daß 3 Arten von Kurven auftreten: konkave, konvexe u. geradlinige. Die Kurvenform ist durch das Geschwindigkeitsverhältnis der Rkk. $JO_3^- + 3R \rightarrow J^- + 3Ox$ (Ox = Oxydationsprod. des Reduktionsmittels) (1) u. $J_2 + R + H_2O \rightarrow 2J^- + 2H^+ + Ox$ (3) bedingt. Die Rk. 3 wird gesondert untersucht; die Verss. zeigen, daß die unmittelbar beobachteten Reduktionsgeschwindigkeiten von J_2 mit den aus der LANDOLT-Rk. ermittelten hinreichend übereinstimmen. — Bei einigen Entwicklersubstanzen werden unterschiedliche Farbänderungen beobachtet, die darauf schließen lassen, daß die Oxydationsprodd. der Entwicklersubstanzen verschied. sind, je nachdem, ob mit JO_3^- oder J_2 oxydiert wird. (Helv. chim. Acta **36.** 855—68. 15/6. 1953. Zürich, TH, Photograph. Inst.) v. DECHEND. 225

J. Eggert, *Über die Landolt-Reaktion.* 8. Mitt. *Theoretische Betrachtungen zu den Befunden der vorangehenden Arbeit.* (7. vgl. vorst. Ref.) Es wird mittels eines Ansatzes auf Grund kinet. Vorstellungen eine allg. Gleichung abgeleitet, die die Abhängigkeit des oxydierten Anteils der reduzierenden Komponente von der Zeit für 10 Beispiele der LANDOLT-Rk. vom Typ III (9 Entwicklersubstanzen) bis zum Eintritt des Farbumschlages befriedigend genau darstellt. Die Darst. des Gesamtvorganges nach der allg. Gleichung kommt offenbar nur selten vor (1 Beispiel), für die übrigen Beispiele läßt sie sich vereinfachen; dabei ergibt sich in Übereinstimmung mit den Experimenten, daß 3 Gruppen von Substanzen zu unterscheiden sind: eine Gruppe mit ständig wachsender, eine 2. mit ständig abnehmender u. eine 3. mit konstanter Reaktionsgeschwindigkeit. Die allg. Gleichung entspricht einer Rk., deren Geschwindigkeit bis zu einem Höchstwert wächst, um dann wieder abzunehmen. (Helv. chim. Acta **36.** 868—75. 15/6. 1953.) v. DECHEND. 225

A. G. Schafigullin, *Untersuchung der Oxydationskinetik von Oxalsäure durch Permanganat mittels Absorptionsspektren.* Absorptionsmessungen zu verschied. Zeitpunkten erlauben eine Verfolgung der Bldg. von 4-wertigem Mn als Zwischenprod. bei der Oxydation von Oxalsäure durch Permanganat, sowie von freiem, mit dem Permanganat reagierendem Mangan(II)-oxyd bei der Red. des freien MnO_2. (Журнал Физической Химии [J. physik. Chem.] **27.** 1354—61. Sept. 1953. Kasan, Uljanow-Lenin-Univ.) AMBERGER. 225

B. Anorganische Chemie.

R. Flatt, G. Brunisholz und **E. Lauber,** *Beitrag zur Untersuchung des quinären Systems Ca^{2+}-NH_4^+-H^+-NO_3^--PO_4^{3-}-H_2O.* 8. Mitt. *Die Polytherme der gleichzeitigen Sättigung an Monocalciumphosphat, Monoammoniumphosphat und dem Calciumammoniumdoppelphosphat (Doppelsalz D^I).* (7. vgl. C. **1953.** 6836.) Das Syst. wird längs der Dreisalzlinie bei 0,25 u. 50° untersucht. Die Ergebnisse werden tabellar. u. graph. mitgeteilt. Als Bodenkörper treten außer $CaH_4(PO_4)_2 \cdot H_2O$, $NH_4H_2PO_4$ u. $Ca_9(NH_4)_4H_{32} \cdot (PO_4)_{18} \cdot 10\,H_2O$ bei 25 u. 0° noch NH_4NO_3 auf bei einer Zus. der Lsg. von 21,55 Ca^{2+}; 56,54 NH_4^+; 21,91 H^+; 73,78 NO_3^-; 26,22 Äquivalent-% PO_4^{3-} u. 143,3 Mol H_2O, bzw. 34,33; 48,05; 17,62; 78,30; 21,70 u. 223,8. Der Verlauf der Dreisalzlinie in Abhängigkeit von dem relativen Geh. der Lsgg. an NO_3^- zu dem an H^+, an NH_4^+ u. an H_2O wird angegeben. — Vff. entwickeln eine neue Meth. zur Darst. der Polytherme eines quin. Syst. mit 3 festen, einer fl. u. einer gasförmigen Phase, indem auf Dreiecke mit den Koordinaten Ca^{2+}, H^+ u. NH_4^+ jeweils die Isonitrat-, die Isohydrat-Linien u. die Isothermen projiziert werden. Die Projektionen dieser 3 Diagramme werden dann in einem Diagramm in Dreieckskoordinaten vereinigt. (Helv. chim. Acta **36.** 1971—80. 1/12. 1953. Lausanne, Univ., Labor. de Chim. min. et analyt.) MOSLÉ. 283

R. Flatt, G. Brunisholz und **E. Lauber,** *Beitrag zur Untersuchung des quinären Systems Ca^{2+}-NH_4^+-H^+-NO_3^--PO_4^{3-}-H_2O.* 9. Mitt. *Die Lösungen, die gleichzeitig bei 25° an Monocalciumphosphat und Monoammoniumphosphat gesättigt sind.* (8. vgl. vorst. Ref.) Dieses quin. Syst. ist mit 2 Bodenkörpern bei konstanter Temp. durch 2 dreidimensionale Diagramme wiederzugeben, deren Niveaulinien auf ein gleiches Diagramm projiziert werden können. Aus diesem Diagramm ist dann, wie am Syst. mit $CaH_4(PO_4)_2 \cdot H_2O$ u. $NH_4H_2PO_4$ als Bodenkörper gezeigt wird, die Zus. der Lsgg. abzulesen. (Helv. chim. Acta **36.** 1980—83. 1/12. 1953.) MOSLÉ. 283

John C. Jamieson, *Phasengleichgewicht im System Calcit–Aragonit.* Es wird gezeigt, daß die Gleichgewichtskurven für Calcit–Aragonit über ein Gebiet von 25—80° u. einigen Tausend kg/cm^2 von der Temp. u. dem Druck abhängig sind. Die Gleichgewichtskurven wurden durch Messung der elektr. Leitfähigkeit der wss. Lsg. jeder Form bestimmt, u. es wurde bewiesen, daß Aragonit die bei höherem Druck beständige Form ist. Aus den erhaltenen Gleichgewichtskurven werden verschied. thermodynam. Größen in einer exakteren Form erhalten, als es bisher möglich war. Alle natürlichen Vorkk. von Aragonit müssen einer metastabilen Bldg. vor der Gleichgewichtseinstel.

lung zugeschrieben werden, da die geothermale Neigung vollständig im Calcitgebiet liegt. (J. chem. Physics **21.** 1385—90. Aug. 1953. Chicago, Ill., Univ. of Chicago, Dep. of Geol.) BRAASCH. 283

James W. Fulton und **D. F. Swinehart,** *Das Gleichgewicht von kristallinem Zinkhydroxyd in verdünnter Salzsäure und Natriumhydroxyd bei 25°. Die erste und zweite Säuredissoziationskonstante von Zinkhydroxyd.* Die Löslichkeit von orthorhomb. Zinkhydroxyd in verd. HCl- u. NaOH-Lsgg. wurde bei 25° bestimmt. Das Löslichkeitsprod. beträgt $7 \cdot 10^{-18}$. Die Löslichkeit in verd. Alkali kann im Bereich von 0,0004 mol. bis 1 mol. NaOH durch die Formel $L = m_{Zn(OH)_2(gelöst)} + m_{HZnO_2^-} + m_{ZnO_2^{2-}} = K_1 + K_5 m_{OH^-} + K_6 m_{OH^-}{}^2/\gamma_{\pm NaOH}{}^2$ wiedergegeben werden. Hierbei sind K_1 $4 \cdot 10^{-6}$, K_5 $1{,}20 \cdot 10^{-3}$, K_6 $2{,}20 \cdot 10^{-2}$. Aus den Daten ergibt sich, daß das Bizinkation in beträchtlichen Konzz. vorliegt. Die 1. Säuredissoziationskonstante beträgt $1{,}20 \cdot 10^{-17}$, die 2. $1{,}83 \cdot 10^{-13}$, die Konstante für die vollständige Dissoziation $2{,}20 \cdot 10^{-30}$. Die freien Energien der Bldg. des Bizinkat- u. des Zinkations werden zu —109 560 bzw. —92 180 cal/Mol berechnet. (J. Amer. chem. Soc. **76.** 864—67. 5/2. 1954. Eugene, Ore., Univ. of Oregon, Dep. of Chem.) R. LEVI. 288

F. H. Spedding und **J. L. Dye,** *Eine leistungsfähige Trennung von Dysprosium und Yttrium.* Dy_2O_3 u. Y_2O_3 können durch 0,1%ig. *Citronensäure*(I)-Lsg. bei p_H 5,8—6,1 mit Hilfe von Ionenaustauschern (*Nalcite H. C. R.*) von den übrigen Seltenen Erdoxyden abgetrennt u. durch Eluieren mit 5%ig. I-Lsg. bei p_H 2,8 in die reinen Dy- u. Y-Salze getrennt werden. (Vgl. hierzu C. **1952.** 5383.) (J. Amer. chem. Soc. **72.** 5350. Nov. 1950. Ames, Io., Iowa State Coll., Inst. for Atomic Res. and Dep. of Chem.) MOSLÉ. 312

Georges Petit, *Kryoskopische Untersuchung von Lösungen gewisser Metalloxyde in dem Eutektikum Kryolith–Natriumfluorid.* Die Lsgg. von La_2O_3, ThO_2, Al_2O_3, B_2O_3, CeO_2, *CaO* u. *BeO* im Eutektikum Kryolith–NaF werden kyroskop. untersucht. Die erhaltenen Kurven werden bes. hinsichtlich des Verh. des La_2O_3 diskutiert. Es wird auf das mögliche Vorliegen folgender Gleichgewichte geschlossen: $M_2O_3 \rightleftharpoons MO_2^- + MO^+$, $MO_2^- \rightleftharpoons MO^+ + O^{2-}$, $MO^+ \rightleftharpoons M^{3+} + O^{2-}$. (C. R. hebd. Séances Acad. Sci. **234.** 1281—83. 17/3. 1952.) R. LEVI. 324

Orland W. Kolling, *Darstellung einiger Chlorverbindungen des Rheniums.* Die vom Vf. beschriebenen Darstellungsweisen u. Eigg. einiger Chloride u. Oxychloride von Rh mit den Oxydationsstufen +3 bis +7 (*$ReCl_3$, K_2ReCl_6, K_2ReOCl_5, $ReOCl_4$, ReO_3Cl*) sowie ihre Fähigkeit, in starker HCl stabile Lsgg. (mit $ReCl_4^-$, $ReCl_6^{2-}$, $ReOCl_5^{2-}$) zu bilden, gehen auf bereits bekannte Tatsachen zurück. $ReCl_3$ (I) konnte durch wiederholte Vakuumsublimation bei 500° u. 1—2 Torr rein, $ReCl_5$ dagegen nur mit I verunreinigt dargestellt werden. K_2ReOCl_5 fiel als Nebenprod. bei der Darst. von K_2ReCl_6 nach ENK (Ber. dtsch. chem. Ges. **64.** [1931.] 791) durch Umsetzung von $KReO_4$ mit KJ u. starker HCl an. Der Kp. für $ReOCl_3$ lag bei 140° (statt 131°), F. u. Kp. des $ReOCl_4$ wurden zu 34° u. 225° (Literaturwerte 29,3° u. 223°) bestimmt. (Trans. Kansas Acad. Sci. **56.** 378—81. Sept. 1953. St. Louis, Mo., Mallinckrodt Chem. Works.) WANNAGAT. 352

Alan E. Comyns und **Howard J. Lucas,** *Das System Silberperchlorat–Dioxan.* Vff. fanden, daß, obwohl $AgClO_4$ in Dioxan unlösl. ist, eine langsame Rk. zwischen den beiden Stoffen stattfindet. Es entsteht ein weißes Pulver der Zus. *3 ($C_4H_8O_2$) · $AgClO_4$*, das ca. das 6fache Vol. des ursprünglichen $AgClO_4$ einnimmt. Die Rk. zwischen den gutgetrockneten Reaktionspartnern ist bei 25° sehr langsam; sie wird durch Spuren von W. u. durch Wärme beschleunigt. Der gleiche Komplex in Form großer Kristalle kann durch Lösen von $AgClO_4$ in einer erwärmten Mischung gleicher Voll. Dioxan u. *Aceton* u. Abkühlen auf Raumtemp. gewonnen werden. Beim Erhitzen schm. der krist. Komplex zunächst nicht, er entwickelt aber Dioxan u. wird bei 120° sehr schnell in einen pulverförmigen Stoff umgewandelt. Weiteres Erhitzen bringt diese Pulver dann bei 400° zum Schmelzen (braune Fl.). Wird der Komplex in der Flamme erhitzt, so brennt er ruhig ab; der Komplex scheint nicht explosiv zu sein. (J. Amer. chem. Soc. **76.** 1019—20. 20/2. 1954. Pasadena, Calif., California Inst. of Technol., Gates and Crellin Labors.) G. HEINRICH. 359

Frederick S. Martin, *Rutheniumnitrosotrinitrat.* $RuNO(NO_3)_3$ (I) wurde durch Red. von salpetersaurer RuO_4-Lsg. mit NO u. Abdampfen im Vakuum bei Raumtemp. als Tetrahydrat dargestellt. Die dunkelrote Verb. ist sehr zerfließlich, unbeständig beim Erwärmen u. zersetzt sich in H_2O unter Bldg. von HNO_3. In Lsg. liegt das Ru in anion. u. kation. Form vor. I ist gut lösl. in vielen sauerstoffhaltigen organ. Lösungsmitteln, nicht lösl. sind jedoch die durch Zers. von I in W. erhaltenen Reaktionsprodukte. Mit organ. Lösungsmitteln bildet I komplexe Addukte. (Chem. and Ind. **1953.** 824. 1/8. Harwell, Atomic Energy Research Establishm. Ministry of Supply.) BRAASCH. 363

C. Mineralogische und geologische Chemie.

S. C. Curran, *Geologische Altersbestimmung durch Radioaktivität.* Es wird ein zusammenfassender Bericht gegeben über die geolog. Altersbest. unter Anwendung der Radioaktivität. Im einzelnen werden besprochen: Die Uranbleimeth., die Heliummeth., die photometr. Unters. pleochroit. Höfe, die Rb–Sr-Meth., die K–Ca- oder K–Ar-Meth. u. die ^{14}C-Methode. (Quart. Rev. [chem. Soc., London] **7.** 1—18. 1953. Glasgow, Univ., Dep. of Physics.) HILLER. 378

Constantin Kurylenko, *Thermische Differentialanalyse von Dravit von Doubrova (Mähren).* Es wurde Dravit (Mg-reicher Turmalin) mittels therm. Differentialanalyse untersucht. Auf der erhaltenen Kurve treten bei 960° u. 1000° 2 Diskontinuitäten auf. Stellt man mit Hilfe einer graph. Meth. die Ableitung dieser Kurve dar, so erscheint auf der neuen Kurve ein Maximum bei 470°, entsprechend einem Verlust an Kristallwasser von 16%; ein Minimum bei 660° konnte auf diese Weise nicht geklärt werden. Pulveraufnahmen an Proben, die verschied. hoch erhitzt worden waren, ergaben bei ca. 660—680° das Auftreten von amorpher SiO_2. Die bei dieser Temp. abgegebene Menge W. beträgt 33%. Es treten demnach bei dieser Temp. größere Umwandlungen in dem Kristallgitter auf, die sich auch durch eine Farbänderung erkennen lassen. Mit weiter steigender Temp. beobachtet man auf den Kristallflächen entfärbte Streifen, während gleichzeitig zahlreiche Sprünge auftreten; diese Entfärbung ist bei ca. 860° beendet. Die vollkommene Entwässerung wurde bei ca. 960° festgestellt, während bei 980° ein dem γ-Al_2O_3 ähnliches Prod. nachgewiesen werden konnte. Bei 1000° endlich konnte röntgenograph. B_2O_3 identifiziert werden. (C. R. hebd. Séances Acad. Sci. **237.** 735—36. 5/10. 1953.) GOTTFRIED. 380

Ewart Albert Vincent, *Hornblende–Lamprophyr-Schichten in der Nachbarschaft von Basalten aus dem Skaergaard-Gebiet, Ost-Grönland.* Neben den Doleriten kristallisierten aus einem alkalireichen Magma mit einem höheren Geh. an flüchtigen Bestandteilen camptonit. Hornblende-Lamprophyre. Letztere schieden sich bei niedrigeren Tempp. ab. (Quart. J. geol. Soc. London **109.** 21—49. 23/11. 1953.) ENSSLIN. 380

Harold C. Urey und **Harmon Craig,** *Die Zusammensetzung von Steinmeteoriten und der Ursprung der Meteorite.* Die Diskussion von 350 erreichbaren chem. Analysen von Steinmeteoriten zeigt, daß die Chondrite in zwei Gruppen nach dem Fe-Geh. u. der Oxydationsstufe des Fe eingeteilt werden können. Da diese beiden Gruppen nicht durch Mischungsprozesse erklärt werden können, müssen sie von verschied. Mutterkörpern herrühren. Es scheint, als ob die Silicate vorzugsweise verdampfen u. das verschied. starke Zurückbleiben des Ni–Fe-Geh. bei hohen Tempp. in der Entw. der Asteroide die unterschiedliche Zus. erklären können. Vff. kommen zu der Ansicht, daß die GOLDSCHMIDTschen Angaben für die Häufigkeit von Fe u. Ni zu hoch sind. Sie nehmen an, daß die Mutter-Asteroide zunächst einen niedrig temperierten Akkumulationsprozeß durchmachen, dann eine Hochtemperaturperiode mit partiellem Schmelzen u. Verdampfen, dann eine Periode mit Zusammenstößen mit kleineren Körpern, wodurch die brecciösen u. tuffigen Agglomerate u. Chondrulen entstehen. Schließlich wird das Material in den Meteoriten durch den Zusammenstoß zweier Körper verdichtet u. bewahrt dabei die wesentlichen Zusammensetzungsunterschiede der beiden Gruppen. (Geochim. cosmochim. Acta [London] **4.** 36—82. Aug. 1953. Chicago, Ill., Univ., Inst. for Nucl. Studies.) HILLER. 388

G. Mueller, *Die Eigenschaften und Entstehungstheorie des kohligen Komplexes im Cold Bokevelt-Meteoriten.* Der Cold Bokevelt-Meteorit enthält über 1% ausziehbare organ. Substanz. Die kohligen Substanzen sind wie bei ähnlichen Meteorsteinen gleichmäßig verteilt. Die Auszüge bestehen in der Hauptsache aus komplexen organ. Säuren, u. die Tatsache, daß sie opt. neutral sind, zeigt, daß die organ. Materie aus der Atmosphäre des Mutterkörpers durch nichtbiol. Prozesse kondensiert ist. Die niedrige Zersetzungstemp. führt zu der Hypothese, daß die fraglichen Meteorite bei niedriger Temp. kondensiert sein müssen. (Geochim. cosmochim. Acta [London] **4.** 1—10. Aug. 1953. London, Univ. Coll., Dep. of Geol.) HILLER. 388

E. Jeremine und **A. Sandrea,** *Über den Meteoriten von Guidder.* Der am 7/1. 1949 bei Guidder in Kamerun aus einem Meteoritenschauer gefundene Meteorit wird beschrieben. Mkr. wird folgender Mineralbestand festgestellt: *Olivin, Hypersthen, Diopsid, Feldspat.* Analyse: SiO_2 41,73, Al_2O_3 1,94, Ca_2O_3 0,15, FeO 15,96, MnO 0,44, MgO 26,43, CaO 2,14, Na_2O 1,05, K_2O 0,21, TiO_2 0,14, P_2O_5 0,23, H_2O^+ 0,57, H_2O^- 0,09, Fe 4,37, Ni 0,93, Fe 2,21, S 1,27%. Spektralanalyt. wurden noch festgestellt im *Troilit* Cu, Ag, Ga, im Fe–Ni Co, Cr, Cu, Ga. (Geochim. cosmochim. Acta [London] **4.** 83—88. Aug. 1953. Paris, Muséum Nat. d'Hist. Nat., Labor. de Minéralog.) HILLER. 388

Léopold Berthois, Patrick Chatelin und **Alain Marcou,** *Einfluß des Salzgehaltes und der Temperatur auf die Sedimentationsgeschwindigkeit in dem Wasser der Loiremündung.* Vff. bestimmten nephelometr. die Sedimentationsgeschwindigkeit in Süßwasser der Loire sowie den Einfl. des Zusatzes von Meerwasser mit Cl-Gehh. zwischen 17,667 u. 1,287 ‰ auf diese Geschwindigkeit. Aus den Verss. ergab sich, daß die abgesetzte Menge Sediment in W. mit 6,610 ‰ Cl 15% größer ist als die in Süßwasser während der gleichen Zeit von 15 Min. abgesetzte Menge. Bei einem Cl-Geh. von 1,287 liegt die Menge während 30 Min. 10% höher. Mkr. Unterss. der Süßwassersedimente zeigten, daß es sich hierbei um sehr lose Aggregate mit Teilchengrößen bis 1500 μ handelt. In dem Salzwasser treten größere Teilchen sehr viel seltener auf, auch haben in diesem Fall die Aggregate regelmäßigere Formen. Unterss. der Sedimentationsgeschwindigkeiten bei 5—7° (Temp. des Loirewassers im Winter) zeigten, daß die Temperaturerniedrigung den beschleunigten Einfl. des Salzgeh. auf die Sedimentationsgeschwindigkeit vollkommen aufhebt. (C. R. hebd. Séances Acad. Sci. **237**. 465—67. 17/8. 1953.) GOTTFRIED. 393

József Mezösi und **Éva Donáth,** *Mineralogische und chemische Untersuchung der schwebenden Gemengeteile der Maros und Tisza.* Die Proben aus der Maros wurden 800 m oberhalb der Mündung in die Tisza entnommen. Die Menge der schwebenden Gemengeteile ist im allg. vom Wasserstand abhängig, jedoch immer kleiner, als der Strömung entsprechen würde. Die Menge wird auch von der Witterung, Windstärke u. -richtung u. von der Rückwrkg. des Wasserstandes der Tisza beeinträchtigt. Die Konz. ist sehr veränderlich, 50—4530 g/m³. Die schlammige Fraktion ist bei hohem Wasserstand am größten, nach dem Abflauen der Flutwelle herrscht die sandige vor. Die Menge der gelösten Salze ist bei niedrigem Wasserstand (im Winter) am größten. Die chem. Zus. der schwebenden Gemengeteile zu verschied. Zeiten ist in Tabellen angegeben. Außer den gewöhnlichen Elementen konnten spektroskop. Be, Li, Ge, Cr, V, Pb, Sb, As, Ba, Sr nachgewiesen werden. Bemerkenswert ist, daß die mineralog. Unters. keine für Andesite charakterist. Gemengeteile nachweisen konnte. Diese werden schon in der Mezöség abgelagert. Es wurden *Amphibol, Apatit, Biotit, Zirkon, Epidot, Feldspat, Granat, Hypersthen, Calcit, Chlorit, Quarz, Limonit, Magnetit, Muskovit, Rutil* u. *Turmalin* in sehr verschied. Mengen — abhängig vom Wasserstand — identifiziert. (Acta Univ. Szegediensis, Sect. Sci. natur., Acta mineralog., petrogr. **5**. 38—54. 1951.) PLANK. 393

D. Organische Chemie.

D_1. Allgemeine und theoretische organische Chemie.

A. R. Deb, *Die Elektronenspektren von Dibenzyl, Diphenylmethan und Äthylbenzoat im festen Zustand bei —180°.* Die UV-Absorptionsspektren von $(C_6H_5CH_2)_2$ (I), $C_6H_5CH_2C_6H_5$ (II) u. $C_6H_5COOC_2H_5$ (III) in fl. u. festem Zustand bei verschied. Tempp. bis herab zu —180° wurden photograph. aufgenommen. Für **I** wird gefunden: a) in fl. Zustand ν_0-Bande bei 37122, Schwingungen 564, 990 u. 1283 cm⁻¹; b) fest (30°) Schwingungsfrequenzen etwas kleiner; c) fest (—180°), Banden schärfer, Schwingungsquanten etwas größer als bei b). — **II**: a) fl., ν_0-Bande bei 36984, Schwingungen 1008 u. 1384 cm⁻¹; b) fest, —180°, besser aufgelöst, ν_0-Bande bei 36821, Schwingungen 593, 932, 1370 u. 1592. — **III**: a) fl., ν_0-Bande bei 35596 cm⁻¹; b) fest, —180°, ν_0-Bande bei 35500, drei breite Banden; c) Dampf, ν_0-Bande bei 36136, Schwingungen 312, 546 u. 917 cm⁻¹. (Indian J. Physics Proc. Indian Assoc. Cultivat. Sci. **27**. 183—90. April 1953. Jadavpur, Calcutta, Indian Ass. Cult. Sci., Opt. Dep.) H. C. WOLF. D 118

Lucy W. Pickett, Mary E. Corning, Grace M. Wieder, Dorothy A. Semenow und **Jean M. Buckley,** *Die Vakuumultraviolettabsorptionsspektren cyclischer Verbindungen.* 3. Mitt. *Amine.* (2. vgl. C. **1954**. 4352.) Die UV-Absorptionsspektren von ***Piperidin*** **(I)**, ***Pyrrolidin*** **(II)**, ***Piperazin*** **(III)**, ***Pyridin*** **(IV)** u. ***Pyrrol*** **(V)** wurden in der Gasphase mit einem Fluorit-Prismenvakuumspektrographen u. einem BECKMAN-Spektrophotometer von 40000—60000 cm⁻¹ gemessen. Die Spektren von **I** u. **III** ähneln dem Spektr. von Diäthylamin, **III** zeigt doppelte Extinktion. Der ungesätt. Sechsring **IV** unterscheidet sich von den gesätt. Systemen durch eine langwellige Bande geringer Intensität u. eine kurzwellige Bande hoher Intensität. Das Spektr. von **IV** ist benzolähnlich. Lösungsmittel zunehmender Polarität verschieben die Spektren nach kürzeren Wellen. Die Lage der Bandenmaxima von **IV** u. **V** wird mit — nach der M.O.-Meth. — berechneten Energiewerten verglichen. Die Basenstärke der Verbb. zeigt keine Beziehung zu der Lage der Maxima der Spektren: **IV** pK 8,80; λ_{max} 38350, 49800, 56000 cm⁻¹; **I**, pK 2,97—3,00; **II**, pK 2,99—3,02; λ_{max} 50500 cm⁻¹; **III**, pK 4,22 u. 8,49; λ_{max}5 1500; **V**, λ_{max} 46250, 54560, 57400 cm⁻¹. (J. Amer. chem. Soc. **75**. 1618—22. 5/4. 1953. South Hadley, Mass., Mount Holyoke Coll., Dep. of Chem.) D. BRÜCK. D 118

Robert West, Marion H. Webster und **Geoffrey Wilkinson,** *Exaltation der Refraktion in verzweigtkettigen Organometallverbindungen. Tertiäre Zinnalkylverbindungen.* (Vgl. WEST u. ROCHOW, C. **1954.** 1909.) Die Refraktion von tert. Zinnalkylverbb. wird gemessen u. daraus die Refraktion der Bindungen Sn—C (tert.) berechnet. Die Exaltation beim Übergang von Sn—C (sek.) zu Sn—C (tert.) ist größer als die von Sn—C (sek.) zu Sn—C (prim.). Die Bindungsrefraktionen sind für Sn—C (tert.) in *Dimethyldi-tert.-butylzinn* (I) 4,87, in *Dimethyldi-tert.-amylzinn* (II) 4,52 u. *Di-n-butyldi-tert.-butylzinn* (III) 4,89. — II, $C_{12}H_{28}Sn$, Kp.$_{29}$ 119,5—120°, aus der GRIGNARD-Verb. aus 0,38 Mol tert.-Amylchlorid in Ae. mit 0,09 Mol Dimethylzinndichlorid, n_D^{25} 1,4870, D.$^{25}_{4}$ 1,1229. — Analog: I, $C_{10}H_{24}Sn$, Kp.$_{40}$ 84,5—85°, D.$^{25}_{4}$ 1,1043, n_D^{25} 1,4662. — III, $C_{16}H_{36}Sn$, Kp.$_{40}$ 123—125°, D.$^{25}_{4}$ 1,0527, n_D^{25} 1,4809. — *Di-n-butyldi-tert.-amylzinn* entstand bei analoger Rk. als Wachs neben *Di-n-butyl-tert.-amylzinnchlorid.* (J. Amer. chem. Soc. **74.** 5794—95. 20/11. 1952. Cambridge, Mass., Harvard Univ., Mallinckrodt Labor.) DU MONT. D 119

N. A. Pušin, I. I. Rikovski und **M. Smiljanić,** *Brechungsindices einiger organischer Verbindungen bei verschiedenen Temperaturen sowie deren Temperaturkoeffizienten.* Es werden die Brechungsindices n_D für 30 organ. Verbb. im fl. Zustand bei verschied. Tempp. gemessen. Reinheitsgrad der Präpp. sowie von anderen Forschern gefundene Werte, Temperaturkoeff. u. Mol.-Refr. sind angegeben. Nachst. Werte beziehen sich auf die Tempp. 0, 10, 20, 30, 40, 50 u. 60°; die letzte (3stellige) Zahl bedeutet den mittleren Temperaturkoeff. d n/d t · 10^6; die eingeklammerten Werte sind extra- oder interpoliert. *CS_2*: —, 1,6359, 1,6278, 1,6196, 1,6114, —, —; 816. *Bzl.*: —, —, 1,5010, 1,4943, 1,4877, 1,4810, 1,4744; 622. *Toluol*: —, —, 1,4970, 1,4913, 1,4855, 1,4798, 1,4740; 575. *p-Cymol*: —, 1,4938, 1,4889, 1,4840, 1,4791, 1,4743, 1,4695; 486. *n-Propylalkohol*: —, —, 1,3853, 1,3812, 1,3770, 1,3727, 1,3683; 425. *Trimethylcarbinol*: —, —, 1,3878, 1,3828, 1,3778, 1,3727, —; 505. *Glycerin*: (1,4786), 1,4762, 1,4738, 1,4714, 1,4690, 1,4666, 1,4643; 238. *Cyclohexanol*: —, 1,4691, 1,4650, 1,4608, 1,4566, 1,4523, 1,4480; 422. *Phenol*: —, (1,5558), (1,5514), 1,5469, 1,5416, 1,5378, 1,5332; 457. *o-Kresol*: (1,5556), 1,5509, 1,5461, 1,5413, 1,5364, 1,5315, 1,5265; 490. *m-Kresol*: —, 1,5452, 1,5411, 1,5370, 1,5327, 1,5283, 1,5240; 424. *Thymol*: (1,5313), (1,5268), 1,5222, 1,5176, 1,5131, 1,5086, 1,5041; 452. *Diäthyläther*: (1,3630), 1,3580, 1,3529, 1,3478, —, —, —; 508. *Anisol*: (1,5267), 1,5219, 1,5170, 1,5120, 1,5069, 1,5016, 1,4962; 514. *Zimtaldehyd*: —, 1,6271, 1,6217, 1,6164, 1,6112, 1,6061, 1,6010; 522. *Aceton*: —, 1,3645, 1,3591, 1,3537, 1,3482, 1,3427, —; 545. *Acetophenon*: —, — 1,5340, 1,5292, 1,5245, 1,5197, 1,5149; 478. *Diäthylamin*: —, —, 1,3860, (1,3798, 1,3733), 1,3672, —; 627. *Triäthylamin*: —, —, 1,4004, (1,3955), 1,3898, 1,3841, —; 553. *Phenylhydrazin*: —, —, 1,6080, 1,6030, 1,5980, 1,5930, 1,5880; 500. *Anilin*: (1,5962, 1,5912), 1,5861, 1,5809, 1,5756, 1,5702, 1,5648; 523. *N-Methylanilin*: —, —, 1,5709, 1,5659, 1,5609, 1,5559, 1,5508; 502. *N.N-Dimethylanilin*: —, —, 1,5582, 1,5530, 1,5478, 1,5426, 1,5374; 520. *o-Toluidin*: —, 1,5770, 1,5720, 1,5669, 1,5618, 1,5566, 1,5514; 512. *p-Toluidin*: —, —, —, —, —, 1,5512, 1,5465; 470. *Benzylamin*: 1,5539, 1,5489, 1,5439, 1,5389, 1,5339, 1,5289, 1,5239; 500. *Pyridin*: —, —, 1,5097, 1,5041, 1,4984, 1,4928, 1,4872; 562. *α-Picolin*: (1,5114), 1,5062, 1,5010, 1,4958, 1,4905, 1,4853, 1,4800; 524. *Piperidin*: —, —, 1,4526, 1,4474, 1,4422, 1,4370, 1,4318; 520. *Chinolin*: 1,6358, 1,6317, 1,6269, 1,6221, 1,6173, 1,6126, 1,6077; 480. (Гласник Хемиског Друштва Београд [Ber. chem. Ges. Belgrad] **17.** 11—37. 1952. Belgrad, Univ., Techn. Fak., Inst. für physikal. u. Elektrochem.) V. WILPERT. D 119

Foil A. Miller und **Roy B. Hannan jr.,** *Das Ultrarot- und Raman-Spektrum von Dicyanacetylen.* Ausgehend von Acetylendicarbonsäure wird *Dicyanacetylen* dargestellt (F. 20°, Kp. 76°) u. das Ultrarotspektr. von 400—3400 cm^{-1} u. das RAMAN-Spektr. mit geschätzten Intensitäten vermessen. 8 von den 9 Grundschwingungen lassen sich allen beobachteten Frequenzen zuordnen u. bestätigen die gestreckte Form der Moll. (Symmetrie $D_{\infty h}$). Weiterhin wird ein Berechnungsverf. für die Kraftkonstanten u. die damit erzielten Ergebnisse mitgeteilt. (J. chem. Physics **21.** 110—14. Jan. **1953.** Pittsburgh, Pa., Univ., Dep. Chem., Mellon-Inst., Dep. Res. Chem. Phys.) GOUBEAU. D 120

Annette Weil und **Jean-Paul Mathieu,** *Raman-Spektrum und Struktur der Rechtsweinsäure.* Es wird das RAMAN-Spektr. eines Einkristalles von Rechtsweinsäure bei verschied. Kristallorientierung aufgenommen. Aus den erhaltenen Daten läßt sich die Kristallstruktur u. die Lage der Atome im Gitter in bester Übereinstimmung mit röntgenograph. Ergebnissen ableiten. (C. R. hebd. Séances Acad. Sci. **234.** 1868—70. 5/5. 1952.) GOUBEAU. D 120

M. v. Stein, A. Maschka, F. Wollrab und **W. Gnilsen,** *Die Raman-Spektren von α-, β-, γ- und δ-1.2.3.4.5.6-Hexachlorcyclohexan und von α-1.1.2.3.4.5.6-Heptachlorcyclohexan.* (Vgl. LUTHER u. Mitarbeiter, C. **1951.** I. 1049.) Es wurden mit Hilfe von Komplementärfiltern die RAMAN-Spektren im festen Zustand aufgenommen von α-, β-, γ-, δ-1.2.3.4.5.6-Hexachlorcyclohexan u. α-1.1.2.3.4.5.6-Heptachlorcyclohexan, außerdem in benzol. Lsg. u. die Ergebnisse mit Messungen anderer Autoren verglichen. (Z. physik. Chem. **201.** 261—67. Dez. 1952. Wien, TH, Inst. für physikal. Chem.) GOUBEAU. D 120

Mary-Louise Josien, Nelson Fuson und **Charles J. Lee,** *Eine infrarotspektroskopische Untersuchung der OH-Valenzschwingung in o- und p-Oxydiphenyl.* (Sitzungsbericht.) Im Infrarotspektr. einiger isomerer Formen des Oxydiphenyls in fester oder gelöster Form (CCl_4) werden bes. Lage u. Form der mit totalsymm. OH-Schwingungen zusammenhängenden Absorptionsbanden untersucht. Die aus den Unterss. folgenden verschied. Stärken der zwischenmol. H-Bindung bei der o- u. p-Verb. werden diskutiert. (Physic. Rev. [2] **83.** 486. 15/7. 1951. Fisk-Univ.) RUDOLPH. D 120

Nelson Fuson, Mary-Louise Josien und **Emery Utterback,** *Eine infrarotspektroskopische Untersuchung der NH-Valenzschwingungen von Pyrrol, Indol und Carbazol.* (Sitzungsbericht.) (Vgl. C. **1954.** 5035.) Lage u. Form der gemessenen Infrarotbanden im Gebiet der totalsymm. NH-Schwingungen von Pyrrol, Indol u. Carbazol stimmen nur teilweise mit früheren Meßergebnissen anderer Autoren überein. (Physic. Rev. [2] **83.** 486. 15/7. 1951. Fisk-Univ.) RUDOLPH. D 120

E. Scott Barr und **Lugene G. Hungerford,** *Die Infrarotabsorptionsspektren einiger Citrusöle.* (Sitzungsbericht.) Absorptionsmessungen zwischen 2 u. 15 μ an verschied. Citrusölen (aus *Grape-fruit-, Orangen-, Citronen-* u. *Limonenölen*) zeigen ähnliche Spektren entsprechend dem hohen Terpengeh. ($C_{10}H_{16}$ = 95%). Teilweise Entfernung der Terpene ändert die Bandenhöhe, jedoch nicht die Bandenlage. Nur wenige Banden scheinen für die Öle spezif. zu sein. (Physic. Rev. [2] **83.** 486. 15/7. 1951. Alabama, Univ.) RUDOLPH. D 120

Herbert C. Brown, J. H. Brewster und **H. Shechter,** *Eine Interpretation des chemischen Verhaltens von fünf- und sechsgliedrigen Ringverbindungen.* 9. Mitt. *über chemische Wirkungen sterischer Spannungen.* (7. vgl. C. **1954.** 1682.) Aus früheren Unterss. ergibt sich, daß exo-Doppelbindungen einen 5-gliedrigen Ring stabilisieren u. einen 6-gliedrigen Ring destabilisieren. Vff. stellen folgende allg. Regel auf: Rkk. verlaufen derart, daß die Bldg. oder Beibehaltung einer exo-Doppelbindung in einem 5-Ring begünstigt, in einem 6-Ring dagegen vermieden wird. Sie beweisen die mit wenigen Ausnahmen gültige Regel an Hand bekannter Daten über die Gleichgewichte zwischen Isomeren u. Tautomeren mit exo- u. endo-Doppelbindung, die Olefinbldg. bei den Terpenen u. verwandten Verbb., die Stabilitätsverhältnisse cycl. Ester, Lactone, Halbacetale u. Imide u. schließlich das Auftreten von Furanose- u. Pyranosestrukturen bei den Zuckern u. Zuckersäuren. Die Regel stimmt auch mit den thermochem. Daten der Cyclopentan- u. Cyclohexanderivv. überein. O-Atome im Ring haben auf seine Spannung die gleiche Wrkg. wie Methylengruppen. — Die Ergebnisse werden kurz im Rahmen der Theorie von KILPATRICK, PITZER u. SPITZER (C. **1948.** II. 944) diskutiert. (J. Amer. chem. Soc. **76.** 467—74. 20/1. 1954. Lafayette, Ind., Purdue Univ., u. Columbus, O., State Univ., Dep. of Chem.) U. JOHN. D 123

R. H. Knipe, *Eine Molekülbahnbehandlung des Beitrages der π-Elektronen zu den elektrischen Dipolmomenten einiger Halogenbenzole.* (Sitzungsbericht.) Vf. behandelt den Beitrag der π-Elektronen zu den elektr. Dipolmomenten von einigen Mono- u. Dihalogenbenzolen mit Hilfe der Mol.-Bahn-Meth. ohne Überlappung. Unter Benutzung der bekannten Bindungslängen wird das angenäherte Additivitätsgesetz für einen Wertebereich des Halogen-COULOMB-Integrals numer. bestätigt. (Physic. Rev. [2] **91.** 242. 1/7. 1953. Duke Univ.) D. HAHN. D 132

Inga Fischer, *Eine theoretische Untersuchung des Dipolmoments von Anilin.* Vf. berechnet nach der self-consistent-field-MO-Meth. in LCAO-Näherung die Elektronenverteilung in *Anilin.* Für das einsame Elektronenpaar am N wird dabei eine reine 2p-Eigenfunktion angenommen mit $\nu_N = 1{,}96$. Aus den Berechnungen ergibt sich ein π-Elektronenmoment von ∼0,5 D; dieses Moment wird hervorgerufen zum Teil durch die Wanderung des einsamen Elektronenpaars des N zum Kern hin, zum Teil durch den induktiven Effekt der NH_2-Gruppe auf die Kern-π-Elektronen. Die Berechnung steht in Übereinstimmung mit früheren (C. **1951.** II. 2164) experimentellen Ergebnissen. (Ark. Fysik **5.** 377—89. 1952. Stockholm, Univ., Inst. of Math. Phys.) KRESZE. D 132

Józef Hurwic, *Anwendung gesättigter Lösungen von Wasser in Benzol und in Tetrachlorkohlenstoff als Lösungsmittel bei Messungen von Dipolmomenten.* Die in der Literatur vorliegenden Messungen des Dipolmoments μ für Anilin (I) ergeben Werte zwischen 1,42 u. 1,90 D in verschied. Lösungsmitteln. Vf. nimmt an, daß die Abweichungen durch den Einfl. von Feuchtigkeit zu deuten sind u. führt daher neue Messungen in gesätt. Lsgg. von W. in Bzl. u. CCl_4 durch. — Die Messung ergab in Bzl./W. $\mu = 1,51 \pm 0,1$ D [? $\pm 0,01$ D], in CCl_4/W. $\mu = 1,45 \pm 0,01$ D. Die Sättigung der Reagentien mit W. vereinfacht die App. u. Meßtechnik. (Prace Głównego Inst. Chem. przemysłowej **1951.** 45—52. Nachdruck aus den „Roczniki Chemii".) V. WILPERT. D 132

M. W. Wolkenstein und **L. A. Borowinski,** *Über die Anisotropie der diamagnetischen Susceptibilität von Benzol, Naphthalin und Anthracen.* Mittels eines Modells der Potentialniveaus, in welchen die π-Elektronen der betrachteten Moll. sich frei bewegen können, wird eine Berechnung der Anisotropie der diamagnet. Susceptibilität durchgeführt, die zufriedenstellende Resultate ergibt u. einfacher als die üblichen Methoden der Quantenchemie ist. (Доклады Академии Наук СССР [Ber. Akad. Wiss. UdSSR] [N. S.] **85.** 977—80. 11/8. 1952. Leningrad, Shdanow-Univ., u. Nowgorod, Lehrerbildungsinst. Borowitsch.) A. KUNZE. D 137

H. J. Gardner und **L. E. Lyons,** *Die polarographische Reduktion organischer Verbindungen.* Übersichtsarbeit (177 Literaturzitate) über die in den letzten ca. 15 Jahren erarbeiteten theoret. Grundlagen u. prakt. Ergebnisse der Polarographie organ. Verbindungen. (Rev. pure appl. Chem. **3.** 134—78. Sept. 1953. Sydney, Univ.) NIEMITZ. D 142

Ward C. Sumpter, Phil. H. Wilken, Josephine L. Williams, Robert Wedemeyer, Franklin L. Boyer und **W. Wallace Hunt,** *Das polarographische Verhalten von Isatin.* 2. Mitt. *Das Verhalten von Isatin und N-Alkylisatinen in äthanolischen Lösungen.* (1. vgl. J. org. Chemistry **14.** [1949.] 713.) Vff. haben l. c. festgestellt, daß Purpurfarbe u. polarograph. Verh. stark alkal. wss. Lsgg. von *Isatin* (I) einer *Lactimform* von I entsprechen. Unterss. an *N-Methyl-* (III), *N-Äthyl-*, *N-Phenyl-* u. *5-Methylisatin* in wss. oder 50%ig. äthanol. Lsgg. haben gezeigt, daß das polarograph. Verh. von I u. seinen *N-Alkylderivv.* vollkommen analog ist, obwohl die Derivv. keine Lactimformen bilden können u. in stark alkal. Lsgg. keine Purpurfarbe zeigen. Vff. erklären hiernach das Auftreten einer die Purpurfarbe bedingenden resonanzfähigen Form **A** bei **I** für hohe p_H-Werte durch Addition eines Hydroxylions an der β-Carbonylgruppe mit nachfolgendem Wasseraustritt. Bei den N-Derivv. kann nach der Addition des Hydroxylions kein Austritt von W. erfolgen, eine resonanzfähige Form sich daher nicht bilden. Die nachfolgende 2-stufige polarograph. Red. entspricht jedoch vollständig dem Verh. von **I**: prim. Red. zum Endiolation des Dioxindols, dann eine weitere 2-Elektronenred. zum Oxindol. — Eine Analyse der Wellenhöhen bei p_H 10,22 u. 10,87 bestätigt den von Vff. l. c. postulierten Verlauf der polarograph. Red. der verschied. Formen von **I** ebenso wie Diskussion der bei **II** bei p_H 11,58 gefundenen Daten, bei niederem p_H ergeben sich hier Abweichungen. Die Beteiligung von Boratkomplexen an der Red. wurde durch Verss. in Phosphatpuffern ausgeschlossen. (J. org. Chemistry **16.** 1777—84. Dez. 1951. Bowling Green, Ky., Western Kentucky State Coll., Dep. of Chem.) KÜHNHANSS. D 142

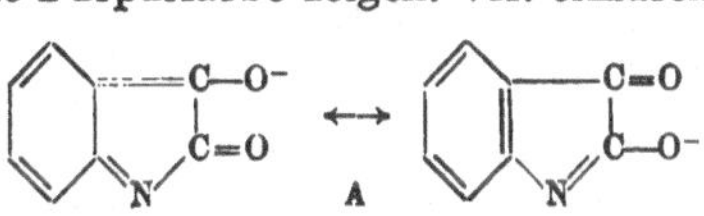

Yatendra Pal Varshni, *Erratum: Beziehung zwischen kritischer Temperatur und kritischem Druck von Normalparaffinen.* (Vgl. VARSHNI, C. **1954.** 1209.) In der von Vf. l. c. gefundenen Beziehung zwischen krit. Temp. (T_c in ° K) u. krit. Druck (P_c in at) für n-Paraffine muß es richtig heißen: $T_c \cdot P_c^{1/2}$ = const; auch in der empir. Beziehung ist der Ausdruck T_c/P_c durch $T_c \cdot P_c^{1/2}$ zu ersetzen. (J. chem. Physics **22.** 150. Jan. 1954. Allahabad, India, Univ., Dep. of Phys.) G. WINKLER. D 149

L. Grunberg, *Kritische Temperatur und kritischer Druck von n-Paraffinen.* (Vgl. C. **1954.** 1209 u. vorst. Ref.) Vf. weist darauf hin, daß im Gegensatz zu VARSHNI (l. c.) zwischen krit. Temp. (T_c in ° K) u. krit. Druck (P_c in at) folgende Beziehung besteht: $T_c/M\,P_c$ = const (für C_2—C_{19} 0,205—0,215). Wegen der Additivität von T_c^3 u. der Konstanz vorst. Ausdruckes ergibt sich für die ebenfalls annähernd additiven Werte von $(M\,P_c)^3$ für —CH_2 $2,41 \cdot 10^6$ u. für —CH_3 $3,40 \cdot 10^6$. Die daraus berechneten P_c-Werte stimmen auf 2% mit den beobachteten Daten überein. (J. chem. Physics **22.** 157. Jan. 1954. Glasgow, Scotland, Mech. Engng. Res. Labor. D. S. I. R.) G. WINKLER. D 149

Riki Kobayashi und **Donald L. Katz,** *Dampf-Flüssigkeits-Gleichgewichte binärer Kohlenwasserstoff-Wasser-Systeme.* Über einen Bereich von 12—150° u. 7—197 at werden die Gleichgewichtsdaten des 2- u. 3-Phasensyst. *Propan* (I)-*W.* (II) gemessen. Vff. beschreiben genauer das Verf. zum Messen der Konzz. in der KW-stoffreichen bzw. II-reichen Phase. Sie zeigen aus den Löslichkeiten in Abhängigkeit vom Druck, daß sich II in der I-reichen Phase sowie I in der II-reichen Phase um so besser löst, je günstiger die Volumenbedingungen sind. Ist die Kompressibilität der Phase groß, so erhöht eine Drucksteigerung die Löslichkeit stark u. umgekehrt. (Ind. Engng. Chem. **45**. 440—46. Febr. 1953. Ann Arbor, Mich., Univ.) v. SCHIESZL. D 150

I. Brown und **A. H. Ewald,** *Flüssigkeits-Dampf-Gleichgewichte.* 1. Mitt. *Die Systeme Tetrachlorkohlenstoff–Cyclohexan und Wasser–Essigsäure.* Vff. beschreiben genauer die Arbeitsweise eines Destillierapp. zum Messen von Fl.–Dampf-Gleichgewichten. Von dem Syst. *Tetrachlorkohlenstoff–Cyclohexan* werden 12 Mischungen bei 70° untersucht sowie die Dampfdrucke der reinen Komponenten zwischen 30 u. 80°. Die Ergebnisse stimmen gut mit denen von SCATCHARD, WOOD u. MOCHEL (J. physic. Chem. **43**. [1939.] 119) überein. Die Abweichungen der chem. Potentiale u. der freien Energie von denen der idealen Lsgg. werden berechnet. Bei dem Syst. *W.–Essigsäure* werden 19 Konzz. bei 760 mm Hg untersucht u. ebenfalls die thermodynam. Größen der nichtidealen Lsgg. berechnet. (Austral. J. sci. Res., Ser. A **3**. 306—23. Juni 1950. Melbourne, C. S. I. R. O., Div. of Ind. Chem.) v. SCHIESZL. D 150

H. E. Clements, K. V. Wise und **S. E. J. Johnsen,** *Physikalische Eigenschaften von o-, m- und p-Methylstyrol.* Vff. bestimmen von — aus sorgfältig gereinigtem o-, m- bzw. p-Bromtoluol (F. —26,81°, —38,14° bzw. +26,58°) dargestelltem — *o-* (I), *m-* (II) bzw. *p-Methylstyrol* (III) die folgenden physikal. Daten: F., die Konstanten A, B u. C in der Dampfdruckgleichung von ANTOINE für den Bereich 20—120°, n_D^{20}, $D._4^0$, $D._4^{25}$ u. $D._4^{35}$; ferner $Kp._{100}$, $Kp._{760}$, Verdampfungswärme in kcal/Mol bei 100 mm (VW_{100}) bzw. bei 760 mm (VW_{760}), Kompressibilitätsfaktor bei 100 mm (Z_{100}) bzw. bei 760 mm (Z_{760}), krit. Temp. (T_{kr}), krit. Druck (P_{kr}) u. krit. Vol. (V_{kr}). — I hat F. —68,57°; A 7,15272; B 1628,405; C 211,386; n_D^{20} 1,54374; $D._4^0$ 0,9284; $D._4^{25}$ 0,9077; $D._4^{35}$ 0,8992; $Kp._{100}$ 104,64°; $Kp._{760}$ 169,80°; VW_{100} 10,51; VW_{760} 9,46; Z_{100} 0,988; Z_{760} 0,945; T_{kr} 665° K; P_{kr} 32,4 at u. V_{kr} 435 cm³/Mol. — II hat F. —86,34°; A 6,95079; B 1520,412; C 201,967; n_D^{20} 1,54114; $D._4^0$ 0,9283; $D._4^{25}$ 0,9076; $D._4^{35}$ 0,8992; $Kp._{100}$ 105,12°; $Kp._{760}$ 171,60°; VW_{100} 10,42; VW_{760} 9,27; Z_{100} 0,988; Z_{760} 0,945; T_{kr} 668° K; P_{kr} 32,5 at u. V_{kr} 435 cm³/Mol. — III hat F. —34,15°; A 7,04830; B 1594,747; C 209,889; n_D^{20} 1,54202; $D._4^0$ 0,9383; $D._4^{25}$ 0,9173; $D._4^{35}$ 0,9088; $Kp._{100}$ 106,01°; $Kp._{760}$ 172,78°; VW_{100} 10,38; VW_{760} 9,31; Z_{100} 0,988; Z_{760} 0,945; T_{kr} 669° K; P_{kr} 32,6 at u. V_{kr} 435 cm³/Mol. — Angaben über die benutzten Meßmethoden. (J. Amer. chem. Soc. **75**. 1593—95. 5/4. 1953. Texas City, Tex., Monsanto Chem. Co., Texas Div., Res. Dep.) KLASSKE. D 150

Louis Robert, *Beziehungen zwischen der Benetzungswärme und der Adsorbierbarkeit flüssiger organischer Verbindungen an starren Oberflächen.* Auf Grund der Messungen der Benetzungswärme von *A.*, *W.*, *Isopropylalkohol*, *Bzl.*, *Penten*, *Tetralin*, *Toluol*, *n-Butylbenzol*, *Hexan*, *Heptan* u. *Octan* an SiO_2- u. Al_2O_3-Gel ergibt sich, daß die Benetzungswärmen pro m²-Oberfläche für Bzl. u. Hexan bei beiden Adsorbentien von gleicher Größenordnung sind. Dagegen ist für A. u. W. die Benetzungswärme an Al_2O_3 2,5 bzw. 3mal so groß wie an SiO_2. Mittels chromatograph. Unters. am Gemisch Bzl.–Heptan läßt sich eine Bedeckung von $3,06 \cdot 10^{-6}$ Mol Bzl. auf 1 m² SiO_2 errechnen. Erhitzen des Al_2O_3-Präp. auf Tempp. von 300—900° u. damit verbundene Strukturänderung ändert (geprüft für W. u. A.) die Benetzungswärmen. (C. R. hebd. Séances Acad. Sci. **233**. 1103—04. 5/11. 1951.) HENTSCHEL. D 176

Georges Carpéni und **Jacques Chouteau,** *Über die Theorie des physikalisch-chemischen Verhaltens der Peptidbindung und das Problem des beweglichen Wasserstoffs in Amid- und Peptidmolekülen.* 1. Mitt. *Einführung und erste Arbeitshypothese. Folgerungen.* Zur Erklärung sich zum Teil widersprechender Ergebnisse über das physikal.-chem. Verh. der Peptidbindung, die bei der elektrometr. Unters. der Alkalihydrolyse u. bei Ultrarotmessungen (3 u. 6 μ) erhalten wurden, wird eine einfache Theorie vorgeschlagen, aus der auch verifizierbare Folgerungen gezogen werden können. Die erste von 2 Arbeitshypothesen lautet: In wss., saurer oder neutraler Lsg. liegt das Amid als hydratisierter Komplex ($R—CO—NH_2 \cdot H_2O$ bzw. $R—CO—NH—R' \cdot H_2O$) des Ammoniumsalzes $R—COO \cdot NH_4$ (bzw. $R—COO \cdot NH_3—R'$) vor. Die entsprechenden Tautomeriegleichgewichte u. Mesomerieformen sind:

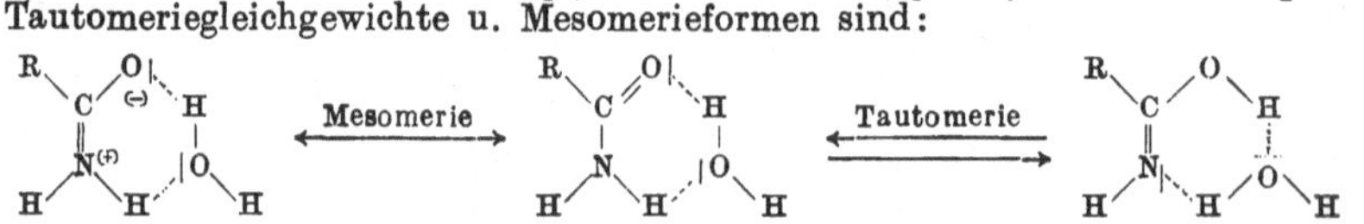

Grenzform (I) Imidoniumhydrat — Grenzform (II) echtes Amidhydrat — Grenzform (III) Iminohydrat

Auf die Besonderheit der obigen Tautomerie wird hingewiesen. Der Übergang eines Ammoniumsalzes in einen Amidhydratkomplex hat Veränderungen der chem. u. elektrochem. Eigg. der Moll. zur Folge. (C. R. hebd. Séances Acad. Sci. **236.** 1354—56. 30/3. 1953.) K. F. MÜLLER. D 182

Georges Carpéni und **Jacques Chouteau,** *Über die Theorie des physikalisch-chemischen Verhaltens der Peptidbindung und das Problem des beweglichen Wasserstoffs in Amid- und Peptidmolekülen.* 2. Mitt. *Zweite Arbeitshypothese und einige Folgerungen.* (1. vgl. vorst. Ref.) Die 2. Arbeitshypothese lautet: Der spezif. Einfl. von H^+ auf das Gleichgewicht von Amiden u. Peptiden in wss. Lsg. äußert sich in einer Verstärkung der H-Bindungen in saurem Medium u., im Gegensatz hierzu, in einer Schwächung oder sogar in einer Auflösung solcher Bindungen in alkal. Medium. Die Wrkg. des Mediums ist um so stärker, je größer die Aktivitäten der H^+ u. OH^- sind. Dies hat zur Folge: 1. In saurem Medium werden intra- u. intermol. Cyclisierungen begünstigt, während in alkal. Medium Ringöffnung u. Spaltung der zwischen gelöstem Stoff u. Lösungsm. bestehenden Assoziationen stattfindet. 2. Die Stabilität der cycl. Formen in saurem Medium ermöglicht in diesem Medium die Existenz von Amidoniumsalzen (**I**),

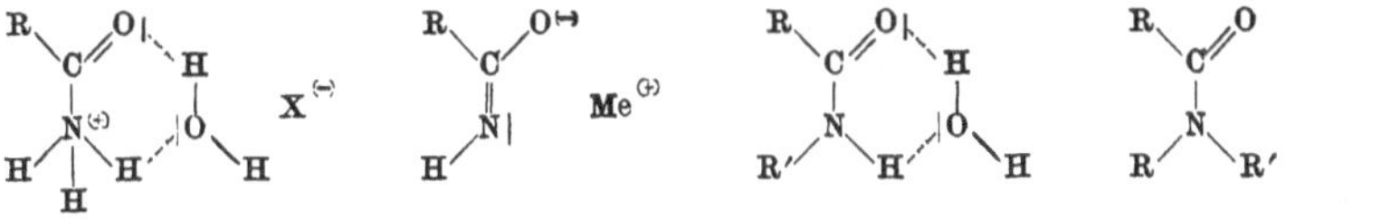

I II cyclisierte cis-Form III offene trans-Form

während in alkal. Medium vorwiegend „Hydroxylsalze" (**II**) vorliegen. 3. Die Möglichkeit einer cis–trans-Isomerie ist gegeben. Diese cis–trans-Isomerie tritt wegen ihrer Labilität chem. nicht in Erscheinung; sie erklärt die Ultrarotabsorption im 3 μ-Bereich. Der bewegliche **H** in Amiden oder Peptiden ist gegenüber p_H-Änderungen des Mediums empfindlich. In neutralem oder saurem Medium ist das Amidhydrat (cis-Form, **III**) durch H-Bindungen cyclisiert; in alkal. Medium, in dem die H-Bindungen aufgehoben sind, liegt die offene trans-Form **IV** vor. Der cycl. Form **III** bzw. der offenen Form **IV** werden die Ultrarotbanden bei 6 bzw. 6,4 μ zugeordnet. (C. R. hebd. Séances Acad. Sci. **236.** 1423—25. 8/4. 1953.) K. F. MÜLLER. D 182

John D. Hoffman, *Thermische und dielektrische Untersuchung von Oktamethylcyclotetrasiloxan.* Es wird die DK. u. die Abkühlungs- u. Erwärmungskurve von *Oktamethylcyclotetrasiloxan* zwischen 40 u. —60° gemessen bei 1,5 u. 10 kHz. Bei 17,54° gefriert eine α-Modifikation aus, bei —35° erscheint eine neue polymorphe Form (β-Modifikation). Beim Erwärmen erfolgt deren Umwandlung bei —16,30°, diese ist verbunden mit latenter Wärme u. einem Sprung in der Dielektrizitätskonstante. Die Umwandlung wird mit inneren Rotationen in Verbindung gebracht. Das Dipolmoment wird zu 0,4 D geschätzt, die Elektronenverschiebungspolarisation beträgt bei 20° 49, die Atomverschiebungspolarisation 13,0 cm³, die D. 0,956, die DK. 2,405. (J. Amer. chem. Soc. **75.** 6313—14. 20/12. 1953. Schenectady, N. Y., Gen. Electr. Res. Labor.) K. L. WOLF. D 190

Ralph Hulme, *Die Struktur von p-Diisocyanbenzol.* Es wurden röntgenograph. Einkristalle von p-Diisocyanbenzol untersucht, welche durchsichtige, nadelähnliche Kriställchen bildeten u. sich leicht chem. zersetzten. Die monokline Zelle hat die Dimensionen a = 9,80 Å; b = 7,15 Å; c = 4,72 Å; β = 97° 11'. Wahrscheinlichste Raumgruppe ist C 2/m; Z = 2. PATTERSON-Projektionen parallel allen 3 Achsen u. eine FOURIER-Synth. mit der Projektion parallel der c-Achse lieferten die folgenden Parameter: C_1: (x =) 0,100; (y =) 0; (z =) —0,21; C_2: 0,050; 0,167; —0,11; C_3: —0,050; 0,167; 0,11; N_1: 0,207; 0; —0,44; C_4: 0,295; 0; —0,02. Es wird darauf aufmerksam gemacht, daß die z-Parameter weniger sicher sind als die beiden anderen Parameter. Es konnte noch nicht mit Sicherheit nachgewiesen werden, welche von zwei verschied. Strukturmöglichkeiten richtig ist. (Acta crystallogr. [Copenhagen] **5.** **144.** Jan. 1952. Achimota, Gold Coast, Brit. West Africa, Univ. Coll., Chem. Dep.) GOTTFRIED. D 195

Walter C. McCrone und **Ralph J. Hinch jr.,** *Salicylamid* [*o-Oxybenzamid*]. Gute Kristalle von *Salicylamid* wurden durch Kristallisation aus A. oder durch Sublimation erhalten. Die goniometr. Vermessung ergab monokline Symmetrie mit dem Achsenverhältnis a : b : c = 2,576 : 1 : 4,940; β = 117°. Röntgenograph. ergab sich eine Zelle mit den Dimensionen a = 12,93 Å; b = 5,02 Å; c = 24,80 ± 0,2 Å; Z = 8. Die Pulverinterferenzen sind mit ihren Netzebenenabständen u. Intensitäten tabellar.

zusammengestellt. — Die Brechungindices (5893 Å; 25°) sind $\alpha = 1{,}595 \pm 0{,}002$; $\beta = 1{,}637 \pm 0{,}001$; $\gamma = 1{,}727 \pm 0{,}005$; 2 H = (+) 82,5°; 2 V = (+) 76° bzw. (+) 75°. Die Dispersion ist sehr stark, r > v; opt. Achsenebene ist (0 1 0); die spitze Bisektrix $\gamma : c = 7°$ im spitzen Winkel β. (Analytic. Chem. **25**. 1277—78. Aug. 1953. Chicago, Ill., Inst. of Technol., Armour Res. Found.) GOTTFRIED. D 195

M. N. Dutt, *Extra-Laue-Reflexe an Tetraphenyläthylenkristallen.* Tetraphenyläthylenkristalle wurden aus einer A.–Bzl.-Lsg. gewonnen. Die Kristallstruktur wurde bestimmt zu: holoaxial-monoklin, a : b : c = 1,213 : 1 : 1,078; β = 68° 20′; 1 Mol. pro Einheitszelle; Raumgruppe P2/m. Bei Röntgenbestrahlung senkrecht zu (0 0 1) auftretende Extra-LAUE-Reflexe sind schwach u. therm. Ursprungs. (J. chem. Physics **21**. 1609—10. Sept. 1953. Calcutta, Indien, Univ., Phys. Dep.)
H. C. WOLF. D 195

A. K. Roebuck und **B. L. Evering**, *Durch Schwefelsäure bewirkte Isomerisierung von Methylalkanen, Dimethylalkanen und Dimethylcyclohexanen.* Vff. untersuchen bei 25° die durch H_2SO_4 bewirkte Isomerisierung der folgenden KW-stoffe: *2-Methylpentan* (**I**; Kp. 60,3°; n_D^{20} 1,3715; Reinheit: 97,1 Mol.-%); *3-Methylpentan* (**II**; Kp. 63,2°; n_D^{20} 1,3765; 99,5 Mol-%); *2.3-Dimethylpentan* (**III**; Kp. 89,7°; n_D^{20} 1,3919; 94,8 Mol.-%); *2.4-Dimethylpentan* (**IV**; Kp. 80,3°; n_D^{20} 1,3815; 99,2 Mol-%); *2-Methylhexan* (**V**; Kp. 90,0°; n_D^{20} 1,3848; 98,3 Mol-%, dargestellt durch Dehydratisierung des nach GRIGNARD erhaltenen Alkohols u. nachfolgender Hydrierung des Olefins), *3-Methylhexan* (**VI**; Kp. 91,9°; n_D^{20} 1,3885; 99,5 Mol-%, Darst. analog **V**); *2.3-Dimethylhexan* (Kp. 115,6°; n_D^{20} 1,4015; 92,2 Mol-%; Darst. analog **V**); *2.4-Dimethylhexan* (**VIII**; Kp. 109,1°; n_D^{20} 1,3953; Darst. analog **V**); *3-Methylheptan* (**IX**; Kp. 118,8°; n_D^{20} 1,3985; 98,4 Mol-%, aus 2-Äthylhexanol analog **V**),; „*cis-1.2-Dimethylcyclohexan* (**X**; Kp. 129,0; n_D^{20} 1,4361; 99 Mol-%, aus o-Xylol durch Hydrierung neben nachst. Verb.); *trans-1.2-Dimethylcyclohexan* (**XI**; Kp. 123,0°; n_D^{20} 1,4271; 99 Mol-%); *cis-1.3-Dimethylcyclohexan* (**XII**; Kp. 119,0°; n_D^{20} 1,4229; 96 Mol-%, aus m-Xylol); *cis-1.4-Dimethylcyclohexan* (**XIII**; Kp. 119,0°; n_D^{20} 1,4209; 99 Mol-%, aus p-Xylol neben nachst. Verb.) u. *trans-1.4-Dimethylcyclohexan* (**XIV**; Kp. 124°; n_D^{20} 1,4295; 98 Mol-%). Die Geschwindigkeit der Isomerisierungs-Rk. ist abhängig von der Konz. der benutzten Säure mit einem scharfen Maximum bei 99,8%ig. H_2SO_4 (Erhöhung der Säurekonz. von 95,5 auf 99,8% bewirkt eine 64fache Isomerisierungsgeschwindigkeit), das von der Struktur des betreffenden KW-stoffes nicht beeinflußt wird. Dabei nimmt die Stärke der Säure mit der Reaktionsdauer ab, u. zwar bei Säuren geringerer Konzz. weniger stark als bei Säuren höherer Konzz., wobei bei letzteren die Abnahme der Säurekonz. innerhalb der ersten Std. bes. stark ist. Das Isomerisierungsgleichgewicht von je 2 KW-stoffisomeren in Abhängigkeit von der Reaktionsdauer wird refraktometr., massenspektroskop., infrarot-spektroskop. u. durch Fraktionierung der Prodd. mit Ausnahme von **XII** für jeden der beiden Reaktionspartner als Ausgangssubstanz bestimmt. Ergebnisse: Für die KW-stoffe **I** u. **II** wird das Isomerisierungsgleichgewicht in beiden Fällen nach ca. 22 Std. erreicht mit 68% **I** u. 32% **II** im Gemisch; außerdem entstehen hierbei noch geringe Mengen *2.3-Dimethylbutan* (**XV**). 2.2-Dimethylbutan (Neohexan) u. n-Hexan können in keinem Falle nachgewiesen werden. Für **III** u. **IV** sind die entsprechenden Daten: ca. 170 Std.; 35% **III** u. 65% **IV**; daneben ca. 10% **V** u. 5% **VI**. Für **V** u. **VI**: 60 Std.; 56% **V** u. 44% **VI**; außerdem geringe Mengen **III** u. **IV**. Für **XIII** u. **XIV**: 2 Std. bzw. 4 Std. (vollständig), 7% **XIII** u. 93% **XIV**; außerdem 15% **XII**, dessen Anteil sich bei weiterer Einw. der H_2SO_4 noch langsam (unter Beibehaltung des vorst. Isomerengemisches) erhöht (nach 46 Std. auf ca. 26%), sowie geringe Mengen *trans-1.3-Dimethylcyclohexan* (**VII**). — Für **X** u. **XI** nach 106 Std. noch kein Endgleichgewicht; durch Extrapolation 5% **X** u. 95% **XI** bei ca. 160 Std.; bei 106 Std. außerdem ca. 30% **XII** u. 5% **VII**. Die Isomerisierung von **XII** führt bereits nach 2 Std. zu einem Gleichgewicht von 95% **XII** u. 5% **VII**; außerdem entstehen geringe Mengen **XIV** u. etwas **XI**. — Die experimentell gefundenen Werte stimmen, mit Ausnahme des Syst. **III/IV**, sehr gut mit den aus den thermochem. Daten errechneten überein. — Bei der Isomerisierung der Dimethylcyclohexane lassen sich in keinem Falle Trimethylcyclopentane nachweisen. Die Isomerisierungsgeschwindigkeiten $k[h^{-1}]$ bei 25° mit 99,8%ig. H_2SO_4 sind: **I** → **II** 0,14; **II** → **I** 0,49; **III** → **IV** 0,15; **IV** → **III** 0,05; **V** → **VI** 0,18; **VI** → **V** 0,17; **VIII** → *2.5-Dimethylhexan* 0,54; **IX** → *2-Methylheptan* 0,18. *n-Hexan*, **XV**, *Methylcyclopentan* u. *Cyclohexan* zeigen selbst nach 150std. Rk. keine Isomerisierung. — Der Isomerisierungsgrad ist von der Reaktionstemp. nur wenig abhängig, wie Vff. an **II** u. **III** zeigen können. Die Struktur des KW-stoffes bestimmt den Isomerisierungsgrad: KW-stoffe mit nur prim. u. sek. C-Atomen zeigen keinerlei Isomerisierungsneigung, ebenso solche mit quartärem

C-Atom. Lediglich KW-stoffe mit tert. C-Atom isomerisieren, jedoch gelten auch hier gewisse Einschränkungen. Bei den Isoparaffinen erfährt der Verzweigungsgrad meist nur geringfügige Veränderungen u. bleibt im großen u. ganzen erhalten. Aus Methylalkanen entstehen nur kleine Mengen Dimethylalkane, während umgekehrt aus letzteren schon merkliche Mengen der ersteren erhalten wurden. Die einzige, bei der Isomerisierung durch H_2SO_4 bewirkte Veränderung bei KW-stoffen mit tert. C-Atom ist die Wanderung von CH_3-Gruppen, u. zwar eine schnelle Wanderung in bezug auf die Bindungsebene bei geometr. Isomeren (Umwandlung von cis- in trans-Verb. bei Dialkylcycloparaffinen), eine weniger schnelle Wanderung entlang der KW-stoffkette bei Isoparaffinen u. schließlich eine sehr langsame um den Ring herum bei den Dialkylcycloparaffinen. (J. Amer. chem. Soc. **75.** 1631—35. 5/4. 1953. Whiting, Ind., Standard Oil of Indiana, Res. Dep.) KLASSKE. D 221

Monisha Bose, *Mechanismus der Reaktion zwischen Dichromat und Diphenylcarbazid.* Der Farbnachw. von Cr durch *Diphenylcarbazid* (**I**) im sauren Medium führt zur gleichen Färbung, wenn Cr^{6+} u. **I**, Cr^{6+} u. Diphenylcarbazon (**II**) oder Cr^{2+} u. **II** verwendet werden. Überschuß von Cr^{2+} oder Cr^{6+} zerstört die Farbe, vermutlich durch Red. von **II** bzw. Oxydation zu Carbodiazin. Die Spektren der genannten 3 Systeme sind ident., λ_{max} 540 mμ. Eine quantitative spektrophotometr. Unters. nach JOB (C. R. hebd. Séances Acad. Sci. **180.** [1925.] 928) ergab, daß a) 2 Mol Cr^{6+} u. 3 Mol **I**, b) 1 Mol Cr^{6+} u. 3 Mol **II** bzw. c) 1 Mol Cr^{2+} u. 1 Mol **II** miteinander unter Bldg. eines 1:1-Komplexes aus Cr^{2+} + **II** reagieren, wobei daneben bei a) u. b) *Diphenylcarbodiazon* entsteht. Der Komplex scheint nichtelektrolyt. zu sein. Die Beteiligung zweiwertigen Cr wurde durch magnetochem. Messungen erhärtet. Die Lsg. des Komplexes ist paramagnet., es wurde eine Susceptibilität von 4,5 BOHRschen Magnetonen für Cr berechnet (Cr^{2+}). (Nature [London] **170.** 213. 2/8. 1952. Calcutta, Univ. Coll. of Sci. and Technol., Dep. of Physical Chem.) GNAUCK. D 223

Harold Simmons Booth und **Howard E. Everson,** *Hydrotrope Löslichkeiten. Löslichkeiten in wässerigen Natrium-o-, -m- und -p-Xylolsulfonatlösungen.* (Vgl. C. **1950.** II. 2658.) Die Löslichkeiten von *Acetophenon, Anilin, Benzaldehyd, o-Kresol, Cyclohexanol* u. *Äthylacetat* in wss. *Na-o-, -m-* bzw. *-p-Xylolsulfonat*-Lsgg. verschied. Konzz. bei 25 u. 60° werden angegeben. Ziel der Unters. ist die Erforschung des Einfl. der o-, m- bzw. p-Stellung auf die Löslichkeit. Im allg. verhalten sich die 3 isomeren Salze bei vergleichbaren Konzz. ziemlich ähnlich. Bei der tieferen Temp. sind die Ergebnisse nicht mehr vergleichbar, die Löslichkeit bei Verwendung des Na-m-Xylolsulfonats ist wesentlich größer als bei Verwendung des o- u. des p-Salzes. (Ind. Engng. Chem. **42.** 1536—37. Aug. 1950. Cleveland, O., Western Reserve Univ.) v. SCHIESZL. D 224

Albert Tian, *Untersuchungen über die Schwefelsäureveresterung.* Unterss. über den Verlauf der Veresterungs-Rk. zwischen H_2SO_4 u. *Methanol, Ae., n-Propanol, Isopropanol, n-Butanol, Isobutanol* u. *sek.-Butanol* bei 0, 20, 23 u. 70°, Feststellung der Veresterungsgrenzen, Dauer der Gleichgewichtseinstellung, Änderung der Grenzen mit der der Zus. des Syst., Änderung der Veresterungsgeschwindigkeiten durch Konzentrationsänderungen usw. — In 16 Diagrammen wird der n. u. anomale Veresterungsverlauf unter den verschied. Bedingungen mit den 7 Alkoholen wiedergegeben u. folgende Schlüsse daraus gezogen: H_2SO_4 verestert Alkohole in unerwarteter Weise: Ein Überschuß an Säure setzt die Veresterungsgrenze infolge zunehmender Dehydratation herab, beschleunigt aber die Veresterung in einem Maße, wie es durch den katalyt. Effekt des H-Ions allein nicht zu erklären ist. Zur Erklärung dieser Erscheinung wird eine Theorie der zeitweisen Bldg. von Oxoniumverbb. aufgestellt. Weitere Anomalien bei A. werden gefunden u. erklärt. Bei den Propanolen u. Butanolen steigt die Veresterungskurve bedeutend rascher, sie fällt hingegen mit steigendem Überschuß an Säure um so schneller wieder ab. Diese Erscheinung hängt mit der Bldg. von gesätt. höhermol. KW-stoffen (Kp. 150—340°), vermutlich Cyclanen, die isoliert werden, zusammen. Sie stammen wahrscheinlich von einer Polymerisation der unter dem H_2SO_4-Einfl. entstandenen ungesätt. KW-stoffe. Die Vielfalt der Rkk. bei der Veresterung von Alkoholen mit H_2SO_4 läßt es nicht zu, durch klass. Formeln der chem. Kinetik die Bldg. von Systemen wiederzugeben. (Bull. Soc. chim. France, Mém. [5] **17.** 1223—32. Nov./Dez. 1950. Marseille, Fac. des Sci., Labor. de Chim. générale.) ROTTER. D 225

D. H. Derbyshire und **William A. Waters,** *Eine säurekatalysierte Chlorierung mit Hilfe von unterchloriger Säure.* Die Kinetik der Chlorierung von *Na-Toluol-ω-sulfonat* durch HOCl wurde bei 21,5° titrimetr. untersucht, wobei H_2SO_4 u. $HClO_4$ als Katalysatoren benutzt wurden. Hierbei zeigte sich, daß H_2SO_4 bei höheren Konzz. (0,3 bis 4 mol.) besser wirkte als $HClO_4$. Die Rk. verlief nach der zweiten Ordnung: k_2[Liter · Mol^{-1} · sec^{-1}) in 2,254n H_2SO_4 ist $9{,}14 \cdot 10^{-3}$; durch Zusatz von $5{,}78 \cdot 10^{-4}$ mol. KCl

(Ersatz von Cl^+ durch Cl_2 als Agens) steigt k_2 auf $25,9 \cdot 10^{-3}$. Der von den Vff. vorgeschlagene Mechanismus sieht die Bldg. von Cl^+ vor, die bei höherer Acidität einsetzt als die Bldg. von Br^+ bei der entsprechenden Rk. mit HOBr (vgl. C. **1951**. II. 356). (J. chem. Soc. [London] **1951**. 73—75. Jan. Oxford, Dyson Perrins Labor.)
KLAFFKE. D 225

Joseph Miller, *Der S_N-Mechanismus in aromatischen Verbindungen.* 6. Mitt. *Carbonyl- und Nitrilsubstituenten.* (5. vgl. C. **1954**. 3665.) Vf. bestimmt die Relativgeschwindigkeiten [Substituentengeschwindigkeitsfaktoren (SRF)] für die Rk. zwischen OCH_3^- u. 4-Chlor-3-nitro-1-X-benzolderivv. (X = H, CO_2^-, $CONH_2$, CO_2CH_3, COC_6H_5, $COCH_3$, CHO, CN) in absol. Methanol. Die Versuchsergebnisse zeigen: a) —CHO u. —CN wirken nach einem anderen Mechanismus als die übrigen Gruppen, die als Hauptreihe bezeichnet werden; b) die SRF der Hauptreihe nehmen ab in der Reihenfolge $COC_6H_5 > COCH_3 > CO_2CH_3 > CONH_2 > CO_2^-$; c) die Aktivierung durch Gruppen der Hauptreihe ist zurückzuführen auf eine beträchtliche Erniedrigung der Aktivierungsenergie (bis zu 5500 cal), verbunden mit einem starken -I, -T-Effekt; d) zwischen CO_2^- u. $CONH_2$ einerseits u. zwischen beiden Gruppen u. dem Rest der Hauptreihe bestehen größenordnungsmäßig große Unterschiede für die Werte der SRF, dies wird vom Vf. dem großen +M-Effekt der $—NH_2$ u. bes. der $—O^-$-Gruppierung zugeschrieben; e) die Unterschiede zwischen den SRF von CO_2CH_3 u. $COCH_3$ sind nur gering, d. h. nach Vf., daß gleichfalls die Unterschiede der +M-Effekte von OCH_3 u. CH_3 gering sind u. daß die bei aromat. S_E-Rkk. auftretenden großen Effekte hauptsächlich elektromer sind; f) die Gruppen —CHO u. —CN sind ebenfalls stark aktivierend, sie wirken jedoch durch eine große Zunahme des Frequenzfaktors (um 10^5), was die Erhöhung der Aktivierungsenergie um ca. 2000 cal aufhebt, sie zeigen im Gegensatz zu den Gruppen der Hauptreihe mit steigender Temp. eine Zunahme der SRF. Für den Mechanismus der beiden letzten Gruppen wird vom Vf. eine andere Art der Aktivierung oder eine reversible Neben-Rk., die keinen Einfl. auf die Reaktionsprodd. hat, gegebenenfalls Iminoester- oder Halbacetalbldg., angenommen. — Einzelergebnisse: *4-Chlor-3-nitro-1-X-benzolderivv.*: *X = H*, E(cal) 23640 ± 120, log B 10,39 ± 0,07, SRF für 0° 1, 50° 1, 100° 1. (Für alle folgenden Verbb. Anordnung in gleicher Reihenfolge): X = CO_2^-, 21460 ± 120, 9,77 ± 0,08, 13,2, 7,12, 4,51. — *X = $CONH_2$*, 21300 ± 190, 11,21 ± 0,14, 512, 262, 160. — *X = CO_2CH_3*, 18260 ± 140, 9,94 ± 0,09, 7240, 1560, 506. — *X = $COCH_3$*, 18730 ± 240, 10,37 ± 0,17, 8080, 1990, 712. — *X = COC_6H_5*, 18140 ± 170, 10,11 ± 0,11, 12760, 2655, 844. — *X = CHO*, 25210 ± 80, 14,81 ± 0,06, 1435, 2240, 3120. — *X = CN*, 25630 ± 100, 15,19 ± 0,07, 1590, 2810, 4250. — *o-Chlornitrobenzol*, F. 32,5° (A.). — *4-Chlor-3-nitrobenzoesäure*, F. 183°, durch Nitrierung von p-Chlorbenzoesäure bei 65° u. wenige Min. Erwärmen auf 90°, 90% (Ausbeute); *Methylester*, F. 83°, über das Säurechlorid, 84%. — *4-Chlor-3-nitrobenzamid*, F. 156°, aus vorst. Säure über das Säurechlorid. — *4-Chlor-3-nitroacetophenon*, F. 99—101°, aus p-Chloracetophenon. — *4-Chlor-3-nitrobenzophenon*, F. 104—105°, aus dem Benzoylchlorid u. Benzol. — *4-Chlor-3-nitrobenzaldehyd*, F. 63°, aus p-Chlorbenzaldehyd. — *4-Chlor-3-nitrobenzonitril*, F. 101°, aus p-Chlorbenzonitril. (J. Amer. chem. Soc. **76**. 448—50. 20/1. 1954. Nedlands, Western Australia, Univ., Dep. of Chem.)
G. WINKLER. D 225

Alfred H. Zeltmann und **Milton Kahn,** *Die Kinetik des Jodaustausches zwischen Dijodtyrosin und molekularem Jod in wässeriger Lösung.* Unter Anwendung von ^{131}J als radioakt. Indicator wurde die Austausch-Rk. zwischen Jod u. Dijodtyrosin (**I**) in wss. Lsg. im Temperaturbereich von 20,5—42,1° u. im p_H-Bereich von 1,33—5,25 gemessen. (Vgl. MILLER u. Mitarbeiter, Science [New York] **100**. [1944.] 340.) Die I-Konz. variierte von $4,76 \cdot 10^{-5}$ bis $1,461 \cdot 10^{-2}$ mol., die des J_2 von $1,03 \cdot 10^{-5}$ bis $3,95 \cdot 10^{-4}$ molar. Die Reaktionsgeschwindigkeit R des Austausches zwischen J_2 u. **I** beträgt $7,87 \cdot 10^{13}\ e^{-23060/RT}\ [C_3H_9O_3NJ_2]\,[J_2]/[H^+] \cdot Mol \cdot Liter^{-1} \cdot sec^{-1}$. Geschwindigkeitsbestimmend scheint der Jodaustausch zwischen J_2 u. den Anionen von **I** zu sein, im Übergangszustand sollen die 3 am Austausch beteiligten J-Atome linear zueinander u. senkrecht zum Benzolkern liegen, dessen Ladungsverteilung einer o-chinoiden Form entspricht. Licht wirkt auf die Rk. beschleunigend. Zwischen KJ u. **I** in Ggw. von Na_2SO_3 bei 62,8° wurde im Laufe von 2 Wochen kein Austausch beobachtet. Auch zwischen **I** u. J_2 u. KJ in Methanol oder A. fand bei 52° innerhalb von 2 Std. kein Austausch statt. (J. Amer. chem. Soc. **76**. 1554—56. 20/3. 1954. Albuquerque, N. Mex., Univ., Dep. of Chem.)
U. JOHN. D 225

Harold Hart und **Herbert S. Eleuterio,** *Die Stereochemie der Ätherspaltung.* (Vgl. HART u. ELEUTERIO, C. **1954**. 6203.) Vff. untersuchen die Spaltung von *α-Phenäthylaryläthern* (Aryl = *Phenyl, p-Tolyl, Mesityl*) allein oder gelöst (Bzl., Aceton, Di-n-butyläther, Methanol) durch Einleiten von HCl bei Zimmertemp. oder bei 50°

Bei der Spaltung vorst. opt.-akt. Äther wird *α-Phenyläthylchlorid* unter Erhaltung der Konfiguration u. mit mindestens 38% Erhaltung der opt. Reinheit gebildet. Die bisherigen Erklärungen des Reaktionsmechanismus der Ätherspaltung mit Säuren (BURWELL u. Mitarbeiter, C. **1952.** 7314) können nicht die Konfigurationserhaltung am C-Atom, welches an der Spaltung der C—O-Bindung beteiligt ist, erklären. Vff. nehmen als Zwischenprod. der Rk. ein Oxoniumionenpaar an, d. h. das Halogenion wird an das C-Atom der C—O-Bindung von der gleichen Seite gebunden, auf der das entstehende Phenolmol. sich loslöst. Das Ionenpaar wird bei stärker polaren Lösungsmitteln solvatisierte Ionen bilden unter Racemisierung u. teilweiser Inversion infolge eines Abschirmeffektes (S_N 1). Ist das angreifende Reagens stärker nucleophil u. das C-Atom für einen nucleophilen Angriff geeignet (z. B. prim. C-Atom), wird die Rk. als bimol. nucleophile Verdrängung unter Inversion verlaufen (S_N 2).

Versuche: *α-Phenäthylchlorid*, n_D^{25} 1,525, aus α-Phenäthylphenyläther (I, $[\alpha]_D^{25}$ —4,1° [$l = 1$]) in Bzl. durch Einleiten von HCl 60 Min. bei 50°, $[\alpha]_D^{25}$ +0,40; aus I ($[\alpha]_D^{25}$ —16,58°) 10 Min. bei 50°, $[\alpha]_D^{25}$ +16,75°; aus α-Phenäthyl-p-tolyläther, ($[\alpha]_D^{27}$ —2,32° [Bzl., c = 32,3]) in Aceton 20 Min. bei 55°, $[\alpha]_D^{25}$ +1,12°; u. aus α-Phenäthylmesityläther ($[\alpha]_D^{25}$ +37,25°) 10 Min. bei 50°, $[\alpha]_D^{25}$ +11,15°. (J. Amer. chem. Soc. **76.** 1379—80. 5/3. 1954. East Lansing, Mich., State Coll., Kedzie Chem. Labor.)

G. WINKLER. D 225

F. G. Baddar und **Z. Iskander,** *Prototropische Triadensysteme.* Vff. befassen sich mit dem Umsatz von α-Aminosäuren u. Aminen mit Carbonylverbb., bes. Aldehyden. In früheren Veröffentlichungen (BADDAR, J. chem. Soc. [London], Suppl. 1 **1949.** 163 u. C. **1953.** 8317) ist bewiesen, daß die Umsetzung nach untenst. Formel verlaufen kann. Vff. vermuten, daß die Protonenverschiebung von dem Vorhandensein bestimmter polarer Gruppen im Mol. u. von der Anwesenheit nucleophiler Reagentien, z. B. Pyridin (I), abhängig ist. Die Gültigkeit dieser Annahmen wird durch folgende weitere Verss. belegt: Erhitzen von *Alanin* u. *α-Aminophenylessigsäure* (**XI**) in 75% **I** auf dem Wasserbad oder 3std. Kochen in 50% Glycerin mit *2.5-Dichlor-*, *2-Chlor-5-nitro-*, *2.4-Dinitro-* (**III**) u. *2.4.6-Trinitrobenzaldehyd* (**IV**) oder *Isatin* (**V**) ergibt *Acetaldehyd*,

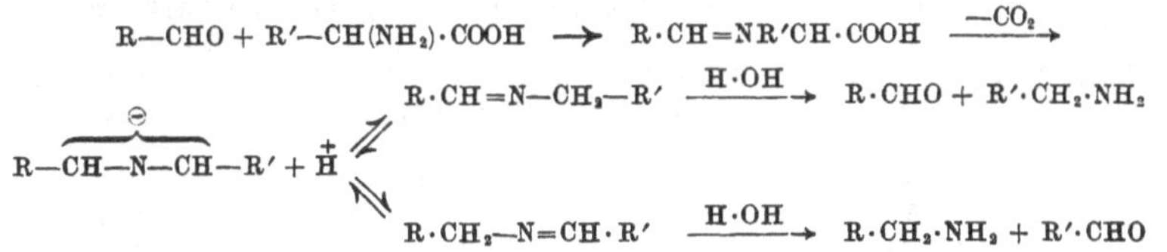

bzw. *Benzaldehyd* (**II**). *p-Oxybenzaldehyd* u. **XI** bilden bei 3std. Erhitzen auf dem Wasserbad in 75% **I** nur Spuren von **II**. In sd. **I** oder in Chinolin bei 160—170° nimmt die Ausbeute stark zu. *α-Amino m-nitrophenylessigsäure* ergibt mit *o-* u. *m-Chlorbenzaldehyd* (**VI**, **VII**) teilweisen Umsatz zu *m-Nitrobenzaldehyd*. *o-*, *m-*, *p-Nitrobenzaldehyd*, **VI** oder **VII** ergeben mit *Alaninester* oder *α-Aminophenylessigsäureester* prakt. keinen Umsatz. Amine, z. B. *Äthylamin* (**VIII**), *Benzylamin* (**IX**) u. *Cyclohexylamin* (**X**) ergeben unter den geschilderten Reaktionsbedingungen keine Carbonylverbindungen. **III**, **IV** u. **V** bewirken jedoch die Umsetzung von **VIII** u. **IX** in CH_3CHO u. **II**. **X** wird auch unter diesen Bedingungen nicht umgesetzt. *p-Oxybenzylidenbenzylamin* wird in **I** bei 3std. Erhitzen nicht umgewandelt. ½std. Erhitzen auf 160—170° in Chinolin führt zu Spuren von **II**. — Die angegebenen Rkk. werden in CO_2-Atmosphäre ausgeführt. Experimentelle Einzelheiten sind nicht angegeben. (Nature [London] **167.** 1069—70. 30/6. 1951. Cairo, Fouad I Univ., Fac. of Sci.)

KÜHNHANSS. D 225

Arthur Fry und **Melvin Calvin,** *Carbonatspaltung bei der Hydrolyse von α-Naphthylmalonsäurediäthylester.* Die Hydrolyse von *α-Naphthylmalonsäurediäthylester* (I) durch NaOH wurde bei 25,00 u. 36,95° in 95% A. titrimetr. verfolgt u. das entwickelte CO_2 gravimetr. ($BaCO_3$) bestimmt. Die bimol. Reaktionsgeschwindigkeitskonstanten k der Hydrolyse für die erste (k_1) u. die zweite Estergruppe (k_2) betrugen bei 25° 31,7 bis 38,3 (k_1) bzw. 2,23—3,28 (k_2) u. bei 36,95° 10,3—12,5 (k_2) Liter/Mol · Stunde. Wenn vollständig hydrolysierter I bei niedriger Temp. stark angesäuert wird, entwickelt sich CO_2, das nicht durch Decarboxylierung der α-Naphthylmalonsäure entstehen kann, da diese erst bei höheren Tempp. zerfällt, sondern aus während der Hydrolyse gebildetem Carbonat stammt. Vff. schließen hieraus sowie aus der Kinetik der CO_2-Bldg., daß das Carbonat aus dem Ion des Halbesters entsteht. Für diese der Hydrolyse vermutlich parallel laufenden „Carbonatspaltung" wird folgender Mechanismus vorgeschlagen:

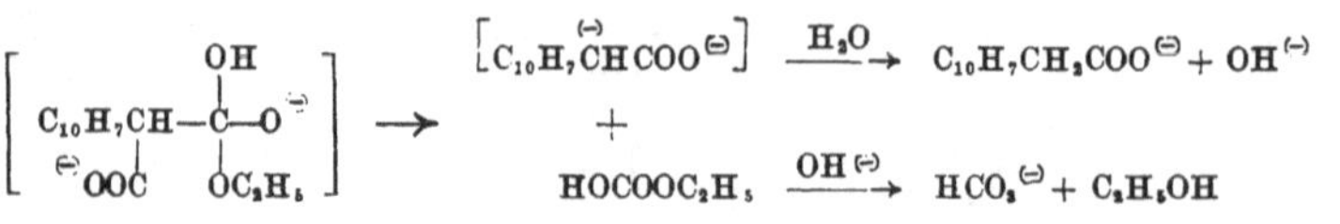

Obige k_2-Werte stellen also die Summe der k-Werte beider Rkk. 2. Ordnung dar. Vff. nehmen an, daß die C—C-Bindung in nebenst. Komplex durch die abstoßenden Kräfte der beiden negativen Ladungen geschwächt ist u. dadurch die Carbonatspaltung begünstigt wird u. nicht während der Hydrolyse der ersten Estergruppe auftritt. Vff. vermuten ferner, daß die von BLICKE u. FELDKAMP (J. Amer. chem. Soc. **66.** [1944.] 1087) bei der Darst. von α-Naphthylalkylessigsäuren beobachtete spontane Decarboxylierung der entsprechenden Malonsäuren eine solche umgekehrte CLAISEN-Kondensation im bas. Medium ist. Vff. führen die Neigung der Arylmalonester, diese Carbonatspaltung eher als aliphat. Malonester einzugehen, auf ster. Effekte u. Resonanzstabilisierung des intermediären Ions zurück. — I, F. 62—62,5° (A.), durch Kondensation von α-Naphthylessigsäureäthylester mit Oxalsäurediäthylester u. folgende Decarbonylierung nach BLICKE u. FELDKAMP (l. c.). — *α-Naphthylmalonsäure*, F. 162—165° (Zers.). (J. org. Chemistry **17.** 1308—14. Okt. 1952. Berkeley, Calif., Univ., Radiat. Labor., u. Dep. of Chem.) GNAUCK. D 225

Wilkins Reeve und **D. Harry Chambers,** *Mechanismus der Tieftemperaturchlorierung von Isobutylen.* Mit einem Überschuß von *Isobutylen* reagiert Cl_2 bei 0° in 83% Ausbeute fast augenblicklich zu Methallylchlorid (**II**). Vff. untersuchen die Rk. bei $^{14}C_{(1)}$*-2-Methylpropen-(1)* (**I**, aus Isopropyl-MgBr u. $^{14}CO_2$ über $^{14}C_{(1)}$*-2-Methylpropionsäure* → deren Ester → Isobutylalkohol → Isobutyljodid). Die Rk. von Cl_2 mit 30% Überschuß von **I** erfolgt in einem Capillarsyst. unter Eiskühlung. Es bilden sich 60% **II** (Kp.$_{760}$ 72—74°) u. 1—3% *Isocrotylchlorid* (Kp.$_{760}$ 68,1°). **II**-Ozonid gibt durch Zerlegen mit platiniertem Zn Formaldehyd u. Aceton, das letzte enthält 97% des ^{14}C. Die Chlorierung beginnt also mit dem Angriff eines elektrophilen Cl-Atoms an $C_{(1)}$; darauf folgt Abspaltung eines Protons u. Wiederherst. der Doppelbindung an einer anderen Stelle. (J. Amer. chem. Soc. **73.** **4499.** Sept. 1951. College Park, Md., Univ., Dep. of Chem.) BRÜCKNER. D 225

Richard Fuchs und **Calvin A. Vander Werf,** *Richtung der Ringöffnung bei der Reduktion p-substituierter Styroloxyde mit Lithiumborhydrid.* Vff. untersuchten die Red. p-substituierter Styroloxyde mit $LiBH_4$ in äther. Lösung. Von den erhaltenen Alkoholen entfallen auf den prim., entsprechend einem Angriff des $LiBH_4$ auf die Bindung zum sek. C-Atom, bei *Styroloxyd* 26, *p-Brom-* 16, *p-Nitro-* 62, *p-Methoxystyroloxyd* 95%. Abgesehen von der Nitroverb., laufen diese Prozentsätze der Elektronendonatorwrkg. des p-Substituenten parallel, d. h. umgekehrt wie die n. Reihenfolge der Substituenten bei S_N 2-Reaktionen. Bei der Red. von *1.2-Epoxybutan* entsteht ausschließlich sek.-Butanol. Die Ergebnisse können erklärt werden in Ausdrücken von SWAINs Behandlung des Substituenteneinfl. im Übergangszustand nucleophiler Verdrängungs-Rkk. (vgl. SWAIN u. LANGSDORF, C. **1954.** **1684**). Eine Reihe von Faktoren, die im Übergangszustand den Bruch einer Bindung fördern, werden angeführt. Bei der ausführlichen Diskussion wird bes. auf den Einfl. saurer Katalysatoren hingewiesen, z. B. bei der Rk. von Epoxyden mit Na-Allylat im Vgl. zur Rk. mit angesäuertem Allylalkohol (vgl. SWERN u. Mitarbeiter, J. Amer. chem. Soc. **71.** [1949.] 1152).

Versuche: Bei der Red. von Styroloxyd mit $LiBH_4$ in absol. Ae. entstanden 100% (Gesamtausbeute) eines Gemisches von 26% *2-Phenyläthanol* u. 74% *1-Phenyläthanol.* — *p-Methoxystyroloxyd* → 70% Gemisch von 95% *2-p-Methoxyphenyläthanol* (F. 26,2—27,0°, Kp.$_{2,5}$ 115—116°; *Phenylurethan,* F. 127,4—127,9°, *α-Naphthylurethan,* $C_{20}H_{19}O_3N$, F. 108,4—108,8°) u. 5% *1-p-Methoxyphenyläthanol* (Kp.$_{2,5}$ 109 bis 110°; auch aus p-Methoxyacetophenon u. $LiBH_4$; 71%). — *1-p-Bromphenyl-2-bromäthanol,* durch Red. von p-Bromphenacylbromid mit $NaBH_4$ in Dioxan, ½ Std., Kühlen; daraus mit wss. KOH *p-Bromstyroloxyd* (F. 27,1°, Kp.$_1$ 75—76°) → 66% Gemisch von 16% *2-p-Bromphenyläthanol* (Kp.$_9$ 138°, Kp.$_1$ 104°, auch durch Bromierung von 2-Phenyläthanol; *Phenylurethan,* F. 127,8—129,0°) u. 84% *1-p-Bromphenyläthanol* (Kp.$_2$ 98—102,5°, auch aus p-Bromacetophenon u. $NaBH_4$ in wss. Methanol; 68%; *Phenylurethan,* F. 103,6—104°). — *p-Nitrostyroloxyd,* [F. 84,2—85,4° (A.), aus p-Nitrophenacylbromid; 55%] → 63% Gemisch von 62% *2-p-Nitrophenyläthanol* (F. 60,7—61,8°, Kp.$_2$ 148—149°; *Phenylurethan,* F. 132,6—133,0°) u. 38% *1-p-Nitrophenyläthanol* (Kp.$_2$ 137—138°, aus p-Nitroacetophenon; *Phenylurethan,* $C_{15}H_{14}O_4N_2$, F. 97,3—97,6°; *p-Nitrobenzoat,* F. 138,0—138,4°). — *1.2-Epoxybutan* → *Butanol-(2),* Kp. 98°, n_D^{20} 1,3957; 57%. — Zus. der erhaltenen Gemische wurde ermittelt durch fraktionierte Dest. bzw. durch Vgl. der F.-Kurve bzw. der Infrarotspektren. (J. Amer. chem. Soc. **76.** 1631—34. 20/3. 1954. Lawrence, Kans., Univ., Dep. of Chem.) J. ROTHE. D 225

Francis Owen Rice und **Robert E. Varnerin,** *Der Mechanismus der thermischen Zersetzung von Äthan-d₆.* Es wurde die Zers. von C_2D_6 (I) u. C_2H_6 (II) allein, sowie im Gemisch mit CH_4 oder CD_4 u. unter Zusatz von NO als Inhibitor bei Tempp. um 600° manometr. u. massenspektrometr. untersucht. Die Geschwindigkeit der Zers. von I betrug ca. $^1/_3$ der Zersetzungsgeschwindigkeit von II. Die Inhibitorwrkg. von NO auf die Zers. von I war derjenigen von NO auf II sehr ähnlich, die Anfangsgeschwindigkeiten wurden maximal auf 18 bzw. 8 % der Anfangsgeschwindigkeiten von reinem I bzw. II herabgedrückt. Bei der Zers. von I im Gemisch mit einer gleichen Menge von CH_4 hing der Betrag der Isotopenmischung, wie er durch das Verhältnis CH_3D/CH_4 gemessen wurde, nur vom Grad der Zers. von I ab. Wurden verschied. Mengen NO zum I–CH_4-Gemisch hinzugesetzt, so war das Verhältnis CH_3D/CH_4 für konstante Bruchteile der Zers. von I von der Konz. des NO unabhängig. Diese Ergebnisse zeigen, daß die therm. Zers. von I eine Ketten-Rk. ist, u. daß die direkte Abtrennung von D_2 nur im geringen Maße vorkommt. (J. Amer. chem. Soc. **76.** 324—27. 20/1. 1954. Washington, D. C., Catholic Univ. of America, Chem. Dep.) L. FISCHER. D 225

André François Boyer und **Michel Niclause,** *Thermische Zersetzung des gasförmigen Propionaldehyds zwischen 690 und 770° K.* Vff. untersuchten die Pyrolyse von $C_2H_5 \cdot CHO$ zwischen 690 u. 770° K bei Anfangsdrucken zwischen 100 u. 250 mm mit oder ohne Sensibilisation durch Diacetyl (I; 0,1—4 Vol.-%). Es entstehen fast äquimol. Mengen *CO* u. C_2H_6 neben wenig H_2, CH_4, C_2H_4. Die Anfangsgeschwindigkeit beträgt ohne I-Zusatz $\nu_0 = 1{,}45 \cdot 10^{13} [C_2H_5CHO]_0^{3/2}$ exp (—50300/1,98 T) Mol. (Mol.-Vol.)$^{-1}$ · Min^{-1}, bei Zusatz von I $\nu_0'' = \sqrt{\nu_0^2 + \nu_0'^2}$ mit $\nu_0' = 1{,}8 \cdot 10^{15} [I]_0^{1/2} \cdot [C_2H_5CHO]_0 \cdot$ exp (—52000/1,98 T). Vff. nehmen folgenden Kettenmechanismus an: C_2H_5— + $C_2H_5CHO \rightarrow C_2H_6 + C_2H_5CO$—; C_2H_5CO— $\rightarrow CO + C_2H_5$—; Kettenabbruch erfolgt durch 2 C_2H_5— $\rightarrow C_2H_4 + C_2H_6$ oder C_4H_{10}. Das Auftreten von CH_4 deutet auf Entstehen von CH_3— bei der Initialreaktion. (Vgl. auch C. **1953.** 3058.) (C. R. hebd. Séances Acad. Sci. **233.** 687—689. 24/9. 1951.) J. ROTHE. D 225

K. H. Mueller und **W. D. Walters,** *Die thermische Zersetzung von Äthylenoxyd.* Während der Pyrolyse von *Äthylenoxyd* (I) bei 400° u. p_I 190—280 mm entstanden *Acetaldehyd* (II), *Formaldehyd* (III) u. *Keten* (IV), deren Mengen colorimetr. bzw. Infrarot-spektrometr. bestimmt wurden. Bes. wurden die Effekte untersucht, die sich durch Zusatz von Propylen (V) u. von CH_3-Radikale erzeugendem Dimethylquecksilber (VI) ergaben. — Unter allen Bedingungen war p_{III} stets sehr gering. In Ggw. von V vergrößerte sich p_{II} erheblich während des Anfangsstadiums der Zers. von I (10—20 Min.). Eine mögliche Erklärung dafür besteht darin, daß V eher diejenigen Rkk. unterdrückt, die für die Zers. von II im Laufe der Rkk. verantwortlich sind,als daß es die Bldg. von II aus I begünstigt. Danach spielen sich etwa folgende Rkk. ab: I $\rightarrow$ II u. II + R · $\rightarrow$ RH + CH_3CO · $\rightarrow$ RH + CH_3 · + CO, womit auch die CO-Analysen übereinstimmen. p_{II} nahm in Ggw. von VI ab. Jedoch schien es so, als ob VI bei 330—350° eine geringe Erhöhung des p_{II}-Wertes bewirkte. Daher könnte ein Teil der Rkk., die zur Bldg. von II führen, unter gewissen Bedingungen auf durch CH_3-Radikale gestartete Rkk. zurückgeführt werden. — VI erhöhte p_{IV}, während V p_{IV} merklich senkte. Daraus wird geschlossen, daß IV hauptsächlich durch Radikal-Rkk., etwa wie folgt, gebildet wird: CH_3 · + I $\rightarrow CH_4 + C_2H_3O$ (VII); VII $\rightarrow$ IV + H oder VII + R · $\rightarrow$ IV + RH. Hingegen scheint die Rk. I $\rightarrow$ IV + H_2 keine bedeutende Rolle zu spielen. Da die Prodd. der Rk. von II mit VI bei 398° kein IV enthielten, ist die Erhöhung des p_{IV} in Ggw. von VI nicht auf die durch Radikale sensibilisierte Zers. von II zurückzuführen. — Die Analyse der bei —196° gasförmigen Zersetzungsprodd. ergab bei p_I 250—300 mm u. 400° nach 10 bzw. 20 Min. einen 47 bzw. 50%ig. Geh. an CO, während der an H_2 nach 10 Min. 16,7 % betrug. (J. Amer. chem. Soc. **76.** 330—32. 20/1. 1954. Rochester, N. Y., Univ., Dep. of Chem.) L. FISCHER. D 225

Arno Brasch, Wolfgang Huber und **Adnan Waly,** *Bestrahlungswirkungen als Funktion der Dosisleistung.* Vff. berichten über Ionisierung in einer Farbstofflsg. als Funktion der Dosisleistung bei gleicher Gesamtdosis. Die Unters. wurde mit Elektronenstrahlen durchgeführt, die bei Zimmertemp. in eine wss. Lsg. von *Tartrazin* (Trinatriumsalz des *3-Carboxy-5-oxy-1.4-bis-[p-sulfophenyl]-azopyrazol*) geschickt wurden. Bei gleicher Gesamtdosis wurde die Dosisleistung im Verhältnis 9:1 variiert. Die erzielte Ionisierung wurde durch photocolorimetr. Best. der irreversiblen Farbstoffzerstörung ermittelt. Es zeigte sich, daß mit wachsender Dosisleistung die Ionenausbeute abnimmt. Zwischen der Kubikwurzel aus der Dosisleistung u. der

Ionenausbeute besteht eine lineare Abhängigkeit. (Arch. Biochem. Biophysics **39**. 245—47. Juli 1952. Brooklyn, N. Y., Electronized Chemicals Corp., Res. Labor.)

REUSSE. D 226

L. Brauner, *Über p_H-Veränderungen bei der Photolyse des Heteroauxins.* Ausgehend von der Annahme, daß die sensibilisierte Photolyse der *Indolylessigsäure* (I) in einer oxydativen Decarboxylierung der Essigsäureseitenkette besteht, untersuchte Vf. die Änderung des p_H-Wertes einer wss. Lsg. von I + Sensibilisator bei Belichtung mit weißem Licht einer Glühlampe. Der erwartete p_H-Anstieg wurde gefunden. Nach 30 Min. Belichtung ergab sich mit *Riboflavin* als Sensibilisator ein Anstieg um 1,55 p_H-Einheiten; *Thionin* 0,97; *Methylenblau* 0,56; *Eosin* 0,27; *Fluorescein* 0,22; *Rhodamin B* 0,07. (Naturwissenschaften **39**. 282. Juni 1952. Istanbul, Univ., Inst. allg. Bot.)

A. WELLER. D 226

L. J. E. Hofer, R. B. Anderson, W. C. Peebles und **K. C. Stein,** *Vergiftung der Eisen–Kupfer–Fischer-Tropsch-Katalysatoren durch Chloride.* Röntgenograph. Unters. von Fe–Cu–FISCHER-TROPSCH-Katalysatoren sowie mit ihnen ausgeführte H_2–CO-Versuchskatalysen ergaben, daß die bei der Fällung der Fe^{3+} u. Cl^--haltigen Lsgg. mit Na_2CO_3 bei 80° gebildeten Ndd. auch in Ggw. von Cu-Ion β-$Fe_2O_3 \cdot H_2O$ (I) enthalten u. im Vgl. mit auf gleiche Art aus beträchtliche Mengen Fe^{2+}-führenden Lsgg. gewonnenen Ndd. verhältnismäßig inakt. sind. Da die Katalysatoren mit I gegenüber denen mit Fe_3O_4 große Beträge an Chlorid zurückhalten, scheint die verminderte Aktivität der I-haltigen Katalysatoren auf einer Vergiftung durch Cl-Ionen zu beruhen. (J. physic. Colloid Chem. **55**. 1201—06. Okt. 1951. Bruceton, Pa., Bureau of Mines, Res. and Developm. Branch, Synthetic Liquid Fuels Branch.)

OPPERMANN. D 227

A. F. Posstowskaja, *Kinetik der Äthylenhydrierung an platiniertem Silicagel.* Die Kinetik der Hydrierung von C_2H_4 (I) wird bei 100° unter Verwendung von grobporigem, glasigem SiO_2-Gel mit 0,1% Pt an der Oberfläche als Katalysator untersucht. Die Reaktionsgeschwindigkeit ist der H_2-Konz. direkt proportional, aber unabhängig von der Konz. des I (oberhalb 3%) u. des C_2H_6. Die Aktivierungsenergie beträgt zwischen **44** u. 138° 4300 ± 300 cal/Mol, ebenso bei Verwendung von kreidigem, verschiedenporigem SiO_2-Gel u. bei Änderung der Pt-Konz. von 0,1 auf 0,01%. (Журнал Физической Химии [J. physik. Chem.] **24**. 1083—89. Sept. 1950. Moskau, Ssamoilow-Inst. für Düngemittel u. Insektofungicide.) R. K. MÜLLER. D 227

Ss. S. Roginski und **L. Ja. Margoliss,** *Anwendung von markiertem Kohlenstoff zur Untersuchung des Mechanismus der katalytischen Oxydation des Äthylens an Silber.* Zur Unters. des Oxydationsvorganges von *Äthylen* (I) in Ggw. von Ag wurde in I oder die anzunehmenden Oxydationszwischenprodd. [*Äthylenoxyd* (II)] radioakt. ^{14}C eingeführt u. dann die Radioaktivität der erhaltenen Reaktionsprodd. untersucht. Es ergab sich, daß die spezif. Radioaktivität des bei der Rk. entwickelten CO_2 jene des II um das Mehrfache übertraf. Die Radioaktivität des CO_2 steigt autokatalyt. an, ihre Bldg. nur aus II kann daher nicht gut angenommen werden. Die Quelle zur Bldg. des CO_2 liegt daher noch in anderen Zwischenprodd., möglicherweise vom Typ der Peroxyde. (Доклады Академии Наук СССР [Ber. Akad. Wiss. UdSSR] [N. S.] **89**. 515—17. 21/3. 1953. Inst. für physikal. Chem. der Akad. der Wiss. der UdSSR.)

v. WILPERT. D 227

A. F. Dobrjanski und **Ju. I. Kornilowa,** *Katalytische Zersetzung von symmetrischem Ditolyläthan unter dem Einfluß von Aluminiumchlorid.* Das bei der Kondensation von Toluol (I) mit α.α'-Dichloräthan in Ggw. von $AlCl_3$ erhaltene Gemisch von 3.3'- (II) u. 4.4'-Dimethyl-α.α'-diphenyläthan (III) (vgl. C. **1954**. 6461) wurde der katalyt. Spaltung mittels $AlCl_3$ unterworfen. Die Haupt-Rk. bestand in einer „asymm." Spaltung nach dem Schema: II bzw. III → $CH_3C_6H_5$ + m- bzw. p-$CH_3C_6H_4CH_2CH <$, wobei I entstand; aus dem Molekülrest wurden Kondensationsprodd. gebildet. Untergeordnet erfolgte eine „symm." Spaltung, die zu m (IV)- u. p-Xylol (V) u. einem Molekülrest führte, der ebenfalls der Kondensation unterlag: II bzw. III → IV bzw. V + m- bzw. p-$CH_3C_6H_4CH <$. Um Einblick in die Konst. der Kondensationsprodd. zu gewinnen, wurden diese mit CrO_3 in Eisessig oxydiert. Hierbei wurden *Toluylsäuren* u. *Terephthalsäure* (VI) erhalten. Die Bldg. der letztgenannten Verb. läßt vermuten, daß die Molekülreste eine lineare Kondensation erfahren. Lägen Verbb. mit kondensierten Kernen vor, so wären mit diesem Oxydationsmittel Chinone zu erwarten. Das quantitative Verhältnis, indem I u. II + III entstehen, hängt von Reaktionsdauer, Temp. u. der Menge $AlCl_3$ ab. Am meisten I entsteht bei höchstens 250° u. 3% $AlCl_3$; werden Temp. u. Katalysatormenge erhöht, so bildet sich mehr II + III.

V e r s u c h e: Beim Erhitzen auf 50 g II + III mit wechselnden Mengen $AlCl_3$ (0,5—5 g) auf 230—250° beträgt die Ausbeute an Destillat 13,4—25 g. Wird die Rk.

mit 2,5 g $AlCl_3$ bei 164—165° durchgeführt, so werden bei 5—600 Min. Erhitzungsdauer 10,3—12% Destillat erhalten. — Beispiel für die Zus. des Destillats: 174 g geben beim Fraktionieren 105 g einer I-Fraktion vom Kp. 110—112° (hieraus durch Oxydation mit $KMnO_4$ *Benzoesäure*), 21 g einer **IV** + **V**-Fraktion vom Kp. 135—141° [hieraus mit $KMnO_4$ *Isophthalsäure* (**VII**) u. **VI**] u. 28 g Prodd., die >175° sd. (hieraus mit $KMnO_4$ **VI, VII** u. andere nichtidentifizierte Säuren). (Сборник Статей по Общей Химии [Samml. Aufsätze allg. Chem.] **1.** 325—29. 1953. Leningrad, Technol. Lensowjetinst., Labor. für pyrogene Prozesse.) R. KNOBLOCH. D 227

D_2. Präparative organische Chemie. Naturstoffe.

Gunnel Ställberg, Stina Ställberg-Stenhagen und **Einar Stenhagen,** *Sehr lange Kohlenwasserstoffketten.* 1. Mitt. *Synthese von n-Dooctakontan und n-Hektan.* Langkettige Verbb. (bis $C_{100}H_{202}$) wurden dargestellt durch Alkylierung von *2-Ketooctadecan-1.18-dicarbonsäuredimethylester* (**III**), Hydrolyse, Ketonspaltung, Red. nach CLEMMENSEN zu Propylestern, Hochdruckhydrierung über Cu-Chromit (am besten ohne Lösungsm.), Überführung der Alkohole in Jodide u. WURTZsche Synth. (zweckmäßigerweise ohne Lösungsmittel). Obiges Verf. erwies sich gegenüber der Synth. aus ω-Jodestern u. β-Ketoestern als überlegen, da die Reinigung der höheren β-Ketoester (es wurde der Methylester der Dotriakontan-β-ketosäure hergestellt) u. die Darst. der ω-Jodester von Säuren mit mehr als 17 C-Atomen schwierig ist. Das Schmelzverh. u. die Röntgendiagramme der dargestellten Verbb. wurden untersucht. Die Ketosäureester bilden Doppelmoll. ohne Polymorphie (rhomb. Tafeln mit einem stumpfen Winkel von 113°). Die Propylester sind relativ weich u. besitzen 2 Kristallmodifikationen bei nur einem Schmelzpunkt. Die Alkohole liegen im Gegensatz zu den niederen Homologen bei Zimmertemp. in der A-Form vor (vgl. PIPER u. Mitarbeiter, C. **1935.** I. 2658) u. wandeln sich dicht unter dem F. in die gewinkelte „B'-Form" um. Ihre FF. dürften daher alternieren. Die Jodide mit weniger als 40 C-Atomen krist. in Doppelmoll., die mit mehr als 40 C-Atomen in einfachen Molekülen. Die FF. der dargestellten KW-stoffe stimmen gut mit den nach ETESSAM u. SAWYER (J. Inst. Petroleum **25.** [1939.] 253) berechneten Werten überein.

Versuche: *13-Ketononakosansäure,* F. 102,8—103,0°, aus Methyl-3-ketononadecanat u. Äthyl-11-jodhendecanat (vgl. Arkiv Kemi, Mineral. Geol. A **19.** [1944.] Nr. 1); 73% (Ausbeute). — *n-Nonakosansäure,* F. 90,1—90,4° (Bzl.), durch Red. vorst. Verb. nach CLEMMENSEN; 55%. — *n-Nonakosanol-(1),* F. 84,5—84,7° (A., Chlf., PAe.), durch Methylierung vorst. Verb. mit CH_2N_2 u. Hochdruckhydrierung über Cu-Chromit analog **VI**, glänzende Tafeln; langer Netzebenenabstand (l) bei Zimmertemp. 77,8° Å (A-Form), das Röntgendiagramm zeigte bei 83° Übergang der A-Form in die B'-Form mit l = 72 Å. — *1-Jodnonakosan* (**I**), $C_{29}H_{59}J$, F. 67,5—67,8°, nach Erhitzen auf ca. 85° Erstarrung bei 61,5°, erneuter F. 61,6—61,8°; aus vorst. Verb. mit J_2 u. rotem P in 5½ Std. bei 145°; glänzende Tafeln aus Bzl.; l = 72,0 Å (zwischen Zimmertemp. u. F.); 92%. — *18-Ketooctatetrakontansäure* (**II**), $C_{48}H_{94}O_3$, F. 116,0 bis 116,3°, durch 24std. Kochen von **I, III** u. K_2CO_3 in Methyl-n-propylketon, Ansäuern, Extraktion mit Bzl., 60std. Hydrolyse u. Ketonspaltung der Benzollsg. mit KOH in wss. Methanol bei 55°, Behandlung mit verd. HCl u. Bzl., Waschen mit W. u. Einengen; glänzende, leicht elektrisierbare Kristalle aus Chlf.; l = 126 Å (gepreßte Probe); 81,2%. — *1-Joddodecan,* Kp.$_2$ 118°, aus n-Dodecanol-1 (Kp.$_{0,9}$ 102°). — *18-Ketohentriakontansäure,* $C_{31}H_{60}O_3$, F. 103,6—104,1°, aus vorst. Verb. u. **III**; glänzende Tafeln aus Eisessig; l = 82,4 Å (gepreßt); 69%. — *n-Propyl-n-hentriakontanat* (**IV**), $C_{34}H_{68}O_2$, F. 68,6—69,0, nach Erstarren bei 68,4° erneuter F. bei 68,6—68,8°; durch Kochen vorst. Verb. in n-Propanol mit amalgamiertem Zn unter Sättigung mit HCl-Gas bis zur Bldg. zweier fl. Phasen, Zugabe von W., Extraktion mit Bzl., Eindampfen in Ggw. von Zn u. 2malige Wiederholung vorst. Verf. u. Kristallisation des Extraktes aus Essigester; kleine, weiche, glänzende Tafeln aus PAe.; l = 45 u. 40,5 Å bei Zimmertemp., die Form mit l = 40,5 Å verschwand bei ca. 54°; 82%. — *n-Hentriakontanol-(1),* $C_{31}H_{64}O$, F. 87,1—87,2°, Erstarrung 86,5°, erneuter F. 87,0—87,2°, bei 85,5° Übergang in Form mit F. 87,4°; durch Hochdruckhydrierung von **IV**, vgl. **VI**; glänzende Tafeln aus Chlf./PAe.; l = 83,0 Å (Zimmertemp.); bei 85,5° Übergang in Form mit l = 76 Å. — *1-Jodhentriakontan* (**V**), $C_{31}H_{63}J$, F. 71—72,2°, nach Erhitzen auf 95° Erstarrung bei 65,9°, erneuter F. 66,0—66,2°; durch 9std. Erhitzen vorst. Verb. mit J_2 u. rotem P bei 148°, Extraktion mit Xylol u. Waschen mit 2nNaOH; glänzende Tafeln aus A./PAe.; l = 75,8 Å (gepreßt); 89%. — *18-Ketohentetrakontansäure,* $C_{41}H_{80}O_3$, F. 112,2—112,6°, Erstarrung ab 111,5°, erneuter F. 111,8—112,6°; aus n-Dokosyljodid (F. 48,2—48,4°, E. 41,4°) u. **III** wie bei **II**; kleine rhomb. Tafeln aus Eisessig; $l = 108$ Å (gepreßt); 64%. *NH_4-Salz,* F. 130—131°, Erstarrung bei 129,5°; beim Umkristallisieren der Säure durch NH_3-Aufnahme aus der Luft, l wie bei der Säure. — *n-Propyl-n-hentetrakontanat,* $C_{44}H_{88}O_2$, F. 84,2—84,3° (nach Molekulardest.), Erstarrung 83,9°, erneuter F. bei 84,1—84,3°; aus 4,54 g vorst. Verb. analog **IV**, kleine glänzende Tafeln aus n-Propanol; $l = 60$ Å (Zimmertemp., krist. Probe), 53 Å (nach Schmelzen), allmählicher Übergang in letztere Form beim Erhitzen ab 60° bis nahe F.; 3,2 g. — *n-Hentetrakontanol-(1),* $C_{41}H_{84}O$, F. 97,3—97,6°, Erstarrung 95,6°, erneuter F. 96,3—96,5° (schnelles Erhitzen); durch Hochdruckhydrierung vorst. Verb. wie bei **VI**; glänzende Tafeln aus PAe.; $l = 108,2$ Å bei Zimmertemp., bei 87° Übergang in Form mit $l = 93$ Å u. F. 98,0°; 79%. — *1-Jodhentetrakontan* (**VII**), $C_{41}H_{83}J$, F. 84,0—84,3°, Erstarrung 81,6°, erneuter F. 81,8 bis 82,0°; aus vorst. Verb. wie bei **V** (Extraktion des Reaktionsgemisches mit Xylol); leicht bräunliche glänzende Tafeln; $l = 49,0$ Å (bleibt bis zum höheren F. bestehen), nach Schmelzen $l = 49,0$ u. 46,8 Å. — *18-Ketopentakontansäure,* $C_{50}H_{98}O_3$, F. 116,5 bis 117,3° (Xylol), aus **III** u. **V**; kleine rhomb. Tafeln (Xylol, Methyl-n-hexylketon oder Propionsäure), bei Zimmertemp. in den meisten organ. Lösungsmitteln sehr schwer lösl., lösl. beim leichten Erwärmen in konz. H_2SO_4, beim Abkühlen Gelierung; $l = 131$ Å; 75%. — *n-Propyl-n-pentakontanat,* $C_{53}H_{106}O_2$, F. 93,4—93,6° (nach fraktionierter Molekulardest.), Erstarrung 93,35°, aus vorst. Verb. wie bei **IV** (Extraktion mit Xylol); kleine glänzende Tafeln aus PAe., in Schmelze Nadeln; $l = 70$ Å bei Zimmertemp., 61,5 Å in geschmolzener Substanz; 73%. — *n-Pentakontanol-(1)* (**VI**), $C_{50}H_{102}O$, F. 104,5—104,7° (PAe.). Erstarrung 102,1°, erneuter F. 103,4° (sofort nach Erstarren), 104,3—104,6° (nach geringem Abkühlen); durch 2,5std. Hydrierung vorst. Verb. in Ggw. von Cu-Chromit bei 250° (150 kg/cm² bei Zimmertemp.) u. Aufnehmen in heißem PAe.; $l = 131$ Å (A-Form), zu einer zweiten Form gehörende schwache Linien verschwanden beim Erhitzen; 87%. — *1-Jodpentakontan* (**VIII**), $C_{50}H_{101}J$, F. 92,1 bis 92,3°, Erstarrung 91,5°, erneuter F. 92,2—92,4° (unverändert nach Erhitzen auf 113°); aus **VI** wie bei **V**; kleine glänzende Tafeln aus Diisopropyläther; $l = 54$ Å; 88%. — *n-Dooktakontan,* $C_{82}H_{166}$, F. 110,3—110,4° (PAe.), Erstarrung 110,0°, F. danach konstant; durch 34std. Erhitzen von **VII** mit Na bei 155°, Behandlung mit Xylol/A. u. dann mit W., u. Reinigung der rohen Verb. mit konz. H_2SO_4 (1 Std., 110°); kleine glänzende Tafeln aus Butylacetat, in Schmelze lange Nadeln; $l = 106$ Å (gepreßt); 58% (roh). — *n-Hektan (n-Dekakontan),* $C_{100}H_{202}$, F. 115,1—115,4°, Erstarrung 114,9°, F. danach konstant; durch 38std. Erhitzen von **VIII** mit Na auf 154° u. Aufarbeitung wie vorst.; kleine glänzende Nadeln aus Butylacetat; $l = 130$ Å (gepreßt); 61% (roh). (Acta chem. scand. **6**. 313—26. 1952. Uppsala, Univ., Inst. of Med. Chem.) WILLENBERG. 510

Russell C. Waters und **Calvin A. Van der Werf**, *Einige nucleophile Verdrängungsreaktionen mit 3-Brom-1.2-epoxybutan und 1-Brom-2.3-epoxybutan.* Vff. untersuchen die Einw. von $NaOCH_3$ u. $NaOC_2H_5$ in absol. Methanol bzw. A. auf 3-Brom-1.2-epoxybutan (**I**) u. 1-Brom-2.3-epoxybutan (**II**); **I** u. **II** liefern beide die gleichen Gemische von 1-Alkoxy-2.3-epoxybutan u. 1.2-Dialkoxybutanol-(3), woraus geschlossen werden kann, daß in jedem Falle der prim. Angriff des Alkoxydions auf das endständige C-Atom erfolgt; diese Tatsache ist auf Grund elektron. Effekte nicht zu erklären u. wird von Vff. nur ster. Faktoren zugeschrieben. *1-Methoxy-2.3-epoxybutan* (**III**) reagiert rasch mit $NaOCH_3$ zu *1.2-Dimethoxybutanol-(3)* (**IV**); es wird angenommen, daß die Alkoxyepoxybutane Zwischenprodd. bei der Entstehung der Dialkoxybutanole sind. Die relativ geringe Ausbeute an *1.2-Diäthoxybutanol-(3)* wird damit erklärt, daß beim sek. Angriff für das Äthoxyion gegenüber OCH_3 eine größere ster. Hinderung besteht. Die Konst. von **III** wird durch die unabhängige Synth. aus Methylcrotyläther (**VI**) u. durch Red. (katalyt. u. mit $LiAlH_4$) zu *1-Methoxybutanol-(2)* (**VII**) bewiesen; **IV** läßt sich mit 50%ig. H_2SO_4 in *1-Methoxybutanon-(2)* überführen. — Trotz wiederholter Reinigungsoperationen stimmen die physikal. Eigg. der gleichen aus **I** u. **II** erhaltenen Prodd. nicht ganz überein; es wird von Vff. angenommen, daß die Prodd. stereochem. nicht ident. sind. **I** liefert bei der Red. mit $LiAlH_4$ *threo-3-Brombutanol-(2)* u. *Butanol-(2)* (**V**), **II** nur **V** u. zurückerhaltenes Ausgangsprodukt. Es kann also gefolgert werden, daß **I** gleichfalls threo-, die daraus gebildeten 1-Alkoxy-2.3-epoxybutane erythro- u. die 1.2-Dialkoxyverbb. threo-Konfiguration besitzen. Die aus **III** erhaltenen Verbb. werden als Gemisch zweier Paare von Racematen angenommen. — Die weiteren theoret. Folgerungen aus den Versuchsergebnissen werden diskutiert.

Versuche (FF. korr., Kpp. unkorr.): *1-Methoxy-2.3-epoxybutan* (**III**), $C_5H_{10}O_2$, $Kp._{745}$ 124°, $Kp._{730}$ 121—122°, $Kp._{50}$ 53°, durch tropfenweise Zugabe (3 Std.) von $NaOCH_3$ in Methanol zu einer gerührten methanol. Lsg. von 3-Brom-1.2-epoxybutan (I; Kp. 146°) u. 12std. Kochen unter Rühren; 42% (Ausbeute), daneben 34% **IV**, oder aus 1-Brom-2.3-epoxybutan (**II**, Kp. 144,0—146,2°) wie vorst.; 67,6%, daneben 16,4% **IV** u. 7% **II** zurück, oder aus 32,0 g **VI** durch Behandeln mit HOCl (nach DONAHOE u. VAN DER WERF, Org. Syntheses **30.** [1950.] 24) u. tropfenweise Zugabe des Reaktionsgemisches zu wss. KOH bei 140—160°; 6,5 g, daneben **VI** zurück; n_D^{10} 1,4096, n_D^{13} 1,4107, n_D^{21} 1,4045—1,4081, $D.^{21}_4$ 0,9410; gibt beim Behandeln mit H_5JO_6 bei 30° (exotherme Rk.) *Acetaldehyd* [*2.4-Dinitrophenylhydrazon*, F. 165,5—166,8° (A.)] u. *Methoxyacetaldehyd* [*2.4-Dinitrophenylhydrazon*, F. 123,1 bis 125,0° (75%ig. A.)], gibt in äther. Lsg. bei Zugabe (30 Min.) zu $LiAlH_4$ in Ae. u. 3std. Kochen unter Rühren *1-Methoxybutanol-(2)* [**VII**; $C_5H_{12}O_2$, $Kp._{740}$ 135°; 81,6%, ferner durch Red. von **III** mit RANEY-Ni bei 130° u. 75 at; 61,4%; n_D^{25} 1,4115. *3.5-Dinitrobenzoat*, $C_{12}H_{14}O_7N_2$, F. 90,0—91,2°]. — *1.2-Dimethoxybutanol-(3)* (**IV**), $C_6H_{14}O_3$, $Kp._{730}$ 169—170°, $Kp._{55}$ 93,5—94,2°, aus **I** (34%) u. **II** (16,4%) wie **III**, aus **III** u. $NaOCH_3$ in Methanol durch 4std. Kochen u. 18std. Stehen; 80%; n_D^{13} 1,4248, n_D^{24} 1,4204—1,4214, $D.^{21}_4$ 0,9849; 10,0 g geben beim Erhitzen mit 50%ig. H_2SO_4 bis zum Kp. *1-Methoxybutanon-(2)* [Kp. 88—90° (azeotropes Gemisch mit W.), 2,5 g; ferner durch Oxydation von **VII** mit $K_2Cr_2O_7/H_2SO_4$. *2.4-Dinitrophenylhydrazon*, $C_{11}H_{14}O_5N_4$, F. 197,5—198,5°], daneben 1,9 g Methanol. — *1-Äthoxy-2.3-epoxybutan*, $C_6H_{12}O_2$, $Kp._{747}$ 137,0—138,5°, $Kp._{731}$ 138°, $Kp._{80}$ 76°, aus **I** (83,3%) oder **II** (77,7%) analog **III**; n_D^{23} 1,4073, n_D^{25} 1,4100; gibt bei der Oxydation mit H_5JO_6 *Acetaldehyd* u. *Äthoxyacetaldehyd* [*2.4-Dinitrophenylhydrazon*, $C_{10}H_{12}O_5N_4$, F. 116,1 bis 117,2°], bei der Red. mit $LiAlH_4$ (59%) oder RANEY-Ni (54%) *1-Äthoxybutanol-(2)* [$Kp._{740}$ 145—147°, n_D^{20} 1,4135; gibt bei der Oxydation *1-Äthoxybutanon-(2)*, Kp. 145 bis 147°. *2.4-Dinitrophenylhydrazon*, $C_{12}H_{16}O_5N_4$, F. 145,1—146,2°], mit $NaOC_2H_5$ in A. nachst. Verbindung. — *1.2-Diäthoxybutanol-(3)*, $C_8H_{18}O_3$, $Kp._{747}$ 194—197°, $Kp._{727}$ 194—195°, aus **I** (4,0%) oder **II** (6,2%) analog **IV**; n_D^{20} 1,4302, n_D^{24} 1,4248. — *threo-3-Brombutanol-(2)*, $Kp._{14}$ 50—51°, durch tropfenweise Zugabe (0,5 Std.) von **I** in Ae. zu $LiAlH_4$ u. 2std. Kochen; n_D^{26} 1,4750; 51,4%, daneben *Butanol-(2)* [**V**; 24%, ferner aus **II** wie vorst.; 45,5% u. 41,7% **II** zurück]. *3.5-Dinitrobenzoat*, $C_{11}H_{11}O_6N_2Br$, F. 108,1—109,2°. — *Methylcrotyläther* (**VI**), $Kp._{741}$ 79°, durch Zugabe von 1,5 Mol Dimethylsulfat zu einer Mischung von 1 Mol Crotylalkohol u. 2 Mol NaOH in W., 2 Std. bei 15—25° unter heftigem Rühren u. 4std. Stehenlassen unter Rühren; 32,0 g, daneben 20,0 g Ausgangsprod. zurück. (J. Amer. chem. Soc. **76.** 709—13. 5/2. 1954. Lawrence, Kans., Univ., Dep. of Chem.) G. WINKLER. 570

W. Klementschitz, *Über halogenierte Äther.* 1. Mitt. *Die Umsetzungsprodukte des Trichloräthylens mit den Alkoholaten einiger Halbäther des Äthylenglykols.* Vf. untersucht die Umsetzung der Alkoholate einiger Halbäther des Äthylenglykols mit Trichloräthylen (**II**) zu α.β-Dichlorvinyläthern. Die Alkoholate der Methyl-, Äthyl- u. n-Butylhalbäther reagieren bereits bei Zimmertemp. in zum Teil stürm. Reaktion. Mit steigendem Mol.-Gew. nimmt die Reaktionsfähigkeit ab; Äthoxytriglykol u. Phenoxyäthanol (**I**) reagieren bei 80—100° u. liefern nur mäßige Ausbeuten. Die besten Ausbeuten werden bei der Anwendung von überschüssigem Lösungsm. [Xylol (Meth. **A**), Glykolhalbäther (Meth. **B**)] erhalten, Umsetzungen in absol. äthanol. Lsg. (Meth. **C**) geben nur geringe Ausbeuten. Es wird gezeigt, daß man zur Herst. der Alkoholate an Stelle des metall. Na auch NaOH verwenden kann, ohne die Ausbeuten wesentlich zu beeinflussen (Meth. **D**). Das Auftreten des selbstentzündlichen Chloracetylens wurde bei vorst. Umsetzungen nur selten beobachtet, z. B. beim Eintragen von unverd. **II** in eine konz. Lsg. von Na in ein Methylglykol–Xylol-Gemisch, wobei jedoch die tiefe Temp. der Chloracetylenflamme das Xylol nicht zur Entzündung bringen konnte. Die entstandenen Dichlorvinyläther des Methyl-, Äthyl- u. Butylglykols liefern mit HCl unter Selbsterwärmung die verhältnismäßig stabilen, im Wasserstrahlvakuum unter geringer Zers. destillierbaren α.α.β-Trichloräthyläther. Auffallend ist der stabilisierende Effekt der Alkoxyreste auf die α.α.β-Trichloräthylgruppe. Die Konst. der erhaltenen Trichlorprodd. wurde durch die Verseifung zu Chloracetaten bzw. durch Rk. mit Phenol zu Phenylchloracetat (**IV**) bewiesen. Die Dichlorvinyläther selbst setzen sich mit Phenol ebenfalls unter Bldg. von **IV** um, das jedoch nur in geringer Menge aus dem öligen Reaktionsgemisch isoliert werden konnte.

V e r s u c h e: *Glykolmethyl-α.β-dichlorvinyldiäther*, $C_5H_8O_2Cl_2$, $Kp._{12}$ 74—75°, aus 100 g Methylhalbäther des Glykols u. 23 g Na in 150 cm³ Xylol durch portionsweises Eintragen von 144 g **II** bei Tempp. < 20° (Meth. **A**); 140 g (Ausbeute). — *Glykolmethyl-α.α.β-trichloräthyldiäther*, $C_5H_9O_2Cl_3$, $Kp._9$ 95°, durch Einleiten von HCl-Gas in vorst. Verb. bis zur Gewichtskonstanz; 90%. — *Glykoläthyl-α.β-dichlorvinyldiäther*, $C_6H_{10}O_2Cl_2$, $Kp._{20}$ 91—93°, $Kp._{10}$ 78°, durch portionsweise Zugabe von 144 g **II**

u. 50 cm^3 „Äthylglykol" (**III**) zu einer Lsg. von 23 g Na in 200 cm^3 **III**, 1 Std. Stehenlassen bei —2° u. 24 Std. bei Zimmertemp. (Meth. **B**); 110 g. 18,5 g geben bei 24std. Erwärmen mit 9,4 g Phenol auf 50° 1 g einer öligen Fraktion, daneben 3,1 g **IV**. — *Glykoläthyl-α.α.β-trichloräthyldiäther*, $C_6H_{11}O_2Cl_3$, $Kp._{10}$ 98°, wie vorst.; 13,5 g geben beim 5std. Kochen mit 1 g W. *Äthylglykolchloracetat* ($C_6H_{11}O_3Cl$, $Kp._{15}$ 105°; 7 g). — *Glykol-n-butyl-α.β-dichlorvinyldiäther*, $C_8H_{14}O_2Cl_2$, $Kp._{11}$ 104—106°, aus dem n-Butylhalbäther des Glykols nach Meth. **A**; 50%. — *Glykol-n-butyl-α.α.β-trichloräthyldiäther*, $C_8H_{15}O_2Cl_3$, $Kp._{10}$ 126—127°. — *α.β-Dichlorvinyläther des Butylhalbäthers des Diglykols*, $C_{10}H_{18}O_3Cl_2$, $Kp._9$ 146°, durch Lösen von 20 g feingepulvertem NaOH in 97 g „Butyldiglykol" u. Zugabe von 100 cm^3 Xylol, Abkühlen auf 5°, Zugabe von 72 g **II** u. 50 cm^3 Xylol in Portionen, wobei die Temp. auf 60—65° ansteigt, 1½ Std. Stehenlassen bei dieser Temp. (Meth. **D**); 26 g. — *α.β-Dichlorvinyläther des Äthoxytriglykols*, $C_{10}H_{18}O_4Cl_2$, $Kp._2$ 134—135°, nach Meth. **A** unter 6std. Erwärmen auf 80°; 20%. — *Glykolphenyl-α.β-dichlorvinyldiäther*, $C_{10}H_{10}O_2Cl_2$, $Kp._3$ 134° (geringe Zers.), durch Eintragen von 69 g **I** in eine heiße Lsg. von 11,5 g Na in 300 cm^3 absol. A., nach Erkalten Zugabe von 66 g **II** u. 50 cm^3 A. u. 8std. Kochen (Meth. C); 28 g. (Mh. Chem. **84**. 1201—05; S.-B. österr. Akad. Wiss., math.-naturwiss. Kl., Abt. IIb **162**. 1201—05. 1953. Graz, Univ., Inst. für Pharmakol.) G. WINKLER. 570

Herbert Brintzinger und **Rudolf Titzmann**, *Notiz über einige halogenierte aliphatische Oxime.* Eine Reihe von halogenierten aliphat. Oximen wurde durch Rk. von Aldehyden oder Ketonen mit Hydroxylamin (**I**) u. anschließende Chlorierung dargestellt. *Trichlormethylchlorformoxim* besitzt die gleichen physiol. Eigg. wie Dichlorformoxim (**II**), ist aber im Gegensatz zu diesem jahrelang unzers. haltbar. Auch *Bis-[chlormethyl]-formoxim* u. *Chlormethylchlorformoxim* sind wesentlich beständiger als **II**.

Versuche: *Trichlormethylchlorformoxim*, C_2HONCl_4, $Kp._{15}$ 100°, F. ca. 60°, durch Erwärmen von 1 Mol **I**-Hydrochlorid, 2 Mol Calciumchlorid u. 1 Mol Chloralhydrat auf 50—60°, Ausäthern, Dest. des Ätherrückstands im Vakuum, Einleiten von Cl_2 in das Chloraloxim ($Kp._{11}$ 76—78°, F. 56°) bei 80° u. Dest. des Filtrats im Vakuum; nadelförmige Kristalle. — *Bis-[chlormethyl]-formoxim*, $C_3H_5ONCl_2$, $Kp._{25}$ 106°, durch Verreiben von 1.3-Dichloraceton mit **I**-Hydrochlorid u. $NaHCO_3$, Zugabe von wenig W., Ausäthern u. Dest. im Vakuum. — *Chlormethylformoxim*, C_2H_4ONCl, $Kp._{20}$ 61°, durch Rühren von 50%ig. wss. Chloracetaldehyd mit **I**-Hydrochlorid, Ausäthern u. Dest. des Ätherrückstands im Vakuum; gegen Ende der Dest. traten nichtidentifizierte Kristalle auf. Durch Chlorierung vorst. Verb. wird *Chlormethylchlorformoxim* erhalten. — *Dichlorglyoxim*, $C_2H_2O_2N_2Cl_2$, F. 213°, durch Chlorierung von Glyoxim. (Chem. Ber. **85**. 344—45. 1952. Jena, Univ., Inst. für techn. Chem.)
HORST BAGANZ. 670

J. Kenner und **G. N. Richards**, *Der Abbau von Kohlenhydraten mit Alkali.* 1. Mitt. *α-Alkoxyketone. 1.3-Dioxypropanon-(2)* (**I**) u. seine Alkylderivv. wurden als Modellsubstanzen für Oxycellulose auf Enolisierung, UV-Spektr. u. Verh. bei der Oxydation u. alkal. Hydrolyse untersucht. Mit der Oxydation mittels Ag_2O/NaOH konkurrieren Kondensationsreaktionen. Bei *1.3-Dimethoxypropanon-(2)* (**II**) wird von Vff. der Oxydationsverlauf gemäß $ROCH_2\cdot CO\cdot CH_2OR$ (**II**, $R = CH_3$) $\xrightleftharpoons{HO^-}$ $ROCH_2\cdot C(O^-) = CHOR \xrightarrow{Ag^+} ROCH_2\cdot C(O\text{—}) = CHOR \longleftrightarrow ROCH_2\cdot CO\cdot \dot{C}HOR \xrightarrow{Ag^+} ROCH_2\cdot CO\cdot \overset{+}{C}HOR \xrightarrow{HO^-} ROCH_2\cdot CO\cdot CH(OH)OR \rightarrow ROCH_2\cdot CO\cdot CHO + HOR \rightarrow ROCH_2\cdot COOH$ (**V**) + HCOOH interpretiert, wobei sich unter Abspaltung von CH_3OH Methoxyessigsäure (**V**) bildet. Bei *1-Oxy-3-methoxypropanon-(2)* (**III**) u. **I** ist die Reaktionsgeschwindigkeit größer. Bei **III** sind 2 Möglichkeiten für die Enolisierung gegeben, wobei die Bldg. von Glykolsäure gegenüber der von **V** bevorzugt ist. Die entsprechende Oxydation von *Methoxyacetaldehyd* (**IV**) verläuft offenbar ebenfalls über eine Enolisierung, da einerseits 73% **V** u. andrerseits 20% Ameisensäure u. Methanol gebildet werden. Der Verlauf der Hydrolyse vorst. Verbb. mit sd. NaOH ist im Gegensatz zur Oxydation nicht mit dem Verh. der Oxycellulose zu vergleichen. Es werden dabei unter reichlicher Harzbldg. die Alkohole in Freiheit gesetzt. Die Verbb. sind aber nicht wie Oxycellulose schon durch schwaches Alkali bei Zimmertemp. angreifbar. UV-Messungen in W. u. 0,05nNaOH im Vgl. zur Fructose s. Original.

Versuche: *1-Methoxypropanon-(2)*, nach GAUTHIER (Ann. Chim. Phys. **16**. [1909.] 319); Enolisation (En) 1,12% [Best. durch Titration einer 0,1mol. Lsg. mit 0,01n$Ba(OH)_2$-Lsg.]. — *1-Äthoxypropanon-(2)* (**VI**), nach MARIELLA u. LEECH (J. Amer. chem. Soc. **71**. [1949.] 3558); bildet, offenbar durch Photooxydation, allmählich Säure. *2.4-Dinitrophenylhydrazon*, $C_{11}H_{14}O_5N_4$, F. 160—161,5°. — *1.3-Dimethoxypropanon-(2)* (**II**), $Kp._{16}$ 71—71,5°, durch Oxydation von 1 Mol 1.3-Dimeth-

oxypropanol-(2) mit 1 Mol $K_2Cr_2O_7$ in Ggw. von 195 ml konz. H_2SO_4 u. 500 ml W. unter Rühren bei 30—35° u. anschließend 18 Std. bei Zimmertemp., Extraktion mit Ae., Neutralisation mit K_2CO_3 u. Fraktionierung; n_D^{18} 1,4189; En 6,20%; 35,5% (Ausbeute in über 90% Reinheit). Nach dem Verf. von HENZE u. ROGERS (J. Amer. chem. Soc. **61.** [1939.] 433) entstehen nur 30% **II** (als 2.4-Diphenylhydrazon). — *1.3-Diäthoxypropanon-(2)* (**VII**), Kp.$_{14}$ 90—92°, analog **II**; n_D^{16} 1,4192; En 2,82%; 33,1%. *2.4-Dinitrophenylhydrazon*, $C_{13}H_{18}O_6N_4$, F. 85°. — *1.3-Di-n-propoxypropanon-(2)* (**VIII**), Kp.$_{21}$ 116—118°, n_D^{25} 1,4207; En 2,13%; 43,0%. *2.4-Dinitrophenylhydrazon*, $C_{15}H_{22}O_6N_4$, F. 39—39,5°. — *1.3-Diisopropoxypropanon-(2)*, Kp.$_{13}$ 98 bis 98,5°; n_D^{22} 1,4175; En 1,56%; 34,0%. *2.4-Dinitrophenylhydrazon*, F. 77—78°. — *1.3-Dibenzyloxypropanon-(2)*, Kp.$_{0,04}$ 208—212°; n_D^{25} 1,5483; En 6,93%; 19,4% (Ausschluß von Luft bei der Dest. zur Vermeidung von Oxydation nötig). *2.4-Dinitrophenylhydrazon*, $C_{23}H_{22}O_6N_4$, F. 87,5°. — *1-Oxy-3-methoxypropanon-(2)* (**III**), $C_4H_8O_3$, Kp.$_{21}$ 98—90°, aus 12 g Methoxyacetylchlorid u. CH_2N_2 in Ae. bei 0°, Entfernung des Ae. nach 20 Std., Zers. mit 0,5nH_2SO_4 bei Zimmertemp., Extraktion des mit Na-Acetat gesätt. Gemisches mit Ae. in Ggw. von $BaCO_3$ u. fraktionierte Dest.; aus der 2. Fraktion 4,0 g; n_D^{23} 1,4507; En 3,41%. Red. FEHLINGsche Lsg. u. ammoniakal. $AgNO_3$ (bei Zimmertemp.). *2.4-Dinitrophenylhydrazon*, $C_{10}H_{12}O_6N_4$, F. 175°. Daneben aus der 1. Fraktion (Kp.$_{21}$ 40—85°) 3,1 g *Methylglyoxal*. *2.4-Dinitrophenylhydrazon*, F. u. Misch-F. 205°. — **II, III, I** bzw. **IV** wurden unter O_2-Ausschluß bei Zimmertemp. in 0,1nNaOH mit Ag_2O unter Rühren oxydiert u. die Dauer der Gleichgewichtseinstellung u. die gebildete Säure ermittelt (Tabelle s. Original). Die von den vier Verbb. bei entsprechenden Verss. mit n-NaOH in 4 Std. gebildete Ameisensäure wurde mittels HgO bestimmt. **II, III** u. **IV** bildeten daneben *Methanol* (*Methyltriphenylmethyläther*, F. u. Misch-F. 82—83°) u. *Methoxyessigsäure* (**V**), R_F 0,164 (Butanol/3nNH_3/A. 4 : 5 : 1) (blieb größtenteils im Destillationsrückstand des Reaktionsproduktes. *4-Bromphenacylester*, $C_{11}H_{11}O_4Br$, F. u. Misch-F. 76—77°). Aus **III** u. **I** entstand *Glykolsäure* [R_F 0,085; *4-Bromphenacylester*, F. u. Misch-F. 137—139° (wss. A.)]; Ausbeuten vorst. Verbb. vgl. Original. — **II, VII, VIII** u. **III** wurden im N_2-Strom in 0,5nNaOH 1 Std. bei 100°, 3,5 Std. bei 105° u. 0,5 Std. bei 110° erhitzt, aus den Destillaten die Ketone als 2.4-Dinitrophenylhydrazone entfernt u. die Alkohole densimetr. bestimmt (qualitativer Nachw. als Triphenylmethyläther). **VI** u. **IV** entsprechend behandelt, doch vor der Dest. 5 bzw. 1 Std. am Rückfluß gekocht. Ausbeuten an entsprechenden Alkoholen: 50, 26, 9, 49, 16, 78%. (J. chem. Soc. [London] **1953.** 2240—44. Aug. Urmston, Nr. Manchester, British Rayon Res. Assoc.)
WILLENBERG. 740

Pierre Sigwalt, *Über die Darstellung von einfach ungesättigten Triestern des Triäthanolamins.* Die Darst. erfolgte aus Triäthanolamin (**I**) u. Acryl-, Methacryl-, Croton- u. Vinylessigsäurechlorid in Chlf. in 3 Stufen unter Bldg. der Mono-, Di- u. Triester, wobei HCl aus den Hydrochloriden mit Sodalsg. entfernt wurde. — **I**-*Triacrylat*, $C_{15}H_{21}O_6N$, Kp.$_1$ 170°, Kp.$_{0,1}$ 123°, Dest. unter N_2 unter Zusatz von Phenyl-β-naphthylamin als Polymerisationsverzögerer. — **I**-*Trimethacrylat*, $C_{18}H_{27}O_6N$, Kp.$_1$ 175°, Kp.$_{0,1}$ 130°. — **I**-*Tricrotonat*, $C_{18}H_{27}O_6N$, Kp.$_1$ 207°, Kp.$_{0,13}$ 155°. — **I**-*Trivinylacetat*, $C_{18}H_{27}O_6N$, Kp.$_1$ 190°, Kp.$_{0,02}$ 131°. (C. R. hebd. Séances Acad. Sci. **234.** 2294—96. 4/6. 1952.) GROH. 810

A. F. Dobrjanski und **Ju. I. Kornilowa,** *Einwirkung von Aluminiumchlorid auf Ester zweibasischer Säuren.* Bei der Einw. von $AlCl_3$ auf Malonsäurediäthylester (**I**) entstehen das *neutrale Al-Salz* der *Malonsäure* u. C_2H_5Cl. Analog verläuft die Rk. von Phthalsäuredi-n-butylester (**II**) mit $AlCl_3$. Aus Oxalsäurediäthylester konnte das entsprechende Al-Salz nicht rein gewonnen werden.

V e r s u c h e: *Dialuminiumtrimalonat*, $C_9H_6O_{12}Al_2$; 10 g **I** werden mit 5 g $AlCl_3$ bis zum Beginn der Rk. erhitzt; nach Beendigung der Entw. von C_2H_5Cl (7 bis 10 Min.) wird mit Ae. gewaschen; hygroskop. Pulver. Zur Identifikation von C_2H_5Cl wird dieses durch Kondensation mit Bzl. in Ggw. von $AlCl_3$ in *Äthylbenzol*, Kp. 135 bis 137°; D^{20}_4 0,8683; n_D^{20} 1,4905, übergeführt. — *Dialuminiumtriphthalat*, $C_{24}H_{12}\cdot O_{12}Al_2$; aus 22 g **II** u. 4,7 g $AlCl_3$ analog Vorst.; hygroskop. Pulver. Als Nebenprod. entsteht *n-Butylchlorid*, Kp. 77—79°; D^{20}_4 0,8842; n_D^{20} 1,4019. (Сборник Статей по Общей Химии [Samml. Aufsätze allg. Chem.] **1.** 320—21. 1953.) R. KNOBLOCH. 820

Nelson R. Eldred und **Donald M. Young,** *Dichlorfumarsäure.* Die Darst. von *Dichlorfumarsäure* bzw. ihrem Dimethylester gelang nicht durch Isomerisierung von Dichlormaleinsäuredimethylester mit Mineralsäuren oder Aminen, wohl aber durch Chlorierung von Succinonitril (**II**) u. Hydrolyse des neben *Dichlormaleonitril* erhaltenen *Dichlorfumaronitrils* (**I**).

Versuche: *Dichlorfumaronitril* (I), $C_4N_2Cl_2$, F. 54—55° (PAe.), Kp.$_{745}$ 159°, durch Erhitzen von II unter Belichtung u. Einleiten von Cl_2 auf 130—140° u. Dest. als 1. Fraktion; 20% (Ausbeute); die höhersd. Fraktionen wurden nicht gereinigt. — *Dichlorfumarsäure*, $C_4H_2O_4Cl_2$, F. 180—182° (Xylol-Aceton), durch Hydrolyse von I mit 60%ig. H_2SO_4; 84%. *Dimethylester*, $C_6H_6O_4Cl_2$, Kp.$_{20}$ 125°, aus der Säure mit CH_3OH/H_2SO_4; n_D^{20} 1,4820. — *Dichlormaleinsäuredimethylester*, $C_6H_6O_4Cl_2$, Kp.$_{20}$ 121°, durch Chlorierung von Maleinsäureanhydrid bei 180° in Ggw. von $FeCl_3$-$CaCl_2$ zu *Dichlormaleinsäureanhydrid* u. Veresterung mit methanol. HCl; n_D^{20} 1,4830; D.$^{20}_4$ 1,3993. — Infrarotspektren der dargestellten Verbb. vgl. Original. (J. Amer. chem. Soc. **75.** 4338—39. 5/9. 1953. South Charleston, W. Va., Carbide & Carbon Chem. Co., Res. and Developm. Dep.) GEHRINGER. 820

Chittaranjan Raha, *Durch wasserfreies $AlCl_3$ katalysierte Alkylierung von Cyanessigsäureäthylester mit Chloressigsäureäthylester.* Die Alkylierung von Cyanessigsäureäthylester (I) mit Chloressigsäureäthylester (II) in Ggw. von $AlCl_3$ liefert von der verwendeten Menge des Katalysators abhängige Ausbeuten an *Monokondensationsprod.* (III), aber im Gegensatz zur alkalikatalysierten Rk. kein Dikondensationsprodukt (IV).

Versuche: *α-Cyanbernsteinsäurediäthylester* (III), $C_9H_{13}O_4N$, Kp.$_{10}$ 105°, durch Zutropfen von I u. II in Chlf. zu $AlCl_3$ unter Kühlung; 50% (Ausbeute); mit 1 Mol $AlCl_3$, 100% mit 2 Mol $AlCl_3$. — *Bernsteinsäure*, F. 185°, aus III durch Hydrolyse mit 20%ig. HCl. — III ferner aus I u. II in Ggw. von 1 Mol $NaOC_2H_5$; 50%, daneben 10% *α-Cyantricarballylsäuretriäthylester* (IV), $C_{13}H_{19}O_6N$, Kp.$_{10}$ 145°. — *Tricarballylsäure*, F. 165°, aus IV durch saure Hydrolyse. — Mit 2 Mol $NaOC_2H_5$ wurden aus I u. II 10% III u. 35% IV erhalten. — Aus III konnten mit 1 Mol Natriumäthylat 30% IV dargestellt werden. (J. Amer. chem. Soc. **75.** 4098—99. 20/8. 1953. Calcutta, India, Bose Inst.) GEHRINGER. 840

Chittaranjan Raha, *Durch wasserfreies $AlCl_3$ katalysierte Alkylierung von Malonester mit Äthylenoxyd.* Die genannte Rk. ist geeignet zur Darst. von *γ-Butyrolacton.*

Versuche: *γ-Butyrolacton*, $C_4H_6O_2$, wahrscheinlich dimorph, Kp.$_{11}$ 85°, Kp.$_{15}$ 105° u. Kp.$_{11}$ 130°, Kp.$_{15}$ 140°, durch Einleiten von Äthylenoxyd (aus Äthylenchlorhydrin durch Auftropfen auf NaOH) in Malonester + $AlCl_3$ in Chlf., 5std. Kochen mit 5nHCl, Aussalzen u. Benzolextraktion; Ausbeute ~100%. — *γ-Oxybuttersäure-2.4-dinitrophenylhydrazid*, F. 93—94°. (J. Amer. chem. Soc. **75.** 4098. 20/8. 1953. Calcutta, India, Bose Inst.) GEHRINGER. 850

Tracy M. Patrick jr., *Die Radikaladdition von Aldehyden an ungesättigte Polycarbonsäureester.* Aldehyde lagern sich in Ggw. von Benzoylperoxyd (I) oder bei Bestrahlung mit UV-Licht an ungesätt. Polycarbonsäureester an. Aus Acetaldehyd (III) u. Maleinsäurediäthylester (II) entsteht so in sehr guter Ausbeute *Acetylbernsteinsäurediäthylester.* An II lagern sich ebenso in unterschiedlicher Ausbeute Butyr- (IV), Önanth- (V), 2-Äthylcapron- u. β-Methoxypropionaldehyd an, während Furfurol, Chloral, Croton- u. Formaldehyd nicht reagieren; Benzaldehyd nur sehr schlecht. Glutaraldehyd ergibt *Glutaryl-bis-[bernsteinsäurediäthylester]*. Die Anlagerung von IV u. V an höhere Ester der Maleinsäure (Dihexyl-, -2-äthylhexyl-, -tetradecyl-, -cyclohexyl- u. -benzylester) ergab fast quantitative Ausbeuten. — Als Nebenprodd. wurden hauptsächlich Telomere erhalten, Addukte, bei denen das Molverhältnis Ester zu Aldehyd größer ist als 1. Das Verhältnis der erhaltenen 1 : 1-Addukte zu den gebildeten Telomeren stimmt ungefähr überein mit dem Molverhältnis des benutzten Aldehyds zum Maleinsäureester. Telomerenbldg. nimmt (im Verhältnis zum 1 : 1-Addukt) bei Fumarsäure- u. Itaconsäureestern zu. — Auch Aconitsäureester reagieren leicht mit III, IV u. V, u. zwar zu α-Acyltricarballylsäureestern.

Versuche: *Acetylbernsteinsäurediäthylester*, Kp.$_3$ 110—111°, Kp.$_{0,5}$ 89—91°, a) durch 4½std. Erwärmen von III u. II in Ggw. von 0,1 (Gew.-%) I auf 82—89°; D.$^{25}_{25}$ 1,0783; n_D^{25} 1,4360; 78% (Ausbeute bei 68% [Umsatz]); b) ohne I im UV-Licht 30°, 16 Std.; 59% (15%). *Butyrylbernsteinsäurediäthylester*, Kp.$_1$ 112—114°, a) aus IV II (4 : 1) u. 1,4 I, 82—88°, 18 Std.; D.$^{25}_{25}$ 1,0410; n_D^{25} 1,4349; 76% (76%); b) im UV-Licht, 25—30°, 7 Std.; 73% (65%); c) aus IV u. Fumarsäurediäthylester (4 : 1) in Ggw. von 1,7 I; 26% (26%). Hydrolyse mit H_2SO_4 gab *γ-Oxoönanthsäure*, F. 49 bis 50°. — *Önanthoylbernsteinsäurediäthylester*, Kp.$_{0,5}$ 132—133°, mit 0,25 I, 84—88,° 18 Std.; D.$^{25}_{25}$ 0,9951; n_D^{25} 1,4392; 76% (76%). Gibt durch saure Hydrolyse *γ-Oxocaprinsäure*, F. 69—71° (33%ig. A.); 96%. — *α-Äthylcaproylbernsteinsäurediäthylester*, Kp.$_{0,5}$ 114—120°, mit 0,4 I, 80—90°, 17 Std.; D.$^{25}_{25}$ 0,9761; n_D^{25} 1,4400; 59% (27%). — *Benzoylbernsteinsäurediäthylester*, Kp.$_{0,8}$ 150—160°, mit 0,6 I, 81—83°, 23 Std.; D.$^{25}_{25}$ 1,1263; n_D^{25} 1,5028; 15% (5%). — *Glutaryl-bis-[bernsteinsäurediäthylester]*, Zers. bei Dest., aus II u. Glutaraldehyd (3 : 1) mit 1,3 I, 80—82°, 19 Std.; n_D^{25} 1,4652;

100%. — *β-Methoxypropionylbernsteinsäurediäthylester*, Kp.$_{0,5-0,6}$ 115—116°, a) mit 0,2 I, 80—82°, 21 Std.; D.$^{25}_{25}$ 1,0852; n_D^{25} 1,4410; 46% (23%); b) im UV-Licht, 50—75°, 18 Std.; 55%. — *Butyrylbernsteinsäure, Dihexylester*, Kp.$_{0,3-0,5}$ 155—165°, mit 0,25 I, 86—96°, 24 Std.; D.$^{25}_{25}$ 0,9624; n_D^{25} 1,4440; 85%. *Bis-[2-äthylhexylester]*, Kp.$_{0,5}$ 182—184°, mit 0,2 I, 86—95°, 18 Std.; D.$^{25}_{25}$ 0,9472; n_D^{25} 1,4492; 99%. *Ditetradecylester*, Kp.$_{0,5}$ 260—265°, mit 0,3 I, 83—85°, 7 Std.; D.$^{25}_{25}$ 0,9026; n_D^{25} 1,4563; 94%. *Dicyclohexylester*, Kp.$_1$ 175—185°, mit 0,5 I, 85—92°, 21 Std.; D.$^{25}_{25}$ 1,0475; n_D^{25} 1,4728; 83%. *Dibenzylester*, Kp.$_1$ 195—220°, mit 0,3 I, 84—93°, 16 Std.; D.$^{25}_{25}$ 1,1209; n_D^{25} 1,5268; 97%. — *Önanthoylbernsteinsäure-bis-[2-äthylhexylester]*, Kp.$_{0,7}$ 190 bis 210°, mit 0,3 I, 85—91°, 17 Std.; D.$^{25}_{25}$ 0,9329; n_D^{25} 1,4511; 97%. — *α-Acetyltricarballylsäuretriäthylester*, Kp.$_2$ 140—143°, aus **III**, Aconitsäuretriäthylester u. **I**, 82—92°, 4 Std.; n_D^{23} 1,4479; 85% (roh). Hydrolyse gibt *Acetonylbernsteinsäure*, F. 105,5°. — *α-Butyryltricarballylsäuretributylester*, $C_{22}H_{38}O_7$, Kp.$_{0,5}$ 175—180°, aus **IV**, Aconitsäuretributylester u. **I**, 84—89°, 8 Std.; D.$^{25}_{25}$ 1,0126; n_D^{25} 1,4471; 99% (roh). — *α-Önanthoyltricarballylsäuretributylester*, $C_{25}H_{44}O_7$, Kp.$_1$ 202—208° (schwache Zers.), 75—90°, 20 Std.; D.$^{25}_{25}$ 0,9923; n_D^{25} 1,4510; 72%. (J. org. Chemistry **17.** 1009—16. Juli 1952. Dayton, O., Monsanto Chem. Co., Centr. Res. Dep.) FECHTER. 870

Raymond Delaby, Christian Warolin und **Françoise Brustlein,** *Einwirkung von Glykolcarbonat auf substituierte Hydrazine.* Aus äquimol. Mengen Glykolcarbonat u. mono- bzw. disubstituierten Hydrazinen stellten Vff. *β-Oxyäthylcarbazinate*, RR'N—NH—$COOCH_2CH_2OH$ dar (20 Std. bei 60°), die mit $SOCl_2$ in die *β-Chloräthylcarbazinate* (**I**), mit CH_3J in die entsprechenden *quaternären Jodide* übergeführt wurden. Die **I** gaben mit äquimol. Mengen C_2H_5ONa unter HCl-Abspaltung u. Ringschluß *N-Aminooxazolidone-(2)*. — Folgende *Hydrazincarbonsäure-(2)-β-oxyäthylester* wurden dargestellt: *1-Methyl-*, Kp.$_{0,5}$ 140—142°. — *1-Benzyl-*, F. 80—81°. *p-Nitrobenzoat*, F. 172°. — *1-Phenyl-*, F. 71°. — *1.1-Dimethyl-*, F. 106°. *Methojodid*, F. 117°. — *1.1-Diäthyl-*, F. 73°. *Methojodid*, F. 105°. — *Hydrazincarbonsäure-(2)-β-chloräthylester* (**I**): *1-Methyl-, Hydrochlorid*, F. 150°. — *1-Benzyl-*, F. 64°. — *1.1-Dimethyl-*, F. 50°. *Hydrochlorid*, F. 141°. *Methojodid*, F. 185° (Zers.). — *3-Benzylaminooxazolidon-(2)*, F. 70°. — *3-Dimethylaminooxazolidon-(2)*, F. 71°. *Methojodid*, F. 208° (sublimiert). (C. R. hebd. Séances Acad. Sci. **238. 1714**—16. 26/4. 1954.) J. ROTHE. 880

Max Frankel, M. Harnik und **Y. Levin,** *Einwirkung von N-Chlorurethan auf Derivate von Diäthylaminomalonat.* Vff. untersuchen die Rk. zwischen N-Chlorurethan (**I**) u. Derivv. von Na-Aminomalonestern. Aus **I** u. dem Na-Salz von N-Carbomethoxyaminomalonsäurediäthylester (**II**) werden je nach den Versuchsbedingungen *N-Carbomethoxy-N'-carbäthoxydiaminomalonsäurediäthylester* oder *symm.-Bis-[N-carbomethoxyamino]-tetracarbäthoxyäthan* erhalten, aus dem Na-Salz von N-Carbobenzyloxyaminomalonsäurediäthylester (**V**) die entsprechenden Verbb. (**VI**—**VIII**) u. *N-Carbobenzyloxy-N'-carbäthoxydiaminoessigsäureäthylester.* — Beim Vers. der Darst. von N-Acetylaminomalonsäurediäthylester direkt aus N-Chloracetamid (**III**) u. Na-Malonsäurediäthylester (**IV**) wird *symm.-Tetracarbäthoxyäthan* erhalten.

Versuche: *N-Carbomethoxy-N'-carbäthoxydiaminomalonsäurediäthylester*, $C_{12}H_{20}O_8N_2$, F. 113—114° (A.), durch Zugabe (2 Min.) einer Lsg. von **I** in absol. A. zu einer eiskalten Lsg. von Na-**II** in absol. A. unter Rühren u. Kühlung, 14std. Kochen u. 2—3 Tage bei Zimmertemp. stehenlassen; 60% (Ausbeute). — *symm.-Bis-[N-carbomethoxyamino]-tetracarbäthoxyäthan*, $C_{18}H_{28}O_{12}N_2$, F. 161,5—163° (A.), wie vorst. mit 2 Mol **I**; 70%, daneben ca. 15% vorst. Verb.; oder durch 30 Min. Schütteln einer absol. äthanol. Lsg. von Na-**II** mit J_2; 42%. — *N-Carbobenzyloxyaminomalonsäurediäthylester* (**V**), $C_{15}H_{19}O_6N$, Kp.$_{5-6}$ 201—207°, F. 32—33°, durch tropfenweise Zugabe von Carbobenzyloxychlorid unter Rühren zu einer eisgekühlten Mischung von Aminomalonsäurediäthylester, Pyridin u. W. u. weitere 30 Min. Rühren. — *symm.-Bis-[N-carbobenzyloxyamino]-tetracarbäthoxyäthan* (**VI**), $C_{30}H_{36}O_{12}N_2$, F. 147—148° (A.), aus Na-**V** in absol. A. u. 2 Mol **I** unter Rühren u. Kühlen; 80%; oder aus Na-**V** u. J_2 wie vorst.; 51%. — *N-Carbobenzyloxy-N'-carbäthoxydiaminomalonsäurediäthylester* (**VII**), $C_{18}H_{24}O_8N_2$, F. 73—74° (A.), aus mol. Mengen Na-**V** u. **I** (Zugabe in 30 Sek.); 30—40%, daneben 10—20% **VI** u. nach Ansäuern des wss. Filtrates 5% **VIII**. — *N-Carbobenzyloxy-N'-carbäthoxydiaminomalonsäuremonoäthylester* (**VIII**), $C_{16}H_{20}O_8N_2$, F. 150° (A.), durch 3tägiges Stehenlassen einer absol. alkoh. Lsg. von **VII** u. KOH. — *N-Carbobenzyloxy-N'-carbäthoxydiaminoessigsäureäthylester*, $C_{15}H_{20}O_6N_2$, F. 136 bis 137° (A.), aus mol. Mengen Na-**V** u. **I** in absol. A. durch 7std. Kochen; 30—38%. — *symm.-Tetracarbäthoxyäthan*, $C_{14}H_{22}O_8$, F. 75° (A.), aus **IV** u. **III** unter Rühren u. Kühlen u. 2tägiges Stehenlassen bei Zimmertemp.; 30%. (J. Amer. chem. Soc. **74.** 3873—74. 5/8. 1952. Jerusalem, Israel, Hebrew Univ., Dep. of organ. Chem.)

G. WINKLER. 950

A. F. Dobrjanski und **Ju. I. Kornilowa,** *Alkylierung aromatischer Kohlenwasserstoffe mit Estern zweibasischer Säuren.* Wie von Vff. gezeigt (vgl. C. **1954.** 6925), entsteht bei der Einw. von $AlCl_3$ auf Dialkylester von Dicarbonsäuren das neutrale Al-Salz der Dicarbonsäure u. Alkylchlorid. In vorliegender Unters. wurde die Rk. in Ggw. von aromat. KW-stoffen durchgeführt. Hierbei wirkte das Alkylchlorid alkylierend auf letztere. Zur Alkylierung eignete sich Oxalsäurediäthylester (I), während Malonsäurediäthylester schwieriger reagierte. Aus Bzl. wurde *Äthylbenzol*, aus Toluol ein Gemisch von hauptsächlich *1-Methyl-3-äthylbenzol* (II) u. weniger *1-Methyl-4-äthylbenzol* (III) erhalten. Techn. Xylol (Gemisch der 3 Isomeren) lieferte *1.3 Dimethyl-5-äthylbenzol* (IV) als einziges Prod.; vielleicht isomerisieren sich o- u. p-Xylol unter den Reaktionsbedingungen zu m-Xylol. Die Stellung der Substituenten in den erhaltenen Benzolderivv. wurde durch Oxydation mit $KMnO_4$ zu den entsprechenden Carbonsäuren bestätigt; aus dem Gemisch von II + III entstanden *Isophthalsäure* u. *Terephthalsäure*; IV gab *Trimesinsäure.*

Versuche: *Äthylbenzol*, Kp. 135—137°; aus 40 g Bzl. u. 30 g I in Ggw. von 36 g $AlCl_3$, anfangs unter Erwärmen; Reaktionsdauer 25—30 Min.; $D.^{20}_4$ 0,8683; n_D^{20} 1,4905; 10 g (Ausbeute). Oxydation ergibt *Benzoesäure.* — Gemisch von *1-Methyl-3-äthylbenzol* (II) u. *1-Methyl-4-äthylbenzol* (III), Kp. 161—163°; aus 20 g Toluol u. 20 g I in Ggw. von 15 g $AlCl_3$; 10 g. — *1.3 Dimethyl-5-äthylbenzol* (IV), Kp. 184—187°; aus 50 g techn. Xylol u. 30 g I in Ggw. von 35 g $AlCl_3$; $D.^{20}_4$ 0,8744; 13 g. (Сборник Статей по Общей Химии [Samml. Aufsätze allg. Chem.] **1.** 322—24. 1953.)

R. Knobloch. 1010

S. R. Finn und **J. W. G. Musty,** *Eine neue Methode für die Darstellung von Phenolalkoholen. 2-Oxymethyl-3.5-dimethylphenol.* Vff. stellen das bei der Rk. von 3.5-Xylenol u. CH_2O, die zum *2.6 Dimethylol-3.5-xylenol* führt, als Zwischenprod. angenommene *2-Oxymethyl-3.5-dimethylphenol* (I) her, indem sie 2-Dimethylaminomethyl-3.5-dimethylphenol nach dem Verf. von Bruson u. MacMullen (C. **1942.** II. 1450) acetylieren, wobei das *Acetylderiv. von* I erhalten wird, das mit $LiAlH_4$ in I übergeführt werden kann; die n. Hydrolyse führt zum Verharzen. Das Verf. wird als allg. Meth. zur Darst. von Phenolalkoholen aus den entsprechenden Phenolen angesehen u. soll bes. nützlich sein, wenn die $(CH_3)_2N$-Gruppe an anderer Stelle als CH_2O in das Mol. eintritt. Die Struktur von I wird durch Red. des entsprechenden Aldehyds mit $LiAlH_4$ bestätigt. (Chem. and Ind. **1950.** 677. 30/9. Min. of Supply, Chem. Defence Exp. Establ.)

Reisner. 1070

E. Profft, *Über neue schwefelhaltige Verbindungen.* Aus den bei der Saccharindarst. anfallenden o- u. p-Toluolsulfochloriden erhielt Vf. durch Red. mit HCl + Fe-Pulver *o-* (II) u. *p-Thiokresol* (III) in 96- bzw. 92%ig. Ausbeute. Die analoge Red. von Benzolsulfochlorid ergab 86% *Thiophenol* (I). Durch Rk. mit Alkylchloriden in Ggw. von NaOH in wss.-alkoh. Lsg. wurden aus I nachst. *Thioäther* dargestellt: *Methyl-, Äthyl-, n-Propyl-, Isopropyl-, n-Butyl-, Isobutyl-* u. *Isoamylphenylthioäther*; analog aus II: *n-Propyl-* ($Kp._{15}$ 120—122°; n_D^{21} 1,5495; 95% [Ausbeute]), *n-Butyl-* ($Kp._{15}$ 135—138°; n_D^{22} 1,5454; 87%) u. *Isoamyl-o-kresylthioäther* ($Kp._{12}$ 138°; n_D^{21} 1,5362; 98%); aus III der *n-Propyl-p-kresylthioäther* (IV). Analog einer früheren Arbeit über Phenoläther (vgl. Chem. Techn. **4.** [1952.] 241) konnten mit Acetanhydrid u. $ZnCl_2$ die Thioäther zu nachst. *4-Acetothiophenoläthern* acetyliert werden: *Methyl-* (F. 76,5°, gelbliche Kristalle; 70%; riecht nach Firnis), *Äthyl-* (F. 53°, gelbliche Kristalle; 48%), *n-Propyl-* (F. 33°, $Kp._{14}$ 174—177°, wachsartige Kristalle mit rosenähnlichem Geruch; 62%), *Isopropyl-* ($Kp._{12}$ 168—172°; 40%), *n-Butyl-* ($Kp._{18}$ 193—196°; 39%), *Isobutyl-* ($Kp._{12}$ 180 bis 182°; 31%) u. *Isoamyläther* ($Kp._{12}$ 190—192°; 69%); ferner *n-Propyl-* ($Kp._{16}$ 189 bis 191°; riecht blumig-säuerlich; n_D^{20} 1,5890; 66%), *n-Butyl-* ($Kp._{15}$ 196—199°; n_D^{20} 1,5782; 65%) u. *Isoamyl-4-aceto-o-kresylthioäther* ($Kp._{15}$ 198—202°; n_D^{20} 1,5715; riecht nach fetten Ölen; 67%). Die Acetylierung von IV gelang auf diesem Wege nicht, dagegen konnten nachst. *o-Ketone* der *p-Thiokresyläther* nach Friedel-Crafts dargestellt werden: *n-Propyl-* (F. 46—47°; 85%. *Oxim*, F. 101°) u. *Isoamyl-2-aceto-p-kresylthioäther* (F. 32°; 76%. *Oxim*, F. 61°). 2.4-Dinitrophenylhydrazone konnten von diesen Verbb. nicht erhalten werden. Die Behandlung von I mit Acetanhydrid u. $ZnCl_2$ lieferte kein Keton, sondern nur *Thiophenylacetat*, desgl. Phenol. — Durch Erhitzen vorst. Thioätherketone mit Paraformaldehyd u. Piperidinhydrochlorid in A. (Mannich-Rk.) entstanden hieraus die *Hydrochloride* nachst. *β-Piperidinoäthyl-4-alkylmercaptophenylketone* (*Thiofalicaine*): *Methyl-* (F. 203°; 70%), *Äthyl-* (F. 176 bis 177°; 59%), *n-Propyl-* (F. 154—155°; 56%), *Isopropyl-* (F. 174—175°; 73%), *n-Butyl-* (F. 149—150°; 91%), *Isobutyl-* (F. 160—161°; 63%) u. *Isoamyl-* (F. 153—154°; 66%. *Freie Base*, F. 45—46°); analog die *Hydrochloride* nachst. *β-Piperidinoäthyl-*

4-[S-alkyl-o-thiokresyl]-ketone: *n-Propyl-* (F. 158—159°; 57%. *Freie Base*, Kp.$_{12}$ 174°), *n-Butyl-* (F. 148—149°; 61%) u. *Isoamyl-* (F. 165—166°; 64%). Ferner *β-Piperidinoäthyl-2-[S-n-propyl-p-thiokresyl]-keton* (F. 158—159°; 7%) u. *β-Piperidinoäthyl-2-[S-isoamyl-p-thiokresyl]-keton* (F. 135,5—137°; 13%). — Die Thiofalicaine übertreffen bei geringerer Toxizität die Falicaine als Lokal-, Leitungs- u. Oberflächenanästhetica u. sind wesentlich stärker baktericid. Gleichzeitig sind es Substanzen mit großer Oberflächenaktivität (betreffs Einzelheiten über Pharmakologie u. Oberflächenaktivität s. Original). (Chem. Techn. 5. 239—43. Mai 1953. Magdeburg.)

LEHWALD. 1090

E. Campaigne und **Joseph R. Leal,** *α.β-Ungesättigte Sulfide. Die Reaktion von Thiophenol mit gewissen Ketonen.* Bei der Rk. von Mercaptanen mit Ketonen werden zuweilen statt der erwarteten Mercaptale ungesätt. Sulfide gebildet. Vff. untersuchten diese Rkk., indem sie Thiophenol (I) mit Ketonen vom Typ C_6H_5—CO—CHRR′ reagieren ließen. Acetophenon (**II**) u. Benzoylessigsäureäthylester (**III**) gaben Diphenylmercaptale, während mit Propiophenon (**IV**), Desoxybenzoin (**V**) u. Isobutyrophenon (**VI**) ungesätt. Sulfide gebildet wurden. Pivalophenon reagierte nicht, 5.5-Dimethylcyclohexandion-(1.3) (**VII**) gab *5.5-Dimethyl-3-phenylmercaptocyclohexen-(2)-on* u. 2-Methylindanon-(1) (**VIII**) gab mit Benzylmercaptan *Benzyl-2-methylindenyl-(3)-sulfid.* Ster. Hinderung an der Carbonylgruppe kann also Mercaptalbldg. verhindern. Der Mechanismus der Mercaptal-Rk. wird so angenommen, daß zunächst ein Mol **I** an das Keton unter Bldg. der Hemimercaptals angelagert wird, worauf Austritt von W., gegebenenfalls unter Einbeziehung eines Protons, unter gleichzeitiger Koordination des zweiten Mol I erfolgt. Die Bldg. der ungesätt. Sulfide verläuft wahrscheinlich ebenso bis zur Bldg. des Carboniumions R—CH_2—$C^{(+)}$(R′)—S—C_6H_5, das sich leichter durch eine Elektronenverschiebung als durch Aufnahme eines zweiten Mol **I** stabilisiert, sofern das $C^{(+)}$ ster. gehindert u. außerdem R eine Elektronen abgebende Gruppe ist. Die Bldg. von 1.2-Bis-[alkylmercapto]-stilbenen aus Benzoin u. Äthyl- bzw. Benzylmercaptan, die POSNER [1902] beschrieb, läßt sich mit diesem Mechanismus erklären (im Gegensatz zu POSNERs Erklärung). Verschied. Ergebnisse anderer Autoren stützen diese Annahmen. — Die Hydrolyse des aus **III** u. **I** erhaltenen *β.β-Bis-[phenylmercapto]-hydrozimtsäureäthylesters* (**IX**) gab *β-Phenylmercaptozimtsäureäthylester*, dessen *freie Säure* (**X**) (F. 192°) offenbar ein cis-trans-Isomeres der von RUHEMANN u. STAPLETON (J. chem. Soc. [London] **77.** [1900.] 1179) beschriebenen **X** (F. 162°) ist. Die Infrarotabsorptionsspektren von **IX** u. **X** werden verglichen. Das Reaktionsprod. aus **V** u. **I** ließ sich durch fraktionierte Kristallisation in zwei Komponenten zerlegen, die vermutlich *cis-* u. *trans-Phenylmercaptostilben* sind. Verss., die erhaltenen Sulfide zu Sulfonen zu oxydieren, schlugen in den meisten Fällen fehl.

Versuche: *Benzyl-2-methylindenyl-(3)-sulfid*, $C_{17}H_{16}S$, F. 73—74° (CH_3OH), Kp.$_{1,5}$ 165—170°, durch Einleiten von trockenem HCl in eine Lsg. von **VIII** u. Benzylmercaptan in absol. A., Zufügen von $ZnCl_2$ nach 15 Min., 2std. Schütteln, Gießen auf Eis u. Ausäthern; 80% (Ausbeute). — *Benzyl-2-methylindenyl-(3)-sulfon*, $C_{17}H_{16}O_2S$, F. 138—139° (CH_3OH), aus vorst. Verb. mit 30%ig. H_2O_2 nach POMERANTZ u. CONNOR (J. Amer. chem. Soc. **61.** [1939.] 3386); 20%. — *5.5-Dimethyl-3-phenylmercaptocyclohexen-(2)-on*, $C_{14}H_{16}OS$, F. 50—51° (CH_3OH), durch Sättigen einer Lsg. von **VII** u. **I** in absol. A. mit HCl, 36std. Stehen bei Zimmertemp. u. Aufnehmen in Ae.; 17%. — *Acetophenondiphenylmercaptal*, $C_{20}H_{18}S_2$, F. 54,5—55° (A.), aus **II** u. **I** mit HCl-Gas; 84%; zers. sich schnell an der Luft sowie durch Feuchtigkeit. — *Phenyl-1-phenylpropen-(1)-ylsulfid*, $C_{15}H_{14}S$, F. 42—42,5° (CH_3OH), Kp.$_{0,8}$ 121—125°, durch Sättigen von **IV** u. **I** mit HCl u. Stehen über Nacht; 84% (roh); zers. sich bei Zimmertemp. zu einem hellgelben Öl. — *Phenyl-1-phenylpropen-(1)-ylsulfon*, $C_{15}H_{14}O_2S$, F. 90—92°, aus vorst. Verb. mit $KMnO_4$ nach BOST u. Mitarbeitern (J. Amer. chem. Soc. **54.** [1932.] 1986); 7%. — *Phenylmercaptostilben*, $C_{20}H_{16}S$, F. 49—50° (CH_3OH), durch Sättigen von 9,8 g **V** u. 11 g **I** in absol. A. mit HCl, 1std. Stehen, Gießen in W., Ausäthern u. mehrfaches Umkristallisieren; 3,7 g. — *Isomeres Phenylmercaptostilben*, $C_{20}H_{16}S$, F. 63—64° (CH_3OH), als zweite Fraktion; 0,31 g. — *β.β-Bis-[phenylmercapto]-hydrozimtsäureäthylester* (**IX**), $C_{23}H_{22}O_2S_2$, F. 92—93° (CH_3OH), durch Sättigen von **III**, **I** u. $ZnCl_2$ mit HCl u. 10 Min. Schütteln; 33%. — *β-Phenylsulfinylzimtsäureäthylester*, $C_{17}H_{16}O_3S$, F. 104—105°, aus **IX** nach POMERANTZ u. CONNOR (l. c.); Nadeln; 2%. — *β-Phenylmercaptozimtsäure* (**X**), $C_{15}H_{12}O_2S$, F. 192—193° (Zers.), aus **IX** durch 1std. Kochen mit KOH in A. über das *K-Salz* (Plättchen aus W.); Kristalle aus A.; 28%; zers. sich beim Erhitzen unter Bldg. von **II** (*2.4-Dinitrophenylhydrazon*, F. 247°). — *Phenyl-1-phenyl-2-methylpropen-(1)-ylsulfid*, $C_{16}H_{16}S$, F. 35—36° (CH_3OH), Kp.$_1$ 128—132°, durch Sättigen von **VI**, **I** u. $ZnCl_2$ in absol. A. mit HCl u. Stehen über Nacht; 83% (roh). Ferner wurde hierbei eine *Verb.* $C_{28}H_{26-28}S_3$, F. 38—38,5° (CH_3OH), gewonnen. (J. Amer. chem. Soc. **76.** 1272—75. 5/3. 1954. Bloomington, Ind., Univ., Chem. Labor.) CLEVE. 1090

Malcolm R. Powell und **Dean R. Rexford,** *Die Äthylacetale des o-Phthalaldehyds.* o-Phthalaldehyd (I) liefert durch Kochen mit der berechneten Mengen Äthylorthoformiat in A. in Ggw. von NH_4Cl *o-Diäthoxymethylbenzaldehyd* (**III**) u. *1.3-Diäthoxyphthalan* (**II**). Da **II** durch Dest. der alkoh. Lsg. von **III** erhalten werden kann, wird angenommen, daß die Bldg. über ein Acetalhemiacetal verläuft. Durch Dest. einer Lsg. von **I** in A.–NH_4Cl wurde als einziges Reaktionsprod. **II** gewonnen. Durch Verfolgung des UV-Absorptionsspektr. wurde wahrscheinlich gemacht, daß die Rk. über das Bis-hemiacetal verläuft. Als Nebenprodd. wurden polymere Verbb. isoliert. die durch Kochen mit verd. HCl in **I** übergeführt werden konnten. Aus dem von THIELE u. GUENTHER [1906] durch Einw. von Licht auf **I** erhaltenen Gemisch wurde nach Kochen mit verd. HCl *o-Formylbenzoesäure* isoliert.

V e r s u c h e (FF. korr.): *o-Diäthoxymethylbenzaldehyd* (**III**), $C_{12}H_{16}O_3$, Kp.$_1$ 86°, durch kurzes Kochen von **I**, Äthylorthoformiat, absol. A. u. NH_4Cl (1 : 1,1 : 3 : 0,04); n_D^{20} 1,4979. *2.4-Dinitrophenylhydrazon*, $C_{18}H_{20}O_6N_4$, F. 163—165° (Zers.), aus 95%ig. A. orangefarbene Nadeln. — **I**-*Bis-[2.4-dinitrophenylhydrazon]*, $C_{20}H_{14}O_8N_8$, F. 275° (Zers.), durch Behandlung des vorst. Hydrazons mit 2.4-Dinitrophenylhydrazin in konz. HCl–Alkohol. — *1.3-Diäthoxyphthalan* (**II**), $C_{12}H_{16}O_3$, F. 54° (PAe.), durch fraktionierte Dest. von **III** in A.; Kochen mit 6nHCl lieferte **I**, Oxydation mit $KMnO_4$–Na_2CO_3 Phthalsäure. Als Nebenprod. wurde eine Verb. vom F. 117—117,5° (Bzl.–A. u. Sublimation bei 100°/12 mm) erhalten. — Durch Zugabe von Spuren NH_4Cl zu der sd. Lsg. von **I** in A., Eindampfen, Aufnehmen in PAe., Chromatographieren an Al_2O_3, Entw. mit Bzl. u. Ae. u. Eluieren mit A. wurde ein purpurrotes Öl erhalten, das durch heiße 6nHCl in **I** übergeführt wurde. — Durch Vakuumdest. eines gleichen Ansatzes wurde **II** erhalten. — *o-Formylbenzoesäure,* F. 97° (Zers.; verd. HCl), durch Waschen von **I**, der einige Tage am Licht gestanden hatte, mit PAe. u. Aufnehmen in heißer 6nHCl. *Oxim,* F. 118—120° (Zers.); wurde durch Erhitzen in Phthalimid übergeführt. *Phenylhydrazon,* F. 106—107°, gelbe Nadeln. (J. org. Chemistry **18.** 810—14. Juli 1953. Princeton, N. J., Princeton Univ., Frick Chem. Labor.) HORST BAGANZ. 1130

J. L. E. Erickson, J. M. Dechary und **T. R. Pullig,** *Die Brom-2-nitrobenzoesäuren.* Vff. beschreiben die Synthesen der 4 isomeren Brom-2-nitrobenzoesäuren. *3-Brom-2-nitrobenzoesäure* wurde durch Desaminierung von 5-Brom-6-nitroanthranilsäure, *4-Brom-2-nitrobenzoesäure* durch Verseifung von 4-Brom-2-nitrobenzonitril oder durch Oxydation von 4-Brom-2-nitrotoluol (**IV**), *5-Brom-2-nitrobenzoesäure* durch Nitrierung von m-Brombenzoesäure (**II**) u. *6-Brom-2-nitrobenzoesäure* aus 6-Nitroanthranilsäure (**I**) erhalten.

V e r s u c h e : *5-Brom-6-nitroanthranilsäure,* $C_7H_5O_4N_2Br$, F. 201,5—202,5°, aus **I** (dargestellt über 6-Nitrophthalamidsäure) durch Bromierung in Eisessig unter heftigem Rühren bei 15—20°; hellgelbe Nadeln aus A. u. 50%ig. wss. Essigsäure; 72% (Ausbeute) Rohprodukt. — *3-Brom-2-nitrobenzoesäure,* F. 247,5—249,5° (verd. Methanol), aus vorst. Verb. durch 4std. Rühren in wss. HCl, Zugabe (40 Min.) von $NaNO_2$ bei 0° u. Umsetzung mit 30%ig. unterphosphoriger Säure mit anschließendem 24std. Rühren; 54%, oder durch Nitrierung von 100 g **II**; 4,5 g, daneben *5-Brom-2-nitrobenzoesäure* (F. 138—140°; 93,5 g). — *6-Brom-2-nitrobenzoesäure,* $C_7H_4O_4NBr$, F. 177,3—177,5° (sehr verd. Methanol), aus **I** durch einige Min. Erwärmen mit 48%ig. HBr auf 65—70° unter Rühren, Abkühlen auf —5° unter heftigem Rühren, Zugabe (30 Min.) von $NaNO_2$ u. weitere 40 Min. Rühren bei —5°, Zugabe der Suspension des Diazoniumsalzes während 15 Min. zu einer gerührten Lsg. von CuBr in 48%ig. HBr u. 2 Std. Rühren bei 50—60°; hellgelbe Nadeln; 86%. — *4-Brom-2-nitranilin* (**III**), F. 111—112°, durch Zugabe von Br_2 in Eisessig während 2 Std. zu einer heftig gerührten Lsg. von 69 g o-Nitranilin in Eisessig bei 10°; tieforangefarbene Nadeln aus Methanol; 77%, daneben *4.6-Dibrom-2-nitranilin* [F. 127—128° (Methanol), hellgelbe Nadeln; 9 g]. — *4-Brom-2-nitrobenzonitril,* F. 99°, durch Zugabe (1 Std.) von $NaNO_2$ zu dem feinverteilten Hydrogensulfat von **III**, 1 Std. Rühren bei 5° u. rasche Zugabe der Diazoniumsalzlsg. zu einer heftig gerührten Lsg. von CuCN bei 70°; 66%. — *4-Brom-2-nitrobenzoesäure,* F. 164—165° (Bzl.), durch ½std. Verseifung vorst. Verb. mit H_2SO_4 (108 g konz. H_2SO_4 + 48 g W.) bei 180°; 74%, oder durch Kochen einer Lsg. von **IV** in Pyridin/W. u. Zugabe von $KMnO_4$ während 8 Std.; 41%; sehr leicht lösl. in Methanol, leicht lösl. in heißem Wasser. (J. Amer. chem. Soc. **74.** 5621—23. 20/11. 1952. Baton Rouge, La., State Univ., Coates Chem. Labor.) G. WINKLER. 1210

George L. Webster und **Jacob S. Rodia,** *Synthesen von Aryl- und Aralkylamidinen von pharmakologischem Interesse.* Unter Abänderung der Meth. von HILL u. COX

(J. Amer. chem. Soc. **48.** [1926.] 3215) stellen Vff. aus N-substituierten Aroylamiden mit PCl_5 die entsprechenden *Imidchloride* dar u. daraus mit Aminen die *Amidine.* Bei der Synth. der Vanillamidine wurde die phenol. OH-Gruppe während der Rk. durch eine Carbäthoxygruppe geschützt, die sich durch verd. Alkali leicht abspalten läßt.

Versuche: *Carbäthoxyvanilloylanilid,* $C_{17}H_{17}O_5N$, F. 132—133°, aus Vanillinsäure (F. 207°) durch Carbäthoxylieren nach HEAP u. ROBINSON (J. chem. Soc. [London] **1926.** 2341), Verwandeln von 60 g *Carbäthoxyvanillinsäure* mit $SOCl_2$ in das *Chlorid,* Vakuumabdampfen, Aufnehmen in Ae. u. Behandeln mit Anilin in Ae.; 62 g (Ausbeute). — Nachst. Amidine in 43—81 %ig. Ausbeute durch Zufügen des entsprechenden Anilids zu PCl_5 in Bzl. unter Kühlen, 2std. Erwärmen, Entfernen von $POCl_3$ u. Bzl. im Vakuum u. Erwärmen des Rückstandes in Bzl. mit dem Amin: Benzamidine: *N-Phenyl-N'-[p-oxyphenyl]-*, $C_{19}H_{16}ON_2$, F. 124—130°, unrein. *Hydrochlorid,* $C_{19}H_{17}ON_2Cl$, F. 285°. — *N-Phenyl-N'-[m-oxyphenyl]-*, $C_{19}H_{16}ON_2$, F. 215°. *Hydrochlorid,* F. 271°. — *N-Phenyl-N'-[p-benzoxyphenyl]-*, $C_{26}H_{20}O_2N_2$, F. 131°. *Hydrochlorid,* F. 257°. — *N-Phenyl-N'-homoveratryl-*, $C_{23}H_{24}O_2N_2$, F. 114°, ließ sich besser aus N-[3.4-Dimethoxyphenyläthyl]-benzamid darstellen. *Hydrochlorid,* $C_{23}H_{25}O_2N_2Cl$, unrein. — *N-Phenyl-N'-[β-phenyläthyl]-*, $C_{21}H_{20}N_2$, F. 70°, ließ sich besser aus N-[β-Phenyläthyl]-benzamid darstellen. *Hydrochlorid,* F. 162—163°. — *N.N'-Bis-[β-phenyläthyl]-*, $C_{23}H_{24}N_2$, F. 78°. *Hydrochlorid,* $C_{23}H_{25}N_2Cl$, unrein. *Sulfat,* $C_{23}H_{26}O_4N_2S$, F. 141°. *Pikrat,* $C_{29}H_{27}O_7N_5$, F. 169°. — Phenylacetamidine: *N-Phenyl-N'-[p-phenetyl]-*, $C_{22}H_{22}ON_2$, F. 96°. *Hydrochlorid,* $C_{22}H_{23}ON_2Cl$, unrein. — *N-Phenyl-N'-[p-tolyl]-*, $C_{21}H_{20}N_2$, F. 93°. *Hydrochlorid,* F. 155—156°. — Vanillamidine: *N.N'-Bis-[phenyl]-4-carbäthoxy-*, $C_{23}H_{22}O_4N_2$, Öl. *Hydrochlorid,* F. 165°. — *N-Phenyl-N'-[p-phenetyl]-4-carbäthoxy-*, $C_{25}H_{26}O_5N_2$, Öl. *Hydrochlorid,* F. 184°. — *N-Phenyl-N'-[p-tolyl]-4-carbäthoxy-*, $C_{24}H_{24}O_4N_2$, Öl. *Hydrochlorid,* F. 167°. — *N.N'-Bis-[phenyl]-*, $C_{20}H_{18}O_2N_2$, F. 187°. — *N-Phenyl-N'-[p-phenetyl]-*, $C_{22}H_{22}O_3N_2$, F. 86°. — *N-Phenyl-N'-[p-tolyl]-*, $C_{21}H_{20}O_2N_2$, F. 76°. (J. Amer. chem. Soc. **75.** 1761—62. 5/4. 1953. Chicago, Ill., Univ., Coll. of Pharm., Dep. of Chim.) LEHWALD. 1210

E. B. Hodge, *Einige neue Nitroamine und Diamine.* Es wurde eine Anzahl *Nitroamine* nach $R'N(CH_2R)H + HOCH_2C(NO_2)(CH_3)_2 \rightarrow R'N(CH_2R)CH_2C(NO_2)(CH_3)_2$ (**I**) $+ H_2O$ dargestellt, die sowohl zu Diaminen $R'N(CH_2R)CH_2C(NH_2)(CH_3)_2$ (**II**) red. als auch zu $R'N(CH_2R)CH_2C(CH_3)_2[N(CH_3)_2]$ (**III**) mit Formaldehyd reduzierend methyliert wurden. Die prim.-tert. Aminhydrochloride zeigten geringe, die ditert. mittlere bis starke Antihistaminaktivität.

Versuche (FF. korr.): Nachst. **I** entstanden aus 0,1 Mol Amin u. 0,1 Mol 2-Nitro-2-methylpropanol-(1) durch bis zu 17std. Kochen mit etwas Na_2CO_3 oder Na-Acetat in n-Butanol unter Abziehen des entstehenden W., Abdekantieren, Kühlen, Filtrieren u. Rekristallisation aus CH_3OH: $R = R' = C_6H_5$, F. 83,5—84,5°; 60 % (Ausbeute). — $R = p\text{-}ClC_6H_5$, $R' = C_6H_5$, F. 93—94°; 50 %. — $R = C_6H_5$, $R' = p\text{-}CH_3\text{—}C_6H_4$, F. 109,5—110°; 69 %. — $R = p\text{-}CH_3OC_6H_4$, $R' = C_6H_5$, F. 101,5—102,5°; 58 %. — $R = C_6H_5$, $R' = p\text{-}CH_3OC_6H_4$, F. 74,5—76°; 68 %. — $R = C_6H_5$, $R' = C_6H_5CH_2$, F. 46,5—47,5°; 53 %. — $R = R' = p\text{-}CH_3OC_6H_4$, F. 77—78°; 68 %. — $R = p\text{-}CH_3OC_6H_4$, $R' = p\text{-}CH_3C_6H_4$, F. 117,5—118°; 56 %. — $R = 3.4\text{-}CH_2O_2C_6H_3$, $R' = C_6H_5$, F. 86—87°; 51 %. — $R = p\text{-}CH_3OC_6H_4$, $R' = p\text{-}ClC_6H_4$, F. 110,5—112°; 48 %. — $R = C_6H_5$, $R' = p\text{-}C_6H_5\text{—}C_6H_4$, F. 120,5—122°; 50 %. — $R = C_6H_5$, $R' = \alpha$-*Naphthyl*, F. 132 bis 134,5°; 61 %. — Nachst. **II**-*Hydrochloride* aus den **I** durch Hydrierung (RANEY-Ni, CH_3OH, 1000 lbs./sq.in., 50°), Eindampfen u. Ansäuernder Ae.-Lsg. mit HCl u. Kristallisation aus W.: $R = p\text{-}CH_3OC_6H_4$, $R' = C_6H_5$, F. 172—174°; 89 %. — $R = C_6H_5$, $R' = C_6H_5CH_2$, F. 149—153° (Zers.); 79 %. — $R = p\text{-}CH_3OC_6H_4$, $R' = CH_3C_6H_4$, *Monohydrat,* F. 87,5—89°. — $R = p\text{-}CH_3OC_6H_4$, $R' = p\text{-}ClC_6H_4$, *Monohydrat,* F. 101 bis 104°; 51 %. — $R = p\text{-}CH_3OC_6H_4$, $R' = \alpha$-*Naphthyl*, F. 178—181°; 33 %. — $R = C_6H_5$, $R' = p\text{-}C_6H_5C_6H_4$, F. 221—225,5°. — Nachst. **III**-*Hydrochloride* durch Hydrierung der **I** wie vorst., Zufügen von 37 % HCHO u. Weiterhydrieren bis zur Beendigung der H_2-Aufnahme; nach Abfiltrieren u. Einengen Aufnehmen in Ae., Zufügen von A. u. Ansäuern mit konz. HCl; Kristallisation aus A. + Bzl.: $R = R' = C_6H_5$, F. 127,5—128,5°; 73 %. — $R = p\text{-}ClC_6H_4$, $R' = C_6H_5$, F. 187,5—190°; 55 %. — $R = p\text{-}CH_3OC_6H_4$, $R' = C_6H_5$, F. 165—166°; 46 %. — $R = p\text{-}CH_3OC_6H_4$, $R' = p\text{-}CH_3C_6H_4$; F. 196—197°; 74 %. — $R = R' = p\text{-}CH_3OC_6H_4$, F. 169,5—172°; 54 %. — $R = C_6H_5$, $R' = C_6H_5CH_2$, F. 104—106°; 88 %. — $R = 3.4\text{-}CH_2O_2C_6H_3$, $R' = C_6H_5$, F. 189—191°; 64 %. — $R = p\text{-}CH_3OC_6H_4$, $R' = p\text{-}ClC_6H_4$, F. 201—202°; 70 %. — $R = C_6H_5$, $R' = p\text{-}C_6H_5C_6H_4$, F. 175—179°; 60 %. (J. Amer. pharmac. Assoc., sci. Edit. **41.** 566—67. Okt. 1952. Terre Haute, Ind., Comm. Solvents Corp., Pharmaceut. Res. Div.) LEHWALD. 1310

I. Serlin und **M. Goldenberg,** *Ätherifizierung von Noradrenalin in angesäuertem 95%igem Äthanol. (±)-2-Äthoxy-2-[3'.4'-dioxyphenyl]-äthylaminhydrochlorid. (±)-Noradrenalinäthylätherhydrochlorid* [(±)-**I**; *2-Äthoxy-2-[3'.4'-dioxyphenyl]-äthylaminhydrochlorid*], $C_{10}H_{15}O_3N \cdot HCl$, F. 171—172° (Zers., korr.; A.–Ae.), wurde dargestellt durch Sättigen der Lsg. von (±)-Noradrenalinhydrochlorid [(±)-**II**; Zers. bei 138—139°) in absol. A. mit HCl unter Kühlung u. Eindampfen unter N_2 im Vakuum; 69% Ausbeute. Vergleichende Papierchromatographie von (±)-**I** in 0,01nHCl, (±)-**II** in 0,01nHCl, dem Rückstand der Lsg. von (±)-**II** in A. + konz. HCl in 0,01nHCl u. von einer während 3½ Monaten gealterten Lsg. von (—)-Noradrenalinhydrogentartrat in A. + HCl zeigte, daß im letzten Falle Verätherung der OH-Gruppe in der Seitenkette zu akt. **I** eingetreten war. **I** hat eine Blutdruckwrkg. von 0,004; bezogen auf **II** = 1. (Biochem. J. **54**. 483—84. Juni 1953. Columbia Univ., Coll. of Phys. and Surg., Dep. of Med.)
RODERICH KÖNIG. 1320

Otto Gerngross und **Enver Izgü,** *Über den Einfluß der Konstitution der Aldehyd- und der Aminokomponente auf die Stabilität Schiffscher Basen. Beobachtungen über deren thermische Umwandlung.* Zur Unters. der Frage, ob der glatte Verlauf von Synthesen SCHIFFscher Basen aus o-Oxyaldehyden u. Aminosäuren (MCINTIRE, C. **1949**. I. 594) u. der Mißerfolg bei Synthesen SCHIFFscher Basen mit Benzaldehyd u. Piperonal (SCHEIBLER u. BAUMGARTEN, Ber. dtsch. chem. Ges. **55**. [1922.] 1358) auf die Möglichkeit bzw. das Fehlen einer Chelation zurückzuführen ist, wurden folgende bisher unbekannte SCHIFFsche Basen dargestellt: *o-Oxybenzyliden-l-tyrosinmethylester* (**I**), *o-Oxynaphthyliden-l-tyrosinmethylester* (**II**), *o-Oxybenzylidenglycinäthylester* (**III**), *o-Oxynaphthylidenglycinäthylester* (**IV**), *Benzyliden-l-tyrosinmethylester* (**V**) u. *Vanilliden-l-tyrosinmethylester* (**VI**). Dabei ergab sich, daß **V** u. **VI** in ebenso glatter Weise entstehen wie die aus o-Oxyaldehyden sich bildenden SCHIFFschen Basen; das Fehlen der Möglichkeit einer Chelation ist also nicht die Ursache der Mißerfolge der Verss. von SCHEIBLER u. BAUMGARTEN. Verss., auf schonende Weise die Hydrochloride der Verbb. **I**—**VI** darzustellen, führten nur bei **III** u. **IV** zu einheitlichen Stoffen. Um den Einfl. der Aldehydkomponente und der Aminokomponente auf die Festigkeit der Azomethinbindung in SCHIFFschen Basen zu untersuchen, wurden noch dargestellt: *Benzylidenanilin* (**VII**), *Salicylidenanilin* (**VIII**), *Salicylidenbenzylamin* (**IX**) u. *o-Oxynaphthyliden-o-oxynaphthylmethylamin* (**X**). Der Vgl. der hydrolyt. Spaltungsgeschwindigkeit der Verbb. **I**—**X** bei Zimmertemp. mit alkoh. HCl (Prüfung der Festigkeit der Azomethinbindung) ergab: Im Gegensatz zu Befunden von MCINTIRE an SCHIFFschen Basen aus freien Aminosäuren (l. c.) ist **I** trotz seiner o-Oxygruppe viel labiler als **V** u. **VI**; die Spaltung von **I** verläuft 8mal scheller als die von **V** u. 22,5mal schneller als die von **VI**. Die Stabilität von **VII** u. **IX** ist etwa gleich u. in beiden Fällen gering. Dagegen sind **VIII** u. **X** sehr resistent gegen HCl. Die Stabilität von **VIII** wird auf die Wasserstoffbrücke u. auf die Konjugation der Doppelbindungen der beiden, die Azomethingruppe begrenzenden Benzolringe zurückgeführt. Bei dem labilen **IX**, das nicht einmal die Stabilität von **III** hat, reicht die Wasserstoffbrücke für die Gewährleistung der Festigkeit des Syst. nicht aus. **X** hat etwa die 4fache Stabilität von **VIII**. — **I** verwandelt sich beim Erhitzen über seinen bei 147° liegenden F. in eine Verb. vom F. 165° (mit sonst gleichen Eigg.), die nicht in die niedrigschm. Form zurückverwandelt werden kann. Bei der Synth. von **III** ergaben sich je nach Versuchsbedingungen 2 Modifikationen: eine gelbe kristalline vom F. 39° (**IIIa**) u. eine gelbe ölige (**IIIb**), die sich nicht in die kristalline Form überführen läßt. **IIIa** u. **b** unterscheiden sich durch ihre Löslichkeiten. Beim Erhitzen von **IIIa** (15 Min., 150°) entsteht mit 5% Ausbeute ein farbloser, krist. Stoff vom F. 157°, der gegen Säure stabil ist u. keine SCHIFFsche Base mehr darstellt. — Bei der therm. Verwandlung von **IIIa** entsteht außerdem in sehr geringer Menge eine in roten Nadeln krist. Verb., die auch in einer gelben Modifikation auftritt; sie ist in reichlichen Mengen aus **IIIb** gewinnbar. Erhitzen (15 Min. auf 150°) von **IIIb** führt zu roten Kristallen (F. 192°), die beim Umkristallisieren in gelbe Kristalle vom F. 195° übergehen. Beide Substanzen unterscheiden sich durch Farbe, F., Kristallform u. verschied. $FeCl_3$-Rk.; ihre Bruttoformel ist gleich. Dieses therm. Umwandlungsprod. hat den Charakter einer SCHIFFschen Base.

Versuche: *2-Oxybenzyliden-l-tyrosinmethylester* (**I**), $C_{17}H_{17}O_4N$, F. 147° (A.), aus äquimol. Mengen Tyrosinmethylester (**XI**) u. Salicylaldehyd (**XII**) in 70%ig. heißem A., gelbe Stäbchen; 95% (Ausbeute). *Therm. Umwandlungsprod.*, $C_{17}H_{17}O_4N$, F. 165° (A.); $FeCl_3$-Rk. beider Prodd. in alkoh. Lsg.: violett. — *2-Oxynaphthyliden-l-tyrosinmethylester* (**II**), $C_{21}H_{19}O_4N$, F. 206—207° (Zers.), aus **XI** u. 2-Oxynaphthaldehyd (**XIII**); hellgelbe Platten; 90,5%. — *4-Oxy-3-methoxybenzylidentyrosinmethylester* (**VI**), F. 188°, aus Vanillin u. **XI**, gelbe Kristalle aus A.; 82,5%. — *Benzyliden-l-tyrosinmethylester* (**V**), F. 117° (Plättchen aus 60%ig. A.), aus Benzaldehyd u. **XI**; 70—84%. —

2-Oxynaphthylidenglycinäthylester (**IV**), $C_{15}H_{15}O_3N$, F. 103—104° (Nadeln aus 70%ig. A.), aus Glykokolläthylesterhydrochlorid (**XIV**) u. **XIII** in 70%ig. A. u. Zugabe von alkoh. 1nLauge in der Wärme; 66%. *Hydrochlorid*, $C_{15}H_{15}O_3N \cdot HCl$, F. 164° (gelbe Stäbchen aus absol. A.), aus **IV** in Bzl. u. äther. HCl. — *2-Oxybenzylidenglycinäthylester* (**IIIa**), $C_{11}H_{13}O_3N$, F. 39° (gelbe Kristalle aus 75%ig. A.), aus **XII** u. **XIV** in 90%ig. heißem A. u. Zugabe von alkoh. 2nNaOH; 50—55%; die alkoh. Mutterlauge gibt nach Zusatz von 4—5 Tropfen W. nach 1—2 Wochen gelbe Platten, F. 185° (aus A. u. Essigester); versetzt man die Mutterlauge von **IIIa** mit der gleichen Menge W., so scheiden sich nach 24 Std. gelbe Nadeln, F. 210—212° (Zers., aus absol. A. u. Essigester) aus. *Therm. Umwandlungsprod. von* **IIIa**, $C_{11}H_{13}O_3N$, F. 157° (aus 50—70%ig. A.); gibt keine $FeCl_3$-Rk.; gibt beim Kochen mit alkoh. HCl eine *Verb. vom F. 143 bis 147°* (grüne $FeCl_3$-Rk.). — *2-Oxybenzylidenglycinäthylester* **IIIb**, gelbes Öl, aus wss. NaOH, **XII** u. **XIV**; 60—70%. *Therm. Umwandlungsprod.*, F. 192°, rote Kristalle (aus A.); aus Mutterlauge Kristalle vom F. 157°, ident. mit therm. Umwandlungsprod. aus **IIIa.** Rote Modifikation vom F. 192° geht beim Umkristallisieren aus Eisessig wieder in gelbe Modifikation vom F. 195° über. *Hydrochlorid von* **III**, $C_{11}H_{13}O_3N \cdot HCl$, aus **III** in Bzl. u. äther. HCl, aus absol. A., F. zwischen 105 u. 117° (verschied. Werte). (Commun. Fac. Sci. Univ. Ankara **3.** 149—212. **1950.** Ankara, Univ., Inst. für techn. Chem., u. Gükhane Krankenhaus, Labor. für pharmazeut. Chem.) K. F. MÜLLER. 1350

W. Ss. Tschugunow, *Magnesiumorganische Synthese von Tetraphenylsilan, Tetra-p-tolylsilan und Tri-p-tolylfluorsilan.* Bei der Rk. von SiF_4 mit überschüssigem $C_6H_5 \cdot MgBr$ (**I**) (1 : 8 Mol) entstehen *Tetraphenylsilan* (**II**) u. *Triphenylfluorsilan* (**III**); analog werden *Tetra-p-tolylsilan* (**IV**) u. *Tri-p-tolylfluorsilan* (**V**) aus SiF_4 u. p-$CH_3C_6H_4MgBr$ (**VI**) erhalten. Wendet man SiF_4 u. **I** bzw. **VI** in den für die Bldg. von **II** bzw. **IV** theoret. erforderlichen Mengen (1 : 4 Mol) an, so bilden sich nur **III** bzw. **V**.

Versuche: *Tetraphenylsilan* (**II**), F. 233—234°; man leitet durch eine Lsg. von **I** (24 g Mg; 157 g C_6H_5Br; 500 ml Ae.) unter Rühren innerhalb 5 Std. SiF_4 (aus 25 g Natriumsilicofluorid [**VII**], 300 ml konz. H_2SO_4 u. 15 g Glaspulver), dest. das Lösungsm. ab, erhitzt 4 Std. auf dem Wasserbad, zerlegt unter Eiskühlung mit verd. CH_3CO_2H in Ggw. von Ae. u. filtriert **II** ab; aus Toluol Kristalle; 11,5 g (Ausbeute) neben 5,3 g **III** aus der äther. Mutterlauge. — *Triphenylfluorsilan* (**III**), F. 63—64°; $Kp._{30}$ 245—252°; aus Ae. Prismen. — *Tetra-p-tolylsilan* (**IV**), F. 226—227°; aus **VI**-Lsg. (12 g Mg; 85 g p-Bromtoluol; 400 ml Ae.) u. SiF_4 (aus 12,5 g **VII**); aus Toluol Kristalle; 5 g neben 2,1 g **V** u. 0,6 g *p.p'-Ditolyl* (F. 121°). — *Tri-p-tolylfluorsilan* (**V**), $C_{21}H_{21}FSi$, F. 102—104°; Kp. 324—327°; $Kp._{35}$ 246—252°; aus **VI**-Lsg. (12 g Mg) u. SiF_4 (25 g **VII**); aus Ae. Prismen; 17,5 g. (Известия Академии Наук СССР, Отделение Химических Наук [Nachr. Akad. Wiss. UdSSR, Abt. chem. Wiss.] **1953.** 860—61. Sept./Okt. Inst. für Silicatchem. der Akad. der Wiss. der UdSSR.) R. KNOBLOCH. 1380

M. I. Kabatschnik und **Je. Ss. Schepelewa,** *Über die Reaktion von Aldehyden mit Chlorphosphinen.* Äthyldichlorphosphin (**I**) reagiert mit Paraformaldehyd (**II**) unter Bldg. von *Chlormethyläthylphosphinsäurechlorid* (**III**); analog entsteht aus Phenyldichlorphosphin (**IV**) u. **II** *Chlormethylphenylphosphinsäurechlorid* (**V**). Die Rk. von Diphenylchlorphosphin (**VI**) mit **II** liefert *Diphenylchlormethylphosphinoxyd.* Bzgl. der Bldg. von **III** u. **V** ist anzunehmen, daß sich zunächst 2 Mol **II** an **I** bzw. **IV** anlagern, wobei Äthyl(Phenyl)-phosphonigsäure-bis-[chlormethylester] (**VII**) entsteht, der eine ARBUSOWsche Umlagerung erfährt: $RP(OCH_2Cl)_2 \rightarrow RP(=O)(CH_2Cl)(OCH_2Cl)$. Gestützt wird diese Anschauung durch Literaturangaben, nach denen diese Umlagerung bei Phosphonigsäureestern bes. leicht erfolgt. **III** u. **V** bilden sich aus dem Umlagerungsprod. durch Einw. der angewendeten Dichlorphosphine **I** bzw. **IV** in einer Austausch-Rk.: $2\,RP(=O)(CH_2Cl)(OCH_2Cl) + RPCl_2 = 2\,RP(=O)(CH_2Cl)Cl + RP(OCH_2Cl)_2$; das hierbei noch entstehende **VII** reagiert in einer Ketten-Rk. analog Vorst. weiter, bis es verbraucht ist. Vgl. hierzu die Rk. von Benzaldehyd mit PCl_3 (C. **1951.** II. 3298).

Versuche: *Chlormethyläthylphosphinsäurechlorid* (**III**), $C_3H_7OCl_2P$, $Kp._{3,5}$ 83—84°; aus 13,1 g **I** u. 3 g **II** bei 2½ std. Erhitzen im Einschmelzrohr auf 200°; bewegliche Fl.; $D.^{20}{}_4$ 1,3628, $n_D{}^{20}$ 1,4937; 5,8 g (Ausbeute). Hieraus mit absol. A. bei Zimmertemp. der *Äthylester*, $C_5H_{12}O_2ClP$, $Kp._3$ 78—78,5°; $D.^{20}{}_4$ 1,1632; $n_D{}^{20}$ 1,4570. — *Chlormethylphenylphosphinsäure*, $C_7H_8O_2ClP$, F. 93—93,5°; aus dem Chlorid durch wiederholtes Eindampfen mit W.; aus Bzl. + PAe. u. W. Kristalle; 60%. *Chlorid* (**V**), $C_7H_7OCl_2P$, F. 47—49° (in geschlossener Capillare); $Kp._2$ 116—117°; aus 17,9 g **IV** u. 3 g **II**, 2 Std. im Rohr bei 230—240°; hygroskop. Kristalle; 9,9 g. *Methylester*, $C_8H_{10}O_2ClP$, $Kp._{2,5}$ 125 bis 126°; Fl.; $D.^{20}{}_4$ 1,2654; $n_D{}^{20}$ 1,5409. *Äthylester*, $C_9H_{12}O_2ClP$, $Kp._{2,5}$ 132—134°; $D.^{20}{}_4$ 1,2329; $n_D{}^{20}$ 1,5275. — *Diphenylchlormethylphosphinoxyd*, $C_{13}H_{12}OClP$, F. 122 bis 124°; $Kp._2$ 146—147°; aus 2,2 g **VI** u. 0,3 g **II**, 2 Std. im Rohr bei 230—240°;

hygroskop. Kristalle; 0,8 g. (Известия Академии Наук СССР, Отделение Химических Наук [Nachr. Akad. Wiss. UdSSR, Abt. chem. Wiss.] **1953.** 862—67. Sept./Okt. Inst. für organ. Chem. der Akad. der Wiss. der UdSSR.) R. KNOBLOCH. 1380

A. N. Nessmejanow, O. A. Reutow und **Ss. Ss. Poddubnaja,** *Untersuchung optisch-aktiver Organoquecksilberverbindungen.* 1. Mitt. *Gewinnung von diastereomeren l-Menthylestern der α-Brommercuriphenylessigsäure.* (Vgl. C. **1953.** 5474.) Daß aus jedem der 2 diastereomeren *l*-Menthylester (**Ia** u. **Ib**) der opt.-akt. α-Bromphenylessigsäuren bei der Rk. mit Hg ein äquimol. Gemisch der diastereomeren *l*-Menthylester (**IIa** u. **IIb**) der opt.-akt. α-Brommercuriphenylessigsäuren gebildet wird, ist l. c. schon erwähnt worden. Die hierbei also am α-C-Atom eintretende Racemisierung, die durch die intermediäre Bldg. des Radikals $C_6H_5\dot{C}HCO_2C_{10}H_{19}$ gedeutet wird, ist ein Argument zugunsten der Vorstellung, daß das ungepaarte Elektron am α-C-Atom des Radikals die Konfiguration nicht zu erhalten vermag. Für diesen Teil der l. c. referierten Arbeit werden die experimentellen Daten nachgebracht.

V e r s u c h e: *l-Menthylester der opt.-akt. α-Bromphenylessigsäuren,* $C_{18}H_{25}O_2Br$, das nach MCKENZIE u. SMITH (J. chem. Soc. [London] **125.** [1924.] 1586) durch Verestern von rac. α-Bromphenylessigsäure mit *l*-**Menthol in** Ggw. von HCl mit 68,5%ig. Ausbeute erhaltene Gemisch von **Ia** u. **Ib** krist. nach 1 Woche unter Abscheidung von **Ia**, F. 80°; aus CH_3OH Kristalle; $[\alpha]_D^{18}$ +10,9 ± 0,3° (A.; c = 2,333 g/100 g A.); **Ib**, $Kp._{22}$ 223—225°; $[\alpha]_D^{18}$ —98,5° (A.; c = 0,739) konnte nicht krist. erhalten werden. — *l-Menthylester der rac. α-Brommercuriphenylessigsäure,* F. 157—158°; $[\alpha]_D^{18}$ —75,8° (Bzl.). — *l-Menthylester der opt.-akt. α-Brommercuriphenylessigsäuren.* Äquimol. Gemische von **IIa** u. **IIb** entstehen a) bei ½ std. Schütteln von 149 g **Ib** mit 1177 g Hg; $[\alpha]_D^{18}$ —71,1° (Bzl.; c = 0,777); 68 g; b) bei 250std. Schütteln von 25 g **Ia** mit 88 g Hg in Bzl.; F. 155—156°; $[\alpha]_D^{18}$ —73,8° (Bzl.; c = 0,783); 1,3 g; c) bei 4std. Erhitzen von 79 g **Ia** mit 235 g Hg unter Rühren auf 95—100°; F. 155—157°; $[\alpha]_D^{18}$ —75,7° (Bzl.; c = 0,764); 44,5 g. Zur Trennung dieser Gemische wird aus viel CH_3OH (6 g aus 200 ml) oder Aceton fraktioniert krist., wobei sich **IIa** zuerst ausscheidet. *Diastereomeres* **IIa**, $C_{18}H_{25}O_2BrHg$, F. 162—163°; $[\alpha]_D^{18}$ —96,4 ± 1° (Bzl.; c = 0,635). *Diastereomeres* **IIb**, $C_{18}H_{25}O_2BrHg$, F. 152—154°; $[\alpha]_D^{18}$ —49,3 ± 1° (Bzl.; c = 0,671). (Известия Академии Наук СССР, Отделение Химических Наук [Nachr. Akad. Wiss. UdSSR, Abt. chem. Wiss.] **1953.** 649—54. Juli/Aug. Moskau, Lomonossow-Univ.)
R. KNOBLOCH. 1380

A. N. Nessmejanow, O. A. Reutow und **Ss. Ss. Poddubnaja,** *Untersuchung optisch-aktiver Organoquecksilberverbindungen.* 2. Mitt. *Über den Mechanismus der elektrophilen Substitution am gesättigten Kohlenstoffatom.* (1. vgl. vorst. Ref.). Zu dem 2. Teil der C. **1953.** 5474 referierten Arbeit werden die experimentellen Daten nachgebracht; sonst inhaltlich mit ihr identisch.

V e r s u c h e: *Stereosiomere Bis-l-menthylester der opt.-akt. α-Mercuri-bis-phenylessigsäuren,* $C_{36}H_{50}O_4Hg$; durch eine Lsg. des *l*-Menthylesters der opt.-akt. α-Brommercuriphenylessigsäure (Diastereomere **IIa** bzw. **IIb** vorst. Ref.) in Chlf. wird während 2 Std. NH_3 durchgeleitet; der ausfallende Nd. von NH_2HgBr + NH_4Br wird abfiltriert, die Lsg. nochmals mit NH_3 gesätt., am nächsten Tage wiederum filtriert u. eingedampft. *Stereoisomeres* vom *F. 119—122°*; aus dem Diastereomeren **IIa** vom F. 161—162°; aus A. Kristalle; $[\alpha]_D^{18}$ —21,4° [c = 3,32; A. (?)]; 7 g aus 10 g **IIa**. *Stereoisomeres* vom *F. 118—120°*; aus dem Diastereomeren **IIb** vom F. 152—154°; aus A. Kristalle; $[\alpha]_D^{18}$ —7,7 ± 0,3° [c = 3,87; A. (?)]; 4,5 g aus 7 g **IIb**. Zur Überführung in das äquimol. Gemisch von **IIa** + **IIb** werden äquimol. Mengen des Stereoisomeren u. $HgBr_2$ in Aceton 6 Std. gekocht. (Известия Академии Наук СССР, Отделение Химических Наук [Nachr. Akad. Wiss. UdSSR, Abt. chem. Wiss.] **1953.** 850—59. Sept./Okt.)
R. KNOBLOCH. 1380

F. R. Hewgill, P. R. Jefferies und **A. Killen Macbeth,** *Epimere Alkohole der Cyclohexanreihe.* 10. Mitt. *(±)-trans-3-Methylcyclohexancarbonsäure und (±)-trans-3-Methylcyclohexylamin.* (9. vgl. C. **1954.** 3014.) Vff. beschreiben die Synth. von *(±)-trans-3-Methylcyclohexancarbonsäure* (**I**) durch stereochem. spezif. Umwandlungen aus *trans-Hexahydroisophthalsäure* (dargestellt durch katalyt. Hydrierung aus Isophthalsäure über PtO_2 in sorgfältig gereinigtem Eisessig u. Trennung der Epimeren über die Ca-Salze) auf dem Wege Dimethylester → ($LiAlH_4$) Diol → Monotosylat (**II**) → ($LiAlH_4$; Schutz der einen OH-Gruppe durch Bldg. des Tetrahydropyranyläthers) trans-3-Methylcyclohexylmethanol → (Oxydation mit CrO_3) **I**. Die Überführung von **I** in *(±)-trans-3-Methylcyclohexylamin* erfolgt nach der stereochem. spezif. verlaufenden SCHMIDT-Rk.; das Auftreten einer niedriger sd. Fraktion wird der Bldg. von Methylcyclohexenen zugeschrieben. — Vff. weisen darauf hin, daß die physikal. Konstanten der gebildeten trans-Isomeren größere Werte haben, als die der entsprechenden cis-Verbb. (vgl. l. c.); die FF. der trans-Verbb. sind niedriger als die der cis-Derivate.

Versuche: *trans-Hexahydroisophthalsäure*, F. 150—151° (W.), durch Hydrierung von Isophthalsäure in sorgfältig gereinigtem Eisessig über PtO_2 bei Zimmertemp. u. 1 at, Trennung des cis-trans-Gemisches (F. 117—126°) über die CaSalze; 28 g (Ausbeute, auf 60 g Isomerengemisch bezogen); *Dimethylester*, durch Umsetzung des Ag-Salzes mit CH_3J. — *trans-1.3-Bis-[oxymethyl]-cyclohexan*, durch Red. der vorst. Dimethylester mit $LiAlH_4$. *Ditosylat*, F. 91—92°. *Di-p-nitrobenzoat*, F. 122—123°. *Monotosylat* (**II**), nach HAGGIS u. OWEN (J. chem. Soc. [London] **1953.** 408); 57%. *p-Nitrobenzoat von* **II**, $C_{22}H_{25}O_7NS$, F. 85° (Leichtbenzin), Nadeln. — *trans-3-Methylcyclohexylmethanol*, Kp.$_{15}$ 94—96°, durch Schütteln einer Lsg. von 13,5 g **II** in Dihydropyran mit katalyt. Mengen HCl, 15 Std. Stehenlassen, Zugabe des entstandenen Tetrahydropyranyläthers in Ae. zu $LiAlH_4$ unter Rühren u. 30std. Kochen unter gelegentlichem Rühren; D.$^{22}_4$ 0,9252, n_D^{22} 1,4628; 2,4 g. *3.5-Dinitrobenzoat*, F. 78—79°. — *trans-3-Methylcyclohexancarbonsäure* (**I**), $C_8H_{14}O_2$, Kp.$_{1,3}$ 92°, aus 2,1 g vorst. Verb. in Aceton durch Oxydation mit CrO_3; D.$^{30}_4$ 1,0051, n_D^{20} 1,4618; 1,5 g. *Anilid*, $C_{14}H_{19}ON$, F. 123° (Leichtbenzin). *p-Bromphenacylester*, $C_{16}H_{19}O_3Br$, F. 56—57° (wss. Methanol). — *trans-3-Methylcyclohexylamin*, Kp.$_{767}$ 150,5—151°, durch portionsweise Zugabe (30 Min.) von 0,75 g Na_3N zu einer gut gerührten Lsg. von 1,1 g **I** in $CHCl_3$/konz. H_2SO_4 (25 : 15) bei 40° u. 30 Min. Rühren bei 50°; D.$^{15}_4$ 0,8760, n_D^{16} 1,4610; 0,3 g. *p-Nitrobenzoylderiv.*, $C_{14}H_{18}O_2N_2$, F. 104—105° (wss. Methanol). *Carbonat*, F. 81—83° (geschlossenes Rohr). (J. chem. Soc. [London] **1954.** 699—701. Febr. Adelaide, South Australia, Univ., Johnson Chem. Labor.) G. WINKLER. 1800

Herman Pines, H. G. Rodenberg und **V. N. Ipatieff,** *Desoxymethylierung primärer Alkohole.* (Vgl. PINES u. Mitarbeiter, J. Amer. chem. Soc. **75.** [1953.] 6065.) Vff. untersuchen die Desoxymethylierung von *2-Cyclopentyläthanol* (**I**) bei 171—190°, *1-Methyl-1-oxymethylcyclohexan* (**II**) bei 194° u. *4-Oxymethylcyclohexanol* (**III**) bei 174 u. 208° über einem UOP-Ni-Kieselgur-Katalysator (IPATIEFF u. CORSON, Ind. Engng. Chem. **26.** [1934.] 1838) bei 100 at H_2-Anfangsdruck. Es wurden erhalten u. durch ihre physikal. Konstanten u. Infrarotspektren identifiziert: aus **I** *Methylcyclopentan* (**IV**), aus **II** *Methylcyclohexan* (**V**) u. aus **III** bei 174° *Cyclohexanol* (**VI**), bei 208° **VI** u. *Cyclohexan* (**VII**). — Vff. weisen darauf hin, daß die Desoxymethylierung als indirekte Meth. des Säureabbaus (bei vorausgehender Red. zu den entsprechenden Alkoholen) verwendet werden kann.

Versuche: *Cyclopentylidenessigsäureäthylester*, Kp.$_{10}$ 81—91°, aus Cyclopentanon nach REFORMATSKI; 17% (Ausbeute). — *Cyclopentylessigsäureäthylester*, Kp.$_{11}$ 77—79°, durch Hydrierung vorst. Verb. bei 120° u. 100 at über einem Cu-Chromitkatalysator; n_D^{20} 1,4430; 91%. — *2-Cyclopentyläthanol* (**I**), Kp. 178°, durch Red. vorst. Verb. mit $LiAlH_4$; n_D^{20} 1,4642; 93%; gibt bei Desoxymethylierung **IV**, bei 171° nach 19 Std. 100% Umsatz, bei 190° nach 5 Std. 94%. — *1-Methyl-1-oxymethylcyclohexan* (**II**), $C_8H_{16}O$, Kp. 186—189°, durch Hydrierung von 4-Methyl-4-formylcyclohexen bei 90° u. 100 at über einem Ni-Kieselgurkatalysator; n_D^{20} 1,4672; 87%. *3.5-Dinitrobenzoat*, $C_{15}H_{18}O_6N_2$, F. 76—77° (A.); **II** gibt **V**, nach 3 Std. 94% Umsatz. — *4-Carbäthoxycyclohexanol*, Kp.$_{14}$ 142—145°, durch Hydrierung von Äthyl-p-oxybenzoat in A. bei 170° u. 100 at über Ni-Kieselgur; n_D^{20} 1,4666; 72%. — *4-Oxymethylcyclohexanol* (**III**), F. der *trans-Form* 102° (Aceton/Ae.), Kp.$_3$ 133—135° (Gemisch von *cis-* u. *trans-Form*), durch Red. vorst. Verb. mit $LiAlH_4$; n_D^{20} 1,49920; 77% (Gesamtausbeute); gibt bei 174° **VI**, nach 6 Std. 80% Umsatz; bei 208° 55% **VII** u. 40% **VI**, nach 9 Std. 100% Umsatz. (J. Amer. chem. Soc. **76.** 771—72. 5/2. 1954. Evanston, Ill., Northwest. Univ., Dep. of Chem., Ipatieff High Press. and Catalyt. Labor.) G. WINKLER. 1870

Calvin L. Stevens und **James Tazuma,** *Epoxyäther.* 5. Mitt. *Die Reaktion von Perbenzoesäure mit Vinyläthern.* (4. vgl. C. **1954.** 6219.) Vff. beschreiben die Darst. von *1.2-Epoxy-2-methyl-1-äthoxy-1-phenylpropan* a) aus α-Bromisobutyrophenon (**I**) mit $NaOC_2H_5$ in Ae. u. b) aus 2-Methyl-1-äthoxy-1-phenylpropen (**II**) mit Perbenzoesäure (**III**; Reaktionszeit 30 Sek.; die entstandene Benzoesäure wird durch rasche Filtration des Reaktionsgemisches durch eine Kolonne mit aktiviertem Al_2O_3 entfernt). — Vff. zeigen, daß es sich bei dem von MOUSSERON u. Mitarbeitern (Bull. Soc. chim. France, Mém. [5] **19.** [1952.] 767) beschriebenen Epoxyäther *1-Äthoxy-1.2-epoxycyclohexan* (**IV**), dargestellt aus α-Chlorcyclohexanon (**V**) mit $NaOCH_3$ oder aus Cyclohexen-(1)-yläthyläther (**VI**) mit **III**, um *α-Oxycyclohexanondimethylketal* (**VII**) handelt. Das *Benzoat von* **VII** wird mit HCl zum *Benzoat von α-Oxycyclohexanon* (**VIII**) gespalten. Die Umsetzung von **VI** mit **III** unter vorst. Reaktionsbedingungen liefert **VIII** u. etwas *α-Oxycyclohexanondiäthylketal* (**IX**). Die Verss. zeigen, daß **IV** als Intermediärprod. bei der Rk. zwischen **VI** u. **III** auftritt, jedoch rasch mit der entstandenen Benzoesäure zu **VIII** reagiert, der dabei entstehende A. liefert in einer Konkurrenz-Rk. **IX**. — Vff. untersuchen ferner die Rk. zwischen 1.2-Epoxy-2-methoxy-1-methyl-1-[p-biphenylyl]-propan u. **III**, die in langsamer Rk. *Methyl-p-phenylbenzoat* liefert (vgl. BELLEAU u. GALLAGHER, C. **1953**. 1181).

V e r s u c h e: *1.2-Epoxy-2-methyl-1-äthoxy-1-phenylpropan*, $C_{12}H_{16}O_2$, Kp.$_{1}$ 73 bis 74°, a) aus **I** mit $NaOC_2H_5$ in Ae.; 70% (Ausbeute); b) aus einer äther. Lsg. von **II** durch Zugabe von **III** in Ae. bei 0°, 30 Sek. Schütteln, rasche Filtration durch eine Kolonne mit Al_2O_3 (15×125 mm) u. Eluierung mit absol. Ae.; 90%; $D.^{25}{}_4$ 0,9900, n_D^{25} 1,4840; gibt mit Benzoesäure das *Benzoat von α-Oxyisobutyrophenon*, $C_{17}H_{16}O_3$, F. 63—64°; 62—70%, mit 3.5-Dinitrobenzoesäure das *3.5-Dinitrobenzoat von α-Oxyisobutyrophenon*, $C_{17}H_{14}O_7N_2$, F. 151—152°. — *Isobutyrophenondiäthylketal*, $C_{14}H_{22}O_2$, Kp.$_{10}$ 113—114°, Kp.$_{15}$ 119—122°, aus Orthoameisensäuretriäthylester u. Isobutyrophenon in A. in Ggw. katalyt. Mengen HCl; n_D^{23} 1,4803; 39%. — *2-Methyl-1-äthoxy-1-phenylpropen* (**II**), $C_{12}H_{16}O$, Kp.$_{8}$ 96—97°, durch Zugabe von P_2O_5 zu einer Lsg. vorst. Verb. in Pyridin, heftiges Rühren u. 5std. Erwärmen auf 100°; n_D^{23} 1,51828; 72%. — *α-Oxycyclohexanondimethylketal* (**VII**), $C_8H_{16}O_3$, Kp.$_{12}$ 85—86°, aus **V** u. $NaOCH_3$ in Methanol durch 12 Std. Stehenlassen bei Zimmertemp. nach MOUSSERON (l. c.): n_D^{23} 1,4645; 24%. *3.5-Dinitrobenzoat*, $C_{15}H_{18}O_8N_2$, F. 97—98° (Ligroin). *Benzoat*, $C_{15}H_{20}O_4$, Kp.$_{2}$ 138—140°; n_D^{24} 1,5122; gibt bei 1std. Kochen mit Methanol·HCl das *Benzoat von α-Oxycyclohexanon* [**VIII**, $C_{13}H_{14}O_3$, F. 85—86° (Ligroin)]. — *α-Oxycyclohexanondiäthylketal* (**IX**), $C_{10}H_{20}O_3$, Kp.$_{8}$ 96—97°, aus **V** mit $NaOC_2H_5$ wie vorst.; 11%, oder aus **VI** in Chlf. mit **III** in A./Chlf. (3:8:5) wie vorst., Eluierung mit Chlf.; n_D^{21} 1,4528; 74%. *3.5-Dinitrobenzoat*, $C_{17}H_{22}O_8N_2$, F. 112—113° (n-Hexan); 46%. — *Cyclohexen-(1)-yläthyläther* (**VI**), Kp.$_{9}$ 49—50°, aus Cyclohexanondiäthylketal (Kp.$_{10}$ 70 bis 72°, nach BÖESEKEN u. TELLEGEN [1938]; n_D^{24} 1,4336, 71%) oder nach ARBUSOV [1936]; n_D^{25} 1,4550; 50%; gibt mit **III** in Ae. wie vorst. 61%, in $CHCl_3$ 52% u. bei Zugabe von Na_2CO_3 nach 30 Sek. 42% **VIII**. — *Methyl-p-phenylbenzoat*, $C_{14}H_{12}O_2$, F. 114—115°, (n-Hexan) durch 24std. Stehenlassen von 1.2-Epoxy-2-methoxy-1-methyl-1-[p-biphenylyl]-propan (F. 78—79°) u. **III** in Bzl. bei Zimmertemp. u. 5std. Kochen, Filtration durch Al_2O_3 in Ae.; 27%, oder durch Umsetzen von p-Phenylbenzoesäure (F. 223—226°) mit Diazomethan in Ae. u. 1 Std. Stehenlassen; 77%. (J. Amer. chem. Soc. **76**. 715—17. 5/2. 1954. Detroit, Mich., Wayne Univ., Chem. Dep.)

G. WINKLER. 1870

I. N. Nasarow, I. I. Saretzkaja, S. N. Parness und **D. N. Kurssanow**, *Untersuchung des Mechanismus der Cyclisierungsreaktion mit Hilfe von Deuterium*. 2. Mitt. (1. vgl. C. **1953**. 5015.) Um die Stellung des D in dem bei der Cyclisierung von 2-Methylhexadien-(1.5)-on-(3) (Isopropenylallylketon; **I**) mit Deuterophosphorsäure entstehenden deuterierten 2.4-Dimethylcyclopenten-(2)-on-(1) (**II**) zu bestimmen, wurde **II** ozonisiert u. anschließend mit H_2O_2 oxydiert. Die Rk. verläuft nach dem Schema $CH_3\overset{\ulcorner\!-\!-\!-\!-\!CO\!-\!-\!-\!-\!\urcorner}{C{=}CHCH(CH_3)CH_2}$ → $CH_3CO_2H + HO_2CCH(CH_3)CH_2CO_2H$. Die entstandene *Methylbernsteinsäure* enthielt fast alles D von **II**, woraus folgt, daß D entweder an das $C_{(4)}$- oder $C_{(5)}$-Atom oder an das C der 4-Methylgruppe gebunden sein muß. Die Entscheidung zwischen diesen Möglichkeiten erbrachte die Oxydation von **II** mit SeO_2 in Eisessig, bei der *2.4-Dimethylcyclopenten-(2)-dion-(1.5)* (**III**) entstand, das prakt. kein D enthielt. Demnach ist eines der H-Atome der CH_2-Gruppe in **II**, die bei der Oxydation in die CO-Gruppe übergeht, durch D substituiert (die Oxydations-Rk. mit SeO_2 ist nicht von einem Austausch von D, das sich möglicherweise an anderer Stelle des Mol. befindet, gegen H begleitet, was durch einen besonderen Vers. festgestellt wurde). Es ist also der l. c. aufgestellte Reaktionsmechanismus dahin abzuändern, daß nicht **I**, sondern das isomere 2-Methylhexadien-(1.4)-on-(3) der Cyclisierung unterliegt. Das entsprechende Reaktionsschema wird angegeben.

V e r s u c h e: *Monodeuteriertes 2.4-Dimethylcyclopenten-(2)-on-(1)* (**II**), Kp.$_{30}$ 75 bis 76°, man fügt zu 21,9 g **I** unter Rühren bei 5—10° Deuterophosphorsäure (23,9 g P_2O_5 + 7,8 g ca. 50%ig. D_2O) hinzu, rührt noch 7 Std. bei 20° u. fraktioniert das Reaktionsprod. im Vakuum; n_D^{20} 1,4670; die Aktivität beträgt 27300—29600 γ, auf 1 D von insgesamt 10 H des Mol. umgerechnet; 6,5 g (Ausbeute). — *Methylbernsteinsäure*, F. 109—111°, durch Ozonisieren von 5 g **II** in 35 g CCl_4 u. anschließendes 4std. Erwärmen der Ozonidlsg. mit 25 ml 5%ig. H_2O_2 auf 50°, aus Bzl. + PAe. Kristalle; Aktivität 22080 γ, auf 1 D von insgesamt 8 H des Mol. umgerechnet; ca. 2,4 g neben 1,2 g CH_3CO_2H. — *2.4-Dimethylcyclopenten-(2)-dion-(1.5)* (**III**), F. 66 bis 67,5°, Kp.$_{3}$ 80—85°, durch Erhitzen von 10 g **II** mit 11,3 g SeO_2 in 18 g Eisessig, ¼ Std. auf 95—100° u. ¼ Std. auf 115—120°, aus Bzl. + PAe. goldgelbe Kristalle; Aktivität 750—1920 γ; 3,6 g. — O x y d a t i o n v o n D - f r e i e m (g e w ö h nl i c h e m) **II.** 9 g **II** werden mit 11 g SeO_2 in 14,7 g in der Carboxylgruppe deuteriertem (40000 γ) Eisessig analog Vorst. behandelt; erhalten werden 2,4 g **III** vom F. 67—68°, die prakt. kein D enthalten. (Известия Академии Наук СССР, Отделение химическх Наук [Nachr. Akad. Wiss. UdSSR, Abt. chem. Wiss.] **1953.** 519—23. Mai/Juni. Inst. für organ. Chem. der Akad. der Wiss. der UdSSR.) R. KNOBLOCH. 1960

Martin Cordon, Jack D. Knight und **Donald J. Cram,** *Die Acyloinreaktion bei der Schließung des fünfgliedrigen Ringes.* Die Acyloin-Rk. mit Glutarsäuredimethylester lieferte ein Prod., das Vff. als *3-[2'-Oxycyclopentyl]-2-oxycyclopenten-(2)-on* (**I**) oder eines von dessen Tautomeren charakterisierten. **I** reagiert schwach sauer, verbraucht 2 Mol HJO_4 (Addition von W. an die Doppelbindung in saurer Lsg.?), gibt einen negativen Acylointest (RIGBY, C. **1952.** 33) u. reagiert einerseits als Diol (Bis-p-nitrobenzoat, Bis-p-toluolsulfonat), andererseits als *Diketon* (Dioxim, Bis-phenylhydrazon). Partielle Hydrierung führt zu *3-[2'-Oxycyclopentyl]-2-oxycyclopentanon* (**II**), das wie **I** nach CLEMMENSEN zu *1-Cyclopentylcyclopenten,* nach HUANG-MINLON zu *trans-2-Cyclopentylcyclopentanol* red. werden kann. Mit CrO_3 entsteht aus diesem das *Keton.* Weitere Hydrierung von **I** oder **II** liefert *3-[2'-Oxycyclopentyl]-cyclopentandiol-(1.2)*; aus dem erhaltenen Gemisch konnte ein Isomeres als *Tris-p-nitrobenzoat* isoliert werden. Das *Bis-phenylhydrazon von* **I** ist mit dem *Phenylosazon von* **II** identisch. Die angenommene Struktur von **I** wird durch das UV- u. Infrarotspektr. bestätigt. Die Kondensation des Primärprod. *2-Oxycyclopentanon* erfolgt wahrscheinlich während der Zers. des Dinatriumendiolats durch CH_3COOH, wobei CH_3COONa als kondensierendes Reagens angenommen wird. Das Ringhomologe 2-Oxycycloheptanon liefert beim Behandeln mit 45%ig. KOH ein Kondensationsprod., das aber im Gegensatz zu **I** nicht sauer reagiert u. keine Rk. mit $FeCl_3$ gibt; das Infrarotspektr. deutet auf das Vorliegen eines α.β-ungesätt. Ketons hin; wahrscheinlich ist *2-[2'-Oxycycloheptyliden]-7-oxycycloheptanon* entstanden.

V e r s u c h e: *3-[2'-Oxycyclopentyl]-2-oxycyclopenten-(2)-on* (**I**), $C_{10}H_{14}O_3$, F. 149 bis 150° (Chlf.), durch Acyloin-Rk. von Glutarsäuredimethylester ($Kp._{13}$ 95—96°) mit Na-Pulver in Toluol (Addition 3 Std., dann 20 Std. Kochen), nach Abkühlen Zusatz von CH_3COOH; 42% (Ausbeute, roh). *Dioxim,* $C_{10}H_{16}O_3N_2$, F. 192—194° (Nadeln aus 95%ig. A.). *Bis-phenylhydrazon,* $C_{22}H_{26}ON_4$, F. 202—203° (Zers.; gelbe Prismen aus 95%ig. A.). *Bis-p-nitrobenzoat,* $C_{24}H_{20}O_9N_2$, F. 157—158° (hellgelbe Nadeln aus 95%ig. A.). *Bis-toluolsulfonat,* $C_{24}H_{26}O_7S_2$, F. 163—165° (Zers.; Nadeln aus Aceton–A.). — *2-Cyclopentylcyclopentanol,* $Kp._{21}$ 145—150° (Badtemp.), aus **I** u. Hydrazinhydrat in alkal. Diäthylenglykol (3std. Kochen, dann 20 Std. bei 220°); 85% (unrein). *p-Nitrobenzoat,* $C_{17}H_{21}O_4N$, F. 78—79° (Platten aus 95%ig. A.). *Phenylurethan,* $C_{17}\cdot H_{23}O_2N$, F. 90—91° (Nadeln aus 95%ig. A.). — *2-Cyclopentylcyclopentanon,* $Kp._{16}$ 100 bis 110° (Badtemp.), aus 350 mg vorst. Verb. u. CrO_3 in 50%ig. CH_3COOH (8 Std. bei 0°, dann 5 Std. bei 25°); 210 mg. *2.4-Dinitrophenylhydrazon,* $C_{16}H_{20}O_4N_4$, F. 158 bis 159° (orangefarbene Nadeln). *Semicarbazon,* $C_{11}H_{19}ON_3$, F. 200—206° (Zers.). — *3-[2'-Oxycyclopentyl]-2-oxycyclopentanon* (**II**), gelbes Öl, polymerisiert beim Vers. einer Dest., durch Hydrierung von **I** in Methanol (n. Druck u. Temp., Pd-Kohle). *Semicarbazon,* $C_{11}H_{19}O_3N_3$, F. 195—195,6° (Würfel aus Methanol). *2.4 Dinitrophenylosazon,* $C_{22}H_{22}O_9N_8$, Zers. ab 235° (rote Nadeln aus Dimethylformamid). *Phenylosazon,* F. 201 bis 202°, ident. mit dem *Bis-phenylhydrazon von* **I.** 1 g **II** gab, nach HUANG-MINLON red., 0,70 g *2-Cyclopentylcyclopentanol.* — *1-Cyclopentylcyclopenten,* $C_{10}H_{16}$, $Kp._{13}$ 95 bis 100° (Badtemp.), aus 5,07 g **I** mit HCl u. amalgamiertem Zn (60std. Kochen); $_D^{25}$ 1,4858; 2,51 g; auch aus **II** (0,9 g → 216 mg). — *3-[2'-Oxycyclopentyl]-cyclopentandiol-(1.2)* (*Isomerengemisch*), $Kp._1$ 160—170° (Badtemp.), durch Hydrierung von 0,4 g **I** mit Pt in Eisessig (n. Temp. u. Druck): 0,215 g *Tris-p-nitrobenzoat,* $C_{31}H_{27}O_{12}N_3$, F. 215 bis 217° (Nadeln aus Aceton). — *2-[2'-Oxycycloheptyliden]-7-oxycycloheptanon* (?), $C_{14}H_{22}O_3$, F. 140,4—141,5° (Platten aus Ae.), durch $2^1/_2$std. Kochen von 0,5 g 2-Oxycycloheptanon mit 45%ig. KOH; 0,14 g. *Mono-p-nitrobenzoat,* $C_{21}H_{25}O_6N$, F. 197 bis 198° (cremefarbene Platten aus Ae.). (J. Amer. chem. Soc. **76.** 1643—46. 20/3. 1954. Los Angeles, Calif., Univ., Dep. of Chem.) J. ROTHE. 1980

Henry Gault und **Jacques Gilbert,** *Über den p-Benzylbenzylalkohol und -benzaldehyd.* Die Mg-Verb. (**Ia**) von p-Chlormethyldiphenylmethan (**I**) kann durch O_2 fast quantitativ zu *p-Benzylbenzylalkohol* (**II**) u. *p.p'-Dibenzyldiphenyläthan* oxydiert werden. Daher muß bei der Darst. u. bei Kondensations-Rkk. von **Ia** in inertem Gas gearbeitet werden. **II** wird durch N-Bromacetamid zu *p-Benzylbenzaldehyd* (**III**) oxydiert, welcher nach der SOMMELET-Meth. auch direkt aus **I** gewonnen werden kann.

V e r s u c h e: *p-Benzylbenzylalkohol* (**II**), $Kp._{2,2}$ 166—169°, durch 4std. Einleiten von trockenem O_2 in die Lsg. von **Ia** in Ae. u. Zugabe von verd. HCl; 55—60% (Ausbeute). *Saures Phthalat,* F. 82—83°. Nebenprod.: *p.p'-Dibenzyldiphenyläthan.* —

p-Benzylbenzaldehyd (III), Kp.$_{0,5}$ 130—131°, durch 1std. Kochen von I u. Hexamethylentetramin in W. + A.; Eindampfen im Vakuum, Ae.-Extraktion; 45—50%. *Semicarbazon*, $C_{15}H_{15}ON_3$, F. 223°. III wird an der Luft zu *p-Benzylbenzoesäure*, F. 153°, oxydiert. (C. R. hebd. Séances Acad. Sci. **238**. 1326—27. 22/3. 1954.) U. John. 2270

Calvin L. Stevens und **Jacob J. De Young,** *Epoxyäther*. 6. Mitt. *Ein triphenylsubstituierter Epoxyäther*. (5. vgl. C. **1954**. 6935.) Vff. beschreiben die Synth. von *1-Methoxy-1.2.2-triphenyläthylenoxyd* (I). Die übliche Art der Darst. aus *α-Brom-α.α-diphenylacetophenon* (II) führt nicht zu dem gewünschten Prod. [dabei entsteht *α-Methoxy-α.α-diphenylacetophenon* (III)], dagegen liefert *α-Chlor-α.α-diphenylacetophenon* (IV) in guter Ausbeute I. I liefert bei saurer Hydrolyse *α-Oxy-α.α-diphenylacetophenon* (V); reagiert nicht mit A. allein oder in Ggw. von trocknem $NaOCH_3$; gibt mit Methanol in Ggw. katalyt. Mengen H_2SO_4 *α-Oxy-α.α-diphenylacetophenondimethylketal*; reagiert nicht mit Benzoesäure (VI) bei gewöhnlicher Temp., beim Erhitzen mit VI auf 225° wird das *Benzoat von* V erhalten; liefert mit einer gesätt. methanol. HCl-Lsg. III; gibt beim 8std. Erhitzen mit einem Gemisch von Essigsäure-Acetanhydrid 70% *Acetat von* V (VII), bei 3std. Erhitzen 24% VII, daneben III (der Bldg. von VII geht die Umlagerung von I in III voraus, die durch Säuren katalysiert wird, erst dann erfolgt Solvolyse).

Versuche: *α-Brom-α.α-diphenylacetophenon* (II), F. 97—98° (Heptan), durch Zugabe von Br_2 (1 Std.) zu einer sd. Lsg. von *α.α-Diphenylacetophenon* [F. 137—138°, aus Desylchlorid u. Bzl. nach Friedel-Crafts; 71% (Ausbeute)] in Bzl. u. $^1/_2$std. Kochen; 97%. — *α-Methoxy-α.α-diphenylacetophenon* (III), F. 91—93° (Bzl.-PAe.), durch Zugabe von II zu sd. absol. Methanol u. 1,5 Min. Kochen; 60%. — *α-Chlor-α.α-diphenylacetophenon* (IV), $C_{20}H_{13}OCl$, F. 84—85° (PAe.), durch Erhitzen einer äquimol. Mischung von V u. trockenem Pyridin bis zur Lsg., Abkühlen bis zum Erstarren, Zerkleinern, Zugabe von Thionylchlorid unter heftigem Rühren u. Kühlung u. 1 Std. Stehenlassen; 90%; gibt beim 12std. Erhitzen in Methanol 95% III, bei 8std. Kochen in Aceton-W. (2 : 1) 94% V. — *1-Methoxy-1.2.2-triphenyläthylenoxyd* (I), $C_{21}H_{18}O_2$, F. 114—115° (Ligroin), durch 2std. Rühren eines Reaktionsgemisches von IV u. $NaOCH_3$ in Methanol bei Zimmertemp.; 80%; gibt bei 5std. Kochen mit an HCl gesätt. Methanol 80% III, bei 15 Min. Kochen mit W.-Aceton in Ggw. von katalyt. Mengen H_2SO_4 *α-Oxy-α.α-diphenylacetophenon* [V; F. 84—85° (Ligroin); 91%]. — *α-Oxy-α.α-diphenylacetophenondimethylketal*, $C_{22}H_{22}O_3$, F. 134—135°, durch 15 Min. Kochen von I in absol. Methanol in Ggw. von katalyt. Mengen H_2SO_4; 40%, daneben 33% I zurück; gibt bei 15 Min. Erhitzen in Aceton-W. (2 : 1) in Ggw. von H_2SO_4 92% V. — *Benzoat von* V, $C_{27}H_{20}O_3$, F. 151—152° (Ligroin), durch Erhitzen von I u. VI auf 225°; 70%, oder aus V in Pyridin durch 4tägiges Kochen mit Benzoylchlorid; 23%. — *Acetat von* V (VII), F. 145—146° (Ligroin), durch 8std. Kochen von I in Essigsäure-Acetanhydrid (3 : 2); 70%, oder durch 3std. Kochen wie vorst.; 24%, daneben 50% III, oder durch 14std. Kochen von V in Acetanhydrid; 66%, oder durch 16std. Kochen von III in Essigsäure-Acetanhydrid; 78%. (J. Amer. chem. Soc. **76**. 718—20. 5/2. 1954. Detroit, Mich., Wayne Univ., Chem. Dep.)

G. Winkler. 2270

Martin L. Black und **Hilton A. Smith,** *Die alkalische Spaltung von 4-Nitrobenzil und 3.3'-Dinitrobenzil*. Bei der Spaltung von 4-Nitrobenzil (I) mit KOH in A. bei 78° wurde im Gegensatz zu Zinin [1864] nicht Azobenzol-4.4'-dicarbonsäure erhalten, sondern 3 Mol I ergaben formelmäßig 1 Mol *Azoxybenzol-4.4'-dicarbonsäure* (II), 3 Mol *Benzoesäure* (III) u. 1 Mol *p-Nitrobenzoesäure* (IV). Infolge von Neben-Rkk. waren die Ausbeuten an III u. IV geringer, die Rk. IV → II war offenbar für den gefundenen Überschuß an II verantwortlich. 3.3'-Dinitrobenzil (V) ergab bei der Einw. von wss. $Ba(OH)_2$ (2 Std. am Rückfluß), wie schon Klinger u. Martinoff [1912] gefunden hatten, *m-Nitrobenzoesäure* (VI) u. Teer. Zum gleichen Ergebnis führte die Einw. von Triton B (Trimethylbenzylammoniumhydroxyd) in wss. Lsg. bei n. Temp.; während aus 3 Mol V mit wss. NaOH in Dioxan 5 Sek. am Kp. 1 Mol *Azoxybenzol-3.3'-dicarbonsäure* u. 4 Mol VI entstanden. Da I u. V also ähnlich reagieren, können elektromere Effekte zur Formulierung des Mechanismus nicht herangezogen werden.

Versuche: *4-Nitrobenzil* (I), $C_{14}H_9O_4N$, kanariengelbe Kristalle aus 95%ig. A., F. 139,5—140°, durch Nitrierung von Benzoin in Acetanhydrid (→ *4'-Nitrobenzoinacetat*, F. 124,5—125°) u. oxydative Hydrolyse. — *3.3'-Dinitrobenzil* (V), fahlgelbe Kristalle vom F. 108,5—109° (wss. A.). — *Azoxybenzol-4-4'-dicarbonsäure* (II), besitzt keinen charakterist. F.; a) durch Spaltung von I, b) durch red. Kupplung von IV mit Arsenit, quantitativ; *Dimethylester*, $C_{16}H_{14}O_5N_2$, F. 205—206,5° (wss. Aceton); *Diäthylester*, $C_{18}H_{18}O_5N_2$, F. 121,5° (95%ig. A.), Umlagerungspunkt 114,5°. Analog:

Azoxybenzol-3.3'-dicarbonsäure; *Dimethylester*, F. 133—134,5°. — Das Schmelzpunktdiagramm des Syst. **III-IV** ist angegeben. (J. org. Chemistry **17.** 1315—19. Okt. 1952. Knoxville, Tenn., Univ., Dep. of Chem.) GNAUCK. 2370

Bernd Eistert, Friedrich Weygand und **Ernst Csendes,** *Die „Modifikationen" des Dibenzoylmethans und seiner Enoläther. Ein Beitrag zur Frage „Isomerie" oder „Polymorphie"*. Die stabilste „Modifikation" des *Dibenzoylmethans* (I) vom F. 78° wird als das *cis-Enolchelat*, die labile von F. 71° als die offene *cis-Enolform* erwiesen; als neue Isomere werden eine *cis–trans-Enol-Molekülverb.* vom F. 66° u. eine labile *trans-Enolform* beschrieben. Eine Diketoform existiert im festen Zustand nicht. Es gibt je 3 isomere Enolalkyläther des I, nämlich einen cis- u. zwei trans-Enoläther; die Isomerie der letztgenannten wird modellmäßig als Behinderungsisomerie erläutert. Die Konstitutionsbeweise werden hauptsächlich durch die Umsetzungen der „Modifikationen" des I mit Diazomethan unter verschied. Bedingungen erbracht, wobei bes. der Einfl. von absol. Ae., Methanol, W. u. Pyridin untersucht wird. Der Chemismus der Wirkungen dieser Zusätze u. der Umlagerungen wird erläutert. Die $FeCl_3$-Rk. von I u. seinen Enoläthern wird untersucht. Die UV-Spektren bestätigen u. ergänzen die gewonnenen Vorstellungen.

Versuche (alle FF. im KOFLERschen Mikro-F.-App.): *Dibenzoylmethan* (I), *cis-Enolchelat*, F. 78—78,5°, nach CLAISEN, Aufnehmen des öligen Prod. mit Bzl.; 80% (Ausbeute). Reinigen durch Lösen in heißem Methanol, „asept." Abkühlen. Es krist., Nadeln von F. 71° (s. unten), die sich nach längerem Stehen in I (F. 78°) umwandeln unter pseudomorpher Beibehaltung der Kristallform. *cis-Enolform* (offen), F. 71°, aus Lsg. oder Schmelze von I (F. 78°); Aufbewahrung über $CaCl_2$ u. KOH. Im UV-Licht schnelle Umlagerung in I (F. 78°). *cis–trans-Enol-Molekülverb.*, F. 66°, aus I (F. 71°) nach 7tägigem Aufbewahren. *trans-Enolform*, durch Zugabe von I (F. 78°) in verd. KOH, zu 50%ig. H_2SO_4 bei —19°, Umkristallisieren des farblosen Nd. aus absol. Ae., trans-Form wahrscheinlich in den Mutterlaugen angereichert. — *Enolmethyläther*: *cis-Methyläther*, $C_{16}H_{14}O_2$, F. 65° (Ae.), Kp.$_{12}$ 214—216°, a) aus I (F. 78°) u. CH_2N_2 in Ae. in Ggw. von Tonscherben, Entfernung von nicht umgesetztem I mit 2% NaOH; 35,4%; b) aus Benzalacetophenondibromid (II) u. methanol. KOH nach WISLICENUS [1899]. *trans-Methyläther*, F. 81 u. 78°, aus I (F. 78°) u. CH_2N_2 in Ggw. von Wasser. In Lsgg. der 3 Methyläther in Ae. bzw. Methanol stellen sich nach mehreren Tagen Gleichgewichte ein, die vorwiegend aus F. 81°- bzw. F. 65°-Methyläther bestehen. — *Enoläthyläther*, $C_{17}H_{16}O_2$, F. 77,5° (Ae.), Kp.$_{18}$ 222—225°, aus II u. äthanol. KOH. (Chem. Ber. **84.** 745—80. 6/9. 1951. Darmstadt, TH, Inst. für organ. Chem. u. Heidelberg, Univ., Chem. Inst.) JOHN. 2370

Comer D. Shacklett und **Hilton A. Smith,** *Darstellung substituierter Benzilsäuren.* Die Darst. von 32 *substituierten Benzilsäuren* wird beschrieben.

Versuche: *o-Tolualdehyd* (I; *2-Methylbenzaldehyd*), Kp. 197—199°, durch Kochen von o-Methylbenzylchlorid, Hexamethylentetramin, 60%ig. A. u. 37%ig. Formalin über Nacht, Wasserdampfdest. u. Ae.-Extraktion; 70—80% (Ausbeute). — Analog nachst. Benzaldehyde: *3-Methyl-*, aus 3-Methylbenzylbromid; 70%. — *4-Methyl-*, aus 4-Methylbenzylchlorid; 70—80%. — *2.3 Dimethyl-*, Kp.$_{5-10}$ 97—101° aus 2.3-Dimethylbenzylchlorid; 75%. *Semicarbazon*, $C_{10}H_{13}ON_3$, F. 221—221,5°. *2.4-Dinitrophenylhydrazon*, $C_{15}H_{14}O_4N_4$, F. 235,4—236°. — *2.4-Dimethyl-*, aus 2.4-Dimethylbenzylchlorid; 60—65%. — *2.5-Dimethyl-*, aus 2.5-Dimethylbenzylchlorid; 75—80%. — *3.5 Dimethyl-*, aus 3.5-Dimethylbenzylbromid; 75%. — *2·4.5-Trimethyl-* aus 2.4.5-Trimethylbenzylchlorid; 55—60%. — *o-Toluin* (*2.2'-Dimethylbenzoin*), F. 78—79° (verd. A.), durch 1,5std. Kochen von I mit KCN in 50%ig. A. u. Animpfen; 63%. — Analog oder nach bekannten Verff. nachst. Benzoine: *3.3'-Dimethyl-*, Öl. — *4.4'-Dimethyl-*, F. 88—89°; 72%. — *3.5.3'.5'-Tetramethyl-*, F. 93—94°; 75%. — *2.3.2'.3'-Tetramethyl-*, Öl. — *2.4.2'.4'-Tetramethyl-*, Öl. — *2.5.2'.5'-Tetramethyl-*, $C_{18}H_{20}O_2$, F. 76,6—77,2°; 33%. — *3.4.3'.4'-Tetramethyl-*, Öl. — *2.4.5.2'.4'.5'-Hexamethyl-*, $C_{20}H_{24}O_2$, F. 250° (Zers.); 5%. — *4.4'-Diisopropyl-*, F. 99—100°; 53%. — *4-Methoxy-*; 23%. — *2.2'-Dimethoxy-*; 70%. — *4.4'-Dimethoxy-*; 40%. — *2.3.2'.3'-Tetramethoxy-*; 52%. — *3.4.3'.4'-Tetramethoxy-*, Öl. — *3.4-Methylendioxy-*; 30%. — *3.4.3'.4'-Bis-[methylendioxy]-*; 84%. — Benzile: *2.2'-Dimethyl-*, F. 92—93°. — *3.3'-Dimethyl-*, F. 103—104°. — *4.4'-Dimethyl-*, F. 104—105°. — *2.3.2'.3'-Tetramethyl-*, $C_{18}H_{18}O_2$, F. 117—118,5°. — *2.4.2'.4'-Tetramethyl-*, F. 134,5—135,5°. — *2.5.2'.5'-Tetramethyl-*, F. 122,4—122,7°. — *3.4.3'.4'-Tetramethyl-*, F. 126—126,8°. — *3.5.3'.5'-Tetramethyl-*, F. 139,5—139,6°. — *2.4.5.2'.4'.5'-Hexamethyl-*, $C_{20}H_{22}O_2$, F. 143,2—143,6°. — *4.4'-Diisopropyl-*, F. 83—84°. — *4-Methoxy-*, F. 61—62°. — *2.2'-Dimethoxy-*, F. 127 bis 128°. — *4.4'-Dimethoxy-*, F. 132—133°. — *2.3.2'.3'-Tetramethoxy-*, F. 142—143°. —

3.4.3'.4'-Tetramethoxy-, F. 225,2—225,8°. — *3.4-Methylendioxy-*, F. 116,5—117,5°. — *3.4.3'.4'-Bis-[methylendioxy]-*, F. 170—171°. — Nachst. symm. substituierte Benzilsäuren durch Umlagerung der Benzile, die asymm. substituierten aus Phenylglyoxylsäureäthylester u. den entsprechenden GRIGNARD-Verbb.; Halochromie mit H_2SO_4 in []: *2.2'-Dimethyl-*, $C_{16}H_{16}O_3$, F. 154—156°, [purpurrot]. — *3.3'-Dimethyl-*, F. 134—135°, [violett]. — *4.4'-Dimethyl-*, F. 132—133,8°, [orange]. — *3.5.3'.5'-Tetramethyl-*, $C_{18}H_{20}O_3$, F. 189,2—191°, [hellblau]. — *4.4'-Diisopropyl-*, $C_{20}H_{24}O_3$, F. 157,6 bis 159°, [orangerot]. — *4-Methoxy-*, $C_{15}H_{14}O_4$, F. 147—147,5°, [rotorange]. — *2.2'-Dimethoxy-*, $C_{16}H_{16}O_5$, F. 161,2—163,6°, [blaugrün]. — *4.4'-Dimethoxy-*, F. 165—167° (Zers.), [purpur]. — *2.3.2'.3'-Tetramethoxy-*, $C_{18}H_{20}O_7$, F. 107,5—108,8°, [blaupurpur]. — *3.4.3'.4'-Tetramethoxy-*, F. 124,5—125,5°, [blaugrün]. — *3.4-Methylendioxy-*, $C_{15}\cdot H_{12}O_5$, F. 139—140° (Zers.), [purpur]. — *3.4.3'.4'-Bis-[methylendioxy]-*, Öl, [blaugrün]. — *2-Methyl-*, $C_{15}H_{14}O_3$, F. 114—115,4°, [orangerot]. — *3-Methyl-*, F. 118—119°, [rot]. — *4-Methyl-*, F. 132—133,2°, [orange]. — *2.3-Dimethyl-*, $C_{16}H_{16}O_3$, F. 128—129°, [gelborange]. — *2.4 Dimethyl-*, F. 129,5—131,5°, [purpur]. — *2.5-Dimethyl-*, Öl, [rot]. — *2.6 Dimethyl-*, F. 121,8—122,6°, [purpur]. — *3.4-Dimethyl-*, F. 122,4—124,2°, [rotviolett]. — *3.5 Dimethyl-*, F. 108—109°, [purpurrot]. — *2.3.4-Trimethyl-*, $C_{17}H_{18}O_3$, F. 139—140° (Zers.), [rotpurpur]. — *2.3.5-Trimethyl-*, F. 149,6—151,8°, [gelbgrau]. — *2.3.6-Trimethyl-*, Öl, [blaupurpur]. — *2.4.5-Trimethyl-*, Öl, [tiefblau]. — *2.4.6-Trimethyl-*, F. 87—89°, [rotpurpur]. — *3.4.5-Trimethyl-*, F. 137,8—140,2°, [purpurrosa]. — *2.3.4.5-Tetramethyl-*, $C_{18}H_{20}O_3$, F. 153,8—155,8°, [rosa]. — *2.3.4.6-Tetramethyl-*, F. 123—124° (Zers.), [purpurrot]. — *2.3.5.6-Tetramethyl-*, F. 138—139°, [hellrosa]. — *2.3 4.5.6-Pentamethyl-*, $C_{19}H_{22}O_3$, F. 146—147° (Zers.), [rot]. — *4-Phenyl-*, $C_{20}H_{16}O_3$, F. 167,2—168,6°, [tiefblau]. (J. Amer. chem. Soc. **75**. 2654—57. 5/6. 1953. Knoxville, Tenn., Univ., Dep. of Chem.) GEHRINGER. 2450

Meyer Sletzinger, Earl M. Chamberlin und **Max Tishler,** *Die Synthese von Isomethadon.* Vff. beschreiben zwei neue u. direkte Synthesen von *Isomethadon* (**I**). Diphenylacetonitril (**II**) wird mit 1-[N-Methylformamido]-2-chlorpropan zu *γ-[N-Methylformamido]-α.α-diphenyl-β-methylbutyronitril* alkyliert. Die Red. mit Formaldehyd–Ameisensäure führt zu dem gewünschten *γ-Dimethylamino-α.α-diphenyl-β-methylbutyronitril* (**III**), welches leicht in **I** umgewandelt werden kann. Bei der zweiten Darst. wird die größere Reaktionsfähigkeit des sek. Tosylesters im Vgl. zu einem prim. Cl-Atom bei der Alkylierung ausgenützt; **II** wird mit dem *Tosylester von 1-Chlorpropanol-(2)* (**IV**; die Ausbeuten mit den Benzolsulfonyl- u. Methansulfonylestern liegen etwas niedriger) in Ggw. von $NaNH_2$ in Toluol zu *γ-Chlormethyl-α.α-diphenyl-β-methylbutyronitril* (**V**) umgesetzt (die Rk. verläuft eindeutig ohne Bldg. von Isomeren) u. weiter mit Dimethylamin bei 150° in **III** übergeführt. Die Identität von **III** wird durch Infrarotanalyse u. Vgl. mit bekannten Derivv. sichergestellt.

Versuche: *1-[N-Methylformamido]-propanol-(2)*, $C_5H_{11}O_2N$, $Kp._1$ 63—71°, $Kp._5$ 90—92°, aus 1-Methylaminopropanol-(2) u. Formamid durch 3std. Erhitzen auf 150—160° unter Rühren; n_D^{23} 1,4665; 93% (Ausbeute). — *1-[N-Methylformamido]-2-chlorpropan*, $C_5H_{10}ONCl$, $Kp._{58}$ 139—141°, aus vorst. Verb. in trockenem $CHCl_3$–Pyridin durch Zugabe von $SOCl_2$ (30 Min.) bei $< 73°$ u. 10std. Erwärmen auf 73°; $n_D^{22,5}$ 1,4699; 79%. — *γ-[N-Methylformamido]-α.α-diphenyl-β-methylbutyronitril*, $C_{19}H_{20}ON_2$, F. 127,5—129° (Butanol), durch Erwärmen einer Lsg. von **II** in Xylol mit $NaNH_2$ unter N_2 auf 105—110° bis zur Beendigung der NH_3-Entw., Zugabe von NaJ bei 30° u. tropfenweise Zugabe (15 Min.) vorst. Verb. unter 3std. Erwärmen auf 110—115°; 57,5%. — *γ-Dimethylamino-α.α-diphenyl-β-methylbutyronitril* (**III**), $C_{19}H_{22}N_2$, F. 65,5—66,5° (PAe.), durch 112std. Kochen eines Gemisches von Trioxan, Ameisensäure (98—100%ig) u. vorst. Verb.; 91%, oder aus **V** u. wasserfreiem Dimethylamin durch 48std. Erhitzen auf 150° im Bombenrohr in Ggw. von Kupfersulfat; 58%. *Pikrat*, F. 210—211°. *Tosylderiv.*, F. 222—224°. *Hydrochlorid*, $C_{19}H_{22}N_2\cdot HCl$, F. 218—220°. — *1-Chlorpropanol-(2)-p-toluolsulfonat* (**IV**), $C_{10}H_{13}O_3ClS$, $Kp._{0,05}$ 119—120°, durch Zugabe von Propylenchlorhydrin während 20 Min. bei 0° zu p-Toluolsulfochlorid–Pyridin unter Rühren, 1 Std. bei 0°, Stehenlassen im Kühlschrank über Nacht u. 24std. Rühren bei Zimmertemp.; 91%. *Benzolsulfonat*, $Kp._{0,1}$ 105—106°, wie vorst.; 87%. *Methansulfonat*, $Kp._{0,4}$ 76—77°; 75%. — *γ-Chlor-α.α-diphenyl-β-methylbutyronitril* (**V**), $C_{17}H_{16}NCl$, $Kp._{0,1}$ 119—124°, aus **II** u. $NaNH_2$ wie vorst. durch langsame Zugabe von **IV** bei 65—80° unter Rühren u. 18std. Kochen unter Rühren; 65%. — *6-Dimethylamino-4.4-diphenyl-5-methylhexanon-(3)* [*Isomethadon,* (**I**)], aus **III** nach bekannten Methoden; *Monohydrathydrochlorid*, $C_{21}H_{28}ONCl\cdot H_2O$. *Pikrat*, F. 149—150°. *Methojodid*, F. 263—264°. (J. Amer. chem. Soc. **74**. 5619—20. 20/11. 1952. Rahway, N. J., Merck & Co., Res. Labor.) G. WINKLER. 2540

L. H. Klemm und **Theodore Largman,** *Cyclisierungsuntersuchungen bei der Synthese von Monomethoxy-1-phenyl-4-oxynaphthoesäuren-(2).* Vff. fanden, daß bei der Darst. von *1-Phenyl-4-oxynaphthoesäure-(2)* (**I**) nach BORSCHE (Liebigs. Ann. Chem. **526.** [1936.] 1) der Zusatz von Na-Acetat entbehrlich ist; sie erhielten **I** zu 91% ohne, zu 80% mit einem solchen. Das bei der STOBBE-Kondensation aus m-Methoxybenzophenon (**III**) mit Bernsteinsäureester erhaltene Prod. (**II**) ließ sich nicht in die cis–trans-Isomeren spalten; Cyclisierung des Gemisches mit Na-Acetat–Acetanhydrid u. alkal. Hydrolyse (l. c.) liefert zwei krist. Stoffe **A** (F. 279,5—280°) u. **B** (F. 211 bis 212°), denen auf Grund ihrer chem. u. physikal. Eigg., bes. der UV- u. Infrarotspektren, die Strukturen *1-Phenyl-4-oxy-5-methoxynaphthoesäure-(2)* (**A**) bzw. *1-m-Methoxyphenyl-4-oxynaphthoesäure-(2)* (**B**) zugeordnet werden. Das dritte mögliche Isomere konnte nicht isoliert werden. **II** wurde hydrolysiert u. zu *3-Carboxy-4-[3-methoxyphenyl]-4-phenylbuttersäure* hydriert.

V e r s u c h e: *1-Phenyl-4-oxynaphthoesäure-(2)* (**I**), F. 214—216°, durch 6std. Kochen von 3-Carbäthoxy-4.4-diphenylbuten-(3)-säure mit Acetanhydrid u. Hydrolyse mit 10%ig. wss. NaOH; 91% (Ausbeute). — *m-Methoxybenzophenon* (**III**), F. 37°, $Kp._{1,5}$ 153—155° (blaßgelbes Öl), aus Diphenylcadmium u. m-Methoxybenzoylchlorid (14std. Kochen); 56%. *2.4-Dinitrophenylhydrazon,* $C_{20}H_{16}O_5N_4$, F. 233—234° (Zers.), orangefarbene Prismen (A.). — *β-Carbäthoxy-β-[phenyl-m-methoxyphenylmethylen]-propionsäure, Isomerengemisch* (**II**), durch Behandeln von 21,2 g **III** mit Bernsteinsäurediäthylester, NaH u. A. (nach 1 Std. Zugabe von Bzl., dann 10 Std. Rühren): 26—32 g. — Bei Verwendung von Bernsteinsäuredimethylester (27 Std.) wurden 29 g des entsprechenden Methylesters erhalten; daraus mit p-Toluidin (2 Std. bei 160 bis 170°) *1-[p-Tolyl]-3-[phenyl-(3-methoxyphenyl)-methylen]-pyrrolidindion-(2.5),* $C_{25}H_{21}$·O_3N, F. 154,5—155,5° (Nadeln aus A.). — *1-Phenyl-4-oxy-5-methoxynaphthoesäure-(2)* (?; **A**), $C_{18}H_{14}O_4$, F. 279,5—280° (Nadeln aus verd. A.), durch 5—6std. Kochen von **II** mit Acetanhydrid u. Na-Acetat unter N_2, dann Hydrolyse mit 10%ig. wss.-alkoh. NaOH (3 Std. Kochen unter N_2); 15%; daneben *1-m-Methoxyphenyl-4-oxynaphthoesäure-(2)* (?; **B**), $C_{18}H_{14}O_4$, F. 211—212° (Nadeln aus verd. A.); 44%. **A**-Acetat, $C_{20}H_{16}O_5$, F. 228—229° (blaßgelbe Platten aus Methanol). **B**-*Acetat,* $C_{20}H_{16}O_5$, F. 187 bis 188° (kugelige Aggregate aus verd. A.). **A** u. **B** geben als solche keine Rk. mit $FeCl_3$, reagierten aber nach Decarboxylierung (Cu-Chinolin) oder beschränkter Pyrolyse (Zn-Staub); sie sind in 10%ig. wss. $NaHCO_3$ u. 10%ig. NaOH lösl., nach Decarboxylierung aber nur in 10%ig. NaOH. — *3-Carboxy-4-[3-methoxyphenyl]-4-phenylbuten-(3)-säure,* $C_{18}H_{16}O_5$, F. 166—167° (Essigester–PAe.), aus **II** durch 3std. Kochen mit $Ba(OH)_2$ in wss. A. unter N_2; 72% (roh). — *3-Carboxy-4-[3-methoxyphenyl]-4-phenylbuttersäure, Monohydrat,* $C_{18}H_{18}O_5 \cdot H_2O$, F. 79—80° (Prismen aus W.), aus vorst. Verb. u. Na-Amalgam (12 Std. unter CO_2); 94%. — Daraus mit p-Toluidin *1-[p-Tolyl]-3-[phenyl-(3-methoxyphenyl)-methyl]-pyrrolidindion-(2.5),* $C_{25}H_{23}O_3N$, F. F. 175—176° (rosa Prismen aus A.). (J. Amer. chem. Soc. **76.** 1688—91. 20/3. 1954. Eugene, Ore., Univ., Dep. of Chem.) J. ROTHE. 2700

J. Colonge und **R. Domenech,** *Darstellung einiger Phenanthrenkohlenwasserstoffe.* Aus den früher (vgl. C. **1953.** 2113. 8349) durch Kondensation von Naphthalin mit γ-ungesätt. Estern u. Ketonen dargestellten Gemischen [4-[α- + β-Naphthyl]-pentansäure (**A**), 4-[α- + β-Naphthyl]-2-methylpentansäure (**B**), 5-[α- + β-Naphthyl]-hexanon-(2) (**C**) u. 5-[α- + β-Naphthyl]-3-methylhexanon-(2) [**D**] lassen sich durch Ringschluß mit H_2SO_4 oder PCl_5 *Tetrahydroketophenanthrene* bzw. *Dihydrophenanthrene* darstellen, von denen einige Umsetzungen beschrieben werden.

V e r s u c h e: *4-Methyl-1.2.3.4-tetrahydro-1-ketophenanthren* (**I**), F. 80—82°, a) aus **A** durch 1,5std. Erhitzen mit 70%ig. H_2SO_4, Gießen auf Eis u. Extrahieren mit Ae. u. mit Bzl.; aus den Extrakten durch Vakuumrektifikation, Aufnehmen der Fraktion $Kp._5$ 178—180° in PAe. u. Kühlen auf —10°; 75% (Ausbeute); b) durch Zufügen von PCl_5 zu **A** in Bzl., nach Stehen (unter HCl-Entw.) u. Erwärmen unter Rühren, Kühlen, Zufügen von $SnCl_4$ in Bzl., ½std. Rühren bei 15° u. Hydrolysieren mit verd. HCl; 95% (roh). *Semicarbazon,* $C_{16}H_{17}ON_3$, F. 226—227° (A. + Bzl.). Aus den Mutterlaugen nach a) oder b) *1-Methyl-1.2.3.4-tetrahydro-4-ketophenanthren* (**II**), $Kp._5$ 179 bis 180°; wurde auch durch Cyclisierung des reinen 4-[β-Naphthyl]-deriv. nach b) erhalten; 90%. *Semicarbazon,* F. 210—211° (A.). — *2.4-Dimethyl-1.2.3.4-tetrahydro-1-ketophenanthren* (**III**), F. 52° (PAe.), durch Cyclisierung von **B** mit H_2SO_4, Aufnehmen von 37 g des gebildeten Isomerengemisches ($Kp._5$ 184—186°; 75%) in PAe. u. Kühlen auf —10°; 22,8 g; gibt kein Semicarbazon. *Dinitrophenylhydrazon,* $C_{22}H_{20}O_4N_4$, F. 235—236°, rote Kristalle. Aus der Mutterlauge *1.3-Dimethyl-1.2.3.4-tetrahydro-4-ketophenanthren* (**IV**); *Dinitrophenylhydrazon,* $C_{22}H_{20}O_4N_4$, F. 214—215° (bei langsamem Erhitzen, F. 207—208° (bei schnellem Erhitzen). — *1.4-Dimethyl-3.4-dihydro-*

phenanthren (**V**), Kp.$_4$ 159—162°, F. 100° (A.), aus **C** in Essigsäure durch Einleiten von HBr bei 5°; nach 24std. Stehen bei 8° Gießen in W. u. Extrahieren mit PAe., Kochen des Petrolätherrückstands mit 0,8n alkoh. KOH, Abdampfen, Aufnehmen in W., Neutralisieren mit HCl u. Extrahieren mit Bzl.; 58% (roh); *Pikrat*, F. 136—137° (A.). — *1.2.4-Trimethyl-3.4-dihydrophenanthren* (**VI**), F. 67° (A.), aus **D** durch Cyclodehydratisierung mit HBr wie vorst.; 61% (aus der reinen 5-[α-Naphthyl]-verb. 65%). *Pikrat*, F. 100—101° (absol. A.). — *1.4-Dimethylphenanthren*, F. 50° (absol. A.), Kp.$_6$ 182—186°, a) aus 21 g **I** u. CH_3MgJ in Bzl., 12 Std. bei 8°; nach Zers. aus der organ. Phase durch Erwärmen mit 98%ig. HCOOH (Dehydratisierung des gebildeten tert. Alkohols) **V** (83%), das durch 3std. Erhitzen mit S auf 180—200° dehydriert wurde; 77%; b) aus **II** u. CH_3MgJ, Dehydratisierung u. Dehydrierung des entstandenen *1.4-Dimethyl-1.2-dihydrophenanthrens* ($C_{16}H_{16}$, Kp.$_3$ 144—146°; 78%; *Pikrat*, F. 89°, rote Kristalle [absol. A.]) mit S bei 180—210°; 69%; c) aus **A** durch Cyclodehydratisierung, dann Rk. mit CH_3MgJ, Dehydratisierung u. Dehydrierung wie vorst.; 68%; d) aus **C** durch Cyclodehydratisierung u. Dehydrierung; 73%. *Pikrat*, F. 144° (absol. A.) — *4-Methyl-1-äthyl-3.4-dihydrophenanthren*, $C_{17}H_{18}$, F. 46° (absol. A.), aus **I** u. $C_2H_5 \cdot MgBr$ in Bzl. u. dann Dehydratisierung; 81%. *Pikrat*, F. 118,5°, rote Kristalle. — *4-Methyl-1-äthylphenanthren*, Kp.$_4$ 179—183°, aus vorst. Verb. mit S bei 180—220°; 62%. *Pikrat*, F. 103—104° (absol. A.), orangefarbene Kristalle. — *4-Methyl-1.2.3.4-tetrahydrophenanthrenol-(1)*, $C_{15}H_{16}O$, F. 127°, aus **I** durch Hydrierung mit RANEY-Ni (in Bzl. + PAe.). — *4-Methyl-3.4-dihydrophenanthren*, $C_{15}H_{14}$, F. 87°, aus vorst. Verb. u. 85%ig. H_3PO_4, 3/4 Std. bei 180° (Bad); 57%; liefert bei Dehydrierung *4-Methylphenanthren*, F. 51°. — *2.4-Dimethyl-1.2.3.4-tetrahydrophenanthren*, $C_{16}H_{18}$, Kp.$_4$ 151—153°, F. 67° (absol. A.), aus **III** mit amalgamiertem Zn-Pulver u. HCl in Toluol u. W. durch 30std. Kochen; 78%. *Pikrat*, F. 113°, orangefarbene Kristalle (absol. A.). — *2.4-Dimethylphenanthren*, Kp.$_4$ 177—181°, F. 111° (absol. A.), aus 7 g vorst. Verb. durch Dehydrierung; 3,5 g. *Pikrat*, F. 139°, rote Kristalle (A.). — **VI**, auch aus **III** u. CH_3MgJ u. Dehydratisierung; 84%. — *1.2.4-Trimethylphenanthren*, F. 56° (absol. A.) Kp.$_5$ 201—205°, aus **VI**; 74%. *Pikrat*, F. 151° (absol. A.). — *1.3.4-Trimethyl-1.2-dihydrophenanthren*, Kp.$_4$ 163—165°, aus **IV** u. CH_3MgJ u. Dehydratisierung; 85%. *Pikrat*, F. 80° (roh), läßt sich nicht umkristallisieren. — *1.3.4-Trimethylphenanthren*, $C_{17}H_{16}$, Kp.$_{4,5}$ 192—196°, F. 94° (absol. A.), aus vorst. Verb.; 79%. *Pikrat*, F. 116° (absol. A.), orangefarbene Kristalle. (Bull. Soc. chim. France, Mém. [5] **20**. 289—93. März 1953. Lyon, École de Chim. Ind. et Fac. des Sci.) LEHWALD. 2850

J. R. Bartels-Keith und **A. W. Johnson**, *Synthese von Tropolonderivaten.* Vff. stellen *Tropolonderivv.* ausgehend von Benzolderivv. dar. — *1.2-Dimethoxycycloheptatriencarbonsäureester*, durch Kondensation von Veratrol mit Diazoessigester. — *Carbäthoxytropolon*, F. 90—91°, bei kombinierter Hydrolyse u. Dehydrierung der vorst. Verb. durch Einw. von Br_2 in Chlf., gelbe Nadeln aus PAe., sublimiert bei 20 mm u. 80°; weitere Charakterisierung durch UV-Absorptionsspektr. in A. u. Infrarotspektr. in CCl_4; gibt grüne Farb-Rkk. mit Lsgg. von $FeCl_3$ u. $CuSO_4$. (Chem. and Ind. **1950**. 677—78. 30/9. Cambridge, Univ., Chem. Labor.) REISNER. 2950

Neil Campbell und **Anthony A. Woodham**, *Die oxydative Hydrolyse von 4-α-Cyanbenzylmesobenzanthron. 4-α-Cyanbenzylmesobenzanthron*, (**I**) $Ar \cdot CH(C_6H_5) \cdot CN$, wird in methanol. KOH durch Luft zu reinem *4-Benzoylmesobenzanthron* (**II**), $ArCOC_6H_5$, oxydiert. Zwei mögliche Reaktionsschemata werden diskutiert. (A): **I** → $ArCH(C_6H_5)CONH_2$ (**III**) → $ArCH(C_6H_5)COOH$ → $ArCH_2C_6H_5$ (**IV**) → **II**. (B): **I** $\xrightarrow{O_2/OH^-}$ $ArC(OH)(C_6H_5)CN$ → **II** + HCN. Nach (A) müßte der Stickstoff als NH_3, nach (B) als HCN frei werden, beide Verbb. konnten jedoch höchstens in Spuren gefunden werden. Für den Reaktionsweg (A) spricht jedoch die Beobachtung, daß unter den Versuchsbedingungen **IV** in 3 Min. prakt. quantitativ zu **II** oxydiert wird. Andere untersuchte Verbb. mit aktivierten Methylengruppen wurden unter den gleichen Bedingungen nicht oxydiert. Die Entstehung eines Hydroperoxydes als Zwischenprod. bei der Oxydation von **IV** erscheint möglich. — **II** gibt ein Monoxim, wobei nur die Carbonylgruppe der Seitenkette reagiert. Durch BECKMANNsche Umlagerung entsteht daraus das Anilid der Mesobenzanthron-4-carbonsäure, das auch in guter Ausbeute durch SCHMIDTschen Abbau von **II** erhalten wird.

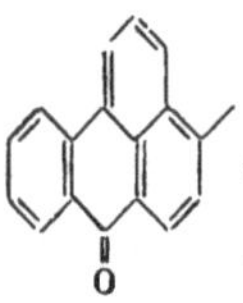
= Ar

Versuche: *4-α-Cyanbenzylmesobenzanthron* (**I**), nach G. P. 501 082 in 25—40% Ausbeute, unter Einhalten einer Kondensationstemp. von 20° (>18° keine Kondensation). — *Phenyl-[4-mesoanthronyl]-acetamid* (*4-α-Carbamylbenzylmesobenzanthron*; **III**), $C_{25}H_{17}O_2N$, F. 277—280° (Eisessig), aus **I** mit konz. H_2SO_4, 4 Tage. — *4-Benzylmesobenzanthron* (**IV**), $C_{24}H_{16}O$, F. 177—178° durch saure oder alkal. Verseifung von **III**.

— Die Oxydation von **IV** wurde in sd. 2n methanol. KOH unter Durchleiten von Luft ausgeführt. — *4-Benzoylmesobenzanthron* (**II**), F. 175—176° (Bzl.); *Monoxim* (**IIa**), $C_{24}H_{15}O_2N$, F. 245—246° (Ae.). *Dioxim*, $C_{24}H_{16}O_2N_2$, F. 246—247° (Zers.). — *Mesobenzanthron-4-carbonsäureanilid* (**V**), $C_{24}H_{15}O_2N$, F. 268—270°, aus **IIa** in Ae. mit PCl_5 oder aus **II** in konz. H_2SO_4 mit NaN_3. — *Mesobenzanthron-4-carbonsäure*, F. 310 bis 315°. — *4-Aminomesobenzanthron*, F. 220—222°, als Nebenprod. der Darst. von **V** aus **II**. (J. chem. Soc. [London] **1953**. 3429—32. Nov. Edinburgh, Univ.) LOHAUS. 2950

Alexander Schönberg, Ahmed Mustafa und **Nazih Latif**, *Bildung einer Spiroverbindung bei der Einwirkung von Diazofluoren auf Acenaphthylen.* Bei ½ std. Kochen von Acenaphthylen (**I**) mit 9-Diazofluoren in Bzl., Stehen, Einengen u. Zufügen von Aceton entsteht *7.8:9'.9'-Fluorenylenacenaphthen* (**II**; $C_{25}H_{16}$, F. 275° [Bzl.]; 80% [Ausbeute]), aus dem beim Erhitzen im Vakuum auf 280 bis 300° (Bad) als Destillat **I** entstand u. aus dem Rückstand durch Auskochen mit Ae., Einengen, Zufügen von PAe. eine rotbraune Substanz, die nach Zugabe von Pikrinsäure als $\Delta^{9,9'}$-*Bifluoren* (**III**)-*Pikrat* (orangefarbene Kristalle) identifiziert wurde. — Zwischen **I** u. CH_2N_2 in Ae. findet keine Rk. statt. (J. Amer. chem. Soc. **75**. 2267. 5/5. 1953. Cairo, Fouad I Univ., Fac. of Sci., Dep. of Chem.) LEHWALD. 2950

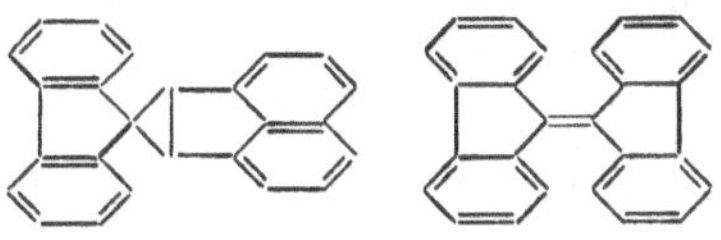

II III

F. G. Bordwell, Harry M. Andersen und **Burnett M. Pitt**, *Die Reaktion von Thiacyclopropanen (Olefinsulfiden) und Thiacyclobutanen mit Organolithiumverbindungen.* (Vgl. C. **1954**. 5981.) Vff. untersuchen die Rk. zwischen Alkyl- u. Aryl-Li-Verbb. mit Cyclohexen- (**I**), Propylen- (**II**) u. Äthylensulfid (**X**), die unter 1.2-Eliminierung die entsprechenden Olefine u. Li-Mercaptide liefert. Die Rk. ermöglicht eine bequeme Darst. von Thiolen, bes. von Thiophenolen. Der Reaktionsmechanismus wird diskutiert. Thiacyclopentan reagiert selbst unter „scharfen" Reaktionsbedingungen nicht. — Mit Thiacyclobutan (**III**) werden Prodd. erhalten, die sich von dem Primärprod. $RSCH_2CH_2CH_2Li$ (A) ableiten. Mit n-Butyl-Li (**IV**) werden gebildet: *n-Butyl-n-propylsulfid, 1-Butanthiol* [(**VIII**), als Li-Salz; daneben sehr wahrscheinlich Bldg. von Cyclopropan] u. *4.8-Dithiadodecan* (als Hydrolyseprod. eines Polymeren, entstanden durch Rk. von A mit weiterem **III**). Das Vorliegen von A wird ferner bewiesen durch Carbonisierung des vorst. Reaktionsgemisches zu *3-[Butylmercapto]-buttersäure.* Die Rk. mit Phenyl-Li (**V**) verläuft ähnlich unter Bldg. von *Thiophenol* (**VI**) u. *Phenylpropylsulfid.* Daneben entsteht *1.6-Bis-[phenylmercapto]-hexan* (**VII**). Vff. nehmen an, daß **VII** durch Umsetzung von A ($R = C_6H_5$) mit γ-[Phenylmercapto]-propylbromid (**XII**; entstanden durch Metall–Halogen-Austausch zwischen A u. nicht umgesetztem Brombenzol) gebildet wird. — Ferner werden von Vff. die Umsetzungen von **I** mit GRIGNARD-Verbb. untersucht, die weniger eindeutig verlaufen. — **I**, **II** u. Butylthiacyclopropan geben bei der Red. mit $LiAlH_4$ ausschließlich sek. Thiole, was von Vff. mit einem Angriff von AlH_4^- entweder auf das prim. C-Atom oder auf das S-Atom unter Spaltung der prim. Alkyl–Schwefel-Bindung erklärt wird.

V e r s u c h e: *Butanthiol-(1)* (**VIII**), Kp. 95—97°, durch Zugabe einer äther. Lsg. von **I** (30 Min.) zu äther. **IV**, 2 std. Rühren u. Stehenlassen über Nacht; 63% (Ausbeute), daneben *Cyclohexen* [**IX**; Kp. 80—82°; 67%, aus **I** u. C_6H_5MgBr in Ae.; 87%, daneben ein S-haltiges Öl, welches kein einheitliches Prod. liefert. *2-Chlorcyclohexyl-2'.4'-dinitrophenylsulfid*, F. 116—118°, aus **IX** u. 2.4-Dinitrobenzolsulfenylchlorid]; oder aus **X** u. **IV**; 27%, oder aus **I** u. Butyl-MgBr; 5%, daneben 19% **IX**. *n-Butyl-2.4-dinitrophenylsulfid*, F. 66—68°. *n-Butyl-9-phenylxanthylsulfid*, F. 51—52°. — *Thiophenol* (**VI**), $Kp._{33}$ 70—73°, $Kp._{15}$ 65—67°, aus **I** u. **V** wie vorst.; 60%, daneben 52% **IX**; aus **II** u. **V**; 81%, oder aus **X** u. **V**; 51%. *2.4-Dinitrophenylphenylsulfid*, F. 119—121°. *Phenyl-9-phenylxanthylsulfid*, F. 164° (Zers.). — *Benzylmercaptan*, aus **I** u. $C_6H_5CH_2MgBr$; 12%, daneben 5% Dibenzyldisulfid, 13% **IX** u. ein *Prod.* vom $Kp._{1,5}$ 140—172°. — *Hexanthiol-(2)*, Kp. 136—138°, durch Zugabe (30 Min.) von *Butylthiacyclopropan* (aus Hexenoxyd-(1) u. Thioharnstoff; 52%) zu $LiAlH_4$ u. 2 std. Kochen; n_D^{25} 1,4418; 73%. — *Propanthiol-(2)*, aus Methylthiacyclopropan (**II**) u. $LiAlH_4$ wie vorst.; n_D^{20} 1,4911; 72%. — *Cyclohexanthiol*, aus **I** u. $LiAlH_4$. — *Butylpropylsulfid*, $C_7H_{16}S$, Kp. 157—158°, durch Zugabe (30 Min.) von **III** in Ae. zu **IV**, 1 std. Erwärmen u. 16 Std. Stehenlassen; 33%, daneben 11% **VIII** u. 6% *4.8-Dithiadodecan* [$Kp._{15}$ 145—148°; gibt bei 15 Min. Kochen mit 30%ig. H_2O_2 in Essigsäure *4.8-Dithiadodecan-4.8-tetroxyd*, $C_{10}H_{22}O_4S_2$, F. 143—144° (A.); 74%]; oder durch Zugabe (30 Min.) von n-Propylbromid zu **VIII** in 10%ig. wss. KOH unter heftigem Rühren u. 1 std. Kochen; 76%. *Sulfilimin*, $C_{14}H_{23}\cdot O_2NS_2$, F. 94—95° (wss. A., Diisopropyläther u. Isopropylalkohol), durch Umsetzen mit Chloramin-T. *$HgCl_2$-Deriv.*, F. 91—92°. — γ-*[Butylmercapto]-buttersäure*, $C_8H_{16}O_2S$,

$Kp._{15}$ 163—165°, durch Zugabe von γ-Chlorbutyronitril zu **VIII** in alkoh. KOH unter exothermer Rk., 1½std. Kochen, Zugabe von wss. KOH u. 3std. Kochen; 76%, oder durch Carbonisierung des vorst. Reaktionsgemisches aus **III** u. **IV**; 30%. *Sulfon*, $C_8H_{16}O_4S$, F. 113—113,5°. — *Phenylpropylsulfid*, Kp. 215—220°, $Kp._{15}$ 90—130° (Rohprod.), aus **III** u. **V** analog **IV**; 7%, daneben 12% **VI**, ein nicht identifiziertes *Prod.* vom $Kp._{15}$ 185—187° u. geringe Mengen **VII**. *Sulfon*, F. 41,5—43,5°. — *γ-[Phenylmercapto]-propylbromid* (**XII**), $Kp._{16}$ 155—160°, durch Zugabe (1¼ Std.) einer alkoh. Lsg. von 0,5 Mol K-Thiophenolat zu 1,06 Mol 1.3-Dibrompropan (**XI**; $Kp._{16}$ 58—60°) in sd. A. u. ½std. Kochen; 40%, daneben 0,49 Mol **XI** zurück u. 34,1 g *1.3-Bis-[phenylmercapto]-propan*. — *1.6-Bis-[phenylmercapto]-hexan* (**VII**), F. 81—82° (Methanol), durch Zugabe (1 Std.) von **XII** in Ae. zu Li unter Rühren u. 3std. Kochen unter Rühren u. Stehenlassen über Nacht; 22%, daneben ein Öl, welches bei der Mol.-Dest. oder Oxydation kein einheitliches Prod. liefert; oder aus K-Thiophenolat u. 1.6-Dibromhexan in A. durch ½std. Kochen; 96%. *Disulfon*, F. 112—114°. (J. Amer. chem. Soc. **76**. 1082—85. 20/2. 1954. Evanston, Ill., Northwest. Univ., Chem. Labor.)
G. WINKLER. 3040

Marcel Fétizon und **Pierre Baranger**, *Über die α-Alkylfurane.* Vff. haben einige Alkylfurane in guter Ausbeute durch Red. von Furfurylalkylketonen nach HUANG-MINLON dargestellt; die Ketone wurden nach DARZENS aus Furfurol oder Acetylfuran u. einem α-Halogenester erhalten.

Versuche: *1-[α-Furyl]-butanon-(2)*, $Kp._{27}$ 98—100°, durch Kondensation von wasserfreiem Furfurol mit Äthyl-α-brombutyrat durch trockenes Na-Methylat bei —10°, 15std. Stehen unter N_2 bei Raumtemp., Verseifung mit methylalkoh. KOH durch 4std. Rühren unter N_2 bei 15—20°, Gießen in W., Zugabe von Ae. u. Ansäuern mit H_3PO_4; n_D^{18} 1,4719; 70% (Ausbeute). *Semicarbazon*, F. 120—121°. — Analog: *α-Furylpropanon* (**I**), $Kp._{23}$ 82°, $n_D^{13.2}$ 1,4741; 72%. *Semicarbazon*, F. 174—175°. — *3-[α-Furyl]-butanon-(2)*, $Kp._{18}$ 102°, n_D^{15} 1,473; 79%. *Semicarbazon*, F. 166—167°. — *2-[α-Furyl]-pentanon-(3)*, $Kp._{40}$ 120—122°, n_D^{17} 1,472; 74%. *Semicarbazon*, F. 146,5°. — *α-n-Propylfuran*, Kp. 115°, durch Erhitzen von **I** mit Diäthylenglykol, KOH u. N_2H_4; n_D^{17} 1,4409; 95%. *$HgCl_2$-Deriv.*, F. 100°. — Analog: *α-n Butylfuran*, Kp. 139°, n_D^{15} 1,4457; 65%. *$HgCl_2$-Deriv.*, F. 81°. — *α-sek.-Butylfuran*, $Kp._{754}$ 137°, n_D^{14} 1,4440; 32%. *$HgCl_2$-Deriv.*, F. 88—89°. — *α-n-Pentyl-(2)-furan*, Kp. 159—160°, n_D^{15} 1,4452; 22%. *$HgCl_2$-Deriv.*, F. 87°. (C. R. hebd. Séances Acad. Sci. **234**. 2296—98. 4/6. 1952.)
GROH. 3061

Gerrit Van Zyl, John F. Zack jr., Earl S. Huyser und **Paul L. Cook**, *Kondensationen von Epoxyden mit 2-Thienylnatrium und 2-Thienylmagnesiumbromid.* Vff. untersuchen die Umsetzung von 2-Thienylnatrium (**I**) mit Propylenoxyd (**II**), die zur Bldg. von *1-Thienyl-(2)-propanol-(2)* (**III**) führt, u. die Rkk. von **I** oder Thienyl-(2)-MgBr (**IV**) mit Styroloxyd (**V**) sowie Epichlorhydrin (**VI**), die *1-[Thienyl-(2)]-2-phenyläthanol-(2)* (**VII**) bzw. *1-[Thienyl-(2)]-3-chlorpropanol-(2)* (**VIII**) liefern. **III** u. **VII** gehen beim Kochen über KOH bzw. $KHSO_4$ leicht unter Wasseraustritt in *1-Thienyl-(2)-propylen-(1)* bzw. *1-[Thienyl-(2)]-2-phenyläthylen* (**IX**) über. **VIII** liefert beim Vers. der Dehydratation eine polymere Masse. **IX** kann außerdem durch Dehydratation aus *1-[Thienyl-(2)]-2-phenyläthanol-(1)* [(**X**), dargestellt durch Kondensation von Phenylacetaldehyd u. **IV**] erhalten werden. — Die mit **IV** durchgeführten Synthesen geben hohe Ausbeuten u. sind einfacher in der Durchführung als die Umsetzungen mit **I**, jedoch sind zur Darst. von **IV** Brom- oder Jodthiophen erforderlich, da 2-Chlorthiophen (**XI**) keine GRIGNARD-Verb. bildet.

Versuche (alle Rkk. wurden in einer N_2-Atmosphäre durchgeführt): *1-Thienyl-(2)-propanol-(2)* (**III**), $Kp._7$ 87°, durch Zugabe von **XI** zu frisch bereitetem Na-Amalgamsand (2,17 Mol Na, 0,10 Mol Hg) in Bzl., 3std. Kochen unter Rühren, tropfenweise Zugabe von **II** bei 0—10° unter Rühren u. Stehenlassen über Nacht; n_D^{22} 1,530; 32,4% (Ausbeute). *Phenylurethan*, $C_{14}H_{15}O_2NS$, F. 65—66°. — *1-Thienyl-(2)-propylen-(1)*, C_7H_8S, $Kp._{14}$ 63—64°, durch Dest. von **III** über KOH bei vermindertem Druck; n_D^{23} 1,5645; 60—70%. — *1-[Thienyl-(2)]-2-phenyläthanol-(2)* (**VII**), $C_{12}H_{12}OS$, $Kp._8$ 169—170°, $Kp._4$ 155—160°, aus **V** u. **I** wie **III**; 50,5%, oder aus **IV** in absol. Ae. durch Zugabe von **V** in Ae. unter Eiskühlung u. Stehenlassen über Nacht; 63%. *Phenylurethan*, $C_{19}H_{17}O_2NS$, F. 106,5—107°. — *1-[Thienyl-(2)]-2-phenyläthylen* (**IX**), $C_{12}H_{10}S$, F. 109—110° (absol. A.), durch Dest. von **VII** mit der gleichen Gewichtsmenge $KHSO_4$ oder aus **X** wie vorstehend. — *1-[Thienyl-(2)]-2-phenyläthanol-(1)* (**X**), $Kp._{1-2}$ 132—134°, aus **IV** in absol. Ae. durch tropfenweise Zugabe von Phenylacetaldehyd unter Rühren u. Kühlung u. Stehenlassen über Nacht; 86%, daneben wenig **IX**. — *1-[Thienyl-(2)]-3-chlorpropanol-(2)* (**VIII**), C_7H_9OSCl, $Kp._8$ 119—122°, aus 0,5 Mol **IV** u. 1 Mol **VI** in absol. Ae. bei 0—10°; 60,5%, daneben *1.3-Dichlorpropanol-(2)* (**XII**;

Kp.$_{16}$ 84°; 62,2 g), oder durch Zugabe von 0,35 Mol **VI** zu 0,25 Mol **I** in Bzl. unter Kühlung u. Rühren über Nacht; 32,5%, daneben 11,7 g **XII**. *Phenylurethan*, $C_{14}H_{14}O_2NSCl$, F. 87°. (J. Amer. chem. Soc. **76**. 707—09. 5/2. 1954. Holland, Mich., Hope Coll., Dep. of Chem.) G. WINKLER. 3071

P. Cagniant und **Mme. P. Cagniant**, *Untersuchungen in der Thiophenreihe*. 4. Mitt. *Beitrag zur Untersuchung des 2.5-Diäthylthiophens*. (3. vgl. C. **1953**. 1805.) 2.5-Diäthylthiophen (**II**) liefert bei der Chlormethylierung mit Chlormethyläther im Gegensatz zu 2-Äthylthiophen (vgl. l. c.) als Hauptprod. *3-Chlormethyl-2.5-diäthylthiophen* (**I**) u. nur in sehr geringer Menge *Bis-[2.5-diäthylthienyl-(3)]-methan*. Mit **I** wurde eine Reihe von Umsetzungen durchgeführt. Von den aus **I** bzw. **II** dargestellten *ω-[2.5-Diäthylthienyl-(3)]-alkansäurechloriden* ließen sich *β-[2.5-Diäthylthienyl-(3)]-propionylchlorid* überhaupt nicht, *γ-[2.5-Diäthylthienyl-(3)]-butyrylchlorid* mit guter [→ *2.7-Diäthyl-3-keto-3.4.5.6-tetrahydroisothionaphthen* (**V**)] u. *δ-[2.5-Diäthylthienyl-(3)]-valerylchlorid* mit schlechter Ausbeute cyclisieren. — Die Bromierung von **II** mit N-Bromsuccinimid ergab ohne Katalysator oder in Ggw. von Benzoylperoxyd nur in schlechter Ausbeute *2.5-Diäthyl-3-bromthiophen* (**III**), als Hauptprodd. entstehen wahrscheinlich unbeständige, in der Seitenkette bromierte Produkte. Besser als **III** läßt sich *2.5-Diäthyl-3-jodthiophen* darstellen, das in Form seiner GRIGNARD-Verb. (**VIII**) verschied. Umsetzungen unterworfen wurde. — **II** ließ sich nach FRIEDEL-CRAFTS mit einer Reihe von Säurechloriden zu *3-Acyl-2.5-diäthylthiophenen* umsetzen, die sich am besten nach WOLFF-KISHNER-MINLON zu den zugehörigen *3-Alkyl-2.5-diäthylthiophenen* reduzieren ließen. Die Kurve der Abhängigkeit der DD.$^{20}_{4}$ u. nn$_D^{20}$ der 3-Acyl- u. 3-Alkyl-2.5-diäthylthiophene vom 3-Substituenten zeigt bei den 3-Alkylverbb. für *3-n-Hexyl-2.5-diäthylthiophen* eine Anomalie. Die Kondensation der 3-Acyl-2.5-diäthylthiophene mit Isatin (**VI**) bzw. 5-Methylisatin (**VII**) ergab nur geringe Ausbeuten an den zugehörigen Cinchoninsäuren.

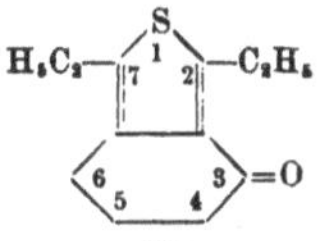

V

Versuche: *3-Chlormethyl-2.5-diäthylthiophen* (**I**), $C_9H_{13}ClS$, Kp.$_{11,5}$ 122—123°, durch 2std. Stehen von **II** u. Chlormethyläther in Eisessig, dann 3std. Erwärmen auf 32° u. Gießen in W.; D.$^{18,8}_{4}$ 1,095, n$_D^{18}$ 1,5333; 60% (Ausbeute). *Bis-[2.5-diäthylthienyl-(3)]-methan* wurde nur in einer zur Reinigung ungenügenden Menge isoliert. — *3-Cyanmethyl-2.5-diäthylthiophen* (**IV**), $C_{10}H_{13}NS$, Kp.$_{11}$ 145—145,5°, durch 12std. Kochen von **I** mit KCN in wss. Aceton, Abdampfen des Acetons im Vakuum, Zugabe von W. u. Benzolextraktion; D.$^{18,5}_{4}$ 1,048, n$_D^{21,4}$ 1,5244; 55%. — *2.5-Diäthylthienyl-(3)-essigsäure*, $C_{10}H_{14}O_2S$, Kp.$_{12}$ 173—175°, Kp.$_3$ 151,5—152°, durch 24std. Verseifung von 5 g **IV** mit wss.-alkoh. KOH unter Rückfluß; D.$^{18,6}_{4}$ 1,111, n$_D^{18,4}$ 1,5268; 4,8 g, *Chlorid*, $C_{10}H_{13}OClS$, Kp.$_3$ 110°, mit $SOCl_2$ in Chlf.; n$_D^{18,2}$ 1,5301; 93%. *Amid*, $C_{10}H_{15}ONS$, F. 110°, aus Bzl.-PAe. feine Plättchen. *Äthylester*, $C_{12}H_{18}O_2S$, Kp.$_{10}$ 137°. D.$^{21}_{4}$ 1,042, n$_D^{20,4}$ 1,5028. — *2.5-Diäthylthenoyl-(3)-cyanid-p-dimethylaminoanil*, $C_{18}H_{21}N_3S$, F. 82°, durch mehrstd. Stehen äquimol. Mengen **IV** u. p-Nitroso-N.N-dimethylanilin in möglichst wenig A. in Ggw. von etwas alkoh. KOH; aus A. ockerfarbene Plättchen. — *2.5-Diäthylthenoyl-(3)-cyanid*, F. ~30°, durch 10 Min. Erwärmen vorst. Verb. in verd. H_2SO_4 auf 60—70°; sehr leicht lösl. in den üblichen Lösungsmitteln. — *2.5-Diäthylthenoesäure-(3)* (**IX**), $C_9H_{12}O_2S$, F. 65°, durch Hydrolyse vorst. Verb. in schwach angesäuertem W. oder durch Erwärmen mit alkoh. KOH; aus PAe. mikrokristallines Pulver; oder aus 3-Acetyl-2.5-diäthylthiophen (**XI**) in Dioxan mit wss. KOBr-Lsg.; 82%. *Chlorid*, $C_9H_{11}OClS$, Kp.$_{9,5}$ 125°, n$_D^{20,3}$ 1,5505. *Amid*, $C_9H_{13}ONS$, F. 116°, aus Bzl.-PAe. feine Nadeln. *Äthylester*, $C_{11}H_{16}O_2S$, Kp.$_{12}$ 123°, D.$^{20,8}_{4}$ 1,054, n$_D^{19,3}$ 1,5111. — *2.5-Diäthylthenyl-(3)-malonsäurediäthylester*, $C_{16}H_{24}O_4S$, Kp.$_{10,5}$ 192°, aus **I** u. Na-Malonester in A.; D.$^{20,8}_{4}$ 1,072, n$_D^{20}$ 1,4924; 80%. *Freie Säure*, $C_{12}H_{16}O_4S$, F. 120° (darüber CO_2-Entw.). — *β-[2.5-Diäthylthienyl-(3)]-propionsäure*, $C_{11}H_{16}O_2S$, Kp.$_{10,5}$ 189°, durch Dest. vorst. Säure im Vakuum; n$_D^{21,6}$ 1,5229. *Chlorid*, $C_{11}H_{15}OClS$, Kp.$_3$ 119°, n$_D^{18,4}$ 1,5278. — *β-[2.5-Diäthylthenoyl-(3)]-propionsäure*, $C_{12}H_{16}O_3S$, F. 80°, aus **II** u. Bernsteinsäureanhydrid mit $AlCl_3$ in Nitrobenzol; aus Bzl. feine verfilzte Nadeln; 71%. *Semicarbazon*, $C_{13}H_{19}O_3N_3S$, F. 153°, aus A. feine Plättchen. *Methylester*, $C_{13}H_{18}O_3S$, Kp.$_{10,8}$ 189—190°, aus **II** u. Bernsteinsäuremonochloridmethylester mit $AlCl_3$ in CS_2; D.$^{21,5}_{4}$ 1,120, n$_D^{20,4}$ 1,5251; 64%; *Semicarbazon*, $C_{14}H_{21}O_3N_3S$, F. 96,5°; *2.4-Dinitrophenylhydrazon*, $C_{19}H_{22}O_6N_4S$, F. 117,5°. — *γ-[2.5-Diäthylthienyl-(3)]-buttersäure*, $C_{12}H_{18}O_2S$, Kp.$_{16}$ 207°, Kp.$_{10}$ 193°, durch Red. vorst. Säure nach WOLFF-KISHNER-MINLON; D.$^{19,8}_{4}$ 1,076, n$_D^{19}$ 1,5200; 92%. *Chlorid*, $C_{12}H_{17}OClS$, Kp.$_{8,7}$ 153°, mit $SOCl_2$ in Ae. + Pyridin (in Chlf. tritt Cyclisierung ein); D.$^{18,8}_{4}$ 1,092, n$_D^{17,2}$ 1,5220; 92%. Das Amid konnte nicht krist. erhalten werden. — *2.7-Diäthyl-3-keto-3.4.5.6-tetrahydroisothionaphthen* (**V**), $C_{12}H_{16}OS$, Kp.$_{10,5}$ 162°, Kp.$_{3,5}$ 140°, aus vorst. Chlorid; D.$^{19,2}_{4}$ 1,099, n$_D^{18,2}$ 1,5587; 91%; gab kein krist. Semicarbazon. *Oxim*, $C_{12}H_{17}ONS$,

F. 122° (Bzl.–PAe.). *2.4-Dinitrophenylhydrazon*, $C_{18}H_{20}O_4N_4S$, F. 217° (A.–Bzl.). *Ketazin*, $C_{24}H_{32}N_2S_2$, F. 137–137,5° (A.). – Die Kondensation von **V** mit **VI** bzw. **VII** lieferte die erwarteten Prodd. *2'.5'-Diäthylthiopheno-[3'.4':3.4]-1.2-dihydroacridin-carbonsäure-(9)* bzw. deren *7-Methylderiv.* nur in einer zur Charakterisierung nicht ausreichenden Menge. – *2.7-Diäthyl-3.4.5.6-tetrahydroisothionaphthen*, $C_{12}H_{18}S$, Kp.$_9$ 131,5–132°, durch Red. von **V**; D.$^{18,2}_{4}$ 1,009, n_D^{19} 1,5380; 82%. – *γ-[2.5-Diäthylthenoyl-(3)]-buttersäure*, $C_{13}H_{18}O_3S$, F. 58° (verd. A.), aus **II** u. Glutarsäureanhydrid mit $AlCl_3$ in Nitrobenzol; 75%. *Semicarbazon*, $C_{14}H_{21}O_3N_3S$, F. 161°. *Äthylester*, $C_{15}H_{22}O_3S$, Kp.$_{10}$ 200,5–201°, aus Glutarsäuremonochloridäthylester u. **II** mit $AlCl_3$ in CS_2; 67%; *2.4-Dinitrophenylhydrazon*, $C_{21}H_{26}O_6N_4S$, F. 114° (A.). – *δ-[2.5-Diäthylthienyl-(3)]-valeriansäure*, $C_{13}H_{20}O_2S$, F. 55,5° (PAe.), Kp.$_{9,8}$ 209–210°, D.$^{21,2}_{4}$ 1,093, $n_D^{19,7}$ 1,5239 (unterkühlte Fl.); 87%. *Chlorid*, $C_{13}H_{19}OClS$, Kp.$_7$ 170° (leichte Zers.), n_D^{18} 1,5258; 89%. Das Amid ließ sich nicht krist. erhalten. – *2'.5'-Diäthylthiopheno-[3'.4':1.2]-cycloheptanon-(3)*, $C_{13}H_{18}OS$, Kp.$_{11,5}$ 176–177°, aus vorst. Chlorid mit $SnCl_4$ in CS_2; n_D^{18} 1,5522; 71%. *2.4-Dinitrophenylhydrazon*, $C_{19}H_{22}O_4N_4S$, F. 150° (A.). – *2'.5'-Diäthylthiopheno-[3'.4':1.2]-cycloheptan*, $C_{13}H_{20}S$, Kp.$_{13,5}$ 154–155°, D.$^{17,8}_{4}$ 1,032. $n_D^{17,4}$ 1,5340; 84%. – *3-Brom-2.5-diäthylthiophen* (**III**), $C_8H_{11}BrS$, Kp.$_{10,2}$ 107–108°, durch Umsetzung von 20 g **II** mit 26 g N-Bromsuccinimid in CCl_4 ohne oder in Ggw. von Benzoylperoxyd, ½std. Kochen nach Beendigung der anfänglichen heftigen Rk., Filtration, Eindampfen u. fraktionierte Dest.; $n_D^{18,4}$ 1,5483; 4 g; 6 g **II** wurden zurückgewonnen; die höhersd. bromhaltigen Fraktionen Kp.$_3$ 160–162° (D.$^{20,5}_{4}$ 1,123, $n_D^{19,8}$ 1,5644) u. Kp.$_3$ 215–220° (D.$^{20,5}_{4}$ 1,164, $n_D^{19,6}$ 1,5761) konnten nicht identifiziert werden. – *3-Jod-2.5-diäthylthiophen*, $C_8H_{11}JS$, Kp.$_{8,5}$ 116,5–117°, Kp.$_{3,4}$ 89°, analog der Darst. von Jodthioxen nach STEINKOPF (Liebigs Ann. Chem. **536**. [1938.] 128. 139); D.$^{19,4}_{4}$ 1,575, $n_D^{19,5}$ 1,5840; 73%. *Mg-Verb.* (**VIII**), mit Mg in Ae. in Ggw. von $C_2H_5 \cdot MgBr$; gibt mit CO_2 **IX**. – *β-[2.5-Diäthylthienyl-(3)]-äthylalkohol*, $C_{10}H_{16}OS$, Kp.$_{9,5}$ 145 bis 148°, aus **VIII**-Lsg. u. Äthylenoxyd in Bzl.; D.$^{19,8}_{4}$ 1,064, $n_D^{19,8}$ 1,5268; 54%. *p-Nitrobenzoat*, $C_{17}H_{19}O_4NS$, F. 46° (PAe.). – *2.5-Diäthylthenaldehyd-(3)* (**X**), $C_9H_{12}OS$, Kp.$_{8,5}$ 114,5–115°, a) aus **VIII**-Lsg. u. Orthoameisensäuretriäthylester; D.$^{21}_{4}$ 1,052 $n_D^{18,6}$ 1,5372; b) aus **I** mit Hexamethylentetramin; 48%. *Semicarbazon*, $C_{10}H_{15}ON_3S$, F. 178° (Bzl.). *2.4-Dinitrophenylhydrazon*, $C_{15}H_{16}O_4N_4S$, F. 188°. – *α-[Naphthyl-(2)]-β-[2.5-diäthylthienyl-(3)]-acrylonitril*, $C_{21}H_{19}NS$, F. 80°, durch Zugabe von wss.-alkoh. KOH zur Lsg. von **X** u. Naphthyl-(2)-acetonitril in möglichst wenig A., die analogen Kondensationsprodd. von **X** mit Benzylcyanid, p-Brombenzylcyanid, Thienyl-(2)-acetonitril u. α-Tetralon konnten nicht krist. erhalten werden. – Nachst. 3-Acyl-2.5-diäthylthiophene wurden aus **II** u. den Säurechloriden in CS_2 durch portionsweise Zugabe von $AlCl_3$ ohne Kühlung u. 4std. Stehen dargestellt, sie wurden nach WOLFF-KISHNER-MINLON zu den 3-Alkyl-2.5-diäthylthiophenen red.: *3-Methyl-*, $C_9H_{14}S$, Kp.$_{10,2}$ 82°, aus **X**; D.$^{18}_{4}$ 0,952, n_D^{18} 1,5068; 59%. *4-Chlormercurideriv.*, $C_9H_{13}ClSHg$, F. 98° (wss. A.). – *3-Propionyl-*, $C_{11}H_{16}OS$, Kp.$_{11,3}$ 133,5°, D.$^{19,8}_{4}$ 1,034, D.$^{21}_{4}$ 1,032, $n_D^{19,3}$ 1,5272; 86%. *Semicarbazon*, $C_{12}H_{19}ON_3S$, F. 142° (Bzl.–PAe.). *2.4-Dinitrophenylhydrazon*, $C_{17}H_{20}O_4N_4S$, F. 146° (Bzl.–PAe.). – *3-Propyl-* (**XII**), $C_{11}H_{18}S$, Kp.$_{9,5}$ 109,5–110°, D.$^{22}_{4}$ 0,934, $n_D^{21,8}$ 1,5013; 79%. – *3-Butyryl-*, $C_{12}H_{18}OS$, Kp.$_{11,7}$ 147,5°, D.$^{22}_{4}$ 1,014, $n_D^{20,8}$ 1,5213; 92%. *Semicarbazon*, $C_{13}H_{21}ON_3S$, F. 142°. *2.4-Dinitrophenylhydrazon*, $C_{18}H_{22}O_4N_4S$, F. 109° (Bzl.–A.). – *3-n-Butyl-*, $C_{12}H_{20}S$, Kp.$_{9,5}$ 116,5–117°, D.$^{21,2}_{4}$ 0,928, $n_D^{21,2}$ 1,5002; 81%. – *3-n-Valeryl-*, $C_{13}H_{20}OS$, Kp.$_{11}$ 154°, D.$^{19}_{4}$ 1,003, $n_D^{19,8}$ 1,5171; 90%. *Semicarbazon*, $C_{14}H_{23}ON_3S$, F. 113° (Bzl.–PAe.). *2.4-Dinitrophenylhydrazon*, $C_{19}H_{24}O_4N_4S$, F. 112°. — *3-n-Amyl-*, $C_{13}H_{22}S$, Kp.$_{11,5}$ 132°, D.$^{21,5}_{4}$ 0,920, $n_D^{20,8}$ 1,4982; 81%. — *3-n-Caproyl-*, $C_{14}H_{22}OS$, Kp.$_{17,5}$ 182°, Kp.$_{9,7}$ 162,5°, D.^{18,7} 0,992, n_D^{18} 1,5151; 82%. *Semicarbazon*, $C_{15}H_{25}ON_3S$, F. 92° (PAe.). *2.4-Dinitrophenylhydrazon*, $C_{20}H_{26}O_4N_4S$, F. 97,5° (A.). — *3-n-Hexyl-*, $C_{14}H_{24}S$, Kp.$_9$ 140,5—141°, D.$^{20,5}_{4}$ 0,932, n_D^{20} 1,4989; 83%. — *3-n-Heptanoyl-*, $C_{15}H_{24} \cdot OS$, Kp.$_{8,8}$ 174°, D.$^{19,8}_{4}$ 0,985, n_D^{20} 1,5110; 79%; Semicarbazon u. 2.4-Dinitrophenylhydrazon konnten nicht krist. erhalten werden. — *3-n-Heptyl-*, $C_{15}H_{26}S$, Kp.$_{8,5}$ 153,5 bis 154°, D.$^{20}_{4}$ 0,923, $n_D^{19,8}$ 1,4985; 80%. — *3-n-Octanoyl-*, $C_{16}H_{26}OS$, Kp.$_{8,7}$ 184 bis 184,5°, D.$^{20,5}_{4}$ 0,973, $n_D^{19,2}$ 1,5091; 84%. *2.4-Dinitrophenylhydrazon*, $C_{22}H_{30}O_4N_4S$, F. 58° (A.). — *3-n-Octyl-*, $C_{16}H_{28}S$, Kp.$_9$ 165—166°, D.$^{20}_{4}$ 0,913, $n^{19,5}$ 1,4931; 81%. — *3-n-Decanoyl-*, $C_{18}H_{30}OS$, Kp.$_{10,5}$ 209,5°, D.$^{20,}_{4}$ 0,595, $n_D^{20,5}$ 1,5055; 78%. *2.4-Dinitrophenylhydrazon*, $C_{24}H_{34}O_4N_4S$, F. 61° (A.). — *3-n-Decyl-*, $C_{18}H_{32}S$, Kp.$_{3,5}$ 168°, $n_D^{18,2}$ 1,4988, D.$^{18,8}_{4}$ 0,932; 80%. — *3-Palmitoyl-*, $C_{24}H_{42}OS$, F. 34° (A.), Kp.$_3$ 214°; 80%. *2.4-Dinitrophenylhydrazon*, $C_{30}H_{46}O_4N_4S$, F. 71,5—72° (A.). *Ketazin*, $C_{48}H_{84}N_2S_2$, F. 44° (A.). — *3-n-Hexadecyl-*, $C_{24}H_{44}S$, Kp.$_{3,5}$ 209,5—211°, D.$^{20,8}_{4}$ 0,898, $n_D^{19,8}$ 1,4896; 70%. — *3-Benzoyl-*, $C_{15}H_{16}OS$, Kp.$_{10,4}$ 190,5°, D.$^{19,8}_{4}$ 1,104, $n_D^{18,5}$ 1,5895; 82%. *2.4-Dinitrophenylhydrazon*, $C_{21}H_{20}O_4N_4S$, F. 118° (A.). — *3-Benzyl-*, $C_{15}H_{18}S$, Kp.$_{10}$

167°, Kp.$_{3,5}$ 139,5—140°, D.$_{194}$ 1,032, n_D^{18} 1,5630; 79%. — *3-Phenylacetyl-*, $C_{16}H_{18}OS$, Kp.$_{10,8}$ 205,5—207°, n_D^{20} 1,5892; 79%; Semicarbazon u. 2.4-Dinitrophenylhydrazon konnten nur in Spuren bzw. überhaupt nicht krist. erhalten werden. — *2-[2.5-Diäthylthienyl-(3)]-chinolin*, $C_{17}H_{17}NS$, aus **XI** u. **VI**; *Pikrat*, $C_{23}H_{20}O_7N_4S$, F. 185° (absol. A.).— *6-Methyl-2-[2.5-diäthylthienyl-(3)]-chinolin*, $C_{18}H_{19}NS$, F. 60°, aus **XI** u. **VII**. *Pikrat*, $C_{24}H_{22}O_7N_4S$, F. 194° (absol. A.). — *3-n-Propyl-4-acetyl-2.5-diäthylthiophen*, $C_{13}H_{20}OS$, Kp.$_{9,5}$ 141°, aus **XII** u. Acetylchlorid in Ggw. von $AlCl_3$; $n_D^{20,5}$ 1,5202; 40—45%. *2.4-Dinitrophenylhydrazon*, $C_{19}H_{24}O_4N_4S$, F. 109° (A.). — *3-n-Butyl-4-acetyl-2.5-diäthylthiophen*, $C_{14}H_{22}OS$, Kp.$_{8,5}$ 150—151°, analog; D.$^{19}_4$ 0,995, $n_D^{19,8}$ 1,5179. *2.4-Dinitrophenylhydrazon*, $C_{20}H_{26}O_4N_4S$, F. 90—91° (A.; nach Erweichen bei 85°). — *3-n-Amyl-4-acetyl-2.5-diäthylthiophen*, $C_{15}H_{24}OS$, Kp.$_9$ 160°, D.$^{19}_4$ 0,986, $n_D^{19,3}$ 1,5148. *2.4-Dinitrophenylhydrazon*, $C_{21}H_{28}O_4N_4S \cdot C_2H_5OH$, F. ~105° (nach Erweichen bei 95°). — Das in der 3. Mitt. (l. c.) als Fl. beschriebene *5-Valeryl-2-äthylthiophen* wurde nach mehrmonatigem Stehen im Eisschrank kristallin erhalten, F. 32° (PAe.). (Bull. Soc. chim. France, Mém. [5] **20.** 713—25. Juli/Aug. 1953. Strasbourg, Univ., Labor. de Rech.)
SPAETH. 3071

L. Vargha und **M. Rados,** *Über die Synthese von neuen biologisch wirksamen Chromonderivaten.* 2-Oxy-3.6-dimethoxyacetophenon (**III**) wird in Ggw. von $NaOCH_3$ mit Essigester kondensiert u. das entstehende *[2.5-Dimethoxy-6-oxybenzoyl]-aceton* mittels konz. HCl zum *Oxoniumsalz* I cyclisiert. Dieses spaltet beim Stehen oder Kochen in Dioxan HCl unter Bldg. von *2-Methyl-5.8-dimethoxychromon* (II) ab. Analog entsteht aus **III** durch Kondensation mit Oxalsäurediäthylester *[2-Oxy-3.6-dimethoxybenzoyl]-brenztraubensäureäthylester* u. bei anschließender Cyclisierung u. Verseifung *5.8-Dimethoxychromoncarbonsäure-(2)*, deren *n-Butylester* dargestellt wird. Die Derivv. dieser Säure bilden kein Oxim u. kein Oxoniumsalz. Ferner wurde *6.7-Dimethoxychromoncarbonsäure-(2)-butylester* dargestellt. — Die pharmakol. Unterss. der Verbb. in wss.-alkoh. „tween-80" (Sorbitanmonooleatpolyoxymethylenäther) an isolierten Katzen-, Kaninchen- u. Hundeherzen zeigten, daß die coronardilator. Wrkg. von **II** 5—6mal stärker ist als die von Khellin.

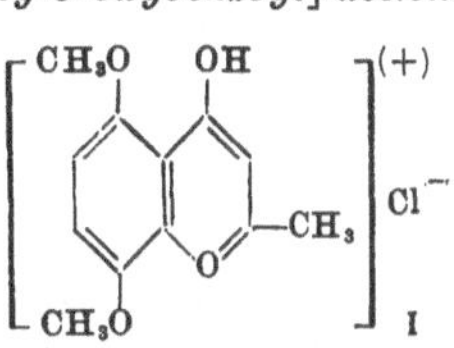

I

V e r s u c h e: *[2-Oxy-3.6-dimethoxybenzoyl]-aceton*, $C_{12}H_{14}O_5$, F. 112—114°, durch 4std. Kochen eines Gemischs von $NaOCH_3$, Äthylacetat u. **III** in absol. A.; aus dem Nd. durch Verreiben mit 10%ig. Essigsäure; kanariengelbe Substanz aus A.; 65% (Ausbeute). — *2-Methyl-5.8-dimethoxychromon* (**II**), $C_{12}H_{12}O_4$, F. 129—130°, durch 10 Min. Kochen von 4,8 g vorst. Verb. in absol. A. + konz. HCl, Abdest. u. Behandeln mit Ae.; aus dem gebildeten *Oxoniumsalz* (**I**; F. ca. 158—160°; 4 g) durch Stehen oder kurzes Kochen in Dioxan; Blättchen aus CCl_4; 3,5 g. *Oxim*, $C_{12}H_{13}O_4N$, F. 107—108,5° (40%ig. A.). — *[2-Oxy-3.6-dimethoxybenzoyl]-brenztraubensäureäthylester*, $C_{14}H_{16}O_7$, F. 85—87°, durch 4std. Kochen von $NaOCH_3$, 43,8 g Oxalsäurediäthylester u. 0,1 Mol **III** in absol. A. u. Verreiben des Nd. mit Essigsäure; gelbe Kristalle aus W.; 25—27 g. — *5.8-Dimethoxychromoncarbonsäure-(2)-äthylester*, $C_{14}H_{14}O_6$, F. 173—174°, durch 35 Min. Kochen vorst. Verb. in Eisessig u. konz. HCl u. Gießen in W., gelbe Substanz aus A.; 90%. *Freie Säure*, $C_{12}H_{10}O_6$, F. 230—231°, gelbe Substanz aus Eisessig; 70%; gibt kein Oxim. *n-Butylester*, $C_{16}H_{18}O_6$, F. 95—96°, blaßgelbe Substanz aus A.; 70%; gibt kein Oxim. — *6.7-Dimethoxychromoncarbonsäure-(2)-butylester*, $C_{16}H_{18}O_6$, F. 131 bis 132°, durch 8std. Kochen der Säure, Butanol u. H_2SO_4; Nadeln aus 75%ig. A.; 18,5 g aus 25 g Säure. (Acta chim. Acad. Sci. hung. **3.** 223—29. 1953. Budapest, Forsch.-Inst. für die Pharmazeut. Ind.) LEHWALD. 3211

Marc Julia, *Synthese des 3.6-Diaminoxanthons.* Nach der Meth. von ULLMANN u. WAGNER [1907] wurde aus o-Chlor-p-nitrobenzoesäure u. m-Acetamidophenol *o-[m-Acetamidophenoxy]-p-nitrobenzoesäure* (F. 241—242°) hergestellt u. diese mit konz. H_2SO_4 durch mehrstd. Erhitzen auf dem Wasserbad zu *3-Acetamido-6-nitroxanthon* (F. 268—269°) cyclisiert. Durch Red. mit $SnCl_2$ u. HCl in n-Butanol entsteht direkt *3.6-Diaminoxanthon* ($C_{13}H_{10}O_2N_2$, gelbe Nadeln, F. 318—310°). — Die Abspaltung der Acetylgruppe zum 3-Amino-6-nitroxanthon mittels HBr in Eisessig gelingt nur durch langes Kochen. — Auf dem gleichen Weg wurden aus o-Chlorbenzoesäure u. m-Acetamidophenol *o-[m-Acetamidophenoxy]-benzoesäure* (F. 189°) u. *3-Acetamidoxanthon* hergestellt; Hydrolyse mit sd. HCl liefert *3-Aminoxanthon* (gelbe Nadeln, F. 224—225°). (C. R. hebd. Séances Acad. Sci. **234.** 1179—81. 10/3. 1952.)
HANSCHKE. 3211

Françoise Bardone, *Über eine Synthese von Thia-γ-pyronen.* Dipropinylketon u. Bis-[phenyläthinyl]-keton reagieren mit H_2S in absol. A. (bis zu 1 Std. >100° im Autoklaven) zu *2.6-Dimethylthia-γ-pyron* [**I**; F. 104° (Cyclohexan); 90% (Ausbeute)] bzw. *2.6-Diphenylthia-γ-pyron* (**II**; gelb, F. 133°; <50%). Beim Kochen von **I** mit P_2S_5 in Bzl. (7 Std.) entsteht *2.6-Dimethyl-4-thiothia-γ-pyron* (F. 116°, rotorange); **II** scheint sich unter den gleichen Bedingungen hauptsächlich zu polymerisieren, jedoch konnte Vf. die Bldg. von *2.6-Diphenyl-4-thiothia-γ-pyron* nachweisen. (C. R. hebd. Séances Acad. Sci. **238.** 1716—17. 26/4. 1954.) J. ROTHE. 3221

Werner Loop und **Erich Lührs,** *Über 4-Sulfanilamidopyrimidine.* Benzolsulfonsäurehalogenide, die in p-Stellung einen in die Aminogruppe umwandelbaren Substituenten tragen, reagieren mit 4-Aminopyrimidinen unter den üblichen Bedingungen nur sehr schwer; in Ggw. von Trimethylamin (**I**) dagegen entstehen die entsprechenden *Benzolsulfonylaminopyrimidine* in guter Ausbeute. Bei der Rk. von 2 Mol **I** u. 2 Mol Sulfonsäurechlorid mit 1 Mol Amin wurden in allen untersuchten Fällen die *Bisbenzolsulfonylderivv.* erhalten, die bei partieller Hydrolyse die *Monobenzolsulfonylderivv.* liefern; dieser Weg zur Darst. der letzteren erweist sich im Falle der 4-Aminopyrimidine als der vorteilhafteste. Zur Klärung der Frage, ob die Bis-benzolsulfonylderivv. möglicherweise als 3-Benzolsulfonylpyrimidon-(4)-benzolsulfonimide vorliegen, setzen Vff. das aus Kyanmethin (4-Amino-2.6-dimethylpyrimidin [**II**]) u. Benzolsulfonsäurechlorid (**III**) erhaltene *4-Benzolsulfonylamino-2.6-dimethylpyrimidin* (**IV**) mit p-Acetamidobenzolsulfonylchlorid (**V**) u. außerdem 4-[p-Acetamidobenzolsulfonylamino]-2.6-dimethylpyrimidin (**VI**) mit **III** um. Bei beiden Rkk. entsteht dasselbe Prod., welches daher nur *4-[Benzolsulfonyl-(p-acetamidobenzolsulfonyl)-amino]-2.6-dimethylpyrimidin* sein kann. Die Methylierung von *4-[p-Aminobenzolsulfonylamino]-2.6-dimethylpyrimidin* (**VII**) mit Methyljodid ergibt *4-[Methyl-(p-aminobenzolsulfonyl)-amino]-2.6-dimethylpyrimidin,* dessen Konst. durch eindeutige Synth. gesichert wird. Diese Verb. ist aber nicht ident. mit einem durch Rk. von **VI** mit Dimethylsulfat u. Hydrolyse erhaltenen isomeren Prod., welches daher als *2.3.6-Trimethylpyrimidon-(4)-sulfanilimid* angesehen wird. Die katalyt. Wrkg. von **I** bei der Bldg. der Bis-[benzolsulfonyl]-aminopyrimidine wird von den Vff. bei der Rk. von **II** mit **V** bes. untersucht. Es wird festgestellt, daß sich zunächst aus **I** u. **V** eine *Verb.* $C_{11}H_{17}O_3N_2ClS$ (**VIII**) bildet, die auch isoliert werden kann u. dann mit **II** zu demselben Prod. weiterreagiert, das auch durch gleichzeitige Rk. von **I, II** u. **V** entsteht. **VIII** ist eine typ. Molekülverb., die sich durch entsprechende Verss. in die Ausgangskomponenten zerlegen läßt. Vff. erklären die Bldg. von **VIII** mit einer Dipol-Dipol-Wechselwrkg. zwischen **I**, in dem die C—N-Bindungen, u. **V**, dessen S—Cl- bzw. S=O-Bindungen polaren Charakter haben. Triäthylamin, Pyridin bzw. Dimethylanilin bilden unter den im Falle von **I** angewandten Bedingungen keine Molekülverbb. mit **V**, auch wirkt ihre Anwesenheit nicht katalysierend auf die Rk. von **II** mit **V**. Dieses Verh. wird mit der Annahme gedeutet, daß nur die geringen Dimensionen der Methylgruppen von **I** die zur Ausbldg. einer Molekülverb. erforderliche Annäherung der Dipolschwerpunkte zulassen.

V e r s u c h e : *4-Bis-[p-acetamidobenzolsulfonyl]-amino-2.6-dimethylpyrimidin* (**IX**), $C_{22}H_{23}O_6N_5S_2$, F. >200° (Zers.; Methyläthylketon–A.), a) durch Zugabe von wasserfreiem **I** in Bzl. zu **II** u. **V** (F. 146—148,5° [CH_2Cl_2]) in CH_2Cl_2, 6std. Rk. bei 40°, Einengen, Versetzen mit heißem W. u. 24std. Stehen; unlösl. in kalter NaOH; 96,5% (Ausbeute); b) durch 4std. Rk. von **VIII** mit **II** bei Raumtemp. in CH_2Cl_2, 1std. Kochen, 2std. Stehen, Einengen, Behandeln mit heißem W. u. nach 1 Tag mit 5%ig. NaOH; 35%; durch Neutralisieren der Mutterlauge *4-[p-Acetamidobenzolsulfonylamino]-2.6-dimethylpyrimidin* (**VI**); lösl. in kalter NaOH; 24,3%. — Analog **IX** (Meth. a) folgende 2.6 - D i m e t h y l p y r i m i d i n e : *4-Bis-[p-nitrobenzolsulfonyl]-amino-*, $C_{18}H_{15}O_8N_5S_2$, F. 219° (Zers.; Methyläthylketon–A.), aus **II** u. p-Nitrobenzolsulfonylchlorid; 94,9%. — *4-Bis-[p-chlorbenzolsulfonyl]-amino-*, $C_{18}H_{15}O_4N_3Cl_2S_2$, F. 221—222° (Methyläthylketon–A.), aus **II** u. p-Chlorbenzolsulfonylchlorid; 100%. — *4-Bis-[benzolsulfonyl]-amino-*, $C_{18}H_{17}O_4N_3S_2$, F. 193° (Methyläthylketon), aus **II** u. **III**; 91,5%. — *4-[p-Aminobenzolsulfonylamino]-2.6-dimethylpyrimidin* (**VII**), F. 243—244° (KOFLER-Bank), a) durch Lösen von **IX** in sd. 10%ig. NaOH, 1std. Kochen, 1tägiges Stehen, Filtrieren u. Neutralisieren; 87,8% (bezogen auf **II**); b) durch alkal. Hydrolyse von **VI**. — Wie vorst. (Meth. a), aber durch Kochen der entsprechenden vorst. Verbb. in 10%ig. NaOH–A. (1 : 1) nachst. 2.6 - D i m e t h y l p y r i m i d i n e : *4-[p-Nitrobenzolsulfonylamino]-*, F. 209—210° (Zers.; A.). — *4-[p-Chlorbenzolsulfonylamino]-* F. 181° (A.). — *4-Benzolsulfonylamino-* (**IV**), F. 244° (A.). — Ferner aus den entsprechenden 4-Aminopyrimidinen durch Rk. mit **I** u. **V** über die *4-Bis-[p-acetamidobenzolsulfonyl]-aminoderivv.*, deren Eigg. denen von **IX** gleichen, folgende 4 - S u l f a n i l a m i d o p y r i m i d i n e : *2-Äthyl-*, F. 175°. — *2-Propyl-*, F. 183°. — *2-Isopropyl-*, F. 180°. — *2-Methyl-6-methoxy-*, F. 146°. — *2-Methyl-6-äthoxy-*, F. 188°. — *2-Methyl-6-propoxy-*, F. 168°. — *2-Äthyl-6-methoxy-*, F. 161°. — *4-[Benzolsulfonyl-(p-acetamidobenzolsulfonyl)-amino]-2.6-dimethylpyrimidin,* $C_{20}H_{20}O_5N_4S_2$, Zers. bei 193° (A.),

a) durch 2std. Rk. von 7 g **IV** mit 6,8 g **V** in Ggw. von **I** in Pyridin–Bzl. bei Raumtemp., Einengen, Zugabe von W., Filtrieren u. Behandeln mit 5% ig. NaOH; 6,3 g; b) analog aus 32 g **VI** u. 18,7 g **III**; 11 g; gibt bei 1std. Kochen in 10% ig. NaOH ein Gemisch (1 : 1) von **IV** u. **VII**. — *4-[Methyl-(p-acetamidobenzolsulfonyl)-amino]-2.6-dimethyl-pyrimidin*, F. 114°, a) durch $^3/_4$std. Erhitzen von 14,3 g 4-Chlor-2.6-dimethylpyrimidin u. 22,8 g p-Acetamidobenzolsulfonylmethylamin in Ggw. von K_2CO_3 u. Cu-Pulver auf 210—215° u. Auslaugen u. Auskochen der Schmelze mit W.; 4,5 g; b) durch 4std. Rk. von 13 g 4-Methylamino-2.6-dimethylpyrimidin u. 24,5 g **V** in Ggw. von **I** in Bzl.–CH_2Cl_2 bei Raumtemp., Einengen u. Auskochen mit W.; 5,6 g. — *4-[Methyl-(p-aminobenzolsulfonyl)-amino]-2.6-dimethylpyrimidin*, $C_{13}H_{16}O_2N_4S$, F. 126° (W., dann Bzl.), a) durch Hydrolyse vorst. Verb. mit wss.-alkoh. NaOH; b) durch 4std. Erhitzen von 30 g **VII**–Na-Verb. mit CH_3J in 70% ig. A. auf 150° im Autoklaven u. Einengen; 2,9 g. — *2.3.6-Trimethylpyrimidon-(4)-[p-acetamidobenzolsulfonylimid]*, $C_{15}H_{18}O_3N_4S$, F. 230° (W.), durch 1std. Rk. von 32 g **VI** mit $(CH_3)_2SO_4$ in 2nNaOH unter Kühlung; 2,1 g. Daraus durch 1std. Erhitzen in 10% ig. HCl auf 80° u. Neutralisieren *2.3.6-Trimethylpyrimidon-(4)-sulfanilimid*, $C_{13}H_{16}O_2N_4S$, F. 206° (Bzl.). — *Molekülverb.* $C_{11}H_{17} \cdot O_3N_2ClS$ (**VIII**), Zers. bei 112°, durch Zugabe von **I** (in Bzl.) zu **V** in Aceton, Pyridin, Chlf. oder CH_2Cl_2; hygroskop.; 93,4% ; zers. sich nach einigen Tagen unter Bldg. von **V**; bei Einleiten von HCl in eine Lsg. von **VIII** in CH_2Cl_2 werden **I**-*Hydrochlorid* u. 89,2% **V** erhalten. (Liebigs Ann. Chem. **580**. 225—36. 1953. Uetersen/Holstein, Nordmark-Werke, Labor.) W. HOFFMANN. 3272

Wilson Baker, J. F. W. McOmie und **W. D. Ollis**, *Acht- und höhergliedrige Ringverbindungen.* 1. Mitt. *Allgemeine Einführung.* Es wird eine kurze Übersicht über Rkk. gegeben, die zu höhergliedrigen Ringverbb. dadurch führen, daß der Ringschluß durch starre Anordnung der Atome bzw. Atomgruppen im Ausgangsprod. erleichtert wird. — 20 Literaturhinweise. (J. chem. Soc. [London] **1951**. 200—01. Jan. Bristol, Univ.) BUDKA. 3390

Wilson Baker, W. D. Ollis und **T. S. Zealley**, *Acht- und höhergliedrige Ringverbindungen.* 2. Mitt. *Di-, Tri-, Tetra- und Hexasalicylide.* (1. vgl. vorst. Ref.) Vff. untersuchten die Anhydride der Salicylsäure (**IX**) u. stellen fest, daß die bisher als *α-Disalicylid, β-Disalicylid, Tetrasalicylid* bzw. *Polysalicylid* bezeichneten Verbb. *cis-Disalicylid* (**I**), *Trisalicylid* (**II**), *Tetrasalicylid* (**IV**) bzw. *Hexasalicylid* (**V**) sind. **II** enthält einen 12- u. **V** einen 24gliedrigen Ring. In einer Tabelle sind die früheren Arbeiten über die Salicylide zusammengestellt; die FF. u. Mol.-Geww. werden mit denen von Vff. gefundenen verglichen. — Vff. stellten fest, daß nach dem Verf. von EINHORN u. PFEIFER [1901] **II** nur in sehr geringer Ausbeute anfällt. Sie erhitzten O-Acetylsalicylsäure unter vermindertem Druck u. erhielten

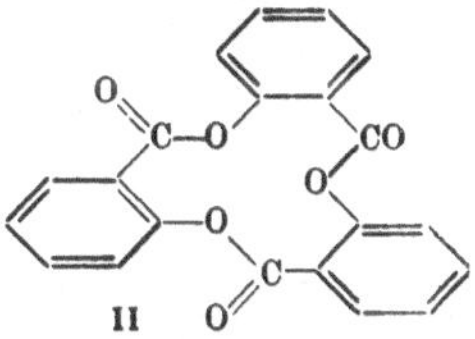

II

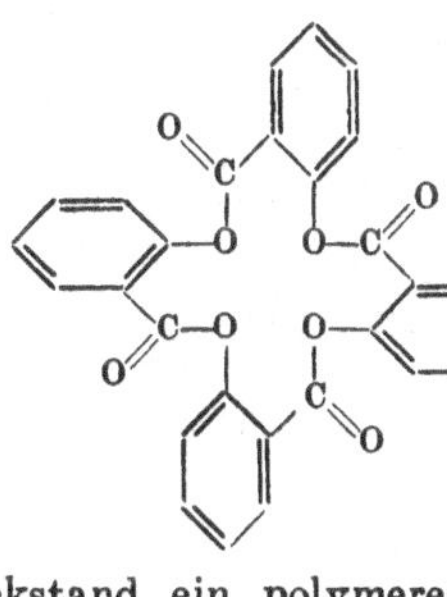

IV

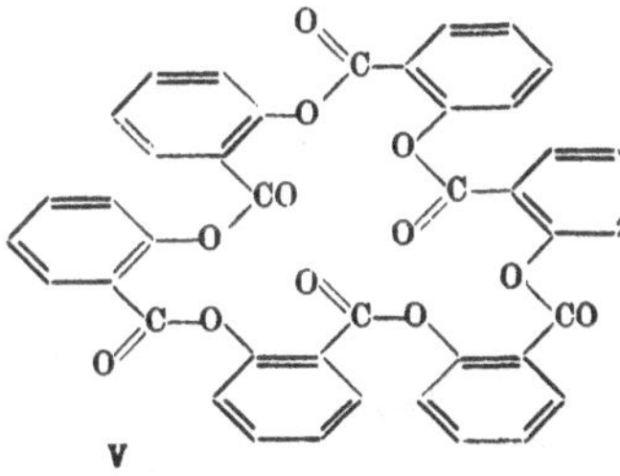

V

als Rückstand ein polymeres, nichtkrist. *Anhydrid* $H—[O—C_6H_4—CO]_n—OH$, das bei der Dest. bei 300—350° durch therm. Zers. 2 Salicylide lieferte. Die gleichen Verbb. erhielten sie nach der Meth. von ANSCHÜTZ u. RIEPENKRÖGER [1924]. Die Verbb. wurden durch Best. des Mol.-Gew. nach verschied. Methoden als **I** bzw. **II** identifiziert. Vff. können keine Erklärung dafür geben, daß für **II** bisher immer wesentlich zu niedrige Mol.-Gewichte gefunden wurden, sie weisen aber darauf hin, daß schon sehr geringe Verunreinigungen des Lösungsm. das Mol.-Gew. verfälschen. Auf Grund des Dipolmoments von 6,26 D weisen Vff. **I** die cis-Konfiguration zu. Der durch schnelles Erhitzen bestimmte F. von **I** ist stark von der Geschwindigkeit des Erhitzens abhängig. Alle Salicylide geben mit Alkali **IX** u. mit Benzylamin (**VI**) *N-Benzylsalicylamid.* Mit Methylmagnesiumjodid (**VIII**) entsteht aus **I** u. a. das *Dimere* des *o-Oxyisopropenylbenzols.* **I** ist das reaktionsfähigste Salicylid; es bildet mit 1 Mol

NaOH *Salicyloylsalicylsäure* (**VII**), mit methanol. HCl **VII**-*Methylester*, mit Anilin *O-Salicyloylsalicylanilid* u. mit 1 Mol **VI** *N-Benzyl-O-salicyloylsalicylamid*. Mit 95% ig. Essigsäure gibt **I** leicht **VII**, während **II** nur langsam Derivv. der einfachen **IX** liefert u. *Benzoesäurephenylester* (**III**) unangegriffen bleibt. Vff. geben eine Erklärung für die höhere Reaktionsfähigkeit von **I** gegenüber der von **II** u. **III** auf Grundlage von Resonanzbetrachtungen. — Bei der Rk. von **IX** mit $POCl_3$ in Toluol entstehen 1% **II**, 35% **IV** u. 35% **V**. Die Tetrasalicylid-Struktur von **IV** folgt aus der ebullioskop. Mol.-Gew.-Best., während bei **V** mit Hilfe der Röntgenstrahlenkristallstrukturunters. die Struktur eines Hexasalicylids bewiesen wurde. Zu geringe Löslichkeit verbietet hier eine ebullioskop. Best.; die kristallograph. Daten von **V** sind angegeben. Bei der Behandlung mit $POCl_3$ unter den üblichen Bedingungen entsteht aus **I** eine Mischung von **IV** u. **V**, aus **II** werden teilweise **IV** u. **V** gebildet, während ein Teil unverändert zurückbleibt, ebenso wandelt sich **IV** auch nur teilweise in **V** um, **V** selbst bleibt unverändert. Diese Zunahme der Stabilität mit Erhöhung der Ringgliederzahl bei der Behandlung mit $POCl_3$ u. ebenso bei der Verseifung mit 2nNaOH ist aber zum Teil nur auf die Unlöslichkeit u. damit Abscheidung aus der Reaktionslsg. der höhermol. Verbb. zurückzuführen. — Vff. diskutieren ferner die Gründe für die Bevorzugung der cis-Konfiguration bei **I** u. die Frage der Stabilität der opt.-akt. Formen von **I**. Auf Grund theoret. Forderungen muß **II** 3 trans-Estergruppen besitzen, die auf der Oberfläche einer flachen dreiseitigen Pyramide liegen; **IV** muß die 4 ebenen $-O\cdot C_6H_4\cdot CO$-Gruppen alternierend oberhalb u. unterhalb der durch die 4 Verknüpfungs-O-Atome gegebenen Ebenen angeordnet enthalten. Diese Strukturen stimmen gut mit den Dipolmessungen überein (2,95 D für **II** u. 2,07 D für **IV**). Für **V** nehmen Vff. entweder eine Struktur aus 6 trans-Esterbindungen oder eine alternierende aus je 3 trans- u. 3 cis-Esterbindungen an. Wegen der geringen Löslichkeit von **V** ist eine Best. des Dipolmoments u. eine endgültige Entscheidung der Konfiguration nicht möglich.

Versuche (Alle FF. korr.; in den Fällen, bei denen beim F. Zers. auftritt, wurden die FF. durch rasches Erhitzen so bestimmt, daß das Schmelzpunktröhrchen in ein auf ca. 5° unter den F. erhitztes Bad getan wurde. Hierdurch werden die Differenzen zwischen den von Vff. bestimmten FF. mit den von anderen Autoren gefundenen erklärt): In einer von Vff. angegebenen App. wurden 50 g O-Acetylsalicylsäure bei 15 mm zum Schmelzen gebracht u. dann in $^1/_2$ Std. langsam auf ca. 200° erhitzt; es bilden sich ca. 15 g Essigsäure, nach weiterem Erhitzen auf 300—350° scheidet sich ein halbkristallines Sublimat ab; 20—25 g (Ausbeute); fraktionierte Kristallisation aus Chlf. gibt *cis-Disalicylid* (**I**), $C_{14}H_8O_4$, F. 234° (Zers.), verflochtene Rhomben; krist. auch aus Bzl. oder Nitrobenzol; 24—30%; Dipolmoment 6,26 D. Durch Verdampfen der Chloroformmutterlauge *Trisalicylid* (**II**), $C_{21}H_{12}O_6$, F. 200°, Nadeln aus Bzl.; 9—24%; Dipolmoment 2,95 D. Erfolgt das Erhitzen während 6—7 Std. auf 240—250°/0,5 mm, entstehen neben 1,2 g **I** u. 0,4 g **II** 3,2 g *Xanthon*, F. 175°. — Durch Einw. von Diäthylanilin auf Salicyloylchlorid entsteht nach der Meth. von Anschütz u. Riepenkröger (l. c.) **I**, 23%, u. durch Verdampfen der Mutterlauge der Reaktionslsg. **II**; 1,4%. — Bei Einw. von $POCl_3$ auf **IX** nach Anschütz u. Schroeter [1893 u. früher] entsteht durch Extraktion des Nd. mit heißem Chlf. u. Einengen ein *Tetrasalicylid* (**IV**)-*Chloroformkomplex*, $C_{28}H_{16}O_8\cdot 2\,CHCl_3$, große Rhomben; hieraus durch Erhitzen auf 100°/1 mm **IV**, $C_{28}H_{16}O_8$, in Form von dunklen pseudomorphen Kristallen, F. 298—300° (schnelles Erhitzen), Platten aus Bzl.; 35%; Dipolmoment 2,07 D. Der in Chlf. unlösl. Teil des Nd., 35%, gibt *Hexasalicylid* (**V**), $C_{42}H_{24}O_{12}$, F. 375° (Zers.; schnelles Erhitzen, F. stark von der Erhitzungsgeschwindigkeit abhängig), mkr. Nadeln aus Nitrobenzol, sublimiert langsam unzers. bei 200—250°/0,1 mm. Aus dem Filtrat der Reaktionslsg. ist neben geringen Mengen **IX** 1% **II** zu isolieren. — Die alkal. Hydrolyse der Salicylide mit 2nNaOH bei 100° liefert aus **I** in 20 Min. 93%, aus **II** in 2 Std. 87%, aus **IV** in 12 Std. 85% u. aus **V** in 48 Std. 86% **IX**, F. 156°; analog liefert **III** in 50 Min. 83% *Benzoesäure*. — Durch 3std. Kochen mit einem Überschuß **VI** liefert **I** 95%, **II** 89%, **IV** 85% u. **V** 85% *N-Benzylsalicylamid*, F. 136° (wss. A.). — *N-Benzyl-O-salicyloylsalicylamid*, $C_{21}H_{17}O_4N$, F. 112°, aus **I**, **VI** u. Bzl. durch 7std. Kochen, Nadeln aus wss. A., dann Bzl.-PAe.; 62%. — *Salicyloylsalicylsäure*, „*Diplosal*" (**VII**): a) 1 g **I** wird in 50 cm³ Dioxan mit 0,16 g NaOH in 20 cm³ W. bei 100° 15 Min. gekocht u. ergibt 0,47 g eines Nd., F. 110—120°. Nach Abtrennen von **IX** durch 3std. Erhitzen auf 100°/1 mm hinterbleiben 0,2 g **VII**, F. 148—149° (Bzl.); b) **I** u. 95% ig. CH_3COOH lieferten bei $^1/_2$std. Kochen neben 200 mg **I** 670 mg saure Prodd.; hieraus durch Sublimation bei 100°/0,5 mm in 3 Std. **IX**, 11%, u. als Rückstand **VII**; 51%. **III** liefert unter gleichen Bedingungen 94% u. nach insgesamt 3std. Kochen 87% nichtumgesetztes

Material zurück; Benzoesäure ist nicht nachweisbar. — Bei der Rk. von 3 g **I** mit **VIII** in Ae. u. Bzl. entstehen nach 4std. Kochen 1,2 g eines gelben harzigen Prod., Kp. 140—150°/0,4 mm: *Dimeres o-Isopropenylphenol*, vielleicht *2'-Oxy-2.4.4-trimethylflavan*, aus PAe. Blättchen, F. 95°; *Acetylverb.*, F. 95°. **III** ergibt unter gleichen Bedingungen mit **VIII** *Phenol*, 95%, u. *Dimethylphenylcarbinol*, 98%. — Rk. von 1 g **IV** mit Acetanhydrid, H_2SO_4 u. Eisessig liefert beim Erhitzen (5 Min., 100°) u. Gießen auf Eis 0,9 g Nd., F. 70—80°. Neben in Ae. unlösl. **IV**, 0,15 g, liefert dieser ätherlösl. **VII**, $C_{14}H_{10}O_5$, 0,36 g, faserige Nadeln aus Bzl.–Petroläther. Die von SCHROETER [1919] beschriebene Bldg. von „*Acetyltetrasalicylsäure*" wurde nicht beobachtet. — 2 g jedes Salicylids, 2,4 g $POCl_3$ u. 5 cm³ Toluol wurden 6 Std. auf 100° erhitzt, 0,15 g W. zugegeben u. weitere 15 Std. erhitzt. Es wurde wie bei der Rk. $POCl_3$ mit **IX** aufgearbeitet. **I** gab 25% **IV** u. 55% **V**; **II** gab 19,5% **IV**, 55% **V** u. 7,5% nicht umgesetztes **II**; **IV** gab 2% **II**, 27% **V** u. 49% nichtumgesetztes **IV**; **V** blieb unangegriffen. — Vff. machen Angaben über die Reinigung der Lösungsmittel bei der Best. der Mol.-Gewichte u. über eine Abänderung der ebullioskop. Meth. von MENZIES-WRIGHT [1921]. Die Meth. nach RAST lieferte bei **I** vollkommen unzuverlässige Werte, was au die geringe Löslichkeit u. Beständigkeit von **I** zurückzuführen ist. (J. chem. Soc. [London] **1951**. 201—08. Jan.) BUDKA. 3390

Wilson Baker, B. Gilbert, W. D. Ollis und **T. S. Zealley**, *Acht- und höhergliedrige Ringverbindungen.* 3. Mitt. *Di-, Tri- und Tetrakresotide.* (2. vgl. vorst. Ref.) Vff. untersuchten die *Anhydride* der *o-Kresotinsäure* (*2-Oxy-3-methylbenzoesäure*) (**I**), *m-Kresotinsäure* (*2-Oxy-4-methylbenzoesäure*) (**II**) u. der *p-Kresotinsäure* (*2-Oxy-5-methylbenzoesäure*) (**III**). Es zeigte sich, daß die von ANSCHÜTZ u. GROSS (C. **1945**. II. 124) u. anderen Autoren als α- u. *β-Dikresotide* der 3 Kretosinsäuren bezeichneten Verbb. analog zu dem α- bzw. β-Salicylid (vgl. vorst. Ref.) *cis-Dikresotide* (o-, m- bzw. p-**IV**) bzw. *Trikresotide* (o-, m- bzw. p-**V**) sind. Bei Anwendung der Meth. von ANSCHÜTZ u. GROSS (l. c.), Dest. der O-Acetylkresotinsäuren unter vermindertem Druck, erhielten Vff. in allen 3 Fällen das entsprechende **IV** u. **V**. Aus O-Acetyl-m-kresotinsäure erhielten sie neben m-**IV** u. m-**V** auch eine geringe Menge *Tetra-m-kresotid* (m-**VI**). Der Beweis für die Di-, Tri- bzw. Tetrakresotid-Struktur erfolgt durch ebullioskop. Mol.-Gew.-Best. in Chlf. oder Bzl. nach der in vorst. Mitt. beschriebenen Methode. In einer Tabelle sind die früheren Arbeiten über Kresotide zusammengestellt; die FF. u. Mol.-Geww. werden mit den von Vff. gefundenen verglichen. Da alle **IV** sich beim F. etwas zers. u. die FF. von der Erhitzungsgeschwindigkeit abhängig sind, wurde bei der F.-Best. die im vorst. Ref. beschriebene Meth. des schnellen Erhitzens angewendet. Hierdurch wird die Differenz in den FF. gegenüber den Angaben früherer Autoren erklärt. Entgegen den Angaben von ANSCHÜTZ u. GROSS (l. c.) entsteht bei der Dehydratation der Kresotinsäuren mit $POCl_3$ in Pyridin nicht nur **V**, sondern in den von Vff. untersuchten Fällen der **I** u. **II** neben o-**IV**, o-**V** u. o-**VI** bzw. m-**IV** u. m-**V** als Hauptprod. in beiden Fällen ein nichtkrist. Polymeres, wahrscheinlich H-$[O$-$C_7H_6\cdot CO]_n$-OH. Während die FF. von m-**V** u. p-**V** mit den von ANSCHÜTZ u. GROSS (l. c.) angegebenen gut übereinstimmen, tritt beim o-**V** eine F.-Differenz von ca. 30° auf. Vff. können keine Erklärung geben, weisen aber darauf hin, daß eine sichere Isolierung des reinen o-**V** nur durch manuelles Auslesen aus dem bei der Rk. anfallenden Kristallgemenge möglich ist. Durch Behandlung von **I** mit $POCl_3$ in Toluol nach ANSCHÜTZ [1892] entsteht nur o-**VI**, analog aus **III** nur p-**VI**, dagegen liefert **II** unter denselben Bedingungen neben m-**VI** noch ein hochschm. Prod., wahrscheinlich *Hexa-m-kresotid* (**VII**). Analog zum Tetrasalicylid-Chloroformkomplex (vgl. vorst. Mitt.) krist. o-**VI** aus Chlf. mit 2 Mol Chlf., m-**VI** aus Bzl. mit 1 Mol Bzl., auch p-**V** lagert Bzl. in das Gitter mit ein. Dipolmomentbestimmungen zeigen, daß analog dem cis-Disalicylid alle **IV** cis-Konfiguration haben; auch haben sie die gleiche Reaktionsfähigkeit. Sie werden also schon durch nur wenig verd. Essigsäure hydrolysiert u. bilden mit methanol. HCl leicht den entsprechenden *Kresotoylkresotinsäuremethylester.* Die Strukturen von **V**, **VI** u. **VII** entsprechen wahrscheinlich denen der analogen Salicylide (vgl. vorst. Ref.).

Versuche: Beim Erhitzen von 50 g O-Acetyl-o-kresotinsäure wie in vorst. Mitt. bei der O-Acetylsalicylsäure dest. bei 170°/17 mm Essigsäure, bei ca. 200° sublimiert **I**, u. nach langsamen Erhitzen auf 300° erhält man innerhalb von 2 Std. 16 g (Ausbeute) eines Sublimats, das aus Chlf. umkrist. *cis-Di-o-kresotid* (o-**IV**), $C_{16}H_{12}O_4$, liefert; F. 240° (Zers.); Nadeln; 3,8 g. Durch Konz. der Chloroform-Mutterlaugen wird ein Gemenge aus o-**IV** u. rhombenförmigen Kristallen erhalten, das manuell getrennt wird; die Rhomben sind *Tri-o-kresotid* (o-**V**), $C_{24}H_{18}O_6$, F. 264—268° (Bzl.); 2,3 g. — Tropfenweises Zugeben von 11,2 g $POCl_3$ zu der stark gerührten Lsg. von 20 g **I** in 100 cm³ Pyridin u. Gießen auf Eis nach 7 Std. liefert 13,5 g Rohprodukt. Die Reaktionsbedingungen nach ANSCHÜTZ u. GROSS (l. c.), geringere Konz. der Pyridinlsg., lieferten nur unbefriedigende Ergebnisse. Durch Umkristallisation des Prod. aus wenig Chlf. wird *Tetra-o-kresotid* (o-**VI**)-*Di-Chloroformkomplex* isoliert; 0,7 g. Die Mutterlauge liefert neben 0,6 g o-**IV** durch manuelle Auslese o-**V**. — Rk. von 55 g **I** mit $POCl_3$ in Toluol (100°/11 Std.) u. Gießen auf Eis liefert 18,6 g rohes o-**VI**, $C_{32}H_{24}O_8$, F. 299 bis 300°; aus Bzl. Nadeln. *Di-Chloroformkomplex*, $C_{32}H_{24}O_8 \cdot 2\,CHCl_3$, durch Umkristallisieren von o-**VI** aus Chlf.; große Rhomben; Gewichtsverlust beim Erhitzen auf 100°/1 mm 31,5%. — 4std. Kochen von Benzylamin mit o-**IV**, o-**V** bzw. o-**VI** liefert *N-Benzyl-o-kresotinamid*, $C_{15}H_{15}O_2N$, F. 73°, aus wss. A. Nadeln; 90% bzw. 87%bzw. 81%. — Beim Erhitzen von 50 g O-Acetyl-m-kresotinsäure wie bei der o-Verb. entsteht bei 250°/18 mm ein halbfestes Prod.; 24,75 g; hieraus 6 g eines in PAe. lösl. viscosen Öls u. 17,4 g Rückstand. Ein Teil hiervon große Kristalle, 5,2 g, ist in Chlf. nur langsam lösl. u. wurde abgetrennt: *cis-Di-m-kresotid* (m-**IV**), $C_{16}H_{12}O_4$, F. 255° (Zers.) (F. stark von der Geschwindigkeit des Erhitzens abhängig, reproduzierbare Werte nur durch Verwendung eines vorgeheizten Ölbads), Prismen aus Bzl.; 2,66 g. Der in Chlf. lösl. Teil liefert nach Verdampfen des Chlf. 10,5 g Rückstand. Hiervon bleiben 4 g in Bzl. ungelöst; sie ergeben nach Entfernen von m-**IV** durch mehrmaliges Umkristallisieren aus wenig verd. Essigsäure ein Prod., 2,6 g, F. 196—197°; dieses liefert aus Essigsäure *Tri-m-kresotid* (m-**V**), $C_{24}H_{18}O_6$, F. 207—207,5°; Nadeln; 1,3 g. Durch Verdampfen des Bzl. 3,7 g Rückstand. Hieraus aus A. u. dann aus Essigsäure m-**V**; 0,18 g. Aus den Essigsäure-Mutterlaugen durch Konz. 0,2 g Substanz, F. 210—284°; hieraus aus Bzl./PAe. (2:1) *Tetra-m-kresotid*-(**VI**)-*Benzolkomplex*, $C_{32}H_{24}O_8 \cdot C_6H_6$, F. 305° (Zers.); Prismen, 30 mg. Es wurde auch eine geringe Menge *3.6-Dimethylxanthon*, F. 170—172° isoliert. — Umsetzung von 5 g **II** in 25 cm³ Pyridin unter Rühren mit 2,8 g $POCl_3$ (15 Std. bei Zimmertemp.) u. Gießen in Eiswasser liefert 2,2 g wasserunlösl. Substanz, F. 124—200°, aus Chlf. 1,1 g, F. 190—200°, dann aus Bzl. m-**IV**; 30 mg. Aus den Benzol-Mutterlaugen sind gegebenenfalls 30 mg m-**V** zu isolieren. Die Meth. nach ANSCHÜTZ u. GROSS (l. c.) liefert nur fl. Produkte. — Die Rk. von 50 g **II** mit $POCl_3$ in Toluol (10std. Erhitzen auf 100° u. 36 Std. Stehenlassen) liefert einen in Toluol u. W. unlösl. Nd., 15 g, durch Umkristallisieren aus Nitrobenzol *Hexa(?)-m-kresotid* (**VII**), $C_{48}H_{36}O_{12}$, zers. sich bei 380°, ohne zu schm., mkr. rhomb. Platten, 4,3 g. Beim Verdampfen der Toluolschicht hinterbleiben 5,1 g Rückstand. Hieraus aus Bzl./PAe. (1:1) m-**VI** als *Benzolkomplex*; 1,3 g, Gewichtsverlust beim Erhitzen auf 125° 13,1%, Nachweis des Bzl. durch die Mikromodifikation des RAMSDEN-Tests nach BAKER u. LEEDS (C. **1949**. II. 652); durch Erhitzen pseudomorphes m-**VI**, $C_{32}H_{24}O_8$, F. 305° (Zers.). — *p-Kresotinsäure* (**III**), F. 150° (W.), aus 100 g p-Kresol über das trockene Na-p-Kresolat durch 6std. Überleiten von trockenem CO_2 bei 150—200°; 77,6 g. Die KOLBE-SCHMITT-Meth. nach CAMERON u. Mitarbeitern (C. **1950**. II. 2175) liefert zwar eine Ausbeute von 87%, bedingt aber Hochdruckapparaturen. — Beim Erhitzen von 25 g O-Acetyl-p-kresotinsäure wie bei der o-Verb. entstehen 14,5 g eines Sublimats; dessen in kaltem Chlf. nur langsam lösl. Anteil (2,95 g große Kristalle, F. 231—233°) liefert aus Bzl. *cis-Di-p-kresotid* (p-**IV**), $C_{16}H_{12}O_4$, F. 235—235,5° (Zers.); Platten; 2 g. Die in Chlf. lösl. Fraktion gibt einen Rückstand (7,8 g), welcher, mehrmals aus Bzl. umkrist., 2 Fraktionen liefert: A, 2,1 g, F. 208—229°, hieraus als in Chlf. nur langsam lösl. Fraktion 0,3 g p-**IV**, der Rest u. die Fraktion B, 1,5 g, F. 200—220°, wird zur Hydrolyse von p-**IV** mit wenig 95%ig. Essigsäure gekocht u. liefert 1,1 g eines Nd.; dieser gibt aus Bzl. umkrist., *Tri-p-kresotid* (p-**V**) *Benzolkomplex*, F. 244,5—245°; Rhomben; 0,8 g; Nachweis des Bzl. durch RAMSDEN-Test. Durch Erhitzen auf 100°/1 mm pseudomorphes p-**V**, $C_{24}H_{18}O_6$, F. 244,5—245°. — Durch 11std. Erhitzen von 50 g **III** mit $POCl_3$ in Toluol u. 30 Std. Stehenlassen entstehen 38,7 g eines Nd., F. 285—295°, dann aus Chlf./PAe. (1:0,4) *Tetra-p-kresotid* (p-**VI**), $C_{32}H_{24}O_8$, F. 347° (Zers.), hexagonale Prismen; 21,3 g—. Bei der Hydrolyse der Kresotide mit 5%ig. NaOH durch Erhitzen auf 100° bis zur vollständigen Lsg. entstehen die entsprechenden *Kresotinsäuren* (**I**. F. 163—164°, **II**, F. 176—177°, **III**, F. 150°), u. zwar aus o-**IV** in 1 Std. 94%, aus m-**IV** in 1/2 Std. 92%, aus p-**IV** in 1 1/2 Std. 94%, aus m-**V** in 5 1/2 Std. 91% u. aus p-**V** in 96 Std. 65%. — Bei der Hydrolyse der Kresotide durch Erhitzen mit 5%ig. n-amyl-alkoh. NaOH entstehen ebenfalls die entsprechenden Kresotinsäuren, aus m-**VI** in 3 Tagen 80% u. aus p-**VI** in 5 Tagen 95%. — Die Hydrolyse folgender Verbb. wurde im Ni-Gefäß bei 100° durchgeführt, da eine Glasapp. die Isolierung der Kresotinsäuren nach längerem Erhitzen erschwert: o-**V** in 7 Tagen 79%, o-**VI** in 6 Tagen 86%. — Die Mol.-Gew.-Best. wurde wie in vorst. Mitt. durchgeführt. Die Stoffe werden nach der Best. unverändert wiedergewonnen. (J. chem. Soc. [London] **1951**. 209—13. Jan.) BUDKA. 3390

A. Müller, E. Šrepel, Eugenie Funder-Fritzsche und **F. Dicher**, *Aza- und Diazacycloalkane*. 13. Mitt. *über vielgliedrige cyclische Verbindungen*. (12. vgl. MÜLLER u.

VANC, C. **1946**. I. 2219.) Aus N-ω-Bromheptyl-(**V**) bzw. N-ω-Bromnonyl-p-toluolsulfamid (**VI**) wurden nach der von ZIEGLER u. ORTH (Ber. dtsch. chem. Ges. **66**. [1933.] 1325) modifizierten MARCKWALDschen Meth. [1898] *1.9-Diazacyclohexadecan* (*Cyclo-diheptamethylendiimin*) (**I**) u. *1.11-Diazacycloeikosan* (*Cyclo-dinonamethylendiimin*) (**II**) neben *Azacyclooctan* (*Heptamethylenimin*) (**III**) u. *Azacyclodecan* (*Nonamethylenimin*) erhalten. Es gelang Vff. die Reindarst. des *N-Methylazacycloheptans* (**IV**), das v. BRAUN (Ber. dtsch. chem. Ges. **43** [1910.] 2853) irrtümlich für N-Methyl-α-pipecolin gehalten hatte. Verss. zur Dehydrierung von **III** mit Ag-Acetat zu dem unbekannten *Azacyclooctatetraen* schlugen fehl, obgleich eine Gelbfärbung, die bei der Freisetzung der Base aus dem Pikrat mit K_2CO_3 auftrat, bei der Hydrierung aber verschwand, auf ungesätt. Bindungen deutet. Auch Verss. zur Dehydrierung von **IV** mit Ag-Acetat führten zu keinem Ergebnis.

Versuche (FF. korr.): *N-7-Bromheptyl-p-toluolsulfamid* (**V**), $C_{14}H_{22}O_2NBrS$, F. 71,5° (Ligroin), durch 30std. Umsetzen von Na-p-Toluolsulfonsäureamid mit 1.7-Dibromheptan bei 120—125° (oder durch fast 60std. Kochen in Toluol); 90% (Rohausbeute); Reinigung durch Kurzwegdest. oder Auskochen mit Ligroin; daneben *N.N'-Bis-p-toluolsulfonyl-1.7-diaminoheptan*, $C_{21}H_{30}O_4N_2S_2$, F. 143° (A.). — *N-9-Bromnonyl-p-toluolsulfamid* (**VI**), $C_{16}H_{26}O_2NBrS$, F. 77—78° (A.), analog; 76%. —*N-p-Toluolsulfonylazacyclooctan*, $C_{14}H_{21}O_2NS$, F. 82,5° (Ligroin), durch Zutropfen von **V** zu K_2CO_3 in sd. Amylalkohol während 26 Std. (App. vgl. Orig.), weiteres 6std. Kochen, Aufnehmen des Rückstandes in W. u. Ae., Filtration der Ätherlsg. u. Verdampfen der flüchtigen Anteile; hellbraunes Öl, das nach mehreren Tagen krist., nach Kurzwegdest. oder Ausziehen mit Ligroin aus A.; 60% (Ausbeute). — *N.N-Bis-p-toluolsulfonyl-1.9-diazacyclohexadecan*, $C_{28}H_{42}O_4N_2S_2$, F. 192° (Methanol), aus den Ligroinauszügen der vorst. Aufarbeitung durch Abkühlen, oder durch Zufügen von Dibromheptan u. p-Toluolsulfamid in Methyläthylketon während 72 Std. zu K_2CO_3 in sd. Methyläthylketon, weiteres 40 std. Kochen u. Ausziehen nach der üblichen Aufarbeitung mit Ligroin; 17%. — *N-p-Toluolsulfonylazacyclodecan*, $C_{16}H_{25}O_2NS$, F. 59°, u. *N.N-Bis-p-toluolsulfonyl-1.11-diazacycloeikosan*, $C_{32}H_{50}O_4N_2S_2$, F. 178—179°, durch Cyclisierung von **VI** wie vorst. u. Trennen des Monomeren vom Dimeren durch Zusatz von Chlf. zur Lsg. in Amylalkohol, wobei das Dimere (11%) ausfiel, aus den chloroformhaltigen Mutterlaugen aus A. das Monomere; 3%. — *Azacyclooctan* (**III**), Kp. 162°, aus der p-Toluolsulfonylverb. durch 5—6std. Erhitzen mit konz. HCl bei 150—155°; *Hydrochlorid*; *Hydrobromid*, $C_7H_{16}NBr$; *Chloroplatinat*, $C_{14}H_{32}N_2Cl_6Pt$, Zers. bei 184°, gelbe Nadeln; *Reineckat*, $C_{11}H_{22}N_7S_4Cr$, Zers. bei 204° (Methanol); *N-Benzoylderiv.*, $C_{14}H_{19}ON$, F. 30 bis 31°; *Phenylthioharnstoffderiv.*, $C_{14}H_{20}N_2S$, F. 139—140° (A.). 30std. Erhitzen von **III** in 10%ig. Essigsäure u. Ag-Acetat im Bombenofen bei 126—132° gab nach Entfernen des Ag, Extrahieren mit Ae. u. Versetzen mit Pikrinsäure rötliches *Pyridinpikrat*, F. 165—166°, die freie Base gab das *$HgCl_2$-Doppelsalz des Pyridins*, F. 178°, Hydrierung mit $PtO_2 + H_2$ gab *Piperidin* (*p-Toluolsulfonylverb.*, $C_{12}H_{17}O_2NS$, F. 99 bis 100°). — *N-Methylazacyclooctan*, Kp. 161°, durch 3½std. Kochen von **III** mit 34,7%ig. Formalinlsg. u. HCOOH u. weiteres 12std. Erhitzen auf 110—115° im Bombenrohr; $D.^{20}_4$ 0,8527, n_D^{20} 1,4598; 80%. *Pikrat*, $C_{14}H_{20}O_7N_4$. — *N-Methylazacycloheptan* (**IV**), Kp. 140°, wie vorst.: $D.^{20}_4$ 0,8395, n_D^{20} 1,4511. *Chloraurat*, $C_7H_{16}NCl_4Au$, Zers. über 220°, hellgelbe Kristalle. *Pikrat*, $C_{13}H_{18}O_7N_4$. — *Azacyclodecanhydrobromid*, $C_9H_{20}NBr$, Zers. über 200° (HBr-haltiges A.); aus der freien Base (aus der N-p-Toluolsulfonylverb. wie **III**) mit trockenem HBr in absol. Äther. — *1.9-Diazacyclohexadecan* (**I**), F. 26°, aus der N-p-Toluolsulfonylverb. wie **III**; $D.^{30}_4$ 0,9022, n_D^{30} 1,4832; *Hydrochlorid*; *Chloroplatinat*, $C_{14}H_{32}N_2Cl_6Pt$, Zers. bei 233°, orangefarbene Nadeln. *Pikrat*, $C_{26}H_{36}O_{14}N_8$, Zers. über 210°. *Dinitrosamin*, $C_{14}H_{28}O_2N_4$, F. 59°. — *1.11-Diazacycloeikosan* (**II**), $C_{18}H_{38}N_2$, F. 38°, aus der N.N'-Bis-p-toluolsulfonylverb. wie **III**; *Hydrochlorid*; *Pikrat*, $C_{30}H_{44}O_{14}N_8$, Zers. bei 235°. (Mh. Chem. **83**. 386—93. 15/4. S.-B. österr. Akad. Wiss., math.-naturwiss. Kl., Abt. IIb. **161**. 386—93. 1952. Wien, Univ., I. Chem. Labor.) ROSDORFF. 3390

Fritz Micheel, Rolf Frier, Elisabeth Plate und **Alwin Hiller**, *Neue Darstellungsmethoden für 1-Amino-Zucker und einige ihrer N-Substitutionsprodukte*. Gibt man eine konz. alkoh. Lsg. eines Acetohalogenzuckers (z. B. Acetobromglucose) tropfenweise zu eisgekühltem gesätt. alkoh. NH_3, so kondensiert sich der entstehende 1-Aminozucker (z. B. zum *Diglucosylimin*, wobei als Nebenprod. β-Methylglucosid entsteht; Identifizierung der Prodd. durch Acetylierung). *Acetobromcellobiose* (**II**) gab eine analoge Reaktion. Man kann dagegen die 1-Aminozucker isolieren, wenn man die feingepulverten Acetohalogenzucker in fl. NH_3 einträgt oder besser die freien Zucker mit konz. alkoh. NH_3 im Druckgefäß erwärmt. *Oktaacetylcellobiose* (**I**) gibt bei Rk. mit fl. NH_3 schlechte Ausbeuten an *1-Aminocellobiose* (**III**) u. liefert als Nebenprodd. 2 isomere *Dicellobiosylimine* (**IV**) mit $[\alpha]^{20}_D$ $+4{,}5^0$ in W. bzw. $[\alpha]_D^{20}$ $+30^0$ in Wasser. Aus **II** wurde nur das erste Isomere gewonnen. *Cellobiose* (**V**)gab auch mit prim. u. sek. Aminen N-Substitutionsprodukte.

Versuche: *1-Aminocellobiose* (**III**), $C_{12}H_{23}O_{10}N$, F. 180—182^0 (Zers., Methanol–NH_3), a) durch Eintragen von fein gepulverter **II** in fl. NH_3 unter Feuchtigkeitsausschluß, Verdampfen des NH_3, Aufnehmen des Rückstandes mit Methanol, Ausfällung mit Ae., Entfernung von **IV** durch Zugabe von Methanol, Lösen durch NH_3-Einleiten u. Einengen, 50% (Ausbeute), oder b) durch 72std. Erhitzen von **V** im Bombenrohr in mit trockenem NH_3 bei Zimmertemp. gesätt. Methanol auf 50^0, Abkühlung auf —15 bis —20^0 u. Reinigen wie vorst., $[\alpha]_D^{20}$ $+20{,}0^0$ in W., fast 100%, oder c) durch Erhitzen von 6 g **I** in Methanol/NH_3, 300 mg. — *Isomere Dicellobiosylimine* (**IV**), $C_{24}H_{43}O_{20}N$, aus **II** mit fl. NH_3 wie vorst., Aufnehmen des Verdampfungsrückstandes mit Methanol, Eindampfen zur Trockne, Lösen in absol. Methanol, Fällen mit Ae., Kristalle aus Methanol/NH_3, F. 170^0 (Zers.); $[\alpha]_D^{20}$ $+4{,}5^0$ (W.); nicht ganz rein; oder aus der Mutterlauge von der Darst. von **III** nach c), F. 209—210^0 (W.), an anderer Stelle des Orig. F. ~220^0 [Zers.], $[\alpha]_D^{20}$ $+4{,}5^0$, 750 mg neben der *isomeren Verb.*, F. 180^0 (Zers.), $[\alpha]_D^{20}$ $+30^0$ (W.), 165 mg. — *1-Aminooctaacetylcellobiose*, $C_{28}H_{39}O_{18}N$, F. 188^0 (Chlf./Ligroin), durch 48std. Acetylieren von 100 mg **III** mit Acetanhydrid/Pyridin bei 3—4^0, Aufnehmen mit Chlf., Waschen u. Eindampfen; $[\alpha]_D^{20}$ $-7{,}5^0$ in Chlf.; 170 mg. *1-Aminolactosehydrat*, $C_{12}H_{23}O_{10}N \cdot H_2O$, aus Lactose mit 40%ig. methanol. NH_3-Lsg. bei 50^0 wie vorst.; $[\alpha]_D^{20}$ $+38{,}5^0$ in W.; ca. 75%. — *1-Anilinocellobiose*, $C_{18}H_{27}O_{10}N$, F. 133—135^0 (Zers., Methanol/Ae.), durch ca. 1std. Erhitzen von **V** mit Anilin u. W. bei 125^0 (Badtemp.) u. Zugabe von Ae.; $[\alpha]_D^{20}$ $-62{,}3$ in W.; 74%. — *1-p-Toluidinocellobiose*, $C_{19}H_{29}O_{10}N$, F. 122—123^0 (Zers., Methanol/Ae.), durch Kochen von **V** mit Toluidin u. 75%ig. A., Abdestillieren des A. (insgesamt 5 Std.) u. Zugabe von Ae.; $[\alpha]_D^{20}$ $-65{,}8^0$ in W.; 83%. — *1-Äthylaminocellobiose*, $C_{14}H_{27}O_{10}N$, F. 110—112^0 (Zers., A.), durch 1tägiges Schütteln von **V** mit Äthylamin u. Zugabe von Ae.; $[\alpha]_D^{20}$ $-7{,}8^0$ in W.; 95%. — *1-Piperidinocellobiose*, $C_{17}H_{31}O_{10}N$, F. 158—160^0 (Zers., Methanol/Ae.), durch 3std. Erhitzen von **V** mit Piperidin in absol. A. auf dem Wasserbad unter Rühren u. Eindampfen auf die Hälfte; $[\alpha]_D^{20}$ $+3{,}2^0$ in W.; 67% (roh). (Chem. Ber. **85**. 1092—96. 1952. Münster i. W., Univ., Chem. Inst.) WILLENBERG. 3400

Fritz Micheel und **Franz-Peter van de Kamp**, *Die Umsetzung von Proteinen mit Aminozuckern.* (Vgl. C. **1950**. II. 1361.) *1-Amino-d-glucose* (**I**), *1-Aminocellobiose* (**II**) u. *d-Glucosamin* (**III**) wurden mit folgenden Proteinen kondensiert: *Gelatine* (**IV**), *Pferdeserumalbumin* (**V**), *Rinderserumalbumin* (**VI**), *Pferdeserumglobulin* (**VII**), *Edestin* (**VIII**) u. *Zein* (**IX**). Die Kohlenhydratgehh. der Proteine u. ihrer Kondensate mit **I** u. **II** wurden mit Orcin mittels eines Stufenphotometers oder besser spektralphotometr. bei 425 mμ festgestellt. Durch die verfeinerte Methodik wurden geringere Zunahmen des Kohlenhydratanteils bei der Kondensation gemessen als bei entsprechenden früheren Untersuchungen (l. c.). Mit **VII** trat prakt. keine Kondensation ein. Von **III** wird wesentlich mehr als von **I** u. **II** aufgenommen. Elektrodialyse u. Dialyse in salzsaurer Lsg. zeigten, daß echte Kondensate u. keine salzartigen Verbb. vorliegen.

Versuche: 500 mg **IV** bzw. **V** bzw. **VI** bzw. **VII** in 30 ml W. mit 2 g **I** unter Toluol bei 38^0 3 Tage unter Einhalten von p_H 8,2 bis 8,5 umgesetzt, dialysiert, Innen-Fl. filtriert, eingedampft u. getrocknet. — Analog Kondensate aus **V** bzw. **VI** in 70 ml W. mit 1 g **II**. — Kohlenhydratbest. nach SÖRENSEN u. HAUGAARD (Biochem. Z. **260**. [1933.] 247). — 500 mg **IV** bzw. **V** bzw. **VI** bzw. **VIII** bzw. **IX** in 30 ml W. mit 2 g **III**-Hydrochlorid wie vorst. kondensiert. Glucosaminbest. nach MEYER, PALMER u. SMYTH (J. biol. Chemistry **119**. [1937.] 491). (Chem. Ber. **85**. 1096—1101. 1952. Münster i. W., Univ., Organ.-Chem. Inst.) WILLENBERG. 3400

M. Cohn, E. Vis und **P. Karrer**, *Über die Konstitution des Verbenalins.* Aus Verbenalol (**III**), Tetrahydroverbenalol (**IV**) u. Desoxyverbanol (**II**) wurde durch Oxydation mittels $KMnO_4$ *Methylbernsteinsäure* erhalten. Die Methoxylgruppe in **III** bzw. seinem Glucosid *Verbenalin* (**I**) wurde, entgegen den Angaben von ASANO u. Mitarbeitern (J. pharmac. Soc. Japan [Jakugakuzasshi] **62**. [1942.] 7), auch bei Anwendung eines $Ba(OH)_2$-Überschusses nicht verseift. Tetraacetylverbenalin (**V**) bildete mit Benzopersäure ein *Epoxyd* (**VI**), das sich mit Acetanhydrid zu einem *Hexaacetyldioxyverbenalin* aufspalten ließ. Das Vorliegen von 2 OH-Gruppen im Norverbanol wurde bewiesen durch Darst. eines *Dibenzoyl-* u. eines *Di-p-nitrobenzoylderivats*. Durch Ozonabbau von **I** entstand *β-Methylglutarsäure*, charakterisiert durch ihr *Dianilid*, daneben *Oxal-* u. wenig *Methylbernsteinsäure*. — Diese Ergebnisse,

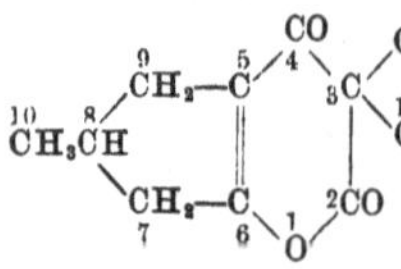

III

ergänzt durch eine eingehende Analyse der Infrarot-Spektren (in Nujol) von **II, III, IV** u. **V** sowie der UV-Spektren von **I, III** u. **VI** führen Vff. zu einer Konstitutionsformel von **III**; diese erklärt auch, daß **III** nach 15 Min. Stehen in alkal. Lsg. u. Neutralisation eine $FeCl_3$-Rk. (violett) gibt, denn erst durch teilweise Hydrolyse des Lactonrings wird die für eine Komplexsalzbldg. geeignete Enolstruktur gebildet.

Versuche (teilweise mit **E. Matter** u. **G. Etter**): Aus **II, III** u. **IV** entstand mit $KMnO_4$ (**III** verbraucht 6 Äquivalente) in wss. Lsg. (einige Std. Schütteln) *Methylbernsteinsäure*, F. 111° (Bzl.). — Ozonisierung von **V** in CCl_4 (3 Mol O_3 pro Mol **V**) → *Oxalsäure*, F. 189° (W.), u. nach Chromatographie des Restsäuregemischs an Papierpulver (Chlf.–HCOOH–W.–Aceton-Gemisch 25:4:1:8—9) *β-Methylglutarsäure*, F. 84° (Chlf.); *Dianilid*, $C_{18}H_{20}O_2N_2$, F. 202—203° (A.–Ae.). — *p-Toluolsulfonsäureester von* **II**, $C_{17}H_{22}O_5S$, F. 180° (Zers.; Essigester); $[\alpha]_D^{18}$ +14,4° (Dioxan, c = 2,365); 84,3% (Ausbeute). — *Epoxytetraacetylverbenalin* (**VI**), $C_{25}H_{32}O_{15}$, F. 146—148° (absol. A.), aus 4,89 g **V** u. 1,37 g Benzopersäure in Bzl.–Chlf. (2 Tage bei n. Temp.); 1,80 g. — *Hexaacetyldioxyverbenalin*, $C_{29}H_{38}O_{18}$, F. 152—153°, Nadeln (absol. A.), aus 3,36 g **VI** u. Acetanhydrid in Pyridin (4 Tage bei n. Temp.); 3,24 g. — *Dibenzoylnorverbanol*, $C_{24}H_{24}O_6$, F. 102—103°, Blättchen (absol. A.); konnte nicht mit CrO_3 in Eisessig abgebaut werden. — *Di-p-nitrobenzoylnorverbanol*, $C_{24}H_{22}O_{10}N_2$, F. 148° (Aceton–PAe.). (Helv. chim. Acta **37**. 790—98. 30/4. 1954. Zürich, Univ., Chem. Inst.) J. ROTHE. 3450

Karl Zeile und **Alex Heusner**, *Darstellung von cis-6.7-Dimethoxytropinon und dl-cis-6-Oxy-7-methoxytropinon.* Durch Methylierung von 2.5-Dimethoxy-3.4-dioxytetrahydrofuran (**I**) wurden *2.3.4.5-Tetramethoxytetrahydrofuran* u. *2.3.5-Trimethoxy-4-oxytetrahydrofuran*, die inneren Acetale des Mesoweinsäuredialdehyddimethyläthers (**II**) u. -monomethyläthers (**III**), erhalten. Kondensation dieser Aldehyde mit Methylamin u. Acetondicarbonsäure nach ROBINSON-SCHÖPF führte zu *cis-6.7-Dimethoxytropinon.*

Versuche: *2.5-Dimethoxy-3.4-diacetoxytetrahydrofuran*, $C_{10}H_{16}O_7$, F. 97—99° (Platten oder Blöcke aus verd. Methanol; der F. sinkt bei längerem Aufbewahren u. bei zu häufigem Umkristallisieren), durch Acetylierung von **I** in Pyridin; ist gegenüber einer Säurehydrolyse so stabil, daß es sich aus verd. HCl umkristallisieren läßt; 77% (Ausbeute). — *Mesoweinsäuredialdehyd*, durch je 15 Min. Kochen vorst. Verb. mit 2 n Na_2CO_3, dann mit 2 n HCl, isoliert als *Bis-phenylhydrazon* (99%). — *2.3.4.5-Tetramethoxytetrahydrofuran*, $C_8H_{16}O_5$, Kp.$_{16}$ 112—115°, aus 0,2 Mol **I** u. 1,2 Mol Dimethylsulfat (70°, p_H 7—8); 69%. — *Mesoweinsäuredialdehyddimethyläther* (**II**), aus 1 g vorst. Verb. u. n-HCl (10 Min. bei 100°). *Bis-phenylhydrazon*, $C_{18}H_{22}O_2N_4$, F. 124° (citronengelbe prismat. Nadeln aus A.); 1,7 g. — *2.3.5-Trimethoxy-4-oxytetrahydrofuran*, $C_7H_{14}O_5$, Kp.$_{13}$ 100—112°, aus 0,2 Mol **I** u. 0,6 Mol Dimethylsulfat wie oben; 42% (roh). — *Mesoweinsäuredialdehydmonomethyläther* (**III**), aus vorst. Verb. u. HCl. *Bis-phenylhydrazon*, F. 70—92° (roh; konnte nicht umkrist. werden). — *cis-6.7-Dimethoxytropinon* (*Teloidinondimethyläther*), $C_{10}H_{17}O_3N$, Kp.$_{13}$ 154—158°, aus Methylamin-Hydrochlorid, acetondicarbonsaurem Na u. der salzsauren Lsg. von **II** (3 Tage bei n. Temp., p_H 6,4 → 6,6); 65%. *Hydrochlorid*, $C_{10}H_{17}O_3N \cdot HCl$, F. 198° (Zers.; Nadeln aus absol. A.). *Pikrat*, $C_{10}H_{17}O_3N \cdot C_6H_3O_7N_3$, F. 199° (Zers.; gelbe Nadeln aus A.). — *dl-cis-6-Oxy-7-methoxytropinon* (*Teloidinonmonomethyläther*), $C_9H_{15}O_3N$, F. 85—86° (Blöcke aus Ae.), wie vorst. aus **III**; 30% (roh). *Hydrochlorid*, $C_9H_{15}O_3N \cdot HCl$, F. 194° (Zers.; Blättchen aus absol. A.). *Pikrat*, $C_9H_{15}O_3N \cdot C_6H_3O_7N_3$, F. 197° (Zers., Braunfärbung ab 180°; Nadeln aus W.). (Chem. Ber. **87**. 439—43. 1954. Ingelheim/Rh., C. H. Boehringer Sohn, Wiss. Abt.) J. ROTHE. 3500

Robert F. Raffauf, Edgar E. Bumbier und **Glenn E. Ullyot**, *Die spezifische Drehung des Isocolchicins.* Die spez. Drehung $[\alpha]_D^{22}$ des *Isocolchicins* (**I**; $C_{22}H_{25}O_6N$, F. 219 bis 221°) beträgt in Chlf. (c = 0,997) —319°. Im Laufe von 6 Std. verkleinert sich $[\alpha]_D$ auf den Endwert $[\alpha]_D^{22}$ —257°, log $\Delta\alpha$ [%] ist umgekehrt proportional der Zeit. Vff. führen diesen Effekt, der in alkoh. Lsg. nicht auftritt, auf die Bldg. eines stabilen Komplexes zwischen **I** u. Chlf. zurück. (Vgl. BELLET, REGNIER, Ann. pharmac. franç., **10**. [1952.] 340). Das Infrarot-Spektr. von **I** in Chlf. (c = 10 mg/cm³) zeigt keine Besonderheiten. (J. Amer. chem. Soc. **76**. 1707—08. 20/3. 1954. Philadelphia, Pa., Smith, Kline and French Labors., Res. and Developm. Div.) U. JOHN. 3500

A. Blumenthal, C. H. Eugster und **P. Karrer**, *Trennung von Corynanthein und Dihydrocorynanthein.* Vff. beschreiben eine Meth. zur Trennung von *Corynanthein* [**I**; F. 164° (korr.)] u. *Dihydrocorynanthein* (**II**) durch Auftragen der alkoh.-wss. Lsg. des Gemisches auf eine Kolonne aus Kationenaustauscher Duolite C 10 u. Eluieren mit $^1/_{50}$%ig. ammoniakal. Alkohol. **I** als schwächere Base (pK_a 6,65 in 80%ig. Methylcellosolve) findet sich in den Spitzenfraktionen angereichert (**II**: pK_a 7,17); eine einmalige Trennung führt zu 92—93%ig. **I**. **I** u. **II** zeigen auf gepuffertem (Citrat) Papier verschied. R_F-Werte (aufsteigende Meth., Bzl.–CH_3OH 9:2, Entwickler: J_2-Lsg. oder Bromkresolgrün), jedoch ist der Unterschied nicht groß genug, um auf diesem Wege eine Trennung zu ermöglichen. (Helv. chim. Acta **37.** 787–90. 30/4. 1954. Zürich, Univ., Chem. Inst.) J. ROTHE. 3500

W. B. Jewstignejew und **W. A. Gawrilowa,** *Über das Redoxpotential der photoreduzierten Form des Chlorophylls.* Nach einem Befund von KRASSNOWSKI (vgl. C. **1948.** II. 864) wird eine Lsg. von *Chlorophyll* (I) in Pyridin (II) in Ggw. von *Ascorbinsäure* (III) bei Belichtung umkehrbar reduziert. Es wird durch Verss. festgestellt, daß bei 1–2 Min. Belichtung einer evakuierten Lsg. von I ($a+b$) in II in Ggw. von III das Potential einer Au-Elektrode rasch nach negativeren Werten verändert wird. Nach beendeter Belichtung tritt die entgegengesetzte Potentialänderung ein, ohne daß das frühere Potential erreicht wird. Nach 3 Min. Belichtung erreicht das Potential ein Minimum. Der Potentialanstieg setzt sich mit abnehmender Geschwindigkeit 30 bis 40 Min. lang fort. Nach langer Belichtung stellt sich in der Dunkelheit etwa das gleiche Potential wie nach kurzer Belichtung ein. Die gleichen Erscheinungen beobachtet man bei I*a*, I*b*, dem Zn–Phäophytin-Komplex u. Mg–Phthalocyanin, nicht jedoch bei den keine Photored. zeigenden Cu-Komplexen von Phäophytin u. Phthalocyanin. Es kann als erwiesen angesehen werden, daß bei der Belichtung der genannten Lsgg. Stoffe mit sehr labilen Elektronen leicht entstehen, die von trägen Elektroden aufgenommen werden. Die beobachtete Potentialabnahme ist fast völlig auf die Bldg. der red. Form von I zurückzuführen. Die direkte Beteiligung von I an der H-Übertragung wird dad. bestätigt, daß in Ggw. von Safranin der Potentialabfall in der I-Lsg. in Ggw. von III bedeutend geringer ist als ohne Safranin. (Доклады Академии Наук СССР [Ber. Akad. Wiss. UdSSR] [N. S.] **92.** 381–84. 11/9. 1953. Bach-Inst. für Biochem. der Akad. der Wiss. der UdSSR, Labor. für Photobiochem.) LEBTAG. 3550

W. B. Jewstignejew und **W. A. Gawrilowa,** *Spektrale Eigenschaften der reduzierten Form von Chlorophyll a und b.* Die photochem. Red. von *Chlorophyll* (I) verläuft auch in Toluol (II) in Ggw. von Phenylhydrazin (III) als Reduktionsmittel, während die umgekehrte Rk. bei Ausschluß des Lichtes nicht so rasch verläuft wie in Pyridin, so daß das Absorptionsspektr. der red. I-Form aufgenommen werden kann. Das belichtete I*a* zeigt dabei 4 Maxima bei 158, 585, 670–665 u. 415 mμ, von denen die beiden ersten dem red. I*a* zuzuschreiben sind. In der Dunkelheit nimmt das Maximum 670 mμ zu, das Maximum 518 mμ ab. Das Maximum 585 mμ nimmt zunächst etwas zu, dann ab. Diese Prozesse werden bei Luftzutritt beschleunigt. Die Maxima 518 u. 585 mμ gehören zum dissoziierten u. undissoziierten red. I*a*. I*b* gibt bei der Belichtung in II-Lsg. in Ggw. von III je ein Maximum bei 565 u. 635 mμ, entsprechend der dissoziierten u. undissoziierten Form von red. I*b*. Zum Unterschied von red. I*a* zeigt red. I*b* in der Dunkelheit keine Phäophytisierung. Das Absorptionsspektr. entspricht hier genau dem von I*b*. Bei langem Stehen tritt ein Maximum bei 670 mμ auf, wahrscheinlich durch die Rk. zwischen I*b* u. III an der Carbonylgruppe bedingt. Es kann als erwiesen angesehen werden, daß bei der umkehrbaren Red. von I*a* u. I*b* durch III in II-Lsg. 2 verschied. Semichinonformen entstehen. (Доклады Академии Наук СССР [Ber. Akad. Wiss. UdSSR] [N. S.] **91.** 899–902. 1/8. 1953.) LEBTAG. 3550

Sylvette Chapon und **Serge David,** *Über die Struktur des Glutinons, eines Triterpenketons aus der Erlenrinde. Glutinon* (I), ein von Vff. aus Erlenrinde (17 kg → 20,470 g Extrakt; daraus durch Chromatographieren [PAe.] an Al_2O_3 5,37 g I, $C_{30}H_{48}O$, F. 246 bis 248°, $[\alpha]_D$ + 31°) isoliertes Triterpenketon (vgl. C. **1954.** 5307), ergibt mit OsO_4 in Chlf. mit >28% (Ausbeute) *Taraxeron.* Red. von I führt zu *Glutinol* (vgl. l. c.; F. 200 bis 201° [absol. A.]; 99%. *Acetat,* F. 240–241° [Butanon], $[\alpha]_D$ + 41,4°; 86%), das mittels CrO_3 (97%) oder Al-Isopropylats in Aceton (38%) zu I zurück oxydiert werden kann. Die Isomerisation kann auch ausgehend von Glutinolacetat erfolgen (7%). (C. R. hebd. Séances Acad. Sci. **238.** 1600–01. 12/4. 1954.) J. ROTHE. 3600

Max N. Huffman und **Jack W. Sadler,** *Die Darstellung einer Reihe von 3β-Methoxy-Δ^5-steroiden.* Zur klin. Prüfung stellen Vff. nach bekannten Verff. *3β-Methyläther von Steroiden* her. Bei der Darst. von *17α-Vinyl-17β-oxy-Δ^5-androsten-3β-ylmethyläther* tritt als Nebenprod. eine Verb. auf, die wahrscheinlich *3β.21-Dimethoxy-$\Delta^{5.17}$-pregnadien* ist. — Die opt. Drehwerte einiger der dargestellten Methyläther werden mit denen der entsprechenden Oxyverbb. verglichen; es zeigen sich kaum Unterschiede.

V e r s u c h e: *Pregnenolonmethyläther* (I), F. 120–123,5°, nach BUTENANDT u. GROSSE (C. **1937.** II. 409); 77% (Ausbeute). — *20α-Acetoxy-Δ^5-pregnen-3β-ylmethyläther* (II), $C_{24}H_{38}O_3$, F. 135–135,5° (Methanol): Das aus 4,15 g I in absol. A. durch Red. mit Na erhaltene Prod. wurde mit Essigsäureanhydrid in Pyridin acetyliert.; Blättchen; 0,99 g. — *20α-Oxy-Δ^5-pregnen-3β-ylmethyläther,* $C_{22}H_{36}O_2$, F. 129,5–130° (aus 80% ig.

Methanol), aus 0,55 g **II** durch 1std. Kochen mit NaOH in wss. A.; Blättchen; $[\alpha]_D^{25}$ -52^0 (c = 1,37 in A.); 0,49 g. — *Δ^5-Pregnen-3β.20α-dioldiacetat* (**III**), $C_{25}H_{38}O_4$, F. 142—142,5°, aus 374 mg **II** durch $^1/_2$std. Erhitzen mit Essigsäureanhydrid u. p-Toluolsulfonsäure; aus 80%ig. Methanol Blätter; 266 mg. — *20β-Acetoxy-Δ^5-pregnen-3β-ylmethyläther* (**IV**), $C_{24}H_{38}O_3$, F. 121—121,5°, aus 3,3 g **I** in Methanol durch 1std. Rühren mit $NaBH_4$ u. anschließendes Acetylieren in Pyridin mit Essigsäureanhydrid; aus Methanol Nadeln; 2,01 g. — *20β-Oxy-Δ^5-pregnen-3β-ylmethyläther*, $C_{22}H_{36}O_2$, F. 152—153°, aus **IV** durch 2std. Kochen mit ws.-alkoh. NaOH, aus 80%ig. Methanol, dann A. Nadeln; $[\alpha]_D^{25}$ -71^0 (c = 1,52 in A.); fast 100%. — *Δ^5-Pregnen-3β.20β-dioldiacetat*, $C_{25}H_{38}O_4$, F. 127,5—128°, aus 98 mg **IV** mit Essigsäureanhydrid + p-Toluolsulfonsäure; aus wss. Methanol Nadeln; 83 mg. — *Dehydroisoandrosteronmethyläther* (**VI**), F. 139,5—140°, analog **I**; maximal 92%. — *17β-Acetoxy-Δ^5-androsten-3β-ylmethyläther* (**VII**), $C_{22}H_{34}O_3$, F. 154—155° (absol. Methanol), aus 21,08 g **VI** analog **IV**; 21,85 g. — *17-Oxy-Δ^5-androsten-3β-ylmethyläther*, $C_{20}H_{32}O_2$, F. 142,5 bis 143°, aus **VII** durch 1std. Kochen mit methanol. NaOH; aus 80%ig. Methanol Nadeln; $[\alpha]_D^{25}$ -51^0 (c = 1,47 in A.); 81%. — *Δ^5-Androsten-3β.17β-dioldiacetat*, F. 157,5 bis 158°, aus 228 mg **VII** analog **III**; aus Methanol Blätter; 52 mg. — *21-Acetoxy-Δ^5-pregnenolonmethyläther* (**V**), $C_{24}H_{36}O_4$, F. 146,5—147° (A.): Das aus 21-Acetoxypregnenolon in Pyridin mit p-Toluolsulfochlorid durch 24std. Rühren bei 0° erhaltene Tosylat wurde 2 Std. in absol. Methanol gekocht, es wurde eingeengt u. das mit W. ausgefällte Prod. in Pyridin mit Essigsäureanhydrid acetyliert; $[\alpha]_D^{25}$ $+38^0$ (c = 0,98 in Dioxan); 80%. — *17α-Oxy-20-keto-Δ^5-pregnen-3β-ylmethyläther*, $C_{22}H_{34}O_3$, F. 174,5—176,5°, aus 17α-Oxypregnenolon analog **V**; aus Essigester–Heptan Nadeln, 84%. — *17α-Methyl-17β-oxy-Δ^5-androsten-3β-ylmethyläther*, $C_{21}H_{34}O_2$, F. 166,5—168,5° (Skellysolve B, dann Methyläthylketon-Heptan), aus CH_3MgJ u. **VI**; $[\alpha]_D^{25}$ -96^0 (c = 1,05 in Chlf.); 49%. — *17α-Äthyl-17β-oxy-Δ^5-androsten-3β-ylmethyläther*, $C_{22}H_{36}O_2$, F. 181,5—182° (A., dann Essigester–Heptan), aus C_2H_5MgBr u. **VI**; $[\alpha]_D^{25}$ -67^0 (c = 0,58 in A.); 24%. — *17α-Äthinyl-17β-oxy-Δ^5-androsten-3β-ylmethyläther*, F. 241—243,5° (Zers.) (A.), aus 17α-Äthinylandrostendiol analog **V**; $[\alpha]_D^{25}$ -122^0 (c = 0,64 in Chlf.); 73%. — *17α-Vinyl-17β-oxy-Δ^5-androsten-3β-ylmethyläther*, $C_{22}H_{34}O_2$, F. 170,5—171,5° (Skellysolve B, Essigester–Heptan u. wss. Methanol), aus Vinylandrostendiol analog **V**; $[\alpha]_D^{25}$ -54^0 (c = 0,94 in A.); 23%. — *$\Delta^{5.17}$-Pregnadien-3β.21-dioldimethyläther* (?), $C_{23}H_{36}O_2$, F. 122,5—123,5° (wss. Methanol–Aceton), aus dem Skellysolve B-Filtrat von vorst. Verb. durch Eindampfen zur Trockne. — *3β-Methoxy-17β-oxy-Δ^5-androsten-17α-essigsäure*, $C_{22}H_{34}O_4$, F. 187,5—189,5°, aus 5,5 g **VI** in Bzl. mit Zn u. Bromessigsäureäthylester; $[\alpha]_D^{25}$ -77^0 (c = 1,00 in Chlf.); 2,48 g. — *17-Iso-17β.21-dioxy-Δ^5-pregnen-3β-ylmethyläther*, $C_{22}H_{36}O_3$, F. 181,5—183° (dunkel bei 178°), aus 1,5 g vorst. Verb. in Ae. mit $LiAlH_4$ durch 2std. Kochen unter N_2; Blättchen; 1,23 g. — *17-Iso-21-acetoxy-17β-oxy-Δ^5-pregnen-3β-ylmethyläther*, $C_{24}H_{38}O_4$, F. 165,5—166,5°, aus vorst. Verb. durch 24std. Stehen in Pyridin mit Essigsäureanhydrid; $[\alpha]_D^{24}$ -61^0 (c = 0,46 in Aceton). (J. org. Chemistry **18**. 919—27. Aug. 1953. Oklahoma City, Oklahoma Med. Res. Inst.) SCHORRE. 3700

Ralph Hirschmann und **N. L. Wendler**, *Die Struktur der Enolacetatderivate von 7- und 11-Steroidketonen.* Vff. zeigen, daß die Doppelbindungen der Enolacetate von 7- u. 11-Ketosteroiden in 6.7- bzw. 9.11-Stellung liegen. Der Beweis für die Δ^6-Stellung wurde durch Ozonolyse von 3α.7-Diacetoxy-12-keto-Δ^6-cholensäuremethylester (**I**) zur *Lactontricarbonsäure* **II** erbracht. Für die $\Delta^{9,11}$-Stellung waren folgende Umsetzungen maßgebend: Das aus 3α-Acetoxy-11-ketoätiocholansäuremethylester (**III**) über sein *$\Delta^{9,11}$-Enolacetat* (**IV**) erhaltene *9.11-Epoxyd* (**V**) wurde zur *3α.9α-Dioxy-11-ketoätiocholansäure* (**VI**) hydrolysiert. Der hieraus erhaltene *3α-Acetylmethylester* (**VIb**) ging nach Behandlung mit $SOCl_2$ in *3α-Acetoxy-11-keto-$\Delta^{8,9}$-ätiocholensäuremethylester* über; der *Methylester* (**VIa**) von **VI** wurde mit CrO_3 in den *3β-Oxy-3α.9α-oxido-11-ketoätiocholansäuremethylester* übergeführt.

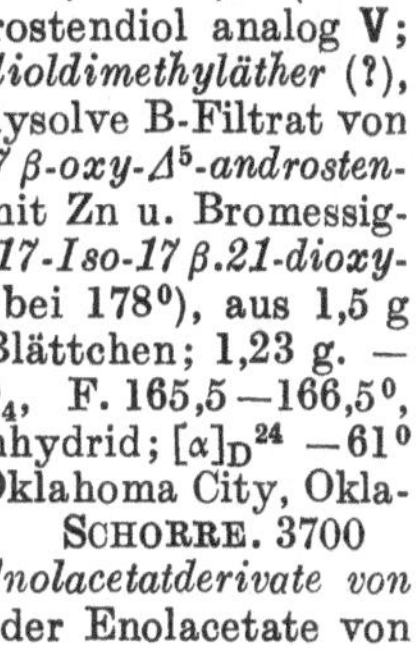

II

Versuche: *Lactontricarbonsäure* **II**, $C_{24}H_{34}O_7$, F. ca. 145° (Ae.–PAe.). **I** in Chlf. wurde bei -70^0 ozonisiert, der Lösungsmittelrückstand in Essigester aufgenommen, die mit $NaHCO_3$ erhaltene Lsg. angesäuert u. das nach 2 Tagen im Kühlraum abgeschiedene Öl mit Ae.–PAe. behandelt. — *3α.12α-Diacetoxy-7α-oxycholansäuremethylester*, $C_{29}H_{46}O_7$, F. 143—145° (Methanol–W.), aus 3α.12α-Diacetoxy-7-ketocholansäuremethylester in Essigsäure durch Schütteln mit H_2 in Ggw. von Pt-Oxyd. — *3α.11-Diacetoxy-$\Delta^{9,11}$-ätiocholensäuremethylester* (**IV**), $C_{25}H_{36}O_6$, F. 169—172° (Methanol), aus **III** u. Essigsäureanhydrid in Pyridin; $[\alpha]_D^{25}$ $+112^0$ (Chlf.). — *3α.11β-Diacetoxy-9α.11α-oxidoätiocholansäuremethylester* (**V**), $C_{25}H_{36}O_7$, F. 201,5—203° (Aceton–

PAe.), aus **IV** in Bzl. mit dem vierfachen Überschuß an Benzopersäure bei 40° durch 30std. Stehen; $[\alpha]_D^{27}$ +88,8° Chlf.). — *3α.9α-Dioxy-11-ketoätiocholansäuremethylester* (**VIa**), $C_{21}H_{32}O_5$, F. 166—167,5° (Methanol-PAe.). **V** in Methanol wurde mit einer wss. Lsg. von KOH 3 Std. gekocht u. die nach Abdampfen u. Ansäuern erhaltene *Säure* (**VI**) mit Diazomethan verestert; $[\alpha]_D^{23}$ +91,9° (Chlf.). — *3α-Acetoxy-9α-oxy-11-ketoätiocholansäuremethylester* (**VIb**), $C_{23}H_{34}O_6$, F. 157,5—158° (Ae.-PAe.), aus **VIa** in Pyridin mit Essigsäureanhydrid; $[\alpha]_D^{23}$ +108° (Chlf.). — *3α-Acetoxy-11-keto-Δ^8,9-ätiocholensäuremethylester*, $C_{23}H_{32}O_5$, F. 148—150° (Ae.-PAe.). Zu einer gekühlten Lsg. von **VIb** in Pyridin wurde $SOCl_2$ zugegeben, das Gemisch 45 Min. bei Raumtemp. stehengelassen u. mit Eis behandelt; $[\alpha]_D^{23}$ +187,5° (Chlf.); λ_{max} 253 mμ (log ε = 3,91; in CH_3OH). — *3β-Oxy-3α.9α-oxido-11-ketoätiocholansäuremethylester*, F. u. Misch-F. 174—176,5° (Ae.-PAe.). **VIa** in Eisessig wurde mit einer Lsg. von CrO_3 in 95%ig. Essigsäure 17 Std. bei 5° stehengelassen, dgl. 4 Std. bei Raumtemp., mit W. verd. u. mit Ae. extrahiert. (J. Amer. chem. Soc. **75**. 2361—64. 20/5. 1953. Rahway, N. J., Merck & Co., Res. Labors.) SCHORRE. 3700

D. A. H. Taylor, *Der Abbau von Digoxigenin.* Es wird der Abbau von *Digoxigenindiacetat* (I) zum *3β.12β-Dioxyätiocholansäuremethylester* beschrieben.

Versuche (FF. auf dem KOFLER-Block; Drehungen im 4 dm-Rohr): *3β.12β-Diacetoxy-14β-oxyätiocholansäure* (**II**), F. 231—234° (CH_3OH), aus **I** in Essigester durch Ozonisieren bei —80°; $[\alpha]_D^{20}$ +38,4° ±2° (c = 0,3 in Chlf.). *Methylester* (**III**), $C_{25}H_{38}O_7$, F. 183—184°, aus Methanol Platten, aus **II** mit Diazomethan; $[\alpha]_D^{21}$ +55,5° ±0,5°; $[\alpha]^{21}_{5461}$ +64,3° ±0,5° (c = 1 in Chlf.). — *3β.12β-Diacetoxy-Δ^14-ätiocholensäuremethylester* (**IV**), $C_{25}H_{36}O_6$, F. 144—145°, aus Methanol Nadeln, aus **III** in Pyridin mit $POCl_3$ u. Chromatographieren in Bzl. an Al_2O_3; $[\alpha]_D^{22}$ +66,0° ±2°; $[\alpha]^{22}_{5461}$ +77° ±2° (c = 0,3 in Chlf.). — *3β.12β-Diacetoxyätiocholansäuremethylester* (**V**), $C_{25}H_{38}O_6$, F. 143 bis 144°, aus Methanol Prismen, aus **IV** in Essigsäure durch Hydrieren in Ggw. von ADAMS-Katalysator; $[\alpha]_D^{22}$ +50,2° ±2°; $[\alpha]^{22}_{5461}$ +62,8 ±2° (c = 0,6 in Chlf.); aus den Mutterlaugen nach Chromatographieren an Al_2O_3 *3β.12β-Diacetoxy-14β-ätiocholansäuremethylester*, $C_{25}H_{38}O_6$, F. 206—208°, aus Methanol Prismen; $[\alpha]_D^{21}$+63,5 ±4°; $[\alpha]^{21}_{5461}$+80,0° ±4° (c = 0,2 in Chlf.). — *3β.12β-Dioxyätiocholansäure*, $C_{20}H_{32}O_4 \cdot$ ½ CH_3OH, F. 286—288°, aus Methanol Nadeln, aus **V** mit heißer wss. methanol. KOH; $[\alpha]_D^{23}$ +30,2° ±1°; $[\alpha]^{23}_{5461}$ +38,6° ±1° (c = 0,6 in CH_3OH). *Methylester*, $C_{21}H_{34}O_4 \cdot CH_3OH$, F. 187—188°, aus Methanol Latten; $[\alpha]_D^{22}$ +38,2°; $[\alpha]^{22}_{5461}$ +45,2° ±2° (c = 0,4 in CH_3OH). (J. chem. Soc. [London] **1953**. 3325—26. Okt. London, Nat. Inst. for Med. Res.) SCHORRE. 3700

K. E. Schulte und **A. Schillinger** (unter Mitarbeit von **Frieda Lynen**), *Untersuchungen über die nichtfermentative Oxydation des Vitamin-A-acetats.* Die Beeinflussung des oxydativen Abbaues des *Vitamin-A-acetats* (**I**) durch verschied. Stoffe nichtenzymat. Natur wurde in Modell-Lsgg. mit definierten Lösungsmitteln im homogenen u. heterogenen Syst. mittels der WARBURG-App. (30°) untersucht, wobei die Rk. durch Messung des O_2-Verbrauchs u. Abnahme der Lichtabsorption bei 3280 Å verfolgt wurde. In *Triacetin* (**II**) oder *Laurinsäureäthylester* (**III**) gelöstes **I** wurde beim Schütteln mit reinem O_2 relativ langsam oxydativ verändert. *Cu* oder *Fe* (*Butyrat* oder *Capronat*), *Hämin* (**IV**), *Prolin* (**V**) u. *Colamin* (**VI**) bewirkten nur eine schwache Beschleunigung des oxydativen Abbaues. Die Geschwindigkeit der O_2-Aufnahme einer Lsg. von **I** in **II** oder **III** erfuhr bei Zusatz von *Ölsäureester* (**VII**) eine wesentliche Steigerung, die nicht allein durch die **VII**-Oxydation bedingt war, wie die gleichzeitige spektrophotometr. **I**-Best. zeigte. Auch die Oxydation von *β-Carotin* wurde durch ungesätt. Fettsäure beschleunigt. Die Wrkg. von **VII** auf die **I**-Oxydation erfuhr durch die Ggw. von Katalysatoren der Autoxydation ungesätt. Fettsäuren, wie *Cu*, *Fe*, **IV**, **V**, **V**+*Cu* u. **VI**+*Cu*, eine Verstärkung: größere O_2-Aufnahme des Ansatzes, Abkürzung der Induktionsperiode u. Zunahme der oxydativen Zerstörung von **I**. *dl-α-Tocopherol* (**XIV**) oder ein pflanzliches *Phosphatid* (**XV**) bewirkten in einer Lsg. von **I** in **II** (oder **III**) u. **VII** starke Verzögerung der O_2-Aufnahme u. des oxydativen **I**-Abbaues. Die Hemmwrkg. entfiel bei gleichzeitiger Ggw. von *Cu* oder *Fe*. In Ggw. von W. verlief der Abbau des in **II** oder **III** gelösten **I** mit zunehmender Wasserkonz. rascher, wobei eine p_H-Änderung der wss. Phase zwischen 4,1—8,0 ohne deutlichen Einfl. war. *Ni*, *Co* (als Sulfate), *Histidin* (**XII**), *Lysin* (**XIII**), *Tryptophan* (**VIII**), *Diacetyl*, *Phosphathämin* (**IVa**) u. **VI** übten, wenn der wss. Phase zugesetzt, keine wesentliche Wrkg. auf die O_2-Aufnahme des in **II** gelösten **I** aus. *Fe* wirkte, bes. in Ggw. von Cu, hemmend. Der *Cu*-Effekt war durch *Trilon B* (**IX**) oder **VIII** (Komplexbldg.!) aufhebbar. *Lactose* (wss. Phase) verringerte die O_2-Aufnahme u. den **I**-Abbau etwas, *Ascorbinsäure* (**X**) nur erstere, jedoch nicht letzteren, der vielmehr verstärkt war. H_2O_2 hatte in niedrigen Konzz. keinen Einfl., bewirkte aber

in Ggw. von *Cu* oder *Fe* bei geringer O_2-Aufnahme eine größere **I**-Zerstörung. *Cystein* (**XI**) in der wss. Phase beschleunigte die **I**-Oxydation. In **VII**-Ggw. war die O_2-Aufnahme des in **II** oder **III** gelösten **I** im heterogenen Syst. größer. *Cu* oder *Fe* (als Sulfate) verursachten eine weitere, durch **IX** aufhebbare Zunahme der O_2-Aufnahmegeschwindigkeit u. der **I**-Oxydation. **X** u. **XI** wirkten hier im gleichen Sinne; *Co, Ni,* **V, VIII, XII** u. **XIII** waren unwirksam. Ggw. von **XIV** in der Fettphase hemmte die Rk. nahezu vollständig. In der Fettphase gelöstes *Cu* oder *Fe* (als Capronat) bewirkten eine antioxygene Wrkg. (keine O_2-Aufnahme des gelösten **I**), während **IV** unter gleichen Bedingungen einen starken katalyt. Effekt zeigte, der wesentlich größer war als in Ggw. von **IV a** in der wss. Phase. In Ggw. von **VII** in der Fettphase lag die O_2-Aufnahme zwar wesentlich höher, verlief aber auch dann mit *Cu* oder *Fe* (Fettphase) verzögert, während **IV** die Reaktionsgeschwindigkeit hier ebenfalls beschleunigte. Die antioxygene Wrkg. der Tocopherole u. Phosphatide gegenüber oxydativer Veränderung von Fettstoffen findet bei der Vitaminierung der Margarine Nutzanwendung, wobei synthet. *Vitamin A-Ester* (ca. 50% ig. Lsg. in Arachisöl), stabilisiert durch synthet. **XIV** u. pflanzliches **XV**, zugesetzt wird. Dieses Präp. erfuhr auch in Ggw. von **VII**, selbst bei Anwesenheit von **IV** u. **V**, keinen oxydativen Abbau, während Cu, **VI, V** + *Cu*, **VI** + *Cu* oder *Fe* etwas katalysierend wirkten. W. war ohne Einfluß. Die Ergebnisse in Ggw. von **VII** deuten darauf hin, daß wenigstens in der Anfangsphase der Rk. das zunächst entstehende Fettsäureperoxyd mit **I** reagiert, das durch Abfangen eines Fettsäure-Radikals in die Ketten-Rk. eingreift u. hierbei selbst oxydiert wird. Die entstehende **I**-Sauerstoffverb. beschleunigt die **VII**-Autoxydation. Im heterogenen Syst. ist neben der Größe der Oberfläche weitgehend die Katalysatorlöslichkeit in der Fettphase für die Reaktionsgeschwindigkeit maßgebend. (Fette u. Seifen, Anstrichmittel **55.** 705—10. Okt. 1953. München, Deutsch. Forschungsanstalt für Lebensmittelchem.)
K. MAIER. 3800

Lester J. Reed, I. C. Gunsalus, G. H. F. Schnakenberg, Quentin F. Soper, Harold E. Boaz, Stanley F. Kern und **Thomas V. Parke,** *Isolierung, Charakteristik und Struktur der α-Liposäure.* (Vgl. C. **1953.** 4705.) *α-Liposäure* (**I**) wurde unter laufender Kontrolle der biol. Wirksamkeit durch saure Hydrolyse von Rinderleber, Extraktion u. Reinigung nach. chem. (*Methylester* mit CH_2N_2; Öl) u. physikal. Verff. in reiner Form zu ca. 30 mg aus 10 t Leber erhalten. Durch chem. u. physikal. Unterss. ist **I** wie folgt gekennzeichnet: $C_8H_{14}O_2S_2$; Mol.-Gew. 217; F. 47,5°; korr., blaßgelbe Plättchen aus Bzn.; leicht lösl. in Bzl., Essigester, Methanol, weniger in Bzn., gering in W.; $[\alpha]_D^{25}$ +96,7° (1,88% in Bzl.); wahrscheinlich cycl. Disulfid, entstanden aus einer *4.8-, 5.8-* oder *6.8-Dimercapto-n-caprylsäure.* Durch Entschwefelung mit RANEY-Ni entsteht *n-Caprylsäure,* charakterisiert durch das *Ag-Salz.* Angaben über kristallopt. Daten, Röntgendiagramm, Infrarotspektr. von **I** sowie über Chromatogramme des Esters im Original. *β-Liposäure* ist eine oxydierte Form von **I**, wahrscheinlich ein Sulfoxyd. (J. Amer. chem. Soc. **75.** 1267—70. 20/3. 1953. Austin, Tex., Univ., Biochem. Inst. and Dep. of Chem.; Clayton Foundation for Res.; Urbana, Ill., Dep. of Bacteriol.; Indianapolis, Ind., Eli Lilly & Co., Res. Labor.) SCHULENBURG. 3950

Lester J. Reed, Betty G. DeBusk, C. S. Hornberger jr. und **I. C. Gunsalus,** *Wechselbeziehungen zwischen Liposäuren.* (Vgl. vorst. Ref.) Behandlung natürlicher *α-Liposäure* (**I**) mit Thiolen (Cystein, Glutathion, Protein) u. anschließende Oxydation mit J_2 liefert eine Reihe neuer Verbb. mit biol. Wirksamkeit entsprechend **I**, anscheinend *gemischte Disulfide,* deren Ggw. auch in biol. Präpp. angenommen wird. *β-Liposäure* (**II**), die neben **I** in Säurehydrolysaten natürlicher Stoffe auftritt, u. ihr *Methylester* werden durch Behandlung mit red. Glutathion, HJ oder A. + HCl in **I** bzw. **I**-*Methylester* übergeführt. Umgekehrt geht **I** durch Oxydation in **II** über. **I**-*Methylester* gibt mit Alkali **I**, **II**-*Methylester* liefert, analog behandelt, ein biol. inakt. Prod. (Hydrolyse der in **II** angenommenen —S—SO-Bindung zu einer Thiol- u. Sulfinsäuregruppe). (J. Amer. chem. Soc. **75.** 1271—73. 20/3. 1953.) SCHULENBURG. 3950

Carl S. Hornberger jr., Richard F. Heitmiller, I. C. Gunsalus, G. H. F. Schnakenberg und **Lester J. Reed,** *Synthese der DL-α-Liposäure.* (Vgl. vorst. Reff.) Behandlung von *4-[α-Tetrahydrofuryl]-buttersäure* (**I**) mit Thioharnstoff (**VII**) u. HBr gibt nach der Hydrolyse *Dimercaptooctansäure* (**III**; $HS(CH_2)_x \cdot CH(SH) \cdot (CH_2)_y \cdot CO \cdot OH$ [x + y = 6]); Jod-Oxydation führt sie über in ein *cycl. Disulfid* mit den Eigg. der erwarteten *DL-α-Liposäure* (**IV**): opt. inakt.; gleiche Elementar- u. Infrarot-Analyse, Hälfte an biol. Aktivität der natürlichen **IV**. Behandlung von **I** mit HBr spaltet die Ätherbindung u. ergibt ein labiles *Bromlacton* (**II**), das, mit **VII** u. HBr gekocht u. hydrolysiert, eine höhere Ausbeute an biol. wirksamer **III** liefert. Eine beobachtete Umlagerung von **II** zeigt, daß eine der Isothiouroniumgruppen infolge Wanderung des

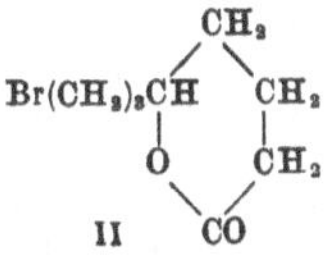
II

Carboniumions auch eine andere als die 5-Stellung der Octansäure besetzen kann. **IV** kann also das cycl. Disulfid der 4.8-, 5.8- oder 6.8-**III** sein.

V e r s u c h e: *3-[α-Tetrahydrofuryl]-propanol-(1)*, $Kp._{12}$ 97°; n_D^{20} 1,4575, durch Red. des *Furylacroleins* aus Furfurol u. Acetaldehyd nach BURDICK (C. **1934**. I. 2281); 82% (Ausbeute). Red. von *3-[α-Tetrahydrofuryl]-propionsäure* (aus Furylacrylsäure) mit $LiAlH_4$ ergibt eine Ausbeute von 89%. — *1-Brom-3-[α-tetrahydrofuryl]-propan* (**VI**), $Kp._1$ 58—60°, n_D^{19} 1,4850, aus vorst. Verb. mit PBr_3 in Ae.; 71%. — *4-[α-Tetrahydrofuryl]-butyronitril*, $C_8H_{13}ON$, $Kp._{0,5}$ 59—61°; n_D^{20} 1,4510; aus vorst. Verb. durch 19std. Erhitzen mit NaCN in wss. A.; roh 89,5%; dest. 55—65%. — *4-[α-Tetrahydrofuryl]-buttersäure* (**I**), $C_8H_{14}O_3$, F. 160—165°; n_D^{25} 1,457; aus vorst. Verb. durch alkal. Verseifung in wss. A.; Ausbeute 49% bezogen auf **VI**. Nach LEWIS u. SUSI (C. **1953**. 2905) erhält man 67% durch Erhitzen von **VI** mit NaCN in Äthylenglykol u. 36std. Kochen nach Zusatz von NaOH. *Methylester*, $C_9H_{16}O_3$, $Kp._{20}$ 121—122°, $Kp._{0,25}$ 62—63°; n_D^{25} 1,4440; mit CH_2N_2. *Amid*, $C_8H_{15}O_2N$, F. 66—67°; Plättchen aus Chlf./Heptangemisch; 85%. — Ringspaltung von **I** unter Bldg. von *Bromlactonen:* durch 1½std. Erhitzen mit 40%ig. HBr u. konz. H_2SO_4 entsteht nach Dest. des Chloroformextrakes bei $Kp._{15}$ 180—200° rohes *Bromlacton* (**II**), dunkles, sich verfärbendes Öl; 92%. Wiederholte Vakuumdest. ergab schließlich eine Fraktion $Kp._3$ 130—175°, ein chem. uneinheitliches Öl, dessen Infrarotspektr., auch nach 10std. Erhitzen mit 40% ig. HBr, auf Umlagerung in einen 5-Ring hinwies. Das 5- wie das 6-gliedrige *Bromlacton* **II** lieferten beide dieselbe *DL-α-Liposäure* (**IV**). — *Dibromoctansäure* (**V**), $C_8H_{14}O_2Br_2$, zers. Öl; aus **I** durch Erhitzen mit 40% ig. HBr unter Zusatz von H_2SO_4 auf 100°; 11%. *Methylester*, stabiler, mit CH_2N_2; 89%. — Herst. von *Dimercaptooctansäure* (**III**): a) aus **I**, Thioharnstoff (**VII**) u. 40% ig. HBr (HCl, H_2SO_4) durch 11½std. Druckerhitzung auf 110° in Essigsäure; Aktivität des Reaktionsprod. 375 Einheiten (E)/μ-Mol. b) aus **V** u. **VII** durch ¼std. Druckerhitzung mit A. auf 190°; Aktivität 1100 E/μ-Mol. Nachbehandlung der mit $NaHCO_3$ versetzten Lsg. mit 0,1 n Jod-Lsg. in A. zeigte nach Aufarbeitung des Reaktionsprod., daß 95% der Aktivität der *Disulfid*-Form zuzuschreiben sind. c) aus **II**, **VII** u. 40% ig. HBr nach 10std. Kochen u. alkal. Nachbehandlung; Aktivität 8200 E/μ-Mol. — Oxydation zum *Disulfid*: ein eingedampfter Benzolextrakt nach a) bis c) von bestimmter Aktivität, mit W. u. Chlf. versetzt u. unter N_2 u. Zusatz von CHJ_3-Reagens bis zum Verschwinden der Nitroprussid-Rk. dispergiert, lieferte das durch Gegenstromverteilung gewinnbare *Disulfid* ohne Aktivitätseinbuße. *Methylester*, Öl, aus rohem Disulfid mit CH_2N_2, ohne Aktivitätsverlust. — *Kristallisierte* **IV** durch 16std. Schütteln der stärksten Eluate aus der chromatograph. Reinigung vorst. Verb. unter N_2 bei 25° mit 0,1 n KOH u. Extrahieren des mit 6 n H_2SO_4 auf p_H 1 eingestellten Reaktionsprod. mit Bzl., das beim Eindampfen ein gelbes Öl hinterläßt; der Petrolätherextrakt daraus gab unter Zurücklassung von 8% eines unlösl. Öls beim Abkühlen gelbe Plättchen, F. 59—60° (korr.), Aktivität 50% der natürlichen Säure. (J. Amer. chem. Soc. **75**. 1273—77. 20/3. 1953.) SCHULENBURG. 3950

Clemens Schöpf und **Walter Schweter**, *Ein neues Isomeres des Matridins.* (Vgl. C. **1953**. 1336.) Vff. weisen darauf hin, daß die von ihnen synthet. dargestellte Verb. Matridin (**I**) (l. c.) als *Allomatridin* (**II**) zu bezeichnen ist (vgl. OCHIAI u. Mitarbeiter, J. pharmac. Soc. Japan [Yakugakuzasshi] **72**. [1952.] 781); **II** hat zwar die Konst., nicht aber die Konfiguration von **I**. — Vff. beschreiben die Darst. eines weiteren Stereoisomeren von **I** u. **II**, das als *Neomatridin* (**III**) bezeichnet wird. Es entsteht in über 90% ig. Ausbeute, wenn man eine wss. Lsg. von Aldotripiperidein (**IV**) mit RANEY-Ni in einer N_2-Atmosphäre 6—8 Std. zum Sieden erhitzt. Da man aus **IV** mit RANEY-Ni in 90% ig. Ausbeute beim Kochen in einer H_2-Atmosphäre **II** erhält, dürfte nach Vff. **III** dadurch entstehen, daß bei Abwesenheit eines H_2-Überschusses das Mol. Zeit findet, durch Dehydrierung unter Einbeziehung eines der Asymmetriezentren u. Rückhydrierung in ein Stereoisomeres von **IV** überzugehen, das dann wie bei der Synth. von **II** über ein Stereoisomeres des Dihydroaldopiperideins (**V**) in **III** übergeht.

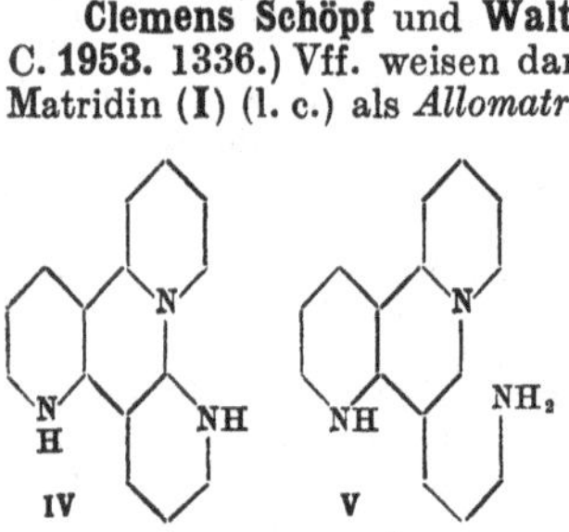

IV V

V e r s u c h e: *Neomatridin* (**III**), F. 80°, F. des opt. Antipoden ($[\alpha]_D^{25}$ ±17,4° in A.) 71°; die Trennung erfolgte über die sauren dibenzoyl-d-weinsauren Salze, von denen das des (+)-Antipoden (F. 169°) in Methanol schwer lösl. ist. Der (—)-Antipode gibt eine starke F.-Erniedrigung mit **I**; **III** u. **II** geben bei der Dehydrierung durch 4std. Erhitzen mit Pd-Asbest auf ca. 340° dasselbe Dehydrierungsprod. der Formel $C_{15}H_{22}N_2$, das als Monohydrojodid vom F. 194° kristallisiert erhalten werden kann. In ihm ist offenbar einer der 4 Piperidinringe von **III** in einen Pyridinring übergegangen, wobei der Substituent am Stickstoff des der Dehydrierung unterliegenden Piperidinringes abgelöst werden muß; er wird bei der C-Methylbest. im Dehydrierungsprod. als Essigsäure gefunden. (Naturwissenschaften **40**. 165. 1. Märzheft 1953. Darmstadt, TH, Inst. für organ. Chem.) G. WINKLER. 3950

M. P. Morris und **C. Pagán**, *Die Isolierung der toxischen Prinzipien aus Mammea.* Vff. gelang die Isolierung einer krist. tox. u. einer amorphen tox. Verb. aus *Mammea americana* L., deren Wrkg. zusammen 81% der Giftigkeit des Mammea-Extraktes ausmachen.

Versuche: Die bei 45° getrockneten Samen reifer Früchte werden zermahlen u. 8 Std. mit PAe. oder anderen unpolaren Lösungsmitteln extrahiert. Nach Abdampfen, Trocknen u. Auflösen in wenig Aceton krist. nach 24std. Stehen auf Eis 1,5% nichttox. Material vom F. 78°. Das Acetonfiltrat wird im Vakuum eingedampft, in PAe. aufgenommen, an SiO_2 chromatographiert u. mit Ae.–PAe. entwickelt; die sich abtrennenden unteren beiden Zonen werden mehrfach erneut chromatographiert. Aus dem Äthereluat der unteren giftigen Zone entstanden nach langsamem Austausch gegen PAe. in der Wärme Kristalle einer *Verb.* $C_{18}H_{22}O_4$, F. 130—131° (PAe.+ Ae.), λ_{max} 244, 249, 255, 261 u. 334 mμ in A.; 2,1 g (Ausbeute); löst sich in verd. Alkali gelb, gibt Phenol-Rkk., nimmt CH_3MgBr auf, gibt aber in der ZEREWITINOFF-App. kein CH_4. Aus der Mutterlauge wurden weitere 3 solvatisierte Substanzen vom F. 82—84°, F. 101 bis 102° u. F. 114—115° isoliert. — Aus dem Äthereluat der 2. giftigen Zone analog 3,5 g amorphe Substanz, die bei 170—175° erweicht. (J. Amer. chem. Soc. **75**. 1489. 20/3. 1953. Mayaguez, Puerto Rico, Federal Exp. Stat.) LEHWALD. 3950

D$_3$. Makromolekulare Chemie.

B. H. Zimm, W. H. Stockmayer und **M. Fixman,** *Das verbotene Volumen in Polymerisatketten.* Der verbotene Volumeneffekt in Polymerisatketten, der für den Zusammenhang zwischen der mittleren Größe einer Kette u. ihrer Struktur von Bedeutung ist, wird erörtert. Eine allg. Formulierung des Problems wird angegeben u. mit der Theorie der MARKOFF-Verff. verglichen. Es wird gezeigt, daß sie eine komplizierte Funktion, deren exakte Auswertung schwierig ist, enthält, obwohl eine Integralgleichung der MARKOFF-Formel für die Verteilungsfunktion besteht. Da die gleiche Funktion beim Problem des 2. Virialkoeff. des osmot. Drucks vorkommt, liegt es auf der Hand, den verbotenen Volumeneffekt in Beziehung zum 2. Virialkoeff. zu bringen. Die Ergebnisse vorläufiger Berechnungen für die Beziehung zwischen dem mittleren Quadrat des Radius der Kette u. dem 2. Virialkoeff. stimmen mit den Verss. gut überein. Vff. folgern, daß der Voluemeneffekt für echte Ketten sicherlich nicht zu vernachlässigen ist, ausgenommen, wenn der 2. Virialkoeff. 0 ist, u. daß der Effekt mit wachsender Kettenlänge zunimmt. (J. chem. Physics **21**. 1716—23. Okt. 1953. Schenectady, N. Y., Knolls, Gen. Electric Res. Labor., u. Cambridge, Mass., Inst. of Technol., Dep. of Chem.) SCHÄFF. 4000

J. Gillis und **Orah Kedem,** *Freie Diffusion mit konzentrationsabhängigem Gradienten.* Bei der Diffusion von Polymeren ergibt sich häufig, daß der Gradient der Diffusionskonstante linear von der Konz. abhängt. Für diesen Spezialfall wird eine Näherungslösung der dabei auftretenden nichtlinearen Differentialgleichung gefunden. Die hierbei auftretenden Parameter werden tabelliert. Ein Anwendungsbeispiel wird durchgerechnet. (J. Polymer Sci. **11**. 545—57. Dez. 1953. Rehovoth, Israel, Weizmann Inst. Sci.) MEYERHOFF. 4000

Frank M. Rugg, Joseph J. Smith und **Lloyd H. Wartman,** *Infrarotspektrophotometrische Untersuchungen an Polyäthylen.* 1. Mitt. *Struktur.* Eine Reihe von *Polyäthylenharzen* (I; *DXL-1, DYDT, DXL-6, DYJT, DXL-14, DYLT, DYNH, DXH-26* u. *DXA-38*), die bei verschied. Tempp., Drucken u. Katalysatorengehh. hergestellt wurden u. deren Mol.-Gew. auf Grund von ebullioskop. u. Viscositätsmessungen ermittelt wurde, ist im Infrarotspektrophotometer, als Film oder in CCl_4 gelöst, untersucht worden. Die I zeigten eine Abnahme des Verzweigungsgrades u. des Geh. an Doppelbindungen ($RHC{=}CH_2$, $RHC{=}CHR$ u. $RRC{=}CH_2$) mit zunehmendem Mol.-Gewicht. I-Filme, die durch 500faches Ausziehen in der Kälte stark orientiert waren zeigten in Hochresolutionsgitterspektren, daß die mit $-CH_3$ endenden Verzweigungen weder parallel noch quer zur Streckrichtung orientiert waren. Bei 110—115° hitzerelaxierte Filme weisen Kristallite auf, in denen die —C—C-Kettenachsen vorwiegend quer zur Streckrichtung orientiert sind. Vff. sind der Ansicht, daß die Länge der Verzweigungen in gestreckten I-Filmen veränderlich ist, wobei eine Anzahl kurz genug ist, um rechtwinklig, ein anderer Teil lang genug ist, um parallel zur Streckrichtung orientiert zu sein. (J. Polymer Sci. **11**. 1—20. Juli 1953. Bloomfield, N. J., Bakelite Comp., Res. Dep.) v. KEREKJARTO. 4010

S. Straus und **S. L. Madorsky,** *Pyrolyse von polymeren Styrolen, Acrylaten und Isoprenen im Vakuum.* Nach dem früher beschriebenen Pyrolyseverf. von MADORSKY (vgl. C. **1950.** II. 1700) werden die Polymeren im Vakuum auf Tempp. von 250—400° erhitzt. Die leicht flüchtigen Bestandteile werden massenspektroskop. analysiert, für die weniger flüchtigen Teile wird das mittlere Mol.-Gew. bestimmt. Bei den *Styrolen* ergeben *Poly-α-methylstyrol* prakt. 100%, *Poly-m-methylstyrol* 52% u. *Poly-α-deuterostyrol* 70% Monomeres oder ähnliche Produkte. Der Rest besteht aus Di-, Tri- u. etwas Tetrameren. Bei hydrierten *Polystyrolen* entstehen 6% flüchtige Anteile mit kleinen Moll. u. ein Gemisch von Stoffen mit mittlerem Mol.-Gew. von 602. Therm. oder mit *Benzoylperoxyd* hergestellte *Polymethacrylsäuremethylester* ergeben nahezu 100% Monomeres. *Polymethacrylsäure* ergibt *Kohlendioxyd, Methanol* u. ein Gemisch von Stoffen des mittleren Mol.-Gew. 686. Synthet. *Polyisoprene* u. die natürlichen *cis-* u. *trans-Polyisoprene* ergeben *Isopren, Dipenten* u. ein Gemisch vom Mol.-Gew. 600. (J. Res. nat. Bur. Standards **50.** 165—76. März 1953. Washington, USA, Nat. Bur. Stand.) MEYERHOFF. 4010

Walter H. Stockmayer und **Leighton H. Peebles jr.,** *Copolymerisation des Benzols mit Vinylacetat.* Vff. nehmen bei der Polymerisation des *Vinylacetats* (**I**) in *Bzl.* einen Einbau des 6-Ringes als Cyclohexadien (**II**) an, wobei die Rk. über eine intermediäre Bldg. von Cyclohexadienylradikalen läuft. Die Polymerisation bei 60° müßte eine H-Übertragungskonstante $C = (2,5 \pm 0,5) \cdot 10^{-3}$ ergeben, während aus dem gefundenen Mol.-Gew. C zu $1,2 \cdot 10^{-4}$ bestimmt wurde, was nur durch Addition eines Radikals an den aromat. Kern zu erklären ist. Die Verwendung von ^{14}C-Bzl. im Mol.-Verhältnis 10,9 : 1, bezogen auf **I**, ergab nach der Polymerisation bei 60° u. einem DP 700 20 Benzolreste/Molekül. Aliphat. Doppelbindungen konnten nicht nachgewiesen werden, **II** mußte also (durch Luft-O_2) wieder zu Bzl. dehydriert worden sein. (J. Amer. chem. Soc. **75.** 2278—79. 5/5. 1953. Cambridge, Mass., Inst. of Technol., Dep. of Chem.) W. MEYER. 4010

B. A. Toms und **D. J. Strawbridge,** *Elastische und viscose Eigenschaften verdünnter Lösungen von Polymethylmethacrylat in organischen Flüssigkeiten.* Die Unters. befaßt sich mit dem Verh. von hochpolymerisiertem *Methylmethacrylat* unter dem Einfl. einer einfachen scherenden Bewegung, die sich durch einen Viscositätskoeff. η_0 u. die beiden Relaxationszeiten λ_1 u. λ_2 beschreiben läßt. Die beiden Zeiten haben die Bedeutung, daß beim plötzlichen Abstoppen der Bewegung (im Vers. zweier koaxialer gegeneinander bewegter Zylinder) die Schubspannung $\exp(-t/\lambda_1)$ abfällt, während beim Wiedereinsetzen der Kraft das Formänderungsverhältnis $\exp(-t/\lambda_2)$ abfällt. Im Temperaturbereich von 15—45° u. bei Konzz. von 1—10% wurden die Messungen in *Toluol, Pyridin, Cyclohexanon* u. *n-Butylacetat* ausgeführt. Für λ_1 u. λ_2, die beide für NEWTONsche Fll. Null werden müssen, wurde nur bei λ_1 eine Abhängigkeit von Lösungsm., Konz. u. Temp. festgestellt, während für λ_2 der Einfl. dieser Größen sehr gering ist. Die auftretenden Effekte lassen sich durch die Theorien der gummiähnlichen Elastizität u. der Lsgg. linearer Polymerer erklären. (Trans. Faraday Soc. **49.** 1225—32. Okt. 1953.) MEYERHOFF. 4010

George T. Furukawa, Robert E. McCoskey und **Gerard J. King,** *Thermische Eigenschaften einiger Butadien–Styrol-Copolymerer.* An zwei Copolymeren, die aus *Butadien* u. 8,6% gebundenem *Styrol* bestehen u. bei 5 u. 50° C polymerisiert wurden, wird die spezif. Wärme calorimetr. bestimmt, Enthalpie u. Entropie werden für den gesamten Temperaturbereich bis ca. 330° K berechnet. Die Meßergebnisse zeigen, daß das Anwachsen der Polymerisationstemp. von 5—50° C bei diesem *Butadien–Styrol*-Verhältnis von 90/10 Kristallisationseffekte eliminiert. Dies stimmt mit den Beobachtungen anderer Autoren überein, die gleichfalls feststellten, daß die Kristallisierbarkeit mit wachsender Polymerisationstemp. abnimmt. (J. Res. nat. Bur. Standards **50.** 357—65. Juni 1953. Washington, D. C., Nat. Bur. Standards.) MEYERHOFF. 4030

Edward Crampsey, Manfred Gordon und **James S. Taylor,** *Kinetik und Mechanismus der Hydrochlorierung von synthetischem und natürlichem Polyisoprenlatex.* Die Kinetik der Hydrochlorierung von synthet. Polyisoprenemulsionen, die nach einer neuen einfachen Meth. [nur unter Zusatz von Vulcastab (Äthylenoxydkondensationsprod., 8% bezogen auf Isopren) u. $(NH_4)_2S_2O_8$] hergestellt worden waren, wurde im Vgl. zu der gleichen Rk. von natürlichem Kautschuklatex untersucht. Dabei wurden nahezu ident. Geschwindigkeitskonstanten einer Rk. nullter Ordnung in beiden Fällen bei 300° K u. 1 oder 2 at HCl gefunden, obwohl beide Substrate strukturelle Unterschiede aufweisen. Vff. folgern, daß die beiden Substrate keine geschwindigkeitsbestimmenden Faktoren darstellen, da die Geschwindigkeiten von Ketten-Rkk. (mit Konstanten für Rkk. nullter Ordnung) sehr stark von der Struktur der Polymeren abhängen. Zwei Anomalitäten der Anfangsgeschwindigkeiten wurden beobachtet. Die 1. hängt mit einer schnellen Oberflächen-Rk. zusammen, während die 2. wahrscheinlich auf die Ggw. eines bas. Verzögerers in Naturkautschukteilen zurückzuführen ist. Die früher beobachteten gleichen Anomalitäten der Cyclisierungs-Rk. werden in gleicher Weise gedeutet. Die Wirkungen energet. Faktoren u. der Konz. auf die Geschwindigkeit der Hydrochlorierung unterstützen die Theorie, daß die einfache Reaktionsstufe $H^+ + Cl^- \rightarrow (H^+, Cl^-$; Ionenpaar) geschwindigkeitsbestimmend ist, wobei das Proton wahrscheinlich als H_2Cl^+ solvatisiert ist. Das krit. Übergangsstadium muß ohne Ladung sein, da die Reaktionsgeschwindigkeit durch eine Änderung der DK. infolge Umwandlung von Kautschuk-KW-stoff in Kautschukhydrochlorid nicht beeinflußt wird. Das Vorliegen des Ionenpaares als reakt. Zwischenprod. bestätigt die stereochem. Theorien von Gordon u. Taylor über die Hydrochlorierung von Naturkautschuk. Die schnelle Oberflächen-Rk. wird der leichten Bldg. von Ionenpaaren oder ähnlichen Verbb. in der wss. Phase u. der begrenzte Bereich (ca. 15 Å) der Oberflächen-Rk. der langsamen Diffusionsgeschwindigkeit von unveränderten Kautschukeinheiten zur Oberfläche zugeschrieben. (J. chem. Soc. [London] **1953**. 3925—31. Dez. Glasgow, Royal Techn. Coll., Dep. Techn. Chem.) Schäff. 4030

Joseph F. Foster und **Richard L. Smith**, *Potentiometrische Jodtitration von verzweigten Stärkefraktionen.* Eine potentiometr. J-Titrationsmeth. für die Unters. der J-Bindung durch *Amylose* (I) u. *Amylopektin* (II) bei relativ hohem J-Geh. (über 0,001 mol.) wird beschrieben. An Hand von Kurven werden die Ergebnisse für Stärke von Kartoffeln, Getreide, Tapioka u. der entsprechenden I- u. II-Fraktionen u. von Grenzdextrinen gebracht, ferner für Maisstärke u. ihre Grenzdextrine, sowie für Glykogen. Die mögliche Bedeutung dieser Ergebnisse in Beziehung zum Bindungsmechanismus wird diskutiert. (Iowa State Coll. J. Sci. **27**. 467—77. Juli 1953. Ames, Io., Iowa State Coll., Dep. of Chem.) Benischke. 4050

Carl Monder und **P. E. Ramstad**, *Wirkung einer Kugelmühlenbehandlung auf gewisse Eigenschaften von Proteinen.* Durch Mahlen in einer Kugelmühle nahm die Löslichkeit von Eialbumin (I) zunächst ab, um dann zuzunehmen, während die freien SH-Gruppen ein Maximum erreichten u. dann abnahmen. Bei Wolle (II) bewirkte eine ähnliche Behandlung eine kontinuierliche Zunahme sowohl der Wasserlöslichkeit als auch der titrierbaren SH-Gruppen. Die Behandlung mit der Kugelmühle bewirkte bei I u. II eine größere Angreifbarkeit bei trypt. Verdauung. (Arch. Biochem. Biophysics **46**. 376—84. Okt. 1953. New York, Ithaca, Cornell Univ., School of Nutrit.) Nehring. 4070

Richard B. Simpson und **W. Kauzmann**, *Die Kinetik der Denaturierung von Proteinen.* 1. Mitt. *Das Verhalten der optischen Drehung von Ovalbumin in Harnstofflösungen.* Der Grad der Denaturierung eines Proteins wird an der Veränderung bzw. dem Ansteigen der opt. Drehung verfolgt. Bei Zusatz von Harnstoff zu einer Ovalbuminlsg. zeigt die opt. Drehung einen Anstieg, aus dessen Form hervorgeht, daß die Rk. nicht 1. Ordnung ist. Dieses läßt darauf schließen, daß die Denaturierung entweder über eine Reihe von Zwischenstufen verläuft, oder daß das native Protein nicht einheitlich ist. Die beobachtete Änderung der opt. Drehung wird durch die Einw. des Harnstoffs bewirkt, denn seine bloße Anwesenheit zeigt keinen Einfluß. In der Art der Denaturierung besteht ein Unterschied zwischen Wärme- u. Harnstoffeinwirkung. Die größte Beständigkeit gegen die Denaturierung zeigt Ovalbumin bei $p_H \sim 8$. Für die Temperaturabhängigkeit der Rk. wird ein quantitativer Ausdruck angegeben. (J. Amer. chem. Soc. **75**. 5139—52. 5/11. 1953. Princeton., Univ., chem. Frick Labor.) Heyns. 4070

Th. Wieland, H. Goldmann, W. Kern, H. E. Schultze und **H. D. Matheka**, *Versuche zur Fraktionierung von Proteingemischen mit Polyacrylsäuren.* Verss. mit *Rinderserumalbumin* u. *-globulin* sowie mit Gemischen aus beiden u. mit menschlichem Serum ergaben, daß sich die Proteine quantitativ aus wss. saurer Lsg. durch Polyacrylsäuren (I; Polymerisationsgrad 200—400) ausfällen lassen. Die erhaltenen Symplexe lösen sich bei neutraler Rk., wobei nach Entfernung von I in Form schwer lösl. *Ba-* oder *Protaminsalze* die Proteine undenaturiert zurückerhalten werden. Es wurde die Abhängigkeit der ausgefällten Proteinmenge vom p_H u. der Menge an zugesetztem I untersucht. Die bei p_H 4,6 durch allmähliche Zugabe von I eintretende Fraktionierung wurde durch Papierelektrophorese verfolgt, wobei sich ergab, daß zuerst Albumin u. dann die Globuline abgeschieden werden. Vorverss. mit Schweinenierenpeptidase zeigten, daß auch hier bei der Fällung kein nennenswerter Aktivitätsverlust eintritt. Die Proteinfällung mit I eignet sich auch zur Anreicherung aus sehr verd. Eiweißlsgg., wie z. B. Liquor cerebrospinalis. (Makromolekulare Chem. **10**.

136—46. Juli 1953. Mainz, Univ., Organ.-chem. Inst., u. Marburg/Lahn, Behringwerke.) NEHRING. 4070

Linus Pauling und **Robert B. Corey**, *Konfigurationen von Polypeptidketten mit bevorzugten Orientierungen gegenüber Einfachbindungen: Zwei neue Faltungsflächen.* (Vgl. C. **1953**. 7566.) Nach Arbeiten der Vff. [1950/51] müssen stabile Polypeptidkonfigurationen zusätzlich zu den bei einfachen Peptiden gefundenen Bindungsabständen u. -winkeln folgende Forderungen erfüllen: Jede Amidgruppe muß planar sein (mit cis- oder trans-Konfiguration zur C'—N-Bindung); die Carbonyl- u. Iminogruppen (mit Ausnahmen bei Prolin u. Oxyprolin) müssen an H-Bindungen beteiligt sein (mit einem N—H···O-Abstand von ca. 2,8 Å u. dem O-Atom nahe der N—H-Achse). Die einzigen anderen Strukturparameter, die an der Konfiguration von Polypeptidketten beteiligt sind, sind die Orientierungen um die N—C- u. C—C'-Einfachbindungen. Zu diesem Zweck werden 36 Schraubenkonfigurationen mit gleichwertigen trans-Amidgruppen mit bevorzugten Orientierungen um die C—N- u. C—C'-Bindungen diskutiert. Eine dieser Konfigurationen, die wahrscheinlich in Proteinen mit *β-Keratin*-Struktur vorkommt, wird genau beschrieben u. berechnet. In ihr können die Polypeptidketten antiparallel oder parallel angeordnet werden (AP = „antiparallel-chain pleated sheet"; P = „parallel-chain pleated sheet"). Atomkoordinaten: AP: x, y, z; $\bar{x}$, $\frac{1}{2}$ + y, $\bar{z}$; $\frac{1}{2}$ — x, $\bar{y}$, z; $\frac{1}{2}$ + x, $\frac{1}{2}$ — y, $\bar{z}$. a_0 = 9,46 Å, b_0 = 6,68 Å (in Richtung der Kettenachse); c_0 = 1 Å. P: x', y, z; $\bar{x}'$, $\frac{1}{2}$ + y, $\bar{z}$; a_0 = 4,73 Å, b_0 = 6,68 Å, c_0 = 1 Å. C: (x) 0,009, (y) 0,000, (z) —0,94, (x') 0,018. N: —0,036, 0,184, —0,25, —0,072. C: 0,053, 0,316, 0,25, 0,106. O: 0,183, 0,293, 0,16, 0,366. β-C: 0,044, 0,000, —2,39, 0,088. AP hat orthorhomb. Symmetrie; seine Symmetrieelemente sind eine 2fache Schraubenachse in der Kettenrichtung, eine auf dieser Richtung u. auf der Faltungsebene senkrecht stehende 2fache Schraubenachse u. eine 2fache, zur Faltungsebene senkrechte Achse; P hat nur eine in der Kettenrichtung liegende 2fache Schraubenachse. In P liegt das O-Atom nahe der N—H-Richtung. Die Abweichung von der N—H-Achse wäre Null, wenn der Bindungswinkel C—N—H 125° betragen würde; wahrscheinlich beträgt er jedoch ca. 116°. (Proc. nat. Acad. Sci. USA **37**. 729—40. Nov. 1951. Pasadena, Calif., Inst. of Technol., Gates and Crellin Labors. of Chem.) K. F. MÜLLER. 4070

Linus Pauling und **Robert B. Corey**, *Konfigurationen von Polypeptidketten mit gleichwertigen cis-Amidgruppen.* (Vgl. C. **1953**. 7566 u. vorst. Ref.) Es werden 36 Polypeptidkonfigurationen mit gleichwertigen cis-Amidgruppen mit bevorzugten Orientierungen um die C—N- u. C—C'-Bindungen diskutiert; im allg. sind es Schraubenstrukturen, in einigen Fällen ist die Schraube zu einem Ring entartet. Viele der Strukturen sind wegen ster. Hinderungen nicht möglich. Von den nicht durch ster. Hinderung eliminierten Strukturen sind angegeben: Achsenlänge pro Windung, Anzahl der Reste pro Windung, die annähernde Orientierung der CO- u. NH-Gruppen relativ zur Schraubenachse u. die Fähigkeit, H-Bindungen zu bilden. (Proc. nat. Acad. Sci. USA **38**. 86—93. Jan. 1952. Pasadena, Calif., Inst. of Technol., Gates and Crellin, Labors. of Chem.) K. F. MÜLLER. 4070

Sidney Katz und **John D. Ferry**, *Mechanische Eigenschaften von hochmolekularen Substanzen.* 12. Mitt. *Viscosität und Festigkeit der Lösungen von Natriumthymonucleat.* Von den Lsgg. von *Natriumdesoxyribonucleat* (I, M = 8·10^6; vgl. hierzu KATZ, C. **1952**. 7986) in 0,2 mol. wss. NaCl-Lsgg. (p_H 6,2) wurden im Konzentrationsbereich c = 0,005—0,02 g I/cm³ u. Temperaturbereich t = 10,5—35° die Viscosität η bei verschied. Geschwindigkeitsgradienten γ (0,05—0,25 1/Sek.) u. die dynam. Festigkeit G im Frequenzbereich f = 25—1300 Hz gemessen. Es liegt kein NEWTONsches Fließen vor, doch ist eine Extrapolation auf γ = 0 möglich (= η_0). η_0 ist eine exponentielle Funktion von 1/T mit einer Aktivierungsenergie von 6,2 für c = 0,005 u. 7,9 kcal für c = 0,02, je bei t = 25°. G steigt mit wachsendem f u. fallendem t nur wenig an. G/c ist unterhalb c = 0,015 für t = 25° u. f = 50 Hz von der Größenordnung 1000 (Dyn/cm²)/(g/cm³), steigt bei höherem c aber stark an (z. B. auf 9100 bei c = 0,02). Die MAXWELLschen Relaxationszeiten liegen zwischen 0,1 u. 1 Sek., ihre Verteilung ist schärfer als bei anderen viscoelast. Polymerlösungen. Die ungewöhnlichen Eigg. der I-Lsgg. sind durch das Vorliegen einer geringen Festigkeit u. von mäßig langen Relaxationszeiten bedingt. Die Größe von G entspricht der von KIRKWOOD u. AUER (vgl. C. **1952**. 815) für die Orientierung von stabförmigen Makromoll. vorausgesagten, doch ist die gefundene Relaxationszeit wesentlich größer als die hiernach berechnete. Vff. nehmen an, daß die mechan. Eigg. mehr auf hydrodynam. u. ster., durch die gestreckte Mol.-Gestalt von I verursachte Effekte zurückzuführen sind als auf Vernetzungen infolge von Bindungen oder von lokalen Anziehungskräften. (J. Amer. chem. Soc. **75.** 1589—93. 5/4. 1953. Madison, Wis., Univ., Dep. of Chem.) FUCHS. 4090

G. R. Wyatt, *Spezifität in der Zusammensetzung von Nucleinsäuren.* Übersicht mit besonderer Berücksichtigung von Arbeiten des Vf.; die *Nucleinsäure*-Konst. in neuer Betrachtungsweise; quantitative Analyse von Nucleinsäuren; *Purin-* u. *Pyrimidin-*Zus. von *Desoxypentosenucleinsäuren* (I); Mol.-Bau von I; Zus. u. Funktion von I. — 47 Literaturangaben. (Exp. Cell Res., Suppl. 2. **1952.** 201—17. Sault Ste. Marie, Ontario, Can.) K. MAIER. 4090

Maurice H. Bernstein, *Eine vereinfachte Darstellung hochpolymerer Desoxyribonucleinsäure.* Durch Kombination von $CHCl_3$- u. Netzmittel (I)-Enteiweißung wurde eine verbesserte Darstellungsmeth. für hochpolymere *Desoxyribonucleinsäure* entanekelt. Ausgangsmaterial (isolierte Kerne oder Sperma) kalt mit 2,0 mol. NaCl extrahieren, mit gleichem $CHCl_3$-Vol. kräftig mischen, zentrifugieren, die wss. Phase mit 1,25 Voll. 1%ig. Na-Dodecylsulfatlsg. u. 2,0 mol. NaCl (Endkonz. 1,0 mol. NaCl, 0,5% **I**) mischen, zentrifugieren, Fl. mit 4 Voll. 95%ig. A. fällen, faserigen Nd. mit mehr A., absol. A. u. Ae. waschen, umlösen in 2,0 mol. NaCl, mit **I** behandeln u. mit A. fällen u. A.-Fällung mehrmals wiederholen. Es wird ein weißes, faseriges, hygroskop., klar in W. lösl. Material erhalten. (Science [Washington] **117.** 228—29. 27/2. 1953. Berkeley, Calif., Univ. of California, Dep. of Zool.) K. MAIER. 4090

Robert Ward Getchell, Organic chemistry; a brief course. New York: McGraw-Hill. (286 S., Diagr.) $ 4,—.

G. J. van Meurs, Beginselen der scheikunde. Dl. 2: Organische scheikunde. 15e dr. 'sGravenhage: Nijgh & Van Ditmar. (152 S.) fl. 2,75.

—, Colloque sur les réactions d'hydroxy-, halogéno- et amino-alcoylation. Strasbourg, 24—26 novembre 1952. Paris: Masson et Cie. (62 S. m. Abb.) fr. 600,—.

E. Biologische Chemie. Physiologie. Medizin.

E_1. Allgemeine Biologie und Biochemie.

F. R. Roegner, M. A. Stahmann und **J. F. Stauffer,** *Induktion von Varianten bei Penicillium chrysogenum durch Methyl-bis-[β-chloräthyl]-amin.* Es wird eine Modifikation der Behandlung mit Stickstofflost nach STAHMANN u. STAUFFER (C. **1948.** II. 91) beschrieben. Sie besteht darin, daß *Methyl-bis-[β-chloräthyl]-amin* (I) in kleinen Portionen in gewissen Zeitabständen zu einer bicarbonatgepufferten Conidiensuspension gegeben wird. Bei diesem Verf. wird ein höherer Prozentsatz von morpholog. Varianten gebildet als bei einmaliger Zugabe der gesamten I-Menge. (Amer. J. Bot. **41.** 1—4. Jan. 1954. Madison, Wis., Univ. of Wisconsin, Dep. of Bot., u. Dep. of Biochem.) GOEBEL. 4130

M. L. Gattani, *Die Erzeugung mehr Penicillin bildender Stämme durch Urannitrat-induzierte Mutation.* 2 Stämme von *Penicillium notatum chrysogenum,* Stamm *18* aus ind. Boden u. Stamm *Minnesota X 1612,* wurden zuerst auf Kartoffel-Dextrose-Agar mit 0,5 g *Urannitrat* (I)/Liter gezüchtet, dann die im Wachstumsstadium befindlichen Mycele auf Nährböden mit 1,0, 1,5 oder 2,0 g I/Liter übertragen. Stamm *18* bildete weiße, nichtsporenbildende oder grüne Mutanten, *X 1612* grüne verschied. Nuancen. Mutante *18G* von mehr als 30 Mutanten des Stammes *18* u. Mutante *X 1612-C* aus *X 1612* zeigten vermehrte *Penicillin*-Bldg., die in größeren Hemmzonen, verglichen mit den Ausgangsstämmen, zum Ausdruck kam. (Science [Washington] **116.** 596—97. 28/11. 1952. Bharatpur, India, Government of Rajasthan.) K. MAIER. 4130

Jacob Sacks, Leo Lutwak und **Patricia D. Hurley,** *Über die löslichen Nucleotide von Leber und Muskel.* Durch Ionenaustauschchromatographie (Kationenaustauschharz *Dowex-50, Na*-Form) der *Ba*-unlösl. Fraktion der säurelösl. *Nucleotide* der Leber wurde ein Mononucleotid (I) nachgewiesen, das anscheinend ein von *Cytidylsäure* u. *Uridylsäure* (II) verschied. *Pyrimidin*-Deriv. darstellt. Die Phosphatgruppe von I wird durch Enzyme abgespalten, die für Monophosphate u. *5'*-Derivv. spezif. sind. I wurde in Ratten- u. Kaninchenleber nachgewiesen, fehlte jedoch im Kaninchenmuskel. I wird durch n H_2SO_4 bei 100° extrem langsam hydrolysiert. Das Absorptionsspektr. von **I** ähnelt weitgehend dem von **II**, so daß **I** ein *Uracyl*-Deriv. sein könnte. Ferner wurden mittels Ionenaustauschchromatographie in Muskel- u. Leberextrakten Gemische von *Nucleotiddi-* u. *-polyphosphat*-Derivv. nachgewiesen, die sich von *Adenosindiphosphat* u. *Adenosintriphosphat* unterschieden. (J. Amer. chem. Soc. **76.** 424—26. 20/1. 1954. Fayetteville, Ark., Univ. of Arkansas, Dep. of Chem.) K. MAIER. 4150

Bentley Glass und **Henry L. Plaine,** *Die Rolle der Sauerstoffkonzentration bei der Beeinflussung der Wirksamkeit von Röntgenstrahlen auf ein spezifisches Gen von Droso-*

phila melanogaster. Röntgenbehandlung der Embryonen oder frühen Larvenstadien eines genet. Stammes von D. melanogaster, bei dem n. Gene durch ein „suppressor gen" unterdrückt sind, bewirkt Blockierung des „suppressor gen" u. damit schlagartige Manifestierung der unterdrückten Gene. Es wurde der Einfl. der O_2-Konz. auf diesen Vorgang untersucht. Während unterschiedliche O_2-Konzz. ohne Bestrahlung keinen Einfl. hatten, zeigte sich bei gleichzeitiger Bestrahlung eine erhöhte Hemmung des „suppressor gen", erhöhte Mortalität im Larven- oder Puppenstadium, verlangsamte Entw. mit verzögerter Verpuppung u. erhöhtes Auftreten von Tumoren. Der Durchbruch der n. Gene u. das Auftreten von Tumoren ist der O_2-Konz. im Bereich von 0—20% proportional, darüber nur noch geringe Steigerung der Effekte. Bei dem als Parallele dienenden Wildtyp-Stamm Oregon R wurden ähnliche Rkk. erhalten, jedoch von viel geringerer Intensität. (Proc. nat. Acad. Sci. USA **38.** 697—705. Aug. 1952. Johns Hopkins Univ., Dep. of Biol.) W.-D. WEINMANN. 4150

Kivie Moldave und **Charles Heidelberger,** *Intramolekulare Heterogenität bei der Biosynthese der Nucleinsäuren.* Nach gleichzeitiger Zuführung von *^{32}P, $^{14}C_{(6)}$-Orotsäure* u. *$^{14}C_{(2)}$-Glykokoll* wurde in partiellen *Ribonuclease* (**I**)-Digestaten von *Ribonucleinsäure* (**II**) aus Zellfraktionen von Rattenleber u. FLEXNER-JOBLING-Carcinom eine ungleichmäßige Markierung von *Nucleotid-P* u. *-Pyrimidinen* festgestellt. Dagegen fand sich eine gleichmäßige Markierung bei *P, Pyrimidinen* u. *Purinen* aus *Desoxyribonucleinsäure*-Abbauverss. u. **II**-*Purinen.* Bei alkal. **II**-Hydrolysaten wurde keine Ungleichmäßigkeit der Markierung beobachtet. Die spezif. Aktivitäten des *P* eines *2'-, 3'-* oder *5'-Mononucleotids* waren annähernd gleich. „Terminaler" *P* (ca. 30% des gesamten *Nucleinsäure-P*) besaß fast die doppelte spezif. Aktivität des durchschnittlichen *Nucleotid-P.* Die Zus. partieller **I**-Digestate schwankte bei den einzelnen Zellfraktionen. (J. Amer. chem. Soc. **76.** 679—84. 5/2. 1954. Madison, Wis. Univ. of Wisconsin, Med. School, McArdle Memorial Labor.) K. MAIER. 4160

W. J. Pirozynski und **L. von Bertalanffy,** *Ribonucleinsäure im Cytoplasma von Leberzellen. Ihre Lokalisierung bei Hyperplasie und Hepatom, hervorgerufen durch 2-Acetylaminofluoren.* Die Verteilung der *Ribonucleinsäure* (**I**) im Cytoplasma n., hyperplast. u. maligner Leberzellen von Ratten nach Verfütterung des carcinogenen *2-Acetylaminofluoren* (*N-Fluorenyl-(2)-acetamid;* 36—42 Wochen täglich 5 mg, Tötung 9—10 Monate nach Versuchsbeginn) wurde mittels der *Ribonuclease–Toluidinblau*-Technik untersucht. Während n. Leberzellen eine grobe Verteilung basophiler Körper zeigen, sind für hyperplast. u. maligne feine, gleichmäßig im Cytoplasma verteilte Granulastrukturen charakteristisch. Die anomalen Zellen weisen eine vermehrte Basophilie des Cytoplasmas auf, die eine Zunahme des **I**-Geh. anzeigt. Diese Unterschiede spiegeln anscheinend verschied. Stufen der funktionellen Aktivität wieder. Eine Abnahme oder ein Verschwinden der Basophilie findet sich in degenerierenden u. nekrot. Zellen. Die chem. Best. von **I** in malignem Gewebe wird durch die Ggw. anderer Gewebstypen beeinflußt, so daß die auf chem. Wege erhaltenen Werte meist einen Durchschnittswert für verschied. Gewebsarten darstellen. (A. M. A. Arch. Pathol. **54.** 450 bis 457. Nov. 1952. Ottawa, Ontario, Can., Univ., Fac. of Med., Res. Dep. of Biol.) K. MAIER. 4160

Kurt Schreier und **Hans Plückthun,** *Über die Aminosäurenzusammensetzung der Bence-Jones-Proteine.* 4 BENCE-JONES-*Eiweißkörper,* die aus Urinen von Fällen mit multipler Myelomatosis durch Halbsättigung ausgefällt, 2 mal resuspendiert, zentrifugiert u. dialysiert worden waren, wurden nach Prüfung ihrer papierelektrophoret. Einheitlichkeit mit 6n HCl bzw. 5n NaOH (Tryptophanbest.) hydrolysiert u. *Alanin* (7,1—7,3), *Arginin* (4,8—5,1), *Cystin* (2,5—2,6), *Glykokoll* (4,25—4,30), *Histidin* (**I**) (1,5—1,6), *Isoleucin* (3,1—3,3), *Leucin* (5,7—6,1), *Lysin* (5,9—6,2), *Methionin* (**II**) (0,0—0,3), *Phenylalanin* (2,3—2,6), *Serin* (10,9—11,0), *Threonin* (6,9—7,2), *Tyrosin* (**III**) (5,1—5,6), *Tryptophan* (**IV**) (2,1—2,2) u. *Valin* (5,6—5,85 g/ 100 g Proteintrockensubstanz) mikrobiol. bestimmt, **I, II, III** u. **IV** auch colorimetr., wobei der **II**-Nachw. negativ verlief. Die BENCE-JONES-*Proteine* enthalten demnach wahrscheinlich kein **II** u. einen relativ hohen Anteil an *Oxyaminosäuren.* Außerdem wurden *Glutaminsäure* (ca. 12%), *Asparaginsäure* u. *Prolin* nachgewiesen Der Gesamt-N betrug 16,2—16,7%. (Klin. Wschr. **30.** 677—79. 1/8. 1952. Heidelberg, Univ.-Kinderklinik.) K. MAIER. 4160

Erwin Negelein, *Versuche über die Aufnahme von Aminosäuren durch Gewebeschnitte von Tumoren.* Beschreibung einer Meth., mittels der unter geeigneten Bedingungen in vitro der Nachw. der Aufnahme meßbare Mengen freier *α-Aminosäuren* (**I**) durch Gewebeschnitte eines transplantablen Rattentumors (atyp., sehr malignes Sarkom) geführt wurde. Die Verss. erfolgten einzeln mit *Histidin* (**II**), *Serin* (**III**),

Alanin, Methionin, Glycin (**IV**), *Threonin* (**V**), *Leucin, Arginin* (**VI**), *Phenylalanin, Tryptophan* u. *Glutathion* (**VII**), wobei verschied. **I** bevorzugt aufgenommen wurden: **II** u. **III** beträchtlich, **V** deutlich, **IV**, **VI** u. **VII** nicht meßbar. Die Aufnahme von *l*-**II** ergab in zuckerhaltiger Lsg. zwischen aeroben u. anaeroben Bedingungen keinen mengenmäßigen Unterschied, d. h. die **I**-Aufnahme ist nicht unbedingt an die Atmung der Tumorzelle gebunden. Die Aufnahme von *l*-**II** ist mit den energieliefernden Stoffwechsel-Rkk., anaerob mit der glykolyt. Spaltung des Zuckers gekoppelt. *d*-**II** wurde von den Tumorschnitten in sehr geringem Umfang verbraucht, wobei dieser Verbrauch jedoch nicht als Beweis eines möglichen Einbaues unnatürlicher **I** in Tumoreiweiß herangezogen werden kann, da auch eine Umwandlung von *d*-**II** in *l*-**II** über die *Iminosäure* oder *Ketosäure* denkbar ist. (Biochem. Z. **323**. 214—34. 1952. Berlin-Buch, Inst. für Med. u. Biol. der Dtsch. Akad. der Wiss., Abt. Biochem.) K. MAIER. 4160

Rune Westerling, *Einiges über Tumorhemmung.* Überblick; Terminologie; experimentelle Tumoren; Biochemie der Krebszelle; Sera u. Toxine; Sexualhormone; mitosehemmende Mittel. — 6 Literaturzitate. (Farmac. Revy **52**. 705—12. 6/11. 1953.) R. K. MÜLLER. 4160

G. F. Gardini, S. Rizzente und **R. Betti,** *Neuerer Beitrag zur Hormontherapie des Krebses.* Bes. bei Mammacarcinomrezidiven u. -metastasen ist androgenes Hormon anzuwenden, z. B. als Kristallimplantat. Auch wenn eine Krebsbeseitigung damit kaum erreicht wird, so beobachtet man doch sehr günstige Wirkungen auf die Schmerzempfindungen. Nur bei älteren Frauen oder Versagen der männlichen Hormonwrkg. kann Follikelhormon gegeben werden. (Minerva med. [Torino] **45**. I. 620—26. 3/3. 1954. Bologna, Ospedale M. Malpighi.) P. G. SCHEURLEN. 4160

L. M. van Nieuwenhoven, Biologie, een wetenschap van analyse en synthese. Roermond: J. J. Romen & Zonen. (305 S.) fl. 9,75.

E₂. Enzymologie. Gärung.

W. R. Guild, *Die Inaktivierung von Bakteriophagen und Katalase durch weiche Röntgenstrahlen.* (Vgl. auch C. **1952**. 2521.) Mittels einer Röntgenröhre, die eine Aufnahme der zu bestrahlenden Proben in das Vakuumsyst. erlaubt, wurde die Spannungsabhängigkeit der Inaktivierungsgeschwindigkeit des *T 1*-Bakteriophagen u. der *Katalase* (**I**) im Bereich von 1500—4100 *V* untersucht, um festzustellen, ob nach Überschreiten der charakterist. *P*-Absorption bei 5775Å, entsprechend einer Energie von 2145 *V*, ein besonderer Effekt auftritt. Die Kurven für *T 1* (mit 5% *P*) u. **I** (*P*-frei) waren innerhalb des Versuchsfehlers ident. u. zeigten, daß die Absorption eines Photons durch ein*P*- Atom der Nucleinsäure hinsichtlich der *T 1*-Inaktivierung nicht wirksamer als die Absorption durch ein anderes Atom ist. (Arch. Biochem. Biophysics **40**. 402—15. Okt. 1952. New Haven, Conn., Yale Univ., Sloane Physics Labor., Biophysics Div.) K. MAIER. 4200

Fritz Lipmann, *Coenzym A, Rückschau und Ausblick.* Einführender Überblick über die Entw. der Kenntnis des *Coenzyms A*, des *Acetylthioesters*, der einen neuen energiereichen Verbindungstypus innerhalb des Stoffwechsels darstellt. (Federat. Proc. **12**. 673—74. Sept. 1953. Boston, Mass., Massachusetts General Hosp., Biochem. Res. Labor., u. Harvard Med. School, Dep. of Biol. Chem.) K. MAIER. 4210

G. David Novelli, *Enzymatische Synthese und Konstitution von Coenzym A.* (Vgl. vorst. Ref.) Übersichtsreferat. Konstitutionsaufklärung u. Biosynth. von *Coenzym A* (**I**) wurden mit Hilfe von enzymat. Abbau-Rkk. u. Resyntheseverss. durchgeführt (vgl. Amer. chem. Soc., Los Angeles, March 1953, Abstract. 26c). Die **I**-Biosynth. aus *Pantethein* mittels Vogel- u. Säugerleberenzymen beginnt mit einer Phosphorylierung am *4'-OH*, wobei durch Einw. von *Adenosintriphosphat* (**II**), katalysiert durch *Pantetheinkinase*, *Phosphopantethein* (**III**) entsteht. Aus **III** u. **II** wird unter dem Einfl. des *kondensierenden Enzyms Dephospho*-**I** (**IV**) gebildet, wobei anorgan. Phosphat abgespalten wird u. zwischen der 5-Stellung der *Adenylsäure* u. 4-Stellung von **III** eine neue Pyrophosphatbrücke entsteht. Die Phosphorylierung von **IV** durch **II** in der Ribosehälfte (*3'*-Stellung) führt zu **I** u. wird durch **IV**-*Kinase* katalysiert. — 33 Literaturangaben. — Diskussion. **Helmut Beinert:** Übersicht der enzymat. Synthesen von *Coenzym A* (**I**)-Derivv.: *Acetyl-* u. *Propionyl*-**I** (*acetataktivierendes Enzym* aus tier. Geweben); C_4-, C_5-, C_6, C_7-, C_8-, C_{10}-, C_{12}-**I**, *β-OH-*C_4, *β-OH-*C_6-, *β-OH-*C_8-**I**, $\Delta^{2,3}$-C_6-**I** (*fettsäureaktivierendes Enzym*); *β-Ketoacyl*-Derivv., z. B. *Acetoacetyl-*, *β-Ketohexanoyl-*, *β-Ketooctanoyl*-**I** (*β-Oxyacyl*-**I**-*Dehydrogenase*); *Succinyl*-**I** (*α-Ketoglutarsäuredehydrogenase*). Die enzymat. Methoden eignen sich bes. zur Darst. markierter **I**-Derivate. — 9 Literaturangaben. (Federat. Proc. **12**. 675—82. Sept. 1953. Boston,

Mass., Massachusetts General Hosp., Biochem. Res. Labor., u. Harvard Med. School, Dep. of Biol. Chem.) K. MAIER 4210

F. Lynen, *Die funktionelle Gruppe des Coenzyms A und seine Stellung im Stoffwechselgeschehen, besonders im Fettsäurecyclus.* (Vgl. vorst. Reff.) Übersicht über Konstitutionsaufklärung u. Wirkungsweise von *Coenzym A, Acetyl-CoA* u. verschied. Enzyme des Fettsäurestoffwechsels, wie „*β-Ketoreduktase*", „*Äthylenreduktase*", „*Crotonase*", „*β-Ketothiolase*"; 29 Literaturangaben. — Diskussion. **E. R. Stadtman:** Das Schema der *Butyrat*-Oxydation durch *Clostridium kluyveri*-Enzymextrakte, deren Mechanismus nahezu mit dem bei höheren Tieren aufgefundenen ident. ist, wird diskutiert. Die Frage, ob *Vinylacetyl–Coenzym A* eine Zwischenstufe der *Butyryl–CoA*-Oxydation darstellt, ist noch nicht geklärt. — 5 Literaturangaben. (Federat. Proc. **12.** 683—93. Sept. 1953. München, Univ., Chem. Labor., Biochem. Abt.) K. MAIER. 4210

Henry R. Mahler, *Die Rolle des Coenzyms A im Fettsäurestoffwechsel.* (Vgl. vorst. Reff.) Übersichtsref.: *Fettsäure* (**I**)-Oxydation in den Mitochondrien, Rolle des *Acetyl–Coenzyms A*, Rekonstruktion des **I**-oxydierenden Systems tier. Gewebe, Dehydrierung durch *Flavin*, Hydratisierung u. Dehydrierung durch *Diphosphopyridinnucleotid*, *Octanat*-Oxydation, Anhäufung von Zwischenverbb., Isotopenverteilung. Mit Hilfe gereinigter lösl. Enzyme können nunmehr 5 der wichtigsten Fragen der **I**-Oxydation in den Mitochondrien wenigstens teilweise gedeutet werden: Aktivierungsvorgang, Nichtspeicherung von Zwischenverbb. außer *Acetoacetat* (**II**), Oxydation von *ungesätt. Oxy-* u. *Ketosäuren*, Vorgang der *β*-Oxydation u. symm. Markierung von **II**. — 25 Literaturangaben. — Diskussion. **William P. Jencks:** Mit Hilfe fortlaufender Messung der *Pyrophosphat* (**III**)-Abspaltung aus *Adenosintriphosphat* (**IV**) wurden aus Schweineleber Fraktionen erhalten, die einen **I**-Aktivierungseffekt zeigten, der von dem von MAHLER u. Mitarbeitern angegebenen völlig verschieden war. C_4 bis C_{12}-**I**, **IV** u. NH_2OH reagierten ohne *Coenzym A* (**V**)-Zusatz unter Bldg. meßbarer Mengen **III** u. relativ kleinerer Mengen *Hydroxamsäure*. Gereinigte Fraktionen enthielten 0,008 E. **V**/mg Eiweiß u. beeinflußten bei Zusatz katalyt. **V**-Mengen die **III**-Ausbeute nur geringfügig. Bei Zusatz von **V** im mol. Verhältnis kann NH_2OH weggelassen werden, wobei *Acyl*-**V** in ähnlichen Mengen wie **III** entsteht. Im **V**-freien Syst. wird zur **III**-Abspaltung *Octanat* u. NH_2OH, dessen Funktion unklar ist, erforderlich. *Acylhydroxamsäure* wurde durch das Enzympräp. nicht merklich beeinflußt. Möglicherweise kommen 2 verschied. Aktivierungs-Rkk. vor, eine **V** benötigende u. eine, bei der vielleicht vor Übertragung der aktivierten Acylgruppe auf **V** enzymgebundene Rkk. mit **IV** u. **I** stattfinden. (Federat. Proc. **12.** 694—703. Sept. 1953. Madison, Wis., Univ. of Wisconsin, Inst. for Enzyme Res.) K. MAIER. 4210

Seymour Kaufman, *Succinylcoenzym A und dessen Rolle bei der Phosphorylierung.* (Vgl. vorst. Reff.) Übersicht über die Kopplung der Veresterung von anorgan. Phosphat mit der oxydativen Decarboxylierung von *α-Ketoglutarat* zu *Succinat* u. CO_2 u. die beteiligten Enzyme (*α-Ketoglutarsäuredehydrogenase, Succinylcoenzym A–Deacylase*, phosphorylierendes Enzym); 15 Literaturangaben. — Diskussion. **Mary Ellen Jones:** Es wird über die spektrophotometr. (232 mμ) Best. der Gleichgewichtskonstanten der *Adenosintriphosphat* (**I**)–*Coenzym A* (**II**)–*Acetat* (**III**)-Rk.: **I** + **II** + **III** ⇌ *Acetyl*-**II** + *Adenosinmonophosphat* + *Pyrophosphat* berichtet. Der Wert bewegt sich zwischen 1,4—5,4 (Durchschnitt 2,7) u. zeigt, daß die Energie der Phosphorylbindungen in **I** u. der Acylmercaptobindung von *Acetyl*-**II** nahezu äquivalent sind. Die Energie der 2. Pyrophosphatbindung von **I** ist anscheinend der der terminalen gleichwertig. — 8 Literaturangaben. (Federat. Proc. **12.** 704—10. Sept. 1953. New York, N. Y., Univ., Coll. of Med., Dep. of Pharmacol.) K. MAIER. 4210

E. Racker, *Die Umwandlung von Thiolestern des Glutathions im Stoffwechsel.* (Vgl. vorst. Reff.) *Thiolester* (**I**) von *Glutathion* (**II**) nehmen in der Zelle an Oxydations–Reduktions-Prozessen wie auch an Acylgruppen-übertragenden Rkk. teil. Außerdem fungiert **II** als Vermittler bei der Oxydation bestimmter C_2-Verbindungen. Bei der Überführung von *Methylglyoxal* in *Milchsäure* durch verd. Hefeextrakte (*Glyoxalan I* u. *II*) wurde Lactyl-**II** als Zwischenstufe gefaßt. **I** können mittels *Dowex-50* in einfacher Weise gereinigt werden. Zwischen *Coenzym A* (**III**) u. **II** bestehen verschied. Analogien. *Glyoxalasen*, die mit **II** reagieren, setzen sich nicht mit **III** um, u. das citratbildende kondensierende Enzym verwertet kein *Acetyl*-**II** an Stelle von Acetyl-**III**. Eines der bei der *H*-Übertragung von einer *SH*- auf eine *SS*-Verb. beteiligten Enzyme („*Wasserstofftransferase*", **IV**) wurde aus Leber teilweise angereichert. **IV** katalysiert die Rk.: II_{red} + *Homocystin* (**V**) ⇌ II_{oxyd} + *Homocystein*. Die **V**-Red. ist von der Ggw. von **II**, **II**-*Reduktase* u. **IV** abhängig. Rohe Leberpräpp. katalysierten bei Zusatz

von *A.*, *A.-Dehydrogenase* u. *Diphosphopyridinnucleotid* (**VI**) die Red. zahlreicher *—S—S*-Verbb., einschließlich **III**, *Tetraäthylthiuramdisulfid*, *Liposäure* u. *Insulin*, nach: VI_{red} + RSSR → VI_{oxyd} + 2 RSH. Hefeextrakte enthalten eine mit **VI** verknüpfte *Thiolesterdehydrogenase*, die die Oxydation von *Lactyl*-**II** u. *Glykolyl*-**II** katalysiert. Diese **I** sind durch VI_{red} u. *Thiolesterreduktase* (Hefe) reduzierbar. Eine Art neuer KREBS-Cyclus der Acetatoxydation in Hefe wird diskutiert. — Diskussion. **Jane Harting** u. **Britton Chance**: Bei Zusatz von *Acetylphosphat* (**VII**) zu *Triosephosphatdehydrogenase* (**VIII**) wurde spektroskop. die Bldg. einer *Acetylenenzymverb.* (**IX**) von **VIII** festgestellt, deren Spektr. von dem eines typ. Thiolesters, wie *Acetylglutathion*, verschieden war. **IX** enthält eine energiereiche Bindung, wie aus der leicht erfolgenden reversiblen Übertragung der Acetylgruppe zwischen Verbb., wie **VII** u. *Acetylcoenzym A*, hervorgeht. **IX** wird durch Arsenat gespalten. — 8 Literaturangaben. (Federat. Proc. **12**. 711—15. Sept. 1953. New Haven, Conn., Yale Univ., Dep. of Biochem.)
K. MAIER. 4210

Arnold F. Brodie, *Eine bakterielle, mit Diphosphopyridinnucleotid verbundene Cytochrom c-Reduktase.* In einem aus *Escherichia coli* erhaltenen Extrakt wurde ein lösl. *Enzym* (**I**) nachgewiesen, daß die Red. von *Ferricytochrom c* (**II**) in Ggw. von red. *Diphosphopyridinnucleotid* (**III**) katalysiert. Die Reduktase (**I**) stellt ein *Flavoprotein* mit *Flavin-Adenindinucleotid* als prosthet. Gruppe dar. Eine teilweise Reinigung von **I** erfolgte durch fraktionierte $(NH_4)_2SO_4$-Fällung, Dialyse u. Fällung der Nucleoproteine mit Protamin (28—30fache Anreicherung). Die gelbe Lsg. des **I**-Präp. hatte eine spezif. Aktivität von 58 E./mg Protein (nach HORECKER) u. zeigte ein typ. Flavinspektrum. Die Geschwindigkeitskonstante *k* der **II**-Red. ergab sich zu $780 \cdot 10^4$ Liter/Mol/Minute. **I** reagierte mit **II** 435 mal schneller als mit O_2. Die Dissoziationskonstante von **I** ist $82 \cdot 10^{-9}$ Mol/Liter. **I** besitzt für **III** eine sehr große Affinität (MICHAELIS-Konstante $5{,}9 \cdot 10^{-5}$ Mol/cm^3). Das p_H-Optimum von **I** liegt bei 8,0. Von den geprüften Inhibitoren hemmen (0,001 Mol, 70 u. 15% der Neotetrazoliumred.) nur *o-Chlormercuribenzoat* (10^{-5} mol., 81% der **II**-Red.), *Atabrin* u. *Acriflavin* die enzymat. Reduktion. **I** ist spezif. auf **III** eingestellt, während in Ggw. von red. Triphosphopyridinnucleotid keine **II**-Red. stattfindet. (J. biol. Chemistry **199**. 835—44. Dez. 1952. Philadelphia, Pa, Univ. of Pennsylvania, School of Med., Dep. of Microbiol.)
K. MAIER. 4210

J. Dondeyne, *Die biologischen Oxydationen.* Die biol. Oxydationen werden durch *Dehydrasen* u. *Oxydasen* katalysiert. Einige Grundbegriffe werden kurz erläutert: *Aktivierungsenergie*, der die Reaktionsgeschwindigkeiten begrenzende Faktor; *Mesomerie* (Stabilisierung intermediärer Formen); *Oxydation* (Elektronentransport). Betrachtung von 3 biol. Oxydationen, die durch das *gelbe Atmungsferment*, das *Enzym* u. *Coenzym* von BÜCHNER (*Glycerinaldehyddehydrase*) u. *Schwermetallproteine* (*Oxydasen* u. *Peroxydasen*) katalysiert werden. (Bull. Assoc. anciens Étudiants Brasserie Univ. Louvain **48**. 121—39. Sept./Dez. 1952. Louvain, Univ.) K. MAIER. 4210

J. D. Ponting, *Die reversible Inaktivierung von Polyphenoloxydase.* Colorimetr. u. manometr. (O_2-Aufnahme) Aktivitätsmessungen an *Polyphenoloxydase* (**I**)-Präpp. aus Äpfeln, Pflaumen u. Pilzen ergaben, daß bei der Einw. auf *Brenzcatechin* neben der in Ggw. überschüssiger *Ascorbinsäure* (**II**) ablaufenden „Reaktionsinaktivierung" eine weitere Art von Enzyminaktivierung (oder -hemmung) auftritt, die durch **II** umkehrbar ist. Bei der durch **II** reduzierbaren Hemmsubstanz handelt es sich weder um *o-Chinon* noch dessen Polymerisationsprodukte. Die Inaktivierung jeden Typs ist in erheblichem Maße (50—70%) durch Fällung (—20°) von **I** mittels Aceton der Reaktionsmischung u. erneutes Lösen in Pufferlsg. aufhebbar. (J. Amer. chem. Soc. **76**. 662—63. 5/2. 1954. Albany, Calif., Western Regional Res. Labor.) K. MAIER. 4210

Melvin Cohn und **Anne-Marie Torriani,** *Die Beziehungen zwischen der Biosynthese des β-Galaktosidase- und Pz-Proteins bei Escherichia coli. E. coli* (Stamm *ML*) besitzt ein *Protein*, *Pz*, das anscheinend unter allen Bedingungen, die Wachstum ermöglichen, synthetisiert wird. In Ggw. eines *Galaktosids*, z. B. *Melibiose*, bauen die Zellen ein weiteres *Protein*, *Gz*, mit den Eigg. einer *β-Galaktosidase* (**I**) auf, das hinsichtlich Löslichkeit u. Antigenstruktur *Pz* sehr nahe steht. Die *Pz*-Konz. nimmt mit zunehmender *Gz*-Bldg. stark ab. Dagegen ist die Bldg. von *Amylomaltose* nicht von einer *Pz*-Abnahme begleitet. Anscheinend vermögen nur die *Enterobacteriaceae*-Spezies, die *Pz* besitzen, z. B. *Shigella sonnei*, **I** zu synthetisieren. 7 verschied. *ML*-Mutanten von *E. coli*, die Lactose u./oder *Maltose*, *Galaktose* u. *Glucose* nicht verwerteten, synthetisierten, mit einer Ausnahme, **I** in Ggw. von *Methyl-β-D-galaktosid* als Induktionssubstanz. Die *Pz*-Proteine aller Mutanten waren immunolog. nicht unterscheidbar. Die Beziehung zwischen *Pz* u. *Gz* kann verschied. Ursachen haben: *Pz* ist die

Vorstufe von *Gz*; *Pz* u. *Gz* haben eine gemeinsame Vorstufe oder einen spezif. Baustein gemein; *Pz* u. *Gz* werden unabhängig durch den gleichen Mechanismus aufgebaut. (Biochem. biophysica Acta [Amsterdam] **10.** 280—89. Febr. 1953. Paris, Inst. Pasteur, Service de Physiol. microbienne.) K. MAIER. 4210

Bention Nisman und **Susan B. Wiesendanger,** *Untersuchung über den Abbau der Ketosäuren durch Extrakte von Clostridium sporogenes.* Extrakte von Clostridium sporogenes bauen Natriumpyruvat in Ggw. von Mineralphosphat u. O_2 als Elektronenacceptor zu Acetylphosphat, CO_2 u. H_2O_2 ab. In Anaerobiose hängt die Rk. von einem Elektronenacceptorsyst., wie Alaninsynth., oder Glycin- u. Prolinreduktase ab. (C. R. hebd. Séances Acad. Sci. **238.** 292—95. 11/1. 1954.) K. BÖHM. 4210

Kakuo Kitahara, Akira Ôbayashi und **Sakuzo Fukui,** *Racemase.* 1. Mitt. *Zellfreie Racemase.* Durch Zerreiben getrockneter *Lactobacillus plantarum*-Zellen mit Silbersand u. Wasserextraktion ist *Racemase* (I) mit 10—12%ig. Ausbeute isolierbar. I-Lsg. kann im Vakuum ohne Aktivitätsverlust getrocknet werden. Durch $(NH_4)_2SO_4$, Aceton u. A. wird I rasch inaktiviert. Im I-Trockenpräp. ist keine *Lacticodehydrase* (II)-Wrkg. nachweisbar, da diese vollständig im Zellmaterial, an das sie anscheinend fest gebunden ist, verbleibt. *L. plantarum* enthält nur den *D*-Typ von II, dehydriert jedoch wegen des I-Geh. dennoch *L-Milchsäure* (III). Die Brenztraubensäure (IV)-Hypothese, nach der I als Gemisch von *D*- u. *L*-II angesehen u. folglich *D*- u. *L*-III zu IV dehydriert wird, konnte nicht bestätigt werden. Wahrscheinlich wird III-*Hydrat* durch I reversibel zu *Enol*-III hydratisiert. (Enzymologia [Den Haag] **15.** 259—66. 1/9. 1952. Kyoto, Japan, Univ., Res. Inst. for Food Sci., Labor. of Appl. Microbiol.) K. MAIER. 4210

Margaret Holden, *Fraktionierung und enzymatischer Abbau einiger Phosphorverbindungen im Blattgewebe.* Es wurde die Verteilung von *säurelösl. P*, *Lipid-P*, *Ribonucleinsäure-P* u. *Desoxyribonucleinsäure-P* der Chloroplasten- u. „Blattfaser"-Fraktion (erhalten durch Ausquetschen der von Mittelrippen befreiten Blätter) in Tabakblättern verschied. Alters verglichen. Incubation von Faser- u. Chloroplastenfraktion in W. u. Salzlsgg. (NaCl, Na-Citrat, NaN_3) führte infolge der Aktivität von *Ribonuclease* (I) u. eines Phospholipide spaltenden Enzyms zur Abspaltung von maximal 80% des vorhandenen Gesamt-*P*, wobei mit steigender Temp. (4—37°) die Freisetzung begünstigt wurde u. das p_H-Optimum der enzymat. Spaltung zwischen p_H 5,5 u. 6 lag. *NaCl*, *Na-Citrat* u. *NaN_3* aktivierten die enzymat. *P*-Abspaltung. Mahlen der Fasern bewirkte keine Steigerung der Spaltungsgeschwindigkeit oder der freigesetzten *P*-Gesamtmenge. Gekochtes säureextrahiertes u. mit A.–Ae. extrahiertes Fasermaterial gab bei Incubation bei p_H 6 organ. gebundenen, jedoch keinen anorgan. *P* ab. Bei Bebrütung in Ggw. von dialysiertem Saft oder Faserextrakt, die I u. *Phosphatase*-Aktivität enthalten, wurde anorgan. *P* frei u. der abgespaltene Gesamt-*P* vermehrt. (Biochem. J. **51.** 433—42. Juli 1952. Harpenden, Herts., Rothamsted Exp. Stat.) K. MAIER. 4210

Michel Polonovski und **Roland Bourrillon,** *Cholin und freie Phosphate der Galle.* Die Abspaltung von *Phosphat* (I) u. *Cholin* (II) in der Galle hat enzymat. Charakter, jedoch ist das bekannte *Phosphatase*-Syst. anscheinend für diese Wrkg. nicht verantwortlich. Die Verbb. werden im mol. Verhältnis 1:1 aus *Phospholipiden* als alleiniger Quelle in Freiheit gesetzt. Ob hierbei ein oder zwei Enzyme beteiligt sind, ist zur Zeit nicht entscheidbar. (Enzymologia [Den Haag] **15.** 246—50. 1/9. 1952. Paris, Fac. de Méd., Labor. de Chim. biol.) K. MAIER. 4210

Michel Polonovski und **Roland Bourrillon,** *Das Phosphatasesystem der Galle.* Das Phosphatasesyst. der Galle besteht aus Enzymen, die teils bei saurem, teils bei alkal. p_H wirksam sind. Sie wirken auf *Glycerophosphat* u. *Na-Pyrophosphat* als Substrat, bei alkal. p_H auch auf *Na-Nucleat. Mg*-Salze aktivieren die *alkal. Phosphatasen* stark, die *saure Monophosphoesterase* (I) nicht. KCN, das *alkal.* I hemmt, ist bei der *sauren* I u. der *alkal. Pyrophosphatase* (II) ohne Wirkung. *Thiole* hemmen die *Glycerophosphatasen I* u. *II* u. aktivieren die alkal. II. *Fluorid*, das die *alkal.* Enzyme nicht hemmt, übt auf *saure* I eine starke Hemmwrkg. aus. Der Einfl. von Serum auf die Phosphataseaktivität der Galle u. der von Galle auf die Phosphataseaktivität von Serum hat nicht nur keinen aktivierenden, sondern eher einen hemmenden Effekt. Dieser ist bei *alkal.* I u. *alkal. Nucleinase* gering, bei *saurer* I u. alkal. wie *saurer* II beträchtlich. (Enzymologia [Den Haag] **15.** 239—45. 1/9. 1952. Paris, Fac. de Méd., Labor. de Chim. biol.) K. MAIER. 4210

Howard W. Jones jr., Ruth Wade und **Benjamin Goldberg,** *Biochemische und histochemische alkalische Glycerophosphatase im normalen Endometrium, bei Hyperplasie des Endometriums und bei Adenocarcinom.* Die Bedeutung der alkal. *Glycero-*

phosphatase (I) im Stoffwechsel des Endometriums ist unbekannt, jedoch besteht anscheinend zwischen der cycl. Schwankung der I-Aktivität, die eine regelmäßig wiederkehrende physiol. Erscheinung darstellt, u. der Aktivität der ovariellen Steroide eine Wechselbeziehung. Die quantitative I-Best. kann als Maß des physiol. Zustandes des Endometriums am jeweiligen Tag des Cyclus dienen, die histochem. zur Lokalisierung der wechselnden Aktivität des Drüsencytoplasmas. Die bei p_H 8,6 aus *Glycerophosphat* abgespaltene Phosphatmenge ist bei Beginn des n. Menstruationscyclus relativ niedrig, erreicht in dessen Mitte bei 1 std. Incubation ein Maximum von 2 mg *P*/g Endometrium u. fällt dann wieder auf den Anfangswert zurück. Histochem. Unterss. lassen während des Cyclus eine gleichmäßige Aktivität der Blutgefäße erkennen, das Aroma zeigt keine Wirksamkeit. Die cycl. Aktivitätsschwankungen beruhen offensichtlich auf Veränderungen der I-Wirksamkeit des Cytoplasmas der Drüsenzellen. Bei einigen Fällen von endometrialer Hyperplasie wurde eine mit derjenigen der n. proliferativen Cyclusphase vergleichbare I-Aktivität (2,0—4,4 γ/mg) gefunden, bei Adenocarcinom ebenfalls relativ hohe Werte (1,6—2,6 γ/mg). (Amer. J. Obstetr. Gynecol. **64**. 1364—67. Dez. 1952. Baltimore, Md., Johns Hopkins Univ. and Hosp., Dep. of Gynecol.) K. MAIER. 4210

A. Rezek und **N. Skarica,** *Die Wirkung von Cholin auf Phosphatasen, untersucht an Cholin-β-glycerophosphat als Substrat. Cholin-β-glycerophosphat* wird von allen untersuchten pflanzlichen u. tier. *Phosphatasen* (I) gespalten. Das Schlangengift der Vipera ammodytes zeigt keine I-Wirkung. Alle I, außer Serum-I, werden von *Cholin* (II) in ihrer Wirksamkeit beeinflußt. Die Hefe-I wird durch II in saurem Medium stark gehemmt, dagegen im Gebiet von p_H 5 bis zur neutralen Rk. aktiviert. I aus Placenta, Prostata u. Ricinussamen verhalten sich ähnlich. Bei den beiden letzten ist die aktivierende Wrkg. ins alkal. Gebiet verschoben. Unabhängig vom p_H werden die I aus Aspergillus niger, Kartoffel, Sperma, Harn, Knochen u. Milch durch II aktiviert, die I aus Niere u. Uterus gehemmt. In alkal. Gebiet ist die Hemmung von Nieren-, Uterus- u. Placenta-I u. die Aktivierung von Knochen- u. Ricinussamen -I bes. stark. Allg. wirkt II auf die verschied. I bei neutraler Rk. aktivierend, ausgenommen Nieren- u. Uterus-I, die gehemmt werden. Charakterist. für II ist ferner, daß Sperma-I in saurem Medium nicht gehemmt, bei alkal. Rk. dagegen aktiviert wird. (Arhiv Kemiju [Arch. Chim.] **25**. 25—32. 1953. Zagreb, Veterinarski fakultet, zavod za kemiju.) BECKMANN. 4210

Dan A. Richert und **W. W. Westerfeld,** *Die Wirkung der Ernährung auf die Gewebscholinoxydase.* Entwöhnte Ratten wiesen ca. die Hälfte der Leber-*Cholinoxydase* (I)-Konz. erwachsener Tiere auf. Eine gereinigte, 21% Casein enthaltende Diät mit Zusatz von Riboflavin (II), Thiamin (III), Pyridoxin (IV), Pantothenat, Nicotinsäure u. Cholin gab innerhalb 2—4 Wochen den I-Geh. n. Tiere. Eine proteinarme (8% Casein) oder II-Mangeldiät gab bei erwachsenen oder entwöhnten Ratten niedrige I-Werte (ca. 50%), während III- u. IV-Mangel ohne Wrkg. war. Zusatz von 0,1% jodiertem Casein zur Diät bewirkte, unabhängig von der Zus. der Diät, bei entwöhnten Tieren innerhalb 4 Wochen eine Abnahme von Leber- u. Nieren-I um ca. $^1/_3$. Eine 50%ig. Verminderung der Leber-I durch eine jodiertes Casein enthaltende Diät hatte auf den Fettgeh. der Leber keinen Einfluß. (J. biol. Chemistry **199**. 829—33. Dez. 1952. Syracuse, N. Y., State Univ. of New York, Med. Coll., u. Syracuse Univ., Dep. of Biochem.) K. MAIER. 4210

Joseph Hall Bodine, Kiao-Hung Lu und **William L. West,** *Die Reduktion von Triphenyltetrazoliumchlorid bei mitotisch aktiven und blockierten Embryonalzellen.* Bei *Melanoplus differentialis* ist die Reaktionsleistung für TTC bei mitot. Zellen der homogenisierten Embryonen wesentlich höher als von gleichen, durch die Diapause blockierten Zellen. Die Red. wird durch *Jodacetat* u. *Urethan* verhindert, durch *KCN* oder *Succinat* beschleunigt. Vff. schließen daraus, daß bei der Red. von TTC durch Embryonalzellen von Melanoplus mehrere physiol. akt. *Reduktasen* beteiligt sind. (Biol. Bull. **102**. 16—21. Febr. 1952. Iowa City, Univ., Zool. Labor.) WRBA. 4210

Arnold F. Brodie und **Joseph S. Gots,** *Reduktion von Tetrazoliumsalzen durch ein isoliertes Bakterienflavoprotein.* Aus *E. coli*, Stamm *ECFS*, wurde eine *Oxydase* (I) extrahiert (Ultraschallzerkleinerung, fraktionierte $[NH_4]_2SO_4$-Fällung), die red. *Diphosphopyridinnucleotid* (II) oxydierte. Die gelbe I zeigte ein typ. Flavinspektr., keine andere Dehydraseaktivität u. verhielt sich ähnlich wie Hefediaphorase, da sie ebenfalls *2.3.5-Triphenyltetrazoliumchlorid* u. *Neotetrazolium* (III) in Ggw. von red. II red. (p_H-Optimum 7,8). Die III-Red. war mit verschied. Enzymfraktionen des *E. coli*-Stammes durchführbar: II wurde mit der *Glycerindehydrase*-Fraktion red. u. anschließend bei Zusatz von III u. *Oxydase*-Fraktion III red., wobei 2 Mol red. II zur Red.

von 1 Mol III erforderlich waren. Hydrolysierte I aktivierte *D-Aminosäureoxydase-apoenzym*, wodurch die Ggw. von *Flavinadenindinucleotid* (**IV**) angezeigt wurde. Dialyse von I in Ggw. von verd. HCl u. K_2HPO_4 gab ein Apoenzym, das mit red. **II** u. **III** zusammen inakt. war, in Ggw. von **IV** jedoch wieder ca. 60% der ursprünglichen Aktivität aufwies. Die gebildete *Diformazan*-Menge war eine Funktion der Konz. von zugesetztem **IV**. Die Reaktionsgeschwindigkeit von **III** entsprach der gewöhnlicher Redoxfarbstoffe, wie z. B. Methylenblau. (Science [Washington] **116**. 588—89. 28/11. 1952. Philadelphia, Pa., Univ. of Pennsylvania, School of Med., Dep. of Microbiol.) K. MAIER. 4210

Kazuo Yamafuji und **Hirohisa Omura,** *Über die Oximase.* Seidenraupen enthalten ein Enzym, *Oximase* (I), das die Umwandlung von *Oximen* (II) in die entsprechenden Aminoverbb. katalysiert. Die I-Aktivität von Seidenraupengewebe wird durch Acetonbehandlung beträchtlich erniedrigt. Viruskranke Raupen weisen gegenüber gesunden Tieren eine höhere I-Wirksamkeit auf. Verss. mit Acetonpräpp. aus Seidenwürmern u. aus Rinderleber ergaben, daß die Red. von **II** u. die von *Nitraten* auf verschied. Enzymen beruhen. I fand sich auch im Kaninchen u. bei *Nitrit*-gefütterten Mäusen. Der *Oxim*-Stoffwechsel stellt anscheinend einen der Wege dar, auf dem die Umwandlungsprozesse der *N*-haltigen Substanzen des tier. Organismus ablaufen. (Enzymologia [Den Haag] **15**. 296—302. 1/9. 1952. Fukuoka, Japan, Kyushu Univ., Agricult. Chem. Inst.) K. MAIER. 4210

Kazuo Yamafuji und **Toshihiko Akita,** *Über die Transoximierung.* Die Bildungsgeschwindigkeiten verschied. Oxime wurden unter verschied. Bedingungen gemessen u. hierbei beträchtliche Unterschiede beobachtet. Z. B. reagieren *n-Butyraldehyd, Brenztraubensäure* (I), *Acetaldehyd* (II) u. *Oxalessigsäure* mit NH_2OH wesentlich schneller als *Aceton* (III), *α-Ketoglutarsäure, Formaldehyd* u. *Benzaldehyd.* Die Übertragung der *Oxim*-Gruppe von einer Verb. auf eine andere wurde in vitro in Phosphatpuffer sowie in Acetatpuffer bei neutralen bis mäßig sauren p_H-Werten an den Paaren I-*Oxim* + **II**, I-*Oxim* + **III** u. **II**-Oxim + I festgestellt, wobei der Übertragungsgrad p_H-abhängig war. Zur Best. wurde das flüchtige Oxim jeweils abdestilliert. Die Oximbest. erfolgte ohne Säurehydrolyse colorimetr. durch Rk. mit J_2 u. Sulfanilsäure in alkal. Lsg., Ansäuern mit 30%ig. Essigsäure u. Behandlung mit $Na_2S_2O_3$ u. α-Naphthylamin. (Enzymologia [Den Haag] **15**. 313—18. 1/9. 1952. Fukuoka, Japan, Kyushu Univ., Agricult. Chem. Inst.) K. MAIER. 4210

H. Blaschko und **Joyce Hawkins,** *D-Aminosäureoxydase in der Molluskenleber. D-Aminosäureoxydase* (I) wurde in der Leber zweier Cephalopoden, *Sepia officinalis* u. *Octopus vulgaris*, einer Gastropodenspezies, *Helix* sp., u. bei 2 untersuchten Lamellibranchiaten, *Mytilus edulis* u. *Anodonta* sp., nur in der Leber von *Mytilus* gefunden. *Octopus*-I verwertet im Gegensatz zu Schaf-I *D-Glutaminsäure* als Substrat. *Octopus*-I fand sich auch in einem Pyrophosphatpufferextrakt (p_H 8,4) aus Acetontrockenpulver der Leber. Mollusken-I u. Schafnieren-I ähneln sich vielfach, jedoch bestehen auch Unterschiede zwischen diesen wie zwischen I verschied. Mollusken. Beide greifen zahlreiche *Monoaminomonocarbonsäuren* leicht an, während *bas. Aminosäuren* schwerer oxydiert werden. *Serin* u. *Prolin* werden von Säugetier-I u. *Octopus*-I angegriffen, *Methionin* u. *Phenylalanin* leicht von ersterer sowie von Mollusken-I. *Octopus*-I oxydiert von der homologen Reihe $CH_3(CH_2)_nCHNH_2COOH$ alle Glieder, *α-Amino-n-buttersäure* (n = 1) am raschesten, *Sepia*-I *Norvalin* (n = 2) u. *Norleucin* (n = 3), *Helix*-I alle Glieder, n = 2 am raschesten, *Mytilus*-I am besten n = 2 u. n = 3, *Alanin* (n = 0) u. *2-Amino-n-octansäure* (n = 5) fast nicht. (Biochem. J. **52**. 306—10. Okt. 1952. Oxford, Univ., Dep. of Pharmacol.; Plymouth, Marine Biol. Labor.) K. MAIER. 4210

A. Vescia, A. Iacono und **A. Albano,** *Die Aktivität der Leucylpeptidase regelnde Faktoren. Histidin* (I) steigert die Aktivität von *Leucylpeptidase* (**II**) durch Eliminierung eines für **II** spezif. Inhibitors, der als Fe^{3+}-Ion erkannt wurde. Fe^{3+} hemmt **II** noch bei einer Endkonz. von 0,0005 Mol (u. weniger) sehr stark. I verringert, ansteigend bis zur Endkonz. 0,01 Mol, zunehmend die Hemmung u. hebt sie bei einem I/Fe^{3+}-Verhältnis 20 : 1 vollständig auf. I ist auf die Wrkg. von dialysierter **II** ohne jeden Einfluß. Zur Deutung des Wirkungsmechanismus der Fe^{3+}-Hemmung nehmen Vff. an, daß eine für die **II**-Aktivität unentbehrliche Gruppe *A* in **II** existiert, mit der sich Fe^{3+} reversibel verbinden kann: $A + Fe^{3+} \rightarrow A\,Fe^{3+}$ (inakt.). I, mit dem Fe^{3+} leicht einen Komplex bildend, bewirkt wieder die Zurückbldg. von *A*: $A\,Fe^{3+} + I \rightarrow A + Fe$-I. (Enzymologia [Den Haag] **15**. 233—38. 1/9. 1952. Naples, Univ., Inst. de Physiol. Humaine.) K. MAIER. 4210

K. Haeger und **G. Kahlson,** *Verteilung von Histamin und Histaminase in der Magen- und Darmmucosa gefütterter und hungernder Katzen.* Alle Abschnitte der gastrointestinalen Mucosa von Katzen enthalten hohe Konzz. von *Histamin* (I) u. *Histaminase* (II); lediglich in der Magenschleimhaut war mit der verwendeten Meth. II nicht nachweisbar. In den Drüsen- u. Muskelschichten des Dünndarms besteht zwischen I- u. II-Geh. keine Beziehung. Die I-Aktivität von A.-Extrakten verschied. Bezirke der Magendarmschleimhaut nahm bei Säurehydrolyse nicht wesentlich zu, d. h. in der Mucosa sind keine meßbaren Mengen von konjugiertem I anwesend, u. die Decarboxylierung von *Histidin* bildet bei der I-Extraktion aus Mucosa keine Fehlerquelle. Vollständiger Nahrungsentzug bis zu 7 Tagen ändert den I-Geh. sowie die II-Konz. der Magendarmschleimhaut nicht wesentlich, d. h. der I-Spiegel wird hier durch andere Faktoren als die bei Verdauung u. Resorption der Nahrung beteiligten gesteuert. (Acta physiol. scand. **25.** 230—42. 6/6. 1952. Lund, Univ., Dep. of Physiol.) K. MAIER. 4210

K. Haeger, Dora Jacobsohn und **G. Kahlson,** *Histaminase- und Histaminspiegel der Magendarmschleimhaut und der Niere der hypophysektomierten und adrenalektomierten Katze.* Bei Katzen bewirkt Hypophysektomie oder Adrenalektomie eine starke Red. des *Histaminase* (I)-Geh. der Darmschleimhaut u. der Niere, wobei anscheinend als erste Veränderung eine Verschlechterung des Speicherungsvermögens für I erfolgt. Hypophysektomie u. Adrenalektomie hatten auf die *Histamin* (II)-Konz. der Magen- u. Darmmucosa keine feststellbare Wrkg., jedoch nimmt die in der Darmmucosa vorhandene Gesamtmenge an I wegen des gleichzeitig eintretenden starken Gewichtsverlustes derselben durch Atrophie stark ab. Die mögliche physiol. Bedeutung von I u. der Beziehung zwischen I u. II in der Darmmucosa werden diskutiert. (Acta physiol. scand. **25.** 243—54. 6/6. 1952. Lund, Univ., Dep. of Physiol.) K. MAIER. 4210

K. Haeger und **G. Kahlson,** *Das Verschwinden der Histaminase aus dem Gesamtorganismus bei Katzen nach Adrenalektomie.* Bei n. u. adrenalektomierten Katzen wurde der *Histaminase* (I)-Geh. des Gesamtorganismus bestimmt. Die Eingeweide n. Katzen enthalten ca. 90% der im Körper vorhandenen I. 6—7 Std. nach der Adrenalektomie verschwinden mindestens 70—80% der gesamten I-Aktivität, u. zwar ist die große Höhe des Verlustes durch die I-Verarmung der Eingeweide bedingt. Die Verminderung beruht prim. auf einer Verschlechterung des Speicherungsvermögens für I, das über die Lymphwege in den allg. Kreislauf gelangt. Die I-Abnahme 5,7—7 Std. nach Entfernung der Nebennieren kann schwerlich einem n. Eiweißabbau zugeschrieben werden, da vergleichsweise die Halblebensdauer der Serumproteine ca. 10 Tage beträgt. Möglicherweise ist die I-Abnahme durch eine nicht zureichende Versorgung mit der prosthet. Gruppe von I oder mit einem anderen Aktivator bedingt. (Acta physiol. scand. **25.** 255—58. 6/6. 1952. Lund, Univ., Dep. of Physiol.) K. MAIER. 4210

Enrique Romero, Emilio Romo, Juan Ortega und **Fernando Cirbian,** *Beitrag zur Untersuchung der Histaminase im Hinblick auf die pathogene Bedeutung der Hypotension bei infektiös Erkrankten. Die Wirkung der Antihistaminica.* Bei infektiösen Erkrankungen, bes. in akuten Stadien u. bei gleichzeitiger schwerer Beeinträchtigung des Allgemeinbefindens sinkt der *Histaminase* (I)-Spiegel in Abhängigkeit von der Schwere der Erkrankung. So findet man bei schwerer Tuberkulose keine I, in leichteren Fällen erniedrigte Werte. Es ist anzunehmen, daß I durch humorale Beeinflussung des Histamins oder von Substanzen, die die Capillarpermeabilität u. die Vasodilatation steuern, die Blutdrucksenkung bedingt. *Antistin,* ein Antihistaminicum, ist imstande, bei akuten Infektionen den Blutdruck vorübergehend zu erhöhen. (Medicina [Madrid] **22.** I. 31—50. März 1954. Madrid, Cons. Sup. de Inv. Cientif., Dep. de Fisiol.) HANS THIELE. 4210

Seymour Pomper, *Purin und Pyrimidin benötigende Mutanten von Saccharomyces cerevisiae.* Haploide *S. cerevisiae*-Stämme wurden UV-Bestrahlung ausgesetzt u. Mutanten mittels einer modifizierten Schichtplattenmeth. nach LEDERBERG u. TATUM (C. 1946. I. 1879) isoliert. 6 Mutanten benötigten *Adenin* (I), 2 *Uracil* (II). Insgesamt wurden 7 purinlose u. die beiden pyrimidinlosen Mutanten genet. u. hinsichtlich ihres Nährstoffbedarfs untersucht u. 5 verschied. genet. Typen in der 1. u. 2 in der 2. Gruppe festgestellt. Die Purinauxotrophen wuchsen nur auf I oder *Hypoxanthin* u. wurden durch *Guanin* kompetitiv gehemmt. Die beiden pyrimidinlosen Mutanten verwerteten II, *Cytosin, 5-Nitrouracil, Uridin* u. *Uridylsäure.* Durch Ernährungskreuzverss. konnte bei den Mutanten keine Anhäufung von Vorstufen festgestellt werden. (J. Bacteriol. **63.** 707—13. Juni 1952. Oak Ridge, Tenn., Nat. Labor., Biol. Div.) K. MAIER. 4270

William D. McElroy and Bentley Glass, eds. A symposium on the mechanism of enzyme action; sponsored by the McCollum-Pratt Institute of the Johns Hopkins University. Baltimore: Johns Hopkins. (835 S. m. Abb., Diagr.) $ 11,—.

E_3. Mikrobiologie. Bakteriologie. Immunologie.

J. L. Stokes, *Die Ernährung der Mikroorganismen.* Übersichtsbericht (bis Dez. 1951); C u. Energie, N, *Mineralstoffe, Wuchsfaktoren, Aminosäuren* u. *Peptide,* Ernährung u. Enzymbldg., Ernährung u. Sporulation. — 129 Literaturangaben. (Annu. Rev. Microbiol. **6.** 29—48. 1952. Bloomington, Ind., Univ. of Indiana, Dep. of Bacteriol.) K. MAIER. 4310

Jacques Panijel und **Joseph Huppert,** *Das Wachstum von E. coli B mit Aminosäuren als alleiniger N-Quelle.* (Vgl. C. **1953.** 6906.) Es wurde das Wachstum von *E. coli B* in Nährmedium *56* nach MONOD (37°, p_H 7,4, Einsaat 10^7 Bakterien/cm^3). einerseits mit $(NH_4)_2SO_4$, andrerseits mit *Aminosäuren* (I) als N-Quelle, vergleichend untersucht. Mit $(NH_4)_2SO_4$ ist die Latenzphase kurz (3 Std. 30 Min.), in der exponentiellen besteht zwischen Zunahme der opt. D., der Bakterienzahl u. dem Bakterien-N eine konstante Beziehung. Mit *Glykokoll* bzw. *Serin* ist die Latenzphase kurz, das exponentielle Wachstum erhöht, die N-Ausbeute am Ende der exponentiellen Phase nahezu 100%. In bestimmten Fällen beobachtet man, z. B. zwischen $(NH_4)_2SO_4$ u. Aminosäure oder zwischen 2 I, das „*Diauxie*"-Phänomen, ähnlich wie es für C-Substrate festgestellt worden ist. Mit *Tyrosin* bzw. *Tryptophan* ist die Latenzphase sehr verlängert (ca. 60 Std.) u. es folgt keine echte exponentielle. Die N-Ausbeute beträgt $<75\%$. Das *Diauxie*-Phänomen fehlt. Allg. dauert die postexponentielle Phase des abklingenden Wachstums um so länger, je schwächer die exponentielle Entw. ist. Die Diauxie ist zwischen Substraten, die eine ähnliche Wachstumsintensität ermöglichen, sehr kurz. Bei Zusatz zweier I wird die gut verwertbare zuerst abgebaut. Wird bei Entw. in Ggw. einer N-Quelle eine besser ausnützbare zugesetzt, so erfolgt sofort Verwertung der letzteren, wahrscheinlich unter gleichzeitigem Mitabbau der bereits vorhandenen. In den untersuchten Fällen verbesserte Alkalisierung das Wachstum nicht. Die $(NH_4)_2SO_4$ angreifenden Enzymsysteme scheinen von denen, die gutes Wachstum ermöglichende I desaminieren, nicht verschieden zu sein. (C. R. hebd. Séances Acad. Sci. **234.** 1226—28. 10/3. 1952.) K. MAIER. 4310

H. de Barjac, *Beitrag zur Untersuchung des Abbaus der schwefelhaltigen Aminosäuren und besonders des Methionins im Boden.* Bei Zusatz einer organ. *S*-Verb., speziell von *Methionin* (I), zu Boden findet *aerob* im Gegensatz zur Anaerobiose keine H_2S-Abspaltung statt. Die Umwandlung der Aminosäure in Aerobiose macht sich vor allem durch eine mit der Temp. fortschreitende merkliche Abspaltung von *Mercaptanen* u. durch Auftreten von *Sulfiten* bemerkbar. Am Versuchsende ist eine Zunahme der anfänglichen *Sulfat*-Konz. des Erdbodens feststellbar. Möglicherweise erfolgt der I-Abbau in einer Reaktionsfolge, bei der organ. Verbb. vom Typ *RSH* u. dessen anorgan. Derivv. vom Typ SO_3^{2-} u. SO_4^{2-} entstehen, wobei SO_4^{2-} vielleicht über organ. Verbb. RSO_2H u. RSO_3H gebildet werden. (Ann. Inst. Pasteur **82.** 623—28. Mai 1952. Inst. Pasteur, Serv. de Microbie techn., Labor. de Microbiol. du Sol.) K. MAIER. 4320

J. Brisou und **P. Morand,** *Bildet Escherichia coli Schwefelwasserstoff?* Eine große Zahl von *E. coli*-Stämmen bildet, vorausgesetzt, daß keine Bedingungen vorliegen, die die Entw. verlangsamen (20°) oder den Stoffwechsel stören (Schwermetallionen), H_2S. Bei der H_2S-Bldg. ist wahrscheinlich *Cystein* beteiligt. (Ann. Inst. Pasteur **82.** 643—45. Mai 1952. Toulon, Hôpital Sainte-Anne, École d'application des Médecins de la Marine.) K. MAIER. 4320

J. M. Wiame und **R. Storck** (unter techn. Mitarbeit von **W. van Bergen**), *Der Glutaminsäurestoffwechsel von Bacillus subtilis.* Verschied. *B. subtilis* (*NRRL B 571*)-Varianten können als alleinige *N*-Quelle NH_4^+ verwerten ($^+$Stamm). Diese Fähigkeit kann verschwinden ($^-$Stamm). Die Varianten (m^-, s^-) wachsen dann nur in Ggw. folgender Aminosäuren: *L-Glutaminsäure* (**I**), *L-Prolin* (**II**), *L-Ornithin* (**III**), *L-Arginin* (**IV**) u. *L-Asparaginsäure* (**V**). Die Umwandlung eines $^+$Stammes in einen $^-$Stamm hat vollständigen Verlust der Fähigkeit der NH_4^+-Verwertung zur Folge. **II, III** u. **IV** sind nach vorheriger Umwandlung in **I** *N*-Donatoren. **I** ist der generelle *N*-Donator. Diese Funktion von **I** wird durch den Nachw. einer Transaminierungs-Rk. zwischen **I** u. folgenden Aminosäuren bestätigt: **V**, *Isoleucin, Leucin, Norleucin, Valin, Norvalin* (**VI**), *α-Aminobuttersäure* (**VII**), *Methionin, Phenylalanin, Histidin, α-Alanin, Tyrosin* u. *Tryptophan.* **II** bildet eine Zwischenstufe der Umwandlung von **IV** in **I**. **VI** u. in geringerem Maße **VII** sind für *B. subtilis* Wachstumshemmstoffe. Die Hemmung beruht anscheinend auf der Ähnlichkeit von **VI** u. **VII** mit **I** u. **IV**. (Biochim. biophysica Acta [Amsterdam] **10.** 268—79. Febr. 1953. Bruxelles, Centre d'Enseignement et de Rech. des Inds. Alimentaires (CERIA), u. Univ., Labor. de Biochim. des Microorganismes.) K. MAIER. 4320

R. Devignat (unter techn. Mitarbeit von **A. Chevalier**), *Können pathogene Keime Proteine nitrifizieren? Pasteurella pestis* u. verschied. Bakterien bewirken auf Kosten bestimmter *Proteine* (**II**) der Kulturmedien *Nitrit* (**I**)-Bldg., während andere Keime hierzu nicht fähig sind. *Pasteurella pseudotuberculosis* (Stamm New-Orleans) kann die gleichen, als **I**-Bildner wirkenden **II** abbauen, ohne das **I**-Stadium zu durchlaufen oder zu erreichen, während andere Keime, wie *Shigella dysenteriae*, hierzu nicht in der Lage sind. Die GRIESSsche Rk. ist nach von GIRARD an 30 Stämmen gemachten Erfahrungen nicht zur Unterscheidung von *P. pestis* u. *P. pseudotuberculosis* geeignet. (Ann. Inst. Pasteur **82.** 650—52. Mai 1952. Inst. Pasteur, Labor. de la Peste.) K. MAIER. 4320

Elsie Wainfan, Ginette Henkin, Sydney C. Rittenberg und **Walter Marx,** *Cholesterinstoffwechsel durch Darmbakterien in vitro.* Incubation der Fäces oder des Darminhalts von mit Cholesterin (**I**) gefütterten Ratten in vitro bei 31—35° während 2—14 Tagen zeigte eine erhebliche Abnahme des Gesamt-**I**-Gehalts. Aus den Fäces wurden 15 reine Kulturen von Mikroorganismen isoliert, die **I** verbrauchen; bes. akt. sind *Aerobacter aerogenes* (**A**) u. *Pseudomonas jaegeri.* Bei Atmungsverss. mit Zellsuspensionen dieser beiden Stämme zeigte sich, daß der O_2-Verbrauch nach Zusatz von **I** steigt. Die Oxydation von **I** durch Zellsuspensionen von **A** wird durch Zusätze von *2.4-Dinitrophenol* bzw. *Nicotinsäureamid* gefördert. (J. biol. Chemistry **207.** 843—49. April 1954. Los Angeles, Calif., Univ. of South. California, Dep. of Biochem. and Nutrit., School of Med., Dep. of Bacteriol., u. Allan Hancock Foundat., Labors.) J. ROTHE. 4320

Nils Diding, *Einige aktuelle Probleme in der experimentellen Mikrobiologie und Chemotherapie.* Zusammenfassender Vortrag mit besonderer Berücksichtigung der Antimetabolittheorie („competitive inhibition") von WOODS u. der neueren Erkenntnisse über die Chemoresistenz von Bakterien. (Svensk farmac. Tidskr. **57.** 481—91. 10/9. 1953.) R. K. MÜLLER. 4330

Werner B. Schaefer, *Die Wirkung von Isoniazid auf wachsende und ruhende Tuberkelbacillen.* Angabe der Wrkg. von *Isoniazid* (**I**) (0,5 γ/ml) auf das Wachstum von M. tuberculosis H 37 Rv in einem Tween-Albuminmedium ohne u. mit *Glucose* (**II**; 10 mg/ml) mit NH_4Cl als einziger N-Quelle. **I** wirkte baktericid in Ggw. von **II**; Verlust der Säurebeständigkeit innerhalb 2 Tagen; in Abwesenheit von **II** kein Wachstums- u. Säurebeständigkeitsverlust. Es wird geschlossen, daß **I** wachsende Bacillen hemmt u. ruhende nicht beeinflußt. (Amer. Rev. Tubercul. **69.** 125—27. Jan. 1954. New York, N. Y., Labor. of the Rockefeller Inst. for Med. Res., u. Washington, D. C., Div. of Chronic Disease and Tuberculosis Public Health Service.) DOSSMANN. 4330

Horst Lübke, *Zur Frage des Wirkungsmechanismus der Ultraschallwellen bei Bakterien.* Der Einfl. der Beschallungszeit mit Ultraschall (US) auf die Überlebensrate von E. coli wurde zwischen 2 u. 60 Min. bestimmt; die erhaltene Kurve verlief nach 50 Min. asymptot. zur Zeitachse. Nach Messung in entgasten u. gashaltigen Fll. ist der Gasgeh. der Suspensions-Fl. für die US-Wrkg. von Einfl.; bei Beschallung einer Colibakteriensuspension steigt die Zahl der überlebenden Keime mit der Konz.; nach US-Einw. von 10 Min. lag die Überlebensrate von 10 verschied. Bakterienarten zwischen 5 (Proteus vulgaris) u. ca. 60% (Bact. prodigiosum). Keine Beziehungen zwischen Bakteriengröße, Form u. Resistenz gegenüber Erhitzung zur US-Empfindlichkeit. Nach Vf. scheint die US-Wrkg. auf Bakterien auf einem mechan. Effekt zu beruhen. (Z. Hyg. Infektionskrankh. **138.** 216—23. 1953. Berlin, Freie Univ., Inst. für Veterinärhyg.) DOSSMANN. 4330

Albert Siegel und **S. J. Singer,** *Darstellung und Eigenschaften der Desoxypentosenucleinsäure des Bakteriophagens T 2.* Aus Bakteriophagen *T 2*-Lysaten hohen Titers, erhalten aus *E. coli* (Stamm *B*)-Kulturen, werden die Phagen durch Zentrifugieren (30000 U/Min.) von Bakterienmaterial befreit, anschließend sedimentiert (50000 U/Min.), in Kakodylatpuffer von Ionenstärke 0,1 u. p_H 6,83 suspendiert, durch fraktioniertes Zentrifugieren weiter gereinigt, in einer Kolloidmühle gemahlen, wobei *Desoxypentosenucleinsäure* (**I**) frei u. mittels der Ultrazentrifuge abgetrennt wird (extrapolierte Sedimentationskonstante $S^w_{22} = 13{,}1\ S$). *T 2* enthält ca. 40% **I**, wovon 10—25% isoliert werden. **I** ist elektrophoret. u. in der Ultrazentrifuge homogen. Teilweise gereinigte *E. coli*-**I** u. *T 2*-**I** sind aus ihrem Gemisch durch Elektrophorese oder Zentrifugieren nicht trennbar. Die Sedimentationseigg. von *T 2*-**I**, Bakterien-**I** u. **I** aus Tintenfischtestikeln sind prakt. ident. u. denen der Thymus-**I** sehr ähnlich, so daß auch auf ähnliche Mol.-Geww. zu schließen ist. (Biochim. biophysica Acta [Amsterdam] **10.** 311—19. Febr. 1953. Pasadena, Calif., California Inst. of Technol., Kerckhoff Labors. of Biol., u. Gates and Crellin Labors. of Chem.) K. MAIER. 4331

Nakao Ishida, *Untersuchungen über Antibiotica von Actinomyceten.* 9. Mitt. 2. Teil. *Ein basisches, von einem Stamm Streptomyces roseochromogenus Nr. 36 erzeugtes Antibioticum.* (1. Teil vgl. C. **1952.** 6711). Eine neue, nichttox., bas. Verb., *Roseomycin* (**I**), die von einem Stamm Streptomyces Nr. 36 erzeugt wird, einem Repräsentanten der *Streptothricingruppe* Typ 1, wurde als Hydrochlorid durch Adsorption an Kohle, Elution mit saurer Acetonlsg. mit einem Reinheitsgrad von 85—92% dargestellt. **I**-Reineckat zers. bei 114°; **I**-Helianthat zers. bei 211—216°. **I**-Hydrochlorid zeigte positive ELSON-MORGAN-, MOLISCH-, TOLLENS-Naphthoresorcin- u. Indolprobe. Best. der antibakteriellen Wirksamkeit u. Angabe des antibiot. Wirkungsspektr., das hinsichtlich gramnegativer Bakterien dem *Streptomycin* (**II**)-Spektr. vergleichbar ist. In vitro hohe **I** Wirksamkeit gegenüber **II**-resistenten Organismen u. Vibrio comma. (Tohoku J. exp. Med. **58.** 153—61. 25/8. 1953. Sendai, Tohoku Univ., Fac. of Med., Dep. of Bacteriol. [Orig.: engl.]) DOSSMANN. 4340

Masami Kikuchi, *Untersuchungen über Antibiotica von Actinomyceten.* 10. Mitt. *Ein basisches, von einem Stamm Streptomyces roseochromogenus Nr. 24 erzeugtes Antibioticum.* (9. vgl. vorst. Ref.) Reinigungsgang eines Antibioticums aus Streptomyces roseochromogenus, Stamm 24 u. die Änderungen des antibakteriellen Spektr. von wachsenden Kulturen, Kulturfiltraten u. dem gereinigten Antibioticum. Die isolierte Substanz gehört zu *Streptothricin* Typ 1, sie hat in vitro etwa die gleiche Wrkg. wie *Streptomycin,* bei Mäusen wurde nach Injektion von 5 mg verzögerte Toxizität beobachtet. Das kristalline Helianthat u. Reineckat dieses Salzes haben andere Zerfallspunkte als die entsprechenden *Roseomycin*-Salze, zeigen aber sonst eine gewisse Ähnlichkeit mit diesen. (Tohoku J. exp. Med. **58.** 163—68. 25/8. 1953. Sendai, Tohoku Univ., Fac. of Med., Dep. of Bacteriol. [Orig.: engl.]) DOSSMANN 4340

Ippei Nagao, *Untersuchungen über Antibiotica von Actinomyceten.* 11. Mitt. *Drei basische Antibiotica, Streptomicin, Roseomycin und Nr. 259 bei experimentellen Typhusinfektionen.* (10. vgl. vorst. Ref.) Wirksamkeit von *Streptomycin* (**I**) u. 2 streptothricinähnlichen Substanzen, Typ 1 = *Roseomycin* (**II**), Typ 2 = *Nr. 259* (**III**), als Chloride gegenüber Salmonella typhosa in vitro u. in vivo. Die in vivo-Wirksamkeit von **I**, **II**, **III** war etwa gleich, die höhere in vitro-Wrkg. wurde in vivo nicht bestätigt. (Tohoku J. exp. Med. **58.** 169—73. 25/8. 1953. Sendai, Tohoku Univ., Fac. of Med., Dep. of Bacteriol. [Orig.: engl.]) DOSSMANN. 4340

Ippei Nagao, *Untersuchungen über Antibiotica von Actinomyceten.* 12. Mitt. *Vergleichende Untersuchung der Wirkung verschiedener basischer Antibiotica auf Haemophilus pertussis und auf experimentelle Mäusepertussis.* (11. vgl. vorst. Ref.) Testverss. gegenüber Haemophilus pertussis mit *Roseomycin* (**I**) 36 u. 20 vom *Streptothricin* (**II**)-Typ 1 sowie *Nr. 259* u. *Seki* (**III**) vom **II**-Typ 2 im Vgl. zu *Streptomycin* (**IV**) u. *Colistin,* einer Substanz ähnlich *Aerosporin* (**V**; KOBAYASHI, PHARMACEUTICAL CO. LTD.). Die Wirksamkeit auf den Erreger ergab die Reihenfolge: **V**, **IV**, **III**, *Nr. 259,* **I** 36 u. 20. Die Empfindlichkeit von H. pertussis auf **IV**- u. **II**-ähnliche Substanzen entsprach derjenigen von E. coli. Bei in vivo-Verss. an Mäusen ergaben **IV** u. **V** die besten Ergebnisse. (Tohoku J. exp. Med. **58.** 175—78. 25/8. 1953. [Orig.: engl.]) DOSSMANN. 4340

Ippei Nagao, *Untersuchungen über Antibiotica von Actinomyceten.* 13. Mitt. *Vergleichende Untersuchung über die Wirkung von Roseomycin, Streptomycin, Chloramphenicol und Homosulfanilamid auf experimentelle Cholerainfektion.* (12. vgl. vorst. Ref.) Bericht über in vitro- u. in vivo-Verss. mit *Roseomycin* (**I**), *Chloramphenicol* (**II**), *Sulfathiazol* (**III**; KANEBO & CO.), *Streptomycin* (**IV**; MERCK & CO.), *Homosulfanil-amid* (**V**; TAKEDA & CO.). Die Reihenfolge der in vitro-Wrkg. war: **II**, **I**, **III**, **V**, **IV**, Bei der Behandlung mit Vibrio comma infizierter Mäuse waren **I** u. **II** gleichwertig, **IV** unwirksam. (Tohoku J. exp. Med. **58.** 191—94. 25/8. 1953. [Orig.: engl.]) DOSSMANN. 4340

Akira Miyamori, *Untersuchungen über Antibiotica von Actinomyceten.* 14. Mitt. *In vitro- und in vivo-Wirksamkeit verschiedener Arten basischer Antibiotica von Streptomyces auf Pasteurella tularensis.* (13. vgl. vorst. Ref.) HCl-Salze von *Streptomycin* (**I**), *Roseomycin* (**II**), *Seki*-Substanz, *Chloramphenicol* u. *Colistin* wurden gegenüber Pasteurella tularensis in vitro u. in vivo getestet. Nur **I** u. **II** zeigten Hemmwrkg. in vitro, Mindestmenge **I** 3 γ/cm^3, **II** 25 γ/cm^3. In vivo war die Wirksamkeit von **I** u. **II** gleich u. bemerkenswert gut. (Tohoku J. exp. Med. **58.** 195—98. 25/8. 1953. Sendai, Tohoku Univ., Fac. of Med., Dep. of Bacteriol. [Orig.: engl.]) DOSSMANN. 4340

C. W. Pettinga, W. M. Stark und **F. R. Van Abeele,** *Die Isolierung eines zweiten kristallisierten Antibioticums aus Streptomyces erythreus.* Mehrere *Streptomyces erythreus*-Stämme bilden in verschied. Nährmedien 2 antibiot. wirksame Verbb., *Erythromycin* (**I**) u. *Erythromycin B* (**II**), die papierchromatograph. (**I** R_F 0,7,

II R_F 0,6, CH_3OH–Aceton–W. 19 : 6 : 75) u. durch Gegenstromverteilung (Methylisobutylketon–Aceton–0,1 n Phosphatpuffer [p_H 6,5] 20 : 1 : 20) getrennt werden können. Zur Isolierung von II wird zum eingeengten Chloroform- oder Amylacetatextrakt (p_H 9,5) der Kultur-Fl. Cellulosepulver gegeben, das Adsorbat getrocknet, auf eine Cellulosepulversäule gegeben u. mit 0,01 n NH_4OH, gesätt. mit Methylisobutylketon, entwickelt. Die entsprechenden Fraktionen aus der Säule oder Verteilung werden nach Vakuumkonzentrierung mit Chlf. bei p_H 9,5 extrahiert u. nach Entfernen des Solvens II aus Aceton umkristallisiert. II ist in den meisten physikal. u. chem. Eigg. I ähnlich. Beide sind Basen, in W. relativ unlösl., in A., Aceton, Chlf. u. Äthylacetat extrem lösl., ebenso die Salze. Elektrometr. Titration von II in 66 % ig. wss. Dimethylformamid ergab eine titrierbare Gruppe mit pK'_a 8,5; Mol.-Gew. ca. 736 ± 36, $[\alpha]^{25}$ −78° (2 %, A.), F. 191—195°, λ_{max} 286 mμ. Die Infrarotspektren von I u. II lassen geringfügige, aber deutliche Unterschiede erkennen. Das mikrobiol. Spektr. von II ist dem von I ähnlich, jedoch zeigt II nur 75—85 % der Aktivität von I. (J. Amer. chem. Soc. **76**. 569—71. 20/1. 1954. Indianapolis, Ind., Eli Lilly and Comp., Lilly Res. Labors.) K. MAIER. 4340

P. D. Cooper, *Der Ort der Penicillinwirkung.* 3. Mitt. *Wirkung oberflächenaktiver Substanzen auf die Penicillinaufnahme durch Staphylococcus aureus.* (1. vgl. C. **1950**. II. 2332.) Besprechung der Wrkg. von *Phenol* (I), *Dioctyl-Na-sulfosuccinat* (II) = *Aerosol OT*, *Tween 80* (III) u. *Cetyltrimethylammoniumbromid* (IV) auf die *Penicillin* (V)-Aufnahme von Staphylokokkenzellen. I verhindert die V-Aufnahme der ganzen Zellen u. Lipoidteilchen bei denselben Konzz., bei denen Cytolyse u. Zelltod auftreten; II bedingt nur geringe Verminderung der V-Aufnahme; III bleibt ohne Wrkg.; IV verursachte Anstieg der V-Aufnahme bis zur Agglutination der Zellen. Mit ^{35}S markiertes, an den Zellen fest haftendes I war mit Netzmitteln nicht zu entfernen. (Biochim. biophysica Acta [Amsterdam] **13**. 433—38. März 1954. London, St. Mary's Hosp., Med. School, Whrigt Fleming Inst. of Microbiol.) DOSSMANN. 4340

Clarence S. Livingood, C. Elizabeth Head, Rose Marie Sutter und **Frank B. Engley jr.**, *Vergleich der Wirkungen von Neomycin und anderen Antibioticis auf pyogene Bakterien. In vitro-Wirkung auf isolierte Bakterien eitriger Hautinfekte.* Vff. prüften die in vitro-Empfindlichkeit von 377 Bakterienstämmen, die sie von pyogenen Hautinfektionen isoliert hatten, gegen *Neomycin* (I) u. verglichen sie mit der Empfindlichkeit gegen *Aureomycin* (II), *Terramycin* (III), *Chloromycetin* (IV) u. *Bacitracin* (V). I u. III wirken gegen grampositive Kokken (GpK) u. gramnegative Stäbchen (GnSt). II wirkt ausgezeichnet gegen GpK, ist aber weniger akt. als I, III u. IV gegen GnSt. IV ist nicht so akt. wie III u. II gegen GpK. Bei oraler Therapie scheinen bei II öfter Nebenwirkungen aufzutreten als bei III. I übertrifft alle anderen Antibiotica. Es ist nicht so akt. in vitro gegen hämolyt. Streptokokken wie III, II, V u. IV. 40 % aller getesteten Stämme waren aber gegen 6 mg I oder weniger empfindlich. III ist vollständig unwirksam gegen Proteus. V wirkt in vitro gegen GpK, ist aber unwirksam gegen GnSt. Die Größe des Inoculums beeinträchtigt die Ergebnisse der in vitro-Testung signifikant. Keines der getesteten Antibiotica kann aber zur Zeit als das wirksamste für einen bestimmten Fall bezeichnet werden. Im in vitro-Test kann nur für einen gegebenen Patienten das Antibioticum der Wahl ausgetestet werden. (A. M. A. Arch. Dermatol. Syphilol. **69**. 43—57. Jan. 1954. Galveston, Tex.) K. BÖHM. 4340

G. Renoux (unter techn. Mitarbeit von **H. Yuatrefage**), *Eine neue Methode zur Differenzierung der Brucella-Varietäten. Die Wirkung von Natriumdiäthyldithiocarbamat (DEDTC).* Legt man auf *Brucella*-Kulturen auf „Albimi"-Agar nach der Beimpfung ein mit frischem *Na-Diäthyldithiocarbamat* (I)-Lsg. getränktes Filterpapierscheibchen, so ist am 3. Tage auf Grund des Aussehens der Kulturen eine Differenzierung der Brucellavarietäten möglich. *B. melitensis* (von außen nach innen): große, klare Zone mit durchsichtig erscheinendem Nährboden, weißer Ring, mehr oder weniger intensive Wachstumszone; *B. abortus:* schmale, klare Zone, zwei Ringe (weiß u. braun), gleichmäßiges Wachstum; *B. suis:* fehlende oder kaum sichtbare Ringe, Hemmung, die vollständig sein kann. Mit Hilfe von I konnten 31 typ. u. 11 atyp. Stämme, letztere in Übereinstimmung mit den epidemiol. Erfahrungen u. der serolog. Identifizierung, charakterisiert werden. (Ann. Inst. Pasteur **82**. 556—62. Mai 1952. Montpellier, Centre FAO/OMS de Rech. sur la Fièvre Ondulantes.) K. MAIER. 4350

Emil L. Smith und **B. V. Jager**, *Die Charakterisierung von Antikörpern.* Übersichtsbericht (bis Dez. 1951); physikal. u. chem. Eigg. von Antikörpern (I) u. ihre Reinigung; immunochem. Eigg. von I. — 122 Literaturangaben. (Annu. Rev. Microbiol. **6**. 207—28. 1952. Salt Lake City, Ut., Univ. of Utah Coll., Labor. for the Study of Hereditary and Metabolic Disorders, u. Dep. of Biol. Chem., u. Dep. of Med.) K. MAIER. 4370

Otto Westphal, Otto Lüderitz und **Walter Keiderling,** *Über die Wirkungsweise bakterieller Reizstoffe. Beitrag zur biochemischen Analyse des Entzündungsvorgangs.* Die *O-Endotoxine* (*O-Antigene*) (**I**) gramnegativer Bakterien gehören zu den wirksamsten Reizstoffen (Pyrogene; Auslösung von Fieber, Veränderungen im weißen Blutbild). Sie können in Form tern., aus einem *Protein* (**II**), *Polysaccharid* (**III**)- u. *Phospholipid*-Anteil bestehender Symplexe rein dargestellt werden, wobei die pyrogenen Eigg. eng mit der **III**-Komponente verbunden sind. Bei der Reindarst. der pyrogenen *Polysaccharide* aus *Glattformen* gramnegativer Keime nach Westphal u. Mitarbeiter (Z. Naturforsch. **7b.** [1952.] 536) wurden Präpp. mit maximal 80% Zucker, ca. 10% organ. gebundenem H_3PO_4, 0,5–2% *N* u. (bei *Coli-Pyrogen*) ca. 2% *N-Acetyl*-Gruppen erhalten; pyrogene Grenzdosis (intravenös) beim Menschen 0,001–0,005 γ/kg (Temperaturerhöhung 0,6–1,0°). Wird von der *Rauhform* gramnegativer Bakterien ausgegangen, so erhält man in großer Ausbeute stark *pyrogenes* **II**. Da der Übergang von der meist pathogenen Glatt- in die apathogene Rauhform mit dem Verlust von **I** verbunden ist, wird hierbei die „pyrogene Wirkgruppe" möglicherweise statt an O-**III** an **II** verankert. Das pyrogene **II** aus der Paratyphusrauhform ist beim Menschen (intravenös) mit 0,2 γ/kg maximal wirksam. Subcutane Injektionen kleiner Mengen bakterieller Reizstoffe lösen Entzündungsprozesse aus, während derem Verlauf Stoffe gebildet werden, die erst Fieber u. Leukocytenverschiebungen auslösen. Vff. nehmen an, daß auch bei intravenöser Zuführung von Reizstoffen die Bldg. körpereigener Entzündungsstoffe ausgelöst wird. Das Zustandekommen entzündlicher Prozesse steht unter dem hormonalen Einfl. des Hypophysen–Nebennierenrinden-Syst., dessen Wrkg. anscheinend durch den *Uropepsin* (**IV**)-Test (Übergang von *Blutpepsinogen* in Urin; Best. als **IV** nach HCl-Aktivierung) verfolgt werden kann. 1 malige Injektion bakterieller Pyrogene gab charakterist. **IV**-Ausscheidungskurven (kurzfristiger Anstieg–steiler Abfall unter Norm–Rückkehr zur Norm oder Abfall–Rückkehr zur Norm). Da letztere wahrscheinlich die relativen Schwankungen des Blutspiegels der *11-Oxycorticoide* (*Cortison*; **V**) anzeigen, kommt es nach Pyrogeninjektion infolge Aktivierung der Rindenfunktion zu einer vorübergehenden Vermehrung u. anschließend zu einem Abfall von **V** oder bei starkem Zellreiz sofort zu letzterem. Es wurden einige Abbauverff. zur Darst. chem. abgewandelter bakterieller Reizstoffe ausgearbeitet, mit dem Ziel, Präpp. zu entwickeln, die bei der Reizstofftherapie nur einzelne der beteiligten Vorgänge im Organismus auslösen. **III**-Pyrogene (Mol.-Gew. bei *Coli* $>$ 3 Mill.) wurden durch oxydativen Abbau mit H_2O_2 in niedermol., dialysable, am Kaninchen hochwirksame Spaltprodd. übergeführt (Mol.-Gew. 1000–3000) u. **II**-Pyrogene proteolyt. unter Erhaltung der pyrogenen Aktivität am Kaninchen abgebaut. Bei fortschreitendem Abbau von **III**-Pyrogenen nahm die pyrogene Wirksamkeit beim Menschen (nicht beim Kaninchen) ab, während die typ. Veränderungen im weißen Blutbild erhalten blieben u. erst bei noch weiter abgebauten Präpp. zurückgingen. Durch Acylierung genuiner **III**-Pyrogene wurden lipoidlösl. *Acylpolysaccharide* (**VI**) dargestellt. Ein acetyliertes *Coli*-**III** gab beim Menschen mit 200–500 γ starkes Fieber ohne nennenswerte Schwankungen der Gesamtleukocyten. Das Verh. von **IV** nach **VI**-Injektion deutet auf eine kräftige Aktivierung des Hypophysen–Nebennierenrinden-Syst. durch **VI** hin, während Stimulierung cellulärer Entzündungsstoffe durch **VI** dagegen nur in geringerem Maße erfolgt. (Zbl. Bakteriol., Parasitenkunde, Infektionskrankh. Hyg., I. Abt., Orig. **158.** 152–60. 30/6. 1952. Säckingen i. B., Dr. A. Wander-Inst.; Freiburg/Br., Med. Univ.-Klinik.) K. Maier. 4370

C. H. Andrewes, *Klassifizierung und Nomenklatur der Viren.* Übersichtsbericht (bis Febr. 1952); *Pflanzenviren:* numer. Systeme, zweinamige Systeme; *tier. Viren:* Holmessches Syst., Nomenklaturdiskussion des 5. Internationalen Mikrobiol. Kongresses 1950; *Bakterienviren*; *pleuropneumonie*-ähnliche Organismen. — 72 Literaturangaben. (Annu. Rev. Microbiol. **6.** 119–38. 1952. London, Nat. Inst. for Med. Res.) K. Maier. 4374

Luise Stange, *Zur Frage nach den Störungen des Stoffwechsels in der Blättern vergilbungskranker Zuckerrüben.* Vf. fand in den Blättern erkrankter Pflanzen weit erhöhte *Saccharose-*, *Glucose-* u. *Fructosewerte,* nimmt jedoch nach Best. der Zucker in verschied. Blattsegmenten an, daß die Ableitung der Assimilate durch das Virus nicht beeinflußt wird. Der Erhöhung des Zuckergeh. geht eine Verminderung des N-Geh. der Trockensubstanz parallel. Beide Symptome sind schon in den äußerlich unveränderten Blättern infizierter Pflanzen in geringem Maße nachzuweisen, treten im wesentlichen aber erst mit dem Erscheinen der sichtbaren Symptome auf. (Phytopathol. Z. **21.** 214–17. Dez. 1953.) Hans Thiele. 4374

A. Klarenbeek und **H. A. E. van Tongeren,** *Viricide Wirkung eines Gemisches von Äthylenoxyd und Kohlensäure.* Auf Columbia SK-Encephalomyelitis- u. Vaccinia-Virus wirkt ein Gemisch aus 10% Äthylenoxyd + 90% CO_2 bei 8std. Einw. tödlich. Mit diesem Gemisch lassen sich Materialien, die gegen Erhitzen empfindlich sind (Kunststoffteile, Gummischläuche), auf einfache u. billige Art u. Weise desinfizieren, zumal das Gemisch auch baktericide Eigg. hat. (Nederl. Tijdschr. Geneeskunde **98.** 768–70. 20/3. 1954. Leiden, Nederl. Inst. voor Praeventive Geneesk., Afdel. voor Bact. en Exp. Peth.) PATZSCH. 4374

Roland M. Nardone und **Henry J. Blaszczynski,** *Wachstumswirkungen bei Tetrahymena pyriformis, hervorgerufen durch Streptomycin und seine Komponenten. Streptomycin* (**I**) erhöht die Größe u. Teilungsrate von Tetrahymena pyriformis (T.p.; früher Colpidium campylum genannt), wenn sie in 2% Proteosepepton wächst. *Streptobiosamin, Streptamin* (**II**), *Streptidin* u. *Guanidin* erhöhen ebenfalls die Teilungsrate. Nur **II** ruft ein Längenwachstum von 10% oder mehr als bei den Kontrollen hervor. Es wird angenommen, daß die getesteten Komponenten im KH- u./oder Proteinstoffwechsel ausgenutzt werden. — 9 Literaturangaben. (J. exp. Zoology **125.** 119–25. Febr. 1954. St. Louis, Mo., Univ.; Washington, D. C., Cath. Univ. of America, Biol. Labor.) PATZSCH. 4380

Max Levine, An introduction to laboratory technique in bacteriology. 3rd. ed. New York: Macmillan. 1954. (431 S. m. Abb., Diagr.) $ 4,50.

E_4. Pflanzenchemie. Pflanzenphysiologie. Pflanzenpathologie.

L. N. Barssukow und **K. M. Sabawskaja,** *Der Einfluß von hochfrequenten Wellen auf die Keimung von Samen und die Entwicklung der Pflanzen.* Durch Feldverss. wird festgestellt, daß bei einer 1–3 Min. dauernden Einw. von Schallwellen das Keimen der Samen beschleunigt wird, bes. stark bei Klee, Luzerne, Zuckerrübe, Mohrrübe, Tomate u. Gurke. Intensität der Atmung u. Intensität des Wachstums der Keimlinge werden durch die Schallwellen ebenfalls erhöht. Es ist somit erwiesen, daß starke Schallwellen die gleiche Wrkg. auf Keimung u. Wachstum ausüben wie die Ultraschallwellen. (Агробиология [Agrobiologie] **1953.** Nr. 5. 80–85. Sept./Okt. Moskau, Allunions Wiss. Forschungsinst. für Düngemittel Agrotechnik u. Agrobodenkunde.) LEBTAG. 4404

James W. Cameron und **Howard J. Teas,** *Kohlenhydratverhältnisse in sich entwickelndem und reifem Endosperm von „brittle" und verwandten Maisgenotypen.* Vff. beschreiben die Wrkg. zweier getrennter rezessiver Gene („brittle 1" [bt_1] u. „brittle 2" [bt_2]) auf die Konz. verschied. Kohlenhydrate in sich entwickelndem Maisendosperm. Während der letzten Entwicklungsperiode enthalten die Genotypen bt_1 u. bt_2 mehr red. Zucker u. beträchtlich mehr Saccharose als n. Endosperm, ihr Stärkegeh. ist jedoch geringer; der Geh. an wasserlösl. Polysacchariden ist, wie in n. Endosperm, in allen Entwicklungsstadien gering. (Amer. J. Bot. **41.** 50–55. Jan. 1954. Pasadena, Calif., California Inst. of Technol., u. Riverside, Calif., Univ. of California, Citrus Exp. Stat.) GOEBEL. 4420

L. Fowden, *Die Wirkung des Alters auf die Zusammensetzung des Gesamteiweißes von Chlorella vulgaris.* Die einzellige Alge *Chlorella vulgaris* wurde in Reinkultur gezüchtet. Die Unters. der Verwertung von NH_3-*N* u. NO_3^--*N* der Nährlsg. zeigte, daß Wachstum bis zum Verbrauch der N-Verbb. stattfand. Aus Kulturen verschied. Alters wurden Proben des Zellgesamtproteins isoliert u. die Aminosäuren (**I**)-Zus. papierchromatograph. bestimmt. Das Alter der Kulturen hatte auf die Zus. des Eiweißes nur geringen Einfl., lediglich der *Histidin*-Geh. stieg mit zunehmendem Alter der Zellen beträchtlich an, u. der Geh. an *Alanin, Lysin, Arginin* u. *Amid-N* änderte sich geringfügig. Die essentiellen **I** machten 50% des Gewichtes der insgesamt bei der Hydrolyse abgespaltenen **I** aus, obwohl der *Cystin*-Geh. gleichmäßig niedrig war. Das Zelleiweiß umfaßte ca. 85% des Gesamt-*N*. (Biochem. J. **52.** 310–14. Okt. 1952. London, Univ. Coll., Dep. of Bot.) K. MAIER. 4450

C. N. Roistacher, J. G. Bald und **K. F. Baker,** *Der Tetrazoliumtest zur Feststellung des Ruhezustandes und der Keimfähigkeit von Gladiolen.* Beschreibung eines Testes mit *2.3.5-Triphenyltetrazoliumchlorid*, bei dem auf Grund der Färbungsintensität auf die Keimfähigkeit von Gladiolen geschlossen werden kann. Sofort nach der Ernte ergibt der Tetrazoliumtest eine Färbung des parenchymat. Gewebes, die keinerlei Keimfähigkeit anzeigt, sondern bald wieder verschwindet, so daß im Ruhezustand keinerlei Färbung eintritt. Die Intensität der Tetrazolium-Rk. hängt von der Sorte, den Lagerungsbedingungen u. der Behandlung ab. (Science [Washington] **118.** 186–87. 14/8. 1953. Los Angeles, Calif., Univ., Dep. of Plant Pathol.) BEINERT. 4455

Daniel I. Arnon und **Gunilla Heimbürger,** *Extracelluläre photosynthetische Reaktionen. 2. Mitt. Identifizierung von radioaktivem Malat.* (1. vgl. C. **1954**. 3050.) In Fortführung der Verss. über die reduktive Carboxylierung von Brenztraubensäure zu Malat durch isolierte Chloroplasten wurden die Chloroplasten mit $NaH^{14}CO_3$ (in Ggw. von Codehydrase II, Mn u. Äpfelsäureenzym) zur Rk. gebracht. Die O_2-Entw. während der Rk. u. die Radioaktivität des Reaktionsprod. wurden bestimmt. Das nur in geringem Umfange gebildete Reaktionsprod. erwies sich als akt. u. wurde durch Papierchromatographie als Malat erkannt. Die O_2-Entw. entsprach etwa dem — für die $^{14}CO_2$-Bindung — berechneten Wert. Die Rk. lief nur dann vollständig ab, wenn alle erwähnten Komponenten anwesend waren u. das Syst. dem Licht ausgesetzt wurde. (Plant Physiol. **27.** 828—33. Okt. 1952. Berkeley, Calif., Univ. of California, Div. of Plant Nutrit.) I. WEINMANN. 4460

L. A. Nesgoworowa, *Dynamik der Absorption von Kohlensäuregas durch die Blätter im Dunkeln und bei Licht.* Unterss. mit radioakt. ^{14}C zeigten, daß bei der Photosynth. die Pflanzen nicht nur CO_2 (I) der umgebenden Atmosphäre, sondern auch I, das während der Nacht absorbiert wurde u. in den Blättern als Reserve vorliegt, verwerten. Man kann daher die Unterschiede im Tagesverlauf der Photosynth., die unter gleichen Feuchtigkeitsbedingungen, gleicher Belichtung u. gleichem I-Geh. der Luft bei verschied. Pflanzen auftreten, dadurch erklären, daß ihr Absorptionsvermögen für I während der Nachtstunden verschieden ist. Die I-Menge, die in der Dunkelheit in organ. Bindung festgelegt wird, ist 20—30 mal geringer als die vom Blatt absorbierte u. in anorgan. gebundener Form vorliegende Menge. Je geringer Expositionsdauer u. Lichtintensität sind, desto geringer werden die Unterschiede zwischen der Assimilation von I im Licht u. seiner Festlegung in der Dunkelheit; es ist daher möglich, durch Anwendung kurzer Expositionszeiten die prim. Prodd. der Photosynth. bei erhöhtem Geh. an I in der Atmosphäre festzustellen. (Доклады Академии Наук СССР [Ber. Akad. Wiss. UdSSR] [N. S.] **92.** 1085—88. 11/10. 1953. Timirjasew-Inst. für Pflanzenphysiol. der Akad. der Wiss. der UdSSR.) A. JACOB. 4460

Paul Ts'o und **G. P. Steinbauer,** *Die Wirkung von Maleinsäurehydrazid auf die durch Auxin beeinflußte Wasseraufnahme von Erbsenstengelsegmenten.* Zur Best. der Wasseraufnahme wurden Stengelsegmente von *Pisum sativum* für die Dauer von 14 Std. unter Luftzufuhr in Testlsgg. gelegt, die *Indolylessigsäure* (I), *Maleinsäurehydrazid* (II) u. *Fumarsäure* (III) in verschied. Konzz. enthielten. Die durch I in einer Konz. von 2 p.p.m. hervorgerufene Steigerung der Wasseraufnahme wurde durch zusätzliche Gabe von II in Konzz. über 250°/₀₀ gehemmt. Die Hemmwrkg. von II ändert sich bei verschied. Konzz. von I. Durch Zugabe von III konnte die Hemmwrkg. von II teilweise wieder aufgehoben werden. Da diese Aufhebung der Hemmwrkg. nicht auf eine Änderung des p_H-Wertes zurückgeführt werden konnte, vermuten Vff., daß die Bldg. der beim Stoffwechsel der Pflanze entstehenden III durch Zugabe von II unterbunden wird, u. daß die zugegebene III die nichtgebildete ersetzen kann. (Science [Washington] **118.** 193—94. 14/8. 1953. Lansing, Mich., Michigan State Coll.) BEINERT. 4485

M. R. S. Iyengar und **Robert L. Starkey,** *Förderungen und Hemmungen von Auxinwirkungen durch Antibiotica.* Zur Unters. der Wrkg. von Antibioticis auf die durch *Indolylessigsäure* hervorgerufenen Wachstumsänderungen wurden 3 verschied. Methoden benutzt, der Avenatest von BONNER, ein Gurkensämlingstest auf sterilem Agar, ein Gurkensämlingstest in feuchten Kammern. Zur Anwendung kamen folgende Antibiotica: *Terramycin* (I), *Chloramphenicol* (II), *Streptomycin* (III), *Citrinin* (IV), *Thiolutin, Clavacin, Gliotoxin* (V) u. *Rimocidin* (VI). Die Ergebnisse zeigten, daß die verschied. Antibiotica die Auxinwrkg. in unterschiedlicher Weise beeinflussen. Eine Förderung der Wuchsstoffwrkg. wurde im Avenatest von BONNER durch Zugabe von I, II u. in geringerem Maße von III gefunden; die synergist. Wrkg. dieser Antibiotica kam auch in den beiden Gurkensämlingstesten zum Ausdruck. Eine Hemmung der Wuchsstoffwrkg. erfolgte bei Zugabe von IV am stärksten bei den Sämlingstesten, sie konnte weniger deutlich beim Avenatest festgestellt werden. V u. VI zeigten keine sichtbaren Wirkungen. (Science [Washington] **118.** 357—58. 25/9. 1953. New Brunswick, N. J., Rutgers Univ., Agric. Exp. Stat., Dep. of Microbiol.) BEINERT. 4485

John W. Mitchell, W. M. Dugger jr. und **Hugh G. Gauch,** *Erhöhter Transport von Pflanzenwuchsstoffen in Abhängigkeit von Borzugabe.* Bei Bohnenpflanzen wurde eine Hälfte eines Primärblattes mit *2.4-Dichlorphenoxyessigsäure* (I) + Netzmittel, die zweite Blatthälfte mit einer Zuckerlsg. + Bor (als Borsäure) behandelt, während bei den Kontrollpflanzen die zweite Blatthälfte nur in Zucker- oder nur in Borlsg. getaucht wurde. Der Transport von I vom Primärblatt in den Stengel wurde gegenüber reiner Zuckerlsg. bis zu 50% erhöht, wenn der Zuckerlsg. Bor zugesetzt war.

Bor allein beeinflußte den Transport von I nicht. Ähnliche Ergebnisse wurden mit *Indolylessigsäure, 2.4.5-Trichlorphenoxyessigsäure* u. *α-Naphthylessigsäure* erzielt. Bei vergleichenden Unterss. verschied. Zucker zeigt sich die kleinste Wuchsstofftransporterhöhung bei Bor u. Saccharose, dann folgte Bor u. Fructose, während bei Bor u. Glucose die größte Erhöhung gefunden wurde. Die Ergebnisse der Verss. zeigen, daß Bor a f den Transport von Zucker einwirkt, u. daß der Transport der Wuchsstoffe da ich indirekt beeinflußt wird. (Science [Washington] **118**. 354—55. 25/9. 1953. Beltsville, Md., U. S. Dep. of Agric., Agric. Res. Admin., Bureau of Plant Ind., Soils and Agric. Engng.) BEINERT. 4485

Victor A. Greulach und **John G. Haesloop**, *Einige Wirkungen von Maleinsäurehydrazid auf internodiale Streckung, Zellvergrößerung und Stengelanatomie. Maleinsäurehydrazid* (**I**) hat keine Wrkg. auf die phototrope u. geotrope Rk. von Sonnenblumen, Bohnen oder Tomaten; bei einseitiger Anwendung in Lanolin tritt kein Kurvenwachstum auf. **I** hemmt nicht das internodiale Längenwachstum bei Sonnenblumen oder Rudbeckia, wirkt jedoch hemmend auf das Längenwachstum bei jungen Bohnen- u. Tomatenpflanzen (Hemmung der Zellteilung). Die wachstumshemmende Wrkg. von **I** beruht in der Hauptsache auf einer Hemmung der Zellteilung. (Amer. J. Bot. **41**. 44—50. Jan. 1954. Chapel Hill, N. C., Univ. of North Carolina, Dep. of Bot.) GOEBEL. 4485

Takashi Kubota, Hachiro Yamaguchi, Keizo Naya und **Teruo Matsuura**, *Chemische Untersuchungen über die Schwarzfleckenfäule der Süßkartoffel.* 1. Mitt. *Flüchtige Bestandteile aus schwarzfaulen Süßkartoffeln.* Aus 120 (bzw. 300) kg an Schwarzfleckenfäule erkrankter *Süßkartoffeln* (verursacht hauptsächlich durch *Ceratostomella fimbriata*) wurden die betroffenen Anteile abgetrennt u. 2 Monate unter zeitweisem Rühren mit 100 Liter Butanol extrahiert, die überstehende Fl. abgezogen, im Vakuum bis zu einem rötlichbraunen Rückstand eingeengt u. dieser dampfdest.: 1248 (bzw. 3045)g gewaschenes u. getrocknetes (rohes) Öl im Destillat. Daraus durch mehrmalige Vakuumdest. als Hauptfraktionen 49,8 g Öl (**I**), $Kp._{0,01-0,001}$ **96**—97°, u. 196,3 g Öl (**II**), $Kp._{0,01-0,001}$ 105—106°. **I** enthielt mit $NaHCO_3$ extrahierbare *3-Furancarbonsäure*, $C_5H_4O_3$, F. 121—121,5° (aus W.). Der Neutralteil von **I** gab „*Ipomeanin*", $Kp._{0,001}$ 74—79°, n_D^{15} 1,4975, $[\alpha]_D$ + 3,86°, Semicarbazon F. 216°. Aus **II** isoliert: „*Ipomeamaron*", $C_{15}H_{22}O_3$, $Kp._{0,001}$ 103°, n_D^{15} 1,4827, $D.^{15}_4$ 1,0423, $[\alpha]_D^{22,5}$ + 28,07, Semicarbazon F. 133—134°. (J. chem. Soc. Japan, pure Chem. Sect. [Nippon Kagaku Zassi] **73**. 897—99. Dez. 1952. Osaka, City Univ. [Orig.: japan.]) SCHULER. 4490

E5. Tierchemie. Tierphysiologie. Tierpathologie.

G. J. van Esch und **P. C. Hart**, *Untersuchungen über den Kupfergehalt von Rinderlebern.* Bei Verfütterung von *Vevoron*, einem *Methylthiouracil* enthaltenden antithyreoidalen Präp. für Mastzwecke, zeigen sich verschied. Nebenerscheinungen (z. B. Verlangsamung der Magen-Darm-Funktion). Es lag nahe, den Einfl. auf den Geh. an Spurenelementen zu untersuchen. Vff. bestimmten den *Cu*-Geh. der Lebern von 62 gesunden (**a**) u. kranken (**b**) Kühen. Colorimetr. Messung des *Cu-Diäthyldithiocarbamats* (Absorptionsmaximum bei **436** mμ). Die Hälfte der Tiere erhielt 5 Wochen hindurch *Vevoron*. Ein signifikanter Unterschied wurde zwischen **a** u. **b** der unbehandelten Gruppe festgestellt, während in der Vevorongruppe **a** nur leicht erhöhte Werte zeigten. Ebenso sind die Unterschiede zwischen Kontroll- u. Vevorongruppe weder bei **a** noch bei **b** signifikant. (Landbouwkund. Tijdschr. **65**. 738—45. Dez. 1953. Utrecht, Inst. voor Veeteeltk. Onderz. T. N. O.) HANS THIELE. 4510

Gunnar Ågren und **Sten Eklund**, *Das Vorkommen von Djengkolsäure in Hydrolysaten von Säugetiergeweben.* Das 2 dimensionale Papierchromatogramm des Säurehydrolysats (3n HCl, **16** Std. 120°) einer aus Kalbsplasma isolierten Peptidfraktion ergab einen Flecken, der in der Nähe der bekannten Positionen von *Äthanolaminphosphorsäure, Djengkolsäure* (**I**) u. *Diaminopimelinsäure* lag. Die fragliche Substanz (**II**) wurde zusammen mit der Leucin-Isoleucin-Fraktion aus einer *Dowex-50*-Säule mit HCl isoliert u. das trockene Gemisch mit tert. Amylalkohol, worin **I** unlösl. ist, eluiert. 3mal aus 6n HCl umkrist. **II** war nach den R_F-Werten (verschied. Lösungsmittel) u. den Röntgenpulverdiagrammen mit synthet. **I** identisch. Papierchromatograph. war **I** ferner nach Säurehydrolyse in Plasma, Leber- u. Muskelgewebe nachweisbar. Eiweißhydrolysate aus Milz u. einer Peptidfraktion aus menschlichem Urin gaben negative Resultate. In einigen Mucoproteinen ist möglicherweise ebenfalls **I** enthalten. (Acta chem. scand. **6**. 1129—30. 1952. Uppsala, Univ., Dep. of Med. Chem.) K. MAIER. 4520

Jan Michejda, *Der Einfluß von Calciumionen auf den Farbwechsel bei der Garnele* (*Crangon crangon L.*). Für die Fraktion der Chromatophoren bei der Garnele unter dem Einfl. des Hormons *Contractin* (**I**) hat die NaCl-Konz. des W. eine größere Bedeutung als die Ggw. von Ca. Erst bei NaCl-Konzz. von 0,7—2% wird in zunehmendem Maße diese Funktion bei Abwesenheit von Ca gehemmt. Der Verlust der Fähigkeit zum Farbwechsel auf weißem Untergrund, wie er bei Garnelen im Aquarium u. bei ungünstiger Salzkonz. beobachtet wird, beruht auf mangelhafter Mobilisierung des in den Augenstielen stets vorhandenen **I**. Die Injektion von Extrakten aus den eigenen Augenstielen, oder fast ebenso von Adrenalin, bewirkt bei zur spontanen Entfärbung unfähigen Tieren eine prompte Kontraktion des Melamins in den chromatophoren Zellen. **I** in Augenstielextrakten wird in vitro innerhalb von 2—3 Std. durch ein Enzym zerstört, das wahrscheinlich in vivo bei der raschen Dunkelfärbung der Tiere auf dunklem Untergrund eine Rolle spielt. (Poznańskie Towarzystwo Przyjaciół Nauk, Wydział mat.-pryrodniczy, Prace Komisji biol. **13.** Nr. 11. 1—25. 1953. Poznań, Zakl. Zool. Ogólnej.) FISCHOEDER. 4550

Dwain D. Hagerman und **Claude A. Villee,** *Die Wirkungen von Östradiol auf den Stoffwechsel des menschlichen Endometriums in vitro.* Endometriumschnitte (letztes Cyclusdrittel) wurden in der WARBURG-App. bei 37,5° 2 Std. in 100% ig. O_2-Atmosphäre bebrütet, wobei als Medium ein modifizierter RINGER-Phosphatpuffer mit *Glucose* (**I**) oder **I** + *Pyruvat* (**II**) diente, u. *Östradiol* (**III**) als wss. Suspension zugesetzt wurde. **III**-Konzz. von $1 \cdot 10^{-7}$—$3 \cdot 10^{-5}$ mol. bewirkten keine Änderung der beobachteten Effekte. **II**-Zusatz verringerte die *Glykogen* (**I**%)-Abnahme des Gewebes u. erhöhte die **I**-Aufnahme aus der Lsg. geringfügig. In beiden Mediumtypen bewirkte **III**-Zugabe eine statist. signifikante Erhöhung der O_2-Aufnahme des Gewebes u. verminderte die Geschwindigkeit der **I**-Abnahme in Ggw. von **I** + **II** im Verhältnis zu der bei alleiniger Ggw. von **I** u. Abwesenheit von **III**. **IV**-Abnahme u. *Lactat*-Bldg. blieben in **III**-Ggw. unbeeinflußt. Das verwendete Endometrium stand unter dem Einfl. von endogenen Östrogenen u. Progesteron. Die stimulierende **III**-Wrkg. auf den O_2-Verbrauch steht zu vitro-Unterss. an anderen Geweben in Widerspruch u. deutet auf eine spezif. **III**-Endometriumbeziehung hin, die wahrscheinlich auch für die in vitro-Funktion von **III** von Bedeutung ist. (Arch. Biochem. Biophysics **40.** 481—83. Okt. 1952. Boston, Mass., Lying-in Hosp., Res. Labors., u. Harvard Med. School, Dep. of Biochem. and Obstetrics.) K. MAIER. 4559

Borroughs R. Hill, *Extraktion neutraler Steroide für 17-Ketosteroidbestimmungen.* Die von JAYLE u. CRÉPY (C. **1954.** **390.**) angegebene Meth. zur Extraktion (Ausbeute 98%) von *Östrogenen* aus hydrolysiertem Urin durch mehrfache Perkolation durch eine Ae.-Säule, wobei Bldg. stabiler Emulsionen vermieden bleibt, wurde auf die Extraktion von *17-Ketosteroiden* (**I**) übertragen. Eine 300 cm³ Originalurin entsprechende Menge Urinhydrolysat wird 3 mal in dünnem Strahl (Capillare) durch eine Säule [120 × 3 (cm)] von 300 cm³ peroxydfreiem Ae. geleitet, saure u. phenol. Verbb., sowie ein Großteil des gefärbten Materials durch Extraktion des Ae. (Perkolation) mit 60, 30 u. 30 cm³ nKOH wieder abgetrennt, die Ae.-Phase mit 60, 30 u. 30 cm³ W. gewaschen, Ae. verdampft u. der **I**-Geh. bestimmt. (Arch. Biochem. Biophysics **40.** 478—79. Okt. 1952. Los Angeles, Calif., Univ. of California, School of Med., Dep. of Physiol. Chem.) K. MAIER. 4559

J.-P. Dustin, Cl. Wodon, O. Medard und **E.-J. Bigwood,** *Isolierung und Papierelektrophorese von gonadotropem Hormon aus menschlichem Urin.* Das *Gonadotropin* (**I**) des menschlichen Urins wird durch Filtration bei seinem isolektr. Punkt (p_H 3,2) in einer CHAMBERLAND-Kerze (z. B. Nr. $_5L_3$) quantitativ adsorbiert u. durch 0,1n-NaOH wieder eluiert. Durch Ansäuern des Urins auf p_H 5 u. Zentrifugieren sind vor der Adsorption *Mucine* u. *Mucoide* großenteils entfernbar. Die papierelektrophoret. Unters. des in 0,1 mol. Phosphatpuffer (p_H 7) aufgenommenen Eluatverdampfungsrückstandes zeigte neben **I** die Ggw. eines weiteren, biol. inakt. Proteins. Die isoelektr. Adsorption gelang auch mit krist. Rinderserumalbumin (p_H 4,7). (Ann. d'Endocrinol. **13.** **687**—90. 1952. Bruxelles, Univ. libre, Fac. de Méd., Labor. de Biochim.) K. MAIER. 4559

M. X. Zarrow, E. A. Lazo-Wasem und **R. L. Shoger,** *Östrogenaktivität in einem Handelsfuttermittel.* In einem Futtermittel des Handels für Laboratoriumstiere wurde ein Körper mit Östrogenwrkg. entsprechend 3,75 μg Östradiol/kg gefunden. Die Substanz hat eine hohe orale Aktivität. Es wird vermutet, daß die Substanz aus Pflanzenmaterial stammt. — Diskussion der Befunde. (Science [Washington] **118.** 650—51. 27/11. 1953. Lafayette, Ind., Purdue Univ., Dep. of Biol. Sci.) PATZSCH. 4559

Bengt Andersson und **Stig Larsson,** *Die Ausscheidung einer antidiuretischen Substanz im Urin von Milchkühen.* Der Urin in der Lactationsperiode befindlicher Milchkühe enthält ca. 0,5 Std. nach dem Melken eine Substanz (**I**), die bei Ratten, die vor dem Vers. mehrmals W. (Magenschlauch) erhalten hatten, eine Hemmung der Wasserdiurese vom hypophysären Typ bewirkt. Vor dem Melken oder zwischen den beiden Melkzeiten gewonnener Urin ist unwirksam. I dialysiert nicht merklich durch Cellophan u. wird durch Erwärmen in stark alkal. Lsg. inaktiviert. Für die Verss. fand Urin, der nach Einstellung auf p_H 5 10—15 Std. bei 4° dialysiert worden war, Verwendung (intravenös). Die antidiuret. Wrkg. von 6 cm^3 Urin entsprach annähernd 1 Millieinheit *Pitressin* (PARKE, DAVIS & Co.). Wahrscheinlich stammt das nach dem Melken im Urin ausgeschiedene antidiuret. Prinzip aus dem Hypophysenhinterlappen. Das Freiwerden stellt möglicherweise eine durch den mechan. Reiz des Melkens ausgelöste Reflexsekretion dar. (Acta physiol. scand. **25**. 212—18. 6/6. 1952. Stockholm, Kungl. Veterinärhögskolan, Dep. of Physiol.) K. MAIER. 4560

J. M. Robson und **A. A. Sharaf**, *Die Wirkung von adrenocorticotropem Hormon (ACTH) und Cortison auf die Schwangerschaft. ACTH*-Präpp., die in 6std. Abständen gegeben oder implantiert wurden, können bei Kaninchen u. Mäusen die Trächtigkeit unterbrechen. Da diese Wrkg. auch bei ovariektomierten Kaninchen beobachtet wird, beruht sie nicht auf einer Verunreinigung von *ACTH* mit *Gonadotropin. Cortison* kann bei Kaninchen u. Mäusen, bei ovariektomierten u. hypophysektomierten, zur Aufrechterhaltung der Schwangerschaft mit *Progesteron* (**II**) behandelten Kaninchen u. bei ovariektomierten, zur Erhaltung der Schwangerschaft mit **II** behandelten Mäusen die Trächtigkeit unterbrechen. Der **II**-Effekt beruht sehr wahrscheinlich nicht auf einer Beeinflussung der Ovarien oder der Hypophysensekretion, sondern eher auf einer direkten Wrkg. auf den Uterus u. seinen Inhalt. (J. Physiology **116**. 236—43. 28/2. 1952. Guy's Hosp., Med. School, Dep. of Pharmacol.) K. MAIER. 4560

Hajime Yamada, Fumio Osaka und **Heisuke Higashi**, *Erfolgreicher Fall der Transplantation von Kuhhypophyse und -nebenniere bei Skleroderma.* Bei einem typ. Fall von Skleroderma generalisata u. Dysfunktion in der hypophysär-adrenalen Achse ergab *Cortison*-Injektion nur vorübergehende klin. Besserung. Transplantation einer Kuhhypophyse u. Nebenniere unterhalb der Fascia lata beidseitig verbesserte die hypophysäre u. adrenale Funktion u. die subjektiven Symptome: Erweichung der sklerot. Haut u. Verringerung der motor. Störungen. (Folia endocrinol. japon. **29**. 189—92. 197. 20/11. 1953. Kyoto, Pref. Univ. [Orig.: japan.; Auszug: engl.]) SCHULER. 4560

A. A. H. Kassenaar und **L. G. Huis in 't Veld**, *Die Bestimmung von Corticoiden im Urin.* Zur Best. der Glykocorticoide werden 200—300 cm^3 eines gemessenen 24 Std.-Urins mit H_2SO_4 auf p_H 1,0 gebracht, 24—72 Std. bei Zimmertemp. stehengelassen u. danach mit Chlf. extrahiert, Extrakt mit Na_2CO_3 u. dest. W. gewaschen u. nach Trocknung im Vakuum eingedampft. Der Rückstand wird in Bzn. aufgelöst u. mit W. gewaschen. Das formaldehydogene Steroid (FS) geht in die wss. Phase über. Nach Eindampfen im Vakuum wird der Rückstand in einer gemessenen Menge A. aufgenommen. Eine bestimmte Menge dieses A.-Extraktes wird bei 29° mit HJO_4 oxydiert, die Oxydation durch $SnCl_2$ unterbrochen, entstandenes HCHO abdest. u. colorimetr. mit Chromotropsäure in H_2SO_4 bestimmt. Nach Erfahrungen der Vff. soll diese Meth. genügend reproduzierbar sein. Zwischen dem klin. Zustand eines Patienten u. der Menge des mit dem Urin ausgeschiedenen FS besteht keine Beziehung. Im allg. reagierten die meisten Patienten nach *ACTH* mit einer erhöhten FS-Ausscheidung (bis zu 250 bis 1000%). Nach Ansicht der Vff. stehen zur Zeit noch keine Methoden für den Routinegebrauch eines klin.-chem. Laboratoriums zur Verfügung, um mit ihrer Hilfe zuverlässige Ergebnisse über die Aktivität der Nebennieren hinsichtlich cortisonartiger Verbb. zu erhalten. — 16 Literaturangaben. (Nederl. Tijdsch. Geneeskunde **98**. 623 bis 628. 6/3. 1954. Leiden, Acad. Ziekenhuis, Afdeling voor Stofwisselingsziekten en Endocrinologie; Amsterdam, Univ., Pharmacotherap. Inst.; Utrecht, Rijks-Inst. voor de Volksgezondheid, Afdeling Pharmacologie-Endocrinologie.) PATZSCH. 4561

Kurt Schreier und **Erika Müller**, *Über einen neuen quantitativen Cortisonnachweis.* Unter Modifizierung der Farb-Rk. von PORTER u. SILBER (J. biol. Chemistry **185**. [1950.] 201) wurde ein quantitativer *Cortison* (**I**)-Nachw. im Urin ausgearbeitet. 2 × 200 cm^3 mit Eisessig auf p_H 4 eingestellten Urin 5 mal mit je 30 cm^3 Chlf. ausschütteln, Emulsion jeweils quantitativ abtrennen, vereinigte Emulsionen mit 2 Teelöffel Carbo activ. sicc. puriss. MERK schütteln, Chlf. filtrieren, Kohle mit 10 cm^3 Chlf. nachwaschen, Extrakt bei 30—40° im Vakuum eindampfen, 1 cm^3 CH_3OH + 8 cm^3 Phenylhydrazin (**II**)–H_2SO_4 [65 mg **II**-Hydrochlorid, aus A. umkrist., in 100 cm^3 verd. H_2SO_4 (310 cm^3 H_2SO_4, konz., in 190 cm^3 W.) gelöst] zugeben, 20 Min. auf 60° erwärmen, nach Abkühlen im Stufenphotometer (Filter *S 43*) gegen einen Reagentienleerwert (CH_3OH + H_2SO_4) Extinktion bestimmen, wobei die 2. Probe (mit CH_3OH, H_2SO_4, ohne **II**) zur Ermittlung des Farbleerwertes dient. Fehlerbreite für zugesetztes

I < ±10%. Die Meth. erfaßt nahezu ausschließlich I; *Desoxycorticosteron* gibt ca. 30% der I-Intensität. (Dtsch. med. Wschr. **77.** 86. 18/1. 1952. Heidelberg, Univ., Kinderklinik.) K. MAIER. 4561

Margaret Beznák, *Die Wirkung der Nebennieren und der Hypophyse auf den Blutdruck und die Herzhypertrophie von Ratten.* Bei Verengung der auf- oder absteigenden Aorta (Silberring) adrenalektomierter Ratten tritt eine Herzhypertrophie auf, während unter gleichen Bedingungen bei hypophysektomierten keine beobachtet wird. Nebennierenrindenextrakt (*Eucortone*) u. adrenocorticotropes Hormon (*ACTH*) beeinflussen den bei Aortenverengung hypophysektomierter Ratten auftretenden niederen Blutdruck, die Herzatrophie u. das Fehlen der Herzphypertrophie nicht. Obwohl *ACTH* die n. Herzgefäßverhältnisse bei hypophysektomierten Ratten nicht wieder herzustellen vermochte, verhinderte es vollständig die sonst auftretende Atrophie u. verringerte bei hypophysektomierten Tieren mit Aortenverengung u. bei hypophysektomierten + laparotomierten die Mortalität beträchtlich. Es wird angenommen, daß niedriger Blutdruck, Herzatrophie u. fehlende Herzhypertrophie hypophysektomierter Ratten keine sek. Folgen der Atrophie der Schilddrüse u. Nebennieren infolge Mangels troph. Hormone darstellen. (J. Physiology **116.** 219—27. 28/2. 1952. Birmingham, Univ., Dep. of Physiol.) K. MAIER. 4561

Arnold S. Relman und **William B. Schwartz,** *Die Wirkung von DOCA auf das Elektrolytgleichgewicht normaler Personen und seine Beziehung zur Natriumchloridaufnahme.* An n. jungen Personen, die täglich intramuskulär 3—11 Tage lang 20 bis 40 mg *DOCA, 11-Desoxycorticosteronacetat* (I) (*Percorten*) erhielten, wurde das Elektrolyt- u. *N*-Gleichgewicht untersucht. 6 Personen, deren Nahrung durch mäßige oder hohe Salzmengen ergänzt war, zeigten nach I-Zufuhr sofort *Na*- u. *Chlorid*-Retention, sowie *K*-Verlust. Die *Na*-Retention übertraf die von *Chlorid* u. war bei der höchsten Salzzufuhr am größten. Bei anhaltender I-Zufuhr verringerte sich die *Na*-Retention u. häufig trat eine *Na*-Diurese auf. Der *K*-Verlust betrug durchschnittlich 27 Milliäquivalente/Tag, setzte sich über die Periode der *Na*-Retention hinaus fort u. endete regelmäßig in einer Hypokaliumanämie. Insgesamt betrug das *K*-Defizit 92—237 Milliäquivalent. Intracellulär traten hierzu Verschiebungen des *Na* auf. Merkliche Änderungen der Serumbicarbonat- oder -chloridkonz. wurden nicht beobachtet. 3 Personen, die eine *Na*-arme Diät erhielten, zeigten die genannten Veränderungen des *K*-Gleichgewichtes nicht. Es trat kein oder nur geringer *K*-Verlust auf. Die NH_3-Ausscheidung nahm bei allen Personen mit Salzzufuhr zu, jedoch traten in keinem Falle wesentliche Veränderungen von Urin-p_H-Wert, titrierbarer Acidität oder P-Ausscheidung auf. Die Ergebnisse stehen in Übereinstimmung mit der Auffassung, daß die durch I-Behandlung hervorgerufene vermehrte *K*- u. schwache Zunahme der NH_3-Ausscheidung durch die gleichzeitige Vermehrung der tubulären Rückresorption von *Na* u. *Chlorid* mitbeeinflußt sind. Die gelegentlich nicht eintretende *Na*-zurückhaltende I-Wrkg. beruht wahrscheinlich auf Regulationen des Organismus, die den hormonalen Effekt auf die Nierentubuli unterdrücken. (Yale J. Biol. Med. **24.** 540—58. Juni 1952. Boston, Univ., School of Med., Dep. of Med., u. Massachusetts Memorial Hosp., Evan Memorial; Tufts Coll. Med. School, Dep. of Med., u. New England, Center Hosp.) K. MAIER. 4561

G. Geyer und **E. Keibl,** *Zur Frage des Einflusses des Desoxycorticosterons auf die Permeabilität der Capillaren.* Zur Klärung der Frage betreffs der Permeabilitätswrkg. von *DOC* auf die Capillaren wurde die Meth. der Best. des Capillarfiltrats an Fl. u. Plasmaprotein bei Belastung der Capillarwand durch dosierte venöse Stase einer Extremität mittels Stauung herangezogen. *DOC*-Dosen bis 100 mg täglich bewirkten bei n. Personen keine Änderung von Capillarfiltrat u. Proteinverlust. Bei Patienten, die als Krankheitssymptom gesteigerte Capillarpermeabilität u. damit anomal erhöhte Ausgangswerte beider Größen aufwiesen, konnte mit täglich ca. 100 mg *DOC* eine weitere Zunahme von Capillarfiltrat u. Proteindurchtritt erreicht werden. Der gleiche Effekt war auch bei Morbus ADDISON u. Hepatitiden, wo *DOC* eine sichergestellte therapeut. Wrkg. entfaltet, vorhanden. Bei der *DOC*-Wrkg. handelt es sich anscheinend um eine Beeinflussung der Intercellularsubstanz oder der Zellgrenzflächen der Capillarwand von offenbar spezif. anderem Charakter als der von *11-Oxycorticoiden* ausgehenden. (Klin. Wschr. **30.** 1103—04. 1/12. 1952. Wien, I. Med. Univ.-Klinik.) K. MAIER. 4561

D. Cordier und **G. Pérès,** *Vergleich der Wirkung von Cortison, β-D-Glucosid des Desoxycorticosterons und der Kombination beider Substanzen auf die intestinale Glucoseresorption bei der verbrühten Ratte.* (Vgl. auch C. **1954.** 6991.) Es wurde die Wrkg. von *Cortison* (I), *Desoxycortisosteron-β-D-glucosid* (II) u. der Kombination beider Verbb. auf die Glucoseresorption im Darm von Ratten, die durch 25—30 Sek. langes Eintauchen des hinteren Körperdrittels in 80° heißes W. verbrüht worden waren, untersucht. Durch geeignete subcutane **II**-Dosen wurde die Darmresorption sehr stark erhöht, wobei 2,5 mg, unmittelbar nach der Verbrühung gegeben, wirksam waren, 1 u. 5 mg dagegen weniger. 2,5 mg **I** waren deutlich weniger wirksam als die gleiche **II**-Dosis. Ähnliche Ergebnisse wurden mit **I** u. **II** bei der Behandlung des traumat. Schocks erhalten. Gleichzeitige Anwendung von **I** u. **II** gab keine Verstärkung der beschleunigenden Wrkg. von **II** allein auf die Resorption im Darm der verbrühten Ratte. (J. de Physiol. **44**. 697—701. 1952. Lyon, Fac. des Sci., Labor. de Physiol. générale.) K. MAIER. 4561

D. Cordier und **G. Pérès**, *Die Wirkung des Cortisons auf die intestinale Glucoseresorption der normalen und der traumageschädigten Ratte.* Inhaltlich z. T. ident. mit vorst. Referat. (C. R. Séances Soc. Biol. Filiales **146**. 1195—97. Aug. 1952. Lyon, Fac. des Sci., Labor. de Physiol. générale.) K. MAIER. 4561

W. Jadassohn, E. Bujard, R. Paillard und **G. Adé**, *Über die percutane Resorption von Desoxycorticosteron und Cortison. Desoxycorticosteron* wird percutan resorbiert, wie mittels des NIPPLE-Testes beim Meerschweinchen nachgewiesen werden konnte. Hinsichtlich *Cortison* ist vorläufig kein eindeutiger Schluß möglich, da es im Test weder percutan, noch nach Injektion östrogene Wrkg. zeigte. (Schweiz. med. Wschr. **82**. 1331—32. 27/12. 1952. Genf, Univ., Clin. de Dermatol., u. Inst. d'Histol. et d'Embryol.) K. MAIER. 4561

Kalevi Niemineva und **Aimo Pekkarinen**, *Untersuchung des Ascorbinsäure- und Cholesteringehaltes von menschlichen fötalen Nebennieren.* Die Nebennieren von menschlichen Föten wurden bis 12 Std. nach Eintritt des Todes auf ihren Geh. an *Ascorbinsäure* (**I**) (2.6-Dichlorphenolindophenoltitration) u. *Cholesterin* (**II**) nach einem modifizierten Essigsäureanhydrid–Schwefelsäure-Verf. bestimmt. — Vff. fanden im 3. bis 6. Monat eine **I**-Konz. von 5,6 mg%, in Mens VI—IX von 3,5 mg%. Die absol. Werte betrugen 0,09 u. 0,15 mg. Die **II**-Konz. betrug in Mens III—VI 552 mg%, in Mens VII bis IX 358 mg%, Absolutwerte 7,1 u. 16,9 mg. Berechnet auf kg Körpergewicht sinkt der **I**- u. **II**-Geh. gegen Ende der Schwangerschaft gegenüber dem mittleren Trimester auf die Hälfte ab. Im Vgl. zur Nebenniere des Erwachsenen beträgt der **I**-Geh. beim Fötus ca. $^1/_{10}$, der **II**-Geh. $^1/_3$—$^2/_3$. (Acta obstetr. gynecol. scand. **32**. 415—21. 1953. Helsinki, Univ., Dep. of Med. Chem., u. Women's Clinic.) WOLFGANG ALBRECHT. 4561

E. Frank, S. Alatas, B. Beler, N. Asa und **R. Peçikyan**, *Cortison und essentielle Thrombopenie.* Bei 2 Fällen von chron. essentieller Thrombopenie, bei denen prakt. die Plättchen im peripheren Blut fehlten, wurde durch *Cortison* (**I**) in dem einen, durch *ACTH* (**II**) im anderen ein auffallender Erfolg erzielt. Obwohl die Plättchen nicht im Blut erschienen u. der Prothrombintest unverändert blieb, hörten die Spontanblutungen vollständig auf, die Blutungszeit näherte sich der Norm u. der Stauungsvers. verlief negativ. Die Wrkg. verschwand 2 Tage nach der **I**-Zufuhr u. blieb mindestens 10 Tage nach der **II**-Behandlung bestehen. Die Gefäßwrkg. der Steroide u. die Wrkg. auf die Megakaryocyten ist nach diesen Ergebnissen zu unterscheiden. Die Befunde lassen sich möglicherweise auf Grund der Beziehung von **I** zur Grundsubstanz des Mesenchyms u. der Gefäßintima deuten. (Istanbul Contr. clin. Sci. **2**. 62—76. Jan./März 1952. Istanbul, Univ., 2. Clin. Med.) K. MAIER. 4561

Paul Fourman und **A. R. Horler**, *Cortison zur Behandlung chronischer Nebenniereninsuffizienz. Cortison* (**I**) wurde in kleine Dosen (10—25 mg täglich) 8 Patienten mit ADDISONscher Krankheit u. 3 Patienten mit Hypopituitarismus gegeben. In jeder Gruppe versagte je einmal diese Therapie. Die klin. Ergebnisse lassen vermuten, daß das ständige Sekret der Nebenniere eine kleine Menge von 11-Oxysteroid enthält, die ohne Corticotrophin nicht freigesetzt wird. Bei 4 ADDISON-Patienten wurden große Dosen **I** gegeben, um durch Komplikationen (Pneumonie, Nephrektomie) entstandene Nebennierenkissen zu verhindern bzw. zu behandeln. (Lancet **266**. 334—36. 13/2. 1954. Oxford, Nuffield, Dep. of Clin. Med.) K. BÖHM. 4561

G. Charmot, J. Caussain. F. Le Hénand und **E. Charmot**, *Die Cortisonbehandlung der in Dakar auftretenden Toxikosen.* Die in Dakar auftretenden Toxikosen von Kleinkindern verlaufen bes. schwer (Syndrom akuter Entwässerung, Hyperthermie, neurovegetatives Syndrom, Kreislaufkollaps). Bei 35 Fällen schwerer Toxikose hatte *Cortison* einen günstigen Einfl. auf den Krankheitsverlauf. Die Mortalität sank auf 18%. (Arch. franç. Pédiatrie **9**. 1067—68. 1952.) K. MAIER. 4561

Adolph H. Conrad jr., Jerome Greenhouse und **Richard S. Weiss**, *Behandlung des Pemphigus mit oralen Cortisongaben.* (A. M. A. Arch. Dermatol. Syphilol. **69**. 66—74. Jan. 1954. St. Louis.) K. BÖHM. 4561

Jacques Mahaux und **Erich Köiw**, *Das Papierproteinogramm und -lipidogramm beim Myxödem. Die Wirkung des Thyroxins.* Die papierelektrophoret. Unters. von

Serum erfolgte auf mit Barbitursäurepuffer (p_H 8,8) getränktem Filtrierpapier (*Whatman Nr. 1*, 300 V, 3 mA, 5. Std.). Die Lokalisierung der Proteine wurde durch $HgCl_2$-Fixierung, Bromphenolfärbung u. Waschen mit A. u. CH_3OH, der *Lipide* durch Behandlung mit wss.-alkoh. Sudanschwarzlsg., Spülen mit 50%ig. A., wobei diese eine dunkelblaue Färbung annehmen, vorgenommen, die Intensität der Färbungen colorimetr. ermittelt. Die Unters. von 2 Myxödemfällen vor und nach *Thyroxin* (**I**)-Therapie ergab: *Serumalbumine* (vor-nach, %) 46,8, 44,0—50,4, 54,0, *α-Globuline* 10,9, 7,4—5,8, 4,7, *β-Globuline* 18,0, 13,6—13,8, 11,2, *γ-Globuline* 24,3 35,0—30,0, 30,1. Die Lipidogramme wiesen ein Maximum im Bereich der *β-Globuline* sowie eine Anhäufung in dem der *γ-Globuline* auf. Nach **I**-Behandlung waren die Lipide im Globulinbereich stark reduziert. (Ann. d'Endocrinol. **13**. 691—96 1952. Bruxelles, Hôpital Saint-Pierre, Clin. Méd. Univ.; Uppsala, Hôpital Univ., Labor. central.) K. MAIER. 4562

R. Pansini und **A. Casaula,** *Der endogene arterio-venöse Blutalkoholgehalt bei der durch Insulin erzeugten Hypoglykämie.* 1. Mitt. *Beim Gesunden.* Nach Injektion von 45 E. *Insulin* intramuskulär konnten Vff. in 76% der gesunden Versuchspersonen nach 90 Min. eine Zunahme des A.-Geh. im arteriellen u. venösen Blut beobachten. Diese Zunahme betrug bis zum 2—3fachen des Ausgangswertes. (Arch. Patol. Clin. med. **31**. 110—121. 1954. Bari, Univ., Ist. di Patol. Med. e Metodologia Clin.) P. G. SCHEURLEN. 4564

R. Pansini und **R. Mazzone,** *Der endogene arterio-venöse Blutalkoholgehalt bei experimenteller Hypoglykämie.* 2. Mitt. *Bei Leberkranken.* (1. vgl. vorst. Ref.) Bei 17 Patienten mit verschied. akuten oder chron. Lebererkrankungen wurde die beim Gesunden häufige Zunahme des Blutalkoholgeh. (arteriell u. venös) nach *Insulin*-Injektion seltener beobachtet. Außerdem bestehen hier Unterschiede insofern, als oft der venöse Geh. an A. geringer ist als der arterielle. (Arch. Patol. Clin. med. **31**. 122—36. 1954. Bari, Univ., Ist. di Patol. Med. e Metodologia Clin.) P. G. SCHEURLEN. 4564

R. Pansini und **R. Mazzone,** *Der endogene arterio-venöse Blutalkoholgehalt nach Insulinbehandlung.* 3. Mitt. *Beim Diabetes mellitus.* (2. vgl. vorst. Ref.) Der A.-Spiegel liegt nach *Insulin*-Belastung beim Diabetes mellitus meist höher als beim Gesunden. Arterielles Blut ist A.-reicher als venöses. — Diskussion der Ergebnisse der 3 Mitteilungen. (Arch. Patol. Clin. med. **31**. 137—52. 1954.) P. G. SCHEURLEN. 4564

G. Gambassi und **V. Maggi,** *Insulin und Ketonkörper.* An 30 gesunden, leberkranken u. diabet. Personen wurde die Wrkg. einer einmaligen Injektion von 5—20 E. *Insulin* auf den Aceton–Acetessigsäure (**I**)- u. den *β*-Oxybuttersäure–Spiegel (**II**) beobachtet. Unabhängig von der Ausgangsstoffwechsellage wurde nach 90 Min. eine Abnahme des **I**, weniger auch des **II** beobachtet; in einzelnen Fällen war **II** auch etwas erhöht. (Arch. Patol. Clin. med. **31**. 77—87. 1954. Bari, Univ., Ist. di Patol. Med. e Metodologia Clin.) P. G. SCHEURLEN. 4564

Thomas F. Morrow, S. Philip Laucks und **William K. McKnight,** *Insulinkoma und Gruppenpsychotherapie.* Die Auffassung der Vff. von der Dynamik der Schizophrenie wird als Grundlage der psychotherapeut. Behandlungsmeth. kurz umrissen. Die physiol. u. psycholog. Faktoren der Insulinkomabehandlung werden erörtert. (A. M. A. Arch. Neurol. Psychiatry **68**. 491—97. Okt. 1952. Philadelphia, Friends Hosp.) K. MAIER. 4564

M. C. Nath, J. S. Gadgil und **S. Pontremoli,** *Die Wirkung von Amellin bei der Verhinderung der fettigen Infiltration der Leber. Amellin* (**I**), das günstige Wrkg. bei klin. u. experimentellem Diabetes zeigt, verhinderte bei einem depankreatisierten Hunde vollständig die fettige Degeneration der Leber. 16 Ratten (ca. 200 g) erhielten 3 Tage vor u. 2 Tage nach einer partiellen Hepatektomie intraperitoneal 10 u. 25 mg **I**/kg. Die Fettzunahme im restlichen Teil der Leber war 0 bzw. 0,6%, die der unbehandelten Kontrolltiere 59,6%. **I**, das eine *Thiomethylpentose* als Komponente enthält, hat demnach auch lipotropen Charakter. (Nature [London] **169**. 711. 26/4. 1952. Nagpur, Univ., Dep. of Biochem.; Genova ,Univ., Inst. of Human Physiol.) K. MAIER. 4564

Joseph R. Goodman und **Saul Kanter,** *Cholesterinveränderungen während Insulintherapie bei schizophrenen Patienten.* Bei schizophrenen Patienten wurde während der *Insulin* (**I**)–Koma-Therapie eine bestimmte Art von Veränderungen des *Blutcholesterin* (**II**)-Spiegels beobachtet. Nach **I**-Koma an 5 aufeinander folgenden Tagen trat jeweils während der nächsten beiden eine deutliche, stetige **II**-Zunahme ein u. fiel während der darauffolgenden Komatherapie erneut ab. Die **II**-Esterkurve verlief verhältnismäßig gleichmäßig. Der wechselnde **II**-Spiegel steht möglicherweise mit der endokrinen Rk. der Patienten auf die **I**-Therapie in Zusammenhang. (A. M. A. Arch. Neurol. Psychiatry **68**. 534—38. Okt. 1952. Long Beach, Calif., Veterans Admin. Hosp., Dep. of Investigat. Med.) K. MAIER. 4564

Sevda H. Alatas, Ferhan Berker und **Orhan Nuri Ulutin,** *Die Rolle der Hypokaliumämie für das Auftreten der klinischen und elektrocardiographischen Befunde der künstlichen Hypoglykämie; Beobachtungen über die Veränderungen von Serumkalium, -phosphor und -phosphatase bei Hypoglykämie.* Bei 14 Insulinschocks junger Personen mit intaktem Herzen (Schizophrenie, Endarteriitis, chron. Rheumatismus) wurden die Schwankungen von *Serum-K* (I), *Serum-P* (II) u. der *alkal. Serumphosphatase* (III), sowie die Änderungen des Elektrocardiogramms untersucht. Zur Erzeugung hypoglykäm. Symptome mußten den schizophrenen Patienten wesentlich höhere *Insulin* (IV)-Dosen als den übrigen gegeben werden. Die Adynamie, die auch bei Hypokaliumämie ohne Hypoglykämie beobachtet wurde, ist anscheinend vom Abfall des *K*-Spiegels abhängig. Bei 5 Fällen, in denen die arteriellen u. venösen Blutzuckerwerte gleichzeitig bestimmt wurden, kreuzten sich die Kurven der arteriellen u. venösen Hypoglykämie bei 40 mg%, jedoch fiel das Auftreten der hypoglykäm. Symptome nicht mit diesem Zeitpunkt zusammen. Das Sinken von I war von der verabreichten IV-Menge unabhängig, stand aber in deutlicher Beziehung zu der von IV verwerteten Glucose, da die Kaliumämie sich parallel mit der Glykämie verändert. In 8 Fällen trat 30—60 Min. nach Verabreichung von *K* per os ein ausgeprägter I-Anstieg ein. Das in der Mehrzahl der Fälle beobachtete Absinken von II ging der Glykämie u. Kaliumämie nicht parallel. Die in der Mehrzahl der Fälle beobachtete Vermehrung der III-Aktivität erklärt wahrscheinlich das relativ geringfügige Absinken infolge Mobilisierung von organ. Depot-*P*. Der ursprüngliche II-Wert war bei Schizophreniepatienten ziemlich niedrig, bei den endarteriit. dagegen an der oberen Grenze der Norm. Die Veränderungen des *EKG* werden wiedergegeben. Die Veränderungen des *QTU* verschwinden nach *K*-Zufuhr vollständig. Die Senkung des *ST* steht teils unter dem Einfl. von *K*, teils der Hypoglykämie, ohne daß die Normalisierung des einen oder des anderen beider Faktoren sie vollkommen zum Verschwinden gebracht hätte. (Istanbul Contr. clin. Sci. **2.** 94—128. Jan./März 1952. Istanbul, Univ., 2nd Int. Clin.) K. MAIER. 4564

H. Gohr, A. Fincke und **A. Meerbeck,** *Untersuchungen über die Verteilung verschiedener Abbaustoffe des Hämoglobinstoffwechsels im menschlichen Darm.* Zur Klärung des Gallenfarbstoff-Stoffwechsels wurde das Vork. der verschied. Hämoglobinabbauprodd. in den Darmabschnitten Jejunum, Ileum u. Colon menschlicher Leichen (20 Fälle, wenige Std. nach dem Tode) untersucht. Die $CHCl_3$-Auszüge des Darminhaltes wurden an Talkum adsorbiert u. die Fraktionen nach Lage im Chromatogramm spektroskop., im UV-Licht durch SCHLESINGER-Rk., *Mesobiliviolin*-Rk., GMELIN-Rk. u. *Pentdyopent*-Rk. charakterisiert. J e j u n u m : *Bilibrubin* (I) u. *Leukane* (II), die sich während der Aufarbeitung in *Fuszine* (III) umwandelten, stets, *Urobilinogen* (IV) in 7 Fällen sicher nachweisbar, in 4 Fällen Fehlen von IV-Verbb., in 9 Art der IV-Verbb. nicht mit Sicherheit aufklärbar; I l e u m : Meist I, sowie II u. III, jedoch kein *Stercobilinogen* (V), in 9 von 20 Fällen IV, in 3 keine IV-Verbb. nachweisbar, stärkeres Auftreten exogener Pigmente, bes. von Chlorophyllabbauprodd.; C o l o n : Selten I, reichlich II, III, V u. exogene Pigmente, meist auch IV nachweisbar, jedoch trat IV gegenüber V stark zurück. Das im oberen Darmabschnitt befindliche I wandelt sich während der Darmpassage fast ganz in V u. teilweise in II u. III um. Das bei der physiol. Gallenstauung gebildete IV wird entweder nicht restlos resorbiert u. verbleibt in geringer Menge im Darm, oder es wird ein geringer Teil von I im Darm durch bakterielle Red. in IV übergeführt. Vff. nehmen an, daß IV vorwiegend präenteral fermentativ u. nicht enteral gebildet wird, während V enteral durch bakterielle Red. entsteht. (Dtsch. Z. Verdauungs- u. Stoffwechselkrankh. **12.** 287—93. 1952. Köln, Univ.-Krankenanstalt Lindenburg, Klin.-Chem. Abt.) K. MAIER. 4572

Julian I. Kitay und **Mark D. Altschule,** *Die Blutketonkonzentration bei Patienten mit Geistes- und Emotionsstörungen.* Bei 40% von Patienten (98) mit man.-depressiven Rückbildungs-, paranoiden oder schizophrenen Psychosen war der *Blutketon*-Spiegel (I) gegenüber der oberen Grenze der Norm erhöht, ebenso bei mehreren Patienten mit starker Neurose u. Alkoholikern. Bei man.-depressiver Psychose fanden sich erhöhte Konzz. nur bei Personen, die weniger als 1 Jahr krank waren. I fiel bei Besserung nach Behandlung ab, was auf eine Abnahme der Geschwindigkeit des Fettabbaues hindeutet (A. M. A. Arch. Neurol. Psychiatry **68.** 506—09. Okt. 1952. Waverley, Mass., McLean Hosp., Labor. of Clin. Physiol., u. Boston, Harvard Med. School, Dep. of Med.) K. MAIER. 4572

K. T. Schild und **W. Maurer,** *Papierelektrophoretische Untersuchung des Phosphorstoffwechsels menschlicher Erythrocyten (untersucht mit Radiophosphor ^{32}P).* An Gesamtblut u. Aufschwemmungen menschlicher Erythrocyten in physiol. NaCl-Lsg. wurde der Einbau einer gewichtslosen Menge von ^{32}P in Form von PO_4-Ionen untersucht, wobei die Trennung der säurelösl. *P*-Fraktion der Erythrocyten durch papierelektrophoret. Fraktionierung des Hämolysats erfolgte. Die im elektr. Felde wandernden Phosphorsäureester (I) gaben gut getrennte Maxima, die Fläche ein quantitatives Maß für die Menge der ^{32}P-markierten Verbindungen. Drei der ^{32}P-Aktivitätsmaxima waren den *anorgan. Phosphat*-Ionen, *Adenosintriphosphorsäure* (IV) u. *Kreatinphosphorsäure* (II) zuzuordnen. Die Wanderungsgeschwindigkeiten von *Fructosediphosphorsäure* (HARDEN-YOUNG-*Ester*), *Fructose-6-phosphorsäure* (NEUBERG-*Ester*) u. *Glucose-1-phosphorsäure* (CORI-*Ester*) wurden ermittelt. II ist bislang wahrscheinlich auf Grund der großen Labilität gegenüber Trichloressigsäure, die früher zur Abtrennung der säurelösl. I-Fraktion diente, nicht aufgefunden worden. Die Ggw. von Glucose (III) hat auf die Neubildungsgeschwindigkeit von II großen Einfluß. Ihre Bildungsenergie wird demnach durch die Umwandlung von III in Milchsäure geliefert. Verss. mit Hämolysaten an Stelle intakter Erythrocyten zeigten, daß die Neubldg. von II nicht an die Struktur gebunden ist. Die Zeitabhängigkeit der ^{32}P-Maxima für II u. IV deutet auf eine schnellere Übertragung von freiem radioakt. Phosphat auf IV als auf II hin. (Biochem. Z. **323**. 235—44. 1952. Köln, Univ., Med. Klinik.) K. MAIER. 4573

Vittorio Calabi, *Definition, Anforderungen, Klassifikation und Indikation von Plasmaersatz.* Übersicht. — 30 Literaturangaben. (Minerva med. [Torino] **45**. I. 281—87. 31/1. 1954. Bologna, Univ., Clinica Otorinolaringoiatrica; Montecatone d'Imola, I. N. P. S., Centro Sanatoriale „M. Malpiglie".) P. LOCH. 4576

Åke Liljestrand und **Bertil Swedin,** *Die Phosphatausscheidung im Urin des Hundes.* Die *Phosphat* (I)-Ausscheidung im Hundeurin wurde mittels ^{32}P untersucht. Markiertes *Orthophosphat* u. *Inulin* (II) wurden gleichzeitig intravenös injiziert. Die Substanzen traten zwar sehr rasch im Urin auf, jedoch erschienen die maximale II-Menge u. maximale spezif. Aktivität meist später, bis das Gleichgewicht zwischen Plasma u. Urin erreicht war. Unter Berücksichtigung dieses Zeitfaktors stimmen die spezif. Aktivitäten von Plasma-I u. Urin-I anscheinend überein. (Acta physiol. scand. **25**. 168—73. 6/6. 1952. Stockholm, Karolinska sjukhuset, Dep. of Clin. Biochem. and Med. Clinic.) K. MAIER. 4577

Louis M. Massey jr. und **A. Leslie Neal,** *Untersuchungen über den Schlupffaktor der goldenen Nematode der Kartoffel, Heterodera rostochiensis Wollenweber.* Eine Meth. zur Gewinnung eines Konzentrates des Schlupffaktors für die goldene Nematode der Kartoffel wird beschrieben. Mit Hilfe der Papierchromatographie (80%ig. wss. Phenol) wird ein R_F-Wert von 0,84 gefunden. In ziemlich reinem Zustand war der Faktor in Ae. unlöslich. Der Schlupffaktor ist auch im Blatt- wie im Wurzelgewebe der Tomatenpflanze enthalten. (J. Washington Acad. Sci. **43**. 396—401. Dez. 1953. Cornell Univ., Dep. of Biochem. and Nutr.) PATZSCH. 4583

Thomas H. Jukes und **William L. Williams,** *Wirkung der Antibiotica auf die Ernährung.* Übersicht. Besprechung der *Antibiotica* (I)-Wrkg. auf die Wachstumszunahme junger Tiere durch Zusatz von *Aureomycin* (II), *Terramycin, Penicillin, Streptomycin* u. *Bacitracin* zum Futter, bei Küken im Verhältnis 20 : 10^6. Nahrungsverwertung wird durch I-empfindliche intestinale Mikroorganismen offenbar beeinträchtigt. Anfälligkeit der Tiere gegen Krankheiten wird durch I verringert. Hinweis auf günstige Einflüsse von II in kleinen Mengen bei zurückgebliebenen u. kränklichen Kleinkindern. — 205 Literaturangaben. (Pharmacol. Rev. **5**. 381—420. Dez. 1953. Pearl River, N. Y., American Cyanamid Comp., Lederle Labor. Div.) DOSSMANN. 4585

Thelma Allen, Ada V. MacLeod und **Gordon Young,** *Über die Ernährungsbedürfnisse von Kleinkindern mit besonderer Hinsicht auf die Verkalkung.* In eingehenden Unterss. bei 158 Kindern von 1—6 Jahren wurde im wesentlichen gefunden, daß bei einer den Standard nicht erreichenden Nahrung etwa die Hälfte ausreichendes Wachstum u. ebensolche Verkalkung zeigten, 30% dagegen nicht. Bei Zufuhr von 25—150 I.E. *Vitamin D* u. <1 g *Ca* u. *P* kann n. Knochenbldg. auftreten; in einzelnen Fällen kann Ca bei 0,2—0,7 g ausreichend sein, in anderen aber nicht. (Canad. J. med. Sci. **31**. 447—61. Dez. 1953. Halifax, Dalhousie Univ., Dep. of Biochem. and Nat. Res. Counc., Maritime Reg. Labor.) SCHWAIBOLD. 4585

H. O. Kleine, *Lactoflavintherapie der Wadenkrämpfe in der Schwangerschaft.* Bei 80 Schwangeren, Kreißenden u. Wöchnerinnen wurden Wadenkrämpfe durch perorale bzw. parenterale *Lactoflavin* (I)-Gaben schnell behoben. Das Zustandekommen der Crampi wird auf lokale Anoxämie u. I-Mangel zurückgeführt. I-Mangel führt zur Beeinträchtigung der Phosphorylierungsvorgänge u. dadurch zu Störungen im Muskelkohlenhydratstoffwechsel, die das Auftreten von Krämpfen begünstigen. (Zbl. Gynäkol. **76.** 344–56. 1954. Ludwigshafen/Rh., Städt. Frauenklinik.) K. BÖHM. 4587

Helmut Kuck, *Steigerung der Nierendurchblutung unter Nicotinsäureeinwirkung. Niconacid* (Nicotinsäure) steigerte die Durchblutungsgröße u. die Glomerulusfiltratmenge (Paraaminohippursäure- u. Kreatininclearance) der Niere, wobei Dosen von 75–200 mg nötig waren. Bes. empfiehlt sich die Dauertropfinfusion. Indikation: Angiospast. Hypertension, Nierenerkrankungen, Gefäßerkrankungen mit Nierenbeteiligung. Bei Herzinsuffizienzen konnte ein diuret. Effekt konstatiert werden. (Med. Klin. **49.** 371–74. 5/3. 1954. Köppern/Taunus, Krankenhaus, Med. Klinik des Hosp. zum Heiligen Geist.) JORDAN. 4587

Kurt Höck, *Über den Einfluß von Nicotinsäure auf Herz und Kreislauf. Nicodan* verursachte bei 40 Patienten (Hypertonien, Myocardschäden, Hypotonien u. Gesunde) einen initialen Anstieg von Blutdruck, Herzfrequenz u. Minutenvol. (ausgedrückt im red. Amplitudenfrequenzprod. nach LILLJESTRAND u. ZANDER) mit anschließendem Abfall dieser Werte (bes. des Blutdrucks bei Hypertonikern) oft unter den Ausgangswert. Da gleichzeitig die periphere Durchblutung verbessert wird, scheint dieser Abfall durch Depotentleerung zustande zu kommen. Der initiale Druckanstieg bei intravenöser Applikation oder ein zu starker Abfall des Blutdrucks kann beim Einzelpatienten (Widerstandshochdruck oder etwa Hypotonie) bedrohlich werden. Angewandte Dosis: 10 cm^3 Nicodan (= 100 mg Na-Nicotinat) intravenös. (Z. ges. inn. Med. Grenzgebiete **8.** 106–11. 1/2. 1953.) JORDAN. 4587

Clifton P. Lowther, *Gefahren mehrfach zusammengesetzter pharmazeutischer Präparate, die Folsäure enthalten.* Bericht über eine 46jährige Frau, die infolge ungenauer Diagnose (ADDISONsche Anämie) ein *Fe, Vitamin B, Rohleberextrakt* u. *Folsäure* enthaltendes Präp. bekommen hatte u. bei der sich eine Rückenmarksdegeneration entwickelte. Applikation von „Anahämin" u. *Vitamin* B_{12} führte zur Heilung. (Brit. med. J. **1954.** I. 564–65. 6/3. Glasgow, Western Infirmary.) R. KÖNIG. 4587

J. E. Ford und **J. W. G. Porter,** *Einige Eigenschaften Vitamin-*B_{12}*-ähnlicher Faktoren aus Kälberfäces.* 1. Mitt. *Charakteristik verschiedener Fraktionen.* Neben den bereits früher nachgewiesenen 3 Hauptfraktionen der *Vitamin-*B_{12} (I)-Aktivität (Fraktion *A*, *B*, I) aus Kälberdarminhalt u. -fäces wurde nunmehr papierchromatograph. eine langsamer als *A* wandernde Fraktion *C* abgetrennt, die bei *Escherichia coli* 15fach wirksamer als bei *Lactobacillus leichmannii* u. bei *Euglena gracilis* schwach wirksam war. Die I-Aktivitäten gereinigter Fäcesextrakte wurden durch Verteilungschromatographie an Kieselgur u. Entw. mit wassergesätt. sek.-Butanol (+ Spur Cyanid) getrennt. Die chromatograph. Weiterreinigung von *A* gab eine krist. rote Substanz (II); Nadeln (wss. Aceton), λ_{max} 280, 320, 361, 520 u. 548 mμ. Überschüssiges Cyanid wandelte II in eine violette Substanz um; λ_{max} 278, 305, 368, 540 u. 578 mμ. Beim Durchleiten von N_2 durch eine warme wss. Lsg. von II bei p_H 5 unter starkem Licht wurde *Cyanid* u. wahrscheinlich eine *Oxyverb.*, λ_{max} 274, 351 u. 520 mμ, gebildet, die bei Cyanidzusatz wieder das *A*-Spektr. zeigte. II hatte bei *E. coli* u. *E. gracilis* prakt. I-Wirksamkeit, bei *L. leichmannii* nur $^1/_5$ derselben. Die in geringer Menge durch Adsorption an Kieselgur u. Entw. mit n-Butanol erhaltenen, wenig stabilen *B*-Präpp. (λ_{max} 354 u. 465 mμ) wurden durch überschüssiges Cyanid in eine violette Verb. übergeführt; λ_{max} 348, 367, 530 u. 580 mμ. *B* war für *E. coli* wirksam, für die beiden anderen Organismen fast inaktiv. (Biochem. J. **51.** V–VI. April 1952. Reading, Univ., Nat. Inst. for Res. in Dairying.) K. MAIER. 4587

M. E. Coates, J. E. Ford, G. F. Harrison, S. K. Kon und **J. W. G. Porter,** *Einige Eigenschaften Vitamin-*B_{12}*-ähnlicher Faktoren aus Kälberfäces.* 2. Mitt. *Biologische Aktivitäten und Beziehungen.* (1. vgl. vorst. Ref.) Fraktion *A* aus Kälberdarminhalt u. -fäces besaß oral im Kükentest mit 20 γ/100 g Diät keine *Vitamin-*B_{12} (I)-Aktivität. Fraktion *B* war mit 20 γ/100 g Diät unwirksam, steigerte jedoch die Ansprechbarkeit des Kükens auf krist. I. Intramuskulär besaßen *A* u. *B* $^1/_{10}$ der Wirksamkeit von injiziertem krist. I. Bei einem Patienten mit perniciöser Anämie war die *A*-Aktivität etwas kleiner als die von I. Incubation von Fäces bei 37° u. 72 Std. steigerte den I-Geh. für Küken von 0,3 auf 0,6 γ/g. Die mikrobiol. Best. ergab eine deutliche Zunahme des I-Geh. u. eine Abnahme der Fraktionen *A*, *B* u. *C*. Etwa 70% der I-Aktivität von Kälberfäces beruht auf *A*. (Biochem. J. **51.** VI. April 1952.) K. MAIER. 4587

M. C. G. Israels und **S. Shubert,** *Die Behandlung der perniciösen Anämie mittels Insufflation von Vitamin* B_{12}. Vff. gaben *Vitamin* B_{12} mit Lactosepulver vermischt als Schnupfpulver. Bei Erstbehandlung gaben sie täglich 2mal 100 μg, zur Dauerbehandlung 1–2mal wöchentlich 100 μg. Die erforderliche Dosis soll nicht größer sein als bei intravenöser Anwendung. (Lancet **266.** 341—43. 13/2. 1954. Manchester, Univ., Lect. in Haematol.; Royal Infirmary.) K. BÖHM. 4587

V. Pozuelo Escudero, *Persönliche Erfahrung in der massiven Vitamin-B_{12}-Behandlung.* Massive Gaben von *Vitamin B_{12}* (**I**) zeitigten bei verschied. neurolog. Prozessen (Neuritis, Neuralgie, Herpes zoster, Myelitis, Hemiplegie nach Embolie) gute Resultate. Eine typ. Trigeminusneuralgie sprach auf I nicht an. Ferner wurde günstige Beeinflussung in Fällen von erythematösem Lupus, hypophysärem Infantilismus, subakuter, diffuser Glomerulonephritis, beginnender rheumat. Endocarditis u. schwerer Osteoporose erzielt. In keinem Fall wurden patholog. Symptome beobachtet, die auf Überdosierung zurückgeführt werden könnten. Weiteres Studium der I-Anwendung ist unerläßlich. (Medicina [Madrid] **22.** I. 24—30. März 1954. Madrid, Inst. de Patolog. Méd.) HANS THIELE. 4587

D. Zahn, *Zur biologischen Testung enteral-bakteriell gebildeter Vitamine.* Es wurde untersucht, ob die von *Bact. coli* enteral-bakteriell synthetisierten Vitamine *p-Aminobenzoesäure* (**I**), *Nicotinsäureamid* (**II**), *Biotin* (**III**), *Pantothensäure* (**IV**), *Lactoflavin* (**V**) u. *Folsäure* (**VI**) sowie vergleichsweise die Vitamine B_1, B_6, B_{12} u. *Folinsäure* (**VII, VIII, IX, X**) in 1%ig. Ammoniumlactat–Glucose-Kultur (mit 1‰ K_2HPO_4, p_H 7,0, anaerobe Hochschichtkultur) als Wuchsstoff für *Bact. coli* wirken. In Ggw. von **VII, VIII, IX, X** gingen die Colikeime zugrunde, während durch **I, II, III, IV, V** u. **VI** eine deutliche Colientw. ausgelöst wurde. Die Wuchsstoffwrkg. nahm mit steigender Vitaminkonz. ab. (Klin. Wschr. **30.** 904—05. 1/10. 1952. München, Labor. für Coliforsch.) K. MAIER. 4587

Leiv Klungsöyr und **Alexander Pihl,** *Die angebliche Wirkung von Vitamin D auf die Hautatmung.* An Hautstücken von Ratten mit eindeutiger Rachitis, von solchen, die zusätzlich *Vitamin D* u. solchen, die zusätzlich *Phosphat* erhielten, wurde die Aufnahme von O_2 untersucht. Da keine deutlichen Unterschiede in den 3 Gruppen auftraten, wird angenommen, daß Vitamin D keine Bedeutung für den Stoffwechsel der Haut hat. Entgegenstehende Ergebnisse anderer Forscher werden auf eine weitgehende Schädigung der Ratten durch sek. Störungen, u. a. des Ca- u. Phosphatstoffwechsels, sowie Mangel an Lactoflavin in der angewandten Diät zurückgeführt. (Acta physiol. scand. **29.** 377—80. 17/11. 1953. Oslo, Univ., Nutrit. Res. Inst.) SPITALER. 4587

L. van der Lugt, *Lupus vulgaris.* Lupus vulgaris kann am besten mit hohen Dosen *Vitamin D_2* (600000—1000000 E.) behandelt werden, sofern keine Kontraindikationen (z. B. Lungentbc.) gegeben sind. Mit *Isonicotinsäurehydrazid* wurden befriedigende Ergebnisse erzielt, wobei auch *UV*-Bestrahlungen oder lokale Behandlung mit *Vitamin D* notwendig werden können. Die Wrkg. der UV-Strahlen beruht wahrscheinlich auf der örtlichen Bldg. von Vitamin D. (Nederl. Tijdschr. Geneeskunde **98.** 609—14. 6/3. 1954. Rotterdam, Finsen-Inrichting.) PATZSCH. 4587

Heinz Pult, *Erfahrungen bei der Behandlung der Kollagenosen mit Vitamin E.* Vf. berichtet über die Behandlung von Kollagenosen, vor allem Induratio penis plastica, der DUPUYTRENschen Kontraktur, der hypertroph. Narbenkeloide u. eines Falles von Sklerodermie mit *Vitamin E* (Dosis: täglich 4 mal 2 Tabletten mit je 50 mg *Ephynal forte,* dl-α-Tocopherol [HOFFMANN-LA ROCHE], insgesamt 500 bis 600 Tabletten). Die erzielten Ergebnisse waren durchaus positiv. (Dtsch. med. Wschr. **79.** 471—72. 481—83. 19/3. 1954. München-Gladbach, Krankenhaus „Maria Hilf", Röntgen- u. Lichtinst.) RODERICH KÖNIG. 4587

J. H. P. Jonxis, *Aminoacidurie.* Bei einem ca. 6 Jahre alten ♂ wurde neben rachitisähnlichen Erscheinungen eine Aminosäureausscheidung von ca. 1,16 g/Tag (n. ca. 0,4 g/Tag) festgestellt. An der Ausscheidung waren *Lysin, Histidin, Serin, Threonin, Glycin* u. *Glutaminsäure* beteiligt. Durch 1000000 E. *Vitamin D_3* per os u. orthopäd. Hilfe konnte Besserung erzielt werden. Aminoacidurie wird auch bei angeborenen Stoffwechselanomalien, bei D- u. C-Avitaminosen, Schwermetallvergiftungen u. Leberschäden beobachtet. (Nederl. Tijdschr. Geneeskunde **98.** 598 bis 601. 6/3. 1954. Groningen.) PATZSCH. 4587

P. Meunier, *Die Antivitamine.* Übersichtsbericht. Antagonisten (**I**) des *Thiamins* (*Pyrithiamin, Oxythiamin, Homothiaminglykol,* I enzymat. Natur: *Thiaminasen, Antithiamine* der Farne), I der *Flavine* u. des *Vitamins B_{12}*, I der *Pantothensäure,* I des *Pyridoxins* (chem. Konst. der B_6-Antivitamine, *Desoxypyridoxin, Methoxypyridoxin,* andere B_6-Antivitamine), I der *Nicotinsäure,* des *Biotins, Antisulfamide, Antifolsäuren, Antisulfamid-* u. Antisulfonaktivität der *p-Aminobenzoesäure* nahestehender Verbb., *Antivitamin A, E-Antivitamine, K-Antivitamine.* — 123 Literaturangaben. (Fortschr. Chem. org. Naturstoffe [Wien] **9.** 88—113. 1952. Lyon, Fac. des Sci., Labor. de chim. biol.) K. MAIER. 4587

Ladislaus Roka, *Antagonismen und Konkurrenzen im Stoffwechsel.* Übersichtsbericht. An Beispielen aus verschied. Gebieten des Stoffwechsels wird gezeigt, wie Antagonisten u. Konkurrenten unter Stoffwechselprodd. u. Nahrungsbestandteilen kontrollierend u. steuernd in die Körperabläufe eingreifen, wobei das Verhältnis Substrat zu Pseudosubstrat bzw. Wirkstoff zu Hemmstoff die einzuschlagenden, im Rahmen der überhaupt möglichen Reaktionswege bestimmt. (Klin. Wschr. **30.** 673—77. 1/8. 1952. Frankfurt/M., Univ., Inst. für vegetative Physiol.) K. MAIER. 4596

D. Cordier und **G. Dessaux,** *Veränderungen der Konzentration der verschiedenen Formen des Herzglykogens unter dem Einfluß einer langanhaltenden Anoxie.* (Vgl. auch C. **1954.** 6984.) Die n., ca. 500 mg/100 g Frischgewebe betragende Herzglykogenreserve (I) der Ratte besteht aus 55% *Lyoglykogen* (II) u. 45% *Desmooglykogen* (III). Nach 150 Min. dauernder Anoxie (5% O_2) fällt I auf ca. 200 mg ab u. bleibt während des O_2-Mangels auf diesem Niveau. Nach 3 Std. 30 Min. lang bestehender Anoxie erstreckt sich die I-Verminderung vor allem auf II, das auf 22% des n. Wertes absinkt. III wird nur zu 37% seines Anfangswertes durch die Myocardzellen verwertet. (J. de Physiol. **44.** 703—07. 1952. Lyon, Fac. des Sci., Labor. de Physiol. générale.) K. MAIER. 4596

Harry Boström und **Stig Aqvist,** *Verwertung von ^{35}S-markiertem Natriumsulfat bei der Synthese von Chondroitinschwefelsäure, Taurin, Methionin und Cystin.* In Rattenverss. wird gezeigt, daß nach einer einzigen Injektion von $Na_2{}^{35}SO_4$ (1,5 mg/0,5 ml W.) die Sulfatgruppe der aus den Knorpeln isolierten *Chondroitinschwefelsäure* (I) ^{35}S enthält. Das aus der Leber isolierte *Taurin* (II) enthält nach $Na_2{}^{35}SO_4$-Injektion wenig, jedoch deutlich nachweisbar ^{35}S. Die maximale ^{35}S-Aufnahme in die I bzw. II findet innerhalb 24 bzw. 8 Std. statt. Injiziertes $Na_2{}^{35}SO_4$ wird nicht zum Aufbau des Cystins oder Methionins verwendet. Die Unters. bestätigt die Auffassung, daß die Hauptmenge von verabreichten Sulfaten zum Aufbau von Estersulfate enthaltenden Mucopolysacchariden dient. (Acta chem. scand. **6.** 1557—59. 1952. Stockholm, Karolinska Inst., Chem. Dep. I u. II.) K. F. MÜLLER. 4596

Alexander L. Dounce, *Ein Vervielfältigungsmechanismus für die Synthese von Peptidketten und Nucleinsäuren.* Es wird ein Mechanismus für die mögliche Bldg. der *Peptidketten-* u. *Nucleinsäure* (I)-Synth. beschrieben. Hiernach hat I die Funktion einer „Schablone" oder eines Verteilungsagens, das die Anordnung der Aminosäuren in Peptidketten, sowie die Reihenfolge der Nucleotide in Nucleinsäuren steuert. I, das als energieübertragender Faktor wirkt, verwertet die aus Adenosintriphosphat erhaltene Energie zur Synth. von *Peptid-* u. *Phosphatester-*Bindungen. 3 unbekannte I-Derivv., eine *Diphosphonucleinsäure,* eine *Dinucleotidonucleinsäure* u. eine *Aminosäure-I-Verb.* werden als Zwischenstufen postuliert. Der hypothet. Mechanismus wurde unter Benutzung allg. bekannter biochem. Rkk. ausreichend genau ausgearbeitet, so daß eine experimentelle Nachprüfung erfolgen kann. (Enzymologia [Den Haag] **15.** 251—58. 1/9. 1952. Rochester, N. Y., Univ., School of Med. and Dent., Dep. of Biochem.) K. MAIER. 4596

H. Schlüssel und **K. H. Lyck,** *Verfütterung von ^{35}S-markierter Hefe an Kaninchen. Untersuchung der intestinalen Hefeeiweißaufspaltung und der Resorption und Organverteilung der ^{35}S-Thioaminosäuren.* Zur Unters. der intestinalen, resorptiven u. stoffwechselbedingten Vorgänge des *S*-Stoffwechsels erhielten hungernde Kaninchen per Magensonde biosynthet. hergestellte ^{35}S-markierte Hefe (ca. $^1/_3$ *mC* ^{35}S). Die Tiere wurden nach 4 u. 16 Std., 3, 7, 21, 68 u. 135 Tagen getötet u. der prozentuale ^{35}S-Geh. nach Gesamtschwefelfällung (BAILEY) von Blut, Darminhalt u. verschied. Organen bestimmt. Die Blutkurven zeigen 2 Maxima, die vielleicht auf phasenweiser Eiweißspaltung im Darm oder unterschiedlicher Resorptionsfähigkeit der Darmwand beruhen. Der Inhalt von Magen u. Colon-Rectum zeigt zwischen 16 Std. u. 3 Tagen gleichlaufend mit den entsprechenden Darmwandabschnitten einen leichten Aktivitätsanstieg, der möglicherweise auf der Ausscheidungsfunktion dieser Schleimhäute für Mucoitinschwefelsäure u. Sulfate beruht. Die einzelnen Organe erreichen in verschied. Zeitfolge ihre Aktivitätsmaxima; zuerst die Darmwände, dann folgen Blut, Leber u. Dünndarm, nach 3 Tagen Nieren, Lungen, Knochen u. schließlich nach 7tägigem Anstieg Herz- u. Extremitätenmuskel, sowie Fell. Anscheinend wird der akt. *S* von Organ zu Organ, wahrscheinlich in Form der *Thioaminosäuren,* weitergegeben. Die Werte der spezif. Organaktivitäten sind bei den gleichen Organen am höchsten, die nach ^{35}S-*Methionin*-Gaben den größten spezif. ^{35}S-Geh. aufweisen. Nach 21 Tagen fanden sich ca. 40%, nach 68 ca. 24%, nach 135 nur noch Spuren (Fell) des mit der

Hefe zugeführten ^{35}S wieder. (Z. ges. exp. Med. **118.** 399—406. 1952. Köln, Univ., Med. Klinik.) K. MAIER. 4596

F. E. Revers, *Eiweißstoffwechsel bei chirurgischen Patienten.* Ursachen u. Behandlung der Proteinunterernährung im Anschluß an Operationen, bes. des Magens, werden besprochen. (Voeding **15.** 16—31. 15/1. 1954. Utrecht, Rijks-Univ., Chirurg. Klinik.) PATZSCH. 4596

R. H. Wright, *Geruch und chemische Konstitution.* Vf. weist darauf hin, daß der von DYSON (C. **1937.** I. 4567; **1938.** II. 4273) angenommene Zusammenhang zwischen dem Geruch einer Substanz u. ihrem RAMAN-Spektr. zwischen 1500 u. 3000 cm^{-1} sich auch ohne Annahme einer Schwingungstheorie des Riechens ergibt, da in diesem Gebiet die RAMAN-Linien der einzelnen funktionellen Gruppen liegen, so daß der Geruch ebenso gut direkt in Beziehung zu diesen funktionellen Gruppen gesetzt werden kann. Im Gegensatz hierzu scheinen die RAMAN-Linien bei niedrigeren Frequenzen (ca. ab 800 cm^{-1}) mehr vom Gesamtmolekülbau abhängig zu sein, so daß sich, da auch der Geruch mehr vom Gesamtmolekülbau abzuhängen scheint, in diesem Gebiet ein wahrscheinlicherer Zusammenhang zwischen Geruch u. Schwingung ergeben sollte. Von einigen untersuchten Verbb. (nicht einzeln genannt) hatten *Nitrobenzol, Nitrothiophen* u. *Benzonitril* ähnlichen Geruch u. ähnliche RAMAN-Frequenzen; der Geruch des gleichfalls ein ähnliches RAMAN-Spektr. aufweisenden aliphat. *Butyronitrils* wurde von 6 Beobachtern als ebenfalls mandelähnlich empfunden. (Nature [London] **173.** 831. 1/5. 1954. Vancouver, B. C., Brit. Columbia Res. Counc., Div. of Chem.) SPAETH. 4598

G. Malcolm Dyson, *Geruch und chemische Konstitution.* In Erwiderung auf vorst. ref. Arbeit wird darauf hingewiesen, daß die ursprüngliche Annahme einer Beziehung zwischen Geruch u. Molekülschwingung berechtigt gewesen ist, wenn auch der untersuchte Frequenzbereich nicht richtig war. Es bleiben aber noch die RAMAN-Spektren zahlreicher Verbb. zu untersuchen, die ähnlichen Geruch, aber sehr verschied. chem. Konst. haben, ehe der Zusammenhang zwischen Geruch u. RAMAN-Frequenzen unterhalb 800 cm^{-1} als erwiesen gelten kann. (Nature [London] **173.** 831. 1/5. 1954. Loughborough, Burton Walks.) SPAETH. 4598

W. Radsma, Inleiding tot de physiologische chemie voor studenten in de geneeskunde. Dl. 1. Bouwstoffen van dierlijke organismen, afbraak en vorming van lichaamsstoffen. 2e dr. Groningen: J. B. Wolters. (XI + 420 S. m. Abb.) fl. 16.—.

E_6. Pharmakologie. Therapie. Toxikologie. Hygiene.

William B. Seaman und **Henry G. Schwartz,** *Cerebralarteriographie mit Natriumacetrizoat (Urokonnatrium) 30%.* Unter Verwendung von *Natriumacetrizoat (Urokon-Natrium 30%;* I) wurden von 125 Patienten Cerebralangiogramme angefertigt. Die nach Injektion von I auftretenden subjektiven Beschwerden beim Patienten waren geringer als mit anderen Kontrastmitteln. Obgleich I nicht ideal ist, befriedigt es in der Cerebralarteriographie. (A. M. A. Arch. Surgery **67.** 741—45. Nov. 1953. Washington, D. C., Univ.; St. Louis, Mo., Edward Mallinckrodt Inst. of Radiol. and Dep. of Surg., Div. of Neurol. Surg.) W. LORENZ. 4601

H. Van Cauwenberge, J. Roskam, C. Heusghem, P. Fischer, G. Deltour und **Z. M. Bacq,** *Wirkung von Mercaptoäthylamin auf den Ascorbinsäuregehalt der Nebennierenrinde von Ratten.* Wird *β-Mercaptoäthylamin (Cysteamin = Bécaptan* LABAZ; I) in nichttox. Dosen Ratten injiziert (intraperitoneal), so sinkt der *Ascorbinsäure*-Geh. der Nebennieren kontinuierlich ab (ca. 4 Std. nach der Injektion ist der niedrigste Geh. erreicht), während sich der *Cholesterin*-Geh. sowie die Anzahl der Eosinophilen im Blut nicht ändern. I regt also nicht die Sekretion von adrenocorticotropem Hormon an; die Ascorbinsäure wird nicht zur Bldg. von Corticoiden benutzt, sondern ausgeschieden. (Arch. int. Physiol. **61.** 124—27. Febr. 1953. Liège, Univ., Inst. de Clinique Médicale A, Pathol. Générale et Chimie Médicale; Paris, l'Hôpital Breussais.) SPITALER. 4607

Toru Miyazaki, *Giftigkeit von Alloxan, gemessen mit den Heinzschen Körpern.* Um experimentell zu bestimmen, welche Art von Giftigkeit *Alloxan* (I) für die Blutelemente hat, wurden die HEINZschen Körper (HK) gemessen. Die Verss. wurden mit physiol. NaCl-Lsg. + I u. Serum + I (in vitro) durchgeführt. HK zeigten nur Neigung zu leichter Zunahme. In dieser Hinsicht ist daher I noch nicht als erhebliches Blutgift zu bezeichnen. Die starke Erhöhung der Bildungsgeschwindigkeit der HK bei klin. Diabetes kann nicht durch I erklärt werden, es müssen noch andere Noxen verantwortlich sein. (Folia endocrinol. japon. **29.** 193—96. 197. 20/11. 1953. Kyoto Pref. Med. Univ. [Orig.: japan.; Auszug: engl.]) SCHULER. 4607

Paul E. Morrow, Harold C. Hodge, W. F. Neuman, Elliott A. Maynard, Harvey J. Blanchet jr., David W. Fassett, R. E. Birk und **Spencer Manrodt,** *Die fehlende gastrointestinale Resorption von ^{35}S-markiertem Natriumcellulosesulfat. Natriumcellulosesulfat* (I) wurde durch Veresterung von Cellulose mit $H_2{}^{35}SO_4$ dargestellt u. durch 2wöchige kontinuierliche Dialyse gereinigt. Zur Analyse wurden die Ausscheidungsprodd. in $Ba^{35}SO_4$ übergeführt. — Nach Verfütterung von *^{35}S-Sulfat* (II) wurden 41—64% im Katheterurin ausgeschieden. Nach intravenöser Injektion von I wurden 20—25% im Harn gefunden; im Blut war I noch nach 12 Std. nachweisbar, weil I nur wenig hydrolysiert wird. Nach oraler oder intestinaler Verabreichung (isolierte Darmschlinge der Katze) konnte in Harn, Blut u. Geweben keine ^{35}S-Aktivität gefunden werden. Es findet also keine Resorption statt. In Toxizitätsverss. wurde per os von Kaninchen u. Meerschweinchen 800 mg/kg, Ratten 400 mg/kg, Mäusen 1000 mg/kg vertragen; intraperitoneal: 800 mg/kg, 2000 mg/kg, 800 mg/kg. — Verfüttert man I mehrere Wochen mit gewöhnlicher Nahrung, nimmt das Gewicht nur wenig ab. (J. Pharmacol. exp. Therapeut. **105**. 273—81. Juli 1952. Rochester, N. Y., Univ. School Med. and Dent., u. Eastman Kodak Comp.) KLINGMÜLLER. 4607

K. K. Chen, Robert C. Anderson und **Charles L. Rose,** *Vergleich von Herzgift-11-Oxysteroiden mit Verbindung F und Cortison.* 7 Herzgift-*11-Oxysteroide* (I), *Ouabain Ouabagenin, Sarmentocymarin, Sarmentogenin, Sarmentogenin-l-oleandrosid, Gamabufagin* u. *Gamabufotoxin*, wurden bei adrenalektomierten Mäusen (*Jax C 57 Brown*) auf Eosinopenie u. bei adrenalektomierten Albinomäusen auf Leberglykogenablagerung hervorrufende Wrkg. geprüft. Alle I waren unwirksam, *Verb. F* (II) u. *Cortison* (III) in kleineren Dosen in beiden Testen wirksam. Eine optimale Dosis II bewirkte einen *Glykogen*-Anstieg von 1,6—4,9 mg auf 70,3, III einen solchen auf 61,6 mg/100 g. Im Eosinopenietest war III etwas wirksamer. (J. Pharmacol. exp. Therapeut. **106**. 314—18. Nov. 1952. Indianapolis, Ind., Eli Lilly and Co., Res. Labors.) K. MAIER. 4607

E. Quilley und **M. J. H. Smith,** *Anwendung der Papierverteilungschromatographie zur Untersuchung des Salicylstoffwechsels in der Ratte.* Die Umwandlung der *Salicylsäure* (I) in der Ratte wurde papierchromatograph. untersucht (WHATMAN Nr. 4-Papier, n-Butanol, Eisessig, W., 40 : 4 : 56, in NH_3-Atmosphäre, 0,2% ig. wss. NH_3). Nach einer Einzeldosis (117 mg) von *Na-Salicylat* (II) war im Plasma nur II nachweisbar, während der Urin I (R_F 0,76), *Salicylursäure* (III) (R_F 0,65), *Gentisinsäure* (IV) (R_F 0,57), ein säurelabiles *Salicylglucuronid* (V) (R_F 0,08) mit Ätherbindung u. ein säurelabiles IV-*Konjugat* (wahrscheinlich ein *Glucuronid*) enthielt. Die quantitative Best. der I-Metabolite ergab, daß 41—63% des aufgenommenen II in freier Form, 18—34% als IV, 1—3% als V u. Spuren als III u. IV-Konjugat ausgeschieden werden. Der Urin von Ratten, die II erhielten, wies kleine Mengen *Glucose* ($<$2,5 mg/24 Std.) auf. (J. Pharmacy Pharmacol. **4**. 624—30. Sept. 1952. London, Denmark Hill, King's Coll. Hosp. Med. School, Dep. of Chem. Pathol.) K. MAIER. 4607

G. O. Horne, *Atropinempfindlichkeit bei Hitzeerschöpfung mit verminderter Schweißabsonderung.* Es konnte bei Personen mit verminderter Schweißabsonderung bei Hitzeerschöpfungszuständen nachgewiesen werden, daß solche Fälle empfindlicher auf die *Atropin*-Beeinflussung der Schweißabsonderung reagieren als n. Personen unter gleichen Bedingungen. (Trans. Roy. Soc. trop. Med. Hyg. **48**. 153—55. März 1954. Karachi, R. A. F., General Hosp.) DOSSMANN. 4608

R. Ullsperger, *Neuere Ergebnisse der Crataegusforschung.* Die *Triterpensäuren* der Crataegusfrüchte verursachen eine Coronardilatation ohne Beeinflussung der Herzdynamik. Die roten Farbstoffe (I) im Crataegusextrakt rufen im Froschherz-EKG mitunter reversible infarktähnliche Bilder hervor, wie sie von den Anthocyanen bekannt sind. Tox. Dosen von I erzeugen AV-Block oder Schenkelblock. *Anthocyanidin* bewirkt peroral Tachycardie u. negatives T mit Linksverschiebung im EKG beim Warm- u. Kaltblüterherzen. Gleichzeitig ergeben I eine tonogene Wrkg. auf die Herzmuskeldynamik (Steigerung des Schlagvol.). (Pharmazie **8**. 596—97. Juli 1953. Konstanz/Bodensee.) JORDAN. 4608

Tsuyoshi Sakiyama, *Über das Schicksal von Hinokitiol im Organismus.* Für *Hinokitiol* (I; *Isopropylcycloheptatrienolon*) aus dem äther. Öl von Chamaecyparis taiwanensis M. et S., angewandt gegen Tbc., wurde eine colorimetr. Bestimmungsmeth. auf Grund der Rk. mit Fe^{3+} in schwach alkal., neutralem oder saurem Medium ausgearbeitet u. auf die Best. im Organismus angewandt; z. B.: zu filtriertem Harn mit mäßigem Geh. an I wird tropfenweise 1% ig. $FeCl_3$-Lsg. (II) gegeben u., wenn der Harn trüb u. grün wird, 2% ig. Boraxlsg. (90—100% vom Vol. der II) u. das gleiche Vol. 96% ig. A. zugefügt u. colorimetriert. Zur Kontrolle wird mit ca. dem 3fachen Vol. Amylalkohol ausgeschüttelt u. colorimetriert. 45—187 Min. nach der I-Einnahme erscheint es im Harn, 146 Min. danach sind 51% u. 12 Std. nach der Einnahme 93,44% ausgeschieden. I erscheint mit 39—74% des ausgeschiedenen I in Form gepaarter H_2SO_4-Ester, unlösl. in Amylalkohol, der Rest frei. Beim Kaninchen ist I nach der Einnahme vor allem in Leber, Milz u. Nieren verteilt. — 16 Tabellen. (Hukuoka Acta med. [Hukuoka-Igaku-Zasshi] **44.** 536—52. Juli 1953. Katsura Klinik für Inn. Med. [Orig.: japan.; Auszug: engl.]) SCHULER. 4608

George Brownlee, *Umfassendes Bild der Chemotherapie der Tuberkulose.* Übersicht über die Erkenntnisse der letzten 10 Jahre, wobei hervorgehoben wird, daß alle bekannten Tuberculostatica nur eine Hemmwrkg. auf den Tuberkelbacillus ausüben. Spezif. antibakterielle Chemotherapie, neben den aktivsten Mitteln, wie Isonicotinsäurehydrazid, Streptomycin, werden behandelt: *Nisin, Cepharanthin, Myomycin, Neomycin A, B, C, Fracidin, Chloramphenicol, Aureomycin, Streptothricin, Catenulin, Terramycin, Viomycin, Erythromycin, Mycobacidin, Thiolutin, Cinnamycin, Globicin, Usnemycin, Diplocin = B 283,* oberflächenakt. Substanzen, wie *Triton A 20, Aliesterase*-Hemmstoffe, *E 600* u. *DFP = Diisopropylfluorophosphat.* Die Aussichten für einige der unbekannteren Substanzen werden diskutiert. — 174 Literaturangaben. (Pharmacol. Rev. **5.** 421—50. Dez. 1953. London, England, Univ., King's Coll., Dep. of Pharmacol.) DOSSMANN. 4610

W. H. Jopling und **D. S. Ridley,** *Isoniazid bei Knotenlepra.* Besprechung von 8 Leprafällen, die zum Teil nach erfolgloser *Sulfonamid*-Behandlung 6 Monate *Isoniazid* (I) erhielten. Vff. sehen in I allein kein wirksames Mittel zur Behandlung der Knotenlepra. (Trans. Roy. Soc. trop. Med. Hyg. **48.** 132—38. März 1954. London, Hosp. for Trop. Diseases.) DOSSMANN. 4610

Herbert Kittel und **Siegfried Nagorny,** *Die Einwirkung des Isonicotinsäurehydrazids auf die chronisch-cavernöse Phthise im Vergleich zur Contebenwirkung.* Vergleichende Unterss. mit *INH* (I) u. *Conteben* (II) an 202 (87) Lungentuberkulosen ergaben Verschwinden der Cavernen mit I-(II-)Therapie bei 14,7 (4,7) %, negativen Bacillenbefund bei 37,8 (21,6) % u. stillstehende bzw. regressive Tendenz der Erkrankung n 70,3 (34,9) % der Fälle. (Tuberkulosearzt **8.** 165—70. März 1954. Wöllershof, Versorgungsheilstätte.) DOSSMANN. 4610

Helmut Röckl und **Ingeborg Sixt,** *Kontaktekzemallergie gegenüber Isonicotinsäurehydrazid.* (*Kasuistischer Bericht.*) Bericht über den Fall einer Krankenschwester, bei der *INH* (I) die Ursache eines Kontaktekzems war. Mit I positiver Läppchentest; Klebstreifenabreißtest mit abgestuften I-Verdünnungen ergab Auslösung des Ekzems bei 5—17 γ I. (Dermatol. Wschr. **129.** 296—97. 1954. München, Univ., Dermatol. Klinik u. Poliklinik.) DOSSMANN. 4610

—, *Fortschrittsbericht über therapeutische und toxische Wirkungen der Kombinationen von Isoniazid, Streptomycin und p-Aminosalicylsäure. Gemeinschaftsuntersuchung vom United States Health Service über antibakterielle Therapie der Tuberkulose.* Bericht über Erfolge bei 461 Tuberkulosefällen, bei denen verschied. Behandlungsschemen angewandt wurden: *Isoniazid* (I) 3 mg/kg + *Streptomycin* (II); I 3 mg/kg + *PAS* (III); I 10 mg/kg + II u. + III; I 10 mg/kg + II + III, Dosierung II 1 g zweimal wöchentlich, III 10—12 g/Tag, Behandlungszeit 20 Wochen; Erfolgsbeurteilung röntgenolog., klin. u. bakteriologisch. Ergebnis: I + III gleichwertig, I + II, I + II + III nicht besser als I + II bzw. I + III. Therapeut. Wrkg. von I steigt nicht mit höherer I-Dosis, bei der tox. Erscheinungen auftraten, die bei der kleineren Dosis fehlten. (Amer. Rev. Tubercul. **69.** 1—12. Jan. 1954.) DOSSMANN. 4611

H. Niemsch, *Die Behandlung der Lungentuberkulose mit dem Kombinationsantibioticum Paratebin.* Bericht über sehr gute Erfolge mit *Paratebin = o-Oxyprocain-Penicillin* (I) + *Streptomycin* (II) bei 200 Tuberkulosekranken. Beste Verträglichkeit, selbst bei einer Gesamtdosis von 105 g II + 105 E. I keine tox. Schäden, keine Resistenzentwicklung. (Therapiewoche **4.** 163—64. Jan. 1954. M.-Gladbach-Hehn, Städt. Heilstätten Hardter-Wald.) DOSSMANN. 4611

Frank L. Miller, James H. Sands, Lloyd J. Gregory, John A. Hightower, Orman L. Weiser und **Carl W. Tempel,** *Tägliches Oxytetracycline (Terramycin) und intermittierendes Streptomycin bei der Behandlung der Lungentuberkulose. Untersuchung über die Verabreichung von 2 g Oxytetracycline täglich.* Bericht über 20 Fälle mit akt. Lungentuberkulose; Verabreichung von *Terramycin* (I) 2 g/Tag oral u. *Streptomycin* (II) 2 g jeden 3. Tag intramuskulär. Therapiedauer 120 Tage. Besprechung der einzelnen Behandlungserfolge. In etwa der Hälfte der Fälle tox. Nebenwirkungen; Sputumunters. ergab Abweichungen von der n. Flora, im Stuhl fällt erhöhtes Vork. hefeähnlicher Fungi auf. Heilerfolg mit I + II war besser als mit II allein; Erhöhung der I-Dosis auf 5 g scheint der 2 g-Dosis überlegen zu sein. I bedingt keinen völligen Schutz gegenüber dem Auftreten II-resistenter Bacillen. (Amer. Rev. Tubercul. **69**. 58–64. Jan. 1954. Denver, Colo., Fitzimons Army Hosp.) DOSSMANN. 4611

Emil Rothstein und **Maurine Johnson**, *Streptomycin und Oxytetracycline (Terramycin) bei der Behandlung von Lungentuberkulose. Streptomycin* (I) u. *Terramycin* (II) wurden über 4 Monate an 81 Fälle mit Lungentuberkulose bei 3 verschied. Dosierungen verabreicht: a) 1 g I 2 mal wöchentlich + 1 g II/Tag, b) 2 g I einmal wöchentlich + 1 g II/Tag u. 1 g I 2 mal wöchentlich + 5 g II/Tag. a) u. b) zeigen nur unbedeutende Toxizitätserscheinungen u. sind deshalb I + *PAS* überlegen bei besserer Einnahmemöglichkeit u. analogem Krankheitsverlauf. Die Resistenzentw. der Tuberkelbacillen ist etwa die gleiche wie bei I + *PAS*-Therapie. Die II-Dosierung mit 5 g/Tag halten Vff. für weniger geeignet. (Amer. Rev. Tubercul. **69**. 65–70. Jan. 1954. Dayton, O., Veterans Administration Center, u. Cincinnati, O., Univ. of Cincinnati, Coll. of Med.) DOSSMANN. 4611

G. Bernhart, *Todesfälle infolge Superinfektionen bei der Antibioticatherapie.* Bericht über 2 postoperative Todesfälle nach *Terramycin* (I) (3,5–5,5 g Gesamtdosis), die als Superinfektion durch grampositive Kokken (wahrscheinlich Staphylokokken) infolge Störung der n. Darmflora betrachtet werden. In beiden Fällen traten schwerste Durchfälle am 3. bzw. 5. Tag nach I auf. Vf. warnt vor zu massiver u. langanhaltender I-Therapie, bes. bei alten Personen. (Schweiz. med. Wschr. **82**. 1335–37. 27/12. 1952. Rorschach, Städt. Krankenhaus.) K. MAIER. 4611

F. Meier, *Postoperativer tödlicher Kreislaufkollaps nach Behandlung mit Terramycin.* 3 Fälle von Dickdarmerkrankung, die prä- u. postoperativ mit *Terramycin* (I) per os (3–6 g Gesamtdosis) behandelt wurden, verliefen nach komplikationsloser Operation u. anfänglich befriedigendem postoperativen Verlauf infolge Kreislaufkollaps in 1–2 Tagen letal. Als Ursache wird eine Superinfektion durch Staphylokokken infolge Wegfalls der n. Darmflora durch I-Wrkg. diskutiert. (Schweiz. med. Wschr. **82**. 1337–38. 27/12. 1952. Bern, Zieglerspital, Chirurg. Abt.) K. MAIER. 4611

John Lorber, *Die Behandlungsergebnisse von 549 tuberkulösen Meningitisfällen.* Angabe der Überlebensrate von 549 mit *Streptomycin* (I) behandelten tuberkulösen Meningitisfällen von 1947/50 in Abhängigkeit vom Stadium der Krankheit bei Beginn der I-Therapie; 1951 betrug sie im günstigsten Fall nach 1 jähriger Beobachtung 80%. (Amer. Rev. Tubercul. **69**. 13–25. Jan. 1954. Sheffield, England, Univ. of Sheffield, Dep. of Child Health.) DOSSMANN. 4611

Giuseppe Galli, *Wirkung des Streptomycins auf die infektiöse Rhinitis der Hühner.* Vf. konnte aus dem Nasensekret von Hühnern mit Rhinitis den gramnegativen Haemophilus gallinarum isolieren u. mit dessen Reinkultur gesunde Hühner infizieren. Durch intramuskuläre Gabe von 100–200 mg *Streptomycin* pro Huhn u. erneuter Gabe der halben Menge nach 48 Std. konnten die erkrankten Hühner schnell geheilt werden, während *Sulfamethazin* als 1% ig. Trinkwasserzusatz wirkungslos war. (Clinica veterin. **76**. 33–35. Febr. 1953. Reggio Emilia, Ist. Zooprofilattico Sperim. delle Provincie Lombarde, Sez. di Reggio Emilia.) IPPEN. 4611

A. Obal, *Augenbefunde bei Meningitis Tbc. nach Streptomycin- und Isonicotinsäurehydrazidbehandlung.* Bei tuberkulöser Meningitis wurde häufig unter *Streptomycin* (I)-Behandlung eine zunehmende Engerstellung der Netzhautarterien beobachtet, die prognost. wichtig ist, da die Wrkg. des I an eine gute Durchblutung gebunden ist, u. die Netzhautgefäße Rückschlüsse auf die intracraniellen Durchblutungsverhältnisse zulassen. Vf. ist der Ansicht, daß diese Gefäßveränderungen nicht auf eine direkte tox. Wrkg. des I zurückzuführen sind, sondern infolge der durch I verlängerten Krankheitsdauer zustande kommen. Es handelt sich dabei um produktiv-obliterierende Vorgänge. Kombination von I mit *Isonicotinsäurehydrazid* (II) ist darauf ohne Einfluß. Hingegen können selbst hohe Stauungspapillen durch kombinierte Behandlung mit I u. II zur Rückbldg. kommen. (Klin. Monatsbl. Augenheilkunde augenärztl. Fortbild. **122**. 584–99. 1953. Berlin-Wedding, Städt. Kinderkrankenhaus.) DAUTZENBERG. 4611

P. Klein, *Die mikrobiologische Grundlage der kombinierten Chemotherapie bakterieller Infektionen.* Vf. faßt die Ergebnisse der Kombinationstherapie bei bakteriellen Infektionen in folgende Punkte zusammen: Verbreiterung des Spektr. durch Summierung (Potenzierung) der einzelnen Wirkungsbereiche, Steigerung der therapeut. Reserve, Verhütung von Arzneimittelresistenz, Reduzierung der Toxizität (Sulfaaddition) u. Steigerung der Abtötungsrate. Im einzelnen werden besprochen die therapeut. Möglichkeiten mit *Penicillin* (I), *Streptomycin*, *Marbadal* (II) bzw. *Pluriseptal*, der Antagonismus *Chloramphenicol*-II, die Hemmwrkg. von *Supronal* (III) auf die I-Ausscheidung durch die Niere analog der *Benemid*-Wrkg., die bei oraler Verabreichung von *Syncillin* = 1 g III + 10^5 E. I beobachtet wurde. (Therapiewoche **4.** 59—64. Nov. 1953. Düsseldorf, Med. Akad., Inst. für Mikrobiol. u. Hyg.) DOSSMANN. 4611

A. Rostenberg jr., *Tödliche Shwartzman-Reaktion während antibiotischer Therapie.* Vf. erörtert für die Erklärung des Auftretens der SHWARTZMAN-Rk. die Möglichkeit, daß es sich um die Mitbeteiligung von Penicillium vulgaris handelt, der durch die antibiot. Therapie sek. zu üppigem Wachstum kommen kann. Eine andere Möglichkeit kann darin bestehen, daß der Patient gegen *Penicillin* sensibilisiert war, wodurch es dann zu einer lokalen oder generalisierten SHWARTZMAN-Rk. kommen kann. (A. M. A. Arch. Dermatol. Syphilol. **69.** 100. Jan. 1954. Chicago.) K. BÖHM. 4611

J. Brisou und **A. Ardisson**, *Die Darmflora mit Antibioticis behandelter Personen.* Die Unters. von 20 Stuhlproben mit *Chloromycetin* (I) (per os), *Aureomycin* (II) (per os) u. *Streptomycin* (III) behandelter Patienten ergab am letzten Behandlungstag eine qualitative u. quantitative Verarmung der Darmflora. *Protein* u. *St. faecalis* wurden in 60 bzw. 45% der Fälle angetroffen, die n. stets in reicher Formenzahl vorhandenen *Coliformen* nur bei 60% u. in beschränkter Zahl in jedem Individuum angetroffen. II brachte die Anaerobier vollkommen zum Verschwinden, während I u. III einige derselben nicht beeinflußte. *Shigella* u. *Salmonella* waren in keinem Falle, auch nicht nach Typhusinfektion, nachweisbar. (Ann. Inst. Pasteur **82.** 603—07. Mai 1952. Toulon, Hôpital Sainte-Anna, École d'Application des Médecines de la Marine.) K. MAIER. 4611

Tage Jensen, *Mit Aureomycin behandelte Urethritis non gonorrhoica.* Unabhängig vom Stadium der Krankheit konnten von 61 Patienten durch 4tägige Behandlung mit *Aureomycin* (1—2 g täglich) 66% geheilt werden. (Ugeskr. Laeger **115.** 1609—14. 29/10. 1953. København, Kommunes Klinik.) GENEST. 4611

J. H. Humphrey, J. W. Lightbown, M. V. Mussett und **W. L. M. Perry**, *Der internationale Standard für Aureomycin.* Eine 100 g-Charge *Aureomycin* (I) wurde mit dem Standard-I-Präp. der UNITED STATES FOOD AND DRUG ADMINISTRATION FDA) in Zusammenarbeit von 5 Ländern verglichen, 26 biol. u. 4 physikochem. Unterss. wurden zur Festlegung des internationalen Standards durchgeführt. Die Probe erwies sich um 1,39% wirksamer als der FDA-Standard. Der Unterschied wird mit dem Geh. von Spuren inakt. Substanzen im FDA-Standard oder mit geringen Verunreinigungen im internationalen Standard erklärt; prakt. sind beide innerhalb der Versuchsfehler als rein zu bezeichnen. Die internationale I-Einheit wird definiert als die Wirksamkeit von 10^{-6} g des internationalen I-Standards. (Bull. Organisat. mond. Santé **9.** 851—60. 1953. London, Nat. Inst. for Med. Res., Dep. of Biol. Standards.) DOSSMANN. 4611

J. H. Humphrey, J. W. Lightbown, M. V. Mussett und **W. L. M. Perry**, *Der internationale Standard für Bacitracin.* (Vgl. vorst. Ref.) Mit 30 g *Bacitracin* (I) einer Serie wurden in 5 Ländern 48 biol. Unterss. zur Festlegung eines internationalen I-Standards durchgeführt u. mit dem vorhandenen FDA-Standard verglichen. 1 mg des internationalen I-Standards enthält 55 IE. u. die internationale I-Einheit wurde definiert als die Wirksamkeit, die in 0,0182 mg des internationalen I-Standards enthalten ist. (Bull. Organisat. mond. Santé **9.** 861—69. 1953. London, National Inst. for Med. Res., Dep. of Biological Standards.) DOSSMANN. 4611

G. S. O'Brien, Quillian R. Murphy jr. und **W. J. Meek**, *Die Wirkung von sympathicomimetischen Aminen auf die arteriellen Kaliumplasmawerte und auf die Herzrhythmik bei anästhetisierten Hunden.* Injektion von 0,005 mg/kg *Epinephrin* (I) verursacht beim Hund in *Cyclopropananästhesie* (II) einen Anstieg der K-Plasmawerte innerhalb von 20—40 Sek., der Gipfel des Anstiegs liegt zwischen 60—80 Sek., um dann bei 180 Sek. wieder zur Norm zurückzukehren. Ventriculäre Tachycardie (**VK.**) tritt mit dem K-Anstieg auf u. dauert über den Gipfel an. *Aranthol* bewirkt **VK.** bei nur geringer Erhöhung der K-Plasmawerte. *Ephedrin* u. *Neosynephrin* bewirken weit geringeren K-Anstieg als entsprechende Dosen von I unter II u. verursachen gewöhnlich keine VK. *DHE 45* u. *Dibenamin* schützen nicht nur gegen die durch II—I hervorgerufene VK. sondern hemmen auch die K-Plasma-Rk. auf I. (J. Pharmacol. exp. Therapeut. **109.** 453—60. Dez. 1953. Wisconsin, Univ., Med. School, Dep. of Physiology.) K. BÖHM. 4620

Karl Lisch, *Über Erfahrungen mit HES (Heptadon-Ephedrin-Scopolamin) bei augenärztlichen Eingriffen.* Bei 114 Staroperationen sowie bei zahlreichen anderen augenärztlichen Eingriffen wurde *HES* (*Heptadon* [*6-Dimethylamino-4.4-diphenylheptanon-(3)-hydrochlorid*]-*Ephedrin–Scopolamin*; EBEWE) vor der Operation gegeben u. damit gute phys. u. psych. Beruhigung der Patienten erzielt. (Klin. Monatsbl. Augenheilkunde augenärztl. Fortbild. **122.** 573—76. 1953. Wörgl [Tirol].) DAUTZENBERG. 4621

Werner Holler, *Die Bedeutung der Wasserstoffionenkonzentration in der Lokalanästhesie.* Durch Gewebs-p_H-Messungen am Meerschweinchen wird gezeigt, daß die Injektion der sauren Anästhesielsgg. eine örtliche Acidose hervorruft, deren Ausmaß vom p_H der Lsg. abhängt. Die Neutralisierung erfolgt innerhalb von 45 Min. durch die Alkalireserve des Organismus. Der Zusatz von *l-Noradrenalin* zum Anästheticum (1 : 10000) bringt jedoch eine erhebliche Verzögerung der Neutralisierung mit sich, etwa um das 3fache. Noch stärker wirkt in diesem Sinne Suprarenin (1:40000): Verzögerung um das 5fache. Da ferner die Konz. des zugesetzten Vasoconstringens von Einfl. auf die Dauer der Acidose ist, wird vor zu starkem Zusatz gewarnt. (Dtsch. zahnärztl. Z. **8.** 701—06. 1/7. 1953. Bonn, Univ., Klinik u. Poliklinik für Mund-, Zahn- u. Kieferkrankheiten.) DAUTZENBERG. 4627

Lie Tjwan Hway, *Verwendung von Efocaine in der neurologischen Polyklinik. Efocaine* (E. FOUGERA & Co. LTD., New York) enthält 1 (%) Procain, 0,25 Procainhydrochlorid, 5 Butylaminobenzoat in einem Lösungsmittelgemisch, bestehend aus 2 Polyäthylenglycol (MG 300), 78 Propylenglykol u. 100 Wasser. Bei Neuritis, cervicaler Migräne u. a. wird es mit Erfolg als intramuskuläre, paravertrebrale u. intercostale Infiltration angewendet. (Nederl. Tijdschr. Geneeskunde **98.** 615—19. 6/3. 1954. Groningen, Acad. Ziekenhuis, Neurolog. Policlin.) PATZSCH. 4627

J. Fabricius, *Toxische Wirkungen von Butazolidin. Ein Fall von Granulocytopenie.* Von 5 Patienten zeigten 2 tox. Nebenwirkungen bei Dosen von 600—1200 mg/Tag, starke Kopfschmerzen u. Exanthem. In einem Falle (1800 mg/Tag über 14 Tage) trat Granulocytopenie auf. Dabei fielen die Leukocyten von 7600 auf 1680 pro mm^3. Nach Absetzen stiegen die Leukocyten spontan auf 9400/mm^3 in 2 Tagen. (Ugeskr. Laeger **115.** 1620—21. 29/10. 1953. København, Rigshosp.) GENEST. 4627

V. Iswariah und **V. S. Venkata Subbu,** *Pharmakologische Untersuchung einer Gruppe von 4-Piperidonderivaten auf ihre spasmolytischen Eigenschaften.* Untersucht wurden *2.6-Di-[2'-methoxyphenyl]-3.5-dimethyl-* (I), *2.6-Di-[3'-methoxy-4'-oxyphenyl]-3-methyl-* (II), *1.3.5-Trimethyl-2.6-diphenyl-*, *2.6-Dianisyl-3-methyl-*, *2.6-Dianisyl-3-carbäthoxy-*, *2.6-Diphenyl-3.3.5.5-tetramethyl-* u. *1.3-Dimethyl-2.6-dianisylpiperidon-(4)-hydrochlorid* (III). Die Wrkg. von *Papaverin* wurde aber von diesen Verbb. nicht erreicht. Spasmolyt. Eigg. zeigten I, II u. III. (Current Sci. **21.** 248—49. Sept. 1952. Madras, Med. Coll., Dep. of Pharmakol.) DOSSMANN. 4628

I. Brand und **I. Takáts,** *Biologische Untersuchungen mit einem neuen synthetischen Mydriaticum.* Es wird über Verss. mit *Labotropin* (I; *Bis-alkylarylaminoester*; LABOPHARMA, Berlin) berichtet. Der Katzenblutdruck wird mit 0,01 g/kg I herabgesetzt. An der isolierten Iris der Katze u. des Menschen wird durch I starke Sphinktererschlaffung ausgelöst, wobei der maximale Effekt bei $0,166 \cdot 10^{-3}$ nach 16—18 Min. eintritt. Am isolierten Froschherzen wirkt I gegenüber *Acetylcholin* schwächer als *Atropin,* stärker als *Homatropin* u. ist nicht auswaschbar. Am isolierten Katzendarm wird der durch $0,11 \cdot 10^{-5}$ *Pilocarpin* hervorgerufene Spasmus durch 10^{-8} I aufgehoben, nicht dagegen durch 10^{-8} *Homatropin.* (Klin. Monatsbl. Augenheilkunde augenärztl. Fortbild. **122.** 576—84. 1953. Pécs, Ungarn, Univ., Augenklinik.) DAUTZENBERG. 4628

Bodo Manstein, *Senecio, ein uteruswirksames Mittel bei funktionellen Blutungen.* In zwei Jahren wurden 457 Patienten mit Uterusblutungen mit einem alkoh.-wss. Totalextrakt aus *Senecio Fuchsii* (0,15% Basen) behandelt. Dosis 3mal 10 bis 3mal 30 Tropfen täglich, bis höchstens 3 Wochen lang. Die Wrkg. war nach Geburten u. Aborten wesentlich schwächer als bei Secalepräpp., gut bei drohendem Abort, bei klimakter. Blutungen u. Hypermenorrhoen, schlecht bei juvenilen Blutungen, dagegen ausgezeichnet bei Myomblutungen. Es wird eine capillarabdichtende Wrkg. angenommen, die noch experimentell näher untersucht werden müßte. Schädliche Wirkungen wurden nicht beobachtet. (Zbl. Gynäkol. **75.** 1672—78. 1953. Detmold, Landeskrankenhaus.) DAUTZENBERG. 4628

Helmut Köhler, *Kurze Mitteilung über die klinische Erprobung von Neoeserin als Curareantidot.* Bei 70 Intubationsnarkosen unter Verwendung von *d-Tubocurarinchlorid* (*HAF*; ASTA), *Tricuran* (= *Flaxedil*; DEUTSCHE HYDRIERWERKE Rodleben) u. *Retensin* (ASTA) als Relaxantien wurde *Neoeserin* (= *Prostigmin*; ISIS-CHEMIE, Zwickau) mit guter Wrkg. als Curareantidot erprobt. (Zbl. Chirurg. **78.** 1194—96. 1953. Erfurt, Städt. Krankenanstalten, Chirurg. Klinik.) DAUTZENBERG. 4628

Rudolf Groß, *Über die Brauchbarkeit des Dihydroergotamins 45 als Spasmolyticum in der Geburtshilfe.* Bei insgesamt 269 Geburten wurde zur Erleichterung der Eröffnung *Dihydroergotamin 45* (0,25 bzw. 0,125 mg) gegeben. Nachdem nur bei einem Drittel der Fälle eine Förderung der Muttermundsöffnung beobacht wurde, am wenigsten bei spast. Störungen, andererseits bei ca. 60% die Wehentätigkeit intensiviert wurde, teilweise bis zu Krampfwehen, wird vor allg. Anwendung des *DHE 45* als geburtshilfliches Spasmolyticum gewarnt. Auch Kombination mit *Morphin* brachte keine wesentliche Änderung der Ergebnisse. (Geburtshilfe u. Frauenheilkunde **13**. 443—55. Mai 1953. Wuppertal-Elberfeld, Landesfrauenklinik der Rheinprovinz.) DAUTZENBERG. 4628

Otto Jüngling, *Magnesiumsulfat als Relaxans in der modernen Anästhesie.* Nach Schilderung von 2 Selbstverss., bei denen $MgSO_4$ als Relaxans angewendet wurde, wird über klin. Narkoseerfahrungen berichtet. Dabei wurde 3,0 g $MgSO_4 \cdot 7\ H_2O$ mit 0,6 g *Jenacain* in 300 ml physiol. Glucoselsg. als Basisrelaxans infundiert u. völlige Erschlaffung unter Erhaltung der Spontanatmung durch kleine Dosen *C 10* (*Decacuran*; DEUTSCHE HYDRIERWERKE RODLEBEN) erzielt. Als Narkoticum wurde Ae.-Sauerstoff im halbgeschlossenen Syst. verwendet. Ausschaltung der Spontanatmung erfolgte nicht medikamentös, sondern durch Hyperventilation. Der Vorteil dieser Meth. gegenüber alleiniger Verwendung von Curare wird in der einwandfreien Spontanatmung nach Operationsschluß u. Fehlen einer „Recuraresierung", bes. bei Risikofällen, gesehen. (Zbl. Chirurg. **78**. 669—74. 1953. Quedlinburg/Harz, Kreiskrankenhaus.) DAUTZENBERG. 4628

Baldo Rossi, *Die Wirkung von oralen Gaben Hexamethoniumchlorid in der Behandlung der arteriellen Hypertonie.* 12 Patienten mit Hypertonie verschied. Schweregrades sind erfolgreich mit täglich 500—2000 mg Hexamethoniumchlorid peroral 2—10 Wochen lang behandelt worden. Durchschnittliche Druckabnahme systol. 26,5, diastol. 8 mm Hg. — Als Nebenerscheinungen Kollapsneigung. (Minerva med. [Torino] **45**. I. 612—16. 3/3. 1954. Roma, Centro per la Lotta contro il Reumatismo e le Cardiopatie.) P. G. SCHEURLEN. 4630

O. Käser, *Die Behandlung der hypertensiven Spättoxikosen mit gefäßerweiternden Mitteln, besonders mit Protoveratrin.* In der notgedrungenermaßen symptomat. Therapie hypertensiver Spätgestosen hat sich *Protoveratrin* (I) als günstig erwiesen. Die präeklampt. u. eklampt. Symptome wurden infolge des blutdrucksenkenden Effektes von I gebessert. Clearenceunterss. zeigten eine Verbesserung der Nierendurchblutung, wenn die Hypotension langsam erreicht wurde. Paradoxerweise besserte sich aber auch in diesen Fällen die Diurese oft nicht. Erwünschte, länger anhaltende Drucksenkungen verlangten bei einem Teil der Fälle die Zugabe von *Hydergin*. Nebenwirkungen von I waren selten stärker nachweisbar u. ließen sich immer beherrschen. Der Erfolg dieser Therapie bewies sich in einer günstigen Senkung der mütterlichen u. kindlichen Mortalität. (Schweiz. med. Wschr. **84**. 171—80. 30/1. 1954. St. Gallen, Frauenklinik.) JORDAN. 4630

E. Weigelin, P. Niesel und **D. v. d. Wolk,** *Über die Wirkung von Dilatol am intracraniellen Kreislauf.* Durch Druckmessungen an der Arteria centralis retinae u. am Oberarm ließ sich eine intracranielle Vasodilatation als Folge einer subcutanen Injektion von 5 mg *Dilatol* nachweisen, die von der Ausgangslage abhängig war. Der Effekt des Cold-Pressor-Testes wurde durch Dilatol gehemmt. (Aerztl. Wschr. **8**. 1171—73. 4/12. 1953. Bonn, Univ., Augenklinik.) JORDAN. 4630

Harold F. Hardman, Albert C. Yard und **Maynard B. Chenoweth,** *Die Wirkung der Äthylendiaminkomponente des Aminophyllins auf die Dauer der Behebung der Herzschwäche.* Der Geh. an *Äthylendiamin* (I) im Aminophyllin beeinträchtigt signifikant die Wirkungsdauer dieses Mittels, wenn man es im geschädigten Herz-Lungen-Präp. am Hund testet. I wirkt merklich positiv inotrop u. unterscheidet sich vom *Theophillin* durch das Fehlen einer entsprechend positiv chronotropen Wirkung. (J. Pharmacol. exp. Therapeut. **109**. 461—66. Dez. 1953. Ann Arbor, Mich., Univ., Dep. of Pharmocology.) K. BÖHM. 4630

Christopher J. Kilduff, *Der Gebrauch von Arfonad zur kontrollierten Hypotension.* Vf. benutzte *Arfonad* = *d-1.2-Trimethylen-1'.3'-dibenzyl-2'-ketoimidazolido-*[*4'.5'*: *3.4*]-*thiophan-d-camphersulfonat* (I) bei 50 Operationen am Kopf, Hals u. Brustwand, um durch Blutdrucksenkung möglichst blutleer zu operieren. Beschreibung der Anwendungstechnik (Einzeldosen), die eine gute Kontrolle des Blutdruckes erlaubt u. bei der die Gesamtdosis von I geringer ist als bei intravenöser Infusion. Unerwünschte Nebenwirkungen wurden nicht beobachtet; I ist für kurz dauernde Blutdrucksenkung brauchbar. (Lancet **266**. 337—38. 13/2. 1954. East Grinstead, Sussex, Queen Victoria Hosp.) K. BÖHM. 4630

C. F. Scurr und **J. B. Wyman,** *Kontrollierte Hypotension mit Arfonad.* Vff. berichten über ihre Erfahrungen bei 250 Operationen mit *Arfonad* = *d-1.2-Trimethylen-1'.3'-dibenzyl-2'-ketoimidazolido-*[*4'.5'*: *3.4*]-*thiophan-d-camphersulfonat* (I), das sie als intravenösen Dauertropf anwandten (1 mg/ml). I bewirkt bei intravenöser Injektion von 0,1—0,2 mg/kg Körpergewicht einen schnell u. kurz dauernden Blutdruckabfall, Tachyphylaxie entwickelt sich nicht. Ansteigende Tiefe der Anästhesie u. Gebrauch von Ae. scheint die Empfindlichkeit des Patienten für I ansteigen zu lassen. *Adrenalin, Noradrenalin* u. *Methedrine* heben schnell die durch I bewirkte Blutdrucksenkung auf. Über das Schicksal von I im Körper ist noch nichts bekannt, es scheint aber schnell abgebaut zu werden. Als Komplikationen wurden gelegentlich Verlängerung der blutsenkenden Wrkg. für Std. über die Operation hinaus, ferner in wenigen Fällen Tachycardien u. längs der punktierten Venen Rkk. vom Histamintyp beobachtet. Hervorgehoben wird der Vorzug gegenüber Methoniumverbb. u. die viel größere Anpassungsfähigkeit von I im Gebrauch. (Lancet **266.** 338—40. 13/2. 1954. London, Westminster Hosp.) K. BÖHM. 4630

Wolfgang Kloppe und **Ferdinand Frenzel,** *Neue Möglichkeiten medikamentöser Blutdrucksenkung und ihre Auswirkung im Elektrocardiogramm.* Untersucht wurde *CFT „1201“* (CHEM. FABRIK TEMPELHOF PREUSS & TEMMLER) = Hydrochlorid des *Phenyldiallylessigsäure-β-diäthylaminoäthylesters* (I) in seiner Wrkg. auf die Hypertonie. I wirkt sedativ u. spasmolyt., EKG-Beobachtungen wurden im Sinne einer Verbesserung der Coronardurchblutung gedeutet, weshalb die Anwendung von I bes. empfohlen wird. Die Blutdrucksenkung blieb noch 6 Tage nach Absetzen von I nachweisbar. (Med. Klin. **49.** 340—41. 26/2. 1954. Berlin-Spandau, Städt. Krankenhaus, I. Med. Klinik.) JORDAN. 4630

S. A. Borgström, *Endokrine Behandlung der essentiellen Hypertonie.* Monograph. Darst. eines neuen Behandlungsprinzips des Vf. mit ausführlichen Krankheitsberichten u. Tabellen. Das Grundprinzip besteht in der Anwendung von östrogenen u. androgenen Hormonen kombiniert mit Ca. Die essentielle Hypertonie läßt sich, wie die Berichte zeigen, gut beeinflussen, wodurch vor allem ein chron. Barbituratgebrauch vermieden oder auf geringere Dosen beschränkt bleiben kann. 52 kasuist. Mitteilungen u. 34 Literaturangaben. (Acta med. scand., Suppl. **148.** Nr. 290. 1—71. 1954. Stockholm, Schweden, Bromma.) JORDAN. 4630

C. Scholten, *Zur Anwendung von Cardiasan bei Herz- und Kreislaufstörungen. Cardiasan* gehört zu den Digitaloidmischpräpp. u. enthält Auszüge aus Crataegus oxyacantha u. Radix valeriana. Die Indikationen entsprechen denen, die auch sonst für die Digitaloide gelten. (Therap. d. Gegenwart **93.** 22—24. Jan. 1954. Düsseldorf-Oberkassel.) JORDAN. 4630

H. Born, *Herztherapie mit Reinglykosiden der Digitalis lanata* (*Panlanat AWD*). Klin. Erfahrungsbericht über *Panlanat AWD* (0,1 mg der Glykoside A, B u. C der Digitalis lanata). Dieses Präp. zeigt gegen andere Digitalisglykoside 1. Ordnung keine prinzipiellen Unterschiede, hat aber natürlich bestimmte klin. Indikationsgrenzen. (Dtsch. Gesundheitswes. **9.** 403—08. 1/4. 1954. Dresden-Neustadt, Krankenhaus, II. Med. Klinik.) JORDAN. 4630

Victor Kwasniewski, *Die Problematik enzymatischer Wurmmittel.* Krit. Betrachtung des Erfolges mit enzymat. Wurmmitteln; Hinweis auf die unterschiedliche Wrkg. in vitro u. in vivo; Erwähnung der für diese Zwecke angewandten Fermente wie *Papain, Papayotin, „leche de Higueron“, Bromelin* u. Bericht über einen in vitro-Vers. mit *Pepsin DAB6,* bei dem lebende Würmer verdaut wurden. (Dtsch. Apotheker-Ztg. **94.** 85—86. 4/2. 1954. Königslutter am Elm.) DOSSMANN. 4649

Werner W. Duemling, *Natriumsulfacetamid zur lokalen Therapie.* Vf. berichtet über 76 Fälle seborrhoischer Dermatitis u. 24 Fälle anderer Dermatosen, die er mit *Natriumsulfacetamid* (I) behandelte. I ist in vitro wirksam gegen die Mehrzahl der Erreger infektiöser Hauterkrankungen, wirkt gegen grampositive u. gramnegative Mikroorganismen, besitzt hohe Löslichkeit bei dem physiol. p_H 7,4, verursacht keine Reizung u. keine Sensibilisierung. Keinen Einfl. hat I bei Alopecia areata, Kontaktdermatitis, Neurodermatitis u. Psoriasis. Verwendet wurde I vorwiegend als 10%ig. Salbe. (A. M. A. Arch. Dermatol. Syphilol. **69.** 75—82. Jan. 1954. San Diego, Calif.) K. BÖHM. 4661

David Fiske, *„Psychotische Reaktion“ auf Tetraäthylthiuramdisulfid-*(*Antabus-*)*Therapie. Bericht eines Falles.* Als Ursache der bei einer 47jährigen Frau während *Tetraäthylthiuramdisulfid* (I)-Behandlung (täglich 0,5 g) auftretenden psychot. Rk. wurden kleine A.-Mengen erkannt, die die Patientin wiederholt in Form eines Hustensaftes aufnahm. Einige der bei I-Therapie beobachteten psychot. Neben-Rkk. können vielleicht unter Umständen durch gleichzeitige orale Aufnahme kleiner Dosen A. in anderen Medikamenten oder durch percutane Absorption (Rasierwasser) bedingt sein. (J. Amer. med. Assoc. **150.** 1110—11. 15/11. 1952. Los Angeles, Calif.) K. MAIER. 4670

D. L. Cook, Lois M. Mills und **D. M. Green,** *Die Schutzwirkung von Alloxan bei experimenteller Atherosklerose.* Alloxandiabet. Kaninchen (Gruppe a) wurden mit Kontrolltieren (b) u. Alloxaninjizierten, deren Pankreas vorübergehend aus dem Kreislauf ausgeschlossen war (c), hinsichtlich ihrer Cholesterindiät, des Serumcholesterins u. der Lipoproteine verglichen. Bei (a) zeigte sich keine Zunahme der Atherosklerose trotz höheren Cholesterinverbrauches u. signifikantem Ansteigen der Serumwerte. Hypercholesterinämie zeigte (a), Hyperlipoproteinämie u. Atherosklerose, die gegen die Gruppe (b) aber nicht signifikant war. *Alloxan* konnte also den Grad der Atherosklerose nicht vermindern, wenn seine diabet. Wrkg. auf das Pankreas fehlte. Die Alloxanschutzwrkg. ist also nicht extrapankreat. bedingt. (J. exp. Medicine **99.** 119—24. 1/2. 1954. Chicago, Ill., G. D. Searle & Co., Div. of Biolog. Res.) JORDAN. 4670

Karl Kremer, Dieter Franke und **G. Suchowsky,** *Experimentelle Untersuchungen in der Gefäßchirurgie mit Kollagen und Fibrospum.* Bericht über Verss. an jungen Hunden, bei denen die Aorta freigelegt u. mit *Kollagen-* bzw. *Fibrospum*-Schwamm umhüllt wurde. Eine Unters. nach mehreren Monaten ließ erkennen, daß die Präpp. bei dieser zweckentfremdeten Applikation kaum oder nur ganz unvollständig resorbiert worden waren. Zu einer Störung des Gefäßwachstums kam es in keinem Fall. (Zbl. Chirurg. **79.** 131—37. 1954. Berlin, Städt. Krankenhaus Moabit.) RODERICH KÖNIG. 4670

H. Kreibich, *Über die Dondrenbehandlung des Prolapsus uteri bei primär inoperablen Kranken.* Bericht über Verss. an 36 Frauen mit Genitalprolaps u. Incontinentia urinae. Injektion von *Dondren, B-611-T* (KNOLL, Ludwigshafen/Rh.), einem in A. fast unlösl. Mineralöl, bewirkte bei 29 Patientinnen eine völlige Heilung. (Zbl. Gynäkol. **76.** 380—85. 1954. Zwickau/Sa., Heinrich-Braun-Krankenhaus, Frauenklinik.) RODERICH KÖNIG. 4670

Bruno Burchhart, *Erfahrungen mit Therment in der ambulanten Behandlung.* Bericht über die Behandlung von Myalgien, rheumat. Beschwerden u. Ischialgien mit *Therment*-Salbe (I; KREWEL-WERKE, Eitorf bei Köln). I enthält Pyridin-3-carbonsäureester + N-acyliertes Oxymethoxybenzylamin in Verb. mit äther. Ölen u. Jod-Terpen u. bewirkt eine rasche Durchwärmung des unter der Haut liegenden Bezirkes. Die erzielten Ergebnisse waren günstig. (Dtsch. med. Wschr. **79.** 486—87. 19/3. 1954. Gütersloh/Westf.) RODERICH KÖNIG. 4670

Gudrun Egelund, *Verzögerte Cyanidvergiftung.* Beschreibung von 3 Fällen. Schnelle Behandlung rettete 2 Patienten, die noch im konvulsiven Stadium waren, während der 3. Patient ca. 11 Std. nach der Vergiftung, da schon im asphykt. Stadium, starb. Behandlung mit Blut, *Cedilanid* 0,8 mg Penicillin, Macrodex, Amphetamin, Ascorbinsäure u. $Na_2S_2O_3$ 10 ml 10% intravenös. (Nordisk Med. **51.** 377—78. 11/3. 1954. København, Bispebjerg Hosp.) GENEST. 4675

Odd Naalsund, *Trichloräthylenvergiftung.* Übersicht über chem. u. pharmakol. Verhalten des *Trichloräthylens* (I). Die Pyridin–Alkali-Rk. wird zur Diagnose bei I-Vergiftung empfohlen. Beschreibung eines Vergiftungsfalls unter Auftreten des seltenen Trichloräthylenismus (Sucht). (Nordisk Med. **51.** 376—77. 11/3. 1954. Oslo, Ulleval sykehus.) GENEST. 4675

M. Paul Lazar, *Allergische ekzematöse Kontaktdermatitis durch Zoris.* Vf. berichtet über einen Fall von allerg. bedingter ekzematöser Kontaktdermatitis durch Zoris, einer Art von japan. Fußbekleidung aus Gummi. Welcher Bestandteil der Fußbekleidung (Gummi, Farbe, Lösungsm. usw.) die Dermatitis ausgelöst hatte, konnte nicht geklärt werden. (A. M. A. Arch. Dermatol. Syphilol. **69.** 104—06. Jan. 1954.) K. BÖHM. 4675

Giorgio Baldi, Malattie causate da acridina e derivati. Roma: Ed. Inail. 1953. (24 S.)
Giorgio Baldi, Malattie causate da piridina e derivati. Roma: Ed. Inail. 1953. (26 S.)
Scipione Caccuri, Malattie causate da fluoro. Roma: Ed. Inail. 1953. (29 S.) L 230,—.

F. Pharmazie. Desinfektion.

—, *Kunststoffbehälter in der Pharmazie.* Wie Verss. zeigten, eignen sich Behälter aus Polystyrol, Polyvinylchlorid u. bes. auch Polyäthylen durchaus zur Verwendung für pharmazeut. Zwecke. (Pharmaz. Ztg. verein. Apotheker-Ztg. **90.** 271—72. 1/4. 1954.) BARZ. 4758

I. Schaldemose, *Herstellung von „Verzögerungstabletten" mit Celluloseacetatphthalat.* In einer Versuchsreihe zur Feststellung eines Tablettenüberzuges, der die Auflösung der Tabletten um 3—4 Std. verzögert u. dadurch bewirkt, daß sie erst im Darm gelöst werden. werden verschied. Gemische mit *Celluloseacetatphthalat* (I) auf ihre

Eignung geprüft. Eine Zersetzungszeit von 5 Std. in vitro wird bei verhältnismäßig kurzer Trocknungsdauer erzielt, wenn man 27 g I u. 6 g Triacetin (als Weichmacher) in 30 g Methanol + 237 g Chlf. löst. (Dansk Tidsskr. Farmaci **27**. 265—72. Dez. 1953. Kopenhagen, Bispebjerg Hospitals Apotek.) R. K. MÜLLER. 4766

Joseph B. Sprowls, *Eine Gleichung zur Anwendung der vereinfachten Methode zur Herstellung isotonischer Lösungen.* Unter Zugrundelegung einer Gefrierpunktserniedrigung von 0,52° wird eine Formel ermittelt, nach der blutisoton. Lsgg. von Arzneimitteln hergestellt werden können, wenn Mol.-Gew. u. Wertigkeit der Elektrolytionen bekannt sind. (J. Amer. pharmac. Assoc., pract. Pharmacy Edit. **14**. 216—17. April 1953. Philadelphia, Pa., Temple Univ., School of Pharmacy.) WALLIS. 4766

F. H. L. van Os und **A. P. van den Hoek,** *Züchtungsversuche mit Archangelica officinalis Hoffm. Einfluß des Abstandes der Pflanzen auf den Ertrag und die Zusammensetzung des flüchtigen Öles.* Eine dic htePflanzung bewirkt einen größeren Wurzelertrag, wobei das Verhältnis zwischen dünnen u. dicken Wurzeln sich zu gunsten der erstgenannten einstellt. Die Züchtung mit ausgepflanzten Sämlingen führt zu besseren Erträgen als die Züchtung mit an Ort u. Stelle gesäten Pflanzen. Dünne Wurzeln enthalten beträchtlich mehr flüchtige Öle als dicke Wurzeln, wobei die dichte Pflanzung ohne Einfl. auf den Ölgeh. ist. Der Lacton (I)-Geh. des Öles junger Wurzeln ist niedriger als der alter Wurzeln; jedoch ist der Gesamt-I-Ertrag junger Wurzeln höher. (Pharmac. Weekbl. **89**. 65—70. 30/1. 1954. Groningen, Rijksuniv., Pharmacognost. Labor.; Leeuwarden, Rijkstuinbouwschool.) WESLY. 4782

P. Reinouts van Haga, *Die Alkaloidbildung bei Atropa belladonna.* (Vorl. Mitt.) Zugabe von Arginin, Ornithin u. Putrescin u. Erhöhung der Saccharose (I)-Konz. beschleunigen Wachstum u. Alkaloid-(II) Gehalt. Erhöhung der I-Konz. allein steigert die Gehh. an *Atropin* u. anderen II. Prolin u. Glycin führen zur verstärkten Bildg. eines noch nicht identifizierten II. Papierchromatograph. Unterss. frischer Wurzelextrakte zeigen die Anwesenheit von 7 II oder II-artigen Verbb., von denen 4 bekannt sind. (Pharmac. Weekbl. **89**. 71—72. 30/1. 195-. Delft, TH, Labor. voor Techn. Botanie.) WESLY. 4782

Marybeth Hartman Jaggard und **Louis C. Zopf,** *Celluloseäther und Polyäthylenglykolstearate als Suspensionsmittel.* Es werden einige *Celluloseäther* (I) u. *Polyäthylenglykolstearate* (II) auf ihre Suspendierfähigkeit für hydrophile u. hydrophobe Agentien untersucht. Hierzu wurden ZnO u. S als Probesubstanzen gewählt. Als Vgl. mit einem natürlichen Gummi wurde *Traganth* gewählt. Die I zeigen in 50%ig. alkoh. Lsg. gute Suspendierfähigkeit für S u. ZnO. Wegen ihrer Löslichkeit in A. werden die II als Suspensionsmittel in wss. alkoh. Lsg. nicht empfohlen. (J. Amer. pharmac. Assoc., pract. Pharmacy Edit. **14**. 218—20. 224. April 1953. Iowa City, I., State Univ. Coll. of Pharmacy.) WALLIS. 4786

William J. Husa und **James M. Plaxco jr.,** *Die Herstellung und die Unverträglichkeiten von Mucilago Traganth.* Für die Herst. von *Mucilago Traganth* (I) nach U. S. P. wird *Ribbon-Gummi* empfohlen. Das pulverisierte Präp., das nach der U. S. P. hierfür ebenfalls zulässig ware, erforderte eine Verarbeitung im Homogenisator. Die Suspendierkraft u. Viscosität differieren mit den einzelnen Handelssorten, die jedoch alle den Anforderungen der U. S. P. genügen. Alkoholzusatz von 40% ab erhöht die Suspendierkraft des I, während zu hohe Konzz. unangebracht sind. Die Unverträglichkeit mit Bismutum subnitricum wird auf die positive Ladung des Bi zurückgeführt, die von den Kolloidteilchen des I absorbiert wird, wodurch eine Gelbldg. eintritt. Ionen mit negativer Ladung vermögen die Teilchen vor der positiven Ladung abzuschirmen u. damit das Sol aufrechtzuerhalten. Am besten sind hierzu 3-wertig negative Ionen (Phosphat-, Citrat-, Arsenationen), weniger gut die 2-wertigen, kaum die 1-wertigen in der Lage. (J. Amer. pharmac. Assoc., pract. Pharmacy Edit. **14**. 222—23. 246. April 1953. Gainesville, Univ. of Florida, Dep. of Pharmacy.) WALLIS. 4786

E. V. Christensen und **P. Terp,** *Über den Vitamin-C-Gehalt des Saftes der schwarzen Johannisbeere.* Die Pektinasemeth. ist der Gärungsmeth. überlegen, da sie eine Auflösung des Pektins u. nicht seine Ausscheidung als Pektinsäure oder Pektinat bewirkt. Der Geh. an Vitamin C (I) wird allerdings durch die Gärung nicht beeinflußt. Bei der Herst. u. Behandlung des Safts soll Berührung mit Sn, Cu oder Fe (außer rostfrei m Stahl) u. Luftzutritt vermieden werden. Bei Abfüllung in Flaschen bis zu deren vollständiger Füllung wird durch den Luftausschluß erreicht, daß der I-Geh., der bei Einhaltung obiger Vorschriften 0,2% beträgt, in 12 Monaten um höchstens 30%, eher weniger, zurückgeht. Durch Kochen wird der I-Geh. nicht stabilisiert, auch Kochen mit Zucker auf Sirup erhöht nicht die I-Stabilität, setzt aber die Luftempfindlichkeit herab, so daß der Sirup auch in nicht ganz gefüllten Flaschen seinen

I-Geh. behält. — 18 Literaturangaben. (Arch. Pharmac. og Chem. **61** (**111**). 69—90. 6/2. 1954. Kopenhagen, Danmarks Apotekerforenings Kontrollabor. u. Oxfordallé Apotek.) R. K. MÜLLER. 4790

A. N. Martin, A. D. Marcus und **C. O. Lee,** *Petrocera, eine vielseitige Salbengrundlage.* Es wird an Hand einiger Rezepturbeispiele die vielseitige Verwendungsmöglichkeit von *Petrocera* (Gemisch von weißem Bienenwachs u. Paraffinöl im Verhältnis ca. 1 : 3) als Salbengrundlage mit hohem Wachsgeh. gezeigt. (J. Amer. pharmac. Assoc., pract. Pharmacy Edit. **14.** 230—40. 244. April 1953. Philadelphia, Pa., Temple Univ.; Des Moines, I., Drake Univ.; West Lafayetti, Ind., Purdue Univ.) WALLIS. 4792

Anna Sténbeck-Gjertz und **Ivan Östholm,** *Salben für ophthalmologischen Gebrauch.* Nach einem Überblick über neuere Arbeiten (51 Literaturhinweise) wird über eigene Vergleichsverss. berichtet (Tabelle), aus denen sich als geeignetste Salbengrundlage für ophthalmolog. Zwecke ein Gemisch von 80% Vaseline u. 20% fl. Paraffin ergibt, das guten mechan. Schutz bzw. Depotwrkg. des Arzneimittels bietet. Zur Mischung mit wss. Arneimittellsgg. oder zum besseren Kontakt mit der Tränen-Fl. gibt man als Emulgator 5% Cetylalkohol oder 0,5% Glycerinmonoölsäureester zu. Die üblichen Emulgiermittel sowie auch Polyäthylenglykole sind wegen Reizwrkg. nicht anwendbar. Die untersuchten wasserlösl. Schleime (Carboxymethyl- u. Äthyloxyäthylcellulose) bleiben zu kurz im Conjunctivalsack erhalten, um als Salbengrundlage zu dienen. (Svensk farmac. Tidskr. **57.** 501—14. 20/9. 1953. Stockholm, Södersjukhus.) R. K. MÜLLER. 4792

R. Witmer, *Vesipan (Novesin-Noviform, Calcium pantothenicum) — Augensalbe.* Die Augensalbe *Vesipan* (enthaltend das Oberflächenanaestheticum Novesin, Noviform u. Calcium pantothenicum) wird bei schmerzhaften Hornhauterkrankungen u. als Fremdkörpersalbe empfohlen. (Schweiz. med. Wschr. **84.** 275. 27/2. 1954. Bern, Univ., Augenklinik.) K. BÖHM. 4792

W. Macho, *Antihypertonica.* Übersichtsbericht. (Subsidia med. [Wien] **5.** 133—46. Aug. 1953.) HOTZEL. 4800

Percy L. Julian, *Zwei Jahrzehnte Sojaforschung und -entwicklung.* Hinweis mit besonderer Berücksichtigung der Cortison-Herst. aus Sojaölsterinen. (Catalyst **37.** 314—18. Dez. 1952.) KRUSEN. 4808

K. H. Meinecke, *Über Pepsin und Kathepsin.* Kurzer Bericht über die Wirksamkeit des *Pepsins* (**I**) u. *Kathepsins* (**II**) u. deren p_H-Abhängigkeit mit prakt. Hinweisen für Verarbeitung u. Wertbestimmung. Die DAB-Prüfungsmeth. für **I** wird abgelehnt, da hiernach der **II**-Geh. des Präp., der nach Literaturangaben bis zu 52% beträgt, nicht erfaßt wird. — 13 Literaturangaben. (Dtsch. Apotheker-Ztg. **93.** 625—26. 20/8. 1953. Hamburg.) WALLIS. 4808

C. Trolle-Lassen, *Neomycin. (Eine Übersicht.)* Herst. u. Isolierung; physikal. u. chem. Eigg.; Wirkungsbreite; Pharmakologie; klin. Anwendung; Pharmazie; Bestimmungsmethoden. — 23 Literaturhinweise. (Arch. Pharmac. og Chem. **61** (**111**). 8—14. 9/1. 1954.) R. K. MÜLLER. 4810

F. Rossner, *Quartäre Ammoniumverbindungen als Desinfektionsmittel.* Es wird berichtet über die geschichtliche Entw., chem. Definition des Grundtyps, Ampholyte, über gemeinsame Eigg. u. über den Einsatz der Quats (Milchwirtschaft, Getränkeindustrie, Wäscherei, Kosmetik, Medizin u. allg. Hygiene). Beispiele von einigen Handelsprodd. werden gegeben. — 36 Literaturangaben. (Desinfekt. u. Gesundheitswes. **46.** 17—22. Febr. 1954. Hannover.) BOYE. 4832

Adolf Mayrhofer, *Gedanken zur mikroskopischen Identifizierung von Blatt- und Kräuterdrogen.* Wiedergabe einer tabellar. Übersicht zur Klassifikation der Blatt- u. Kräuterdrogen auf Grund mkr. Merkmale unter ausschließlicher Berücksichtigung der im DAB 6 u. im Erg. B. 6 genannten Drogen. (Österr. Apotheker-Ztg. **7.** 368—70. 6/6. 1953. Enns.) H. P. FIEDLER. 4880

H. Bierring Lauritsen, *Untersuchungen über Reinheitsproben.* 8. Mitt. *Grenzprobe für Magnesium.* (6. vgl. ASKGAARD u. REIMERS, C. **1952.** 6407.) Die Störung der Farb-Rk. auf Mg mit Titangelb (**I**) durch Fe^{3+} u. Zn^{2+} kann durch mehrwertige Alkohole wie Glycerin (**II**) weitgehend behoben werden. Die Lage des Absorptionsmaximums hängt von der Mg^{2+}-Konz. ab. Die Unterss. führen zu folgendem Verf.: 9 cm^3 der auf Mg^{2+} zu prüfenden Lsg. werden mit 1 cm^3 **II**, 3 Tropfen 0,05%ig. I-Lsg., 5 Tropfen 0,5 n NH_4-Oxalatlsg. u. 5 cm^3 2 n NaOH versetzt u. die Farbe mit einer Blindprobe oder einer 0,5 γ Mg^{2+}/cm^3 enthaltenden Standardlsg. verglichen. Bei Vergleichsrohren mit flachem Boden muß die Probe für Farbgleichheit mit dieser Standardlsg. im cm^3 0,7 γ (neben 10 γ Fe^{3+}), 0,6 γ (neben 10 γ Zn^{2+}) bzw. 0,5 γ (neben

10 γ Al^{3+}) Mg^{2+} enthalten. Wenn das verwendete II nicht frei von Mg^{2+} ist (Prüfung!), muß es durch Vakuumdest. gereinigt werden. (Dansk Tidsskr. Farmaci **27**. 241–51. Nov. 1953. Kopenhagen, Farmakopékommissionens Labor.) R. K. MÜLLER. 4880

Otto Siewers, *Beitrag zu einer Gehaltsbestimmung einiger phenolhaltiger galenischer Präparate mit Hilfe einer Jodzahl.* Ausgehend von der Phenolbestimmungsmeth. nach KOSSLER-PENNY wird ein Verf. entwickelt, nach dem Gehaltsbestimmungen phenolhaltiger galen. Präpp. durchgeführt werden. Abweichend von Literaturangaben wurden pro Mol Phenol 3,48 Atome Jod gebunden. Analysenergebnisse verschied. Unterss. (Zubereitungen thymolhaltiger Drogen, Phenol DAB usw.). (Dtsch. Apotheker-Ztg. **93**. 624–25. 20/8. 1953. Neumünster, Holsten-Apotheke.) WALLIS. 4880

I. Renard, *Beitrag zur qualitativen und quantitativen Bestimmung des Cetyltrimethylammoniumbromids.* Cetyltrimethylammoniumbromid (*Cetavlon, CTAB*) wird durch Alkaloid- u. Eiweißreagentien gefällt. Es gibt Halogen- u. einige Ammoniak-Reaktionen. Farb-Rk. mit CTAB geben $KMnO_4$, KSCN, Alizarinrot, Bromphenolblau u. Nitroprussid-Na. Zur colorimetr. Best. ist Bromphenolblau geeignet. Zur jodometr. Best. wird CTAB mit überschüssigem $K_2Cr_2O_7$ gefällt u. der Überschuß an letzterem zurücktitriert. (J. Pharmac. Belgique [N. S.] **7**. 403–08. Sept./Okt. 1952.) v. GIZYCKI. 4880

D. Horn, *Zur maßanalytischen Bestimmung von Isonicotinsäurehydrazid. Isonicotinsäurehydrazid* (**I**) wird nach Zusatz von HCl bzw. H_2SO_4 gegen p-Äthoxychrysoidinhydrochlorid oder Indigokarmin, nach Zugabe von KBr mit $KBrO_3$ direkt titriert. In einer anderen Versuchsreihe werden nach HCl- bzw. H_2SO_4-Zusatz KBr u. $KBrO_3$ zugegeben u. der Überschuß mit KJ u. $Na_2S_2O_3$ zurücktitriert. In beiden Versuchsreihen wurden Vergleichstitrationen ohne Zusatz von KBr durchgeführt. Die Ergebnisse sämtlicher Messungen mit HCl mit u. ohne KBr waren übereinstimmend. Die Verwendung von H_2SO_4 führt zu gewissen Schwankungen u. geringen Unterwerten. Die Verhältnisse bei **I** liegen also anders als beim Hydrazin, über das KURTENACKER u. WAGNER (Z. anorg. allg. Chem. **120**. [1922.] 261) berichtet haben. (Pharmazie **8**. 646–47. Aug. 1953. Jena, Inst. für Arzneimittelprüfung.) FRESENIUS. 4880

Tso-Yueh Huang, *Die Identifizierung von Barbitursäurederivaten durch Röntgenanalyse.* 3. Mitt. (2. vgl. **1952**. 5458.) Theoret. Ausführungen über Isomorphie, Mischkristalle, bin. Systeme u. therm. Analyse. Beschreibung der KOFLERschen Kontaktmeth. u. der Verhältnisse bei DEBYE-SCHERRER-Aufnahmen von bin. Systemen. Durch Kombination von Kontaktmeth., mikrotherm. Analyse u. DEBYE-SCHERRER-Aufnahmen wurden die bin. Systeme *Diallymal* (*5.5-Diallylbarbitursäure*) (**I**)–*Allypropymal* (*5.5-Allylisopropylbarbitursäure*) (II_1), (II_2), (II_3) untersucht. II_1 (F. 142°) bildet ein Eutektikum mit **I**. Das Syst. II_2 (F. 139°)-II_3 (F. 133°) bildet teilweise mischbare, feste Lösungen. Das Syst. I-II_2 gehört zu dem ROOZEBOOM-Typus **V**. In I-II_1-Gemischen konnten 10% der Komponenten aus den Röntgendiagrammen erkannt werden. Gemische mit 90% II_1 bilden ein Eutektikum mit 10% **I**. Ein Gemisch mit 90% **I** bildet eine feste Lsg. mit **II** bei Rekristallisation nach dem Schmelzen. Die Zus. der Mischkristalle konnte auf ±5% **I** aus den Röntgendiagrammen bestimmt werden. — Durch Mikrosublimation einer Mischung von I u. **II** wurden Mischkristalle mit II_2 u. II_3 erhalten. Der Anteil von **II** in dem Sublimat konnte aus den Röntgendiagrammen ermittelt werden, infolge fraktionierter Sublimation ließ sich daraus jedoch kein Schluß auf die Zus. der ursprünglichen Probe ziehen. — 51 Literaturangaben. (Acta pharmac. int. [Copenhagen] **2**. 173–206. 1951. Kopenhagen, Roy. Danish School of Pharm.) EICHHOFF. 4880

Tso-Yueh Huang, *Die Identifizierung von Barbitursäurederivaten durch Röntgenanalyse.* 4. Mitt. (3. vgl. vorst. Ref.) Therm. Analyse u. röntgenograph. Unters. der Systeme *Diallymal–Diemal* (*5.5-Diäthylbarbitursäure*), *Allypropymal–Diemal*, *Diallymal–Hexemal* (*5.5-Äthylcyclohexenylbarbitursäure*), *Allypropymal–Phenemal* (*5.5-Phenyläthylbarbitursäure*) u. *Allylpropymal–Hexemal*. Wiedergabe der Schmelzdiagramme u. der beobachteten Glanzwinkel sowie deren Verschiebung im Vgl. mit den reinen Substanzen. Die minimale Menge der Komponenten, welche durch Röntgenanalyse in den Systemen erkennbar ist, beträgt 10–15%. (Acta pharmac. int. [Copenhagen] **2**. 289–316. 1951.) EICHHOFF. 4880

Tso-Yueh Huang, *Die Identifizierung von Barbitursäurederivaten durch Röntgenanalyse.* 5. Mitt. (4. vgl. vorst. Ref.) Therm. Analyse u. röntgenograph. Unters. der Systeme *Hexemal–Diemal*, *Phenemal–Hexemal*, *Phenemal–Diemal* u. der einfachen eutekt. Systeme *Diallymal–Phenemal*, *Enhexymal* (*5.5-Methylcyclohexenyl-N-methyl-*

barbitursäure)-Phenemal, Enhexymal–Diallymal, Enhexymal–Diemal, Enhexymal–Hexemal u. *Enhexymal–Allypropymal.* Wiedergabe der Schmelzdiagramme u. der beobachteten Glanzwinkel sowie deren Verschiebung im Vgl. mit den reinen Substanzen. Die minimale Menge der Komponenten, welche durch Röntgenanalyse in den Systemen erkennbar ist, beträgt 10–15%. (Acta pharmac. int. [Copenhagen] **2.** 317–42. 1951.) EICHHOFF. 4880

J. A. C. van Pinxteren und **G. Schallenberg-Heertjes,** *Bestimmung von Coffein in Colasamen.* Man schüttelt 6 g Colasamen B_{20} mit 60 g Chlf. u. 6 cm^3 NH_3-Wasser 1 Std. lang, filtriert eine aliquote Menge Chlf. ab, löst den Rest in warmem W., bringt die Lsg. in einen 100 cm^3-Meßkolben, versetzt nach dem Abkühlen mit 25 cm^3 0,1 n J_2-Lsg., 5 cm^3 4 n H_2SO_4, 20 cm^3 gesätt. NaCl-Lsg., füllt auf 100 cm^3 auf, filtriert nach 5 Min. durch Asbest, wobei man die ersten 20 cm^3 Filtrat verwirft, u. titriert in 50 cm^3 Filtrat den J_2-Überschuß mit 0,1 n $Na_2S_2O_3$-Lsg. zurück. 1 cm^3 0,1 n J_2-Lsg. entspricht 4,85 mg wasserfreiem Coffein. (Pharmac. Weekbl. **88.** 805–08. 21/11. 1953. Utrecht, Rijksuniv., Pharmaceut. Labor.) WESLY. 4880

R. Farbe, J. Cheymol und **Bl. Magnier de la Source,** *Über die Kontrolle von therapeutischen Zubereitungen von Milchfermenten im Hinblick auf ihre Zulassung.* Eingehende Darst. der z. Zt. in Frankreich geltenden gesetzlichen Bestimmungen über den Verkehr mit Milchfermenten u. die zur chem. u. biol. Unters. derselben erlassenen Vorschriften. (Ann. pharmac. franç. **11.** 17–27. Febr. 1953.) v. GIZYCKI. 4880

Lohmann K. G., Deutschland, *Herstellung von Pflastern und Klebbändern.* Man verwendet eine Mischung aus einem kautschukähnlichen Hochpolymeren u. dessen niederen weichharz- bis ölartigen Polymeren, auch unter Zusatz von TiO_2 als Farbstoff u. Lanolin oder Talkum als Zusatzstoffen. — Man erhitzt 44 (Teile) Polyvinylisobutyläther (I) (Mol.-Gew. 45000) auf 100° u. gibt zu der öligen M. 28 I (Mol.-Gew. 120000) u. zu der Lsg. 15 TiO_2. Statt des niedrigmol. I kann man auch Mischungen aus solchem I mit Polyvinyläthyläther u./oder Polyvinyl-sek.-butyläther anwenden. (**F. P. 1 017 610** vom 5/5. 1950, ausg. 12/12. 1952. Schwz. Prior. 7/5. 1949.) PANKOW. 4795

Badische Anilin- & Soda-Fabrik Akt.-Ges., Ludwigshafen/Rh. (Erfinder: **Richard Kuhn** und **Günther Quadbeck,** Heidelberg), *Acetylderivate des Cysteamins* (I) wirken *blutdrucksenkend.* — *N.N.S-Triacetyl*-I. Beim Kochen von N-Acetyl-I mit Acetanhydrid, Öl, $Kp._{15}$ 164–166°. — *N.S-Diacetyl*-I, aus N-Acetyl-I u. Keten, F. 29–30°; $Kp._{15}$ 180–183° (**D. B. P. 901 651** Kl. 12q vom 12/7. 1951, ausg. 14/1. 1954.) LANGER. 4807

Winthrop-Stearns, Inc., übert. von: **F. Mietzsch, J. Klarer** und **R. Behnisch,** New York, N. Y., V. St. A., *Herstellung von 4-Aminobenzolsulfonylaniliden* durch Rk. eines 4-Acylaminobenzolsulfonylhalogenids mit einem prim. Anilin, welches in den 3- u. 5-Stellungen mit einem Halogen oder Halogenalkyl substituiert ist. Dabei wird zunächst die 4-Acylaminoverb. erhalten, welche zu der prim. Aminoverb. verseift wird. (**Can. P. 481 751** vom 6/3. 1939, ausg. 11/3. 1952. D. Prior. 8/3. 1938.) M. F. MÜLLER. 4807

Knoll Akt.-Ges. Chemische Fabriken, Ludwigshafen/Rh. (Erfinder: **Kurt Kraft,** Heidelberg, und **Ferdinand Dengel,** Mannheim), *3-Fluor-5-bromtyrosin* (I) *und 3-Fluor-5-jodtyrosin* (II). — I: Aus 3-Fluortyrosin u. Brom in Eisessig bei n. Temperatur. 2 Formen: FF. 220 u. 226°. — Analog II: F. 190–193°. (**D. B. P. 895 292** Kl. 12q vom 6/12. 1944, ausg. 2/11. 1953.) LANGER. 4807

Akt.-Ges. vormals B. Siegfried, Zofingen, Aargau, Schweiz, *p-Acetaminozimtaldehydthiosemicarbazon,* F. 211–212°, erhält man durch Kondensation von p-Nitrozimtaldehyd mit Thiosemicarbazid, Red. des gebildeten Thiosemicarbazons, F. 228°, u. Acetylierung der erhaltenen Aminoverbindung. — *Therapeuticum.* (**Schwz. P. 289 199** vom 14/6. 1950, ausg. 16/6. 1953.) BRÖSAMLE. 4807

F. Hoffmann-La Roche & Co. Akt.-Ges., Basel, Schweiz, *Herstellung neuer Indolinylpropionsäuren.* 4-Oxynaphthostyril wird benzyliert zu 4-Benzyloxynaphthostyril, welches durch Red. mittels Li–Al-Hydrid in 4-Benzyloxybenz-(c, d)-indolin, F. 146–147°, übergeführt wird. Durch Acylierung wird 1-Acyl-4-benzyloxybenz-(c, d)-indolin gebildet u. durch katalyt. Hydrogenolyse wird diese Verb. debenzyliert. Mit Essigsäureanhydrid erhält man z. B. 4-Benzyloxy-N-acetylbenz-(c, d)-indolin, F. 140°, welches in Eisessig mit H_2 in Ggw. eines Pd-Kohlekatalysators behandelt in 4-Oxy-N-acetylbenz-(c, d)-indolin (I), F. 218–220°, übergeführt wird. — Das Debenzylierungsprod. wird in Ggw. von CH_2O mit einem sek. Amin, wie Dialkylamin, Morpholin oder Piperidin, behandelt, wobei das 4-Oxy-5-(disubstituierte aminomethyl)-benz-(c, d)-indolin (II) entsteht. — Die Verb. I wird mit 25% ig. wss. Dimethylaminlsg., 40% ig. CH_2O-Lsg. u. A. auf dem Wasserbade gelinde erwärmt. Es bildet sich N-Acetyl-4-oxy-5-dimethylaminomethylbenz-(c, d)-indolin, F. 178° (**III**). — Die Verb. **II** wird mit einem Methanderiv. der Formel $X-CH_2Z$, worin Z eine niedere Carbalkoxy-, eine Carbobenzyloxy- oder eine Cyangruppe u. X eine niedere Carbalkoxygruppe darstellt, in Ggw. eines Alkalimetalls umgesetzt. — Z. B. wird Na-Metall in trocknem Xylol gepulvert u. Malonsäurediäthylester zugesetzt, worauf die Mischung bei 75° unter N_2 gerührt wird, bis die Na-Verb. als weiße gallertartige M. gebildet ist. Nach dem Abkühlen wird eine Suspension von **III** in trocknem Xylol zugegeben u. die Mischung unter trocknem Stickstoff auf 100—105° erwärmt. Das entstandene Cumarinprod. **IV**, wird zur Öffnung des Lactonringes mit einem Alkali unter Ausschluß von Licht behandelt u. 15 Std. stehen gelassen. Es bildet sich *β-[1-Acetyl-4-oxybenz-(c,d)-indolinyl-(5)]-α-carboxypropionsäure*, F. 134—135° (**V**), Diese Verb. **V** wird in Ggw. von Formaldehyd mit einem Amin, wie Dimethylamin (**VI**) Methylamin, Benzylmethylamin, Morpholin oder Piperidin, umgesetzt. Mit **VI** entsteht dabei *α-Dimethylaminomethyl-β-[1-acetyl-4-oxybenz-(c, d)-indolinyl-(5)]-propionsäuremonohydrat*, F. 275—277°. — Diese Verbb. sind *Zwischenprodd.* in der Synth. von Substanzen vom Typus der *Lysergsäure*. (**Oe. P. 175 566** vom 12/11. 1951, ausg. 25/7. 1953. E. Prior. 14/6. 1951.)

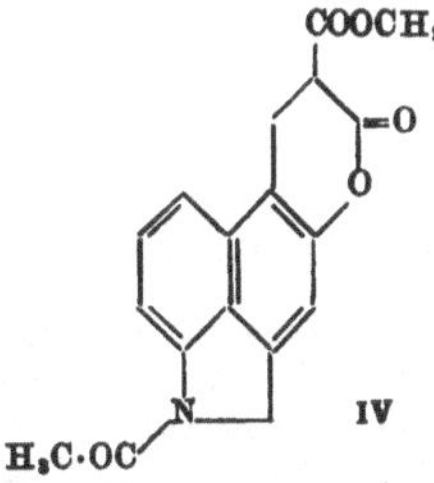

IV

M. F. MÜLLER. 4807

American Cyanamid Co., übert. von: **J. M. Smith jr.**, *Herstellung von 4-(o-Chlorstyryl)-pyridin* durch Rk. von o-Chlorbenzaldehyd mit γ-Picolin in einer Lsg. von heißem Essigsäureanhydrid in einer inerten Atmosphäre. — *Krampflösendes Mittel.* (**Can. P. 489 772** vom 22/11. 1951, ausg. 20/1. 1953. A. Prior. 2/10. 1951.)

M. F. MÜLLER. 4807

F. Hoffmann-La Roche & Co. Akt.-Ges., Basel, Schweiz, *Herstellung von neuen 2.4-Dioxopiperidinen* der allg. Formel **I**, worin R_1 = H oder Methylrest ist, R_2 u. R_3 sind niedermol. Alkylreste. — 2.4-Dioxo-3.3-dialkylpiperidin bzw. sein N-Methylderiv. wird mit einem Ameisensäureester in Ggw. eines Alkalimetalls in das 2.4-Dioxo-3.3-dialkyl-5-oxymethylenpiperidin bzw. sein Methylderiv. übergeführt. Dieses wird direkt oder nach Umwandlung in das entsprechende 5-Aminomethylen-, 5-Alkylaminomethylen- oder 5-Dialkylaminomethylenderiv. zum 2.4-Dioxo-3.3-dialkyl-5-methylpiperidin bzw. seinem N-Methylderiv. reduziert. — 2.4-Dioxo-3.3-diäthylpiperidin u. Ameisen säuremethylester bilden mit Na in benzol. Lsg. das 2.4-Dioxo-3.3-diäthyl-5-oxymethylenpiperidin, F. 140—141°. Bei der Red. mit H_2 in RANEY-Ni wird das *2.4-Dioxo-3.3-diäthyl-5-methylpiperidin*, F. 74—75°, Kp.$_{16}$ 178—185°, erhalten. — In weiteren Beispielen wird erhalten das *2.4-Dioxo-3.3-di-n-propyl-5-oxymethylenpiperidin*, F. 103 bis 105°, u. *2.4-Dioxo-3.3-di-n-propyl-5-methylpiperidin*, F. 107°, ferner *2.4-Dioxo-3-methyl-3-äthyl-5-oxymethylenpiperidin*, ölig, u. *2.4-Dioxo-3.5-dimethyl-3-äthylpiperidin*, Kp.$_{19}$ 172—175°, sowie *2.4.Dioxo-3.3-dimethyl-5-oxymethylenpiperidin*, F. 136 bis 137°, u. *2·4-Dioxo-3.3.5-trimethylpiperidin*, F. 111—112°. — *Arzneimittel.* (**Oe. P. 175 570** vom 25/8. 1952, ausg. 25/7. 1953. Schwz. Prior. 5/10. 1951.)

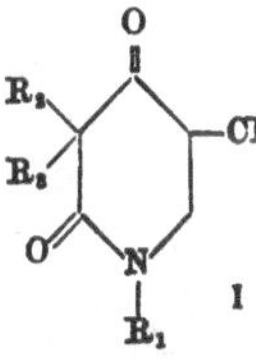

I

M. F. MÜLLER. 4807

Soc. Générale d'Applications Thérapeutiques „Theraplix" (Erfinder: **J. Parrod**), Frankreich, *Herstellung von Sulfonamidverbindungen der Chinolinreihe*, u. zwar von *5-p-Aminophenylsulfonamido-8-oxychinolin* (**I**) aus 5-Amino-8-oxychinolin, welches in Dimethylanilin heiß gelöst wird, durch Rk. mit p-Acetylaminobenzolsulfonsäurechlorid, welches in Dimethylanilin suspendiert wurde. Man erhält das Hydrochlorid von **II**, welches bei der Behandlung mit Alkali die Acetylgruppe abspaltet u. **I** liefert. Das Prod. besitzt die *antiinfektiösen* Eigg. von Sulfonamiden u. die bekannte Wrkg. von Chinolin auf die biliare Sekretion u. wird bei *hepathet.* Krankheiten angewandt. (**F. P. 998 435** vom 27/9. 1945, ausg. 18/1. 1952.)

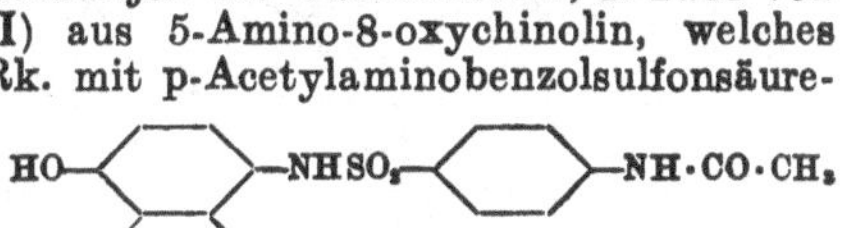

II

M. F. MÜLLER. 4807

Winthrop Chemical Co., Inc., übert. von: **L. A. Walter**, New York, N. Y., V. St. A., *Herstellung von 5.5-disubstituierten Barbitursäurederivaten* der allg. Formel **I** durch Rk. eines disubstituierten Malonsäureesters der Formel **II** mit einer Harnstoffverb. $H_2N-CO-NH\cdot R'''$ in Ggw. eines bas. Kondensationsmittels. — R u. R' sind Alkylreste mit höchstens 6 C-Atomen u. insgesamt höchstens 10 C-Atomen. R'' ist H oder eine Methylgruppe, R''' eine niedermol. Alkylgruppe. Nach Can. P. 487 120 geht man

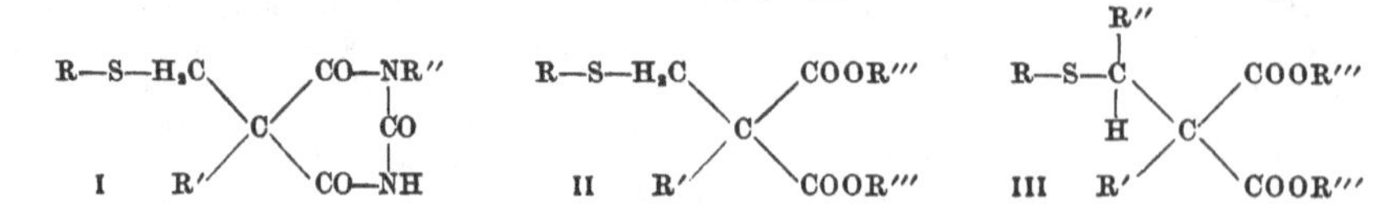

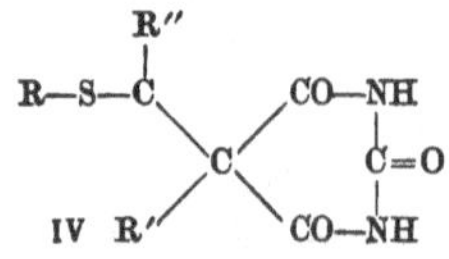

von einem disubstituierten Malonester **III** aus gelangt zu Verbb. der Formel **IV**. In den Formeln **III** u. **IV** bedeuten R u. R' ein gesätt. oder ungesätt. KW-stoffrest gleicher oder verschiedener Art. R'' ist ein gesätt. KW-stoffrest. R, R' u. R'' enthalten jeder nicht mehr als 6 C-Atome, wobei die Summe nicht mehr als 10 beträgt. R''' ist eine niedermol. Alkylgruppe. — Genannt ist als Beispiel *5-Isoamylthioäthyliden-5-äthylbarbitursäure.* (**Can. PP. 487 119** vom 22/2. 1943, ausg. 7/10. 1952. A. Prior. 28/2. 1942, u. **487 120** vom 31/3. 1943, ausg. 7/10. 1952. A. Prior. 14/5. 1942.) M. F. MÜLLER. 4807

Winthrop-Chemical Co., Inc., übert. von: **L. H. Goodson** und **L. A. Walter,** New York, N. Y., V. St. A., *Herstellung von substituierten Barbitursäuren und Thiobarbitursäuren und Salzen davon.* Disubstituierte Malonsäureester (I) werden mit Harnstoff oder Thioharnstoff in Ggw. eines bas. Kondensationsmittels umgesetzt. Dabei entstehen Verbb. der Formel **II**. Es bedeuten: R u. R' KW-stoffreste mit nicht mehr als 6-C-Atomen, deren Summe nicht mehr als 10 C-Atome ist, u. R'' einen niedermol. Alkylrest. (**Can. PP. 487 121** u. **487 122** vom 15/4. 1944, ausg. 7/10. 1952. A. Prior. 23/4. 1943.) M. F. MÜLLER. 4807

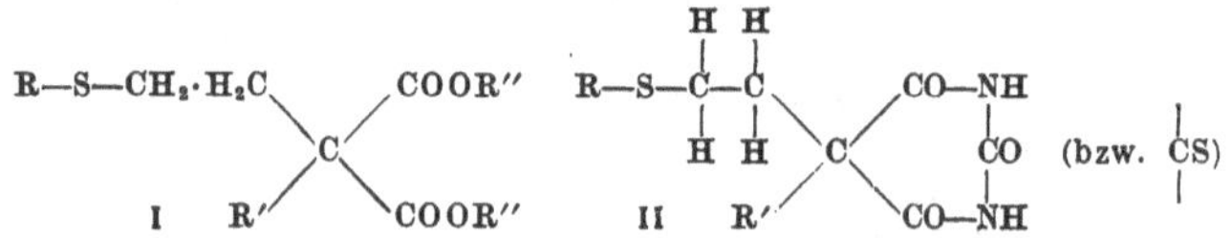

Schenley Industries, Inc., übert. von: **George J. de Becze,** Cincinnati, O., V. St. A., *Gewinnung eines vitamin- und wuchsstoffreichen Materials* durch gleichzeitiges Wachsenlassen von Saccharomyces cerevisiae oder Torula utilis u. Aerobacter cloaçae in einer Schlempelsg. oder in Rückständen von der Antibioticagewinnung bzw. von der Aceton–Butanol-Gärung bei einem Anfangs-p_H-Wert von 5—5,5 u. starker Belüftung, bis der p_H-Wert von 7,5—8 erreicht ist. Dauer der Fermentation 24—48 Std. bei 26—34°. Nach genauer Neutralisation wird im Vakuum eingedampft. Endprod. enthält zahlreiche Vitamine der B-Gruppe u. Wuchsstoffe. (**A. P. 2 636 823** vom 10/11. 1947, ausg. 28/4. 1953.) K. HEINZE. 4809

Eastman Kodak Co., übert. von: **K. C. D. Hickman,** Jersey City, N. J., V. St. A., *Hochvakuumdestillation von vitaminhaltigen tierischen und pflanzlichen Ölen* unter Vermeidung der Oxydation der fettlösl. Vitamine durch Zusatz eines Antioxydationsmittels, wie 1.2.4-Trioxybenzol, zu dem Öl vor der Dest., welche bei 70—250° u. bei einem Druck von weniger als 0,1 mm vorgenommen wird. Die leicht oxydierbaren vitaminhaltigen Öle werden zusammen mit dem Antioxydationsmittel als getrennte Fraktion gewonnen. (**Can. P. 483 001** vom 4/5. 1936, ausg. 6/5. 1952. A. Prior. 26/10. 1935.) M. F. MÜLLER. 4809

Eastman Kodak Co., übert. von: **K. C. D. Hickman,** Rochester, N. Y., V. St. A., *Hochvakuumdestillation von vitaminhaltigen Ölen,* bei 120—250° u. einem Druck von weniger als 0,01 mm, wobei das Öl in Form eines dünnen Filmes über eine erhitzte Verdampfungsoberfläche geleitet wird. (**Can. P. 483 002** vom 24/6. 1939, ausg. 6/5. 1952. A. Prior. 28/9. 1938.) M. F. MÜLLER. 4809

Simon L. Ruskin, New York, N. Y., V. St. A., *Vitamin-B-Präparate* durch Rk. von Vitaminen des B-Komplexes, wie Lactoflavin, Nicotinsäure u. bes. von Thiamin mit Adenylsäure. Es kann von Thiaminsalzen, z. B. Hydrochlorid, ausgegangen werden, die mit Salzen der Adenylsäure, wie den K-, Na-, Li-, Mg-, Zn-, Mn-, Fe-, Cu-, Ca- oder Co-Salzen umgesetzt werden. Thiaminadenylat, F. 119—125°. (**Schwz. P. 290 136** vom 28/2. 1948, ausg. 16/7. 1953. A. Priorr. 21/6. 1944 u. 24/7. 1945.) K. HEINZE. 4809

Upjohn Co., übert. von: **David I. Weisblat** und **Ethel I. Fairburn,** Kalamazoo, Mich., V. St. A., *Folsäurezwischenprodukte.* Man oxydiert Verbb. der allg. Formel **I**, worin R' = H, niederes Alkyl, n = 0—3, Z = H oder Arylsulfonylrest u. R = Alkyl, Alkoxymethyl, Aralkoxymethyl, Dialkoxymethyl u. Acyl-

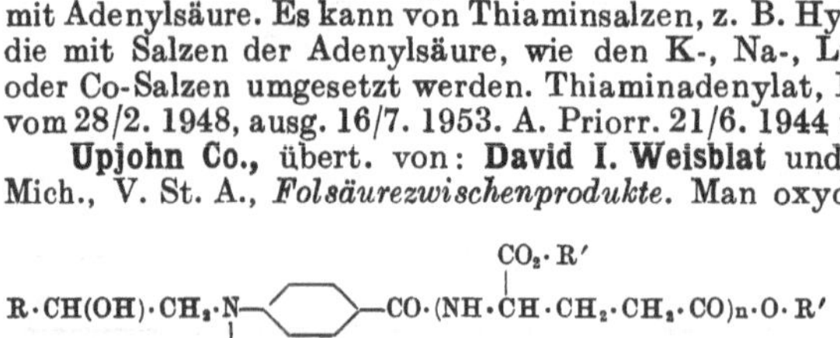

oxymethylrest ist, mit einem Dichromat in wss. Lösung. — *N'-(N-[p-toluolsulfonyl]-p-aminobenzoyl)-glutaminsäurediäthylester* (**I**). Aus N-p-Toluolsulfonyl-p-aminobenzoylchlorid, 1-(+)-Glutaminsäurediäthylester u. $(C_2H_5)_3N$ in Äthylendichlorid, F. 124—126°. — *N'-(N-[3-acetoxy-2-oxypropyl]-N-p-toluolsulfonyl-p-aminobenzoyl)-glutaminsäurediäthylester* (**II**), aus **I**, Glycidacetat u. Pyridin bei 145°, gelbes Öl. — *N'-(N-[3-Acetoxy-2-ketopropyl]-N-[p-toluolsulfonyl]-p-aminobenzoyl)-glutaminsäurediäthylester*, aus **II** in Bzl. u. $Na_2Cr_2O_7$ in H_2SO_4. — Analog: *N-(3.3-Diäthoxy-2-oxypropyl)-N-(p-nitrobenzolsulfonyl)-p-aminobenzoesäureäthylester*, F. 109—112°, → *N-(3.3-Diäthoxy-2-ketopropyl)-N-(p-nitrobenzolsulfonyl)-p-aminobenzoesäureäthylester*, gelbes Öl. — *N-(3.3-Diäthoxy-2-ketopropyl)-p-aminobenzoesäureäthylester*. — *N-(3.3-Diäthoxy-2-oxypropyl)-N-(p-toluolsulfonyl)-p-aminobenzoesäureäthylester* → *N-(3.3-Diäthoxy-2-ketopropyl)-N-(p-toluolsulfonyl)-p-aminobenzoesäureäthylester*. — *N'-[N-(3.3-Diäthoxy-2-ketopropyl)-p-aminobenzoyl]-l-glutaminsäurediäthylester*. — *N'-[N-(3.3-Diäthoxy-2-oxypropyl)-N-(p-toluolsulfonyl)-p-aminobenzoyl]-l-glutaminsäurediäthylester* → *N'-[N-(3.3-Diäthoxy-2-ketopropyl)-N-(p-toluolsulfonyl)-p-aminobenzoyl]-glutaminsäurediäthylester*. — *N'-[N-(3.3-Diäthoxy-2-ketopropyl)-N-(p-toluolsulfonyl)-p-aminobenzoyl]-l-glutaminsäurediäthylester*. — *N'-[N-(3.3-Dibutyloxy-2-ketopropyl)-N-(2-naphthalinsulfonyl)-p-aminobenzoyl]-l-glutaminsäurediamylester*, F. 126—130°. (**A. P. 2 650 241** vom 19/8. 1950, ausg. 25/8. 1953.) LANGER. 4809

Parke, Davis & Co., übert. von: **Herman H. Bogin** und **Rufus D. Feick**, Detroit, Mich., V. St. A., *Stabilisieren von panthotensaurem Na* durch inniges Mischen mit Methyl- oder Äthylcellulose u. gegebenenfalls einem Alkalisalz der Carboxymethylcellulose in wss. oder W.–A.-Lsg. u. Vakuumtrocknung. — *Nichthygroskop. Prodd. mit Panthotenatgeh. bis 40%*. — Beispiele. (**A. P. 2 555 463** vom 28/3. 1949, ausg. 5/6. 1951.) K. HEINZE. 4809

Spofa, Vereinigte Pharmazeutische Werke, Nationalunternehmen, Prag, *Herstellung von chlorierten Diketochromanen* aus 4-Oxycumarin oder aus Derivv., welche seine Enoltautomerie aufweisen, durch Einw. von Chlorierungsmitteln, wie Sulfurylchlorid oder Cl_2-Gas. Das Ausgangsprod. wird entweder in Sulfurylchlorid gelöst oder in Suspension in organ. Lösungsmitteln mit Cl_2-Gas behandelt. Nach Entfernung des Überschusses an Sulfurylchlorid krist. das Endprodukt. — 10 g 3-Äthyl-4-oxycumarin werden in 20 cm³ SO_2Cl_2 eingetragen. Unter Entw. von SO_2 entsteht *3-Chlor-3-äthyl-2.4-diketochroman*, $Kp._{2,5}$ 135°, F. 53°. — Aus 4-Oxycumarin u. SO_2Cl_2 entsteht *3.3-Dichlor-2.4-diketochroman*, F. 103°. — Aus 3.3'-Methylen-bis-(4-oxycumarin) entsteht *3.3'-Methylen-bis-(3-chlor-2.4-diketochroman)*, F. 135°, u. aus 3.3'-Äthyliden-bis-(4-oxycumarin) das *3.3'-Äthyliden-bis-(3-chlor-2.4-diketochroman)*, F. 193°. — Der Bis-[4-oxycumarinyl-(3.3')]-essigsäuremethylester wird in SO_2Cl_2 eingetragen unter Bldg. des *Methylesters der Bis-[3-chlor-2.4-diketochromanyl-(3.3')]-essigsäure*, F. 166°. — Bedeutung in der *Arzneimittel*-Synthese. (**Oe. P. 177 416** vom 12/9. 1951, ausg. 25/1. 1954. Tschech. Prior. 15/9. 1950.) M. F. MÜLLER. 4809

Schering Akt.-Ges., Berlin (Erfinder: **Hans-Herloff Inhoffen**, Braunschweig), *Im Kern und in der Seitenkette ungesättigte Pregnan-3-ketone* u. deren Stereoisomere erhält man durch Monohalogenierung u. Halogenwasserstoffabspaltung in bekannter Weise von im Kern gesätt., in der 17-Seitenkette ungesätt. Pregnan-3-ketonen oder ihren Stereoisomeren nach D. R. P. 672 896; C. **1939**. I. 5107. — 17-Äthinylandrostanol-(17)-on-(3), F. 292—294° (aus Ätioallocholandion), gibt in CCl_4–Eisessig mit Br_2 2-Bromäthinylandrostanol-(17)-on-(3), F. 175—177°, das beim Erhitzen mit Collidin *Δ^1-Allopregneninolon*, F. 253—255°, liefert, das im ALLEN-CORNER-Test mit 10 mg wirksam ist. — 4-Brom-17-äthinylätiocholanol-(17)-on-(3) (aus Ätiocholandion) → *17-Äthinyl-$\Delta^{4.5}$-androstenol-(17)-on-(3)*, F. 260—262°. — Die Verbb. sind *physiol. wirksam*. (**D. B. P. 870 410** Kl. 12o vom 10/9. 1944, ausg. 12/3. 1953.) KRAUSS. 4809

Schering Akt.-Ges. (Erfinder: **Heinrich Köster** und **Hans-Herloff Inhoffen**), Berlin, *Cyclische Acetale von Ketosteroiden* entstehen durch deren Kondensation mit Alkylenoxyden oder mehrwertigen Alkoholen, bes. in Ggw. saurer Katalysatoren. — Aus Cholestenon u. Äthylenglykol in Ggw. von p-Toluolsulfonsäure unter azeotroper Dest. des Reaktionswassers *Cholestenonäthylenketal*, F. 132°, $[\alpha]_D^{20}$ —11,4° (Dioxan). — Androstendion → *Androstendionäthylenketal*, F. 199°, $[\alpha]_D^{20}$ +26° (Dioxan); mit überschüssigem Äthylenglykol bildet sich Androstendiondi-(äthylenglykolketal), F. 165°, $[\alpha]_D^{20}$ —51,7° (Dioxan). — Testosteron → *Testosteronäthylenglykolacetal*, F. 181°. — Testosteronpropionat + Propandiol-(1.3) → *Testosteronpropionatpropandiol-(1.3)-acetal*, F. 210°, $[\alpha]_D^{20}$ —41,4° (Dioxan). — Pregneninolon → *Pregneninolonpropandiol-(1.3)-acetal*, Nädelchen, F. 153—161° (Klarwerden bei 188°), im ALLEN-CORNER-Test beim infantilen, mit Follikelhormon vorbehandelten Kaninchen oral mit 3,5 bis

4 mg wirksam. *Therapeutica.* (**D. B. P. 892 450** Kl. 12o vom 15/12. 1938, ausg. 8/10. 1953.) KRAUSS. 4809

Ayerst, McKenna & Harrison Ltd., übert. von: **W. L. Glen** und **R. J. Barber,** St. Laurent, Quebec, Can., *Herstellung eines stabilen Ephedrinsalzes von therapeutisch wirksamen Steroid-3-monosulfaten,* z. B. *Equilenin-* u. *α-Östradiol-3-monosulfat.* Das Ephedrin wird mit dem Steroidsulfat in Lsg. umgesetzt unter Bldg. eines Additionssalzes. Die Prodd. besitzen die allg. Formel I, worin R der therapeut. akt. Steroidrest ist. (**Can. P. 489 775** vom 6/2. 1951, ausg. 20/1. 1953.)

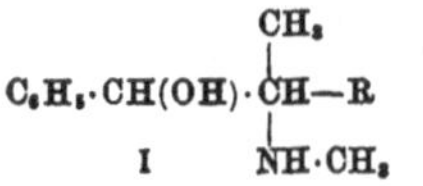

I

M. F. MÜLLER. 4809

Schering Akt.-Ges., Berlin (Erfinder: **Tadeus Reichstein,** Basel, Schweiz), *Cyclopentanopolyhydrophenanthren-21-aldehyde.* — 21-Halogenpregnane werden mit tert. Basen behandelt, die gebildeten quaternären NH_4-Verbb. mit aromat. Nitrosoverbb., bes. in Ggw. von säurebindenden Mitteln umgesetzt u. die entstandenen Nitrone mit Säuren zerlegt nach dem Reaktionsschema: $X-COCH_2-Halg. + Pyridin \rightarrow X-COCH_2-NC_5H_5Halg. + ONR \rightarrow X-COCH{=}N({=}O)-R + HHalg. + C_5H_5N +$ Säure $\rightarrow X-CO-CHO + RNHOH$ (R = aromat. Rest, X = Cyclopentanopolyhydrophenanthenkern). — Brom-21-pregnenolon, F. 152—154° (erhalten aus Diazo-21-pregnenolon + HBr) wird mit Pyridin ½ Std. auf 100° erhitzt, das gebildete Pyridiniumsalz mit p-Nitrosodimethylanilin in A. u. anschließend mit 20% ig. H_2SO_4 zu *Pregnen-(5)-ol-(3)-on-(20)-al-(21),* F. 143—144°, umgesetzt. — Chlor-(21)-progesteron → Pyridiniumchlorid → *Pregnen-(4)-dion-(3.20)-al-(21); Trioxim,* F. 160 bis 170°; *Osazon,* F. 175—177°; *Dimethylacetal,* F. 86—89°. — Brom-(21)-pregnadien-(4.17) on-(3) (aus Vinyltestosteron nach RUZICKA u. MÜLLER) → Pyridiniumverb. → Nitron, F. 152—155°, → *Pregnadien-(4.17)-on-(3)-al-(21),* F. 146—152° (aus Aceton–W.). — Acetoxy-(3)-pregnadien-(5.20)-ol-(21) + PBr_3-Pyridin → Brom-(21)-acetoxy-(3)-pregnadien-(5.17) → Pyridiniumverb. → Nitron → *Acetoxy-(3)-pregnadien-(5.17)-al-(21),* aus Aceton–W. Nadeln, F. 175—183°. Die Verbb. zeigen die gleiche Wrkg. wie das Nebennierenrindenhormon. (**D. B. P. 885 706** Kl. 12o vom 25/2. 1940, ausg. 6/8. 1953.) KRAUSS. 4809

Governors of the University of Toronto, übert. von: **Ch. H. Krayenbuhl** und **Th. Rosenberg** Toronto, Ontario, Canada, *Herstellung eines kristallinen Produkts aus Insulin und Alkaliprotein* in Form von Protaminen u. Spaltungsprodd. der Protamine durch Rk. von Insulin u. Alkaliprotein, z. B. Salmiridin, in wss. Medium bei p_H von 6,3—7,7 unterhalb des Isoelektr. Punktes des Alkaliproteins in Ggw. von 0,36—5,0% Zn, berechnet auf die angewandte Insulinmenge, in Ggw. eines phenol. Substanz, wie Phenol oder Kresol oder Gemischen davon, welche in bestimmten Mengenverhältnissen angewandt werden. (**Can. P. 482 406** vom 12/11. 1947, ausg. 8/4. 1952. Dän. Prior. 4/4. 1944.) M. F. MÜLLER. 4809

Schenley Industries, Inc., übert. von: **L. P. Gerber,** New York, N. Y., V. St. A., *Herstellung eines unlöslichen komplexen Reaktionsproduktes aus Penicillinase und einem Lignin- oder Tanninprodukt,* welches in einem wss. Medium bei p_H 4,5 nur wenig lösl. u. bei p_H 7,5 leicht lösl. ist. Man geht aus von einer konz. wss. Lsg. von Penicillinase, welche einen p_H-Wert von 3,0—5,0 besitzt, zu der eine wss. Lsg. der Tannin- oder Ligninsubstanz gegeben wird, wobei der p_H-Wert bei 3,0—5,0 gehalten wird. (**Can. P. 489 866** vom 6/6. 1951, ausg. 20/1. 1953. A. Prior. 9/1. 1951.) M. F. MÜLLER. 4809

Erik Andersen, Hellerup, und **Erik Olsen,** Kopenhagen, Dänemark, *Entwicklung von Mikroorganismen höherer Pilze.* Die Entw. erfolgt auf oder in einem Substrat, dem sowohl ein wss. Extrakt aus Getreide oder Früchten, sowie ein Hefeautolysat oder Hefeextrakt zugesetzt ist; bes. geeignet sind Extrakte aus angekeimtem Getreide. Als C-Quelle enthält das Substrat vorteilhaft Magermilchpulver. Das Verf. dient bes. zur Züchtung von *Penicillium Chrysogenum* zwecks Herst. von *Penicillin-G.* (**Dän. P. 74 232** vom 23/10. 1948, ausg. 3/6. 1952.) JÜRGEN SCHMIDT. 4811

Parke, Davis & Co., übert. von: **Harry M. Crooks jr.,** Detroit, und **Albert L. Rawlins,** Grosse Pointe Woods, Mich., V. St. A., *Penicillinsalze* durch Rk. von Penicillin G mit tert. Aminen, die niedrige u. einen hochmol. Alkylrest mit 6—18 C-Atomen enthalten, in aliphat. Halogen-KW-stoffen, Äthern, aromat. KW-stoffen, wie Bzl. oder Estern, wie Amylacetat. Es werden z. B. die Penicillin G-Salze des n-Octyldimethylamins, des n-Nonyldimethylamins oder des n-Decyldimethylamins hergestellt. Salze in Öl u. W. lösl., protrahierte Wrkg., auch der Wasserlösung. (**A. P. 2 557 762** vom 9/7. 1947, ausg. 19/6. 1951.) K. HEINZE. 4811

Biochemie Ges. m. b. H., Innsbruck (Erfinder: **Richard Brunner,** Kundl, Tirol), Österreich, *Entfernung von sauren Verunreinigungen oder deren Salzen aus Lösungen von*

Penicillin in wss. oder organ. Medien durch Ausschütteln mit organ. oder wss. Lösungsmitteln unter Bldg. eines zweiphasigen Systems. Die Konz. der wss. Phase wird auf einen p_H-Wert eingestellt, bei welchem das Penicillin der Hauptsache nach als Salz u. die sauren Begleitstoffe als Säuren vorliegen, so daß das Penicillin einerseits u. die sauren Begleitstoffe andererseits nach dem Ausschütteln in den gesonderten Phasen des Syst. enthalten sind. Für dieses Verf. sind mehrere Ausführungsformen beansprucht. (**Oe. P. 175 667** vom 5/3. 1951, ausg. 10/8. 1953.) M. F. MÜLLER. 4811

Parke, Davis & Co., Detroit, Mich., V. St. A., *Chloramphenicol* entsteht beim Behandeln von *D-(+)-threo-2-Dichlormethyl-4-oxymethyl-5-p-nitrophenyloxazolin* oder *D-(—)-threo-[p-Nitrophenyl]-[2-dichlormethyloxazolinyl-(4)]-carbinol* mit verd. Essigsäure oder verd. HCl, F. 150—151°. (**D. B. P. 904 896** Kl. 12q vom 1/3. 1951, ausg. 25/2. 1954. Schwz. Priorr. 24/3., 14/4. u. 26/10. 1950.) LANGER. 4811

Sharp & Dohme, Inc., Philadelphia, Pa., V. St. A., *Herstellung von wässerigen Lösungen antibiotischer Stoffe.* Zur Herst. wss. Lsgg. von schwerlösl. polypeptidartigen antibiot. Stoffen, z. B. *Subtilin, Fumigacin* (*Helvolinsäure*) oder *Gliotoxin*, werden diese Stoffe mit nichtionisierenden wasserlösl. Netzmitteln als Lösungsvermittler versetzt u. dann mit W. gemischt. Geeignet sind Polyoxyalkylenäther von cycl. Verbb., die am Ringsyst. Alkylgruppen mit 6—24 C-Atomen enthalten. Geeignet sind z. B. *Sorbitanmonooleatpolyoxyalkylenäther* oder *Sorbitanmonopalmitatpolyoxyalkylenäther.* (**Dän. P. 74 063** vom 22/6. 1946, ausg. 28/4. 1952. A. Prior. 10/2. 1945.) JÜRGEN SCHMIDT. 4811

Alfred G. Marshalk, Brooklyn, N. Y., V. St. A., *Gewinnung von Usninsäure* durch Extraktion der Flechte Ramalina recticulata mit heißem Aceton oder Chlf. u. Umkristallisation der in der Kälte ausfallenden Säure mit heißem Aceton. Die Extraktion kann auch mit einem sd. Gemisch aus 2 (Teilen) Aceton u. 1 A. durchgeführt werden. — *Antibiot. Wrkg., bes. gegen Tbc.* (**A. P. 2 557 987** vom 9/9. 1947, ausg. 26/6. 1951.) K. HEINZE. 4811

Parke, Davis & Co., Detroit, Mich., V. St. A., *Cyclisches trans-1-p-Nitrophenyl-2-dichloracetamidopropandiol-1.3-sulfit* der Formel I. — *l*-I, aus *l*-trans-1-p-Nitrophenyl-2-dichloracetamidopropan-1.3-diol u. $SOCl_2$ bei 30—33°, F. 171—172°. — Analog: *dl*-I, F. 175—176°. — *d*-, *l*- u. *dl*-I wirken *antibiotisch.* (**Schwz. P. 294 901** vom 22/5. 1951, ausg. 16/2. 1954.)

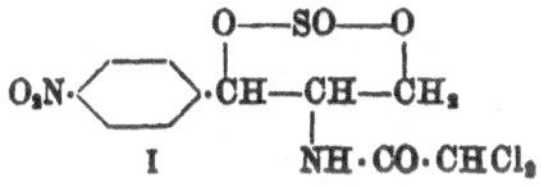

I

LANGER. 4811.

Parke, Davis & Co., Detroit, Mich., V. St. A., *Herstellung von Aminoalkoholderivaten.* Eine Verb. der Formel I wird in einem Lösungsm. in Ggw. eines alkal. Kondensationskatalysators mit CH_2O bei 0—75° kondensiert. Dabei entsteht eine Ketonverb. der Formel II. Es sind R_1 u. R_2 dasselbe oder verschied. Reste

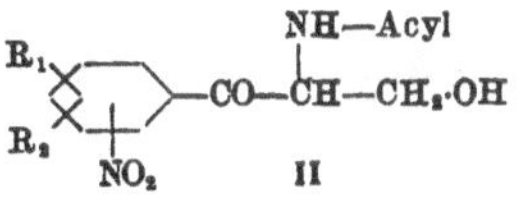

II

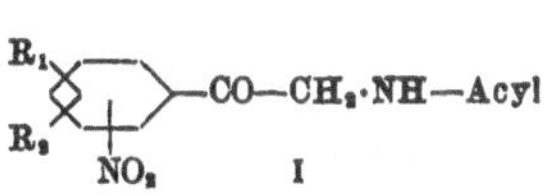

I

z. B. H, Halogen, niedermol. Alkyl- oder niedermol. Alkoxyradikale. — p-Nitro-ω-acetamidoacetophenon liefert mit CH_2O *p-Nitro-α-acetamido-β-oxypropiophenon,* F. 166—167°. — Aus p-Nitro-ω-benzamidoacetophenon wird mit CH_2O in entsprechender Weise *p-Nitro-α-benzamido-β-oxypropiophenon* erhalten. — Weiterhin sind beschrieben: o-Methyl-p-nitro-α-acetamido-β-oxypropiophenon, m-Methoxy-p-nitro-α-p'-toluylamido-β-oxypropiophenon, 2-Nitro-4.5-dimethyl-α-phenacetamido-β-oxypropiophenon, 3-Nitro-5-chlor-α-(α'-chlorpropionamido)-β-oxypropiophenon, p-Nitro-α-dichloracetamido-β-oxypropiophenon. — Die erhaltenen Verbb. sind bes. für die Synth. von organ. Verbb. mit *antibiot.* Wirksamkeit wertvoll. Vgl. Schwz. P. 271 929; C. **1952.** 1909. (**Oe. P. 175 250** vom 15/2. 1950, ausg. 25/6. 1953. A. Prior. 24/8. 1948.) M. F. MÜLLER. 4811

Georges Fouya, Villejuif, Frankreich, *Gewinnung kristallisierter Verbindungen von Toxinen oder Anatoxinen* durch Zusatz von Hg-Cyanid oder -oxycyanid zu Kultur-Fl. von Siphonospora polymorpha nach vorheriger Formolbehandlung u. Abtrennung der Mikroorganismen. Die Fl. wird nach Zugabe der Hg-Verbb. bei 37° zur Trockne gebracht, mit W. aufgenommen, wieder getrocknet u. mit A. aufgenommen. Nach Abdampfen des A. werden Kristalle erhalten. Ähnliche Verbb. aus Maul- u. Klauenseuchevirus. (**E. P. 686 679** vom 16/9. 1949, ausg. 28/1. 1953. F. Prior. 23/9. 1948.) K. HEINZE. 4813

J. Pfrimmer & Co., Erlangen, *Herstellung von Blutersatzlösungen* dad., daß gefäßdichtende Stoffe, wie Flavone u. deren Derivv., wie Rutin, unter Hindurchleiten von Preßluft in Serum oder Lsgg. von Gelatine, Zuckeralkoholen, Polyvinylverbb.,

Polyvinylpyrrolidon, Dextran, Fumaraten, Succinaten oder physiol. Salzen gelöst werden. (**D. B. P. 906 366** Kl. 30h vom 7/5. 1950, ausg. 11/3. 1954.) K. HEINZE. 4813

Werner Freytag, Göttingen, *Heilmittel* durch Extraktion von Johanniskraut mit Sonnenblumenöl, Versetzen eines Teiles des Extraktes mit Kiefernadelöl oder Menthol bzw. Campher, Emulgierung dieses Teiles mit Milch unter Zusatz von Lecithin u. koll. S, Behandlung mit Ultraschall, Hochfrequenz- oder UV-Strahlen u. Vermischen mit dem anderen Teil des Ölextraktes. Der Hypericingeh. im Fertigprod. soll ca. 0,01 – 0,03 mg/cm^3 betragen. Es können noch Apfelpektin, Zucker, Honig, Antibiotica u. Vitamine, wie A u. D zugesetzt werden. — Bes. *zur Wundbehandlung.* (**D. B. P. 904 235** Kl. 30h vom 22/11. 1951, ausg. 15/2. 1954. Anmeldung bekanntgemacht 3/6. 1953.) K. HEINZE. 4815

Röhm & Haas G. m. b. H. (Erfinder: **Günther Will, Josef Krebs,** Darmstadt, und **Hellmuth Will,** Frankfurt/M.), *Herstellung haltbarer Enzympräparate,* z. B. von Papain, Schimmelpilzproteasen u. dgl., dadurch, daß die Enzyme gemeinsam mit Harnstoff oder Thioharnstoff bzw. deren Derivv. oder Homologen vorsichtig entwässert werden, wobei schwefelhaltige Aminosäuren, wie Cystein oder Glutathion, antibakteriell wirksame Stoffe, wie Penicillin oder Tryptasen, zugesetzt werden können. — Zur *Wundbehandlung.* — Beispiele. (**D. B. P. 903 738** Kl. 30h vom 6/8. 1950, ausg. 8/2. 1954. Anmeldung bekanntgemacht 13/3. 1952.) K. HEINZE. 4815

Upjohn Co., übert. von: **Raymond Alfred Delor** und **Harold G. Petering,** Kalamazoo, Mich., V. St. A., *Arzneimittel,* bestehend aus Sulfonamiden, wie Sulfodiazin, Sulfomerazin, trocknem Leberextrakt u. Folsäure. — Orale Anwendung zur Sulfonamidmedikation bei Anämie. (**A. P. 2 558 702** vom 19/8. 1948, ausg. 26/6. 1951.) K. HEINZE. 4815

Rudolph R. Widmann, Beverly Hills, Calif., V. St. A., *Arzneimittel,* bestehend aus Tyrosin u. Pyridoxin (Vitamin B_6) in Substanz oder in Lösung. Es kann Nicotinsäureamid zugesetzt werden. — *Kreislaufwirksames Mittel bei allerg. Erkrankungen,* wie Heufieber, Asthma u. dergleichen. (**A. P. 2 628 184** vom 3/7. 1950, ausg. 10/2. 1953.) K. HEINZE. 4815

Peter Link, Bensberg-Refrath, *Tierarzneimittel* durch Herstellen eines A.-Extraktes von Anis, Fenchel, Eukalyptus u. Rosmarin unter Zugabe von Campher u. Menthol. (**D. B. P. 905 057** Kl. 30h vom 30/12. 1951, ausg. 25/2. 1954. Anmeldung bekanntgemacht 25/6. 1953.) K. HEINZE. 4815

Glaxo Laboratories Ltd., Greenford, England, *Tierarzneimittel,* bestehend aus einer Suspension von Streptomycin bzw. Dihydrostreptomycin in einem Gel aus 1 bis 8% Al-Stearat in Paraffinöl. Das Gel wird in der Hitze hergestellt, die Antibiotica werden nach dem Abkühlen zugesetzt u. das Prod. z. B. in einer Kolloidmühle homogenisiert. — Beispiele. (**E. P. 678 823** vom 13/4. 1950, ausg. 10/9. 1952.) K. HEINZE. 4815

Emil Overlack, Deutschland, *Mittel gegen Maul- und Klauenseuche,* bestehend aus einer Mischung von Alaun, Süßholzpulver, Myrrhentinktur, Konzentraten von Wucherblumen (Chrysanthemum Pyrethrum), Feststoffen; gegebenenfalls können Vitamine, Sulfamide, koll. Metalle u. ähnliche Stoffe zugesetzt werden. Die Mischung wird mit dest. W. gekocht u. hat Salbenkonsistenz. Als eine Mischung ist z. B. angegeben: 1 Liter dest. W., 3 (Pfund) Alaun, 2 Süßholzpulver, ½ Liter Myrrhentinktur, 50 g Wucherblumenkonzentrat, ½ Liter Leberöl vom Kabeljau. (**F. P. 1 015 534** vom 19/2. 1948, ausg. 14/10. 1952.) HEYNE. 4815

Aktiebolaget Leo, Schweden, *Herstellung von Kontraststoffen zur Sichtbarmachung der Leber, Milz, Nieren, Placenta im Röntgenlicht,* bestehend aus einer Emulsion von bromiertem Sesamöl (mindestens 20% Br), einer oberflächenakt. Substanz, einem Stabilisierungsmittel (Gelatine), Salzen von Gallensäuren u. Lecithin. (**F. P. 998 940** vom 4/11. 1949, ausg. 24/1. 1952. Schwed. Prior. 5/11. 1948.) OPPERMANN. 4825

B. F. Goodrich Co., V. St. A., *Bakterizide und bakterienhemmende Mittel. 2.3-Diarylindole* (Aryl = Phenyl, Tolyl, Xylyl, Cumyl usw.) zeigen baktericide u. bakterienhemmende Eigg. gegenüber Staphylococcus aureus, Escherichia coli, Streptococcus pyogenus u. bes. gegen Mycobacterium tuberculi. — Man benutzt sie zum Desinfizieren z. B. in Form von Lsgg. in W., A., Aceton oder in Ölen u. Fetten verteilt (Creme, Pomaden, Seifen) oder feinverteilt in Talk, ZnO, Maisstärke. (**F. P. 1 000 680** vom 5/5. 1949, ausg. 14/2. 1952. A. Prior. 18/5. 1948.) OPPERMANN. 4833

August Kettenbach, Deutschland, *Rostschützende Desinfektionsmittel für medizinische, besonders zahnärztliche Instrumente,* bestehend aus Lsgg. von Alkali u. Nitrit mit Zusatz von hygroskop. organ. Verbb. (z. B. Glycerin, Glykol, Polyglycerin, Alkalisalzen der Milchsäure). Die desinfizierende Wrkg. kann durch Rhodanate (z. B. KCNS) erhöht werden. Man löst z. B. 20 Teile KOH, 10 Teile $NaNO_2$, 10 Teile Äthylenglykol in 60 Teilen H_2O. Die filtrierte Lsg. wird mit W. im Verhältnis 1 : 5 bis 1 : 10 verd. angewandt. (**F. P. 1 003 217** vom 18/12. 1946, ausg. 17/3. 1952.) Oppermann. 4833

Giordano Giacomello e **Cesco Toffoli**, Quaderni di chimica farmaceutica e tossicologica dalle lezioni. Quaderno I: Steroidi. Roma: Ed. Studium. 1953. (147 S. m. Abb.)

G. Analyse. Laboratorium.

U. L. Upson, *Herstellung und Eichung von einfachen halbautomatischen Mikrobüretten.* Vf. beschreibt die Eichung von Mikrobüretten (200 μl bis 2 ml) u. Ultramikrobüretten (20—500 μl) u. teilt Skizzen der App. mit. (Analytic. Chem. **25**. 977—79. Juni 1953. Richland, Wash., General Electric Co.) Moslé. 5014

C. H. W. Slater, *Verbesserungen an Thermoelementen mit feinen Drähten.* Bei der Herst. von Thermoelementen zur Temperaturmessung kleiner Massen pflanzlichen Gewebes, bei der sehr feine Drähte verwendet werden müssen, ist die Verbindung zwischen diesen Fäden u. den an ihnen befestigten stärkeren Drähten bes. empfindlich. Zur Festigung dieser Verbindungsstelle empfiehlt Vf. entweder den von Federn freigemachten Kiel von Hühnerfedern oder das Umwickeln der Verbindungsstelle mit 4 mm Draht. (J. sci. Instruments **30**. 293—94. Aug. 1953. Kent, East Malling Res. Stat.) Gottfried. 5016

F. Hippenmeyer, *Ein neuer Mikroschmelzpunktsbestimmungs- und Sublimationsapparat.* Beschreibung eines App., der sich bes. zur Mikrobest. von FF. u. für die Mikrosublimation eignet. Er besteht aus einem elektr. heizbaren, wärmeisolierten Metallblock, dessen Aufheizgeschwindigkeit in weiten Grenzen regulierbar u. dessen gewünschte Temp. automat. einstellbar ist. Bei Erreichung dieser Temp. ertönt ein akust. Signal. Das Schmelzgut wird durch ein in Kugelgelenken beweglichem Mikroskop beobachtet. Die Wärmübertragung auf den Thermometerfühler erfolgt durch Wood-sches Metall. (Mikrochem. verein. Mikrochim. Acta **39**. 409—14. 1952. Zürich, Kantonsapotheke.) Fretzdorff. 5018

Michael Matviak, *Eine verbesserte Technik in der Anwendung des Dely-Wägeröhrchens.* Um bei der Oleumanalyse das Entweichen von SO_3 beim Verdünnen zu verhindern, wird das Dely-Wägeröhrchen mit einem Gummistopfen versehen, der auf ein im W. des Verdünnungskolbens stehendes Glasrohr aufgesetzt wird. (Chemist-Analyst **42**. 44. Juni 1953. Phillipsburg, N. J., J. T. Baker Chemical Co.) Moslé. 5022

M. Bukała und **J. Majewski**, *Ebulliometer zur kontinuierlichen Messung der Siedetemperatur eines Destillats.* Von einem Schliffaufsatz führt ein doppelt gewinkelter Glasstutzen in den oberen Teil eines das Thermometer enthaltenden Kühlers, an dem in Höhe des unteren Thermometerendes ein Rücklauf (in den Aufsatz) angebracht ist. Ein am unteren Kühlerende befindlicher zweiter Rücklauf ist mit Hahn verschließbar u. nimmt auch die aus dem Stutzen etwa zurückfließende Fl. aus einem im Aufsatz angeordneten Trichter (Verbindungsrohr mit Heizdrahtwicklung) auf. Die Vorr. ist bei n. u. vermindertem Druck verwendbar u. gewährt eine Genauigkeit von $\pm 0{,}1^0$. Sie hat sich bei mehrstd. Dest. bewährt. (Przemysł chem. **9** (**32**). 5—6. Jan. 1953. Breslau [Wrocław], Politechn., II. Kat. Chem. organ.) R. K. Müller. 5038

M. Bukała, J. Majewski und **A. Semkowicz**, *Automatisierung des Prozesses der fraktionierten Destillation im Laboratorium.* 5. Mitt. *Elektronenregulator der Destilliergeschwindigkeit für Laboratoriumssäulen.* Die dielektr. Eigg. der dest. Fll. werden in einem Syst. mit 6 Elektronenröhren (Schaltschema, Abb.) zur Regelung der Destillationsgeschwindigkeit benutzt. Als Indicator dient ein elektr. Kondensator besonderer Konstruktion, der in den Destillationskopf eingesetzt ist. Der App. wird bei der fraktionierten Dest. von dielektr. Fll., bes. Terpen-KW-stoffen, verwendet. Er arbeitet unabhängig von der absol. Destillationsgeschwindigkeit mit einer Genauigkeit von ca. 5%. (Przemysł chem. **9** (**32**). 224—28. Mai 1953. Breslau [Wrocław], Politechn., II. Katedra Chem. organ.) R. K. Müller. 5038

M. Bukała, J. Majewski und **W. Rodziński**, *Automatisierung des Prozesses der fraktionierten Destillation im Laboratorium.* 6. Mitt. *Destillierkopf mit Elektronenregelung der Destilliergeschwindigkeit und des Rücklaufverhältnisses.* (5. vgl. vorst. Ref.) Der verwendete Destillierkopf mit elektron. Steuerung der Destilliergeschwindigkeit kann bei 60 bis über 300 cm^3/Std. verwendet werden, nach Austausch einzelner Teile sogar bis zu 200 cm^3/Std. u. darüber. Eine ebenfalls elektron. gesteuerte Spule dient der Rücklaufregelung. Abb. der Einzelteile u. Schaltschema. (Przemysł chem. **9** (**32**). 283—87. Juni 1953.) R. K. Müller. 5038

P. F. Chester und **G. O. Jones,** *Ein Miniatur-Helium-Verflüssigungskryostat vom Kaskadentyp.* Eingehende Beschreibung einer App., die die Durchführung kontinuierlicher Verss. bei der Temp. des fl. He gestattet. Der Kp. von He (4,2° K) läßt sich in einer halben Std. erreichen. (Proc. physic. Soc., Sect. B **66.** 296—301. 1/4. 1953. London, Univ., Queen Mary Coll., Dep. of Phys.) R. STEIN. 5048

H. M. Long und **F. E. Simon,** *Ein Heliumverflüssiger neuen Typs.* Kurze Beschreibung der App., die nach dem Blasebalgprinzip arbeitet. Das He, das mit 5,5 at in die App. einströmt, wird durch Energieverbrauch bei der Betätigung des Blasebalgs abgekühlt; je Std. werden 0,4 Liter verflüssigt. (Nature [London] **172.** 581. 26/9. 1953. Oxford, Univ., Clarendon Labor.) KIRSCHSTEIN. 5048

Fritz Feigl, *Mikroanalyse und Chemie der spezifischen, selektiven und empfindlichen Reaktionen.* Die Chemie der spezif., selektiven u. empfindlichen Rkk. steht in enger Beziehung zur Theorie u. Praxis der mikroanalyt. Methoden, wie es überhaupt nur Mikro- u. Makromethoden der chem. Analyse bzw. des präparativen Arbeitens gibt. Die Bezeichnung Mikrochemie ist irreführend, da sie einen nicht bestehenden Gegensatz zur Makrochemie ausdrückt. Die Spezifität, Selektivität u. Empfindlichkeit analyt. Nachweise darf nicht mit denen der zugrundeliegenden Rkk. gleichgesetzt werden, da erstere sehr stark vom Reaktionsmilieu u. -bedingungen abhängen. DUVALs Thermogravimetrie u. KOLTHOFFs „*deviation of stoichiometry*" führten auf Grund eingehender krit. Unterss. des Einfl. der Reaktionsbedingungen zu Befunden, deren Bedeutung über das rein Analytische hinausgeht. Topochem. Festkörper-Rk. sind in der mikroanalyt. Praxis zu großer Bedeutung gelangt. Es werden einige analyt. brauchbare Kryptoschmelz-Rkk. u. Rkk. von Festkörpern mit gasförmigen therm. Zersetzungsprodd. beschrieben: 1. Umsetzungen von Alkalinitraten u. -halogenaten mit wasserfreiem Mn- (Co-) Sulfat. 2. Umsetzung von Alkalinitrat (-nitrit) mit Alkalioxalat. 3. Umsetzung von Molybdäntrioxyd mit organ. Verbindungen. Zum Schluß weist Vf. auf die analyt. Bedeutung von Umsetzungen von Festkörpern mit gelösten Stoffen hin, bei denen der Reaktionsort die Oberfläche des Festkörpers ist: chem. Adsorption, anorgan. u. organ. Chromatographie u. Tüpfelanalyse. — 72 Literaturangaben. (Mikrochem. verein. Mikrochim. Acta **39.** 368—88. 1952. Rio de Janeiro, Labor. da Produção Mineral, Ministerio da Agric.) FRETZDORFF. 5050

Mario J. Cardone und **John Compton,** *Spektrophotometrische Methode für die Verfolgung von Dichromatoxydationen.* Vff. beschreiben den Vorteil, den die spektrophotometr. Verfolgung der Dichromatoxydation bietet. Die Absorptionsbande bei 349 mμ ist hierfür bes. geeignet, da sie von Cr^{3+} nicht beeinflußt wird u. die Intensitätsverringerung durch H_2SO_4 mit H_3PO_4 ausgeschaltet werden kann. Die Genauigkeit beträgt im Bereich von 1,2—3,0 mVal je Liter Lsg. $\pm$0,3% u. entspricht etwa der klass. jodometr. Methode. Die Best. eignet sich bes. zur Verfolgung der Oxydationen verschied. Klassen organ. Verbb. wie Glycerin, Form- u. Acetaldehyd, Ameisen- u. Essigsäure, Äthyl-, Propyl- u. Dipropylenglykol, welche Vff. als Untersuchungsbeispiele anführen. In Übereinstimmung mit der vergleichsweise herangezogenen jodometr. Bestimmungsmeth. ergaben sich theoret. Werte. Die Reaktionsdauer beeinflußt das Ergebnis nicht. Die Meth. wird im Falle oxydierbarer Verunreinigungen als Reinheitstest organ. Substanzen vorgeschlagen. (Analytic. Chem. **24.** 1903—08. Dez. 1952. Wyandotte, Mich., Wyandotte Chem. Corp., Res. and Developm. Div.) RÖPKE. 5052

C. A. Colman-Porter, *Ionenaustauschharze.* Überblick über die theoret. Grundlagen der Ionenaustauscher u. Beschreibung von Geräten für den Schulgebrauch. (School Sci. Rev. **34.** **41**—44. Nov. 1952. Cardiganshire, Tregaron County Sec. School.) KNÖPKE. 5062

Ralph M. Nettleton jr. und **Roy B. Mefferd jr.,** *Skalenablesung für schnelle Bestimmung von chromatographischen R_F-Werten.* Die mühevolle Best., der R_F-Werte, die bes. bei papierchromatograph. Reihenunterss. zeitraubend war, haben Vff. durch 2 geometr. Meßverff., die auf demselben Prinzip beruhen, sehr vereinfacht. Lange Berechnungen werden dadurch ausgeschaltet u. direkte genaue Ablesungen der R_F-Werte ermöglicht. Die Ablesungen werden mit durchsichtigen Skalenmeßblättern vorgenommen, die mit dem Nullpunkt auf die Chromatogramme (d. h. auf die Startpunkte der Substanzen) aufgelegt u. entsprechend gedreht werden können. Die chromatograph. Werte können sofort abgelesen werden (aus den Entfernungen der verschied. fixierten Flächen von Startpunkt unter Beachtung der Entfernung der Lösungsmittelfront). Die eine Meßskala benutzt parallel zur Hypotenuse in gleiche Streifen eingeteilte rechtwinklige Dreiecke, die andere ein entsprechendes Evolventendiagramm (Spiralenskala) auf Koordinatenpapier (Konstruktionsgleichung angegeben). (Analytic. Chem. **24**. 1687. Okt. 1952. San Antonio, Tex., Southwest Foundation for Res. and Education, u. Trinity Univ.) WINGCHEN. 5062

Robert G. Milkey, *Absorptionseigenschaften von Dithizon im gemischtfarbigen System. Eine theoretische Abhandlung.* Die quantitative Best. von *Pb* durch Extraktion der Probelsg. mit einer verd. Dithizon (Dz.)-Lsg. in Chlf. bei p_H 9—10,5 erfolgt auf spektralphotometr. Wege bei einer geeigneten Wellenlänge. Zugrundegelegt wird eine Eichkurve, bei der die Werte der Durchlässigkeit gegen µg Pb aufgetragen sind. — Diese Kurve wird von folgenden Faktoren bestimmt: 1. handelt es sich um ein gemischtfarbiges Syst. mit 2 Absorbenten, nämlich dem Pb-Dithionat u. dem freien an der Rk. nicht beteiligten Dz.; 2. von den Eigg. der Dz.-Lsg. selbst a) Konzentrationsänderungen von einer Lsg. zur anderen, da stets gleiche Konz. schwer einzuhalten ist; b) Stabilitätsgrad der Lsg. im Sonnenlicht u. bei warmem Wetter; c) Ggw. von Verunreinigungen im benutzten Dz. selbst; 3. von der Ggw. von Verunreinigungen aus der App., den benutzten Reagentien u. der Luft. — Vf. untersucht die Frage, ob die genannten Faktoren Gestalt u. Neigung der Eichkurve beeinflussen, so daß diese daher des öfteren neu aufgestellt werden muß. Wie die mathemat. Analyse zeigt, hat die Konz. der Dz.-Lsg. keinen Einfl. hierauf, sondern verschiebt nur die Lage der Kurve in vertikaler Richtung. Die gleiche Wrkg. haben die in Dz. in konstanter Menge vorhandenen Verunreinigungen durch solche Elemente, die ebenfalls mit Dz. reagieren. Dies bedeutet für die Praxis, daß lediglich der Nullpunkt der Kurve (Ordinatenschnittpunkt) mit Hilfe einer Blindprobe bestimmt werden muß, durch den man die Eichkurve unter dem einmal festgestellten Neigungswinkel zu ziehen hat. Zu verschied. Zeiten innerhalb mehrerer Monate aufgestellte Eichkurven für 0—20 µg Pb ergaben eine Reihe von Parallelen mit wechselnden Ordinatenschnittpunkten zwischen 0,107 u. 0,204 in Werten für die Durchlässigkeit u. folgenden Werten für die Neigung: 0,0155, 0,0155, 0,0159, 0,0163, 0,0164, 0,0164, 0,0166 u. 0,0166, im Mittel also 0,01615. Der Unterschied zwischen den experimentellen u. den theoret. Werten betrug 4,3% des gefundenen Wertes, lag also innerhalb des Genauigkeitsbereiches derartiger colorimetr. Analysen. (Analytic. Chem. **24**. 1675—76. Okt. 1952. Washington, D. C., U. S. Dep. of Interior, Geolog. Survey.) SCHLEGEL. 5063

A. A. Pokrowski, *Einsatz und Küvetten für die quantitative Spektroskopie.* Es wird eine Einrichtung mit 2 keilförmigen Küvetten beschrieben, die es ermöglicht, mit einem gewöhnlichen Spektroskop nicht ein, sondern 2 Spektren gleichzeitig nebeneinander zu vergleichen. (Биохимия [Biochemie] **18**. 201—04. März/April 1953. Moskau, Zentr. Wiss. Forschungs-Prüf-Inst. für Kriegs-Med.) V. WILPERT. 5063

G. V. Schulz, O. Bodmann und **H.-J. Cantow,** *Über ein neues Differentialrefraktometer.* Es wird ein Differentialrefraktometer beschrieben, das gegenüber den bisherigen Instrumenten eine um eine Zehnerpotenz gesteigerte Genauigkeit dadurch erreicht, daß es den Abstand der durch Beugung unscharfen Spaltabbildungen photometr. aus markanten Kurvenpunkten bestimmen läßt. Das Gerät ist experimentell wie rechner. exakt kalibrierbar. Es erlaubt die Best. der Dispersion von Brechungsindexdifferenzen. Kontrollmessungen an wss. Rohrzuckerlsgg. ergeben gute Übereinstimmung mit den Werten des NATIONAL BUREAU OF STANDARDS. (J. Polymer Sci. **10**. 73—78. Jan. 1953. Mainz, Univ., Inst. phys. Chem.) BRAUER. 5063

W. Weinstein, *Ein Interferometer zur gleichzeitigen Beobachtung der Konzentrationen und des Konzentrationsgradienten in Flüssigkeitssäulen.* Eine für Ultrazentrifugen, Elektrophorese u. Diffusionsmessungen geeignete Anordnung aus Zelle, Vergleichszelle mit homogener Fl., Linse, Spiegel, WOLLASTON-Prisma (zur Erzeugung von kohärentem Licht durch Spaltung des einfallenden monochromat. Lichtes in zwei divergierende polarisierte Bündel) u. Polarisationsfolie liefert (ohne Verwendung von feinstbearbeiteten Interferometerplatten) ein Syst. von auswertbaren Interferenzstreifen über einem Doppelbild der Zellen. (Nature [London) **172**. 461—62. 5/9. 1953. London, Imp. Coll. of Sci. and Technol., Techn. Optics Sect.) G. LOCHMANN. 5063

Dagfin Lydersen, *Indirekte polarographische Analyse mit Hilfe von Komplexbildnern, die eine anodische Depolarisationsstufe ergeben.* Die Erniedrigung der anod. Stufe eines Komplexbildners R, welcher dabei mit Hg-Ionen rasch (reversibel) reagieren muß, auf Zusatz des zu bestimmenden Kations M, welches mit R einen festen Komplex oder Nd. bildet, wird einer eingehenden theoret. Betrachtung unterworfen. Danach wird der Elektrodenvorgang Hg $\rightarrow$ $Hg^{\nu+}$ $\rightarrow$ νe^-, worin ν die Anzahl der abgegebenen Elektronen bedeutet, durch das Gleichgewicht (A) h $Hg^{\nu+}$ + rh R $\rightleftharpoons$ $Hg_h R_{rh}$ bedingt, welchem sich ein zweites Gleichgewicht (B) in Ggw. vom M: mr M + rm R $\rightleftharpoons$ $M_{mr} R_{rm}$

überlagert (Kleinbuchstaben sind Koeffizienten der Reaktionsgleichgewichte.) Dabei wird vorausgesetzt, daß sowohl die aus A resultierende Stufe proportional [R] ist, als auch deren Erniedrigung infolge B linear von [M] abhängig ist. Darüber hinaus werden Störungen der Analyse durch Fremdstoffe Y u. Z betrachtet, welche entweder mit dem Depolarisator R oder dem gesuchten Stoff M reagieren können, woraus die Gleichgewichte $yY + ry\,R \rightleftharpoons Yy\,R_{ry}$ u. $mz\,M + zZ \rightleftharpoons M_{mz}\,Z_z$ resultieren. Zwecks Vereinfachung werden alle Diffusionskoeffizienten sowie die Konzz. in der Lsg. u. an der Elektrodenoberfläche gleich gesetzt. Weiterhin werden Potentiale E u. Stromstärken i nach den Gleichungen von NERNST u. ILKOVIČ unter Verwendung der Gleichgewichtskonstante K_h von A berechnet. Mißt man bei gleichem E erst i in reiner R-Lsg. (i_R) u. danach in einer Lsg., welchen neben R noch M enthält (i_{R-M}), so gilt $[M] = (mr/rm)\,[R]\,(i_R - i_{R-M})/i_R$. Die Anwendbarkeit der Meth. hängt ab von der Lage der Gleichgewichte u. deren Einstellgeschwindigkeit, sowie der H^+-Konzentration. Prakt. erfolgt die Analyse vorteilhaft, indem man zwei Meßkolben mit der gleichen Menge R u. Grundlsg. versieht, dem einen Kolben ein abgemessenes Vol. der zu untersuchenden Lsg. zugibt u. beide Kolben bis zur Marke mit W. auffüllt. Anschließend wird die Höhe der R-Stufen in beiden Lsgg. ermittelt. Abschließend wird an Hand von Literaturdaten die indirekte Best. von Ca(II), Mg(II), Fe(III) mit Hilfe von Äthylendiamintetraacetat vorausberechnet. (Z. analyt. Chem. **139.** 327–39. 1953. Vollebekk, Norwegen, Hochschule, Inst. für Bodenkunde der Landwirtsch.) H. BERG. 5066

Myron T. Kelley und **Hugh H. Miller,** *Hochempfindlicher Polarograph.* Vff. geben eine ausführliche Beschreibung eines Polarographen, der die Unters. von 10^{-6} mol. Lsgg. ermöglicht. Der App. hat eine Stromempfindlichkeit von 0,01–10 μA bei vollem Skalenausschlag. Der eingebaute lineare Kompensator vermindert die Wrkg. des Kondensatorstromes, während mit dem „curve follower" die infolge der hohen Empfindlichkeit auftretenden linearen Leerstufen ausgeschaltet werden können. – Vff. bestimmten mit dem beschriebenen Polarographen u. a. den Diffusionsstrom von Pb^{2+} in $2 \cdot 10^{-6}$ mol. Lsgg. mit einer Genauigkeit von $\pm 20\%$. Weiterhin ergab sich, daß der Diffusionsstrom auch bei diesen kleinen Konzz. fast linear ist, obwohl der Diffusionskoeff. nicht mit denen höherer Konzz. ident. zu sein scheint. (Analytic. Chem. **24.** 1895–99. Dez. 1952. Oak Ridge, Tenn., Oak Ridge Nat. Labor., Carbide & Carbon Chem. Co.) RÖPKE. 5066

Ss. I. Gussew und **S. A. Bitowt,** *Bestimmung kleiner Zinkmengen in der Luft von Industriebetrieben.* Die von 100 Liter (20 Liter/Min.) Luft durchströmte Wattepatrone wird zuvor mit heißer 10%ig. HCl, dann zweimal mit dest. W. ausgewaschen, nach dem Vers. ebenso extrahiert u. der Extrakt mit 1 cm^3 konz. H_2SO_4 bis zum Auftreten von SO_3 eingedampft. Der Rückstand wird mit 0,3 cm^3 n-HCl, 2 cm^3 5%ig. Thioharnstofflsg., 0,03 g Ascorbinsäure u. 7,7 cm^3 doppeltdest. W. versetzt. Die Zn-Best. erfolgt mit einer Lsg. von 1 cm^3 2%ig. Diantipyrylmethylmethanhydrochlorid in 99 cm^3 doppeltdest. W., dem 1,52 g NH_4SCN zugesetzt sind, nach: $2\,C_{24}H_{26}O_2N_4 + 2\,H^+ + Zn^{2+} + 4\,SCN^- = (C_{24}H_{25}O_2N_4)_2H_2[Zn(SCN)_4]$. Von dem Reagens werden 9 cm^3 zu 5 cm^3 Probelsg. zugesetzt u. der Photonephelometrie unterworfen. Die Meth. gestattet den Nachw. von 0,12–1 γ Zn^{2+}; sie kann auch in Ggw. eines größeren Überschusses an Cu^{2+} u. Fe^{3+} ausgeführt werden. (Гигиена и Санитария [Hyg. u. Sanitätswes.] **1953.** Nr. 11. 48–50. Nov. Molotow, Med. Inst., Lehrstuhl für allg. Chemie.) R. K. MÜLLER. 5088

L. Ss. Apel und **Ja. A. Apel,** *Zur Methodik der Bestimmung von Kohlendioxyd und -oxyd in der Luft.* Durch Verwendung eines Dreiweghahnes wird bei der CO_2- u. CO-Best. in Luft dafür Sorge getragen, daß keine Luft in das Gerät gelangt, die nicht durch die Absorptionsflaschen zur Befreiung von CO_2 gegangen ist. Von dem Dreiweghahn ist der nach der einen Seite gerichtete Arm über die CO_2-Absorption mit dem Aspirator verbunden, die beiden anderen führen teils direkt, teils über d. Gaspipette für die Aufnahme der Luftprobe zu einem gabelförmigen T-Stück, an dessen 3. Ende die Verb. mit den Barytlauge enthaltenden Absorptionsgefäßen für die CO_2-Best. hergestellt ist. Zwischen diesen u. der Gaspipette ist bei gleichzeitiger CO-Best. die CO-Absorption, ebenfalls über einen Dreiweghahn, eingeschaltet. (Гигиена и Санитария [Hyg. u. Sanitätswes.] **1953.** Nr. 11. 50–52. Nov. Tschitinsk, Sanit.-Epidemiol. Stat.) R. K. MÜLLER. 5088

Paul P. Mader, Merlyn W. Heddon, Robert T. Lofberg und **Ruth H. Koehler,** *Bestimmung geringer Mengen von Kohlenwasserstoffen in der Luft.* Vff. geben eine ausführliche Beschreibung einer Meth., die mit Hilfe der Infrarotspektrophotometrie kleinste KW-stoffkonzz. in der Luft zu bestimmen ermöglicht. Sie verwenden eine

100 cm^3-Gasküvette mit Bergkristallfenstern u. stellen die Probe durch techn. Ausfrieren her. Die „dynam." u. „stat." Meth. zeigen gleiche Ergebnisse. Die Erfassungsgrenze liegt unter $2 \cdot 10^{-5}$ g bzw. unter 10^{-5}% *Hexan* im Falle einer 60 Liter-Luftprobe. Es besteht eine lineare Proportionalität zwischen Absorption u. KW-stoffkonzentration. Die Meth. liefert genaue u. gut reproduzierbare Ergebnisse u. ist bes. für die Luftunters. bei industriellen Anlagen geeignet. (Analytic. Chem. **24**. 1899—1903. Dez. 1952. Los Angeles, Calif., Air Pollution Control Distr.) RÖPKE. 5088

a) Elemente und anorganische Verbindungen.

David Tung-Whei Chow und **Rex J. Robinson,** *Für die colorimetrische Bestimmung geeignete Silicatformen.* Um die gegensätzlichen Ergebnisse früherer Autoren (BRUJEWITSCH u. BLINOW [1934] u. ROBINSON u. KEMMERER [1930]) über die colorimetr. Silicatbest. als Silicomolybdän-Komplex zu klären, wurden Na-Silicate mit einem $Na_2O : SiO_2$-Mol-Verhältnis von 5,70 : 1 bis 1,00 : 3,78 durch Zusammenschmelzen von Soda u. SiO_2 hergestellt u. sowohl gravimetr. als auch für Na_2O acidimetr. u. für SiO_2 colorimetr. analysiert. Bei Proben mit einem Mol-Verhältnis >1 stimmten die gravimetr. u. colorimetr. Werte überein. Bei einem Mol-Verhältnis <1 nimmt die colorimetr. nachzuweisende SiO_2-Menge linear mit sinkendem $Na_2O : SiO_2$-Verhältnis ab. Ferner wurde festgestellt, daß bis zu einer definierten SiO_2-Konz. sämtliches SiO_2 colorimetr. nachweisbar ist unabhängig von dem Mol-Verhältnis. Beim Verdünnen konz. Lsgg. auf die entsprechende Konz. stellt sich das Gleichgewicht langsam ein. Durch den nachgewiesenen koll. Zustand des SiO_2 in den konz. Lsgg. sind diese Beobachtungen erklärbar. Wurden die Unterss. in synthet. Meerwasser mit einem Cl^--Geh. von 17—19% durchgeführt, so nimmt bei der colorimetr. Best. die opt. D. mit wachsender SiO_2-Konz. im Verhältnis zu den Dichten in dest. W. ab. Dieser „Salzfehler" beträgt 1,23. Um Aussagen über die Umwandlung von koll. SiO_2 in die colorimetr. bestimmbare Ionenform machen zu können, wurde koll. SiO_2 in dest. W., künstlichen u. natürlichem Meerwasser suspendiert (37—38 mg/Liter) u. durch die colorimetr. Best. die Umwandlungszeit bestimmt. In künstlichem Meerwasser konnte nach 245 Std., in natürlichem Meerwasser nach 168 Std. 100% des SiO_2 colorimetr. erfaßt werden, während in dest. W. nach 1202 Std. nur 61,4% des eingesetzten SiO_2 colorimetr. nachgewiesen werden konnten. (Analytic. Chem. **25**. 646—48. April 1953. Seattle, Wash., Univ. of Washington, Chem. u. Oceanograph. Labor.) MOSLÉ. G 261

A. Swinarski und **W. Smulek,** *Analytische Bestimmung von Natriumdihydrogenpyrophosphat.* Die P_2O_5-Best. genügt nicht zur Best. des Reinheitsgrades von $Na_2H_2 \cdot P_2O_7$, als Ergänzung wird die Best. der bei Umsetzung mit $ZnSO_4$ freiwerdenden H_2SO_4 nach dem Verf. von BELL (C. **1947**. 1395) empfohlen u. ausgearbeitet. (Przemysł chem. **9** (**32**). 70—71. Febr. 1953. Thorn [Toruń], Uniw., Zakł. Chem. nieorgan.) R. K. MÜLLER. G 263

J. M. Schreyer und **C. F. Baes jr.,** *Volumetrische Uran(VI)-Bestimmung in phosphathaltigen Lösungen.* U kann in Ggw. von PO_4^{3-}-Ionen in stark saurem Medium bestimmt werden. Die 2 m Mol U(VI) enthaltende NO_3^--freie Lsg. wird mit 20 ml konz. H_2SO_4 u. 20 ml 85%ig. H_3PO_4 versetzt u. auf 75—80 ml mit W. aufgefüllt. Die erkaltete Lsg. wird langsam (30 ml/Min.) über einen JONES-Reduktor gegeben. (300 g Zn + 30 ml 2%ig. $HgCl_2$-Lsg. + 2 ml konz. HNO_3 u. Auswaschen mit W. u. 7,5%ig. H_2SO_4.) Hierdurch wird U(VI) zu U(IV) reduziert. Nach Auswaschen des Reduktors mit 20 ml 3 mol. H_2SO_4, 3 mal mit 40 ml 7,5%ig. H_2SO_4 u. mit 40 ml W. werden 30 ml $FeCl_3$-Lsg. (100 g/Liter) u. nach 5—10 Min. 15 ml 85%ig. H_3PO_4 u. 8 Tropfen Diphenylamin-Indicator zugegeben. Der U(VI)-Geh. kann dann durch Titration mit 0,1 n $K_2Cr_2O_7$-Lsg. ermittelt werden. (Analytic. Chem. **25**. 644—45. April 1953. Oak Ridge, Tenn., Nat. Labor.) MOSLÉ. G 331

Laben Melnick, Henry Freiser und **H. F. Beeghly,** *Extraktion von Metall–Thiocyanat-Komplexen mit Butylphosphat. Eisenthiocyanat.* Um die günstigsten Bedingungen zur Extraktion von $Fe(SCN)_3$ mit *n-Butylphosphat* (**I**) zu erlangen, wurde die Abhängigkeit der Extraktion von dem Fe^{3+}/NaSCN-Verhältnis, den I-Mengen, dem p_H-Wert der Lsg. u. der Temp. untersucht. Der Fe-Geh. wurde gravimetr. durch Fällung mit NH_4OH bestimmt. Das günstigste SCN^-/Fe^{3+}-Gewichtsverhältnis liegt bei >4, gefunden in 0,0163 mol. Fe^{3+}-Lsg. vom p_H 1,50 bei 25°. Das Verhältnis I zur wss. Lsg. soll $\geqq 1$ betragen (gefunden in 0,01014 mol. Fe^{3+}-Lsg. vom p_H 1,96 bei 23,2° u. Fe^{3+}/SCN^--Verhältnis 2,5). Mit steigendem p_H konnten größere Mengen $[Fe(SCN)_3]_x$ extrahiert werden. Die Konz. der Fe^{3+}-Lsg. hat keinen Einfl. auf das Ergebnis, während mit steigender Temp. die extrahierte Menge linear abnimmt.

Wurden statt I Mischungen von CCl_4-I verwendet, konnten bessere Ergebnisse erzielt werden. Nach 2maligem Extrahieren mit einer Mischung aus gleichen Teilen CCl_4 u. I konnten 99,38% des Fe^{3+} der wss. Phase entzogen werden. (Analytic. Chem. **25**. 856—59. Juni 1953. Pittsburgh, Pa., Univ., u. Jones & Laughlin Steel Corp.) MOSLÉ. G 354

Jorma Kinnunen und **Bertil Wennerstrand,** *Analyse von Nickelsulfat.* Zur Best. von *Ni, Co + Ni, Co, Cu, Fe, Zn* u. *Pb* in *$NiSO_4 \cdot 7\ H_2O$* (I) wird folgendes Verf. vorgeschlagen: 50 g I werden in 250 ml W. gelöst, mit 5 ml 1 n H_2SO_4 versetzt, gekocht, vom Unlöslichen abfiltriert u. das Filtrat auf 500 ml aufgefüllt. Dieser Lsg. werden aliquote Teile für die weiteren Bestimmungen entnommen. Der Ni-Geh. wird spektrophotometr. bei 395 mμ gegen eine reine I-Lsg. gemessen. Ni + Co werden elektrolyt. mit 0,4 bzw. 0,2 A in ammoniakal. Lsg. bestimmt. Cu wird mit *Neocuprin* (*2.9-Dimethyl-1.10-phenanthrolin*) nach SMITH u. MCCURDY (C. **1954**. 5134), Fe^{3+} als *Acetylacetonat* u. Co als *Co-Thiocyanat* spektrophotometr. bestimmt. Zn wird in CN^--haltiger Lsg. mit H_2S abgetrennt u. dann mit *Äthylendiamintetraessigsäure* (**II**) volumetr. bestimmt, während Pb als $PbSO_4$, das aus der Zn-Best. resultierte, ebenfalls mit II zu titrieren ist. (Chemist-Analyst **42**. 30—35. Juni 1953. Pori, Finnland, Outokumpu Oy, Metalworks.) MOSLÉ. G 356

H. Koneczny und **E. Unisławski,** *Bestimmung kleiner Mengen Kupfer in Natriumhydroxydlösungen.* Zur Cu-Best. in NaOH wird die katalyt. Beschleunigung der Rk. $2\ Fe^{3+} + 2\ S_2O_3^{2-} \rightarrow 2\ Fe^{2+} + S_4O_6^{2-}$ durch Cu^{2+} benutzt. Als Standardlsg. dient eine Lsg. von 1 Liter NaOH (72,15 mVal in 20 cm^3), die mit HCl gegen Phenolphthalein neutralisiert, dann mit 2 cm^3 7,761 n HCl angesäuert, mit 500 cm^3 $Fe(SCN)_3$-Lsg. (2,5% ig.) versetzt u. auf 2 Liter aufgefüllt wird; je 200 cm^3 werden mit 0, 5, 10—50 cm^3 $CuSO_4$-Lsg. (10,4 γ/cm^3) versetzt u. die Entfärbungsdauer nach Zusatz von 10 cm^3 5% ig. $Na_2S_2O_3$-Lsg. in Sek. bestimmt. Mittels der so erhaltenen Eichkurve läßt sich der Cu-Geh. der in gleicher Weise behandelten Probelsg. ermitteln. (Przemysł chem. **9** (**32**). 303—05. Juni 1953. Thorn [Toruń], Uniw., Zakł. Chem. Techn.) R. K. MÜLLER. G 358

b) Organische Verbindungen.

A. J. Nutten, *Die Mikrobestimmung von Chlor und Brom in organischen Verbindungen.* Es wird eine Abänderung der App. von VIEBÖCK zur Best. von Cl u. Br (Ber. dtsch. chem. Ges. **65**. [1932.] 493) beschrieben, bes. ist das Absorptionsgefäß gegenüber der ursprünglichen App. abgeändert. Außerdem wird eine elektr. Heizvorr. beschrieben (Abb.). Der angegebene App. eignet sich gut für Serienanalysen. Die Best. der Halogenide mit Hg-Oxycyanid wird der alkalimetr. Meth. vorgezogen, da letztere zu hohe Werte ergibt. (Mikrochem. verein. Mikrochim. Acta **39**. 355—59. 1952. Birmingham, England, Univ., Dep. of Chem.) FRETZDORFF. 5352

L. Rosenthaler, *Über eine empfindliche Farbreaktion auf einige Ketone.* 5 ml der Probelsg. werden mit 2 g KCN erwärmt. Die aufsteigenden Dämpfe läßt man auf ein Wattebäuschchen einwirken, das mit 2—3 Tropfen 5% ig. äthanol. Furfurol-Lsg. u. 1—2 Tropfen 10% ig. NaOH getränkt ist. Nach 2—3 Min. bringt man das Wattebäuschchen mit HCl-Dämpfen in Berührung. In Ggw. von *Aceton* entsteht eine orangerote Färbung. Man kann so noch 0,1 mg Aceton in 5 ml Fl. nachweisen. Eine etwas modifizierte Ausführungsform dieser Meth. gestattet noch den Nachw. von 1 γ Aceton in 1 ml Fl.; die gleiche Rk. mit derselben Empfindlichkeit geben: *Methyläthylketon, Methylisobutylketon, Cyclohexanon* u. *Methylcyclohexanol.* (Mikrochem. verein. Mikrochim. Acta **39**. 360—61. 1952. Bern.) FRETZDORFF. G 700

Stanley K. Freeman, *Bestimmung Schiffscher Basen durch Titration in nichtwässerigen Lösungen.* SCHIFFsche Basen (z. B. *N-n-Butyliden-n-butylamin, N-Benzyliden-n-hexylamin* (I) [$Kp._8$ 133°], *N-p-Chlorbenzyliden-n-hexylamin* [$Kp._6$ 147°], *N-Benzylidenanilin* [**II**], *N_4-Methoxybenzylidensulfathiazol* [**III**]) lassen sich in nichtwss. Medien mit $HClO_4$ titrieren. Die Titration erfolgte nach 3 Methoden. 1. Meth.: 3 mVal Probe werden in 50 ml Eisessig gelöst u. mit 0,1 n $HClO_4$ in Eisessig mit Hilfe des BECKMAN-p_H-Meters, Modell G, potentiometr. titriert. 2. Meth.: Die Probe (0,3 mVal) wird in 25 ml Chlf. gelöst u. mit 0,01 n $HClO_4$ in Dioxan potentiometr. titriert. 3. Meth.: 3 mVal Probe werden in 50 ml Acetonitril gelöst u. mit 0,1 n $HClO_4$ in Dioxan potentiometr. titriert. Mit Ausnahme von III gaben alle untersuchten Verbb. nach der 1. Meth. ausreichende Potentialsprünge; nach der 3. Meth. gibt auch III einen starken Potentialsprung. Die 1. Meth. erlaubt keine Unterscheidung zwischen SCHIFFschen Basen u. den entsprechenden Aminen. Nach der 2. Meth. können anwesende aliphat. Amine quantitativ neben den entsprechenden SCHIFFschen Basen

(z. B. 10% n-Hexylamin neben I) bestimmt werden. Nur nach der 3. Meth. konnten Anilin u. II nebeneinander bestimmt werden. Die 2. u. 3. Meth. ermöglichen die Best. von Aminen in SCHIFFschen Basen, u. zwar bei entsprechend großer Einwaage bis herab zu Konzz. von ca. 1%. (Analytic. Chem. **25.** 1750—51. Nov. 1953. Newark, N. J., Benzol Products Co.) K. F. MÜLLER. G 910

J. Brüggemann und **K. Drepper,** *Eine einfache Methode zur quantitativen Bestimmung von Aminosäuren auf Papierchromatogrammen.* Die nach bekannten Verff. aus Futtermitteln isolierten u. getrennten Aminosäuren werden auf dem Papier (SCHLEICHER & SCHÜLL-Papier Nr. 2043b) nach dem Besprühen mit 0,1% ig. Ninhydrinlsg. in n-Butanol, 10% Phenol enthaltend, u. nach genau vorgeschriebener Trocknung 3 Std. in Transparenzöl eingelegt. Die von den Papierstreifen aufgenommenen Extinktionskurven (Ablesung pro 1 mm) werden planimetr. ausgemessen, u. die Mengen aus den Eichkurven entnommen. Zur Aufstellung der Eichkurven (für jede Aminosäure gesondert, da die mol. Farbintensitäten der einzelnen Aminosäuren verschieden sind) wird auf einem Extrabogen die jeweilige Aminosäure in Konzz. von 5—50 γ/0,01 ml (bei *Prolin* 40—200 γ, bei *Oxyprolin* 20—100 γ) aufgetragen. Entw. mit 25% W. enthaltendem Phenol in HCN-Atmosphäre u. 30 Min. Trocknung bei 50° im Umlauftrockner. Die wie oben behandelten, ausgeschnittenen Flecke dienen zur Aufstellung der Eichkurve, bei der die Konz. in γ/0,01 ml als Funktion des Flächeninhaltes der Extinktionskurve in mm^2 aufgetragen wird. (Naturwissenschaften **39.** 301—02. 1952. München, Univ., Inst. für Physiol. u. Ernähr. der Tiere.) E. BRINCKMANN. G 950

Dieter Müting, *Über eine qualitative Farbreaktion zur Differenzierung von Aminosäuren auf Filtrierpapier.* Auf SCHLEICHER & SCHÜLL-Papier Nr. 2043a u. anderen Filtrierpapieren aufgetragene 0.1% ig. Aminosäurelsgg. ergeben nach Trocknung u. anschließendem Besprühen mit 0,02% FOLIN-Reagenslsg. (1.2-Naphthochinon-4-sulfonsaures Na) in 5% wss. Na_2CO_3-Lsg. ohne Zugabe von Essigsäure–Acetatgemisch u. $Na_2S_2O_3$ nach Trocknung bei Zimmertemp. folgende Farben: *Asparaginsäure*: violettrot; *Glutaminsäure*: graublau; *Lysin*: dunkeltaubenblau; *Arginin*: gelblichbraun; *Histidin*: braunviolett; *Tyrosin*: hellrötlichbraun; *Dioxyphenylalanin*: blaugrau; *Phenylalanin*: graubraun; *Tryptophan*: graubraun; *Oxyprolin*: rosarot; *Prolin*: rosarot; *Cystin*: bräunlichviolett; *Methionin*: graugrün; *Leucin*: graublau; *Isoleucin*: grau; *Norleucin*: graublau; *Valin*: graubraun; *Norvalin*: hellgrau; *Glycin*: helltaubenblau; *Alanin*: taubenblau; *Citrullin*: hellgrau; *Ornithin*: himmelblau; *Serin*: graublau; *Threonin*: hellgrau; *Aminobuttersäure*: graublau. Gleiche Farben ergaben sich auf Papierchromatogrammen von Eiweißhydrolysaten, die nach dem Verf. von DECKER, RIFFART u. WAGNER (vgl. C. **1952.** 4353) entwickelt waren. Auch in eindimensionalen Chromatogrammen lassen sich die einzelnen Komponenten trotz Überlappung deutlicher erkennen, als bei der Benutzung von Ninhydrin. Bes. gut lassen sich Prolin u. Oxyprolin, die mit Ninhydrin kaum angefärbt werden, durch ihre rote Farbe erkennen. Empfindlichkeit des Reagenses etwa ebenso groß wie beim Ninhydrin. (Naturwissenschaften **39.** 303. 1952. Greifswald, Univ., Med. Klinik u. Poliklinik u. Chem. Abt. der Forsch.-Anstalt für Tierseuchen Insel, Riems.) E. BRINCKMANN. G 950

A. B. Foster, *Trennung der Dimethyl-L-rhamnopyranosen durch Ionophorese.* In einem etwas abgeänderten App. nach KUNKEL u. TISELIUS (C. **1953.** 4096) werden *2.4-* u. *3.4-Dimethyl-L-rhamnopyranose* ionophoret. getrennt, u. zwar in Ggw. von Boratpuffer. Hierbei bildet nur die 3.4-Verb. einen Komplex. *2.3-* u. *2.4-Dimethylderiv.* können auf diese Weise nicht getrennt werden, wohl jedoch durch Chromatographie. (Chem. and Ind. **1952.** 828—29. 23/8. Birmingham, Univ., Dep. of Chem.) TIEDEMANN. G 3400

Roger Munier und **Michel Macheboeuf,** *Vorläufige Versuche über die Papiermikrochromatographie verschiedener Alkaloide in wässerigen Mischphasen.* Im Anschluß an frühere Arbeiten (C. **1951.** I. 3400 u. früher) befaßten sich Vff. mit der Trennung von Alkaloiden durch die Papierchromatographie. Eine exakte Trennung von Alkaloidgemischen auf diesem Wege ist möglich, wenn man in wss. Mischphase arbeitet. Dabei spielt der Geh. an W. eine ausschlaggebende Rolle, zu hoher u. zu niedriger Wassergeh. beeinträchtigen die Trennung. Ferner ist das p_H der zu trennenden Stoffe von Bedeutung. — Ein Gemisch von 20—50 mg *Coffein, Theophyllin, Xanthin* u. *Trigonellin* (Alkaloide mit sehr kleiner Dissoziationskonstante) wird in salzsaurer wss. Lsg. mit einer wss. Propanollsg. (50 cm^3 n-Propanol u. 25 cm^3 einer Mischung von 95 Vol. W. u. 5 Vol. HCl von 22° Bé) chromatographiert. Das Chromatogramm wird nach der Meth. von WILLIAMS u. KIRBY (Science [New York] **107.** [1948.] 481) auf photograph. Weg festgehalten, indem man es mit UV-Licht von 270 mμ bestrahlt, das Alkaloide absorbieren. Analoge Trennungen von *Morphin–Codein–Thebain* in neutraler W.-Propanol-Phase; *Morphin–Scopolamin–Brucin–Strychnin* in einer Mischung von 75% Aceton u. 25% W. in ammoniakal. Lsg. sind möglich. (Bull. Soc. Chim. biol. **32.** 904–07. 1950. Institut Pasteur.) W. Günther. G 3500

c) Bestandteile von Pflanzen und Tieren.

J. J. Clemmons und **T. C. Webster,** *Ein genaues Referenzsystem für Historadiographie.* Als Referenzsyst. im Bereich der Dicken von 0,2–5,0 μ eignen sich mit *Alizaringrün* gefärbte *Parlodion*-Folien. Objektträger aus Glas werden in eine Farbstoff–Parlodion–Acetat-Lsg. getaucht die Filme aufgezogen u. getrocknet. Dann werden aus dem Film Quadrate geschnitten u. in W. abgezogen. Aus diesen Filmen wird ein Keil gebildet. Messungen der Lichtabsorption bei 635 mμ gestatten die Berechnung der Dicke der Folien. Die Meth. arbeitet schnell u. genau u. erfordert nur ein Mikrodensitometer. (Biochim. biophysica Acta [Amsterdam] **11.** 464–70. Aug. 1953. Madison, Wis., Univ. of Wisconsin. Med. School.) Wiedemann. 5660

Jean Chauveau, *Eine neue Methode zur Isolierung von Zellkernen.* Aus einer homogenen Gewebelsg. können durch einmaliges Zentrifugieren die gesamten Zellkerne isoliert werden, wenn die D. der Suspensionslsg. auf 1,28 erhöht wird. Das Material wird in 20 Volumeneinheiten einer 2.2 mol. Saccharoselsg. bei 40000 Umdrehungen geschleudert. Nur die Zellkerne sedimentieren dabei aus. (C. R. hebd. Séances Acad. Sci. **235.** 902–04. 20/10. 1952.) Lenhard. 5660

H. W. Wade, *Bemerkungen über die Carbowachsmethode zur Anfertigung von Gewebeschnitten.* „Carbowachse" sind wasserlösl. Polyäthylenglykolwachse wechselnder Zusammensetzung. Das gewöhnlich benutzte Material ist eine sehr verd. Lsg. von *Turgitol 7* mit 10% *Carbowachs 1540.* Ausgezeichnete Färbungen wurden bei Verwendung dieses Materials bei Lepra-Bazillen erzielt. (Stain Technol. **27.** 71–79. März 1952. Philippines, Culion Sanatorium.) Itzerott. 5661

S. A. Simmons und **R. A. Shoemaker,** *Differentialfärbung von Pilz- und Wirtszellen unter Verwendung einer Modifizierung von Pianeze IIIb.* Eine Abänderung der von Vaughan zur Differenzierung von Pilz- u. Wirtsgewebe abgewandelten „Pianeze IIIb"-Meth. wird wiederum etwas verändert u. die Technik angegeben, Mycel: hellrot; Wirtszellen: grün. (Stain Technol. **27.** 121. März 1952. Guelph, Can., Ontario Ag. Coll., Dep. of Bot.) Itzerott. 5661

Nobuo Shimizu und **Tetsuzo Kumamoto,** *Eine Bleitetraacetat-Schiffmethode für Polysaccharide in Gewebeschnitten.* Durch Criegee [1931, 1937] wurde gezeigt, daß Pb-Tetraacetat fast die gleiche Wrkg. wie Perjodsäure in der Anwendung als Oxydans in 1%ig. Lsg. in 30 Teilen Eisessig u. 70 Teilen gesätt. wss. Na-Acetat-Lsg. mit anschließender Färbung mit Schiffs Reagens hat. Die Ergebnisse gleichen denen der McManus-Technik, sind aber teilweise intensiver u. umfassender. So läßt sich z. B. Glykogen nach dieser Meth. in den Müllerschen Fasern der Retina, im Epithel der Cornea u. in einigen Nervenzellen nachweisen, das heißt in Fällen, wo durch Oxydation mit Perjodsäure kein Erfolg gesehen wurde. Nach Behandlung mit heißem Methanol, Chlf. oder Pyridin verschwindet die geringe Anfärbung der Myelinscheiden, desgleichen die nach dieser Technik erzielte positive Anfärbung nach Acetylierung mit Ausnahme bescheidener Reaktionsrückstände in den Granula der Mastzellen, des inneren Teils der Cornea u. der Follikel-Fl. sowie der Zona pellucida des Eis im Eierstock. (Stain Technol. **27.** 97–106. März 1952. Wakayama-shi, Japan, Wakayama Med. Coll.) Itzerott. 5661

d) Medizinische und toxikologische Analyse.

Vincent Brustier, Pierrette Cornec und **Henri Triché,** *Spektrographische Bestimmung von Blei in Blut.* Zur spektrograph. Best. von *Pb* in Blut verwendet man den nach Versetzen des Blutes mit einer bekannten Menge $SnCl_2$-Lsg. erhaltenen Trockenrückstand u. vgl. mit Eindampfrückständen, die erhalten werden, wenn man 5 ml von synthet. Lsgg. eindampft, welche die mineral. Blutbestandteile, eine bekannte konstante Sn-Menge, variable bekannte Pb-Mengen u. 0,1 g Graphitpulver enthalten. Die die mineral. Blutbestandteile enthaltende synthet. Lsg. (nach Fabre u. Petit, Arch. Maladies profess. Méd. Travail Sécurité soc. **4.** [1942.] 120) wird von Pb durch gemeinsame Fällung von Pb- u. Hg-Sulfat gereinigt. Man verwendet einen intermittierenden Bogen hoher Frequenz zwischen Pb-freien Graphitelektroden. (C. R. hebd. Séances Acad. Sci. **234.** 2367–68. 9/6. 1952.) K. F. Müller. 5727

William J. Reals, Julian A. Jarman und **Robert T. Beattie,** *Die Bestimmung von an Protein gebundenem Jod in einem Militärhospital.* Der Jodspiegel im Blut wurde an einer größeren Anzahl von Patienten nach der von Barker u. Mitarbeitern (J. clin. Invest. **30.** [1951.] 55) entwickelten u. vom gleichen Autor (J. clin. Endocrinol. **10.** [1950.] 1136) u. Harsha (J. Kansas Med. Soc. **51.** [1950.] 55) verbesserten Meth. bestimmt. Jod wirkt als Katalysator der Rk. zwischen $[Ce(SO_4)_3](NH_4)_2$ u. As_2O_3. Der Grad der Farbänderung in einem bestimmten Zeitabschnitt ist dem Jodgeh. der Blutprobe direkt proportional. Das Protein des Serums wurde durch $ZnSO_4$ u. NaOH gefällt, mit jodfreiem W. gewaschen, Na_2CO_3 zugegeben u. die Fällung über Nacht bei 85 bis bis 95° getrocknet. Dann wurde bei 600° $2^1/_2$ Std. verascht u. das Jod mit HCl herausgelöst. Nach Zugabe von As_2O_3 u. $[Ce(SO_4)_3](NH_3)_2$ wurde auf 37° gebracht u. nach 15 Min. die Probe mit einer analog vorbereiteten Blindprobe in einem Spektrophotometer bei 20% Lichtdurchlaß u. 420 mμ verglichen. Als Modifizierung wurde eine entsprechende Eichkurve des Spektrophotometers als Bezugskurve für die folgenden Bestimmungen verwendet. (Military Surgeon **113.** 478—83. Dez. 1953. Sheppard Air Force Base, Tex., USAF Hosp.) Helmut Hofmann. 5727

B. Drevon, A. Bernard und **D. Mandon,** *Mikrobestimmung von Blutcalcium mittels Äthylendiamintetraessigsäure und Murexid.* Die Best. fußt auf der Meth. von Schwarzenbach u. Ackermann (C. **1949.** II. 25. 746). Die Ca-Best. wird in 0,5—1 ml Serum vorgenommen u. der mit bloßem Auge infolge der kleinen Ca-Konz. u. der Eigenfarbe des Serums nicht verfolgbare Farbumschlag der mit NaOH auf $p_H \geq 12$ gebrachten Lsg. bei Titration mit einer eingestellten Lsg. des Di-Na-Salzes der Äthylendiamintetraessigsäure nach Murexidzugabe photometr. bei ca. 520 mμ beobachtet u. der Geh. graph. interpoliert. Zur Ausschaltung des Einfl. des Serum-Mg wird eine gleichartige Ca-Best. in einer Ca-Stammlsg. vorgenommen u. der Ca-Geh. im Serum nach einer einfachen Formel errechnet. (C. R. Séances Soc. Biol. Filiales **147.** 1420—24. Aug./Sept. 1953. Lyon, Labor. de Pharmacie chimique et Pharmacologie.) Fresenius. 5727

Gordon H. Ellis und **Gordon D. Duncan,** *Destillation von Mikromengen von Jod. Anwendung auf die Bestimmung von proteingebundenem Jod in Rinderblutserum.* Die Best. von an Eiweiß gebundenem J in *Rinderserum* wird im Prinzip nach der Meth. von Chaney, Oxydation der organ. Substanz u. des J zu Jodat mit H_2SO_4/CrO_3, Red. des Jodats mittels eines geeigneten Reduktionsmittels zu elementarem J u. Dest. des J mit anschließender colorimetr. Best. des J, durchgeführt. Vff. beschreiben einen etwas modifizierten Destillationsapp. für die angegebene Meth. u. finden mit der von ihnen angegebenen Ausführung 96% des vorhanden J. (Analytic. Chem. **25.** 1558—59. Okt. 1953. Ithaca, N. Y., U. S. Plant, Soil and Nutrition Labor., Soils and Agricult. Engng., U. S. Dep. of Agricult.) Fretzdorff. 5728

Richard H. Ettinger, Leo R. Goldbaum und **Lloyd H. Smith jr.,** *Eine vereinfachte photometrische Methode zur Bestimmung von Citronensäure in biologischen Flüssigkeiten. Blut, Serum, Plasma* u. *Gewebshomogenate* werden mit Wolframsäure enteiweißt, ebenso *Harn,* wenn stark eiweißhaltig, u. so verd., daß 1 ml Filtrat 0,5—10 γ *Citronensäure* (I) enthält. 4 ml Filtrat werden mit 1 ml 9 n H_2SO_4 u. 0,25 ml 40% ig. HPO_3 versetzt u. auf Tempp. unter +15° abgekühlt, bei welchen das ganze Verf., bis auf die Erhitzung zur Farbentw., durchgeführt werden muß. Dann werden 0,5 ml 2 mol. KBr-Lsg. u. 1,5 ml gesätt. $KMnO_4$-Lsg. zugesetzt, gut gemischt, 10 Min. stehengelassen u. durch tropfenweise Zugabe von 6% ig. H_2O_2 entfärbt, wobei ein Überschuß an H_2O_2 zu vermeiden ist. Die Lsg. wird 1 Min. mit 6 ml Heptan geschüttelt. In einer Küvette werden 5 ml der Heptanschicht mit 2 ml 30% ig. KOH u. 4 ml Pyridin 30 Sek. geschüttelt, 4 Min. in ein Wasserbad von 80° gehalten, kurz geschüttelt, in Eiswasser gekühlt u. 10 Min. zur völligen Schichtentrennung zentrifugiert. Die Färbung der klaren Pyridinschicht wird im Photometer mit 520 mμ-Filter gemessen. Parallel werden 4 ml einer Lsg. von 100 mg wasserfreier I in 100 ml n-H_2SO_4 behandelt. Die Best. wird durch n. Blutbestandteile nicht gestört. Mengen von 2—40 γ I können mit großer Genauigkeit erfaßt werden. — Im Blut von 21 gesunden Personen wurden 8,1—19,7 γ I/ml gefunden. (J. biol. Chemistry **199.** 531—36. Dez. 1952. Washington, D. C., Walter Reed Army Med. Center, Army Med. Serv. Graduate School.) Krusen. 5750

Dearbon Chemical Co., übert. von: **Louis Earl Odell,** Chicago, Ill., V. St. A., *Schutz von sauerstoffempfindlichem Testmaterial* zur Best. von Chromatkonzentrationen. Man tränkt saugfähiges Material, z. B. Filterpapier, mit einer wss. oder alkoh. Lsg. von Benzidin (I) oder einem Säurederiv. des I, Citronensäure u. Stärke u. bringt es sofort nach dem Tränken in einen mit $CaCl_2$ beschickten u. unter CO_2-Druck stehenden Exsiccator. (**A. P. 2 605 164** vom 21/1. 1949, ausg. 29/7. 1952.)

NEBELSIEK. G 335

Fritz Kästner, Einführung in den Gebrauch des Polarisationsmikroskopes. Leipzig: Fachbuchverl. 1953. (77 S. m. 71 Bild.) DM 5,80.

Henri Renault, Pierre Delauney, Jean Renault et Fernand Pellerin. Guide de travaux pratiques de chimie analytique générale. 2e et 3e années. Publié sous la direction de **J. A. Gautier** et **R. Moreau.** Paris: Société d'Edition d'enseignement supérieur. 1952. (318 S. m. Abb.) fr. 1500,—.

H. Angewandte Chemie.

I. Allgemeine chemische Technologie.

Wilhelm Sandermann und **Hans-Hermann Dietrichs,** *Untersuchungen über Holzkitte.* Die Verwendungsgebiete u. die Zus. früher üblicher Holzkitte, sowie die Ergebnisse der Unterss. von 6 Holzkitten des Handels werden besprochen. Diese besaßen sehr unterschiedliche Zus. u. Eigg.; nur *ein* Präp. zeigte in jeder Hinsicht zufriedenstellende Ergebnisse. Vff. untersuchten die Abhängigkeit der Eigg. von Holzkitten von ihrer chem. Zus., u. bezeichnen die Kittbestandteile (Bindemittel, Weichmacher, Füllstoffe, Lösungsmittel), die nach ihren Erfahrungen in einem Holzkitt die besten Ergebnisse liefern. (Holz Roh- u. Werkstoff **12.** 98—104. März 1954. Reinbeck bei Hamburg, Bundesanstalt für Forst- u. Holzwirtschaft, Abt. Holzchemie.) SEIFERT. 5810

G. Sarukhanian, *Wärmeübergang bei Verdampfung.* Die Größe des Wärmeübergangskoeff. bei sd. Fll. hängt zur Hauptsache von der Beschaffenheit der Heizfläche ab. Es bilden sich Dampfbildungszentren an durch Gasbläschen, Kesselstein u. Schlamm rauhen Stellen der Oberfläche. Die Dampfbläschenbldg. u. deren Größe wird bei W. A., Bzl. u. n-Heptan untersucht. Bei größerer Temperaturdifferenz entsteht ein höherer Wärmeübergangskoeff., weil mehr Dampfbildungszentren entstehen, schließlich bildet sich ein Dampffilm. Bei „Filmverdampfung" nimmt der Koeff. wieder ab. Die theoret. Grundlagen werden unter Berücksichtigung russ. Literatur erörtert. (Chemie-Ing.-Techn. **25.** 477—80. Aug./Sept. 1953.) MIETHING. 5816

H. Autenrieht, *Filterleistung von Trommelfiltern. Einfluß des Eindickungsgrades des Aufgabegutes, des Filterbespannungswiderstandes und der Durchlässigkeit des Filterkuchens.* Der Filtration mit Trommelfiltern kommt heute große Bedeutung zu. Es werden die hauptsächlichsten Materialeigg. der zu filtrierenden Stoffe sowie der Filtergewebe beschrieben. Aus den Formeln $V/t = L = k/D$ u. $L = k/D + \Delta$, worin V = Filtratmenge, t = Zeiteinheit, L = spezif. Filterleistung, k = Filtrationskonstante, D = Kuchendicke, Δ = Filterbespannungswiderstand bedeuten, werden Leistungsgleichungen aufgestellt, die es gestatten, die Abhängigkeit der Feststoffleistung von Trommelfiltern von dem Feststoffgeh., dem Filterbespannungswiderstand u. der Durchlässigkeit des Filterkuchens in relativen Zahlen abzuleiten. Aus den aufgestellten Kurven werden wertvolle Schlüsse für die Praxis gezogen. Durch experimentelle Best. des Filterbespannungswiderstandes u. der Kuchendurchlässigkeit ist es möglich, die Gültigkeit der aufgestellten Formeln für ein zu untersuchendes Stoffgemisch nachzuprüfen u. damit für beliebige Betriebsverhältnisse optimale Bedingungen zu errechnen. (Chemie-Ing.-Techn. **25.** 731—35. Dez. 1953. Hannover, Kaliforschungsstelle.) WITTE. 5830

A. M. Whitehouse, P. L. Golden, R. W. Hiteshue und **E. L. Clark,** *Erprobte Verbindungen für Reaktionen unter hohem Druck.* Rohr- u. Fittingsverbb. für Autoklaven, deren Erprobung u. Ausbildung. Bebilderter Bericht. (Chem. Engng. Progr. **49.** 491—96. Sept. 1953. Bruceton, Pa., Bureau of Mines.) K. O. MÜLLER. 5834

M. Andritzky, *Rauchgasentstaubung.* Beschreibung einer kombinierten Anlage, bei der dem Elektrofilter ein Vielzellen-Fliehkraftabscheider (Zyklon, Paraklon) vorgeschaltet ist. Diese Vorschaltung ist dann zweckmäßig, wenn der Rohgasstaubgeh. sehr hoch liegt oder wenn es sich um eine nachträgliche Leistungssteigerung eines Kessels handelt u. das Elektrofilter in seiner ursprünglichen Auslegung beibehalten wird. — Versuchsergebnisse, Abbildungen u. Leistungskurven. (Vgl. auch C. **1954.** 4228.) (Brennstoff. Wärme. Kraft **6.** 122. April 1954.) K. O. MÜLLER. 5850

René Alouis, *Eigenschaften von Äthylenglykol.* Zusammenstellung der therm. Hauptdaten von Äthylenglykol (**I**) im Hinblick auf seine zunehmende Verwendung als Kühlsole. Vgl. der Wärmeübergangszahlen von $CaCl_2$-Sole u. verd. **I** in Abhängigkeit von Konz. u. Strömungsgeschwindigkeit. (Rev. prat. Froid **9.** Nr. 4. 22—43. Jan. 1954. Paris.) BLAUHUT. 5858

J.-Paul Brouquet, *Ölabscheidung und Ölabscheider.* Es wird die Bauart verschied. Ölabscheider von Kältemaschinen beschrieben u. auf Grund ziemlich oberflächlicher theoret. Überlegungen diskutiert. Vorschläge für die Bemessung derartiger Apparate. (Rev. prat. Froid **8.** Nr. 13. 19—54. Okt. 1953. Paris.) BLAUHUT. 5858

John F. Fleming und **Homer F. Johnson,** *Lösungsmittelextraktion bei hoher Fließgeschwindigkeit in einem Sprühturm.* An dem Syst. Methylisobutylketon–Essigsäure–W. wurde in einer aus Pyrexglas gebauten App. das Fließen der einzelnen Phasen bei höherer als bisher üblichen Geschwindigkeit geprüft u. dabei beobachtet, daß ein Wirbeln der dispersen Phase am Ende des Extraktionsturmes eintritt u. diese disperse Phase in den kon. erweiterten Teil des Turmes zurückweicht. Dieser Punkt gibt die Grenze der Fließgeschwindigkeit an. Tabellen u. graph. Versuchsergebnisse. — Literaturhinweise. (Chem. Engng. Progr. **49.** 497—502. Sept. 1953. Knoxville, Tenn., Univ. of Tennessee.) K. O. MÜLLER. 5862

Anast. Konstas, *Betriebsergebnisse eines Berieselungsverdampfers.* Die beschriebene Verdampferanlage bestand aus einem Heißwasserkessel, einem Nachwärmer u. dem aus Kupferrohren gebautem Verdampfer. Das auf ca. 90° erwärmte W. wird im Kreisprozeß durch das Syst. gepumpt. Im Verdampferraum wird der einzudampfende Sirup auf die Verdampferrohre gesprüht, in einer Zisterne gesammelt u. laufend umgepumpt. Frischluft wird ständig durch die Anlauge gesaugt. Die Wärmedurchgangszahlen während der Verdampfung werden errechnet u. daraus die Wärmeübergangszahlen bestimmt. In der Anlage konnten im Durchschnitt in 1 Std. 80 Liter W. verdampft werden. Mit 1 kg Rohöl werden 8,3 kg W. verdampft. Das Konzentrat zeigte in Farbe, Geschmack u. Geruch keinen Unterschied gegenüber Sirup, welcher im Vakuum verdampft war. (Chemie-Ing.-Techn. **25.** 715—17. Dez. 1953. Athen, Griechenland.) WITTE. 5864

Phillips Petroleum Co., Del., übert. von: **Sam P. Robinson,** Bartlesville, Okla., V. St. A., *Tonerdekörper.* Eine plast. wss. Tonerdemasse mit wenigstens 99 (%) Al_2O_3 in der Trockensubstanz u. einer Korngröße zwischen 0,03 u. 0,075 mm, die zu ca. 70—90 aus α-Korund u. zu 5—30 aus hydrat. Al_2O_3 besteht, wird in einer Kugelmühle innig gemischt. Die Mischung wird bis zu einem Wassergeh. von 15—25 entwässert u. auf der Strangpresse zu dünnen Stäben geformt, die in kurze Stücke gebrochen werden, deren Länge etwa dem Durchmesser des Stabes entspricht. Die Stücke werden auf einen Feuchtigkeitsgeh. von 10—15 getrocknet, durch Rollen in einer Trommel mit dreidimensionaler Rotation in Kugelform gebracht u. darauf bei ca. 1600° gebrannt. Die entstandenen Körper sind bes. als *Wärmeaustauscher* geeignet. — Diagramme. (**A. P. 2 635 950** vom 26/4. 1948, ausg. 21/4. 1953.) REINHART. 5815

Wilhelm Maas, Deutschland, *Emulgieren und Demulgieren von Flüssigkeiten,* dad. gek., daß man die Flüssigkeitsteilchen der Komponenten auf elektrostat. Wege mit elektr. Ladungen versieht oder entlädt. — Vorrichtung. (**F. P. 1 006 510** vom 26/1. 1948, ausg. 24/4. 1952.) OPPERMANN. 5825

Rudolf Kürth, Berlin, *Feinstverteilung und Zertrümmerung von Gelen, chemischen Einschließungen und wässerigen Anlagerungen.* Die Gele usw. werden durch Ultrakurzwelleneinw. in ihrer Struktur zerstört. Sie werden mit den Massen, in denen die Feinstverteilung stattfinden soll, durch Rohre gedrückt u. gelangen so durch das Ultrakurzwellenfeld. (**D. B. P. 884 039** Kl. 12g vom 7/2. 1939, ausg. 23/7. 1953.) MATTHES. 5825

Rudolf Signer, Gümlingen, Schweiz, *Zerlegen von Stoffgemischen* durch Verteilen zwischen 2 fl., nicht mischbaren Phasen (**I**). Man führt das Gemisch in mindestens eine der **I** ein u. bringt die beiden **I** zwecks Einstellung des Verteilungsgleichgewichts in einer Mehrzahl nebeneinander angeordneter, aneinander grenzender, durch Öffnungen in Verbindung stehender Kammern unter Erhaltung einer ununterbrochenen **I**-Grenzfläche in den einzelnen Kammern in innige Berührung, indem man die **I**-Grenzfläche durch ständige Bewegung innerhalb der einzelnen **I** in den einzelnen Kammern fortwährend erneuert u. mindestens eine der **I** in horizontaler Richtung von einer der Kammern zur anderen strömen läßt. (**D. B. P. 903 688** Kl. 12c vom 10/10. 1951, ausg. 8/2. 1954. Schwz. Priorr. 10/10. 1950 u. 3/9. 1951.) NEBELSIEK. 5829

I. G. Farbenindustrie Akt.-Ges. (Erfinder: **Ditmar Bachmann**), Frankfurt/M., *Entgasen von Flüssigkeiten und Metallschmelzen* durch eine Kavitation auslösende mechan. Behandlung der sd. Fl. oder Schmelze, z. B. bei niederfrequenten Schwingungen von ca. 80—100 Hz. Die Entgasung kann in schwingenden oder mit schwingenden Platten bzw. Rührern ausgerüsteten Gefäßen vorgenommen werden. (**D. R. P. 753 613** Kl. 12e vom 3/2. 1943, ausg. 23/2. 1953.) HEINSEN. 5849

Rudolf Jahn und **Viktor Himmelbauer,** Wien, Österreich, *Entstaubung von Gasen und Aggregierung von Nebeln mit Hilfe von stehenden Schallwellen,* wobei die Gasströmung parallel zu den Knotenflächen der stehenden Wellen gerichtet ist. — Die stehenden

Wellen werden durch die Wrkg. zweier Schallquellen durch ein Gegeneinanderwirken derselben erzeugt. Während der Beschallung erfolgt die Ausscheidung der Staubballungen durch Fliehkräfte, zweckmäßig in einem ringförmigen Beschallungsraum. — Zeichnung. (**Oe. P. 174 050** vom 7/7. 1951, ausg. 11/5. 1953.) M. F. Müller. 5851

Soc. Française des Constructions Babcock & Wilcox, Seine, Frankreich, *Rauchgasreinigung.* Der in parallel arbeitenden, batterieweise in mehreren Reihen angeordneten Cyclonen anfallende Staub wird mit Ventilatoren in einen waagerechten Kanal abgesaugt u. in einem Sammelreiniger von dem mitgerissenen Gas getrennt. — Zeichnung. (**F. P. 1 029 146** vom 6/12. 1950, ausg. 4/3. 1953.) Holm. 5851

L'Évaporation Nouvelle, Frankreich, *Konzentrieren von Flüssigkeiten.* Man läßt die zu konzentrierende Fl. in einem Turm in einen entgegenstreichenden warmen u. trocknen Luft- oder Gasstrom (z. B. N_2) herabrieseln u. trocknet die mit Wasserdampf beladene Luft oder das Gas in einem zweiten Turm mittels hygroskop., z. B. aus regenerierter Cellulose bestehenden Membranen. — Vorrichtung. (**F. P. 1027314** vom 7/11. 1950, ausg. 11/5. 1953.) Oppermann. 5865

Mojonnier Bros. Co., Chicago, Ill., V. St. A., *Eindampfen wärmeempfindlicher Flüssigkeiten, z.* B. *Citrusfruchtsaft,* im Vakuum bei verhältnismäßig niederen Tempp., dad. gek., daß die Verdampfungswärme eines komprimierten Kaltdampfes (NH_3) dazu verwendet wird, um die einzudampfende Fl. zum Sieden zu bringen. Das dabei mindestens teilweise kondensierte NH_3 wird unter die Temp. des entstehenden Dampfes abgekühlt u. im Wärmeaustausch zum Kondensieren des Dampfes benutzt, um ein Vakuum über der sd. Fl. zu erzeugen. Das hierbei verdampfende NH_3 wird komprimiert u. erneut in Umlauf gebracht. — Zeichnung. (**Schwz. P. 291 179** vom 21/5. 1948, ausg. 1/9. 1953.) Lüttgen. 5865

Hermann Crotogino, Kleve/Rhld., *Heizflächenloses Verdampfen oder Fraktionieren von Flüssigkeiten,* dad. gek., daß diese in ein wärmetragendes dampf- oder gasförmiges Medium eingespritzt werden, das Gemisch nach Erreichung des Gleichgewichts durch bekannte Abscheider getrennt u. das Trägergas (**I**) entweder abgeführt oder regeneriert wird. Als **I** werden niedrigsd., mit W. nicht mischbare u. beim Verdampfungsprozeß nicht kondensierende Fll. verwendet. Das Verf. ist bes. geeignet für hitzeempfindliche oder stark verkrustende u. schäumende Flüssigkeiten. (**D. B. P. 861 541** Kl. 12a vom 7/11. 1950, ausg. 5/1. 1953.) Heinsen. 5865

Sinclair Refining Co., New York, N. Y., übert. von: **Kenneth M. Watson,** Madison, Wis., **Robert E. Howe,** Sinclair, Wyo., und **Robert Lormer Smith,** Western Springs, Ill., V. St. A., *Entfernung inaktiven Materials aus fluidisierten Katalysatoren* bei katalyt. Prozessen, bei denen feinverteiltes festes Kontaktmaterial in eine Regenerationszone (**I**) gelangt, worin das kohlige Material durch ein O_2-haltiges Gas abgebrannt wird u. die Verbrennungsprodd. aus dem oberen Teil der **I** abgezogen werden. Der regenerierte Katalysator wird vom unteren Teil dieser Zone abgezogen. Der feinverteilte feste Katalysator ist ein Gemisch von Fraktionen großer u. kleiner Teilchengröße. Zur selektiven Entfernung der größeren Teilchen, die eine vorherbestimmte D. in Übereinstimmung mit dem Nachlassen ihrer Aktivität aufweisen, leitet man die regenerierten Katalysatoren in der **I** über eine Absitzzone die in direkter Verbindung mit dem unteren Teil der **I** steht. Man führt in kurzen Stößen ein Schlämmgas in die Absetzzone u. aufwärts in die **I**. Man regelt den Aufwärtsstrom des Schlämmgases so, daß nur solche größeren Teilchen, die die vorherbestimmte D. aufweisen, im Gegenstrom zu dem Schlämmgas nach unten in den unteren Teil der Absetzzone fallen können. Auf diese Weise erreicht man hohe Katalysatoraktivität im System. — Zeichnung. (**A. P. 2 631 981** vom 10/7. 1948, ausg. 17/3. 1953.) Unger. 5905

Standard Oil Development Co., Elizabeth, N. J., V. St. A., *Herstellung feinzerteilter anorganischer Gelteilchen.* Hydrosole, bes. von Metalloxyden, wie Al-Oxyd, werden, gegebenenfalls unter Zusatz eines Emulgators, in einer mit W. nicht mischbaren Fl., z. B. Bzl., Erdöl, CCl_4, u. je nach der gewünschten Teilchengröße mehr oder weniger stark, bis zur Gelbldg. gerührt, worauf die Gelteilchen abgetrennt u. durch Erhitzen, z. B. auf 175—455°, getrocknet werden. Um Zusammenballungen zu vermeiden, kann die Trocknung auch in Ggw. organ. Mittel, wie Butylalkohol, Bzl., Bzn., erfolgen, wobei ein oberflächenakt. Stoff, z. B. Lecithin, zugesetzt werden kann. Die Trocknung kann dabei an der Luft oder unter Abdest. des Butanols als azeotropes Gemisch erfolgen. Gele von Tonerde, Fe-Oxyd, Ti-Oxyd sowie Mischgele aus SiO_2 u. Tonerde, SiO_2–Magnesia, SiO_2–Magnesia–Tonerde werden hergestellt. Die Prodd. dienen als *Adsorbens für Gase* u. als *Katalysatoren,* bes. für Fließbettverfahren. — Zeichnung. (**D. B. P. 900 812** Kl. 12 g vom 28/1. 1950, ausg. 4/1. 1954. A. Priorr. 1/2., 24/2., 25/2. u. 21/6. 1944.) Matthaes. 5905

III. Elektrotechnik.

K. Kaizik, *Maßnahmen zum Ersatz von Kupfer durch Aluminium bei Hochstromschienen in elektrolytischen Betrieben.* Für die in elektrolyt. Betrieben in den Hochstromleitungen an u. über den Bädern vorkommenden häufig u. regelmäßig lösbaren elektr. Verbb. kann Al infolge der sich bildenden nichtleitenden Oxydhaut nicht an Stelle von Cu verwendet werden. Ein Austausch ist nur dann möglich, wenn Cu-Kontakte angebracht werden, durch die alle Stoßfugen zwischen Cu u. Al möglichst weit eingeschränkt u. dann sorgfältig abgedichtet werden. Eine Stromersparnis kann durch Silberplattierung der Auflagefläche der Kontakte erreicht werden. Einige Arten solcher Cu-Kontakte werden an Hand von Zeichnungen beschrieben. — Schrifttumsangaben. (Aluminium **29.** 305—07. Juli/Aug. 1953. München.) APEL. 5952

Peter H. R. Lane, *Einführung isolierter elektrischer Leitungen in Druckgefäße.* Unter Bezugnahme auf ähnliche Unterss. von PARBROOK (vgl. J. sci. Instruments **30.** [1953.] 57) teilt Vf. mit, daß von ihm schon seit Jahren eine isolierte Einführung von Leitungen in Druckgefäße benutzt wird, die in vielen Punkten mit der von PARBROOK übereinstimmt. Die Drähte wurden von dem Vf. mit Polyvinylchlorid isoliert; auch emaillierte Drähte wurden verwandt. (J. sci. Instruments **30.** 294. Aug. 1953. Cambridge, Brit. Welding Res. Assoc.) GOTTFRIED. 5952

Murray Olyphant jr., *Lichtbogensicherheit. Einfluß der Prüfbedingungen auf das Verhalten von hitzehärtbaren Isolierstoffen gegen Kriechströme.* Bei der Best. der Lichtbogensicherheit von Kunststoffen (ASTM-Method D 495—48 T) werden die Ergebnisse durch Änderung der Prüfatmosphäre, der Elektrodenanordnung u. der Art des Funkens beeinflußt. Der Widerstand gegen Verkohlen durch den Lichtbogen steigt in N_2, H_2 u. He. In Cl_2 ist die Wrkg. gegenteilig. Höhere Temp. der Probe verringert den Widerstand. Die Kennziffern sind bei gleichen Elektroden u. gleichen Lichtbogen auch von der Stromart abhängig. Für übliche Begutachtungen genügen die Angaben der ASTM-Methode. (ASTM Bull. **1952.** Nr. 185. 31—38. Okt. St. Paul, Minn., Minnesota Mining and Manufact. Co.) DEUTSCH. 5956

M. C. Teves und **T. Tol,** *Elektronische Verstärkung von Röntgenbildern.* Vff. betonen die Notwendigkeit der Bildverstärkung für die Röntgendiagnostik u. beschreiben den von PHILIPS für diesen Zweck entwickelten Bildwandler (B.). Das ursprüngliche Röntgenbild wird dabei elektronenopt. auf $^1/_9$ verkleinert u. mit einem Okular wieder 9fach vergrößert. Das dem Original flächengleiche Bild hat eine 1000fache Leuchtdichte, die abbildenden Elektronen werden mit 25 kV beschleunigt. Der Leuchtdichtengewinn ist auf die Beschleunigung der abbildenden Elektronen sowie die Bildverkleinerung zurückzuführen. Der im B. eingebaute Leuchtschirm für das Ursprungsbild fluoresciert blau u. besteht aus ZnS mit Ag aktiviert, die Quantenausbeute der Photokathode beträgt 10%, der Betrachtungsleuchtschirm besteht aus gelbgrün fluorescierendem ZnS–ZnSe. Die elektronenopt. Abb. erfolgt durch eine elektrostat. Linse. Der Leuchtschirm für das zu verstärkende Bild ist extrem dünn aufgebracht, um die schirmbedingte Unschärfe klein zu halten. Die Gesamtunschärfe des Bildverstärkers beträgt nur 0,4 mm. Im Interesse guter Kontrastwiedergabe wurden verschied. Maßnahmen ergriffen, um die störende Grundhelligkeit auf dem Endbild zu verringern. Im einzelnen wird dann erläutert, daß infolge der Bildverstärkung der Bildinhalt größer wird. (Philips' techn. Rdsch. **14.** 37—47. Aug./Sept. 1952.) REUSSE. 5974

G. H. Hough und **D. S. Ridler,** *Einige neuentwickelte Kaltkathoden-Glimmentladungsröhren und ihre Schaltungen.* 2. Mitt. (1. vgl. Electronic Engng. **24.** [1952.] 152.) Die aus der Technik der gas- oder dampfgefüllten Stromrichter bekannten Schaltungen zum gegenseitigen Löschen u. Zünden von Entladungsstrecken werden angegeben. Vff. beschreiben Konstruktionseinzelheiten, Betriebsverh. u. Anwendungsmöglichkeiten einer Entladungsröhre mit vielen getrennten Kathoden u. einer gemeinsamen Anode, bei der die Ablösung einer Entladungsstrecke durch die andere durch die Ausbldg. der positiven Säule selbst bewirkt wird. (Electronic Engng. **24.** 230—35. Mai 1952. Standard Teleph. and Cables, Ltd.; Standard Telecomm. Labors., Ltd.) PIEPLOW. 5974

O. B. Young und **Charles E. Dickerman,** *Dielektrische Konstante von Dimethylsiliconen.* Es sollte geprüft werden, ob Siliconöle zur Imprägnierung von Kondensatoren geeignet sind. Die dielektr. Konstante wurde über einem Temperaturbereich von —73 bis +160° gemessen. Dabei variiert ein 50 cSt. Öl zwischen 3,268—2,326. Ein 350 cSt. Öl hatte bei —45,5° eine dielektr. Konstante von 3,103 bei 160° von 2,371, ein 20 cSt. Öl bei —55° eine solche von 3,053 u. bei 155° eine von 2,303. Resultate zeigen gegenüber anderen Imprägnierungsmaterialien für Kondensatoren, daß über ein weites Temperaturbereich die dielektr. Konstante der Siliconöle nur geringfügig variiert. Der Temperaturkoeff. der Öle ist negativ. — Kurven im Original. (Ind. Engng. Chem. **46.** 364—65. Febr. 1954. Carbondale, Ill., Southern Illinois Univ.) K. O. MÜLLER. 5982

Philips Electrical Industries Ltd., London, England, *Widerstände mit negativem Temperaturkoeffizienten.* Gemische aus dreiwertigem Fe u. Verbb. des zweiwertigen Fe mit TiO_2, SnO_2 oder ZrO_2 werden zu Widerständen geformt u. bei Tempp. über 1000° zu einem porigen Körper gesintert. Es entstehen in den Körpern homogene Mischkristalle des Fe_2O_3 mit den Verbb. des zweiwertigen Eisens. Die Körper werden nach dem Sintern in Luft abgekühlt. Die D. der Prodd. soll 85% der theoret. betragen. (**E. P. 686 155** vom 6/7. 1951, ausg. 21/1. 1953. Holl. Prior. 10/7. 1950.) REINHART. 5955

Allgemeine Electricitäts-Ges., Berlin-Grunewald (Erfinder: **Eugene G. Rochow**, Winchester, Mass., V. St. A.), *Elektrischer Isolierwerkstoff aus Bentonit.* Bentonitfilme oder -bahnen, welche Glasfasern enthalten können, werden mit harzartigen organ. Si-Verbb. behandelt. Als solche kommen die Anfangs- oder Zwischenkondensationsprodd. von hydrolysierten aryl- u./oder alkylsubstituierten Estern der Kieselsäure in Frage. (**D. B. P. 878 475** Kl. 80b vom 26/4. 1941, ausg. 1/6. 1953.) HANS HOFFMANN. 5957

Algemeene Kunstvezel Mij. N. V., Den Haag, Holland (Erfinder: **Games Slayter**, Newark, O., V. St. A.), *Isoliermäntel für elektrische Leitungen* sind mit Glasfaserhüllen (bes. aus alkalifreiem Glas) umgeben, die einen halbleitenden Überzug tragen. Dieser kann aus koll. Graphit oder aus einem metall. Überzug bestehen, der durch Reduktionsbehandlung von Fasern aus einem Glas mit geringem Zusatz eines Metalloxyds erzeugt wird. (**D. B. P. 894 580** Kl. 21c vom 4/12. 1940, ausg. 26/10. 1953. A. Prior. 6/12. 1939.) KESSEL. 5957

Märkische Kabelwerke Akt.-Ges., Berlin (Erfinder: **Heinrich Schneider**, Offenbach/M., und **Heinrich Voges**, Blankenfelde, Kr. Teltow), *Isolierung von Kabeln und Leitungen.* Bandwicklungen aus *thermoplast.* Material, bes. mit geringem Weichmachergeh., werden durch Erwärmung unter Druck zu einer einheitlichen Hülle verschweißt. (**D. B. P. 891 869** Kl. 21c vom 17/3. 1943, ausg. 1/10. 1953.) KESSEL. 5957

Dussek Brothers & Co. Ltd., Crayford, und **Archibald Walter Thompson** (Erfinder: **Archibald Walter Thompson**), Bromley, England, *Isoliermaterial* besteht aus einem in Mineralöl gelösten *Harz*, das zur Vermeidung von Überhitzung u. Zers. durch Schnelldest. eines unreinen Harzes bei Unterdruck gewonnen wird. (**D. B. P. 894 722** Kl. 21c vom 4/2. 1940, ausg. 26/10. 1953. E. Prior. 25/1. 1939.) KESSEL. 5957

Licentia Patent-Verwaltungs-Gesellschaft m. b. H., Deutschland, *Isolieren von Hochspannungsspulen für Transformatoren.* Man taucht sie unter Vakuum in monomere oder schwach polymerisierte Stoffe, deren Polymere elektr. Isolierstoffe darstellen, u. polymerisiert unter Druck. Das Polymere kann dann noch unter höherer Temp., bei der es aber noch nicht plast. wird, gehalten werden. (**F. P. 1 013 924** vom 3/9. 1942, ausg. 6/8. 1952. D. Prior. 10/9. 1941.) PANKOW. 5957

Philips Electrical Industries Ltd., London, England, *Verbesserungen bei der Herstellung von ferromagnetischem Material.* Ferrite u./oder ferritbildende Substanzen, z. B. Fe_3O_4, werden in O_2-armer, aber N_2-reicher Atmosphäre im Schmelztiegel aus Al_2O_3 oder einer Legierung aus Pt oder Pt + Ir + Rh, der durch eine Ir-Platte verschlossen ist, zusammengeschmolzen. (**E. P. 696 250** vom 7/6. 1951, ausg. 26/8. 1953. Holl. Prior. 8/12. 1950.) NEBELSIEK. 5959

Yardney International Corp. (Erfinder: **Michel Nathan Yardney**), New York, N. Y., V. St. A., *Herstellung eines kippbaren Silber–Zink-Akkumulators.* Die Hauptmenge des Elektrolyten wird durch saugfähiges Material, z. B. Filz, das U-förmig um den unteren Teil der Elektroden gelegt ist, festgehalten. Im Deckel befindet sich ein Kugelventil, welches sich beim Druck der entstehenden Gase öffnet, das Entweichen des Elektrolyten jedoch verhindert. Weiterhin ist oberhalb der Elektroden eine bewegliche Abschirmplatte aus Filz, deren Abmessungen etwas kleiner sind als die des Gehäuses, vorgesehen, die bei jeder Lage des Akkumulators den Zutritt des Elektrolyten zum Ventil verhindert. (**D. B. P. 878 229** Kl. 21b vom 1/12. 1950, ausg. 1/6. 1953. A. Prior. 6/12. 1949. **A. P. 2 601 133** vom 6/12. 1949, ausg. 17/6. 1952. **Belg. P. 498 055** vom 12/9. 1950, ausg. 2/1. 1951. A. Prior. 6/12. 1949.) LAASS. 5971

Yardney International Corp., V. St. A., *Alkalischer Sammler.* Damit sich durch Ggw. von Glycerin u. Formaldehyd im Cellophandiaphragma an der Oberfläche der positiven Ag-Elektrode nicht eine störende Schicht von schlecht leitendem koll. Ag ausbildet, werden die Elektroden mit ungeglättetem u. ungeleimtem Cellulosepapier einfach beschichtet. Die das Papier umgebende Diaphragmapackung besteht aus von Formaldehyd möglichst gereinigtem Cellophan. — Die negative Elektrode wird durch pulveriges ZnO mit bis 10, bes. 4,5% Zusatz von gelbem HgO gebildet. — 5 Zeichnungen über bauliche Gestaltungen des Sammlers. (**F. P. 1 022 904** vom 29/6. 1950, ausg. 11/3. 1953. A. Prior. 4/4. 1950.) B. SCHMIDT. 5971

Robert Achille Antoine Jeannin, Seine, Frankreich, *Alkalischer Stromsammler.* Zur Verhütung der O_2- u. H_2-Entw. u. der übermäßigen Ausscheidung von Zn an der Kathode beim Aufladen des Sammlers werden die Elektroden eng an die beiden Flächen einer den Elektrolyten aufnehmenden Separatorfolie angelegt. — Die („lösl.") Kathode wird hergestellt, indem ZnO-Pulver, bes. nach Zusatz von Zn, Cd, Cd-Hydroxyd oder Hg-Oxyd, mit der gleichen Menge W., in dem 2% Carboxymethylcellulose als Binder dispergiert sind, zu einer Paste verarbeitet wird. Diese wird dann auf ein Blatt aus Baumwolle oder regenerierter Cellulose aufgetragen u. getrocknet, u. zwei der so entstandenen Platten werden auf ein Zn-Gitter oder auf ein Gewebe aus mit Cd, Zn oder Sn beschichtetem Draht aufgepreßt, so daß eine 0,5—1 mm starke Platte entsteht. — Die Herst. der Anode ist ähnlich: Eine durch Zusatz von Graphit oder Ni leitend gemachte Ni-Hydroxydpaste wird auf einen Träger aus gefrittetem Ni oder vernickeltem Drahtnetz aufgebracht. — Die beiden Elektroden werden, gegebenenfalls mit einer zusätzlichen Separatorzwischenlage, mit 100 kg/cm² zu einer Zelle zusammengepreßt. Ein Paket solcher Zellen wird mit dem Elektrolyten (KOH von $> 24°$ Bé) getränkt u. in üblicher Weise weiterverarbeitet. (**F. P. 1 033 238** vom 28/2. 1951, ausg. 9/7. 1953.) B. SCHMIDT. 5971

Élie Billioque, Seine, Frankreich, *Stromsammler.* Ein Sammler, der in $^1/_4$ Std. aufladbar u. in $^1/_4$ Std. ohne Schaden entladbar ist u. dessen einzelne Zellen eine Spannung von je 1,2—1,3 V liefern, wird durch von $CuSO_4$-Lsg. bespülte Pb-Elektroden gebildet, deren jede bei Reihenschaltung der Zellen für die eine Zelle als positive u. für die danebenliegende als negative Elektrode wirkt, so daß Stromverbindungen zwischen den Zellen fortfallen. Beim Aufladen bedeckt sich die eine Seite der Elektrode mit Cu, die andere mit PbO_2. Das Ende der Aufladung wird durch O_2-Entw. angezeigt. Die Pb-Platten werden miteinander nach Einlage von dichtenden Gummirahmen verschraubt, die Hohlräume der Rahmen mit Lsg. ausgefüllt u. die Endplatten mit Stromführungsleitungen versehen. — 4 Zeichnungen. (**F. P. 1 033 650** vom 2/2. 1951, ausg. 13/7. 1953.) B. SCHMIDT. 5971

Paul Panton, Seine, Frankreich, *Separator für Stromsammler.* Der die Elektroden voneinander trennende Separator besteht aus einem gelochten Ebonit- oder Vinylharzblatt, welches derart scharfkantig gewellt ist, daß die Kanten in die aufquellenden akt. Massen etwas eindringen u. somit ein Plattdrücken des Blattes verhindert wird. — 6 Zeichnungen. (**F. P. 1 035 198** vom 7/4. 1951, ausg. 18/8. 1953.) B. SCHMIDT. 5971

Samuel Ruben, New Rochelle, N. Y., V. St. A., *Elektrolyt für Trockenelemente mit Aluminiumbecher.* Als Elektrolyt dient eine 40%ig. $MnCl_2 \cdot 4\ H_2O$-Lsg. (I), die mit 5 (%) Mehl in der Wärme verdickt wird. Die positive Elektrode besteht aus dem Kohlenstift, um den die Puppe aus einer Mischung von 90 MnO_2, 10 Acetylenruß u. Elektrolytlsg. gepreßt wird. An Stelle von I kann $MnBr_2$ verwendet werden. (**A. P. 2 638 489** vom 7/3. 1951, ausg. 12/5. 1953.) LAASS. 5971

Soc. de la Pile Leclanché, Chasseneuil-du-Poitou, Frankreich, *Isolieren von galvanischen Stapelbatterien aus Plattenzellen.* Jede einzelne Zelle wird zwischen zwei, in der Mitte mit einer Öffnung versehene Isolierblätter, z. B. aus Polyvinylchlorid, gelegt, deren Ränder zusammengeschweißt werden, wobei gleichzeitig die Blätter durch Pressen in die gewünschte Form gebracht werden. Der die Schweißnaht überragende Grat wird entfernt. (**E. P. 677 291** vom 21/2. 1950, ausg. 13/8. 1952. F. Prior. 25/2. 1949.) LAASS. 5971

Christian Kellerer, München, *Herstellung von Gittern für Elektroden von Akkumulatoren.* Aus Fasern, die an den chem. u. elektr. Vorgängen im Akkumulator nicht teilnehmen, z. B. aus Kunststoffen, Kautschuk, Silicaten oder Glas, werden reißfeste Fäden durch Spinnen oder dgl. u. aus diesen gazeartige Gewebe mit beliebigen Maschenöffnungen hergestellt. Nach dem Metallisieren werden diese Gewebe als Großoberflächenelektroden oder bei größeren Öffnungen zum Einpastieren der akt. M. verwendet. (**D. B. P. 907 788** Kl. 21b vom 29/11. 1939, ausg. 29/3. 1954. Schwz. Priorr. 1/3., 10/3., 13/3. u. 14/3. 1939.) LAASS. 5971

United States of America, übert. von: **George Hunrath,** Asbury, N. J., V. St. A., *Herstellung des Braunstein-Depolarisators von Primärelementen.* Um möglichst feine Teilchen des MnO_2 zu erhalten, wird dieses ca. 30 Min. mit Ultraschall behandelt u. dann erst in bekannter Weise mit Ruß oder Graphit gemischt. Letztere Stoffe können ebenfalls vor dem Mischen mit Ultraschall behandelt werden, zusätzlich auch die gebrauchsfertige Mischung. (**A. P. 2 613 877** vom 9/10. 1950, ausg. 14/10. 1952.) LAASS. 5971

Patent-Treuhand-Gesellschaft für elektrische Glühlampen m. b. H., Heidenheim/Brenz (Erfinder: **Georg Kressin,** Berlin), *Durch Ultraviolett-, Röntgen- oder Kathodenstrahlen anregbarer Leuchtstoff,* bes. für elektr. *Entladungslampen* (z. B. Hg-Niederdruckleuchtstoffröhren), mit auf der Rohrinnenwand aufgebrachter Leuchtstoffschicht. Er besteht aus mit Pb u. Mn aktiviertem Ca–Sr-Silicat. Zur Herst. werden die Halogenide, Nitrate oder bes. die Carbonate von Ca u. Sr mit SiO_2 sowie mit Pb- u. mit Mn-haltigen Stoffen vermischt u. mehrmals bei 1100—1300° im Wasserdampfstrom mit einem Partialdruck von einigen 100 mm geglüht. Molverhältnis $CaCO_3$ zu $SrCO_3 : SiO_2$ = (0,99—0,85) : (0,01—0,15) : (0,75—1,25), dazu 1—3 (1,6) Gew.-% Pb (in Form von PbO) u. 1—3 (2,4) Gew.-% Mn (inForm von $MnCO_3$). Molverhältnis $CaCO_3 : SrCO_3 : SiO_2$ für Leuchtstoffe mit hohem Rotgeh. 0,95 : 0,05 : 1,1, mit geringerem Rotgeh. 0,973 : 0,027 : 1,1. (**D. B. P. 875 251** Kl. 22f vom 22/6. 1950, ausg. 30/4. 1953.) SCHREINER. 5975

Fernseh G. m. b. H., Darmstadt (Erfinder: **Werner Hartmann,** Berlin), *Lichtelektrische Kathode.* Eine Metallunterlage trägt eine dünne Schicht eines gutleitenden Halbleiters u. darauf eine feinpulvrige Isolierstoffschicht, auf deren einzelnen Körnchen lichtelektr., bes. Ag enthaltende Stoffe aufgedampft sind. Als Halbleiter dienen bes. „Aquadag" SiC oder CuO, als Isolierschicht O-gesätt. Reduktionshalbleiter, z. B. Al-, Ti-, Mg- oder Si-Oxyd, oder O-arme Oxydationshalbleiter, z. B. Cu_2O. (**D. B. P. 891 305** Kl. 21g vom 4/12. 1938, ausg. 28/9. 1953.) KESSEL. 5975

Gustav Josef Weissenberg, Marburg/Lahn, *Photokathode.* Eine Trägerschicht wird in einem besonderen Gefäß bei geringem O_2-Druck mit der Elektronen emittierenden Substanz, z. B. Cs, u. zugleich oder anschließend mit einem nicht oder nur schwach Elektronen emittierenden Deckmetall, z. B. Ag, bedampft. Dann wird sie verarbeitet, eingebaut u. erhitzt, so daß die Elektronen emittierende Substanz durch Diffusion oder Mischkristallbldg. zur Kathodenoberfläche gebracht wird. (**D. B. P. 899 694** Kl. 21g vom 1/7. 1938, ausg. 14/12. 1953.) KESSEL. 5975

Soc. An. pour les Applications de l'Électricité et des Gaz Rares Établissements Claude-Paz et Silva, Paris (Erfinder: **René Penon,** Saint-Cloud, und **Pierre Lemaigre-Voreaux,** Paris), Frankreich, *Oxydkathode.* Zur Herst. wird bei n. Temp. ein $Ba(OH)_2$(I), das pro Mol 1—1,1 Mol W. enthält, unter Fernhaltung von W. auf die Elektrode aufgebracht u. formiert. I wird durch langsame therm. Zers. des Octohydrates $Ba(OH)_2 \cdot 8\,H_2O$ bei Unterdruck u. langsam steigender Temp. gewonnen, wobei die Temp. so geregelt wird, daß nie eine fl. Phase auftritt. (**D. B. P. 891 427** Kl. 21g vom 9/5. 1942, ausg. 28/9. 1953. F. Prior. 15/1. 1942.) KESSEL. 5975

Comp. des Lampes, Frankreich (Erfinder: **Arnold I. Friedman**), *Herstellung von Fluorescenzschirmen in Kathodenröhren.* Man verwendet eine ein Alkalisilicat (K-Silicat) enthaltende Suspension einer fluorescierenden Substanz u. eine wss. Lsg. von 0,1 bis 2 g/Liter $Ba(NO_3)_2$ oder Ba-Acetat. Beim Zusammenbringen beider Lsgg. bildet sich Ba-Silicat, das als Bindemittel wirkt. (**F. P. 1 035 880** vom 18/4. 1951, ausg. 1/9. 1953. A. Prior. 20/4. 1950.) OPPERMANN. 5975

Comp. des Lampes, V. St. A. (Erfinder: **Herman Robert Schoenfeldt**), *Fluorescierender Wandbelag für Leuchtröhren.* Man versetzt ein Halogenphosphat (z. B. Calciumchlorfluorphosphat aktiviert mit Sb u. Mn) mit 0,05—3% H_3BO_3 u. erhitzt das Gemisch in einer geschlossenen SiO_2-Kapelle ca. 2 Std. auf ca. 900°. Dann suspendiert man das erhaltene Prod. in einer Celluloselsg. (z. B. von Nitrocellulose in Amylacetat), trägt die Suspension auf die Innenwand des Leuchtrohrs auf u. erhitzt das Rohr auf 400—600°. (**F. P. 1 036 192** vom 26/4. 1951, ausg. 4/9. 1953. A. Prior. 2/5. 1950.) OPPERMANN. 5975

Telefunken Ges. für drahtlose Telegraphie m. b. H., Berlin (Erfinder: **Ludwig Wesch,** Heidelberg), *Kornlose Leuchtschirme.* Auf den Träger der Leuchtschicht wird aus wss. Lsgg. von Thio-, Selen- oder Tellurharnstoff ein Nd. von Sulfiden u./oder Seleniden u./oder Telluriden erzeugt u. der Nd. bei ca. 800° in einer Atmosphäre geglüht, die ein Schutzgas (z. B. H_2) enthält oder ein Gas, das die Zers. der Leuchtstoffe verhindert, z. B. H_2S, H_2Se oder H_2Te. In besonderen Fällen kann hierbei auch ein Gas verwendet werden, das ihre Zers. begünstigt, z. B. O_2. (**D. B. P. 902 118** Kl. 57b vom 20/4. 1945, ausg. 18/1. 1954.) KALIX. 5975

Thorn Electrical Industries Ltd., London, England, übert. von: **Sylvania Electric Products, Inc.,** Salem, Mass., V. St. A., *Leuchtschichten für Gasentladungsleuchtröhre aus Halogenphosphaten.* Die Leuchtmasse wird mit einer wss. Lsg. einer nichtoxydierenden Säure (z. B. HCl), deren p_H-Wert 6 oder weniger ist, gewaschen; sie kann dann noch mit einer wss. Alkalilsg. (z. B. NH_4OH), deren p_H-Wert 8 oder mehr ist, nachgewaschen werden. (**E. P. 691 586** vom 11/1. 1951, ausg. 13/5. 1953. A. Prior. 10/3. 1950.) KESSEL. 5975

Radio Corp. of America, New York, N. Y., übert. von: **Meier Sadowsky,** Elkins Park, Pa., V. St. A., *Leuchtschirm für Kathodenstrahlröhren.* Die körnige Leuchtstoffschicht wird mit einer Fl. (bes. W.) bedeckt, die die Zwischenräume zwischen den Leuchtstoffkörnern ausfüllt. Auf den rotierenden Leuchtschirm wird dann eine dünne Schicht einer Lsg. oder Suspension eines organ. Materials in einem flüchtigen Lösungs- oder Dispersionsmittel aufgesprüht (z. B. Isobutylmethacrylat in Toluol u. Aceton gelöst, oder Nitrocellulose in einem Butylacetat–Butanol–A.–Xylol-Gemisch gelöst). Durch Temperaturerhöhung wird hierauf die Füll-Fl. u. das Lösungs- oder Suspensionsmittel verdampft, so daß ein harter glatter organ. Film entsteht, der als Träger einer metall. Reflexionsschicht dient. (**F. P. 1 017 889** vom 7/4. 1950, ausg. 19/12. 1952. **E. P. 698 404** vom 3/3. 1949, ausg. 14/10. 1953. Beide A. Prior. 3/3. 1948.) KESSEL. 5975

Allgemeine Elektricitäts-Ges. (Erfinder: **Carl Bosch**), Berlin, *Halbleiterphotozellen und Trockengleichrichter.* Aus einer auf die Halbleiterschicht (z. B. Se in der krist. Modifikation) aufgebrachten, Se enthaltenden Lsg. wird Se bei 100—120° durch Verdampfen des Lösungsm. (z. B. $SeBr_2$ oder CS_2) niedergeschlagen u. auf der so entstandenen sehr dünnen Schicht von rotem nichtleitendem Se die Gegenelektrode aufgebracht. (**D. B. P. 876 278** Kl. 21g vom 4/10. 1938, ausg. 11/5. 1953.) KESSEL. 5977

Allgemeine Elektricitäts-Ges., Berlin (Erfinder: **Rudolf Frerichs,** Evanston, Ill., V. St. A.), *Monokristalline Photowiderstände* aus CdSe oder CdTe. Zur Herst. wird H_2 über Se oder Te hinweggeleitet u. dann mit Cd-Dampf zur Rk. gebracht. (**D. B. P. 887 250** Kl. 21g vom 29/5. 1943, ausg. 20/8. 1953. **Zusatz zu D. B. P. 879432; C. 1954. 4005.**) KESSEL. 5977

Allgemeine Elektricitäts-Ges. (Erfinder: **Carl Bosch**), Berlin, *Kühlung von Trockengleichrichtern.* Ein als Rückflußkühler ausgebildetes Gefäß für die Gleichrichterelemente enthält eine diese nicht angreifende, unter der krit. Temp. sd. Fl., z. B. *Trichloräthylen.* (**D. B. P. 891 425** Kl. 21g vom 29/9. 1938, ausg. 28/9. 1953.) KESSEL. 5977

Robert Bosch G. m. b. H. (Erfinder: **Hermann Sträb** und **Walter Dorn**), Stuttgart, *Elektrischer Kondensator.* Ein vor der Metallisierung des Dielektrikums aufgebrachter isolierender Lacküberzug enthält Farbstoffzusätze, so daß sich die Gleichmäßigkeit u. Vollständigkeit der Überzüge prüfen läßt, bes. in monochromat. Licht von einem Spektralbereich, in dem der Farbstoff gut deckt. (**D. B. P. 879 416** Kl. 21g vom 16/8. 1939, ausg. 11/6. 1953.) KESSEL. 5983

Siemens & Halske Akt.-Ges., Berlin und München (Erfinder: **Josef Schniedermann,** München), *Kondensatoren* mit *Polyvinyl*-Dielektricum werden feuchtigkeitsdicht abgeschlossen, indem die Begrenzungskanten des Dielektricums mit Lösungsmitteln (z. B. Aceton oder Xylol, Toluol, Bzl. oder chlorierten KW-stoffen) oder mit gelösten oder zähfl. Vinylverbb. oder mit einer Lsg. von Polystyrol in Monostyrol oder mit Polyvinyläther so behandelt werden, daß nach dem Verdunsten des Lösungsm. bzw. nach dem Aushärten des Kunststoffes die Begrenzungskanten miteinander u. mit dem Kondensatorkörper zu einer mechan. Einheit verfestigt werden. (**D. B. P. 894 137** Kl. 21g vom 4/12. 1936, ausg. 22/10. 1953.) KESSEL. 5983

Laporte Chemicals Ltd., Luton, Bedfordshire, England, *Kastenförmiges Diaphragma für elektrolytische Zwecke.* An einem Gestell aus festem Material, welches ein elektr. Isolator u. gegenüber Lsgg. von H_2SO_4 u. deren Salzen inert ist, werden poröse keram. Platten befestigt. An geeigneten Punkten können Rohre aus inertem Material eingesetzt werden, so daß der Elektrolyt in die Diaphragmakammer je nach Wunsch eintreten oder sie verlassen kann. (**Schwz. P. 273 074** vom 2/2. 1949, ausg. 16/4. 1951. E. Prior. 17/2. 1948.) BAUR. 5993

Bamag-Meguin Akt.-Ges. (Erfinder: **Arno Ewald Zdansky**), Berlin, *Zellenrahmen für elektrolytische Wasserzersetzer* nach Filterpreßbauart. Ein Gemisch aus Zementasbest u. Kalkstein wird unter Zusatz von W. oder W. mit anderen abbindenden u. dichtenden Fll. angerührt u. in einem Arbeitsgang in einem Gesenk unter hohem Druck in einer entsprechenden Profilform gepreßt, wobei zur Erzielung einer großen Zugfestigkeit in das Gemisch vor der Formung eine Metalleinlage in Form von Ringen oder Bändern eingebracht wird. (**D. R. P. 767 051** Kl. 12h vom 29/4. 1937, ausg. 16/8. 1951.) BAUR. 5993

Solvay & Cie., Brüssel, Belgien, *Elektrolytische Zelle* von einem waagerechten u. langgestreckten Typ mit strömender Hg-Kathode u. Graphitanode. An dem einen Ende der Zelle wird die am stärksten abgenützte Anode entfernt u. am andern Ende der Zelle wird eine neue Anode eingesetzt. Der Boden der Zelle ist in horizontaler Richtung geneigt, so daß der Abstand zwischen der kathod. Oberfläche u. der Decke,

an welcher die Anoden befestigt sind, fortschreitend vom einen Ende der App. zum anderen Ende in Abhängigkeit von der Abnutzung der Anoden abnimmt. — Zeichnung. (**Oe. P. 174 612** vom 5/11. 1951, ausg. 25/4. 1953. Belg. Prior. 7/11. 1950.)
M. F. MÜLLER. 5993

IV. Wasser. Abwasser.

—, *Wasserbehandlung.* Es werden die Probleme der Wasseraufbereitung u. Enthärtung, sowie die Bleilöslichkeit in W. u. die Angreifbarkeit von Fe besprochen. (Chem. Rdsch. [Solothurn] **6.** 185—88. 1/6. 1953. London, „Afloc" Water Treatment Serv., Imp. Chem. Ind. Ltd.) BOYE. 6014

—, *Die Abwässer der Textilveredlungsindustrie.* Überblick über die Zus. u. Reinigung der Abwässer aus Betrieben der Textilveredlung (Bleicherei, Färberei, Druck, Appretur). (Tinctoria [Milano] **50.** 227—30. Juni 1953.) R. K. MÜLLER. 6036

John Finch, *Teilbehandlung durch feinverteilte Luft und Untersuchung der Schlammfiltration.* Vorschaltung von Belüftungsbecken u. zweistufige Tropfkörperfiltration ohne Zwischenklärung ermöglichen erhöhte Belastung der vorhandenen Reinigungsanlage von 32000 auf 35000 m³ Trockenwetterabfluß/Tag. Kurzer Hinweis auf Durchflußverss. mit Hilfe von ^{86}Rb. (Water Sewage Works **100.** 416—18. Okt. 1953. Rotherham, England, Sewage Disp. Dep.) MÜHLMEISTER. 6040

C. S. Cassels, *Abwasserbehandlung.* Bericht über das Problem der Abwasserreinigung in Stahlwerken u. Beschreibung einer Anlage, bestehend aus einem Absetzbecken mit 3 std. Aufenthaltszeit u. gleichzeitiger Belüftung im vorderen Teil zur Unterstützung der Fe-Ausflockung u. der Ölabscheidung mit automat. Räumung des abgeschiedenen Öls u. des abgesetzten Schlammes durch einen Räumer. Reinigungseffekt etwa: Abnahme der suspendierten Stoffe von 100 mg/Liter auf 30 mg/Liter, Fe von 8,4 mg/Liter auf 3,2 mg/Liter u. Öl von 30 mg/Liter auf weniger als 20 mg/Liter. (Iron Steel Engr. **30.** Nr. 3. 68—69. März 1953. Philadelphia, Pa., Henry Disston & Sons, Inc.) NIEMITZ. 6042

W. G. Perewalow, *Reinigung von Abwasser von emulgierten Erdölprodukten mit Aluminiumsulfat.* Emulgierte Erdölprodd. lassen sich mit den üblichen Maßnahmen nicht aus Abwässern entfernen. Dies gelingt am besten durch mechan.-chem. Behandlung mit $Al_2(SO_4)_3$ (I) bei einem optimalen p_H-Wert, der mit zunehmender I-Dosis abnimmt (bei 100 mg I je Liter 7,2, bei 500 mg/Liter 6,3). Mit 50 mg I je Liter gelingt im Laboratoriumsmaßstab beim optimalen p_H die Entfernung der emulgierten Erdölprodd. bis auf 7—10 mg/Liter. Im techn. Betrieb können I enthaltende Abfallprodd. der katalyt. Erdölbehandlung verwendet werden. (Украинский Химический Журнал [Ukrain. chem. J.] **19.** 223—29. 1953. Kiew, Ing.-Bauinst.) R. K. MÜLLER. 6042

Grant A. Pettit, *Behandlung von Phenolen und sauren Abwässern in Stahlwerken.* Großer Raumbedarf der Klärteiche bei Kalkmilchneutralisation der erschöpften Beizsäuren u. Spülwässer veranlaßte Verss. zur Wiederverwendung der Säuren, die im Kühlturm konz. u. gekühlt wurden: $FeSO_4 \cdot 7\,H_2O$ fiel aus, die Säure ging in den Kreislauf zurück. Das Verf. scheiterte am Absatz des $FeSO_4$. Auch die Umsetzung mit Rohphosphat u. Soda zu $FePO_4$ scheiterte an dessen Verwertung. In einer Versuchsanlage von 1300 Liter oder 7,5 Liter/Min. wurden Phenolabwässer mit O_3, Cl_2 u. ClO_2 oxydiert, die schon in geringer Menge wesentlichen Phenolrückgang bewirkten, während zur weiteren Entfernung wachsend hohe Zusätze erforderlich sind (3 Diagramme). Teilweise Behandlung ohne Bldg. von Chlorphenol ist nur mit O_3 u. ClO_2 möglich, mit Cl_2 muß völlig oxydiert werden, wenn die Bldg. von Chlorphenol vermieden werden soll. O_2-Bedarf u. BSB gehen um ca. 60% zurück. Eine von DANNIS angegebene Abänderung der Aminoantipyrinprobe durch Dest. hatte eine Empfindlichkeit von 0,1 bis 0,5 mg Phenol/Liter. (Wastes Engng. **24.** 560—63. Nov. 1953. Middletown, O., Armco Steel Corp.) MÜHLMEISTER. 6042

R. Krause, *Abwassertemperatur und Leistung von Belebungsanlagen.* Vf. zeigt an Hand überschlägiger Berechnungen Widersprüche in der Literatur auf über den Zusammenhang zwischen der Abwassertemp. u. der Leistung von Belebungsanlagen u. weist auf die Bedeutung jeweiliger Ermittlung der besonderen Verhältnisse durch Verss. hin. (Gesundheits-Ing. **74.** 291—92. Sept. 1953. Berlin, Stadtentwässerung.)
NIEMITZ. 6048

P. N. Degens jr., H. C. Evans, J. D. Kommer und **P. A. Winsor,** *Bestimmung von anionaktiven Sulfat- und Sulfonatreinigungsmitteln in häuslichem Abwasser.* Bei der Meth. nach JONES (J. Assoc. off. agric. Chemists **28.** [1945.] 398), Methylenblau-Verbb. der Alkyl- u. Arylsulfate u. -sulfonate durch Chlf. zu extrahieren u. durch die Absorption monochromat. roten Lichts an Hand von Eichkurven zu bestimmen. ist Einhaltung bestimmter Bedingungen bzgl. p_H, sanften Schüttelns, Konz. der störenden Bestandteile (Urin, NO_3–N, SCN, Seifen) u. der Güte des Methylenblaus wichtig. Vff. untersuchen in 11 Versuchsreihen diese Einfll. u. geben eine mofidizierte Meth. an, die sie berücksichtigt. (J. appl. Chem. **3.** 54–61. Febr. 1953. Royal Dutch Shell Labor, Thornton Res. Centre.) MÜHLMEISTER. 6068

Hazel V. Roberts und **Wallace W. Sanderson,** *Bewertung der Untersuchung des Sauerstoffverbrauchs.* Vgll. zwischen Oxydationsverff. mit $KMnO_4$, KJO_3 u. $K_2Cr_2O_7$ ohne u. mit Ag_2SO_4. Vf. empfiehlt das U. S. Publ. Health Serv. Verf. mit zweistd. Kochen mit $K_2Cr_2O_7$ u. H_2SO_4 u. Zurücktitrieren mit Ferroammonsulfat mit o-Phenanthrolin als Indicator von Grün nach Rot. Ag_2SO_4 soll zur Verbesserung der Oxydationswrkg. auf Säuren u. Alkohole mit geraden Ketten, jedoch nicht bei hohem Cl-Geh. u. bei wenig oder garnicht verschmutztem W. zugesetzt werden. (Sewage ind. Wastes **25.** 793–97. Juli 1953. Albany, N. Y., State Dep. of Health.) MÜHLMEISTER. 6068

V. Anorganische Industrie.

Farbwerke Hoechst Akt.-Ges. vormals Meister Lucius & Brüning (Erfinder: **Arthur Voigt**), Frankfurt/M., *Herstellung von imidosulfonsaurem Ammonium* durch Einw. von SO_3 u. NH_3. Während der Rk. vermeidet man an allen Stellen der Innenwand der Reaktionskammer (I) ca. 170° übersteigende Tempp., indem man z. B. im Innern der I Kühlelemente einschaltet, einen Kühlmantel um die I vorsieht, die I-Wände von außen mit einem Kühlmittel berieselt oder anbläst oder ähnliche Maßnahmen vorsieht, wobei man diese Kühlung möglichst gleichmäßig anlegt. (**D. B. P. 903 571** Kl. 12k vom 21/3. 1951, ausg. 8/2. 1954.) NEBELSIEK. H 243

Bergwerksverband zur Verwertung von Schutzrechten der Kohlentechnik G.m.b.H. (Erfinder: **Otto Grosskinsky** und **Helmut Umbach**), Dortmund, *Oxydation von H_2S enthaltendem Ammoniakwasser unter Gewinnung von $(NH_4)_2SO_4$ bzw. $(NH_4)_2S_2O_3$.* Man bringt in die unter erhöhtem Druck, bes. in Form einer strömenden, senkrechten Flüssigkeitssäule gehaltene Reaktionslsg. das Gas (O_2) in feinster Verteilung, z. B. durch Düsen, ein, zieht die oxydierte Lsg. ab u. dampft ein. (**D. B. P. 902 973** Kl. 12k vom 23/11. 1951, ausg. 1/2. 1954.) NEBELSIEK. H 253

Mathieson Chemical Corp., New York, N. Y., übert. von: **Gaines N. Houston,** Houston, Tex., V. St. A., *Gewinnung von reinem Schwefeldioxyd aus Rohschwefel.* S wird geschmolzen u. laufend der oberen Schicht von geschmolzenem S zugeführt, der sich in einem Verdampfungsgefäß befindet. In diese obere Schicht leitet man gleichzeitig Luftblasen u. führt das entstehende S–Luft-Gemisch in einen Brenner. Die Verunreinigungen des Rohschwefels sinken im Verdampfungsgefäß zu Boden. Ihre Anreicherung wird dadurch verhindert, daß vom Boden S abgezogen, filtriert u. in die obere Schicht des geschmolzenem S zurückgeführt wird. – Abbildung. (**A. P. 2 637 630** vom 6/7. 1948, ausg. 5/5. 1953.) ZÜRN. H 253

General Electric Co., New York, übert. von: **Edith M. Boldebuck, John R. Elliott** und **George F. Roedel,** Schenectady, N. Y., V. St. A., *Herstellung von Diboran.* Zu einer kalten äther. Aufschlämmung von LiH fügt man 0,15–0,35 (Mol) BF_3 auf 3 LiH, bes. als BF_3-Ätherverb., hält dabei die Temp. <10° u. läßt dann die Temp. des Gemischs langsam steigen, bis eine exotherme Rk. eintritt. Nach dem Nachlassen dieser Rk. fügt man weiter BF_3 hinzu, bis wenigstens 1 BF_3 auf 3 LiH zugefügt sind. Die Ausbeuten betragen >80%. Noch höhere Ausbeuten werden erhalten, wenn man zu einer äther. Aufschlämmung von LiH, die sich in einem Druckgefäß befindet, langsam 45–75% des erforderlichen BF_3, bes. als Ätherverb., hinzufügt u. dabei die Temp. auf 30–35° hält. Der Druck steigt schnell an u. bleibt dann konstant, bis 75% des BF_3 zugefügt sind. Er steigt dann wieder. Nunmehr wird entspannt u. das B_2H_6 aus den Dämpfen durch Kühlung mit fl. N_2 kondensiert. Gleichzeitig wird der Rest des BF_3 zugesetzt. (**A. PP. 2 658 815** u. **2 658 816** vom 24/11. 1948, ausg. 10/11. 1953.) ZÜRN. H 258

Potash Co. of America, Denver, Co., V. St. A. (Erfinder: **Stanley Gustav Dehn,** London), *Behandlung von Sylvinit.* Man führt die wasserlösl. Salze enthaltende gesätt. Lsg. durch mehrer Behandlungsstufen im Kreislauf. Das abgetrennte Salz wird mit W. gewaschen u. ein Teil des Waschwassers unter Schlammbldg. erhitzt. Den Schlamm führt man dann in die Lsg. bei einer Zwischenbehandlungsstufe zurück. Der nicht erhitzte Teil des Waschwassers wird der Anfangsstufe des Prozesses zugeleitet. Während der Sylvinit der Feinzerkleinerungs- u. Flotationsstufe zugeführt wird, wird gleichzeitig eine gesätt. Lsg. von NaCl u. KCl zugeleitet. NaCl u. Gangarten

werden durch die Flotation entfernt. Der konz. Rückstand (KCl) wird in Zentrifugen oder andere Filterapparate eingeführt. Die gefilterte konz. M. wird dann getrocknet u. stellt ein Endprod. dar. Die mit dem Flotationsschaum entfernten NaCl u. Gangarten werden eingedickt u. der verdickte Schlamm gefiltert oder zentrifugiert. Die beiden Filtrate werden der Ausgangslsg. zugeführt. Beim Filtern werden die abgetrennten Salze mit W. gewaschen. (**E. P. 651 525** vom 12/3. 1948, ausg. 4/4. 1951.)
W. HAUSWALD. H 275

Université Libre de Bruxelles (Erfinder : **Claude Decroly** und **Jean van Impe**), Brüssel, Belgien, *Gewinnung von UF_4*. Man läßt ca. 100 (Teile) NO_2 mit ca. **66** NH_4HF_2 bei 150° ca. 1 Std. reagieren u. zers. das so erhaltene Doppelsalz NH_4UF_5 durch Erhitzen auf <400°. Dabei sublimiert NH_4F u. UF_4 bleibt zurück. (**Schwz. P. 292 792** Kl. 12n vom 13/6. 1951, ausg. 16/11. 1953. Belg. Prior. 20/6. 1950.)
NEBELSIEK. H 339

National Lead Co., New York, N. Y., übert. von: **Lancelot W. Rowe**, Metuchen, und **Rollin P. Smith**, Westfield, N. J., V. St. A., *Gewinnung von Fe_2O_3 und $TiCl_4$*. Ein Gemisch aus gebrochenem Roherz, z. B. Ilmenit, u. C wird auf 850° erhitzt, so daß eine fl. Suspension entsteht. In diese leitet man so viel Cl_2 u. feuchte Luft ein, daß gerade das Fe mit dem Cl_2 unter Bldg. von $FeCl_3$ reagiert. Dieses setzt man mit O_2 zu Fe_2O_3 um u. führt das dabei frei werdende Cl_2 in das fl. Ti-Konzentrat der 1. Stufe, wobei sich $TiCl_4$ bildet. (**A. P. 2 657 976** vom 19/10. 1949, ausg. 3/11. 1953.)
NEBELSIEK. H 354

Union Carbide & Carbon Corp., übert. von: **Malcolm H. Barnes**, Kenmore, N.Y., V. St. A., *Darstellung synthetischer Edelsteine*, z. B. von synthet. Korund aus pulverisiertem Al_2O_3 mit Hilfe einer Flamme, wobei man den Kristall auf einer Stütze allmählich in der gewünschten c-Achse wachsen läßt. Man setzt z. B. einen Saatkristall, der diese gewünschte Achsenrichtung aufweist, so auf die Stütze, daß dessen Kristallachsen der vorher bestimmten Richtung entsprechen, u. läßt nun den Kristall in bekannter Weise wachsen. (**A. P. 2 634 554** vom 21/9. 1943, ausg. 14/4. 1953.)
NEBELSIEK. 6153

VI. Silicatchemie. Baustoffe.

Ikutaro Sawai, Masanaga Kunugi, Shinpei Horiuchi und **Masayoshi Fujisaka**, *Strömung der Gase in einem Glasschmelz-Tankofen. 2. Mitt. Modellversuche mit Flüssigkeiten.* (1. vgl. J. ceram. Assoc. Japan [Yogyo Kyokai Shi] **59.** [1951.] 440.) Der Zusammenhang zwischen der Form des Gefäßes u. der Flammenlänge wurde ermittelt u. in Diagrammen dargestellt. (J. ceram. Assoc., Japan [Yogyo Kyokai Shi] **61.** 149—51. 28/4. 1953. [Orig.: japan.]) SCHULER. 6172

J. F. White, *Überblick über die Anforderungen an keramische Materialien für Kernreaktoren.* Theoret. Darlegungen über die Kern-Rkk. im Hinblick auf die von keram. Bau- u. Schutzstoffen zur Verwendung bei den verschied. Teilen von Kernreaktoren zu erfüllenden Anforderungen. (Amer. ceram. Soc. Bull. **32.** 301—05. 15/9. 1953. Washington, D. C., A. S. Atomic Energy Commission, Div. of Res.) F. HEINRICH. 6206

P. Murray, *Keramische Erzeugnisse und Atomenergie.* Ausführungen über die im Atom vorgehenden Änderungen bei den verschied. in der keram. Industrie auftretenden chem. Umsetzungen u. physikal. Prozessen. (Claycraft **26.** 2—7. Okt. 1952; 210—16. Febr. 1953.) K. SEIDEL. 6216

Shoichiro Nagai, Zenzo Ota, Fumikazu Tanemura und **Hirotoshi Ogino**, *Untersuchung über feuerfeste Materialien aus Chromit–Magnesia unter Verwendung von Magnesia aus Meerwasser.* 3. Mitt. (2. vgl. J. ceram. Assoc., Japan [Yogyo Kyogai Shi] 60. Jahresvers. 12/10. 1951.) Untersucht wurde zur Mischung mit calciniertem *Chromit* leicht gebrannte (1100°) Meerwassermagnesia (I), I-Klinker (**II**) (1500°) u. auf 1500° nacherhitzte **I. I** enthält mehr Periklas als **II. II** ist schwerer mit Chromit zu verbinden als **I.** Die Frage nach der geeignetsten Magnesia ist noch offen. — 15 Mikrophotos. (J. ceram. Assoc., Japan [Yogyo Kyogai Shi] **61.** 152—54. 28/4. 1953. Tokyo, Univ. [Orig.: japan.]) SCHULER. 6218

R. C. Hoon, *Die Entwicklung des Portland-Puzzolanzementes für Massenbeton.* 15 verschied. Puzzolane wurden auf ihre Eignung zur Herst. von Beton untersucht. Aus dem Verh. in verschied. Mischungsverhältnissen, bei verschied. W.–Zement-Faktoren u. bes. der Temperaturerhöhung während der Hydratation sowie der Widerstandsfähigkeit gegen aggressive Wässer konnte geschlossen werden, daß bes. für Massenbeton die Verwendung der hier untersuchten Puzzolane eine Verbesserung bedeutet. (Indian Concrete J. **36.** 225—31. Aug.; 252—58. 275. Sept. 1952.)
K. SEIDEL. 6222

August Kruis und **Hans Späth,** *Aus der Gipsforschung in Japan.* Literaturübersicht. (Tonind.-Ztg. keram. Rdsch. **77.** 301—05. Sept.; 323—30. Okt. 1953.) K. Seidel. 6226

Victor J. Azbe, *Theorie und Praxis der Kalkfabrikation.* 1. Mitt. Über die Kontrolle der Ofenführung mit Hilfe moderner Überwachungsanlagen. (Rock Products **56.** Nr. 2. 100—03. Febr. 1953. St. Louis, Mo., Azbe Corp.) K. Seidel. 6226

Victor J. Azbe, *Theorie und Praxis der Kalkfabrikation.* 2. Mitt. *Einfluß der Teilchengröße auf Vorwärmung, Calcinierung und Überhitzung.* (1. vgl. vorst. Ref.) An Hand graph. Darstellungen werden die Abhängigkeit der Calcination, Vorwärmung u. Überhitzung von der Teilchengröße erläutert. (Rock Products **56.** Nr. 3. 102—04. März 1953. St. Louis, Mo., Azbe Corp.) K. Seidel. 6226

Victor J. Azbe, *Theorie und Praxis der Kalkfabrikation.* 3. Mitt. *Die Größe der Wärmeaufnahme in gebrannten Kalksteinteilchen verschiedener Form und Größe.* (2. vgl. vorst. Ref.) Es werden Einfl. von Teilchengröße u. Art der Schichtung auf die Reaktionsgeschwindigkeit graph. dargestellt u. Mitt. über den Einfl. der Temp. auf die Güte des Kalkes gemacht. (Rock Products **56.** Nr. 4. 138—39. 170—72. April 1953. St. Louis, Mo., Azbe Corp.) K. Seidel. 6226

Victor J. Azbe, *Theorie und Praxis der Kalkfabrikation.* 4. Mitt. *Über die Faktoren, welche die Calcinierzeit des Kalksteins beeinflussen.* (3. vgl. vorst. Ref.) Ausführungen über die Anwendung von Versuchsergebnissen, die Erhöhung der Ofenleistung u. über verschied. Faktoren, welche die Leistung beeinflussen. (Rock Products **56.** Nr. 5. 84—87. Mai 1953. St. Louis, Mo., Azbe Corp.) K. Seidel. 6226

Victor J. Azbe, *Theorie und Praxis der Kalkfabrikation.* 5. Mitt. *Die Azbe-Stein-Karte — ein Hilfsmittel zur Auswahl der Kalksteine bezüglich der Calcinierdauer und der getrennten Beschickung der Öfen mit großen und kleinen Steinen.* (4. vgl. vorst. Ref.) Herst. der günstigsten Korngröße u. Kornzus. der Kalksteine u. die richtige Beschickung der Brennöfen mit Hilfe von Brechern u. Sieben. (Rock Products **56.** Nr. 7. 80—90. Juli 1953. St. Louis, Mo., Azbe Corp.) K. Seidel. 6226

Victor J. Azbe, *Theorie und Praxis der Kalkfabrikation.* 6. Mitt. *Die Oberfläche der Kalksteine und die Möglichkeiten der Wärmeübertragung.* (5. vgl vorst. Ref.) Beispiele der Wärmeübertragung u. des Gasdurchflusses bei verschieden dichten Packungen im Schachtofen u. verschied. Teilchengröße u. Hinweis auf die Wichtigkeit einer guten Kornzus. des Rohmaterials. (Rock Products **56.** Nr. 9. 100—04. 134—35. Sept. 1953. St. Louis, Mo., Azbe Corp.) K. Seidel. 6226

M. G. Lundina, *Heißaufbereitung der Tone in der Ziegelproduktion.* Verss. zeigten, daß die Heißaufbereitung mit Dampf das Verh. der Tone bei der Verformung verbessert. Strukturen u. Drachenzähne werden vermindert u. der Verbrauch an Elektroenergie sinkt um ca. 20%. Die mechan. Festigkeiten der Rohlinge u. der Fertigungserzeugnisse werden erhöht. Tone mit hoher Eigenfeuchtigkeit müssen vorhergetrocknet oder gemagert werden, da durch die Dampfbehandlung 3—5% W. zugeführt werden. Die Temp. des Stranges soll, damit Oberflächenrisse vermieden werden, 45—55° betragen. Durch die Dampfbehandlung kann die Trocknungsdauer um 30 bis 50% verkürzt werden. Als Ursachen werden die beschleunigte Wasserabgabe aus dem Innern u. die verringerten Feuchtigkeitsunterschiede in der ganzen Tiefe der Formlinge festgestellt. Der Ausstoß an fehlerfreien Erzeugnissen wird erhöht, die Rißbildungen werden vermindert u. die Druckfestigkeit der fertig gebrannten Erzeugnisse wird um 10—30% verbessert. Das Verf. bietet auch wirtschaftliche Vorteile. (Silikattechnik **3.** 176—78. April; 227—31. Mai; 270—72. Juni 1952.) K. Seidel. 6228

N. F. Dubrow, A. M. Prokopjewa und **A. A. Bereshnaja,** *Kanalsteine aus Kaolinabfällen.* Die Grundmasse für Kanalsteine wurde aus 2 Tonsorten u. 45% Kaolinabfällen (an Stelle von Schamotte) hergestellt. Die Kaolinabfälle enthielten 19,4% Kaolin u. 80,6% Sand. (Огнеупоры [Feuerfeste Mater.] **17.** 321—25. Juli 1952. Werch-Issetsk, Metallurg. Fabrik.) v. Wilpert. 6228

Victor Hugh Adams, Exmouth, England, *Reinigung von Sand für die Herstellung farbloser Gläser.* Eisen- u./oder chromhaltiger Sand wird zunächst mit konz. H_2SO_4 bei 100—150° zwecks Entfernung oberflächiger Verunreinigung behandelt, bevor er einer selektiven Flotation unterworfen wird. (**E. P. 652890** vom 21/4. 1948, ausg. 2/5. 1951.) W. Hauswald. 6171

Patent-Treuhand-Ges. für elektrische Glühlampen m. b. H., Heidenheim/Brenz (Erfinder: **Johann Enss,** Berlin), *Bleioxydfreies Glas.* Bei einem maschinell zu verarbeitenden Pb-freien Glas nach D. R. P. 741 190 wird bei Erhöhung des Alkaligeh. auf 14—20 (%) sowie Erhöhung des Gesamtgeh. an CaO u. MgO auf 3—8 das ZnO ganz oder weitgehend durch 2—8 Fe_2O_3 ersetzt. — Beispiel für eine Glaszus.: 61,1 SiO_2, 5,5 Na_2O, 9,6 K_2O, 10,0 BaO, 3,2 CaO, 2,2 MgO, 0,9 B_2O_3, 2,5 F_2 u. 5,0 Fe_2O_3. (**D. R. P. 763 443** Kl. 32b vom 10/5. 1941, ausg. 16/3. 1953. **Zusatz zu D. R. P. 741 190; C. 1944. I. 957.**) HANS HOFFMANN. 6171

Alfred Mudra, Einbeck, *Herstellung von Färbungen auf Glas.* Die Glasoberfläche wird in Form des gewünschten Musters mit Schleifmassen oder -scheiben von einer Körnung von ca. 80—330 Å geschliffen u. sodann mit nichtwss. Lsgg. von Ätz- oder Beizfarben in leicht flüchtigen Lösungsmitteln angefärbt. (**D. B. P. 883 055** Kl. 32b vom 21/4. 1951, ausg. 13/7. 1953.) HANS HOFFMANN. 6177

Siemens & Halske Akt.-Ges., Berlin und München (Erfinder: **Heinrich Kniepkamp,** Karlsruhe), *Herstellung eines Schaumglases.* Zur Herst. eines Schaumglases mit feinblasiger Struktur wird ein gepulvertes Glas verwendet, welches in wss. Aufschlämmung SiO_2 in Form koll. Teilchen enthält, die sehr fest Wassermoleküle zu binden vermögen. Die aus der Aufschlämmung gewonnene Glasmasse wird nach dem Austrocknen gepreßt u. bei solcher Temp. gefrittet, bei der die Glasteile schon plast. deformierbar, aber noch nicht zähfl. sind. Zur Herst. des Ausgangspulvers wird ein Glas von geeigneter Zus. gemahlen, z. B. ein Alkali–Kalk-Glas, das 60—75 (%) SiO_2 u. 10—20 Alkalien enthält. (**D. B. P. 881 411** Kl. 32b vom 27/9. 1944, ausg. 29/6. 1953.) HANS HOFFMANN. 6201

FKG Fritz Kesselring Gerätebau Akt.-Ges., Bachtobel-Weinfelden (Erfinder: **Gysbert Ekkers,** Gontenbach), Schweiz, *Einschmelzen von Metallkörpern in Glas.* Blankgeglühte u. vorentgaste Metallkörper werden in ein engumschließendes Glasrohr eingeführt, worauf dieses evakuiert u. an der Einschmelzstelle bis zum Erweichen erhitzt wird. (**D. B. P. 884 073** Kl. 32b vom 23/8. 1951, ausg. 23/7. 1953. Schwz. Prior. 20/10. 1950.) HANS HOFFMANN. 6203

Quartz et Silice, Seine, Frankreich, *Herstellung von optisch reinem Quarzglas.* Quarzsand oder reiner Quarzit in Stücken als Rohmaterial wird nach Erhitzen u. Abschrecken fein gemahlen. Etwa vorhandenes Fe wird durch Behandeln mit HCl u. gründlichem Nachwaschen entfernt. Spuren von S u. Carbonaten werden durch Erhitzen auf ca. 1000° in oxydierender Atmosphäre entfernt. Es erfolgt dann 2 Std. Hitzebehandlung bei 1630°. Das so gereinigte Rohmaterial wird dann im Kontakt mit möglichst reinem Graphit (99,99% C) im elektr. Ofen niedergeschmolzen. Das so erhaltene Quarzglas enthält dann 99,99% SiO_2. (**F. P. 992 540** vom 30/6. 1944, ausg. 19/10. 1951.) BEWERSDORF. 6205

United States Steel Co., übert. von: **Henry M. Davis,** State College, Pa., V. St. A., *Emaillieren von Stahlblech.* Die eine Seite wird mit einem n. Borosilicat-Email, die andere mit einem höher schmelzenden Email überzogen, die bei einer Temp. eingebrannt werden, die zwischen den F. der beiden Emails liegt. Die eine Schicht bleibt hierdurch porös, so daß durch deren Poren im Metall okkludierte Gase entweichen können. (**A. P. 2 612 457** vom 1/9. 1950, ausg. 30/9. 1952.) MARKHOFF. 6213

Naamlooze Vennootschap Dakpannen-en Kleiwaren-Industrie „De Valk" vorheen J. Meuwissen (Erfinder: **Adriaan Johannes Rijken**), Echt, Holland, *Herstellung von Terra Sigillata.* Eine Aufschlämmung sehr feiner Tonteilchen, kleiner als 2 Mikron u. vorzugsweise kleiner als 0,5 Mikron, mit einem hohen Geh. an Tonbestandteilen mit niedriger Schmelzspanne, wie Glimmerton, bes. Muskowitton, wird in einer hauchdünnen Schicht auf einen gebrannten oder ungebrannten Scherben aufgebrannt. Eine solche Aufschlämmung feiner Teilchen kann dadurch erhalten werden, daß in eine Tonaufschlämmung Muskowit eingebracht oder Glimmerton aufgeschlämmt wird. Zum Abtrennen feinster Teilchen kann eine Ultrazentrifuge verwendet werden. (**D. R. P. 754 024** Kl. 80b vom 9/4. 1941, ausg. 16/4. 1953.) REINHART. 6217

Corning Glass Works, Corning, New York, N. Y. (Erfinder: **Gordon S. Fulcher,** Chevey Chase, Md., und **Theodore E. Field,** Louisville, Ky.), V. St. A., *Aus dem Schmelzfluß hergestelltes feuerfestes Erzeugnis.* Grünes Cr_2O_3, das ohne Zusätze aus dem Schmelzfluß gegossen wird, ist bes. widerstandsfähig gegen geschmolzenes Glas. Setzt man zu Cr_2O_3 noch ZrO_2 zu, so wird der F. nicht nennenswert erniedrigt oder sogar bei hohen prozentualen Anteilen an ZrO_2 erhöht u. eine besser schmelzbare Mischung erhalten. Dieser Vorteil ist eine Folge der Verdünnung des leicht reduzierbaren Cr_2O_3 durch das schwer reduzierbare ZrO_2. Die Widerstandsfähigkeit gegen Glas wird durch diesen Zusatz kaum verändert. Die Körper aus Cr_2O_3 u. ZrO_2 eignen sich bes. für *Glasspeiser.* (**D. R. P. 758 087** Kl. 80b vom 11/10. 1940, ausg. 1/6. 1953. A. Prior. 24/10. 1939.) REINHART. 6219

Carborundum Co., Niagara Falls, N. Y., V. St. A., *Schmelzflüssig gegossenes feuerfestes Erzeugnis.* Al_2O_3 wird im Gemisch mit einem Alkali- u. Erdalkalioxyd sowie SiO_2 geschmolzen u. in Formen gegossen. Die Gesamtmenge der Zusatzstoffe zum Al_2O_3 kann zwischen 4 u. 7 (Gew.-%) schwanken. Die Anwesenheit der Alkali- u. Erdalkaliverbb. bewirkt, daß sich in der Schmelze gerade so viel β-Al_2O_3 bildet, daß die beim Abkühlen eintretende Schwindung des α-Al_2O_3 ausgeglichen wird. Es entstehen dichte feinkristalline Erzeugnisse ohne Poren u. Lunkern, die sich bes. für Glaswannenauskleidung eignen. (**E. P. 638 928** vom 8/8. 1947, ausg. 21/6. 1950. A. Prior. 10/8. 1946.) REINHART. 6219

Permanente Metals Corp., Oakland, Calif., V. St. A. (Erfinder: **Leslie W. Austin**), *Feuerfestes Erzeugnis.* Nicht saure feuerfeste Körper aus Periklas, Chromit, Olivin, Spinell u. Forsterit in Mengen von wenigstens 80 (Gew.-%) werden mit 5—20 feinverteiltem Bindemittel gemischt, das aus SiO_2 u. MgO in solchen Mengen besteht, daß beim Brennen die gesamte SiO_2 zu Mg-Orthosilicat gebunden werden kann. Das Gemisch wird unter Preßdruck geformt u. bei Tempp. von 1200—1700° gebrannt. Die Erzeugnisse sind sehr temperaturwechselbeständig. (**E. P. 639 581** vom 24/7. 1947, ausg. 28/6. 1950. A. Prior. 28/6. 1946.) REINHART. 6219

Soc. An. des Manufactures des Glaces et Produits Chimiques de Saint-Gobain, Chauny & Cirey, Paris, Frankreich, *Feuerfestes Material.* Eine O_2-enthaltende Verb. des Si wird in Ggw. eines reduzierenden Metalls, wie Al oder Mg, etwa bei Tempp. des Metallschmelzpunktes erhitzt. Dadurch wird mindestens ein Teil des Si durch eine Legierung des Si mit dem reduzierenden Metall ersetzt, welche die Körner des bei der Erhitzung entstandenen Metalloxyds einschließt. Es können sowohl Formkörper aus SiO_2 enthaltenden Massen als auch Körnungen behandelt werden. — Wird z. B. ein Quarzglaskörper in ein Bad aus geschmolzenem Al eingetaucht u. erhitzt, so entsteht allmählich ein sehr hartes Erzeugnis von metall. Aussehen, das feuerfest u. elektr. leitend ist. Es besteht zu ca. 80 (%) aus Al_2O_3 u. zu 20 aus einer Al–Si-Legierung. Das Prod. kann auch als *Schleifmittel* verwendet werden. (**E. P. 643 653** vom 27/8. 1946, ausg. 27/9. 1950. F. Prior. 19/3. 1942.) REINHART. 6219

F. H. Lloyd & Co. Ltd. und **Geoffrey Thomas Hampton,** Wednesbury, England, *Feuerfestes Ofenfutter.* Dolomit wird fein gemahlen u. mit 2—8 Gew.-% Kreosotöl gemischt. Die M. wird in kaltem Zustande zum Ausstampfen von Ofenherden, Gießpfannen u. dgl. verwendet. Durch die Anwesenheit des Kreosotöl wird bei der Stampfarbeit die Entw. von Staub unterbunden. (**E. P. 644 549** vom 4/9. 1948, ausg. 11/10. 1950.) REINHART. 6219

Soc. An. des Manufactures des Glaces et Produits Chimiques de Saint-Gobain, Chauny & Cirey (Erfinder: **Henri George**), Paris, Frankreich, *Metallkeramische Erzeugnisse.* Körper aus Kieselsäure oder einem Silicat werden in ein Bad aus einem geschmolzenen reduzierenden Metall eingetaucht. Hierbei wandelt sich z. B. ein Ring aus SiO_2 von 6 mm Durchmesser in 5 Std. bei 900° in einem Al-Bade unter atmosphär. Druck völlig in Tonerde u. eine Legierung von Al u. Si um. Diese Legierung ist um so reicher an Si, als die Menge des Bades kleiner in bezug auf die Menge an SiO_2 ist. Der Körper kann auch mit einem reduzierenden Metall in feinverteiltem Zustande behandelt werden. Die Erzeugnisse sind als feuerfeste Körper, Werkzeuge, elektr. Leiter, Heizwiderstände u. Zündkerzen geeignet. (**D. B. P. 873 674** Kl. 80b vom 18/3. 1943, ausg. 16/4. 1953. F. Prior. 19/3. 1942.) REINHART. 6221

Jack Woodcock, John Kenneth Paridge und **Steatite and Porcelain Products Ltd.,** Stourport-on-Severn, Worcestershire, England, *Keramische Dielektriken.* TiO_2 wird mit weniger als 15% NiO oder Co_2O_3 u. gegebenenfalls geringen Mengen MgO, CaO, BaO, SrO, ZrO_2, ThO_2, WO_3 oder MoO_3, feucht gemischt, gegebenenfalls ein Plastifizierungsmittel, wie Stärkemehl oder Bentonit, zugesetzt, geformt u. bei Tempp. um 1400° gebrannt. — Z. B. zeigte ein Körper aus 96 (%) TiO_2, 3 $MgO \cdot ZrO_2$ u. 1 NiO eine DK. von 90 einen Verlustfaktor bei 2 MHz von $0{,}8-2{,}0 \cdot 10^{-4}$ u. bei 1 kHz von $5-10 \cdot 10^{-4}$. Durch den Zusatz von MgO u. dgl. wird der Verlustfaktor erniedrigt. Eine günstige Beeinflussung des Verlustfaktors wird auch durch Brennen in reduzierender Atmosphäre erzielt. Die Neigung des TiO_2 zur Ausbldg. von Halbleitereigg. beim Brennen wird durch die Ggw. von NiO u. Co_2O_3 beseitigt. (**E. PP. 635 746** vom 17/11. 1947, ausg. 12/4. 1950 u. **636 418** vom 6/8. 1947, ausg. 26/4. 1950.) REINHART. 6221

National Lead Co., New York, N. J., V. St. A., *Keramische Dielektriken.* Erdalkalititanat oder eine Mischung aus Erdalkaliverbb. u. TiO_2 wird mit 0,05 bis 1 (Gew.-%) MnO_2 versetzt, geformt u. bei Tempp. von ca. 1300—1400° gebrannt.

Der MnO_2-Zusatz bewirkt, daß die M. zu einem dichten Scherben zusammensintert u. eine hohe DK. erhalten wird. (**E. P. 638 834** vom 17/10. 1947, ausg. 14/6. 1950.) REINHART. 6221

Siemens & Halske Akt.Ges., Berlin und München (Erfinder: **Rudolf Bauer** und **Karl Zühlke,** Berlin), *Metallüberzüge auf Keramik.* Dem aufzubringenden Metall werden Fluoride der Alkalien oder Erdalkalien, z. B. des Na, K, Ba, Ca, Mg oder Sr, zugesetzt. Die Metalle, z. B. Fe oder Cu, werden in dünner Aufschlämmung unter Zusatz der Fluoride auf die Keramik aufgetragen u. festgesintert. Die aufgebrachten Schichten zeichnen sich durch große Haftfestigkeit aus u. sind bes. als Unterlage für Weich- u. Hartlötung geeignet. (**D. B. P. 873 375** Kl. 80b vom 27/2. 1943, ausg. 13/4. 1953.) REINHART. 6221

Patelhold Patentverwertungs- & Elektro-Holding Akt.-Ges., Glarus (Erfinder: **Alfred de Quervain,** Zürich), Schweiz, *Verbindung von keramischen Körpern mit metallischen oder keramischen Körpern.* Es wird ein Lot aus einer hochschmelzenden Legierung mit wenigstens zwei Komponenten **A** u. **B** verwendet. **A** u. **B** u. eine auf die keram. Oberflächen aufgebrachte Metallschicht **C** verhalten sich gegenseitig so, daß das Metall der Schicht **C** die Komponente **A** teilweise aus dem Lot herauslegiert, u. die Legierungskomponenten **A** u. **B** liegen in einem solchen Mengenverhältnis vor, daß eine Abnahme der Komponente **A** eine Schmelzpunkterhöhung des Lotes bewirkt. Die an der Berührungsfläche zwischen dem Lot u. der Schicht **C** entstehende, an **A** verarmende Zwischenschicht erstarrt somit bei einer höheren Temp. als das Lot u. schützt dabei **C** vor einem weiteren Einfl. des noch fl. Lotes. Als Lot dient z. B. eine Ag–Cu-Legierung u. als **C** eine Pt-Schicht. Da Pt mit Cu rascher legiert als mit Ag wird das Cu aus dem fließende Lot herauslegiert u. es entsteht eine dünne Pt–Cu-Schicht. Es tritt dadurch in der Berührungszone eine Zwischenschicht mit höherem F. als dem des Lotes auf, welche erstarrt, bevor aus dem noch fl. Lot Cu nachdiffundiert ist. Diese Zwischenschicht schützt die Pt-Schicht vor dem Einfl. des noch fl. Lotes. (**D. B. P. 899 774** Kl. 80b vom 21/3. 1944, ausg. 17/12. 1953.) REINHART. 6221

Établissements Poliet & Chausson, Paris, Frankreich, *Zementvergütung.* Um die beim Abbinden von $CaSO_4$ u. Kalk enthaltenden Bindemitteln auftretende Zusammenziehung zu verhüten, diesen gegebenenfalls sogar Ausdehnungseigg. zu verleihen, wird ihnen bei n. Temp. Al_2O_3 zugesetzt. So kann die Zusammenziehung von Portlandzement durch einen Zusatz von 9,75 (%) rohem oder gebranntem Bauxit prakt. unterbunden werden, während eine Bindemittelmischung aus 68,64 Hochofenschlacke, 20,00 Zementklinker, 8,50 Anhydrit u. 2,86 Bauxit sich anfänglich nach dem Abbinden ausdehnt. (**E. P. 647 156** vom 15/8. 1947, ausg. 6/12. 1950. F. Prior. 12/7. 1943.) HANS HOFFMANN. 6223

Établissements Poliet & Chausson, Paris, Frankreich (Erfinder: **Roland Emile Perre**), *Zementherstellung.* Zur Erzielung von Brennstoffersparnis beim Brennen von Portlandzement wird in den Ofen eine nach dem Naßverf. hergestellte Rohmischung aus $CaCO_3$ u. Ton eingeführt, deren $CaCO_3$-Geh. gegenüber dem Normalwert von 78 (Gew.-%) erhöht ist, das heißt, bei wenigstens 80 liegt. Die noch fehlenden Zementkomponenten werden dann ohne Wasserzusatz direkt in den Ofen eingeführt, so daß ein Zement mit n. CaO-Geh. entsteht. (**E. P. 675 436** vom 6/7. 1950, ausg. 9/7. 1952.) HANS HOFFMANN. 6223

John Laing & Son Ltd., London, England, *Herstellung von Leichtbetongegenständen.* Ein Gemisch aus 1 (Gewichtsteil) Portlandzement, 0,3—1,5 Asche aus Kohlenstaubfeuerungen u. 0,5—4,7 Sand wird mit W. zu einem sahneartigen Schlicker angemacht. Dem Gemisch werden 0,001—0,005 Al-Pulver, das in einem Netzmittel suspendiert ist, beigemischt. Nach weiterem Zusatz einer ca. 30%ig. Na(OH)-Lsg. wird die M. in Formen gegossen, welche bei Raumtemp. mehrere Std. der Einw. einer feuchten Atmosphäre ausgesetzt werden. Anschließend wird mit gesätt. Wasserdampf gehärtet. (**E. P. 648 280** vom 22/10. 1947, ausg. 3/1. 1951.) HANS HOFFMANN. 6225

Harald Elsner von Gronow, Ulm, Donau, *Verbesserung von Zuschlagstoffen für Zementbeton.* Der Zuschlagstoff wird vor dem Zusatz von Zement mit der gesamten oder einem Teil der Anmachwassermenge bewegt, der zuvor ein saures Fällmittel, vorzugsweise Oxalsäure oder HCl in einer Menge von unter 1%, bezogen auf das Anmachwasser, zum Ausflocken der Tonkolloide beigegeben wurde. (**D. B. P. 873 967** Kl. 80b vom 1/7. 1943, ausg. 20/4. 1953.) HANS HOFFMANN. 6225

Aktiebolaget Kaukas Fabrik, Lauritsala (Erfinder: **Thorwald Saelan,** Helsinki), Finnland, *Säurefester Mörtel.* Dieser besteht aus einer Mischung aus Glasmehl (I), Asbest (II), Bleiglätte (III) u. Wasserglas (IV), wobei als **I** ein Polysilicat mit mindestens 4—5% Al_2O_3 verwendet wird. — Beispiel: 3 (Teile) **I**, 1 **II**, 0,055 **III** u. beliebig viel IV in Form einer Na-Wasserglas-Lsg. von 48—50° Bé. (**D. B. P. 878 325** Kl. 80b vom 25/10. 1951, ausg. 1/6. 1953. Schwed. Prior. 10/1. 1951.) HANS HOFFMANN. 6227

Ferrobeton Societá Italiana Per Azioni, Rom, Italien, *Puzzolanmörtel.* Zur Beschleunigung des Erhärtungsprozesses von aus Kalk u. Puzzolanen bestehenden Mörtelmischungen werden diesen bis zu 80 Gew.-% auf Zementfeinheit gemahlene Puzzolane zugesetzt. (**E. P. 671 705** vom 12/1. 1950, ausg. 7/5. 1952. It. Prior. 13/1. 1949.) HANS HOFFMANN. 6227

Raphael Lerner, London, England, *Mörtelmischung.* Um die zum Anmachen von Zement bei der Mörtelbereitung erforderliche Wassermenge herabzusetzen, zugleich aber der Plastizität der M. zu erhöhen, werden Zusätze von bis zu 0,5 (Gew.-%) Sulfitablauge zusammen mit bis zu 0,6 eines Alkalinitrates (bezogen auf das Zementgewicht) verwendet. (**E. P. 682 482** vom 4/10. 1950, ausg. 12/11. 1952.) HANS HOFFMANN. 6227

Percy May, London, England, *Poröse Baustoffe.* Feinkörnige Abfallstoffe, z. B. Waschberge, die nicht mehr als 30% Brennstoff enthalten, werden im Gemisch mit sandförmigen Stoffen, wie granulierte Schlacke, Ziegelstaub oder Gichtstaub, auf einem Saugzugsinterband gesintert. Das gebrochene Sintergut ist als Füllstoff für Zementmörtel u. als Wärmeisolator geeignet. (**E. P. 660 149** vom 19/11. 1948, ausg. 31/10. 1951.) REINHART. 6229

Anton Wiggenhauser, Lindau-Zech, Bodensee, *Herstellung von Bauplatten.* Schilf, gegeben in Mischung mit anderen Pflanzenstoffen, wird mit einer Bitumenemulsion überzogen u. unter Verwendung eines Gipsbreies als Bindemittel zu Platten verformt. (**D. B. P. 882 371** Kl. 80b vom 13/9. 1950, ausg. 9/7. 1953.) HANS HOFFMANN. 6229

Artur Seifermann, Gaggenau/Baden, *Herstellung von Formkörpern aus Magnesiazement.* MgO, Holzmehl, Talkum, Holzöl u. $MgCl_2$-Lauge werden zu einer breiartigen M. vermischt, die dann verformt wird. Aus der M. lassen sich u. a. Buchstaben herstellen, die mit einer Mischung aus Celluloid, gemahlenem Asbest u. Holzöl ohne weiteres an die Hauswand geklebt werden können. (**D. B. P. 873 067** Kl. 80b vom 3/3. 1951, ausg. 9/4. 1953.) HANS HOFFMANN. 6229

Eternit-Werke Ludwig Hatschek (Erfinder: **Eugen Münster**), Vöcklabruck, Österreich, *Herstellung faserstoffhaltiger Zementerzeugnisse.* Bei der Herst. von aus hydraul. Bindemitteln u. elast. Armierungselementen, wie Zellstoff oder dgl., bestehenden Formlingen wird auf die Formkörper so lange ein Preßdruck ausgeübt, bis die zunehmende Verfestigung des Bindemittels eine elast. Änderung des Vol. des Preßlings verhindert. (**D. B. P. 878 918** Kl. 80b vom 29/11. 1951, ausg. 8/6. 1953. Oe. Prior. 24/6. 1947.) HANS HOFFMANN. 6229

Badische Bau- und Kunststoff G. m. b. H., Mannheim-Freudenheim, *Herstellung einer Wärmeisoliermasse.* Feingemahlener, erhärtungsfähiger Anhydrit wird mit Wärmeisolierstoffen, wie Kieselgur, Bims oder dgl., u. W. versetzt u. zu einer gieß-, streich- oder preßbaren M. vermischt. (**D. B. P. 873 069** Kl. 80b vom 4/10. 1951, ausg. 9/4. 1953.) HANS HOFFMANN. 6229

P. P. Budnikow und I. L. Snatschko-Jaworski, Granulierte Hochofenschlacken und Schlackenzemente. Moskau: Promstroiisdat. 1953. (224 S. m. 54 Abb.) 8 Rbl. 30 Kop. [russ.]

VII. Agrikulturchemie. Schädlingsbekämpfung.

Rene Lasterto, *Ein neues Verfahren zur Gewinnung von brauchbarem Humus aus Weintrester.* Zur Gewinnung des Humus werden 5 kg eines Präp. aus Bakterienkulturen mit 1 t Trester vermischt u. noch 15—20% W. hinzugegeben. Die bei 150 bis 160° F verlaufende Kompostierung ist nach 30—40 Tagen beendet, u. es resultiert ein Prod., welches 1,78% N, 0,52% P_2O_5 u. 0,76% K_2O enthält. (Wines and Vines **34.** 27. Juli 1953.) WALTER SCHULTZE. 6294

C. Bloomfield, *Immobilisierung von Sesquioxyden und Wanderung von Ton in podsoligen Böden.* Die Bldg. des Bleichhorizontes wird durch die lösende Wrkg. der aus der Waldstreu ausgelaugten Stoffe verursacht. Die Festlegung der Sesquioxyde, die zur Bldg. des B-Horizontes führt, ist der Sorption von Fe- u. Al-Komplexen durch Bodenkolloide zuzuschreiben. Die ausgelaugten Stoffe können eine ausgesprochene Entflockung sowohl von Kaolinit wie von Montmorillonit bewirken. (Nature [London] **172.** 958. 12/11. 1953. Pedology Department, Rothamsted Exp. Stat. Harpenden Herts.) A. JACOB. 6300

Charles E. Kellogg, *Die moderne Bodenwissenschaft.* Ausgehend von verschied. klimat. bedingten Bodentypen, von denen schemat. u. photograph. Bodenprofile abgebildet sind, werden die Möglichkeiten aufgezeigt, durch geeignete Düngung, Bodenbearbeitung u. Bewässerung die landwirtschaftliche Nutzung vieler Erdzonen noch quantitativ u. qualitativ erheblich zu steigern. (Smithsonian Instn. Publ., Rep. **1949.** 227–46. 1950.) WALTER SCHULTZE. 6304

L. I. Painter, S. J. Toth und **F. E. Bear,** *Nickelgehalt von New Jersey-Böden.* In Proben der A- u. B-Horizonte von 20 landwirtschaftlich genutzten Böden von New Jersey wurde der Geh. an Gesamt-Ni nach einer colorimetr. Meth. ermittelt. Die Ni-Gehh. lagen zwischen 41,4 p.p.m. (Penn Lehm-Boden) u. 2,5 p.p.m. (Lakewood Sand-Boden). Im allg. nahm der Ni-Geh. mit der Profiltiefe zu. Der mittlere Ni-Geh. der auf den Böden gezüchteten Pflanzen wurde ebenfalls bestimmt. (Soil Sci. **76.** 421–29. Dez. 1953. New Jersey, Rutgers Univ., New Jersey Agric. Exp. Stat.) SCHEIFELE. 6304

F. Chioetto, *Über die Fixierung von Phosphaten in Böden: Die Beziehungen zwischen Stickstoff- und Kalkdüngern.* Die an Hand von Laboratoriumsverss. ermittelten Ergebnisse der Fixierung von Phosphaten in Böden bei verschied. Gaben an Stickstoff- u. Kalkdüngern sind in 3 Diagrammen graph. ausgewertet u. werden ausführlich unter bes. Berücksichtigung der Böden Italiens diskutiert. (Ind. saccarif. ital. **45.** 76–81. März/April 1952.) KATTENHORN. 6304

F. van der Paauw, *Kalidüngung und Bormangel.* Verss. mit Zuckerrüben auf Lehmboden u. mit Futterrüben auf Sandboden zeigen, daß bei starker Düngung mit Kali bei hohem Kalkgeh. B-Mangel auftritt. Daher ist es nicht empfehlenswert, Rüben zu stark mit Kali zu düngen. Der B-Geh. der Blätter ändert sich jedoch kaum; man muß annehmen, daß die B-Aufnahme nicht durch den Kalkgeh. u. die Kalidüngung, sondern durch Störungen im Stoffwechsel beeinflußt wird. (Landbouwkund. Tijdschr. **66.** 32–35. Jan. 1954. Groningen, Landbouwproefstation en Bodemkundig Inst., T. N. O.) WESLY. 6304

M. M. Kibe und **J. K. Basu,** *Ein Beitrag über die Wirkung von Kaliumsulfat und Kaliumchlorid als Dünger in schwarzem Baumwollboden.* Einem schwarzen Baumwollboden wurde pro Jahr 600 Lb/acre Kali in Form von K_2SO_4 bzw. KCl verabfolgt. Nach 10 Jahren wurde der unbebaute Boden auf salzsäurelösl. Kali untersucht. Die Analysenwerte blieben bei K_2SO_4 mehr hinter der theoret. zu erwartenden Kalimenge zurück als bei KCl. Die Unters. der Böden auf ammonacetatlösl., also pflanzenaufnehmbares Kali ergab, daß sich beide Düngemittel gleich verhalten. Es wurden jeweils etwas über 50% der theoret. Menge Kali gefunden. (Poona agric. Coll. Mag. **42.** 243–47. Febr. 1952.) GRÜTZ. 6304

M. M. Kibe, N. G. Perur und **N. Narayana,** *Einfluß (?) der Anwendung von Natriumchlorid auf die Freigabe von verfügbarem Kalium im Boden.* Bei Gefäßdüngungsverss. mit 0,025–0,20%ig. NaCl-Lsgg. (I) zu Weizen auf kalkhaltigem mittlerem Schwarzerdeboden wurde die Keimkraft der Samen nur durch 0,20%ig. I beeinträchtigt (79,2%); Ertrag u. K-Geh. der 2 Monate alten Pflanzen wurden durch keine der angewendeten Konzz. beeinflußt. Bei Verabreichung von 0,20%ig. I ist der Na-Geh. auf 3,22% gegenüber 2% bei den Kontrollen, die Menge an austauschbarem K auf 1,68 Milliäquivalente gegenüber 1,01 bei den Kontrollen erhöht. Der Geh. an austauschbarer H_3PO_4 wird durch die Düngung mit I fast nicht beeinflußt. Die geringe Freigabe von verfügbarem K steht in keinem Verhältnis zu der physikal. Bodenverschlechterung durch 0,20%ig. I. (Poona agric. Coll. Mag. **44.** 49–52. Aug. 1953.) RANG. 6304

W. Dermott, *Die Düngung von Gewächshaustomaten.* Zusammenfassender Bericht über Erfahrungen im Tomatenanbau unter bes. Berücksichtigung des Bodens, der Grunddüngung, Kalkung, Kopfdüngung, Humusdüngung u. des Mulch-Verfahrens. Auf die durch Mg-Mangel entstehenden Schäden wird hingewiesen, ferner werden die zum Teil noch ungeklärten Ursachen des Schorfbefalls im Zusammenhang mit der Düngung besprochen. (Agriculture [London] **60.** 362–67. Nov. 1953.) WALTER SCHULTZE. 6304

R. E. Wester, *Reaktion von Gemüsepflanzen auf Bodenverbesserungsmittel.* Durch Anbauverss. auf humosem Sand wurden die Wirkungen von *Krilium No. 6* (**I**) auf Wachstum u. Ertrag von frühem Broccoli, Kohl, Salat u. Tomaten sowie die Wirkungen von *Aerotil* (**II**), **I** u. *Krilium No. 9* (**III**) auf den Ertrag von späten Tomaten untersucht. — **I** bewirkte in Mengen von 1 Teil je 1000 Teile Boden erhöhte Erträge 0,1–2 : 1000. **I, II** u. **III** steigerte in Gaben von 1 : 1000 die frühen, mittleren u. späten Erträge von Spättomaten. Die 3 Präpp. waren hierbei gleich wirksam. Sie erhalten den Boden während der ganzen Wachstumsperiode in körniger u. poröser Struktur mit erhöhtem Resorptionsvermögen für W. u. Düngemittel in fl. Form. (Agric. Chemicals **8.** Nr. 7. 48–50, 125–27. Juli 1953. U. S. Dep. of Agric., Bureau of Plant Ind., Soils and Agric. Engineering.) RANG. 6304

T. Vincents Nissen, *Über Mikrobenantagonismus und über Antibiotica im Boden und die Möglichkeiten praktischer Anwendung dieser Faktoren.* Überblick über die neuere Literatur mit bes. Berücksichtigung der prakt. Anwendung des Antagonismus u. der

Antibiotica (I) gegenüber Pflanzenpathogenen, der Stabilität der I im Boden, ihrer Aufnahme in Pflanzen u. ihrer Wuchsstoffeigenschaften. — 122 Literaturhinweise. (Tidsskr. Planteavl **56**. 633—59. 1953.) R. K. MÜLLER. 6306

A. G. Ash und **E. H. Karr**, *Ein Magnesiumchloratpräparat als neues Entblätterungsmittel für Baumwollpflanzen.* Unter n. Feuchtigkeits- u. Reifungsverhältnissen werden die Baumwollpflanzen durch Sprays aus dem Flugzeug von ca. 10 lbs./acre von *Penco De-Fol-Ate* (Präp. mit 58% Mg-Chlorathexahydrat) in 10 gallons W. nach 5—12 Tagen entblättert. Das Präp. ist Na-Chloratborat mindestens gleichwertig, meist jedoch schneller wirksam. (Agric. Chemicals **8**. Nr. 7. 42—43. 107—11. Juli 1953. Pennsylvania Salt Manufact. Comp. of Washington.) RANG. 6312

Helge Hellqvist, *Spritztechnische Versuche gegen den Erreger der Krautfäule der Kartoffeln (Phythophthora infestans [Mont.] De By). 1. Mitt. Laboratoriumsversuch mit Behandlung der Kartoffelblätter mit Bordeaux-Brühe.* Kartoffelblätter wurden auf der Ober-, der Unterseite oder beiden Seiten mit 2 bzw. 1% ig. Bordeaux-Brühe (I) gepinselt oder unbehandelt der Infektion mit Zoosporen von Phytophthora infestans ausgesetzt. Nach mehrtägigem Ansatz in Petrischalen mit hoher Luftfeuchtigkeit wurde der Grad des Fäulebefalls ermittelt. Wenn die Blätter beidseitig infiziert werden, ist Behandlung der Unterseite wirksamer als Behandlung der Oberseite, aber auch noch unzureichend. Die besten Ergebnisse werden mit doppelseitiger I-Behandlung erzielt. (Kungl. Lantbruksakad. Tidskr. **92**. 194—212. 1953. Uppsala, Kungl. Lantbrukshögskola.)
R. K. MÜLLER. 6312

T. McKnight, *Ringfäule bei Äpfeln.* Die durch den Pilz Sclerotium rolfsii Sacc. verursachte Krankheit tritt vor allem auf alten Obstbaumböden auf u. kann durch vorbeugende Maßnahmen in der Weise bekämpft werden, daß man die jungen Stämme vor dem Auspflanzen mit verdünnter *Bordeauxbrühe* oder einer *Cheshunt*-Mischung behandelt, welche aus 2 Teilen Cu-Sulfat u. 11 Teilen NH_4-Carbonat besteht, wovon 1 Unce auf 2 Gallonen W. gelöst wird. (Queensland agric. J. **77**. 9—12. Juli 1953.)
WALTER SCHULTZE. 6312

A. B. M. Whitnall, **J. A. Thorburn**, **W. M. McHardy**, **G. B. Whitehead** und **F. Meerholz**, *Eine BHC-resistente Zecke.* Beschreibung von Verss. mit der Zecke *Boophilus decoloratus* (*Koch*) aus der Umgebung von London, die sowohl gegen As-haltige als auch BHC-Insekticide resistent ist. Im Freilandvers. erwies sich DDT u. Toxaphen als wirksam gegen die Zecken. (Bull. entomol. Res. **43**. 51—65. März 1952.)
LÜPNITZ. 6312

Donald H. Colless, *Der Einfluß von DDT und Kerosin auf die Lebensweise ausgewachsener Exemplare von Anopheles balabacensis Baisas (= A. leucosphyrus).* Es wurde festgestellt, daß DDT u. Kerosin stark abweisend auf Anopheles balabacenis wirken. Die Lebensweise derselben wird beträchtlich beeinflußt, was zu häufigerem Schwärmen u. verstärkter Freßlust führen kann. (Ann. trop. Med. Parasitol. **47**. 261—71. Okt. 1953. Univ. of Malaya, Dep. of Parasitology.) GRIMME. 6312

G. F. Cockbill, *Untersuchungen über die Bekämpfung des Insektenbefalls an gelagertem Getreide und an Hülsenfrüchten.* Bericht über erfolgreiche Verss. zur Bekämpfung von Calandra oryzae L., Tribolium castanea, Tribolium confusum, Laemophloeus sp., Oryzaephilus surinamensis L., u. Bruchidae an Mais, Mohrenhirse (Sorghum vulgare) u. Bohnen mit DDT- u. BHC-Mitteln. (Rhodesia agric. J. **50**. 294—323. Juli/Aug. 1953.) WALTER SCHULTZE. 6312

E. Thiem, *Die Spätwinterspritzung, ein Verfahren zur Bekämpfung der Goldafter- und Eichenprozessionsspinnerraupen.* Zur Spätwinterbekämpfung der Goldafterraupen in den Winternestern sowie des Eichenprozessionsspinners sind Emulsionspräpp. auf DDT-, Hexa- u. DDT–Hexa-Basis in erhöhter Konz. (3—4% ig.) geeignet. Die sicherste Wrkg. hatte *Duplinon* (3% ig., DDT–Hexa-Präp.). (Nachrichtenbl. dtsch. Pflanzenschutzdienst [Berlin] [N. F.] **8** (**34**). 90—93. Mai 1954. Berlin-Kleinmachnow, Biol. Zentralanst., Abt. Pflanzenschutzmittelforschung.) WINIKER. 6312

Harry H. Utes, *Organische Phosphatinsekticide.* Besprochen werden *TEPP*, *Parathion*, *EPN* u. *Malathon* in bezuga uf ihre insekticide u. tox. Wirkung. (Ind. Med. Surgery **22**. 375—77. Sept. 1953. Dalles, Ore., Wasco-Sherman Public Health Dept.)
GRIMME. 6312

K. H. Fernow und **S. H. Kerr**, *Blattrollvirusbekämpfung durch Insekticide.* Bei der Bekämpfung des Blattrollvirus bewährten sich vor allem *Systox* u. *Parathion*, bei schwächerem Befall kommt man auch mit *DDT* aus. (Amer. Potato J. **30**. 187—96. Aug. 1953. Ithaca, N. Y., Cornell Univ., Dept. of Plant Pathology and Entomology.)
GRIMME. 6312

A. C. Schuffelen, **A. R. P. Janse** und **G. P. Wiersema**, *Ein einfaches Verfahren zur Bestimmung des Kohlensäuregehaltes von Bodenluft.* Das Verf. beruht auf der Entfärbung des rotgefärbten Na-Phenolphthaleinates durch H_2CO_3 u. weist eine Genauigkeit von ca. 0,2 Vol.-% CO_2 auf. Das für die Best. verwendete Gerät (Abb.) u. die Ausführung der Best. werden im einzelnen beschrieben. (Landbouwkund. Tijdschr. **66**. 36—39. Jan. 1954. Wageningen, Landbouwhogeschool, Landbouwscheikundig Labor.) WESLY. 6324

Lannes E. Davis, *Bericht über die Wasserstoffionenkonzentration von Böden.* Vf. weist auf die durch den koll. Zustand der Böden bedingte Unsicherheit der Ergebnisse bei der potentiometr. p_H-Bestimmung. (J. Assoc. off. agric. Chemists **34**. 588—89. 15/8. 1951. Davis, Calif., Agric. Experim. Stat.) GRIMME. 6324

W. M. Shaw, *Bericht über Kalkmaterialien und austauschbaren Wasserstoff in Böden.* Eine 1—2 Milliäquivalent austauschbarem H entsprechende Menge Boden wird in 250 cm^3-Erlenmeyer mit 100 cm^3 0,5 mol. Ca-Acetatlsg. (I) nach Verschluß mit einem Gummistopfen einige Zeit lang geschüttelt u. über Nacht stehengelassen. Die Bodenlsg. wird in einem 250 cm^3-Meßkolben filtriert u. das Filtrat durch Nachwaschen mit I auf genau 250 cm^3 gebracht. Überführen der Lsg. in 400 cm^3-Becherglas unter Nachwaschen mit W. u. potentiometr. Titration mit 0,1 n $Ba(ON_2)$-Lsg. auf p_H 8,8. Blindtitration mit 250 cm^3 **I**. Berechnung des austauschbaren H in Milliäquivalent/100 g Boden. (J. Assoc. off. agric. Chemists **34**. 595—97. 15/8. 1951. Univ. of Tennessee, Agric. Experim. Stat.) GRIMME. 6324

W. H. MacIntire, L. J. Hardin und **L. S. Jones,** *Berichte über Fluor. Direkte Doppeldestillationsmethode zur Bestimmung des Fluorgehaltes von Böden.* Die bisher angewandte Meth. zur Fluorbest. in Böden (Glühen der Probe mit beigemischtem CaO bzw. CaO_2 u. Dest. mit $HClO_4$) ist umständlich u. kann zu geringe F-Werte liefern. Vf. dest. direkt die unbehandelte Bodenprobe (0,5 bzw. 1 g) zunächst mit 50 ml H_2SO_4 (1 + 1) im Wasserdampfstrom bei 165° (im CLAISEN-Kolben mit Thermometer u. Dampfeinleitungsrohr). Das Destillat wird durch Vorlegen von wenigen ml verd. NaOH-Lsg. u. geeignete Zugabe derselben schwach alkal. gegen Phenolphthalein gehalten. Nach Übergehen von 500 ml werden diese auf 10—15 ml konz. u. diese mit 25 ml 70%ig. $HClO_4$, welche 0,2% Ag_2SO_4 enthält, im Wasserdampfstrom bei 130—135° dest., bis ~200 ml übergegangen sind. In einem aliquoten Teil davon wird F nach der Meth. von WILLARD u. WINTER bestimmt. 25 ml auf 100 ml verdünnen, 2 ml 0,05%ig. Na-Alizarinsulfonatlsg. zufügen, mit 0,05 n NaOH-Lsg. bis zur Rosafärbung neutralisieren, 1 ml Pufferlsg. (9,448 g Monochloressigsäure in 50 ml W. + 2 g NaOH in 50 ml W.) zufügen u. mit 0,02 n $Th(NO_3)_4$ auf Lachsrot titrieren. (J. Assoc. off. agric. Chemists **34**. 597—603. 15/8. 1951. Knoxville, Tenn., Agric. Exper. Stat.) GRIMME. 6324

L. L. Ramsey, *Bericht über Natriumfluoracetat (1080).* Zur Best. von *1080* empfiehlt Vf. die Isolierung mittels einer gepufferten, chromatograph. Kolonne, wodurch eine Trennung von Monofluoressigsäure von Essigsäure, Di- u. Trifluoressigsäure u. anderen F-haltigen Säuren möglich ist. (J. Assoc. off. agric. Chemists **34**. 536. 15/8. 1951. Washington, D. C., Food and Drug Administration.) GRIMME. 6328

H. Meltzer, *Eine polarographische Methode zur quantitativen Bestimmung von DDT.* Beschreibung einer polarograph. Meth. zur Best. von DDT, die darauf beruht, daß nitriertes DDT an der Hg-Tropfelektrode red. wird. Eine gesonderte Best. von DDT-Isomeren ist mit dieser Meth. nicht möglich. (Nachrichtenbl. dtsch. Pflanzenschutzdienst [Berlin] [N. F.] **8** (**34**). 86—89. Mai 1954. Berlin-Kleinmachnow, Biol. Zentralanst., Abt. für Pflanzenschutzmittelforschung u. -prüfung.) WINIKER. 6328

P. A. Clifford, *Bericht über Parathion.* Nach bisher vorliegenden Unterss. eignet sich zur Best. von Parathion am besten die colorimetr. Meth. von AVERELL u. NORRIS, (vgl. C. **1949**. II. 1014.) (J. Assoc. off. agric. Chemists **34**. 533—36. 15/8. 1951. Washington, D. C. Fordand Drug Administration). GRIMME. 6328

Sharples Chemicals, Inc., Philadelphia, Pa., übert. von: **Nathaniel Tischler,** Palmyra, N. J., V. St. A., *Pflanzenbehandlungsmittel.* Man vermischt NH_4-Diglykolat, saures NH_4-Diglykolat oder Diglykolsäure als Intensivierungsmittel Verbb,. die in Ggw. von W. Anionen der *3.6-Endoxo-1.2.3.6-tetrahydroorthophthalsäure* oder der *3.6-Endoxohexahydroorthophthalsäure* bilden, ein Netz- u. ein Feuchtmittel miteinander. Das Gemisch kann in verschied. Konzz. als Entblätterungsmittel für wachsende Pflanzen einige Wochen vor der Ernte, als Unkrautvernichtungsmittel oder zur Förderung des Pflanzenwachstums verwendet werden. (**A. P. 2 637 643** vom 13/6. 1951, ausg. 5/5. 1953.) KARST. 6297

Sharples Chemicals, Inc., Philadelphia, Pa., übert. von: **Nathaniel Tischler,** Palmyra, N. J., und **Ernest P. Bell,** Detroit, Mich., V. St. A., *Mittel zur Regulierung des Pflanzenwachstums.* Zur Entblätterung von wachsenden Pflanzen einige Zeit vor der

Ernte, zur selektiven Unkrautvertilgung oder Förderung des Pflanzenwachstums werden Emulsionen, Dispersionen oder Stäubemittel verwendet, die als akt. Stoff *Dimethylammonium-exo-cis-N.N-dimethyl-3.6-endoxohexahydrophthalamat, Diäthylammonium-exo-cis-N.N-diäthyl-3.6-endoxohexahydrophthalamat, Dibutylammonium-exo-cis-N.N-dibutyl-3.6-endoxohexahydrophthalamat, exo-cis-N.N-Diäthyl-* oder *exo-cis-N.N-Diisopropyl-3.6-endoxohexahydrophthalamidsäure* enthalten. (**A. P. 2 637 644** vom 31/10. 1951, ausg. 5/5. 1953.) KARST. 6297

Sharples Chemicals, Inc., Philadelphia, Pa., übert. von: **Nathaniel Tischler,** Palmyra, N. J., und **Ernest P. Bell,** Detroit, Mich., V. St. A., *Regulierung des Pflanzenwachstums.* Zur Förderung des Pflanzenwachstums, zur selektiven Vernichtung von unerwünschten Gräsern oder Unkräutern u. zur Entblätterung von lebenden Pflanzen werden Emulsionen oder Dispersionen bzw. Stäubemittel verwendet, die als akt. Stoff *Methylhydro-, Äthylhydro-, Isopropylhydro-, Äthyl-Na-* oder *Äthyltriäthylammonium-exo-cis-3.6-endoxohexahydrophthalat* u. ein Netzmittel enthalten. 0,2—2% eines oberflächenakt. Stoffes können den Mitteln zugesetzt werden. (**A. P. 2 637 645** vom 15/11. 1951, ausg. 5/5. 1953.) KARST. 6297

Mathieson Chemical Corp., übert. von: **Jonas Kamlet**, Easton, Conn., V. St. A., *Chloralimin-N-sulfonsäure*, $CCl_3CH = NSO_2OH$, erhält man durch Rk. von Chloral mit Sulfaminsäure. Die Säure u. ihre wasserlösl. Salze, bes. das Na-, K- u. NH_4-Salz, werden als *Herbicide* verwendet. (**A. P. 2 662 094** vom 18/9. 1952, ausg. 8/12. 1953.) BRÖSAMLE. 6313

Ethyl Corp., New York, N. Y., übert. von: **Waldo B. Ligett,** Berkley, **Rex D. Closson,** Detroit, und **Calvin N. Wolf,** Ferndale, Mich., V. St. A., *Fungicides Mittel*, bestehend aus einer Verb. der allg. Formel I, worin W, X, Y u. Z H, Halogen, eine Nitro- oder Aminogruppe bedeuten, z. B. *4.5.6.7-Tetrachlor-N-amino-phthalimid.* (**A. P. 2 657 169** vom 28/10. 1950, ausg. 27/10. 1953.) NEBELSIEK. 6313

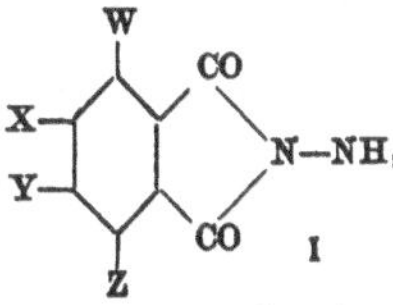
I

Pest Control Ltd., Bourn, England, *Herstellung des neuen Bis-isopropylamino-fluorphosphinoxyds.* Isopropylamin wird mit $POCl_3$, bes. im Mol-Verhältnis 3,5—5:1, in Ggw. eines inerten wasserfreien organ. Lösungsm. gemischt, u. das erhaltene Prod. wird mit einer starken wss. Lsg. von K- oder NH_4F behandelt. Als Lösungsm. wird Aceton, CH_3Cl oder ein zwischen 40—100° sd. chlorierter KW-stoff verwendet. (**Oe. P. 176 217** vom 10/5. 1951, ausg. 25/9. 1953. E. Prior. 12/5. 1950.) M. F. MÜLLER. 6313

Farbenfabriken Bayer Akt.-Ges., Leverkusen, *Herstellung eines Schädlingsbekämpfungsmittels.* Man vermahlt oder mischt mit Talkum oder W. einen Wirkstoff der allg. Formel I, in der X u. Y zwei verschied. Elemente (O u. S) mit einem 32,06 nicht übersteigenden Atomgewicht, R_1 u. R_2 Alkylreste, R_3 einen aliphat. u. R_4 einen organ. Rest darstellen. — Beispiele für I: *Thionophosphorsäureester*, die die Gruppierung

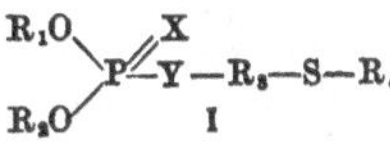
I

>P(=S)—O— oder *Thiolphosphorsäureester*, die die Gruppierung >P(=O)—S— aufweisen. (**Schwz. P. 291 994** vom 21/8. 1950, ausg. 1/10. 1953. F. Prior. 28/9. 1949.) NEBELSIEK. 6313

Hercules Powder Co., übert. von: **George Allen Buntin,** Wilmington, Del., V. St. A., *Insekticides Mittel*, bestehend aus Polychlortetrahydrodicyclohexadien (I) mit einem Cl-Geh. von ca. 53—74% u. einem üblichen Trägerstoff oder einem oberflächenakt. Dispergiermittel, z. B. einer Harzseife, gegebenenfalls in Verb. mit anderen bekannten tox. Mitteln, wie Rotenon oder Pyrethrum. I erhält man durch Chlorierung von Dicyclohexadien (gelöst in einem inerten Lösungsm., z. B. CCl_4) mit gasförmigem Cl_2 in Ggw. eines Katalysators, z. B. Pb-Alkyl oder organ. Peroxyd, bei 50—150°. (**A. P. 2 657 165** vom 30/9. 1950, ausg. 27/10. 1953.) NEBELSIEK. 6313

Schering Akt.-Ges., Berlin (Erfinder: **Herbert Schotte, Karl Görnitz, Fritz Wolff,** Berlin, und **Robert Ebert,** Hamburg), *Insektentötendes Mittel*, gek. durch einen Geh. an 1.8-Dichlor-3.6-dinitrocarbazol oder seinen Salzen, gegebenenfalls in Verb. mit andren Insekticiden, Netz-, Haft- u. Füllmitteln. (**D. B. P. 899 434** Kl. 451 vom 1/9. 1940, ausg. 10/12. 1953. **Zusatz zu D. B. P. 892 093; C. 1954. 3320.**) NEBELSIEK. 6313

Monsanto Chemical Co., St. Louis, Mo., übert. von: **Marion W. Harman,** Nitro, W. Va., V. St. A., *Guanidinsalze des Pentachlorphenols* (I) stellen wirksame *Pesticide* dar. Nach üblichen Verff. werden Salze des I dargestellt mit: *1.3-Diphenylguanidin* (F. 170—174°); *Guanidin* (F. 190—205°); *o-Tolylbiguanid* (F. 159—161°); *symm. Triphenylguanidin* (F. 174—176°); *1.3-Di-o-tolylguanidin* (F. 144—152°). (**A. P. 2 659 755** vom 16/5. 1952, ausg. 17/11. 1953.) BRÖSAMLE. 6313

Dow Chemical Co., Midland, Mich., V. St. A., *Parasitenbekämpfungsmittel*, bes. gegen Milben. Man verwendet *4-Chlorphenyl-4'-chlorbenzolsulfonat* in Form eines Spritz- oder Stäubemittels unter Zusatz geringer Mengen Methylcellulose. (**E. P. 697 154** vom 16/4. 1952, ausg. 16/9. 1953. A. Prior. 2/6. 1951.) NEBELSIEK. 6313

Fritz Scheffer und **Paul Schachtschabel**, Lehrbuch der Agrikulturchemie und Bodenkunde. T. 1. Stuttgart: Enke. 1952. 1. Bodenkunde. 3. umgearb. u. erw. Aufl. (VII + 239 S. m. 30 Abb. u. 53 Tab.) DM 22,80.

VIII. Metallurgie. Metallographie. Metallverarbeitung.

Alfred Mund und **Carl Kreutzer**, *Über den Leistungsgrad der deutschen Siemens-Martin-Öfen.* (Stahl u. Eisen **73.** 1201—12. 10/9. 1953. Krefeld.) HOCHSTEIN. 6370

Arno Ristow, *Vergleich amerikanischer und deutscher basischer Siemens-Martin-Öfen.* (Stahl u. Eisen **73.** 1574—83. 19/11. 1953. Düsseldorf.) HOCHSTEIN. 6370

A. G. Robiette, *Großer Lichtbogenofen im Vergleich zu einem basischen Siemens-Martin-Öfen.* (Iron Coal Trades Rev. **167.** 1231—36. 27/11. 1953.) HOCHSTEIN. 6370

Bernhard Weilandt, *Untersuchungsergebnisse an Hochöfen mit verschiedenartig zugestelltem Gestell und Bodenstein.* Der Aufbau von Unteröfen muß so sein, daß die Zustellung im Gestell, Bodenstein u. Fundament widerstandsfähig gegen Temperaturbeanspruchung u. Angriffe chem. u. mechan. Art ist. Erörtert werden in dieser Hinsicht die Eigg. von Schamottesteinen, Quarzschamottesteinen, Kohlenstoffsteinen, Beton u. bes. von Kohlenstoff-Stampfmassen. Als Flickmasse für einen mit Kohlenstoffmasse ausgestampften Hochofen hat sich eine Teer–Koksmehl-Mischung bewährt. Zur Beurteilung des Einfl. einer Bodensau auf die Haltbarkeit von Unteröfen werden Entstehung u. Verh. einer Ofensau an Hand von Analysen, metallograph. Unterss. u. der Dilatometerkurve eines Bodensaukristalls erklärt. Es wird der Temperaturverlauf in neu zugestellten Unteröfen gemessen. (Stahl u. Eisen **73.** 696—704. 21/5. 1953. Völklingen.) HOCHSTEIN. 6370

W. P. Cashmore und **M. W. Thring**, *Untersuchung über die Flammenstrahlung in einem leeren Siemens-Martin-Ofen.* (J. Iron Steel Inst. **175.** 177—82. Okt. 1953. Guest Keern Baldwins Iron and Steel Co., Ltd.) HOCHSTEIN. 6370

W. G. Pfann, *Grundsätze des Zonenschmelzens.* Bei dem angewendeten Verf. wird ein langer Gegenstand (gradlinig oder ringförmig) einer Legierung oder eines unreinen Metalls von mindestens einer kleinen geschmolzenen Zone durchsetzt, worauf diese Zone zum Erstarren gebracht wird. Die Folgen einer solchen Art von Erstarrung werden hinsichtlich der Verteilung des gelösten Stoffes im Block unter bes. Berücksichtigung der Reinigung u. der Vermeidung von Seigerung geprüft. Auf Grund der Untersuchungsergebnisse werden u. a. Angaben über die anfängliche Verteilung des gelösten Stoffes u. über den Verteilungskoeff. gemacht. (J. Metals **4.** 747—53. Juli 1952. Murray Hill, N. J., Bell Telephone Labor.) HOCHSTEIN. 6380

A. A. Strshemetschnyi und **M. A. Okun**, *Versuch zur Anwendung schnell trocknender Mischungen.* Zur Herst. von Formen u. Kernen wird ein schnelltrocknendes Gemisch verwendet, das aus aufgearbeitetem tonhaltigem Quarzsand, einer 10% ig. NaOH-Lsg., Wasserglas u. Masut besteht. Es werden die Eigg. der Mischung, wie Druckfestigkeit in feuchtem Zustand, Gasdurchlässigkeit u. Feuchtigkeitsgeh. angegeben. (Литейное Производство [Giessereiwesen] **1952.** Nr. 12. 24—25. Dez.) HOCHSTEIN. 6382

W. Schumacher, *Das Kohlensäure-Erstarrungsverfahren in der Gießerei.* Die Formen oder Kerne werden bei Ggw. eines wasserglashaltigen Spezialbinders durch Einblasen von CO_2 ausgehärtet. Die theoret. Grundlagen des Verf. werden erörtert u. an Beispielen die Vorteile, wie größere Maßhaltigkeit der Gußstücke, Einsparung von Brennschalen u. Fortfall der Trocknung dargelegt. (Giesserei **40.** 678—81. 24/12. 1953. Bendorf/Rh.) HOCHSTEIN. 6382

O. Eckart, *Das Enslingerät, seine Wirkungsweise und die dabei auftretenden Fehler.* Das Gerät wird beschrieben u. an Hand von Verss. ermittelt, daß es sich als Wertmesser für Formsandbinder nicht eignet. Die Fehlerquellen bei der Probenahme u. die Einfll. der Einwaage, Teilchengröße, Feuchtigkeit u. Temp. werden untersucht. — Kurventafel. (Giesserei **40.** 229—30. 30/4. 1953. Heufeld/Obb.) BÜLTMANN. 6382

Johannes Gerber, *Das Druckgießen, ein ideales Verfahren im Rahmen der spanlosen Formung.* (Metallurgie u. Gießereitechn. **3.** 174—79. Mai 1953. Heidenau/Sa.) PAHL. 6382

Gunnar Åberg, *Einige Erfahrungen aus der Rationalisierung des Formens großer Gußstücke.* (Gjuteriet **43.** 137—42. Aug. 1953. Karlstad.) R. K. MÜLLER. 6382

Hermann Fahlenbrach und **Walter Heister,** *Entwicklung und Stand weichmagnetischer Werkstoffe.* Erörterung an Hand von 46 Schrifttumsstellen. (Stahl u. Eisen **73.** 1644—52. 3/12. 1953. Essen.) HOCHSTEIN. 6388

Forrest H. Bales, *Qualitätsanforderungen an für Webzwecke verwendeten Draht.* Erörtert werden die erforderlichen Festigkeits- u. Korrosionseigg. von Drähten aus *Al, Messing, Cu, Bronze, Monelmetall, Ni* u. nichtrostendem *Stahl.* (Wire and Wire Products **26.** 663—64. 718. Aug. 1951. Oakland, Calif., The California Wire Cloth Corp.) HOCHSTEIN. 6388

Ciril Rekar, *Versuch zur Bestimmung der Reduzierbarkeit von Eisenerzen.* Bei Reduktionsverss. mit kleinen Erzmengen im CO-Strom, mit Holzkohle–Erz-Gemisch u. bei Verhüttungsverss. mittlerer Probemengen im Versuchsschachtofen wird festgestellt, daß zwar jedem Verf. innerhalb gewisser Grenzen Bedeutung zukommt, aber unmittelbare Schlußfolgerungen auf die Reduzierbarkeit u. die Eignung für eine Verhüttung im Hochofen nicht gezogen werden können. (Stahl u. Eisen **73.** 1094—1101. 13/8. 1953. Ljubljana.) HOCHSTEIN. 6390

J. H. Keeler und **H. M. Davis,** *Dichte und Wasserstoffgehalt von einigen Eisenlegierungen.* An sehr reinem Eisen mit 0,006% C u. zwei unlegierten Stählen mit 0,015 u. 0,017% C wird der Einfl. einer 20—90% ig. Kaltverformung (Kaltwalzung) u. eines nachfolgenden Glühens von 2 Std. bei 250—1200° auf die Dichte u. den H_2-Geh. untersucht. Es zeigte sich, daß die Dichten der beiden Stähle mit dem Kaltwalzen bis zu einem Minimum bei 60% Verformung abnahmen, während die des sehr reinen Eisens unbeeinflußt blieb. Der H_2-Geh. der beiden Stähle wurde nur schwach bei 60% Verformung beeinflußt, aber derjenige von sehr reinem Eisen wurde 100fach erhöht. (J. Metals **5.** 44—48. Jan. 1953. Schenectady, General Electric Research Labor., u. State College, Pa., Pennsylvania State College.) HOCHSTEIN. 6392

S. H. Chrobok, *Neue Erfahrungen zum Schmelzen von Gußeisenspänen im Kupolofen.* Bei Anwendung eines mit einer neuen Maschine arbeitenden Beschickungsverf. (CROFTS-Verf.) werden ohne Beeinträchtigung der Eisentemp. Abbrand, Oxydation u. S-Zunahme auf n. Werte herabgesetzt. Auch werden bei Verwendung von Spänen mit großem Legierungsgeh. die Legierungselemente aus den Spänen vollständig zurückgewonnen. (Giesserei **40.** 634—37. 26/11. 1953. London.) HOCHSTEIN. 6402

G. I. Iwanzow, *Über Graphiteinschlüsse im gewöhnlichen und modifizierten grauen Gußeisen.* Krit. Erörterung verschied. russ. Schrifttumsstellen. (Литейное Производство [Giessereiwesen] **1952.** Nr. 8. 29—32. Aug.) HOCHSTEIN. 6402

G. I. Kletzkin, *Gefüge und mechanische Eigenschaften von modifiziertem Gußeisen.* Überblick über die Herst., Zus., Eigg. u. Gefügeausbildung. (Литейное Производство [Giessereiwesen] **1952.** Nr. 7. 17—22. Juli.) HOCHSTEIN. 6402

A. F. Landa, *Ein Nomogramm zur Berechnung der Zusammensetzung, des Gefüges und der Eigenschaften von Gußeisen.* (Литейное Производство [Giessereiwesen] **1952.** Nr. 8. 19—20. Aug.) HOCHSTEIN. 6402

A. D. Uschakow und **T. A. Kononowa,** *Schwefel in mit Magnesium oder Cer behandeltem Gußeisen.* Aus der chem. Analyse von mit Mg oder Ce behandeltem Gußeisen wird geschlossen, daß nur ein Teil des S-Geh. bestimmt wird, u. zwar offenbar nur der nicht an Mg oder Ce gebundene S-Anteil. S, der mit Mg oder Ce in Form von komplizierten Komplexverbb. von Sulfiden u. Carbiden gebunden vorliegt, wird durch die n. analyt. Methoden nicht bestimmt. Die komplizierten Sulfidverbb. bleiben bei der Herst. im Gußeisen zurück u. sind nur schwer in die Schlacke zu überführen. Sie werden offenbar bei den hohen Tempp. einer Gußeisenüberhitzung zerstört. (Литейное Производство [Giessereiwesen] **1952.** Nr. 7. 22—23. Juli.) HOCHSTEIN. 6404

N. K. Ipatow, *Der Einfluß der chemischen Zusammensetzung auf die Härte von Gußeisen.* In einem Diagramm wird die Abhängigkeit der Härte von perlit. Gußeisen von den in ihnen vorhandenen Elementen (2,8—3,2 [%] C, 1—1,4 Mn, 1,8—2,2 Si, 0,2—0,4 P, 0,08—0,12 S u. 0,14—0,22 Cr) angegeben. Hieraus folgt, daß die Härte mit der Erhöhung des *C*-Geh. stark fällt. *Mn* erhöht dagegen die Härte. Durch den *Si*-Geh. wird die Härte des perlit. Gußeisens fast nicht verändert. Mit Erhöhung des *P*- u. *S*-Geh. wird sie dagegen in geringem Maße erniedrigt, während ein geringer *Cr*-Geh. wiederum keinen Einfl. zeigt. (Литейное Производство [Giessereiwesen] **1952.** Nr. 8. 28. Aug.) HOCHSTEIN. 6404

Jerko Z. Aljančić, *Extraktion des Cu-haltigen Limonits aus Majdanpek mittels verdünnter Schwefelsäure. Limonit* (I) verschied. Zerkleinerungsgrades wurde mit H_2SO_4 (II) wechselnder Konz. bei 50° bis zu 6 Tagen extrahiert. Es ergab sich, daß die besten Resultate mit 7% ig. **II** (400 g/100 g Erz) in 24 Std. erzielt wurden, falls das Material genügend zerkleinert war. Bei einer Korngröße von höchstens 0,06 mm (95% der Einwaage) konnten in dieser Zeit bis zu 80% Cu in Lsg. gebracht werden; dabei wurden gleichzeitig 6,6% des Fe u. 30,8% des Al mit gelöst. Bei den Säurekonzz. 2—11,7% wurden in 24 Std. 44,15—47,65% Cu gelöst, auch wenn die Hauptmenge (65%) 1 bis 0,2 mm Korngröße hatte. Ausdehnen der Extraktionszeit auf 6 Tage ergab eine nur 10—15%ig Cu-Zunahme. I löst sich viel schwerer in II als Malachit, Azurit u. Al_2O_3. (Гласник Хемиског Друштва Београд [Ber. chem. Ges. Belgrad] **17.** 361—68. 1952. Belgrad, Metallurg. Inst.) v. WILPERT. 6432

John T. Richards, *Beryllium-Kupfer für große Maschinenteile.* Wegen großen Korrosionsbeständigkeit, der Verschleißfestigkeit, der elektr. Leitfähigkeit u. der Schlagfestigkeit sind Be–Cu-Legierungen zum Bau von Maschinenteilen geeignet. Es werden einige typ. Anwendungsbeispiele besprochen: Stempel zum Tiefziehen von rostfreien Stählen, Schweißelektroden, Teile in automat. Schraubenmaschinen, Spannkluppen in Schleifmaschinen, Buchsen in Nahtschweißmaschinen. (Materials and Methods **35.** Nr. 6. 97—99. Juni 1952. The Beryllium Corp.) J. FISCHER. 6432

Erich Scheil, *Untersuchungen über die Kristallisation von Nickel–Kohlenstoff-Legierungen und von Gußeisen.* Es wird nachgewiesen, daß der Graphit aus Ni–C-Legierungen unmittelbar krist. u. nicht durch Zerlegung eines zuerst entstandenen Carbids entsteht. Hierdurch wurde es notwendig, die Annahme einer mittelbaren Graphitbldg. bei der Kristallisation des unterkühlten Graphiteutektikums nachzuprüfen. Hieraus scheint eine unmittelbare Graphitbldg. möglich. Die beim Gußeisen bekannte Wrkg. einer Überhitzung wird auch bei Ni–C-Legierungen beobachtet, wodurch die Annahme einer Silicattrübe unwahrscheinlich wird. Der Unterkühlung folgt bei reinen Ni–C-Legierungen ein Temperaturanstieg. Durch einen kleinen zur Kugelgraphitbldg. noch nicht ausreichenden Zusatz von *Mg* unterbleibt der Anstieg. (Arch. Eisenhüttenwes. **25.** 71—76. Jan./Febr. 1954. Stuttgart, Max-Planck-Inst. für Metallforschung.) HOCHSTEIN. 6434

—, *Eigenschaften des elektrolytisch abgeschiedenen Nickels.* 240 verschied. Ndd., die in 20 verschied. Bädern bei verschied. Temp., Stromdichte u. p_H-Wert erzeugt wurden, wurden chem. analysiert u. auf ihre Struktur, Dehnung, Härte u. Zerreißfestigkeit untersucht. Die Ergebnisse wurden in Diagrammen dargestellt. (Metal Ind. [London] **82.** Nr. 3. 47—48. 16/1. 1953.) MARKHOFF. 6434

Dieter Hoenes und **Georg Volkert,** *Das metallurgische Verhalten der Chromerze.* Nach Unterss. an verschied. Cr-Erzen u. Ofenrückständen ist ein Zurückbleiben bodenfester Erzrückstände nach der Vorschmelze als Bedingung für ein günstiges Raffinationsverh. bei allen solchen Erzlieferungen zu erwarten, die derben, nicht mit Silicaten wie Serpentin, verwachsenen Chromit in ausreichender Menge enthalten. Dies tritt bei Erzen mit geringem SiO_2-Geh. (unter ca. 5%) prakt. immer auf. Ein Vorhandensein von *Olivin* u. *Pyroxen* als prim. Silicatbestandteile beeinflußt das Raffinationsverh. nicht ungünstig, auch wenn diese Minerale in größeren Mengen mit dem Chromit verwachsen sind (SiO_2-Gehh. über 5% bei geringem Glühverlust). Erze, die reich an *Serpentin* u. anderen OH- oder wasserhaltigen Silicaten sowie an Carbonaten sind u. derben Chromit nicht oder in nicht ausreichender Menge enthalten, zeigen ein ungünstiges Raffinationsverhalten. Sie lösen sich rasch im Ofen auf, ohne daß bodenfeste Chromitstücke zurückbleiben. Bes. ungünstig sind silicatreiche Erze, in denen Serpentin u. dgl. als zusammenhängender Gefügebestandteil oder als eine Art Grundmasse mit eingelagerten Chromitkörnern ausgebildet ist. Solche Erze werden zweckmäßig zusammen mit großen Mengen an derbem, silicatarmem Chromit verhüttet. (Arch. Eisenhüttenwes. **25.** 1—10. Jan./Febr. 1954. Karlsruhe u. Söllingen.) HOCHSTEIN. 6436

K. S. Blaskett, *Das Verschmelzen der Konzentrate in Wiluna (Westaustralien).* Es wird ein Verf. zum Schmelzen u. Raffinieren *Au*-haltiger *As*- u. *Sb*-Konzentrate beschrieben. Als Rohmaterial dienen die Konzentrate zweier Goldminen in *Wiluna*, Rückstände der Cyanidauslaugung u. verschied. As- u. Sb-Konzentrate. Das Sintern im DWIGHT-LLOYD-App. bewährte sich nicht, besser arbeiten Drehöfen. Beschrieben wird das Niederschmelzen mit *Pb* im Hochofen u. die Raffination der Au-haltigen Barren. (Chem. Engng. Mining Rev. **44.** 380—87. 10/7. 1952. Melbourne, Univ., C. S. I. R. Ore Dressing Section.) STEINER. 6462

Alfred L. Ellis und **F. K. Iverson,** *Quantitative Metallographie mit dem Elektronenmikroskop.* Überblick über die quantitative Analyse mit dem Lichtmikroskop, die durch das Auflösungsvermögen begrenzt wird, u. mit dem Elektronenmikroskop, das beliebige Vergrößerungen gestattet. (ASTM Bull. **1952.** **66**—69. Juli.) DEUTSCH. 6482

B. W. Mott und **H. R. Haines,** *Die Metallographie von Uran.* Die Behandlungsverff. von U zur Prüfung unter polarisiertem Licht u. die Eignung verschied. Lsgg. zum elektrolyt. Polieren werden erörtert. Gefügeeinzelheiten von U in gegossenem, im Schmiedegesenk behandelten u. warmverformten Zustande werden beschrieben im Zusammenhang mit den Einwirkungen einer Wärmebehandlung u. Rekristallisation. Die anisotrop. Reflexion von elektrolyt. polierten U-Schliffen wird auf die Eigg. des Zwischenfilms zwischen U u. U-Oxyd zurückgeführt. Durch Erhitzung von in Perchlorsäure-Lsgg. polierten Proben bis auf ca. 250° wird ein Film gebildet, der zu einer Elliptizität des reflektierten Strahls führt. Therm. Ätzung tritt auf, wenn elektrolyt. polierte Proben in das obere α-Gebiet erhitzt werden. (J. Inst. Metals **80**. 621—27. Aug. 1952. Harwell, Atom. Energ. Res. Establ.) HOCHSTEIN. 6482

B. W. Mott und **H. R. Haines,** *Die Anwendung von polarisiertem Licht auf die Prüfung von verschiedenen anisotropen Metallen und zwischenmetallischen Phasen.* Es werden Einzelheiten über die Behandlung verschied. Metalle, wie *Sb, Bi, Cd, Co, Mg, Sn, Ti, U, Zn, Zr,* u. der Legierungen *Mg–U,* martensit. Stähle, *Th–Al, Th–Se, W–Carbid* sowie *U–Al* erörtert u. photograph. Aufnahmen wiedergegeben. Es wird eine Erklärung der an mechan. polierten Proben unter polarisiertem Licht gemachten Beobachtungen auf Grund der verschied. möglichen Oberflächenschichten, wie sie bei der Behandlung erzeugt wurden, versucht. (J. Inst. Metals **80**. 629—35. Aug. 1952.) HOCHSTEIN. 6482

J. L. Meijering, *Die Härtung von Metallen.* Überblick über den Begriff der Härte u. über die Härtungsmethoden. Nach der Abschreckhärtung u. der Ausscheidungshärtung wird die Oxydationshärtung (Härtung durch innere Oxydation) ausführlich besprochen. Wird z. B. ein schwach legiertes Metall, etwa *Ag* mit 1,5 At.-% *Mg,* erhitzt, so bildet der eindiffundierende O der Luft *MgO,* dessen Moleküle das Ag-Gitter deformieren u. eine Steigerung von der VICKERS-Härte 40 auf 170 bewirken. *Al, Be* bzw. *Mn* an Stelle von Mg ergaben eine Endhärte von 160, 135 bzw. 140. *Zn, Sn* u. *Cd* zeigten keine oder eine sehr geringe Härtesteigerung. Ähnlche Steigerungen durch Oxydationshärtung erfährt *Cu,* schwach legiert mit *Be, Al, Mg, Ti* oder *Zr,* nicht aber mit Mn legiertes Cu. Bei *Ni-* u. *Fe*-Legierungen konnte bisher keine Oxydationshärtung festgestellt werden. — 20 Literaturzitate. (Philips' techn. Rdsch. **14**. 180—88. Dez. 1952.) DEUTSCH. 6492

G. Ss. Tjagun-Belouss, *Das Schweißen von Stahl 30 ChGSsA mit Hilfe der zwangsläufigen Formung.* Erörtert werden die Schweißbedingungen u. -ergebnisse bei einem Stahl mit 0,37 (%) C, 0,88 Mn, 1,21 Si, 1,03 Cr, 0,015 S u. 0,024 P. Die besten Ergebnisse werden bei Verwendung eines Elektrodendrahtes aus einem Stahl mit 0,2 C, 0,51 Mn, 0,18 Si, 0,9 Cr, 0,023 S u. 0,024 P u. eines Flußmittels aus 46,6 SiO_2, 34,2 MnO, 6,5 CaF_2, 7,4 CaO, 2,8 MgO u. 2,5 Al_2O_3 erzielt. (Автоматическая Сварка [Automat. Schweissen] **6**. Nr. 5. 53—59. Sept./Okt. 1953.) HOCHSTEIN. 6506

Ss. M. Gurewitsch und **W. M. Grischtschenko,** *Automatisches Schweißen von dünnen Blechen aus Chromansil-Stahl.* Untersucht wird das Schweißen von 3—5 mm starken Blechen aus Stahl mit 0,27 (%) C, 0,83—1 Si, 0,94—1,08 Mn, 0,78—0,88 Cr, 0,10 Ni, 0,014—0,016 S u. 0,014—0,018 P unter einem Flußmittel. Die besten rißfreien Ergebnisse wurden bei Verwendung eines Elektrodendrahtes aus einem Stahl mit ca. 0,2 C, 0,7—0,8 Si, 0,9—1,15 Mn, 0,9—1,1 Cr, Spuren Mo, 0,007—0,014 S u. 0,02—0,038 P sowie eines Flußmittels *AN-348-A* erzielt. (Автоматическая Сварка [Automat. Schweissen] **6**. Nr. 5. 38—52. Sept./Okt. 1953.) HOCHSTEIN. 6506

F. A. Chomussko, *Der Einfluß von Silicium auf die mechanischen Eigenschaften von Stahl einer einschichtigen Schweißnaht beim Schweißen unter einem Flußmittel.* Untersucht wird der Einfl. eines Zusatzes von 0,15—2,34% Si beim Schweißen von niedriggekohltem Stahl unter n. Bedingungen. Es wird festgestellt, daß bei einem Si-Geh. von über 0,5% in der Naht die Plastizität derselben erniedrigt u. die Festigkeit etwas erhöht wird. Bei hohem Si-Geh. der Nähte werden diese spröde. (Автоматическая Сварка [Automat. Schweissen] **6**. Nr. 5. 67—72. Sept./Okt. 1953.) HOCHSTEIN. 6506

W. W. Podgajetzki, *Schweißen von Kupfer und seinen Legierungen unter einem Flußmittel mit metallischer Elektrode.* Cu u. seine Legierungen können unter einem Flußmittel unter Verwendung einer metall. Elektrode geschweißt werden. Infolge der hohen Wärmeleitfähigkeit von Cu u. der verhältnismäßig geringen Zuverlässigkeit des Verf. bei Wechselstrom muß Gleichstrom mit umkehrbarer Polarität verwendet werden. Als Flußmittel wird ein Gemenge aus 43,5 (%) SiO_2, 37,9—40,8 *MnO*, bis 49 *MgO*, 4,7—4,8 *CaO*, 1,1—1,5 *FeO*, 3—3,4 Al_2O_3 u. 4,4—6,5 CaF_2 verwendet. Die Elektrode besteht aus Cu-Draht. In den geschweißten Cu-Nähten werden Poren beobachtet, deren Entstehung auf H_2 zurückgeführt wird. Durch Zusätze, wie *Al* u. *Si,* wird die Löslichkeit von H_2 in fl. Cu u. damit die Neigung zur Porenbldg. verringert. Die Warmrisse in den Schweißnähten von Cu u. dessen Legierungen wird durch das Auftreten von Zwischenschichten zwischen den Kristalliten verursacht. (Автоматическая Сварка [Automat. Schweissen] **6**. Nr. 5. 10—27. Sept./Okt. 1953.) HOCHSTEIN. 6506

G. P. Michailow, K. G. Potasskujew und **M. I. Rasikow,** *Das Auslaugen von Schweißschlacken.* Schweißschlacken können sich bei Behandlung mit Laugen lösen.

Die Ggw. von Quer-Schlackeneinschlüssen oder von mit Schlacke gefüllten Kaltschweißstellen ergeben bei der Laugen-Einw. Risse in den Schweißnähten. Die meisten Schweißschlacken verlieren durch Laugen-Einw. (bes. bei erhöhtem Druck u. Temp.) SiO_2 u. den größten Teil von $CaO + CaF_2$ sowie von Al_2O_3. Glasartige Schlacken werden in geringerem Maße als kristallisierte ausgelaugt. Die Verringerung der Festigkeit der Schweißschlacken wird durch Bldg. neuer Minerale, Kolloide u. Hydrate verursacht. Einige Schweißschlacken vergrößern bei der Auslaugung ihren Umfang. Eine Erhöhung der Temp. u. des Druckes ermöglicht eine verstärkte Lsg. der Schweißschlacken. (Автоматическая Сварка [Automat. Schweissen] **6.** Nr. 5. 73—76. Sept./Okt. 1953.) HOCHSTEIN. 6506

Giuseppe Bianchi, *Untersuchung über die Korrosionsprüfung im Salznebel.* 2. Mitt. (1. vgl. C. **1953.** 2349.) Unters. des Einfl. der Absetzgeschwindigkeit der Salznebel, der Form und Lage der Prüflinge auf die Korrosion von *Fe* u. *Zn* sowie eine *Zn–Pb-* u. eine *Zn–Pb–Cd*-Legierung durch Messung des Gewichtsverlustes. (Metallurgia ital. **44.** 330—35. Aug./Sept. 1952. Mailand, Labor. di Elettrochimica, Chimica Fisica, e Metallurgia del Politecnico.) RUMPF. 6540

Siemens-Schuckertwerke Akt.-Ges, Berlin und Erlangen (Erfinder: **Willi Mertens,** Berlin-Zehlendorf), *Masse zur Herstellung von Formschalen für Metall- oder Eisenguß* mit einer körnigen Grundsubstanz u. einem organ. Bindemittel. Das Bindemittel besteht aus einer Mischung von *Polyestern* mit noch reaktionsfähigen Hydroxyl-, Sulfhydryl- oder Aminogruppen u. *Di-* oder *Polyisocyanaten.* (**D. B. P. 880 467** Kl. 31 c vom 24/11. 1944, ausg. 22/6. 1953.) BÜLTMANN. 6383

Max R. Wieland jr., Zürich, Schweiz, *Schmiermittelfreies Stranggießen metallischer Werkstoffe.* Das Gießgut wird innerhalb der gekühlten u. mit einem nichtmetall. Futter versehenen Kokille in einer gegen den fl. Strangkern durchbruchsicheren Randkruste erstarren gelassen. Der Hauptwärmeentzug erfolgt anschließend durch unmittelbare Kühlung. Das Futter der Kokille besteht vorzugsweise aus Graphit. — Zeichnung. (**Schwz. P. 283 827** vom 21/7. 1950, ausg. 16/10. 1952.) HOLM. 6383

Siegfried Junghans, Schorndorf/Wttbg., *Gießverfahren für Metalle.* Auf den erst teilweise erstarrten Guß werden elektromagnet. Drehfelder zur Einw. gebracht, um örtliche Unterschiede in der Temp. u. im Wärme-Geh., bes. durch Hervorrufen einer Drehbewegung, auszugleichen. Hierdurch wird der Kristallisationsvorgang im Sinne einer Kornzahlvergrößerung beeinflußt. Diese Maßnahmen können bes. beim Stranggießen angewendet werden. Eine Stranggießanlage wird beschrieben. — Abbildungen. (**D. B. P. 902 434** Kl. 31 c vom 6/9. 1950, ausg. 21/1. 1954.) HANS HOFFMANN. 6383

Siegfried Junghans, Schorndorf/Wttbg., *Kontinuierliches Gießen von hochschmelzenden Stoffen, wie Stahl.* Einem Vorrat werden fortlaufend vorbestimmte Mengen von Schmelze entnommen u. einzeln für sich der Gießform unter Aufrechterhaltung eines ununterbrochenen gleichmäßigen u. geregelten Zuflusses zugeführt. Die Größe der Einzelschmelzmenge richtet sich nach der Dauer der Gebrauchsfähigkeit der verwendeten Zuführungsmittel. Eine Anlage zum kontinuierlichen Gießen von hochschm. Stoffen, wie *Stahl,* wird beschrieben. — Abbildungen. (**D. B. P. 903 024** Kl. 31 c vom 23/11. 1948, ausg. 1/2. 1954.) HANS HOFFMANN. 6383

Soc. An. des Forges et Ateliers de la Fournaise, Saint Denis, Frankreich, (Erfinder: **F. Schuh**), *Aufrichten und Befestigen von Einzelteilen, die durch Preßguß miteinander verbunden werden sollen.* Man bringt die Einzelteile in die richtige Lage zueinander u. hält sie durch magnet. Kräfte aneinander u. fixiert sie durch ein Bindemittel, das erhärtet u. den beim Preßguß auftretenden Beanspruchungen widersteht. Das Verf. dient bes. zum Verbinden von Teilen von Magneten u. Polmassen für Drehkörper von elektr. Maschinen, bei denen magnetisierbare mit nichtmagnetisierbaren Teilen verbunden werden sollen. Als Bindemittel dienen bes. wärmebeständige Leime. (**Schwed. P. 138 224** vom 25/8. 1950, ausg. 25/11. 1952. F. Priorr. 4/5. u. 5/6. 1950.) JÜRGEN SCHMIDT. 6383

Badische Anilin- & Soda-Fabrik Akt.-Ges., Deutschland, *Herstellung von legiertem Gußeisen.* Gußeisen wird mit Metallen, bes. mit *Ni, Co, Cr, Mo* u. *Cu,* legiert, indem die Legierungsmetalle in Pulverform, zweckmäßig in einer Größe unter 50 μ, verwendet werden. Vorzugsweise wird das zu verwendende Ni-Pulver durch therm. Zers. von Ni-Carbonyl erhalten. Auch sollen die Metallpulver unter 0,1% C besitzen. Zweckmäßig werden den Metallpulvern wärmeerzeugende Stoffe, bes. aluminotherm. Gemische, zugesetzt. (**F. P. 1 025 285** vom 29/9. 1950, ausg. 13/4. 1953. D. Priorr. 6/10. 1949 u. 10/1. 1950.) HOCHSTEIN. 6405

John A. Livingston, V. St. A., *Herstellung von Gußeisen mit Kugelgraphit.* Dem fl. Gußeisen wird eine Legierung zugesetzt, die zum größeren Teil aus *Mg,* z. B. nicht über 73%, u. zu einem kleinen, aber merklichen Teil aus *Ce* besteht. Vorzugsweise enthält die Legierung nicht mehr als 43% Mg. Die Legierung kann auch aus ca. 73% Mg u. ca. 27% *Mischmetall* bestehen, wobei das Mischmetall ca. 50% Ce u. ferner noch Gehh. an *La* u. *Nd* enthält. (**F. P. 1 035 055** vom 4/4. 1951, ausg. 14/8. 1953. A. Prior. 11/4. 1950.) HOCHSTEIN. 6405

Gesellschaft der Ludw. von Roll'schen Eisenwerke Akt.-Ges., Gerlafingen, Schweiz, *Behandlung flüssiger Eisenschmelzen mit einem Metall, welches bei der Behandlungstemperatur gasförmig ist.* Das Metall, z. B. *Mg*, wird mit einem Druck, der über dem stat. Druck der Eisenschmelze liegt, in die Eisenschmelze hineingeleitet, wobei mindestens teilweise der Eigendampfdruck des mit der Eisenschmelze in Berührung kommenden Metalles seine Einführung in die Schmelze bewirkt. Zweckmäßig wird der Metalldampf gleichzeitig mit einem Schutzgas in die Schmelze eingeführt. Vorzugsweise wird eine Roheisenschmelze so lange behandelt, bis sie bei der Erstarrung sphärolith. Graphit bildet. — Abbildung, Schliffbilder. (**Schwz. P. 291 858** vom 28/10. 1950, ausg. 1/10. 1953.) HOCHSTEIN. 6405

Mond Nickel Co. Ltd., übert. von: **Albert Paul Gagnebin** und **Keith Dwight Millis**, England, *Temperrohguß zur Herstellung von Temperguß mit sphärolithischem Graphit* enthält 0,03—0,5%, vorzugsweise 0,06—0,2%, *Mg*. Zweckmäßig enthält der Temperrohguß noch 1,8—4 (%) *C*, 0,4—4 *Si* sowie, einzeln oder zu mehreren, noch bis zu 3,5 *Ni*, bis 2 *Cu* u. bis 2 *Mn*. Der Eisenschmelze wird so viel Mg zugesetzt, daß der S-Geh. der Schmelze auf weniger als 0,02% verringert wird u. 0,03—0,5 Mg im Eisen verbleiben. Das Gußstück wird in einem Glühen bei 900—925° für 5—15 Std. getempert. Nach dem Tempern wird zweckmäßig noch ein Glühen bei einer Temp. unter dem γ-α-Umwandlungspunkt, vorzugsweise 2—5 Std. bei 690—710°, vorgenommen. (**F. P. 1 024 221** vom 1/9. 1950, ausg. 30/3. 1953. A. Prior. 2/9. 1949.) HOCHSTEIN. 6407

Wisconsin Alumni Research Foundation, übert. von: **Richard W. Heine**, Madison, Wis., V. St. A., *Herstellung von weißem Temperrohguß.* Bei der Herst. von weißen, anschließend in sehr kurzer Zeit zu tempernden Temperrohgußstücken wird der Schmelze eine Anzahl von Proben entnommen, denen *Al* in abgestuften Mengen zugesetzt wird. Die zugesetzten verschied. hohen Al-Mengen liegen in den Grenzen unterhalb der zur Erzeugung eines halbierten Gußeisens erforderlichen Menge u. oberhalb derselben. Dem geschmolzenen Gußeisen wird Al als Desoxydationsmittel in einer an den Proben ermittelten Menge zugesetzt, die um 0,1% geringer als zur Erzeugung von halbiertem Gußeisen notwendig ist. Darauf wird das fl. Gußeisen abgegossen. Als Desoxydationsmittel können außer Al auch *Zr, Ti, Mg, B, V, Ca, Si* allein oder in Kombinationen davon verwendet werden. — Kurvenbilder. (**A. P. 2 651 570** vom 19/11. 1949, ausg. 8/9. 1953.) HOCHSTEIN. 6407

Pierre Coheur, Belgien, *Thomasstahl-Herstellung mit einer aufeinanderfolgenden Bildung von zwei Schlacken.* Nach Aufgabe der Beschickung mit Zusatz von Schrott u./oder Erz wird zunächst mit einem O_2–Wasserdampf-Gemisch geblasen, dessen Wasserdampfgeh. vor Beendigung dieser Blasperiode erniedrigt wird. Darauf wird der Konverter gesenkt u. nach einer Abschlackung die Mittel zur zweiten Schlackenbldg. aufgegeben. Anschließend wird der Konverter aufgerichtet u. mit einem O_2–Wasserdampf-Gemisch fertig geblasen. Zweckmäßig wird der Wasserdampfgeh. ca. 1 Min. vor Beendigung der ersten Blasezeit zwecks Erhöhung der Badtemp. erniedrigt. Vorzugsweise enthält das Blasgas 30—45 Gew.-% Wasserdampf, während der Rest O_2 ist. Auch ist der Wasserdampf auf 250° überhitzt. Es wird zweckmäßig stickstoffarmer Schrott benutzt. (**F. P. 1 035 346** vom 12/4. 1951, ausg. 21/8. 1953. Belg. Prior. 4/5. 1950.) HOCHSEIN. 6409

James Fernando Jordan, Huntington Park, Calif., V. St. A., *Stahlherstellung durch Windfrischen.* In einem kontinuierlichen Windfrischverf., bei dem eine Flamme über u. längs einer Wanne, innerhalb der ein Strom von hochgekohltem Eisen durch eine Anzahl von Luftstrahlen entkohlt wird, erscheint, wird die Entkohlung wie folgt geregelt. Es wird O_2 in den Strom des in der Wanne fließenden geschmolzenen Metalls so eingeleitet, daß sich das Flammenbild über dem Endabschnitt des Entkohlungsvorganges neigt, wie der C-Geh. des Metallstromes abnimmt. Der Neigungswinkel liegt innerhalb des Bereiches von 10 u. 65° von der Oberfläche des Metallstromes aus. Die Zu- u. Abnahme in der O_2-Zufuhr ist bei der Regelung derart, daß ein wahrnehmbares Merkmal, z. B. eine Spitze, des Flammenbildes innerhalb der angegebenen Neigung an einer bestimmten Stelle längs des Stromes des in der Wanne fließenden Metalls aufrechterhalten wird. — Abbildung. (**A. P. 2 649 366** vom 2/11. 1951, ausg. 18/8. 1953.) HOCHSTEIN. 6409

H. A. Brassert & Co., Berlin-Charlottenburg, und **August Thyssen-Hütte Akt.-Ges.**, Duisburg-Hamborn (Erfinder: **Hermann A. Brassert**, Washington, und **Walter Eich-**

holz, Duisburg), *Herstellung von Stahl nach dem basischen Windfrischverfahren.* Ein Roheisen mit weniger als 1,2% *P*, 0,6—1,5% *Si* u. 0,3—4% *Mn* wird ausschließlich mit Windsauerstoff in einer Stufe zu Stahl gefrischt. (**D. B. P. 900 460** Kl. 18b vom 14/5. 1938, ausg. 28/12. 1953.) Hochstein. 6409

Minière et Métallurgique de Rodance Soc. An., Luxemburg, *Herstellung von hochwertigem Stahl.* Während des Frischens von Stahl in einem Konverter wird dem Bad mindestens ein Mol metall. *Al* zugesetzt, wobei die durch das Blasen hervorgerufene Badbewegung u. die durch die Oxydation des zugesetzten Al erzeugte Badwärme eine vollständigere Frischung des Stahles bewirkt, als dies in anderen metallurg. Öfen möglich ist. Zwecks Erzeugung eines beruhigten Stahles wird das Frischen vor einer vollständigen Oxydation des zugesetzten Al beendet. (**F. P. 1 043 502** vom 5/10. 1951, ausg. 10/11. 1953. Luxemburg. Prior. 7/10. 1950.) Hochstein. 6409

Johannes Schwarz, Deutschland, *Erhöhung der Festigkeit von Stäben, Rohren und dergleichen aus legiertem oder unlegiertem Stahl.* Handelsüblich gewalzter Stabstahl oder dgl. wird zunächst gezogen, dann durch Hämmern Pressen oder Querwalzen mechan. verdichtet u. darauf geglüht. Zweckmäßig wird der Stahl vor der Behandlung ausgeglüht. Auch kann die aus Kaltziehen, aus mechan. tiefwirkendem Kaltverdichten durch Hämmern oder dgl. sowie aus nachfolgendem Glühen bestehende Behandlung mehrfach durchgeführt u. der Stabstahl nach dem Glühen noch kalt nachgezogen werden. (**F. P. 1 043 774** vom 12/10. 1951, ausg. 12/11. 1953. D. Prior. 13/10. 1950.) Hochstein. 6409

Thos. Firth & John Brown Ltd., Sheffield, Yorkshire, England, *Austenitischer Stahl mit geringer Dehnung.* Eisenlegierungen mit 0,35—0,9 *C*, 3,5—6 *Mn*, 3—7 *Cr*, 9—16 *Ni*, 0,5—12 *Cu* u. einem geringen Geh. an carbidbildenden Elementen (*V*, *W*, *Ti* u. *Nb*) werden zur Verwendung bei Flugzeugmotoren 4 Std. auf 700—750° zu anderen Zwecken bis zu 1150° erhitzt u. wieder ca. 4 Std. bei 550—600° behandelt. Der Cu-Geh. fördert die Bearbeitbarkeit u. vermindert die Ermüdung. Der Stahl läßt sich gut nitrieren. (**Schwz. P. 264 028** vom 29/7. 1946, ausg. 3/1. 1950. E. Prior. 9/7. 1945.) Holm. 6411

Marvin J. Udy, Niagara Falls, N. Y., V. St. A., *Herstellung von Ferrosilicium.* Silicat-Mineralien der Metalle *Mg*, *Al*, *K*, *Na* oder *Si* werden zusammen mit Eisen in Form von Eisenschrott oder von Eisenoxyd, z. B. von Eisenerz, sowie mit einem reduzierenden Material, wie Koks, im Elektroofen unter Red. von SiO_2 zu metall. Si u. Verdampfung der Mineral-Metalle, wie Mg, Al usw., eingeschmolzen. Das red. Si wird von dem gleichzeitig aus dem Schrott oder Erz gebildeten Eisenbad unter Bldg. von Ferrosilicium mit nicht mehr als 15% Si aufgenommen. Die verdampften Metalle werden durch Kondensation gesammelt u. schon vorher zweckmäßig im dampfförmigen Zustand oxydiert. (**A. P. 2 637 648** vom 11/8. 1948, ausg. 5/5. 1953.) Hochstein. 6419

Bochumer Verein für Gußstahlfabrikation Akt.-Ges., Bochum, *Herstellung von niedriggekohltem Ferrochrom und/oder Ferromangan.* Die entsprechenden Ferrolegierungen mit hohem C-Geh., wie Ferrochrom mit ca. 60—70% *Cr* u. ca. 2—10% *C* u. Ferromangan mit ca. 75% *Mn* u. 4—6% *C*, werden in Behältern mit einer hochfeuerfesten Auskleidung, z. B. aus Magnesit oder Chrommagnesit, eingeschmolzen u. mit O_2 bis zum gewünschten C-Geh. gefrischt. Das Frischen mit O_2 wird bei einer verhältnismäßig hohen Temp., u. zwar bei 1600° für Ferrochrom u. 1500° für Ferromangan, durchgeführt. Zweckmäßig werden nach Erreichen dieser Tempp. den Bädern noch solche Stoffe zugesetzt, die O_2 ergeben, z. B. Cr- oder Mn-Erze. Zur Erzielung einer leichtfl. Schlacke werden schlackenbildende Stoffe, wie Flußspat, oder Si- oder Al-haltige Stoffe zugesetzt. (**F. P. 1 040 526** vom 13/8. 1951, ausg. 15/10. 1953. D. Priorr. 17/8. u. 8/11. 1950.) Hochstein. 6419

Electric Furnace Products Co. Ltd., Toronto, Ontario, Can. (Erfinder: **Joseph Harrison Brennan** und **August Max Kuhlmann,** Niagara Falls), *Ferrolegierung und ihre Herstellung.* Die Ferrochrom–Si–Al-Legierung besteht aus 10—45(%) *Cr*, 35 bis 55 *Si*, 5—25 *Al*, Rest Eisen mit zufälligen Verunreinigungen, wobei diese Verunreinigungen C in geringerer Menge als 0,1 enthalten. Bei der Herst. dieser Ferrolegierung wird eine Beschickungsmasse (**I**) von Mg- u. Al-haltigen Cr-Erzen, Si u. einem C-haltigen Reduktionsmittel geschmolzen u. die erzeugte Metallegierung dann abgezogen. Hierbei muß der Anteil des Reduktionsmittels so gewählt werden, daß alle Oxyde einschließlich der Verunreinigungsoxyde im Reduktionsmittel red. werden, u. der Schmelzprozeß muß so lange ausgedehnt werden, bis im wesentlichen der ganze Mg-Geh. des **I** red. u. verflüchtigt ist u. alle Aluminate in **I** zu Al red. sind. (**D. B. P. 902 623** Kl. 18d vom 23/9. 1950, ausg. 25/1. 1954. A. Prior. 20/4. 1949.) Hochstein. 6419

New Jersey Zinc Co., New York, N. Y., V. St. A., *Schmelzen zinkhaltiger Erze* im elektr. Lichtbogenofen in Ggw. fester C-haltiger Reduktionsmittel unter Gewinnung eines geschmolzenen Steines, einer geschmolzenen Zn-freien Schlacke u. metall. Zn-Dampfes, der zu festen metall. Zn kondensiert werden kann, dad. gek., daß Schlacke im Ofen auf nicht über 1450° erhitzt u. dann eine Charge aufgegeben wird, die aus 1. oxydiertem Zn-Erz, welches Fe u. mindestens eines der Metalle Cu, Ag u. Au enthält, 2. genügend S zur Bldg. des Steines, 3. weiterem Fe u. 4. genügend Reduktionsmittel, um alles ZnO zu red., zusammengesetzt ist. Dann wird die Charge so auf der geschmolzenen Schlacke verteilt, daß sie weder mit der Elektrode noch mit dem Lichtbogen in direkter Berührung steht. Sie schm. dann durch die Strahlung des Lichtbogens u. Berührung mit der fl. Schlacke. (**E. P. 697 765** vom 27/7. 1951, ausg. 30/9. 1953. A. Prior. 25/8. 1950.) APEL. 6427

National Smelting Co. Ltd., London (Erfinder: **Stanley Robson**, Enfield, Middlesex, und **Leslie Jack Derham**, Severn Beach, Gloucester, England), *Kondensieren von Zinkdämpfen.* Beim Kondensieren von Zn-Dämpfen aus einer Mischung von Zn-Dampf u. bei den Kondensationsbedingungen mit dem Zn reagierendem Gas (CO_2) wird das Gasgemisch mit geschmolzenem Pb einer Temp. von nicht über 550° in Berührung gebracht. Diese Berührung kann durch Hindurchleiten des Gasgemisches durch ein Pb-Bad, oder durch Führung im Gegenstrom zu schmelzfl. Pb in einem Turm, oder durch Führung der Gase durch einen Pb-Sprühregen bewirkt werden. — Abbildungen. (**D. B. P. 905 320** Kl. 40a vom 30/12. 1948, ausg. 1/3. 1954. E. Priorr. 13/3. 1943 u. 21/2. 1944.) APEL. 6427

Metallgesellschaft Akt.-Ges., Frankfurt/M. (Erfinder: **Arthur Burkhardt**, Geislingen, Steige, und **Kurt Bayer**, Berlin-Lichterfelde), *Zinklegierungen* bestehen aus 12—20(%) *Al*, 0,01—0,1 *Mg*, Rest *Zn* hoher Reinheit. Sie dienen zur Herst. von Gußerzeugnissen, die bei tiefen Tempp. einer Stoß- oder Schlagbeanspruchung ausgesetzt sind. — Festigkeitsdiagramm. (**D. B. P. 887 873** Kl. 40b vom 21/1. 1939, ausg. 27/8. 1953.) GÖTZE. 6427

Metallgesellschaft Akt.-Ges., Frankfurt/M. (Erfinder: **Richard Pelzel**, Linz/Donau, und **Richard Knabe**, Hamburg-Langenhorn), *Zinklegierungen* bestehen aus 4,5—5,5 (%) *Al* oder 1,5—2,7 *Cu*, Rest Feinzink oder Feinzink mit 0,01—0,05 *Mg* oder aus tern. Legierungen mit 6,5—7,5 Al, 3—4,5 Cu, Rest Feinzink oder Feinzink mit 0,01 bis 0,05 Mg. Sie haben eutekt. oder annähernd eutekt. bzw. peritekt. Zus. u. eignen sich für Formgußstücke, bes. von kompletten, z. B. dünnwandigen mit mehreren Kernen oder solchen mit großen Querschnittsänderungen. (**D. B. P. 891 750** Kl. 40b vom 10/8. 1940, ausg. 1/10. 1953.) GÖTZE. 6427

Sylvester & Co., übert. von: **Robert A. Schoenlaub**, Cleveland, O., V. St. A., *Mn-Gewinnung* aus Mn-haltigen Erzen, die MgO u. $<6\%$ SiO_2 enthalten. Durch Zusatz entsprechender Zuschläge stellt man den Geh. an Ca, SiO_2 u. Al so ein, daß sich in der Erzschmelze Dicalciumsilicat u. Pentacalciumtrialuminat bilden (Verhältnis 1:1—4). Schmelztemp. 2600—3200° F unter Zuschlag von Koks. (**A. P. 2 634 204** vom 25/1. 1951, ausg. 7/4. 1953.) NEBELSIEK. 6437

Comp. des Freins et Signaux Westinghouse, Paris, Frankreich (Erfinder: **Henri Welker**), *Halbleiter aus Germanium.* Durch das in einem Graphittiegel geschmolzene Ge werden während des Erkaltens bis zum F. Gasblasen (N_2) geleitet. Reinheit u. Homogenität werden erhöht. — Zeichnungen. (**Schwz. P. 282 856** vom 14/7. 1949, ausg. 1/9. 1952. F. Prior. 23/8. 1948.) HOLM. 6449

Deutsche Gold- & Silberscheideanstalt vormals Roessler, Frankfurt/M., übert. von: **Hermann Holzmann**, Hanau/M., *Gewinnung von Platin.* Das einen Pt-Katalysator, z. B. bei der Oxydation von NH_3, verlassende hocherhitzte Pt-haltige Gas wird durch ein Netz aus Drähten, die einen Kern aus mindestens einem Metall der Atomzahl 24—28 u. einen Überzug aus mindestens einem Oxyd eines Metalls der Atomzahl 24 bis 29 besitzen, u. über ein Netz aus Drähten mit einem Kern derselben Zus. u. einem Überzug aus einem Edelmetall (Pt, Pd, Au, Ag) geleitet. Das im Gas mitgerissene Pt scheidet sich an den Netzen ab. Als Werkstoff für die Drahtkerne eignet sich bes. *Cr-Ni-Stahl* mit 51(%) *Fe*, 26 *Ni*, 2 *Mn*, 1 *Si* oder mit 74 *Fe*, 18 *Cr*, 8 *Ni* oder eine Widerstandslegierung aus 64,5 *Fe*, 30 *Cr*, 5 *Al*, 0,5 *Th*. Um eine Legierungsbldg. zwischen dem Kern u. dem Edelmetallüberzug zu vermeiden, kann das Metall des Kerns erst oberflächlich oxydiert u. dann der Überzug aufgebracht werden, oder es werden zwischen Kern u. Überzug eine oder mehrere Zwischenschichten eingelegt; so kann der Kern aus *Ni*, die erste Zwischenschicht aus *Ag*, die zweite aus *Rh* u. der Überzug aus *Au* bestehen. An Stelle von mehreren Netzen, von denen eins oder mehrere aus oxydüberzogenen, das oder die anderen aus edelmetallüberzogenen

Drähten bestehen, kann auch ein einziges Netz verwendet werden, bei dem die Schußdrähte aus oxydüberzogenen, die Kettendrähte aus edelmetallüberzogenen Drähten bestehen u. umgekehrt. (**A. P. 2 648 393** vom 1/2. 1950, ausg. 11/8. 1953. Schwz. Prior. 3/2. 1949.) APEL. 6465

Deutsche Gold- & Silberscheideanstalt vormals Roessler, Frankfurt/M. (Erfinder: **Hermann Holzmann,** Hanau/M.), *Platin-Gold-Legierungen* bestehen aus 50—80 (%) *Pt*, Rest *Au*, die noch bis 3 *Rh* u. bis 1 *Re* enthalten können. Zwecks Vergütung werden die Legierungen nach einer Glühung bei 600—900° u. Abkühlen zu Formstücken verarbeitet, sodann auf 1150—1250° erhitzt, abgeschreckt u. bei 450—600° angelassen. Die Legierungen eignen sich für elektr. Zwecke, bes. Nieten u. Kontakte. (**D. B. P. 897 327** Kl. 40b vom 11/6. 1941, ausg. 19/11. 1953.) GÖTZE. 6465

W. C. Heraeus G. m. b. H. (Erfinder: **Konrad Ruthardt** und **Gretelore Raunecker**), Hanau/M., *Iridium-Wolfram-Legierungen* bestehen aus 35—60(%) *Ir*, 2—15 *Rh* u./oder *Pt*, 0,5—10 *Co* u./oder *Ni*, 0,1—3 *B*, Rest *W*, das bis 5 durch *Ta* ersetzt sein kann. Die Legierungen können außerdem noch eines oder mehrere der Metalle *Au*, *Ag* u. *Cu*, zusammen bis 3, enthalten. Sie besitzen hohe Härte u. Zähigkeit, sind tintenbeständig u. eignen sich für Federspitzen. (**D. B. P. 876 601** Kl. 40b vom 29/10. 1949, ausg. 15/5. 1953.) GÖTZE. 6467

EDIPO Établissement pour le Développement Industriel des Pays d'outre-mer, Vaduz, Liechtenstein, *Reduktion von Metalloxyden.* Die Oxyde werden auf einer Transportvorr. durch einen in 3 Zonen unterteilten Tunnelofen geführt. Nach Durchstreichen der Vorwärmzone werden die Stoffe mit im Überschuß zugesetzten reduzierenden Mittel gemischt oder getrennt unterhalb der Schmelztemp. behandelt. Die Reaktionsgase dienen zur Ofenheizung u. anschließend zur Vorwärmung des Gutes. In der Kühlzone werden die anfallenden Brenngase u. die Verbrennungsluft vorgewärmt. Das gewonnene *Metallpulver* dient bes. zur Herst. von *Sintermetallen.* — Zeichnung. (**Schwz. P. 279 684** vom 4/10. 1949, ausg. 17/3. 1952.) HOLM. 6475

General Aniline & Film Corp., New York, N. Y., V. St. A., *Herstellung von Metallpulvern* kleiner Teilchengröße (3—7 μ) durch therm. Zers. von Carbonylmetallen, indem man den Carbonyldampf auf dem Weg zum Zersetzungsbehälter mit Strahlungsenergie (UV-Licht, radioakt. Strahlen) behandelt. (**E. P. 695 152** vom 7/5. 1951, ausg. 5/8. 1953. A. Prior. 12/5. 1950.) NEBELSIEK. 6475

Davide Primavesi, Lugano, Schweiz, *Vorbehandlung von Metallpulver für die Herstellung von Sintermetallen.* Das Pulvergemisch aus mehr als 2 Komponenten wird durch Hämmern unter Zertrümmerung kalt verformt, wobei durch Kaltschweißung sich Körner bilden u. die Plattierung durch teilweise Legierung begünstigt wird. (**Schwz. P. 268 239** vom 13/5. 1947, ausg. 1/8. 1950. Schwed. Prior. 17/5. 1946.) HOLM. 6475

Edras, Casablanca, Marokko, *Herstellung von Pulvermetallegierungen.* Die die Legierungsbestandteile enthaltenden Metalle werden in nicht oxydierender Atmosphäre zum Schmelzen u. Verdampfen erhitzt, mit einem komprimierten Gas verblasen u. durch Kühlen als Metallpulver gewonnen. Als Ausgangsstoff dient ein mit einem Legierungsbestandteil überzogener oder diesen pulverförmig einschließender, gegebenenfalls mit einem Flußmittel versehener Draht oder ein Kabel aus mehreren Strängen der Legierungsmetalle. Zum Schmelzen u. Zerstäuben dient eine Spritzpistole. Die Abkühlung erfolgt durch Einblasen in einen gekühlten Raum oder durch Aufblasen auf eine Flüssigkeit. (**Schwz. P. 279 387** vom 10/12. 1948, ausg. 1/3. 1952. F. Prior. 15/12. 1947.) HOLM. 6475

Gustave Girard, Neuchâtel, Schweiz, *Herstellung von Werkzeugen.* Aus Metallpulvergemischen werden Fraiser, Feile, Stempel, Buchstaben u. a. geformt, mit 5—15000 kg/cm² gepreßt u. bei 600—1200° in inerter oder reduzierender Atmosphäre während 10 Min. bis 5 Std. erhitzt. Die Gemische bestehen aus *Fe* mit *Cr*, *W*, *Ni*, *Co* u./oder *Mo*. Das Verf. vermeidet Metallverluste. (**Schwz. P. 265 589** vom 28/11. 1947, ausg. 1/3. 1950.) HOLM. 6475

Stora Kopparbergs Bergslags Aktiebolag, Falun, Schweden, *Gesinterte Hartmetalllegierung.* Carbide von Metallen der Gruppen 4a u. 5a des Period. Syst. werden den spanabhebenden Hartmetallcarbiden der Gruppe 6a des Period. Syst. mit einem Metall der 8. Gruppe, wie Co, als Bindemittel zugesetzt; z. B. werden 3—4% *TiC*, *TaC* u./oder *NbC* dem *MoC* u./oder *WC* zugesetzt. Die Legierung eignet sich bes. zur Bearbeitung sowohl von Stahl als auch von Gußeisen. (**Schwz. P. 264 973** vom 14/7. 1947, ausg. 1/2. 1950. Schwed. Prior. 17/10. 1946.) HOLM. 6475

Gesellschaft für Elektrometallurgie m. b. H., Düsseldorf (Erfinder: **Richard Fey, Alfons Fuchs** und **Fritz Stadler**), *Herstellung von Carbiden* der Metalle W, Mo, Va,

Ti, Ta, Nb, Cr, B aus natürlich vorkommenden oder in üblicher Weise gerösteten u./oder trocken, naß, mechan. oder magnet. konz., das Metall vorzugsweise in oxyd. Form enthaltenden Erzen, wobei die Erze mit einer CaC_2-Schmelze zur Rk. gebracht, vorzugsweise in diese eingetragen werden. Die CaC_2-Schmelze kann mit geringen Mengen, vorzugsweise unter 1% der zu carburierenden Metalle, an Va, Al u./oder sogenanntem Cer-Mischmetall versetzt werden. Auch kann der Schmelze Holzkohle zugesetzt werden. Die Reaktionsmasse wird zur Gewinnung der Metallcarbide mit W. oder Wasserdampf zersetzt. (**Oe. P. 175 554** vom 28/3. 1952, ausg. 25/7. 1953. D. Priorr. 12/10. 1951 u. 16/1. 1952.) WITTHOLZ. 6477

Aluminum Co. of America, Pittsburgh, Pa., V. St. A., *Mittel zur Verbesserung der mechanischen Bearbeitung von Metallen, z. B. beim Walzen* besteht aus einem borfreien Metallfluorid u. einer Sauerstoffsäure des B oder einem Salz derselben, z. B. aus *NaF* u. $Na_2B_4O_7$. Das Salzgemisch wird der Schmiermittelemulsion zugesetzt. Beim Heißwalzen von *Al*-Legierungen wird der Arbeitsstelle eine wss. Emulsion mit 3 (%) eines lösl. Öls, 0,7 NaF u. 0,15 $Na_2B_4O_7$ zugeführt. Der Walzenbelag wird stark vermindert; die Blechoberfläche enthält infolgedessen weniger Fehler. (**Schwz. P. 291 512** vom 28/2. 1948, ausg. 16/9. 1953. A. Prior. 1/11. 1945.) MARKHOFF. 6491

Superior Steel Corp., Pittsburgh, Pa., übert. von: **Walter L. Keene,** Dormont, V. St. A., *Herstellung eines kaltverformten Behälters aus Bimetall.* Eine Platte aus nichtrostendem reinem *Cr-Stahl* mit weniger als 0,2% C u. eine relativ dicke Platte aus reinem Eisen, z. B. Flußeisen, dessen C-Geh. z. B. durch ein stabilisierendes Element abgebunden ist, werden volldeckend aufeinander gelegt u. an den Rändern so gegeneinander abgedichtet, daß ein Eindringen von Luft ausgeschlossen ist. Die so vorbereiteten Platten werden warm ausgewalzt u. dabei miteinander verbunden. Hierauf wird zum Weichglühen der Schicht aus reinem Cr-Stahl eine Glühung bei 760—870° vorgenommen, wobei die Bindeschicht zwischen den beiden Schichten nicht versprödet. Abschließend wird aus den Bimetallplatten durch Kaltformgebung der gewünschte Behälter hergestellt. — Abbildungen (**A. P. 2 653 117** vom 26/12. 1951, ausg. 22/9. 1953.) HOCHSTEIN. 6491

Westdeutsche Mannesmannröhren Akt.-Ges., Deutschland, *Vermeidung von Rißbildung und anderen Oberflächenfehlern während der Warmformgebung von Eisen- und Stahlgegenständen.* Die Stahlgegenstände werden an den Stellen, die einer Formgebung unterworfen werden sollen, nach ihrer Erhitzung, die auch örtlich begrenzt sein kann, u. unmittelbar vor ihrer spanlosen Verformung einer spanabhebenden Verarbeitung, z. B. durch Abschleifen, Abfeilen u. dgl., unterworfen. (**F. P. 1 033 919** vom 13/3. 1951, ausg. 16/7. 1953. D. Prior. 13/3. 1950.) HOCHSTEIN. 6493

Deutsche Gold- & Silberscheideanstalt vormals Roessler, Deutschland, *Salzbad zur Verhinderung der Entkohlung bei der Wärmebehandlung von Stahl* enthält schwerflüchtige Halogenide solcher Metalle, deren Oxyde in zweiwertiger Form mit Eisenoxyd Spinelle bilden können, in einer derartigen Menge, daß eine entkohlende Wrkg. des Bades auf Stahl verhindert wird. Zweckmäßig enthält das Bad Halogenide, z. B. MgF_2, in Mengen von 1—50%. (**F. P. 1 040 509** vom 11/8. 1951, ausg. 15/10. 1953. D. Prior. 24/8. 1950.) HOCHSTEIN. 6493

Établissements Jacob Holtzer, Paris, Frankreich, *Behandeln von Eisenlegierungen mit hohem mechanischem Wärmewiderstand.* Die Legierungen, z. B. mit 0,01—0,30(%) *C*, 15—25 *Cr*, 8—20 *Ni*, 0,4—3,0 *Ti*, $<$20 *Co*, werden bei $<$900° gehärtet, bes. nach einer Wärmebehandlung bei hoher Temperatur. Vorteilhaft werden sie anschließend bei mäßiger Temp. erhitzt. Die inneren Spannungen werden dadurch beseitigt. (**Schwz. P. 272 885** vom 30/10. 1947, ausg. 16/4. 1951. F. Prior. 7/10. 1947.) HOLM. 6493

Gilles Smal, Belgien, *Härten von Arbeitsstücken, insbesondere Sägesegmenten,* aus *Schnellarbeitsstahl.* Das Werkstück aus W-legiertem Schnellstahl wird während des Erhitzens lediglich im Bereich seiner Schneidwerkzeuge mit Induktionsspulen umgeben u. gleichzeitig in seinem übrigen Bereich derart abgekühlt, daß dort bedeutend mehr Wärme abgeführt als zugeführt wird. — Abbildungen. (**F. P. 1 035 652** vom 1/1. 1951, ausg. 27/8. 1953. Belg. Prior. 3/2. 1950.) HOCHSTEIN. 6493

Siemens & Halske Akt.-Ges., Berlin und München (Erfinder: **Reinhold Reichmann,** Berlin), *Zinnfreies Lot* besteht aus mindestens 80(%) *Pb*, mindestens 10 *Cd*, Rest *Zn* mit der Maßgabe, daß das Verhältnis von Cd zu Zn in den Grenzen zwischen 20:1 u. 5:1 liegt. Es ergibt eine vorzügliche Haftung auf allen bekannten lötbaren Metallen, u. die Löttemp. wird durch den Cd-Geh. auf ca. 240° erniedrigt. (**D. R. P. 759 340** Kl. 49h vom 7/12. 1939, ausg. 25/1. 1954.) GÖTZE. 6505

Mond Nickel Co. Ltd. (Erfinder: **Edwin Clemens Rhodes**), London, England, *Lote oder Hartlote* bestehen aus 1—20(%) *Pd*, 0—4 *Zn* u./oder *Cd*, 0—3 *Ni*, *Pt*, *Au* u./oder *Sn*, Rest *Cu* oder *Cu* u. *Ag* u. Verunreinigungen. Das Löten wird ohne Verwendung von Flußmitteln in reduzierender Atmosphäre durchgeführt. Bes. sind die Lote geeignet zum Einlöten von Stahlteilen in Isolierkörper von Flugzeugmotorenzündkerzen. (**D. B. P. 895 557** Kl. 49h vom 26/7. 1949, ausg. 5/11. 1953. E. Prior. 3/2. 1943.) GÖTZE. 6505

Thermoflux Products, Inc., übert. von: **Harrison L. Williams**, Cleveland, O., V. St. A., *Lötmittel und seine Herstellung.* Das fl. bis pastenförmige Lötmittel besteht aus einer wss. Lsg. von $ZnCl_2$ u. 1—25% eines fl., bei Raumtemp. wasserlösl. *Polyglykols* mit einem Mol.-Gew. von 300—15000. Das Lötmittel scheidet beim Lagern keine Kristalle aus u. trocknet nicht ein. Es eignet sich zum Löten in der Elektrotechnik, bes. von Drähten in Radioapparaten. Zu seiner Herst. wird $ZnCl_2$ in W. bis zu seiner Lsg. erhitzt, in die heiße Lsg. unter Umrühren das Polyglykol eingetragen u. das Umrühren bis zur Abkühlung auf die Temp. fortgesetzt, bei der keine Ausscheidung mehr erfolgt. (**A. P. 2 631 952** vom 29/12. 1949, ausg. 17/3. 1953.) APEL. 6505

Comp. Française Thomson-Houston, Frankreich, *Lötpaste.* An Stelle von H_2O wird den Pulvern ein Siliconöl mit einer Viscosität von 10 cSt bei 25°, einem Kp. von 200°, einem F. von —67° u. einem spezif. Gewicht von 0,940 bei 25° zugesetzt. — Beispiel: 48 (g) *Ag*-Pulver, 8,4 *Al–Bronze*-Pulver u. 18 *Siliconöl.* Mit einer derartigen Paste lassen sich Permanentmagneten löten. (**F. P. 1 025 260** vom 28/9. 1950, ausg. 13/4. 1953. E. Priorr. 4/10. 1949 u. 23/5. 1950.) VIER. 6505

Norris O. Taylor, Media, Pa., V. St. A., *Verwendungsform eines Flußmittels.* Lötstab in Form eines Bleistifts. Er besteht aus einer Trägermasse aus gefärbtem hochschmelzenden Wachs u. Zinkseife, in der 20 bis 40% eines vorgeschmolzenen u. dann feingemahlenen Flußmittels eingelagert ist, das einen höheren F. besitzt als die Bestandteile der Trägermasse. Das Ganze kann von einer Umhüllung einer biegsamen Papiermasse umgeben sein. Als Wachs wird *Japanwachs*, als Flußmittel ein Gemisch von z. B. 44,5(%) $Na_2B_4O_7$, 44,5 H_3BO_4, 7 K_2CO_3 u. 4 *NaF* vorgeschlagen. Das gefärbte Wachs der Trägermasse dient zur Markierung der zu lötenden Stelle u. verhindert ein Breitlaufen des Flußmittels. Der Lötstab wird vornehmlich zum Löten von Edelmetallen bes. bei Schmuck- u. Zahnersatzstücken verwendet. (**A. P. 2641 560** vom 12/7. 1949, ausg. 9/6. 1953.) APEL. 6505

Imperial Chemical Industries Ldt., England, *Verlöten von Teilen aus Aluminium und seinen Legierungen.* Wenigstens ein Teil erhält einen *Zn*-Überzug, dann wird in der üblichen Weise unter Anwendung eines Flußmittels verlötet. Der Zn-Überzug kann durch Warmwalzen, Tauchen oder galvan. aufgebracht werden. Er kann folgende Zusätze haben: Bis 1,0(%) *Cu*, 1,0 *Mg*, 1,0 *Cd*, 0,05 *Mg*, 0,05 *Li*, 0,02 *Fe*, 1,0 *Pb*, 0,5 *Al*, aber nicht mehr als 1,5 insgesamt. (**F. P. 1 024 365** vom 7/9. 1950, ausg. 1/4. 1953. E. Prior. 7/9. 1949.) VIER. 6505

Imperial Chemical Industries Ltd., England, *Elektrisches Widerstandsschweißen.* Die zu verschweißenden Teile werden zum Schutz gegen Oxydation mit einem Lack- oder Farbanstrich versehen, dem zur Erhöhung der elektr. Leitfähigkeit Metallpulver, bes. Ni-Pulver, zugesetzt ist, das nicht leicht oxydiert u. eine magnet. Remanenz zeigt. — Z. B. werden einem Anstrich zugesetzt: Zn-, Messing-, Stahl-, Fe- u. Ni-Pulver in einer Menge von 13,8 Vol.-%, bezogen auf die festen Anteile des Anstriches. (**F. P. 1 039 459** vom 7/7. 1951, ausg. 7/10. 1953. E. Prior. 7/7. 1950.) VIER. 6507

Gesellschaft für Linde's Eismaschinen Akt.-Ges., Höllriegelskreuth bei München (Erfinder: **Karl Pötzl,** München), *Herstellen eines für die automatische verdeckte Lichtbogenschweißung geeigneten Schweißmittels.* Einen bei hoher Temp. hergestellten, homogenen SiO_2-freien Schmelzfluß auf der Basis von Metallsalzen, bes. Fluoriden, vorwiegend bas. Charakters, in dem Metalloxyde, bes. der Erdalkalien u. von Al, durch Vermittlung von TiO_2 gelöst werden, läßt man nach Ablauf aller Umsetzungs-Rkk. erstarren u. zerkleinert die erstarrte Schmelze zur gewünschten Korngröße. Als bes. geeignet erwies sich eine Mischung von 5—20(%) TiO_2, 40—70 *Fluoride*, 5—15 *Erdalkalioxyd*, 5—20 Al_2O_3 u. kleinere Mengen von Mn_2O_3. (**D. B. P. 829 849** Kl. 49h vom 25/2. 1950, ausg. 28/1. 1952 **F. P. 1 029 712** vom 11/12. 1950, ausg. 5/6. 1953. D. Prior. 24/2. 1950.) VIER. 6507

Gebr. Böhler & Co. Akt.-Ges., Wien, Österreich, *Ummantelte Schweißelektroden.* Als Mantelmasse wird ein im Temperaturgebiet von 100—350° spritzbares, ziehbares oder strangpreßbares, bei Raumtemp. aber ohne Anwendung eines Trocknungsprozesses trockenes u. festes Gemisch aus 30—85 (Teilen) organ. Substanzen u. aus 15—70 anorgan. Füllstoffen als Schlackenbildner, Legierungsmittel bzw. als Ionisierungsmittel des Lichtbogens verwendet, das sonst übliche Lösungsmittel für die Füllstoffe enthält. Eine bei 120—160° spritzbare Hülle besteht z. B. aus ca. 70 spritzbarer organ. Substanz, z. B. plastifizierter Acetylcellulose, u. 30 anorgan. Füllstoffen, z. B. Feldspat u. Ferromangan im Verhältnis 2 : 1. Eine bei 130—200° gut preßbare Hülle besteht aus ca. 50 preßbarer organ. Substanz, z. B. einem Phenolharz u. aus 50 Füllstoffen, z. B. Quarz, Feldspat, Ferromangan im Verhältnis 1 : 2,5 : 1,5. Ein Gemisch von plastifizierter Acetylcellulose u. synthet. Kresolharz mit 30 Füllstoffen als Schlackenbildner ergibt gut preßbare u. schweißbare Mantelstäbe. Ein solches Gemisch besteht z. B. aus 50 plastifizierter Acetylcellulose, 20 Kresolharz, 15 Magnesiumglimmer, 10 Quarz u. 5 Ferromangan. Eine Mischung von Phenol- u. Kresolharz mit 40 Zusatzstoffen ist noch preßbar. Ihre Zus. kann z. B. folgende sein: 40 Phenolharz, 20 Kresolharz, 25 Kalifeldspat, 10 Ferromangan, 5 Quarz. — Als Kerndrähte können Eisendrähte, niedrig- u. hochlegierte Drähte dienen. Die Hüllendicke beträgt 5—50% des Kerndrahtdurchmessers. Die Mantelmasse ist bes. bei Herst. durch Spritzen auch im kalten Zustand etwas verformbar, erlaubt daher das Biegen der Elektroden ohne Beschädigung der Mäntel. Infolge ihres geringen Porenvol. ist sie gegen den Einfl. der Atmosphäre beständig, so daß auch Füllstoffe aus wasseranziehenden Salzen ohne Schaden verwendet werden können. Die Mantelmasse verbrennt infolge ihres hohen Geh. an organ. Substanzen während des Schweißens mit einer größeren Flamme als die bisher üblichen Hüllen, so daß der Zutritt von Luftsauerstoff u. Stickstoff zur fl. Schweiße verhindert wird. Außerdem wird noch eine dünne Schlackendecke abgesondert, welche ebenfalls die Schweiße umhüllt. Man erhält daher Schweißverbb. mit guten elast. Eigenschaften. (**Oe. P. 172 674** vom 16/2. 1950, ausg. 10/10. 1952. D. Prior. 16/9. 1940.) R. KLEIN. 6507

Ferdinand Charles Henri Marchand, Frankreich, *Umhüllung für Schweißelektroden und Schweißstäbe.* Die Umhüllung enthält 5—10 (%) Fe-Pulver, 5—40 Kohlenhydrate, 5—85 TiO_2. Außerdem kann sie enthalten Al-Pulver, Fe-Legierungen, Oxyde, Silicate u. Carbonate. (**F. P. 1 018 731** vom 23/5. 1950, ausg. 12/1. 1953.) VIER. 6507

Aluminium-Industrie-Akt.-Ges., Chippis, Schweiz, *Verschweißen von Drahtseilen für Freileitungen.* Drähte aus Al u. einem höher als Al schm. Metall (z. B. solche mit Stahlseele) werden an den Seilenden stumpf zusammengeschweißt u. ein nachgiebiger Al-Teil zwischen den Enden in ein während des Verf. nicht schm. Rohr gesteckt. Um das Rohr ist eine exotherm. reagierende, die Schweißwärme liefernde M. angeordnet. Die schm. Schweißenden des Al werden gegeneinander gedrückt u. der eingesetzte Teil vollkommen verschmolzen. Das nicht schm. Rohr ist in der Längsrichtung zweigeteilt. — Zeichnungen. (**Schwz. P. 267 742** vom 25/3. 1948, ausg. 17/7. 1950.) HOLM. 6507

Max Rosenfeld, Aberdeen, und **Charles F. Picket,** Bel Air, Md., V. St. A., *Entfernen von Eisenrost und -zunder von Metalloberflächen.* Die Gegenstände werden mit einer warmen Lsg. von *Oxalsäure* u. einem hydrolysierbaren Chlorid, wie *$FeCl_3$* oder *$AlCl_3$*, behandelt. Das Verhältnis Oxalsäure zu dem Chlorid soll nicht größer sein als 96,5 zu 3,5 u. nicht kleiner sein als 83,6 zu 16,4. So löst man 26,6 g Oxalsäure u. 3,4g $AlCl_3 \cdot 6\,H_2O$ in einem Liter Wasser. Die Lsg. eignet sich bes. zum Entfernen von oxyd. Ablagerungen in dem Kühlsyst. von Verbrennungskraftmaschinen. (**A. P. 2 631 950** vom 27/9. 1949, ausg. 17/3. 1953.) MARKHOFF. 6513

Surface Combustion Corp., übert. von: **Carroll Cone** und **Jack Huebler,** Toledo, O., V. St. A., *Reinigen von Eisenoberflächen.* C-haltige Stoffe u. Fe-Oxyde werden von Eisenoberflächen in der Weise entfernt, daß die Gegenstände in einer Gasatmosphäre auf 670—1700° F erhitzt werden, welche ein Gas enthält, das C oxydiert u. ein anderes, das die Fe-Oxyde red., z. B. ein Gasgemisch aus 15—45 (Mol%) HCl, 10—12 CO_2, nicht mehr als 2 O_2, nicht mehr als 3 H_2O u. als Rest N_2. Durch das Verf. werden auch die in die Oberfläche eingewalzten Verunreinigungen entfernt, so daß die Oberflächen sich fehlerfrei mit Metallüberzügen versehen lassen. — Abbildung. (**A. P. 2 625 495** vom 4/6. 1948, ausg. 13/1. 1953.) MARKHOFF. 6513

Schering Akt.-Ges., Berlin (Erfinder: **Joachim Korpium,** Geislingen/Steige), *Entrosten und Entzundern von Eisen und Stahl.* Als Lösungsm. werden mindestens 20%ig. *Alkalilaugen* verwendet, denen Verbb. zugesetzt sind, die die Fällung von $Fe(OH)_3$ aus den Fe-Salzlsgg. durch Alkalihydroxyd verhindern, wie *Glykol, Mannit, Erythrit, Glycerin, Inosit, Fructose, Saccharose, Weinsäure, citronensaure Salze* oder *Cyanide.* Die Lsgg. werden bei Tempp. von über 80° u. erhöhtem Druck angewendet. Vermeidung der Beizsprödigkeit. (**D. B. P. 894 943** Kl. 48d vom 19/7. 1941, ausg. 29/10. 1953.) MARKHOFF. 6513

Charles B. Francis, Pittsburgh, Pa., V. St. A., *Reinigen und Entzundern von rostfreien Stählen.* Die Gegenstände werden in eine Schmelze von Alkalinitrat- u. -hydroxyd getaucht, der geringe Mengen an Alkaliperoxyd, wie Na_2O_2, zugesetzt sind. Temp. der Schmelze 500—800° F (260—425° C). — Beispiel: 70—80 (%) $NaNO_3$, 20 bis 30 $NaOH$ u. 0,1—1 Na_2O_2. Die Gegenstände werden bei 515° F in 2—7 Min. entzundert, wenn sie vorgewärmt worden sind. (**A. P. 2 630 393** vom 25/6. 1948, ausg. 3/3. 1953.) MARKHOFF. 6513

Ford Motor Co., Dearborn, übert. von: **Julius A. Thomas,** Monroe, Mich., V. St. A., *Reinigen von Stahl- und Spritzgußoberflächen vor dem galvanischen Überziehen.* Die Gegenstände werden durch ein wss. Reinigungsbad gezogen, das von einem wasserunlösl. Fettlösungsm. überschichtet ist. Ein Teil der Oberfläche des Bades wird, z. B. durch Einblasen von Luft, so stark bewegt, daß eine Emulsion von Reinigungsbad u. Fettlösungsm. gebildet wird. Die Spritzgußteile werden durch die unbewegte Badoberfläche eingeführt u. durch die bewegte herausgeführt, während die Stahlteile durch die bewegte Oberfläche ein- u. herausgeführt werden, um das Festsetzen von Fettlösungsm. in Vertiefungen u. Ecken der Stahlgegenstände zu vermeiden. — Abbildung. (**A. P. 2 653 883** vom 3/12. 1951, ausg. 29/9. 1953.) MARKHOFF. 6513

Rheinische Schmirgel-Werke Beuel-Bonn G. m. b. H., Deutschland, *Saures Putz- und Poliermittel für Metalle.* Man verwendet eine Emulsion aus Testbenzin oder Petroleum in W., Emulgator, Polierstoffe, eine geringe Menge einer Säure, z. B. Phosphorsäure, der man eine Anlagerungsverb. aus einem Schwermetallsalz u. Thioharnstoff oder dessen alkylierten oder arylierten Substitutionsprodd. hinzusetzt. Eine bes. geeignete derartige Koordinationsverb. erhält man aus *Thioharnstoff* u. $AgNO_3$. Setzt man diese in einer Menge von ca. 0,1% der Emulsion zu, so wird auch bei stark sauren Putzmitteln die Politur nicht beeinträchtigt. (**Oe. P. 177 691** vom 14/7. 1951, ausg. 25/2. 1954. D. Prior. 12/10. 1950.) HEYNE. 6513

Dow Chemical Co., übert. von: **John A. Easley** und **Harry E. Swayze,** Midland, Mich., V. St. A., *Ätzlösung für Metalle.* Nach A. P. 2 640 764 besteht die Lsg. aus HNO_3 u. einem Ester einer aliphat. Säure mit 12—18 C-Atomen u. einem mehrwertigen aliphat. Alkohol. — Beispiel: 95 (Gewichtsteile) einer 7%ig. HNO_3-Lsg. u. 5 *Sorbitoldilaureat.* — Nach A. P. 2 640 765 besteht das Ätzbad aus einer Lsg. von HNO_3, einem Ester der Sulfosuccinsäure u. einem aliphat. Alkohol mit 4—12 C-Atomen sowie einer mit W. nicht mischbaren organ. Fl., die von HNO_3 nicht angegriffen wird, wie einer fl. Petroleumfraktion. — Beispiel: 96 (Gewichtsteile) einer Lsg. mit 7,14 (%) u. 0,1 *Dioctylnatriumsulfosuccinat* sowie 4 *Kerosin.* — Nach A. P. 2 640 766 besteht das Ätzbad aus 3—50% HNO_3 u. einem Ester der *Sulfosuccinsäure* u. einem aliphat. Alkohol mit 4—12 C-Atomen. Der Anteil des Esters soll das 0,0014—0,15fache des Anteils der HNO_3 in der salpetersauren Lsg. betragen. — Nach A. P. 2 640 767 soll die Ätzlsg. aus einem *Petroleumsulfonat,* einer *fl. Petroleumfraktion* vom Kp. 90—390° u. einer wss. HNO_3 von 3—25% bestehen. Alle Lsgg. eignen sich bes. zum Ätzen von Mg-Legierungen mit 3 (%) Al, 1 Zn u. 0,2 Mn. (**A. PP. 2 640 764, 2 640 765, 2 640 766** u. **2 640 767** vom 12/2. 1951, ausg. 2/6. 1953.) MARKHOFF. 6513

R. J. E. Gezelius, Stockholm, Schweden, *Herstellung von Metallrohren auf galvanoplastischem Wege.* Ein Kern aus Polyamid oder einer anderen plast. M. wird in Draht-, Stab- oder Rohrform mit einer elektr. leitenden Grundschicht überzogen, z. B. aus *Ag,* auf die man dann elektrolyt. das Material des Rohres, z. B. *Ni,* niederschlägt. (**Schwed. P. 136 785** vom 27/4. 1949, ausg. 29/7. 1952.) JÜRGEN SCHMIDT. 6517

Rolls-Royce Ltd., Derby, England, *Korrosionsbeständiger Überzug auf Metalle.* Der Überzug besteht aus einer *Ni*-Legierung mit 7,5—13,5 *Al,* 9,0—25 *Cr,* 0,1—5,0 *eines Metalls der Gruppe VIa des Period. Syst.* u. 0,1—1,0 *Co*; Zusätze von insgesamt 0,5 *Ca, Ba, Sr, Zn, B, Ce* u. anderen Seltenen Erdmetallen dienen zur Reinigung u. Desoxydation. Als Härtemittel können insgesamt 1—2% *Ti, V, Zr, Ta, Be, Nb, Ag, Sb* u. *Sn* zugesetzt werden. Auch *N* kann bis 0,3% enthalten sein. Aus der Legierung hergestellte Stäbe lassen sich durch Schweißen auftragen. (**Schwz. P. 264 310** vom 9/10. 1947, ausg. 16/1. 1950. E. Prior. 9/10. 1946.) HOLM. 6517

Gottfried Kremer, Essen, *Herstellen von korrosionswiderstandsfähigen, hitzebeständigen Überzügen auf Eisen und Stahl.* Die Gegenstände werden nach Herst. einer *Cr*-Diffusionsschicht in ein Bad aus schmelzfl. *Al* getaucht. Vor dem Tauchen kann auch ein Zn- oder Leichtmetallüberzug aufgespritzt werden. Nach Patent 892 846 wird an Stelle der Cr-Diffusionsschicht nach einem der bekannten Diffusionsverf., durch Spritzen oder auf galvan. Wege ein Si- oder Si-haltiger Überzug, z. B. ein *Si–Cr*-Überzug, aufgebracht. Die so behandelten Gegenstände zeichnen sich durch große

Widerstandsfähigkeit gegen Verbrennungsgase, Wasserdampf oder S-haltige Gase aus. (**D. B. PP. 892 846** vom 26/3. 1944 u. **892 994** vom 20/2. 1944, beide ausg. 12/10. 1953.) VIER. 6517

Cleveland Graphite Bronze Co., V. St. A., *Herstellen von Aluminiumüberzügen auf Stahl.* Auf den Gegenstand aus Stahl wird elektrolyt. ein dünner Überzug eines Metalles der *Fe–Ni–Co*-Gruppe oder einer Legierung dieser Metalle, die Co enthalten soll, aufgebracht. Darauf wird ein 2. Überzug aus *Hg, Ag* oder einer Legierung von Ag mit *Cu* oder *Au* elektrolyt. abgeschieden. Auf den so vorbehandelten Gegenstand wird *Al* bei einer Temp. von 732° in H_2-haltiger N_2-Atmosphäre angegossen u. mit einer Geschwindigkeit von mindestens 55°/Sek. abgeschreckt. Die so hergestellten Überzüge sind verformbar. (**F. P. 1 036 532** vom 7/5. 1951, ausg. 8/9. 1953. A. Prior. 21/2. 1951.) VIER. 6517

Deutsche Röhrenwerke Akt.-Ges., Düsseldorf (Erfinder: **Ernst Grube** und **Edgar Schoene**, Mülheim/Ruhr), *Herstellen silberplattierter Stahlbleche unter Zwischenschalten einer dünnen Kupferschicht.* Das vorgewalzte Stahlblech wird vor dem Aufbringen der dünnen Cu-Schicht durch ein Stahlspangebläse oberflächlich aufgerauht. Der erste Walzstich erfolgt bei einer Temp. von unterhalb 765°. Man erhält festhaftende Plattierungen, ohne daß sich niedrigschm. Cu–Ag-Legierungen bilden. (**D. R. P. 751 003** Kl. 48b vom 19/1. 1938, ausg. 6/7. 1953.) MARKHOFF. 6517

Ernst Brunhuber, Legierungs-Handbuch der Nichteisenmetalle. Berlin: Schiele & Schön. 1954. (208 S. m. 39 Abb.) DM 21,—.

M. I. Panfilow, Das Schnellschmelzen von Stahl. Auswertung d. Erfahrungen d. besten Schnellschmelzer an Siemens-Martin-Öfen. Leipzig: Fachbuchverl. 1953. (VIII + 141 S. m. 67 Bildern.) DM-Ost 4,80.

IX. Organische Industrie.

G. Carrière, *Methylbutinol.* Übersicht über physikal. u. chem. Eigg. u. Anwendung von 2-Methylbutin-(3)-ol-(2), 3-Methylpentin-(1)-ol-(3), 2.5-Dimethylhexin-(3)-diol-(2.5) u. 3.6-Dimethyloctin-(4)-diol-(3.6). — 23 Literaturangaben. (Chem. pharmac. Techniek **9**. 145—48. 15/1. 1954.) WESLY. H 570

Standard Oil Development Co., übert. von: **A. A. Draeger**, Elizabeth, N. J., V. St. A., *Gewinnung von Olefinen* aus einem KW-stoffgemisch, welches bes. Olefine u. KW-stoffe mit 4 C-Atomen enthält. Das Ausgangsgemisch wird mit H_2SO_4 von 60—70% extrahiert u. der Extrakt abgetrennt. Er wird danach etwas höher als bei der Extraktion erhitzt, ohne daß aber dabei die darin verbliebenen restlichen unveränderten KW-stoffe abdest. werden. Schließlich wird der Extrakt auf Tempp. von 160—240° F erhitzt, wobei bes. das *Isobutylen* abdest. u. die H_2SO_4 zurückbleibt. (**Can. P. 487 108** vom 13/8. 1947, ausg. 7/10. 1952. A. Prior. 20/12. 1946.) M. F. MÜLLER. H 520

N. V. de Bataafsche Petroleum Mij., übert. von: **S. A. Ballard** und **R. R. Whetstone**, Holland, *Herstellung von ungesättigten organischen Halogenverbindungen.* Man geht aus von ungesätt. organ. Verbb., welche ein oder mehrere Halogenatome in einer Allylgruppe enthalten, u. behandelt mit einem Alkali- oder Erdalkalihalogenid. — 1.3-Dichlorpropen wird in wss. Lsg. mit NaBr bei 95° unter Rückfluß erhitzt. Es entsteht *1-Chlor-3-brom-1-propen.* — 1.4-Dichlor-2-buten wird in wss. Lsg. mit NaBr bei 110° erhitzt. Es entsteht dabei ein Gemisch von *1-Brom-4-chlor-2-buten* u. *1.4-Dibrom-2-buten.* — Ebenso erhält man aus α-Chlormethylacrylonitril das *α-Brommethylacrylonitril.* (**F. P. 1 008 057** vom 6/1. 1950, ausg. 13/5. 1952. A. Prior. 11/1. 1949.) M. F. MÜLLER. H 520

Shell Development Co., San Francisco, übert. von: **Frederick F. Rust, William E. Vaughan** und **Robert W. Wheatcroft**, Berkeley, Calif., V. St. A., *Herstellung von halogenierten Peroxyden*, dad. gek., daß man organ. Peroxyde, z. B. Di-tert.-butylperoxyd (I), tert.-Butyl-tert.-amylperoxyd, Monochlordi-tert.-butylperoxyd, Bis-(ditolylmethylcarbinyl)-peroxyd, in Ggw. von Licht u./oder $CuBr_2$, $CuCl_2$, PCl_5, S_2Cl_2 chloriert oder bromiert. Man leitet z. B. in 430,6 g eisgekühltes I unter Bestrahlung mit einer 500 Watt-Projektionslampe bei 30—40° bis zu einem Gesamtgewicht von 500,7 g Cl_2 ein u. dest. das Reaktionsprodukt. Das erhaltene Monochlorperoxyd dest. bei 20 mm Druck bei 55°. Durch weitere Chlorierung kann man Di- u. Trichlorperoxyde herstellen. (**A. P. 2 501 966** vom 24/6. 1946, ausg. 28/3. 1950.) OPPERMANN. H 550

Imperial Chemical Industries Ltd. und **Ph. G. Harvey**, England, *Carbonylieren von Olefingemischen verschiedenen Molekulargewichts*, wobei die Olefine mit höherem Mol.-Gew. einen größeren Weg in der Reaktionszone durchwandern als die gleichzeitig eingeleiteten niedermol. Olefine. — Am Boden einer zylindr. Reaktionskammer wird z. B. Diisobuten mit 0,1% Co-Naphthenatgeh. eingeleitet. Gleichzeitig wird ein Gasgemisch aus 25 Vol.-% CO u. 75 Vol.-% H_2 eingeleitet. Temp. 155—175°. Druck 250 at. Nach 2 Std. Reaktionsablauf wird fl. Propen in die obere Hälfte des Reaktionszylinders eingeleitet. Das die Carbonylierungszone verlassende Reaktionsgemisch wird einer katalyt. Hydrierung unterworfen. Dabei wird aus dem Diisobuten zu 75% ein höhermol. *Alkohol*-Gemisch mit 9 u. mehr C-Atomen (Kp. oberhalb 200°) u. aus dem Propen zu 75% ein Gemisch von *n-Butanol* u. *Isobutanol* erhalten. — Wird das Propen durch Äthen ersetzt, so erhält man bei analoger Arbeitsweise ein Reaktionsgemisch, welches 42,5% höhermol. Alkohole mit 9 C-Atomen, 31% *n-Propanol* u. 10% höhere Alkohole neben 6,5 Diisobuten u. 6,5 Isooctan enthält. (**F. P. 1 008 307** vom 13/1. 1950, ausg. 16/5. 1952. E. Prior. 26/1. 1949.) M. F. MÜLLER. H 560

Badische Anilin- & Soda-Fabrik Akt.-Ges. (Erfinder: **Walter Reppe**), Ludwigshafen/Rh., *Herstellung von Butantriol-(1.2.3)* (I), dad. gek., daß man Butin-(1)-ol-(3) partiell hydriert, an das so erhaltene Buten-(1)-ol-(3) HOCl anlagert u. in dem entstandenen Chlorhydrin das Cl-Atom verseift. Man kann das rohe I nachhydrieren, ohne daß OH-Gruppen red. werden, $Kp._{1,7}$ 133—134°. (**D. B. P. 905 013** Kl. 12o vom 26/4. 1942, ausg. 25/2. 1954.) G. KÖNIG. H 580

Zschimmer & Schwarz vormals Chemnitz (Erfinder: **Albert Metzger**), Brilon, *Herstellung von Polyoxyverbindungen*, dad. gek., daß man auf ein Aldehydgemisch, das in an sich bekannter Weise aus niedrigsd. Carbonsäuren der Paraffinoxydation gewonnen wurde, in wss. Lsg. in Ggw. eines Katalysators wss. CH_2O einwirken läßt. Die neutralen H_2SO_4-Ester sind z. B. Hilfsmittel für die Papier-, Leder-, Rauchwaren- u. Textilindustrie. (**D. B. P. 904 892** Kl. 12o vom 24/11. 1940, ausg. 22/2. 1954.) G. KÖNIG. H 580

N. V. de Bataafsche Petroleum Mij., Holland, *Abtrennung von Salzen von Alkylschwefelsäureestern* von höhermol. Alkenen oder sek. Alkoholen mit wenigstens 5 C-Atomen aus ihren wss. Lsgg. bei 40—70°, bes. aus ihren 5—10%ig. Lsg. bei 40—50° durch Zusatz von NaCl bis zur Sättigung. Dabei bildet sich eine konz. Estersalzschicht als untere Schicht, welche durch Schleudern gewonnen wird. Sie enthält nach den Beispielen 42 bzw. 38% Estersalz. (**F. P. 1 008 114** vom 9/1. 1950, ausg. 14/5. 1952. Holl. Prior. 12/1. 1949.) M. F. MÜLLER. H 590

Imperial Chemical Industries Ltd., übert. von: **P. W. Reynolds** und **S. A. Lamb**, England, *Entfernung der bei der CO-Umwandlung in den flüssigen Reaktionsprodukten gelösten Metallkatalysatorteilchen* durch Abscheidung in fester Form u. Abtrennung mittels eines magnet. Feldes. Zur Abtrennung der Metallteilchen wird der partielle CO-Druck über dem fl. Reaktionsprod. verringert, z. B. durch Einleiten eines inerten Gases, welche frei von CO u. O_2 ist, wobei aber der Gesamtdruck, welcher in der Reaktionskammer herrschte, erhalten bleibt, z. B. ein Druck von 250 at u. eine Temp. von 150—170°. Das magnet. Feld wird erzeugt durch einen permanenten Magneten oder einen Elektromagneten. — Das Verf. wird z. B. angewandt bei der Carbonylierung von aliphat. Monoolefinen mit 2—12 C-Atomen im Molekül. Dabei wird bes. ein Kobaltkatalysator verwendet unter Bldg. von *Aldehyden*. (**F. P. 1 008 045** vom 6/1. 1950, ausg. 13/5. 1952. E. Prior. 24/1. 1949.) M. F. MÜLLER. H 670

Charles Horny und **Robert Vasner**, Frankreich, *Katalysator für die Herstellung von Acetaldehyd aus Äthylen* durch Oxydation, bestehend aus akt. Silber mit einem Zusatz von 0,5—20 Gew.-% eines Metalloxydaktivators, z. B. von Ti, Th, V, Cr, Mo, W oder Mn. Als Trägersubstanz für die akt. M. dient akt. Kohle. (**F. P. 1 001 377** vom 27/4. 1946, ausg. 22/2. 1952.) M. F. MÜLLER. H 670

Soc. des Usines Chimiques Rhône-Poulenc (Erfinder: **R. Col** und **A. Sirand**), Frankreich, *Herstellung von Aldehydderivaten* durch Umsetzung von in α-Stellung halogenierten Äthern mit einer Hydroxylverb. in Ggw. einer halogenadsorbierenden Substanz, z. B. wasserfreiem NH_3 oder sek. oder tert. Aminen, sowie HCN oder Nitrilen. — Der α.β-Dichloräthylmethyläther (I) u. Methanol, welches wasserfreies NH_3 enthält, bilden beim Stehen nach 1 Std. bei 35—40° das *Dimethylchloracetal*, welches im Vakuum von 60 mm bei 56° übergeht. — Mit dementsprechendem Ae. in absol. A. bildet sich in gleicher Weise *Diäthylchloracetal*. — Ebenso wird aus einer Lsg. von Triäthylamin in α.β-Dichloräthylisopropyläther u. Isopropylalkohol das *Diisopropylchloracetal* erhalten. — Aus I u. absol. A. in Ggw. von HCN oder Benzylcyanid entsteht *Äthylmethylchloracetal* u. eine geringe Menge *Diäthylchloracetal*. (**F. P. 1 002 055** vom 19/7. 1946, ausg. 3/3. 1952.) M. F. MÜLLER. H 670

Camille Dreyfus, übert. von: **J. E. Bludworth** und **S. B. Jeffries jr.**, New York, N. Y., V. St. A., *Herstellung von ungesättigten aliphatischen Carbonylverbindungen*, bes. von Aldehyden, wie *Acrolein*, durch katalyt. Dampfphasenkondensation von CH_2O

mit einer aliphat. Carbonylverb. mit mindestens 2 C-Atomen. — CH_2O wird mit Acetaldehyd in Ggw. eines Katalysators, bestehend aus Zn-Acetat auf Silicagel, unter Zuführung von 3,5—6 Voll. Wasserdampf oder eines anderen inerten gasförmigen Verdünnungsmittels kondensiert. — Zeichnung. (**Can. P. 478 621** vom 19/9. 1944, ausg. 13/11. 1951. A. Prior. 4/11. 1943.) M. F. MÜLLER. H 670

Distillers Co. Ltd., Edinburgh (Erfinder: **David James Hadley** und **Robert Heap**, Epsom), England, *Herstellung von ungesättigten Aldehyden* durch katalyt. Oxydation von Olefinen im Dauerbetrieb, dad. gek., daß man das Olefin in der Dampfphase mit freiem O_2 bei erhöhten Tempp. in Ggw. von elementarem Se in der Reaktionszone über ein Cu-Verbb. enthaltendes festes Kontaktmaterial im Kreislauf leitet, einen Teil des die Reaktionszone verlassenden Gasgemisches abzweigt u. abbläst, nur einen Teil des erzeugten u. in dem die Reaktionszone verlassenden Gasgemisch enthaltenden Aldehyds entfernt u. den übrigen Rest des Aldehyds mit dem Rest der Gasmischung zur Eintrittsseite der Reaktionszone zurückführt, nachdem O_2, Olefine, Verdünnungsgas u. Se ergänzt worden sind. Ungesätt. Aldehyd entfernt man mittels eines Lösungsmittels. Bei der Herst. von *Methylacrolein* (I) aus Isobutylen soll die Konz. an I in der gasförmigen Mischung $<3\%$ betragen. Es ist angezeigt, die Konz. an O_2 unterhalb der Explosionsgrenze zu halten. (**D. B. P. 880 134** Kl. 12o vom 28/8. 1951, ausg. 18/6. 1953. E. Prior. 1/9. 1950.) G. KÖNIG. H 670

Soc. An. Usines de Melle (Erfinder: **L. Alhéritière**), Frankreich, *Herstellung von Aldol und bzw. oder Crotonaldehyd aus Acetaldehyd* in einer mehrstufigen Kolonne unter Regelung der Zuleitung der Aldehyddämpfe u. der Kondensation derart, daß in der Aldolisierungskammer in der obersten Stufe der p_H-Wert zwischen 4 u. 5 liegt. Die Aldolisierung wird bei Siedetemp. ausgeführt. Die Crotonisierung wird unter einem Druck zwischen 1—5 at durchgeführt. — Zeichnung. (**F. P. 1 001 181** vom 18/2. 1946, ausg. 20/2. 1952.) M. F. MÜLLER. H 670

Comp. de Produits Chimiques et Électrométallurgiques Alais, Froges et Camargue, Frankreich, *Herstellung von Ketonalkoholen* durch Kondensation von Aldehyden mit Ketonen unter Vermeidung der Selbstkondensation des Ketons. Der Aldehyd wird dabei in eine überschüssige Menge des Ketons eingetragen, welches eine alkal. Fl. gelöst enthält. Die Kondensation wird in Ggw. eines Lösungsm., wie W. oder A., ausgeführt. — Aus Acetaldehyd u. Aceton entsteht *Pentanol-4-on-2* u. *Heptandiol-4.6-on-2*. — In ein Gemisch von 58 (kg) Aceton, 24 A. u. 0,435 Isobutyraldehyd werden 0,295 Liter einer 1,75n alkoh. NaOH eingetragen. Danach werden portionsweise im ganzen 1,125 Liter derselben NaOH zugegeben. Ebenso werden nach u. nach im ganzen 13,315 Liter Isobutyraldehyd eingetragen. Nach beendeter Rk. wird neutralisiert. Durch Dest. erhält man 3,8 kg Diolon mit C_{11} u. 18,6 kg des erwarteten Ketols. (**F. P. 1 011 082** vom 3/12. 1948, ausg. 18/6. 1952.) M. F. MÜLLER. H 740

Bergwerksverband zur Verwertung von Schutzrechten der Kohlentechnik G.m.b.H. (Erfinder: **Otto Grosskinsky** und **Walter Thürauf**), Dortmund, *Gewinnung hellgefärbter Gemische niedermolekularer Carbonsäuren* (I) aus Kohleoxydationsprodd. (**II**). Man behandelt die rohen **II** mit bes. polaren organ. Lösungsmitteln oder deren Gemischen, extrahiert die erhaltenen Lsgg. gegebenenfalls mehrfach fraktioniert mit W. u. erhält die **I** nahezu rein aus der wss. Lsg. durch Eindampfen, während die dunkelgefärbten höhermol. Verbb. im organ. Lösungsm. verbleiben, das durch Abdest. wiedergewonnen wird, wobei der Abdampfrückstand wieder in den Oxydationsprozeß zurückgeführt oder sonstwie verwendet wird. (**D. B. P. 906 221** Kl. 12o vom 3/2. 1952, ausg. 11/3. 1954.) MÜLLER-MEININGEN. H 800

Soc. An. Établissements Lambiotte Frères, Frankreich, *Gewinnung von Essigsäure*. Die gasförmigen Prodd. der Zersetzungsdest. des Holzes werden nach Abscheiden des Teeres direkt in einen Kolonnenapp. geleitet, der Butylacetat (I) (oder: Holzöle vom Kp. 110—130°, Acetonöle vom Kp. 110—130°, Kohlensäureäthylester) enthält. Am Boden der Kolonne bilden sich zwei Schichten, von denen die eine aus einem Gemisch von I mit Holzölen, die andere aus einer konz. Essigsäurelsg., gemischt mit **I**, besteht. Man trennt beide Schichten u. gewinnt aus ihnen durch Dest. in besonderer App. Holzöle u. Essigsäure, während I auf den Kolonnenapp. zurückgeführt wird. (**F. P. 1 007 779** vom 30/3. 1948, ausg. 9/5. 1952.) HEYNE. H 810

Buffalo Electro-Chemical Co., Inc., Buffalo, N. Y., V. St. A., *Stabilisieren von Persäuren*, z. B. von Peressigsäure in Form einer 10—55% ig. Lsg., durch Zusatz von Dipicolinsäure, welche in Mengen von 250—750 (Teilen) auf 1 Million Carbonpersäure angewandt wird. (**Oe. P. 175 868** vom 19/7. 1952, ausg. 25/8. 1953.) M. F. MÜLLER. H 810

Soc. Normande de Produits Chimiques, Paris, übert. von: **Ernest Charles** und **Pierre Robinet,** Clameoy, Frankreich, *Dehydrierungskatalysatoren für die Herstellung von Estern aus Alkoholen, besonders Methylformiat aus Methanol,* bestehend aus einer porösen Al–Cu-Legierung (I) mit 6—35% akt. Kupfer. Man gießt z. B. unter kräftigem Rühren 508 g I (Zus. 100 Teile Al u. 60 Teile Cu) in W., gibt die I-Körner in einen Metallkorb u. taucht sie 50 Min. in 3 Liter NaOH von 15° Bé. Das Prod. wird mit W. u. Methanol gewaschen, es enthält ca. 15% akt. Kupfer. (**A. P. 2 504 497** vom 20/9. 1948, ausg. 18/4. 1950. Can. Prior. 11/2. 1947.) OPPERMANN. H 810

Allied Chemical & Dye Corp., übert. von: **John N. Cosby,** New York, N. Y., V. St. A., *Herstellung von aliphatischen Nitrilen* durch Rk. eines Olefins, z. B. von 2-Methylpropen, mit einem Gemisch, welches 1—10 Mol NH_3 u. ca. 2—40 Mol O_2 auf 1 Mol Olefin enthält, bei 400—600°. (**Can. P. 488 830** vom 13/2. 1948, ausg. 16/12. 1952. A. Prior. 28/2. 1947.) M. F. MÜLLER. H 810

American Cyanamid Co., übert. von: **O. F. Wiedeman,** New York, N. Y., V. St. A., *Stabilisieren von Äthylencyanhydrin* durch Zusatz von 0,01—1,0% einer Säure, z. B. H_2SO_4. (**Can. P. 481 624** vom 17/2. 1944, ausg. 11/3. 1952. A. Prior. 18/11. 1943.) M. F. MÜLLER. H 850

Soc. An. des Manufactures des Glaces et Produits Chimiques de Saint-Gobain, Chauny & Cirey, Frankreich, *Herstellung von Thioharnstoff* durch Eintragen einer Lsg. von freiem Cyanamid in einem Lösungsm., welches mit W. nicht mischbar ist, in eine wss. Lsg. von H_2S, vorteilhaft in Ggw. von NH_3. — Als Lösungsm. sind genannt: Essigsäureäthylester, Butanol oder ein Propanol-Bzl.-Gemisch. — Wss. NH_3-Lsg. wird mit H_2S gesätt., bei Tempp. bis 50° wird eine Lsg. von Cyanamid in Essigester eingetragen u. gleichzeitig H_2S eingeleitet. Temp. 45—50°. Nach beendeter Rk. krist. der Thioharnstoff beim Abkühlen aus. Er wird abfiltriert. Die gesätt. Thioharnstofflsg. wird wiederverwendet. (**F. P. 1 002 927** vom 4/11. 1946, ausg. 12/3. 1952.) M. F. MÜLLER. H 880

New Jersey Zinc Co., New York, N. Y., übert. von: **Joseph I. Wimberly,** College Park, Ga., V. St. A., *Herstellung von Schwefelkohlenstoff.* In einer Vertikalretorte führt man von oben nach unten A-Kohle, Holzkohle, Niedertemperaturkoks oder Anthrazit, bes. solchen Anthrazit, der vorher 1—2 Std. auf 500—800° erhitzt wurde, u. hält in der Mitte der Retorte die Temp. auf wenigstens 1200°. Im Gleichstrom zur Kohle führt man durch die Kohle SO_2 u. führt den gebildeten CS_2 unten aus einer Zone ab, in der die Temp. unter der Dissoziationstemp. von CS_2 liegt. — Abbildung. (**A. P. 2 633 409** vom 18/3. 1950, ausg. 31/3. 1953.) ZÜRN. H 890

Heinrich Koppers G. m. b. H., Essen, *Verfahren zur Durchführung endothermer Reaktionen.* Bei Rkk. zwischen festen u. gasförmigen Stoffen, deren Reaktionsprodd. unter n. Bedingungen fest oder fl. sind, z. B. der Herst. von *Cyanid* aus Carbonaten mit N_2 in reduzierender Atmosphäre, wird in einer Reaktionskammer (I) durch exotherme Rk. eine zentrale Zone höherer Temp. erzeugt u. der feste Reaktionspartner in den gasförmigen als homogene Suspension axial als ringförmiger Strom in den die Zone höchster Temp. umgebenden Teil der I eingeblasen u. in der Schwebe gehalten u. mit ihm in gleicher Richtung bewegt. Die Erhitzung kann durch Einblasen von Heißluft oder eines Brennstoff–O_2-Gemisches in die Wandzone der I erfolgen. Die Reaktionsprodd. werden nach Verlassen der I durch Vermischen mit kaltem Gas abgekühlt. — Zeichnungen. (**E. P. 697 792** vom 12/5. 1950, ausg. 30/9. 1953. D. Prior. 12/5. 1949.) MATTHAES. H 890

Süddeutsche Kalkstickstoffwerke Akt.-Ges., Trostberg/Obb. (Erfinder: **Franz Kaess,** Trostberg, und **Ernst Doehlemann,** Thalham), *Herstellung von Cyanamidsalzen.* Man gibt bei Tempp. $<30°$ unter gleichzeitigem Einleiten von CO_2 portionsweise in W. oder Mutterlauge u. stellt diese Zugabe so ein, daß sich der p_H-Wert zwischen 7 u. 8,5 bewegt. (**D. B. P. 903 091** Kl. 12k vom 18/7. 1951, ausg. 1/2. 1954.) NEBELSIEK. H 890

Sinclair Refining Co., übert. von: **J. W. Teter** und **J. L. Mostek,** New York, N. Y., V. St. A., *Herstellung von Bis-(α- u. γ-cyanalkyl)-aminen* durch Rk. von Monochloralkylcyanid mit wasserfreiem fl. NH_3 bei nicht wesentlich oberhalb Raumtemp. unter erhöhtem Druck. Anschließend wird der Druck auf Vakuum herabgesetzt u. das Reaktionsgemisch bei erhöhter Temp. erhitzt. (**Can. P. 478 584** vom 29/4. 1946, ausg. 13/11. 1951. A. Prior. 1/8. 1945.) M. F. MÜLLER. H 950

Directie van de Staatsmijnen in Limburg, Holland, *Trennung von Caprolactam aus seinen Lösungen in Schwefelsäure oder Oleum* durch Neutralisieren mit NH_3 oder NH_4-Salzen u. durch anschließende Dest. des hierbei erhaltenen Öles. Das nach der Neutralisation abgetrennte Öl wird mit einer alkal. reagierenden Alkali- oder Erdalkaliverb., wie NaOH, KOH, Na_2CO_3, K_2CO_3, $Ba(OH)_2$, $Ca(OH)_2$, K_2SiO_3, gemischt

u. nach dem Entfernen der festen Stoffe destilliert. (**Oe. P. 175 884** vom 11/1. 1952, ausg. 25/8. 1953. Holl. Prior. 18/1. 1951.) M. F. MÜLLER. H 950

Pierre Lacoux, Frankreich, und **Michel Bailly,** Marokko, *Trennung von Aromaten und Wasser,* dad. gek., daß man das W. durch Dialyse durch eine Membran aus Cellulosethioxanthat bei einem konstanten Druck von 2—5 mm Hg beiderseits der Membran abscheidet. — Vorrichtung. (**F. P. 983 569** vom 9/3. 1949, ausg. 25/6. 1951.) OPPERMANN. H 1010

Österreichische Stickstoffwerke Akt.-Ges. (Erfinder: **Otto Schmid**), Linz, Österreich, *Herstellung von chlorierten Benzolen* mit mindestens drei Cl-Atomen neben HCl-Gas aus Polychlorcyclohexanen mit mindestens 6 Cl-Atomen durch therm. Zerlegung durch Erhitzen auf Tempp. bis höchstens 350°, gegebenenfalls unter Druck. Die jeweils gebildete Menge an Trichlorbenzol oder an höherchlorierten Bzll. wird während der Zerlegungs-Rk. aus dem Reaktionsgefäß durch fraktionierte Dest. entfernt. Das Abdest. der Prodd. der therm. Zerlegung wird entweder kontinuierlich oder stufenweise durchgeführt. (**Oe. P. 175 886** vom 5/7. 1951, ausg. 25/8. 1953.) M. F. MÜLLER. H 1010

Atlantic Refining Co., übert. von: **J. A. Nevison,** Philadelphia, Pa., V. St. A., *Herstellung von beständigen, chlorierten Isopropylbenzolen* aus Mono- u. Polyisopropylbenzolen, welche gegebenenfalls am Benzolring chloriert sind, durch Behandlung mit einem Chlorierungsmittel bei 150—250° F, bis ein Cl-Atom an Stelle eines H-Atoms in jedes Seitenketten-C-Atom eingetreten ist. (**Can. P. 487 390** vom 25/7. 1944, ausg. 21/10. 1952.) M. F. MÜLLER. H 1010

E. I. du Pont de Nemours & Co., übert. von: **G. M. Whitman,** Wilmington, Del., V. St. A., *Alkylierung von Alkylbenzolen und ungesättigten hydrierten Benzolen,* wie Cyclohexen, mit Olefinen, wie Äthylen, in Ggw. von metall. Na als Katalysator bei 150—450° u. einem Druck von 50—3000 at. — Aus Äthylen u. Toluol entsteht dabei *n-Propylbenzol* u. *3-Phenylpentan.* — Äthylen u. Cyclohexen bilden *3-Äthylcyclohexen-1.* (**Can. P. 487 233** vom 25/1. 1947, ausg. 14/10. 1952.) M. F. MÜLLER. H 1010

Soc. An. des Manufactures des Glaces et Produits Chimiques de Saint-Gobain, Chauny & Cirey, Frankreich, *Herstellung von Dimethyltolylcarbinol aus Cymol* durch Oxydation mit mol. O_2 unter Bldg. von Cymolhydroperoxyd, welches mit H_2 in Ggw. von Ni in einem alkoh. Medium red. wird. — Cymol wird z. B. in Ggw von Co-Lineolat bei 60° mit O_2 oxydiert u. danach das gebildete Hydroperoxyd mit RANEY-Ni u. H_2 reduziert. Durch Dest. bei 15 mm erhält man das *Dimethyltolylcarbinol.* Es besteht aus einem Gemisch der o- u. p-Verbindung. $Kp._{15}$ 95—100°. (**F. P. 1 003 118** vom 6/12. 1946, ausg. 14/3. 1952.) M. F. MÜLLER. H 1070

Cilag Akt.-Ges., Schaffhausen, Schweiz, *4'-Carboxymethylamino-4-aminodiphenylsulfon* (**I**) erhält man durch Kondensation einer Verb. der allg. Formel **II** (Y = NH_2 oder eine durch Hydrolyse in die Aminogruppe überführbare Gruppe, X = Halogen) mit Glykokoll in alkal. Medium unter Abspaltung von Halogenwasserstoff, wobei erforderlichenfalls Y in die Aminogruppe übergeführt wird. — 4-Acetylamino-4'-chlordiphenylsulfon wird mit Glykokoll, festem NaOH, 50%ig. Methanol u. Cu-Bronze im Drehautoklaven 20 Std. auf 200° erhitzt. Nach dem Filtrieren über Kohle u. Ansäuern mit HCl auf p_H 4 erhält man **I**, das über das *Na-* oder *Pyridinsalz* gereinigt werden kann; Ausbeute 95%; F. 194°; lösl. in Methanol, Aceton, verd. Alkalien, in W. unlöslich. (**Schwz. PP. 278 481** u. **278 482** vom 24/9. 1949, ausg. 16/2. 1952. **Zusätze zu Schwz. P. 254 803; C. 1949. E. 1697.**) KRAUSS. H 1090

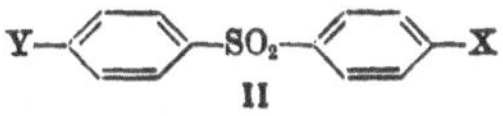

II

I. G. Farbenindustrie Akt.-Ges., Frankfurt/M. (Erfinder: **Willy Braun,** Mannheim, und **Karl Köberle †,** Ludwigshafen/Rh.), *Herstellung von o-Dicarbonsäureimiden,* dad. gek., daß man o-Halogencarbonsäuren in Ggw. eines Zusatzstoffes, der das CuCN im Umsetzungsgemisch lösl. macht, in Abwesenheit verseifend wirkender Mittel mit CuCN umsetzt, 2., daß man die Umsetzung in Lösungsmitteln, in denen CuCN unlösl. ist, vornimmt. — Man erhitzt z. B. o-Chlorbenzoesäure+CuCn in Ggw. von Pyridin u. Nitrobenzol u. erhält *Phthalimid.* Durch Verwendung der 2-Chlor-5- bzw. -6-nitrobenzoesäure erhält man *4- bzw. 3-Nitrophthalimid* u. aus der 2.3-Dichlorbenzoesäure *3-Chlorphthalimid,* F 233°. (**D. R. P. 767 834** Kl. 12p vom 25/10. 1936, ausg. 3/11. 1953.) DERSIN. H 1220

Soc. des Usines Chimiqes Rhône-Poulenc (Erfinder: **P. Gaillot**), Frankreich, *Herstellung von p-Chlorphenyl-N^1-isopropyl-N^5-biguanid* durch Kondensation von p-Chlorphenylcyanamid mit Isopropylguanidin in einem hydroxylfreien Lösungsm. wie Anisol, Toluol, Xyol. (**F. P. 1 001 548** vom 28/5. 1946, ausg. 25/2. 1952.) M. F. MÜLLER. H 1280

Farbwerke Hoechst Akt.-Ges. vormals Meister Lucius & Brüning, Frankfurt/M. (Erfinder: **Paul Engelbertz,** Scheidhain, und **Peter Frisch,** Schwelheim), *Hydrazobenzol.*

Man red. Nitrobenzol mit Fe u. Alkalilauge von zunächst beliebiger Konz. u. gibt im Laufe der Rk. festes NaOH oder Natronlauge hinzu oder konz. die Natronlauge durch Abdest. von Wasser. (**D. B. P. 900 455** Kl. 12q vom 4/8. 1951, ausg. 28/12. 1953.)
LANGER. H 1310

Dr. Karl Thomae G. m. b. H. Chemisch-pharmazeutische Fabrik, Bieberach a. d. R. *Herstellung von kristallisierten N-(4-Oxy-3-methoxybenzyl)-säureamiden* der allg. Formel I, worin R ein gesätt. oder ungesätt. Rest mit 5—11 C-Atomen ist, aus Guajacol u. Methylolamiden von aliphat. Carbonsäuren mit 6—12 C-Atomen. Man verwendet einen Überschuß von vorzugsweise ca. 3 Mol an Guajacol auf 1 Mol Methylolamid in Ggw. von alkoh. HCl-Lsg. als Kondensationsmittel bei n. oder etwas erhöhter Temperatur. — Aus Guajacol u. Pelargonsäuremethylolamid entsteht *N-(4-Oxy-3-methoxybenzyl)-pelargonsäureamid,* F. 42°. — Ebenso erhält man das *N-(4-Oxy-3-methoxybenzyl)-undecylensäureamid,* F. 50°. (**Oe. P. 175 888** vom 20/10. 1951, ausg. 25/8. 1953. D. Prior. 21/10. 1950.)

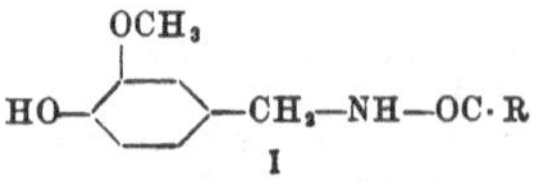

I

M. F. MÜLLER. H 1320

General Aniline & Film Corp., übert. von: **D. R. Saunders,** New York, N. Y., V. St. A., *Herstellung von Cyclohexyl-α-chloracrylat* aus dem α.β-Dichlorpropionsäurecyclohexylester durch HCl-Abspaltung in einem Gemisch einer wss. Lsg. von Na-Acetat, welche mindestens 20% Äthylenglykolmonomethyläther enthält. — Ebenso wird aus dem α.β-Dichlorpropionsäuremethylester in einem Gemisch einer wss. Lsg. von Na-Acetat u. Isopropylalkohol der α-Chloracrylsäuremethylester gewonnen. (**Can. P. 478 526** vom 14/6. 1946, ausg. 13/11. 1951. A. Prior. 26/7. 1945.)
M. F. MÜLLER. H 2010

American Cyanamid Co., übert. von: **S. Kushner** und **L. Brancone,** New York, N. Y., V. St. A., *Herstellung von Guanidinderivaten.* Das saure Salz von 4.4'.4''-Triamino-3''-methyltriphenylmethan u. Cyanamid werden in einem Lösungsm. erhitzt. Dabei entsteht *4.4'-Diamino-3''-methyl-4''-guanidotriphenylmethan.* — Weiterhin sind genannt: *4-Amino-4'.4''-diguanido-3''-methyltriphenylmethan* u. *4.4'.4''-Triguanido-3''-methyltriphenylmethan.* (**Can. P. 487 041** vom 29/8. 1945, ausg. 7/10. 1952. A. Prior. 14/6. 1945.)
M. F. MÜLLER. H 2480

Wingfoot Corp., übert. von: **E. E. Fauser,** Wilmington, Del., V. St. A., *Herstellung von 4.4'-Biphenyldiisocyanat* aus Benzidin, welches in einem inerten Lösungsm. zu einer konz. Lsg. gelöst wird. Diese heiße Lsg. wird in Abständen zu einer kalten Lsg. von Phosgen gegeben, so daß die Temp. unterhalb 50° bleibt. Es bildet sich dabei Benzidincarbamylchlorid, welches beim Erhitzen des Reaktionsgemisches HCl abspaltet u. 4.4'-Biphenyldiisocyanat liefert. (**Can. P. 482 565** vom 18/3. 1950, ausg. 15/4. 1952. A. Prior. 29/12. 1949.)
M. F. MÜLLER. H 2490

X. Färberei. Organische Farbstoffe.

D. E. Marnon, *Die Anwendung von Redoxmessungen in der Textilindustrie.* Die wichtigste Redox-Rk. auf dem Textilgebiet ist das Färben über die Leukoverbb. (mit Küpen- u. Schwefelfarben), wobei die Elektronen wesentliche Faktoren dieser Rkk. sind. Sie werden mit einem für die Praxis entwickelten transportablen Instrument, dem „Foxboro Dynalog" potentiometr. gemessen. Die Meßwerte für Küpenfärbungen liegen zwischen 900—1100 mV, für Färbungen mit S-Farben bei ca. 750 mV. Die Werte werden für eine bestimmte Färbung mit der größtmöglichen Nutzanwendung (betreffend Chemikalien, Farbstoff, Zeit, Temp.) experimentell ermittelt u. fixiert. Weiterhin wird die Redoxmessung mit Erfolg beim Färben der Acrylnitrilfaser mit sauren Farbstoffen über die Cuproabsorptionsverb. angewendet. Durch die Kontrolle des Potentials (ca. 80 mV) wird verhindert, daß die Cupriverb. bis zur Bldg. zum metall. Cu red. wird. Ein weiteres Anwendungsfeld ist die Bleicherei. (Canad. Textile J. **71.** Nr. 4. 59—62. 26/2. 1954. New York, N. Y., General Dyestuff Corp.) SCHÖNMANN. 7020

D. J. Crawford, *Grundsätze beim Färben von Orlon.* Orlon ist zur Zeit als „Typ 81" u. „Typ 42" auf dem Markt. Ersterer gelegentlich als (2,5 den.) Garn u. (200 den.) als schwarzer spinngefärbter Faden, weiterhin als Filtermaterial u. für Autoverdecke, „Typ 42" als Stapelfaser (physikal. u. chem. Verh. wird angegeben) rein oder in Mischung mit Wolle oder Cellulose. Orlon 42 läßt sich leicht u. waschecht färben. Für mittlere u. dunkle Färbungen werden bas. Farbstoffe verwendet, helle Töne werden in Suspension gefärbt. Das Färben mit sauren Farbstoffen mittels der Kupferionenmeth. wird nur dann angewendet, wenn durch diese eine bessere Lichtechtheit erreicht wird. Für die genannten Färbungen werden je eine Skala von Farbstoffen u. allg. Anweisungen zum Verf. angegeben; auch für das Färben der Mischgewebe. (Canad. Textile J. **71.** Nr. 2. 61—70. 29/1. 1954.) SCHÖNMANN. 7020

L. Wallner, *Das Phänomen der Fluorescenz und seine Anwendung auf Textilfasern. Am Tage leuchtende Färbungen.* Allg. Übersicht über die physikal. Theorie der Fluorescenz, über fluorescierende Farbstoffe, Salze u. opt. Bleichmittel, über den Einfl. der Lösungsmittel auf die Stärke der Fluorescenz u. über die Behandlungsweise der verschied. Textilfasern, Wolle, Seide, Cellulosefasern u. Nylon mit fluorescierenden Farbstoffen. (Teintex **18.** 69—93. 15/2. 1953.) Rossow. 7020

—, *Textile Naßprozesse.* 1. Mitt. *Wollene Textilien.* Kurze Beschreibung des Waschens, Färbens u. Ausrüstens von Wollwaren. (Amer. Dyestuff Reporter **41.** P 657—P 658. 13/10. 1952.) H. G. Fröhlich. 7020

W. W. Evans, *Textile Naßprozesse.* 2. Mitt. *Baumwollwaren.* (1. vgl. vorst. Ref.) Allg. Richtlinien über das Bleichen u. Färben von Baumwollwaren. In diesem Zusammenhang werden die kontinuierliche H_2O_2-Bleiche unter Verwendung der J-Box, sowie das Färben mit der Williams Unit u. nach dem Standfast-Verf. besprochen. (Amer. Dyestuff Reporter **41.** P 658—P 661. 13/10. 1952.) H. G. Fröhlich. 7020

Ernest J. Chornyei, *Textile Naßprozesse.* 3. Mitt. *Die gegenwärtigen synthetischen Fasern und Mischungen hiervon.* (2. vgl. vorst. Ref.) Allg. Übersicht über das Waschen, Färben u. Ausrüsten von Viscose, Acetat, Orlon, Nylon, Dacron u. Acrilan. In diesem Zusammenhang werden u. a. kurz der Standfast-*Ölbad.* (hot oil)- u. *Thermosol*-Färbeprozeß sowie die antistat. Ausrüstung besprochen. (Amer. Dyestuff Reporter **41.** P 661—P 665. 13/10. 1952. Supt, USA, Bradford Dyeing Ass.) H. G. Fröhlich. 7020

C. D. O'Briain und **R. H. Peters,** *Einige Versuche über das Überfärben von Nylon.* Nylon (**I**) wurde im stark sauren Gebiet (p_H 1,5) bis 163 Std. gefärbt (Lissamine Fast Yellow 2 G, Naphthalene Orange G, Solway Blue B). Die Analyse der Färbekurven ergab eine rasche Farbaufnahme zu Beginn u. eine langsam zunehmende Färbung, ohne daß ein Maximum erreicht wurde. Die Farbstoffe wurden mit n/10 NH_3-Lsg. abgezogen u. **I** bei hohem p_H (5,0) nochmals 72 Std. gefärbt, um die Zahl der durch Hydrolyse neu gebildeten Aminoendgruppen zu bestimmen. Es ergab sich eine nennenswerte Hydrolyse bei den langen Färbezeiten bei p_H 1,5, welche jedoch nicht soviel neue Aminogruppen liefert, daß man die sehr hohe Farbstoffbindung erklären könnte. Diese beruht vielmehr in erster Linie auf einer Bindung durch die Säureamidgruppen. Der Abbau bei der sogenannten Amidgruppenfärbung wurde auch viscosimetr. festgestellt (Messungen in 90% ig. Phenol bei 25° $\eta_0 = K\,M^\alpha$, $K = 1{,}56 \cdot 10^{-3}$). (J. Soc. Dyers Colourists **69.** 435—39. Nov. 1953. Manchester, I. C. I. Ltd., Dyehouse Dep.) Zahn. 7020

S. Yamada und **S. Kawahara,** *Über das Färben und Ausrüsten von Vinylonstoffen.* 3. Mitt. *Über die Tieffärbung durch Druck. Vinylonstoffe* werden durch Druck (2 ton/cm^2) tiefer eingefärbt bei Anwendung von substantiven, Schwefel-, sauren, sauren Beizen-, Küpen- u. bas. Farbstoffen, kaum dagegen bei Celliton- u. unlösl. Azofarben (mit Spezialmethoden für Acetatfasern). — 8 Diagramme. (J. Soc. Textile Cellulose Ind., Japan [Sen-i Gakkaishi] **9.** 186—89. April 1953. Gifu Univ. [Orig.: japan.; Auszug: engl.]) Schuler. 7020

J. R. Geigy Akt.-Ges., Basel, Schweiz, *Basischer Polyglykoläther* der Formel $C_{12}H_{25} \cdot O \cdot [CH_2 \cdot CH_2 \cdot O]_9 \cdot CH_2 \cdot CH_2 \cdot N(CH_3)_2$. Man setzt einen aus techn. Laurinalkohol u. Äthylenoxyd erhaltenen Polyglykoläther in Ae. mit HSO_3Cl um, verseift mit Na_2CO_3 in W. u. erhitzt das gewonnene Na-Salz mit $(CH_3)_2NH$ in W. auf 150 bis 160° unter 20 at. Helle Paste, lösl. in Wasser. — *Egalisiermittel.* (**Schwz. P. 285 749** vom 23/6. 1950, ausg. 16/1. 1953.) Langer. 7007

Farbwerke Hoechst Akt.-Ges. vormals Meister Lucius & Brüning, Frankfurt/M. (Erfinder: **Sigismund Fuchs,** Mühlheim/M.), *Färben mit sauren Farbstoffen.* Man ersetzt die üblicherweise verwendete H_2SO_4 oder CH_2O_2 durch Aminosulfonsäure oder aromat. Sulfinsäuren oder verwendet diese Säuren bzw. deren Salze in Verbindung mit den bisher üblichen Säuren. (**D. B. P. 903 326** Kl. 8 m vom 5/6. 1951, ausg. 4/2. 1954.) v. Schiller. 7021

Chemische Fabrik Grünau Akt.-Ges. Zweigniederlassung Tepha-Illertissen, Illertissen/Bay. (Erfinder: **Hubert Grunow,** Paris), *Färben eiweißartiger Textilfasern mit aus saurem Bade aufziehenden Farbstoffen* unter Verwendung von Eiweißabbauprodd. (**I**) als Faserschutzmittel. Man behandelt die Fasern in Form von losem Material, Kammzug, Garnen oder Stückware vor dem Färben mit wss. Lsgg. solcher polypeptidartiger **I,** die einen erheblichen Anteil an säureunlösl. Polypeptiden enthalten, wobei die Fixierung dieser **I** auf den Fasern mittels organ. oder anorgan. Säuren bewirkt wird u. in einem dem Färbebade vorangehenden Bade oder im Färbebade selbst erfolgen kann. Als Ausgangsmaterialien für **I** dienen z. B. Casein u. dessen techn. Verarbeitungsprodd., Horn, Haare oder auch pflanzliche Eiweißstoffe. (**D. B. P. 902 968** Kl. 8 m vom 19/7. 1951, ausg. 1/2. 1954. F. Prior. 25/1. 1951.) v. Schiller. 7021

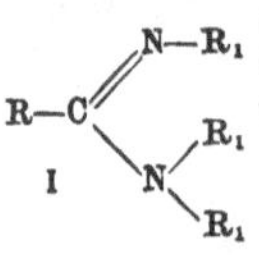

British Celanese Ltd., Spondon, England, *Färben von Textilien aus Celluloseestern oder -äthern* mit Farbstoffen, die gegen Co empfindlich sind, bes. *Aminoanthrachinonfarbstoffen.* Man färbt in einem Bade, das den Farbstoff u. ein Amidin einer einen Arylrest tragenden Carbonsäure der Formel I enthält, in welcher R einen Phenylrest u. ein oder zwei R_1 Phenylreste u. die anderen H oder Alkyl bedeuten, z. B. N-Phenylbenzamidin, N-o-, -m- oder -p-Tolylbenzamidin, N.N'-Diphenylbenzamidin u. dergleichen. (**E. P. 641 459** vom 23/2. 1948, ausg. 9/8. 1950.) v. Schiller. 7021

Royal Swan, Inc., Dover, Del., übert. von: **Bertram I. Goldsmith**, Neshanic, N. J., und **Walter H. Hindle**, Allentown, Pa., V. St. A., *Färben von Celluloseacetatfasern in Mischgeweben.* Man bringt eine Paste, die einen Farbstoff, der Celluloseacetat direkt färbt, ein Lösungsm., ein Quellmittel u. ein Verdickungsmittel enthält, auf ein Gewebe auf, das aus Celluloseacetatfasern (I) u. anderen Fasern, die nicht von dem Farbstoff angefärbt werden, besteht. Die Paste muß dick genug sein u. nur mit so schwachem Druck aufgetragen werden, daß sie das Gewebe nicht durchdringt, sondern nur die Oberfläche anfärbt. Nach dem Entfernen der Paste durch kräftiges Waschen sind nur die Spitzen der I gefärbt, während die anderen Fasern u. der Grund ungefärbt bleiben. (**A. P. 2 573 705** vom 7/5. 1947, ausg. 6/11. 1951.) v. Schiller. 7021

Ciba Akt.-Ges., Basel, Schweiz, *In Wasser lösliche harzige Kondensate,* die die *Naßechtheit von Färbungen* u. Drucken, hergestellt mit direktziehenden Farbstoffen mit einem Geh. an COOH- oder SO_3H-Gruppen, verbessern. — Verbb., die die Gruppe $-N{=}C(-N{=})_2$ enthalten, wie Dicyandiamid (I), Dicyandiamidin, Guanidin, Biguanid, werden mit Diäthylentriamintrihydrochlorid u. CH_2O bei über 100° behandelt, worauf man in 2. Stufe auf das Prod. CH_2O einwirken läßt. — 30,9 (Teile) Diäthylentriamin werden als entwässertes HCl-saures Salz mit 50,4 gepulvertem I u. 37,7 Paraformaldehyd in 150 Butanol 20 Std. unter Rückfluß erhitzt. 45 ausgefallenes u. getrocknetes Prod. werden in 37,5 W. u. 31,5 CH_2O-Lsg. (37% ig) gelöst u. nach dem Abkühlen mit NaOH auf p_H 9 eingestellt. Die eingeengte u. getrocknete weiße M. ist in heißem W. löslich. (**Schwz. P. 291 788** vom 9/8. 1950, ausg. 1/10. 1953.) Möllering. 7029

J. R. Geigy Akt.-Ges., Basel, Schweiz, *Azofarbstoffe.* Diazotiertes 2-Aminophenol-4-sulfonsäureamid (I) wird mit 7-Oxynaphthyl-(1)-carbaminsäuremethoxyäthylester, 1-Carbäthoxyamino-7-oxynaphthalin (II), 1-Carbopropoxyamino-7-oxynaphthalin, 1-Carbomethoxyamino-7-oxynaphthalin (III), 7-Oxynaphthyl-(1)-carbaminsäureäthoxyäthylester oder diazotiertes 6-Chlor-I mit II gekuppelt u. die Reaktionsprodd. in bekannter Weise in Cr-Komplexe umgewandelt. Dunkelblaue Pulver, die Wolle aus neutralem oder essigsaurem Bade gleichmäßig grau mit guter Wasch-, Licht- u. Walkechtheit färben. Ähnliche Farbstoffe erhält man durch Kupplung von diazotiertem I-Monomethylamid mit II oder III, oder von diazotiertem I-Monoäthanolamid mit III. (**Schwz. PP. 289 250, 289 251, 289 252, 289 253, 289 254, 289 255, 289 256** u. **289 257** vom 27/4. 1950, ausg. 16/6. 1953. **Zusätze zu Schwz. P. 284 413; C. 1954. 657.**) Kalix. 7053

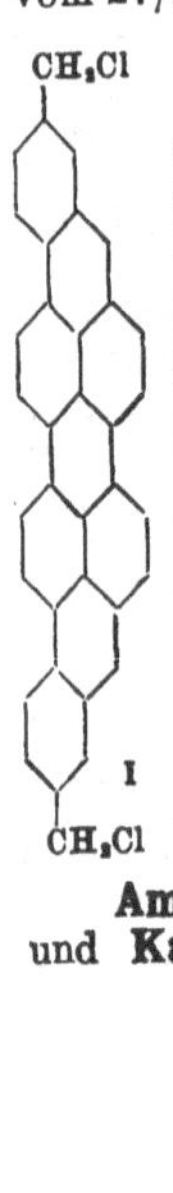

General Aniline & Film Corp., New York, N. Y., übert. von: **David I. Randall**, Easton, Pa., V. St. A., *Chlormethylderivate des Dibenzanthronyls, Dibenzanthrons und Isodibenzanthrons,* Farbstoffzwischenprodd. u. in einigen Fällen auch selbst wasserlösl. Farbstoffe erhält man durch Auflösen der Ausgangsprodd. in 96% ig. H_2SO_4, Zugeben von Dichlordimethyläther bei n. Temp. u. mehrstd. Verrühren des Reaktionsgemisches bei 30—80°. Beim Verküpen der Chlormethyldi- oder -isodibenzanthrone werden die entsprechenden Methylverbb. erhalten, die auf Baumwolle beträchtlich leuchtendere Farbtöne ergeben als die Methylderivv., die durch Alkalischmelze von chlormethylierten Di- oder Isodibenzanthronylen erhalten werden. Die Farbtöne der mit den chlormethylierten Prodd. erhaltenen Färbungen sind auch blaustichiger als die der Ausgangsfarbstoffe. Beschrieben wird die Herst. von Chlormethyldibenzanthron, Dichlordimethyldibenzanthron der Zus. I, Di-(chlormethyl)-3.3'- u. -4.4'-dibenzanthronyl, Chlormethyl- u. Di-(chlormethyl)-isodibenzanthron, Chlormethyltrichlordibenzanthron u. Chlormethylbromisodibenzanthron. (**A. P. 2 645 646** vom 10/2. 1950, ausg. 14/7. 1953.) Roick. 7059

American Cyanamid Co., New York, N. Y., übert. von: **Hans Z. Lecher**, Plainfield, und **Karl C. Whitehouse**, Somerville, N. J., V. St. A., *2.3-Dihalogen-1.2.3.4-tetra-*

hydroanthrachinone dienen als Zwischenprodd. für *Farbstoffe*. Sie entstehen aus 1.4-Dihydroanthrachinon u. Halogen in einem inerten organ. Lösungsmittel. — *2.3-Dibrom-*, *2.3-Dichlor-* (F. 189°) u. *2-Chlor-3-jod-1.2.3.4-tetrahydroanthrachinon* (Zers. 120°). (**A. P. 2 642 445** vom 7/6. 1951, ausg. 16/6. 1953.) LANGER. 7059

Farbenfabriken Bayer Akt.-Ges., Leverkusen (Erfinder: **Albert Schmelzer**, Köln, und **Otto Bayer**, Leverkusen), *Herstellung von substituierten Phthalsäuren oder deren Derivaten*, dad. gek., daß man Diazoniumsalze der 4-Aminophthalsäure oder ihrer Ester, Amide, Imide oder Nitrile im neutralen oder schwachsauren Medium unter Bedingungen, die zur N-Abspaltung führen, auf Acrylnitril oder organ. Verbb. chinoider Struktur oder polymerisierbare aliphat. Verbb., die die Gruppierung O=C̄—C=C oder —N=C̄—C=C enthalten, gegebenenfalls in Ggw. von Cu-Verbb. einwirken läßt. Man diazotiert z. B. 4-Aminophthalimid u. setzt mit einer Lsg. von Chinon in Eisessig zum *4-Phthalimidobenzochinon* um, F. 220—221°. Analog werden erhalten: *4-Phthalimido-α-naphthochinon*, F. 320°, u. daraus unter katalyt. Hydrierung *4-(Naphthyl-2)-phthalimid*, ferner *4-Phthalimido-β-naphthochinon*, F. 313—315°. Mit Acrylnitril: *4-(ω-Cyan-ω-chloräthyl)-phthalimid*, F. 147°, daraus durch Verseifung u. HCl-Abspaltung die *3.4-Dicarboxyphenyl-(1)-acrylsäure*. Aus 4-Amino-N-β-oxyäthylphthalimid u. Benzochinon erhält man das *4-Benzochinonyl-N-β-oxäthylphthalimid*, F. 157—158°. — *Ausgangsstoffe* für *Phthalocyaninfarbstoffe*. (**D. B. P. 897 404** Kl. 12p vom 2/8. 1951, ausg. 19/11. 1953.) DERSIN. 7073

XIa. Farben. Anstriche. Lacke. Naturharze.

Virginio Zani, *Die Farbpigmente in der Lack- und Druckfarbenindustrie*. Behandelt werden anorgan. u. organ. Pigmente für Anstrichfarben u. Druckfarben. (Pitture e Vernici **10**. 109—19. Febr. **1954**.) SCHEIFELE. 7092

P. P. Hopf, *Fortschritte auf dem Gebiet fungicider Anstrichfarben*. Während das Cu-Salz des 8-Oxychinolins (I) den Anstrichfarben in Mengen von ca. 7% zugesetzt werden muß u. infolge seiner Färbung für Weißfarben ungeeignet ist, ist die Phenylmercuriverb. des I bereits in Mengen von 0,3% wirksam. Dieselbe kann dem Pigment einverleibt oder zuvor in einer Metallseife (Al-Stearat) gelöst werden; sie ist nichtflüchtig u. wasserlösl. u. die damit versetzten Anstriche sind für den Menschen ungiftig. (Paint Manufact. **23**. 49—50. Febr. 1953. Ward, Blenkinsop & Co. Ltd.) SCHEIFELE. 7106

R. W. Pickard, *Die Ausbreitung von Flammen auf mit Nitrocelluloselacken behandelten Oberflächen*. Es wurde festgestellt, daß Nitrocelluloselacke mit Dibutylphthalat u. Campher als Weichmacher die Ausbreitung von Flammen stärker begünstigen als solche mit Trikresylphosphat. (Paint Manufact. **23**. 45—48. Febr. 1953. Joint Fire Res. Organisation of the Dep. of Sci. & Ind. Res. & Fire Offices' Committee.) SCHEIFELE. 7106

D. F. Rushman, *Radiochemie in der Anstrichforschung*. Es werden verschied. Beispiele für die Anwendung von radioakt. Spurenelementen (^{32}P, ^{14}C) in der Anstrichforschung (z. B. Unters. von Grenzflächen Farbfilm–Substrat u. von Umesterungs-Rkk., Analysen) gegeben. (Paint Manufact. **23**. 56—57. 63. Febr. 1953. Teddington, Paint Res. Stat.) SCHEIFELE. 7158

DEHYDAG Deutsche Hydrierwerke G. m. b. H., Düsseldorf, *Trocknende Öle*. Als solche werden höhermol., mehrfach ungesätt. sek. Alkohole verwendet, wie sie durch Rk. von aliphat. Polyenaldehyden u. metallorgan. Verbb., die zur Anlagerung an Carbonylgruppen befähigt sind, erhalten werden, z. B. Octadien-2.4-ol-(6), Deca-, Dodeca- oder Hexadecatrien-(2.4.6)-ol-(8), bzw. die daraus durch Wasserabspaltung gewonnenen ungesätt. KW-stoffe. Die Alkohole können teilweise mit H abgesätt. oder ihre OH-Gruppen ganz oder teilweise verestert oder veräthert sein. Geeignet zur Herst. von Anstrichmitteln, Kunststoffen (Wachstuch, Kunstleder, Linkrusta, Linoleum, Vulkanfiber), Isolier-, Imprägnier- oder Dichtungsmassen, Kleb- oder Kittstoffen. (**D. B. P. 902 071** Kl. 22h vom 18/2. 1940, ausg. 11/2. 1954.) GRÄGER. 7097

Hans P. Kaufmann, Münster/Westf., *Beschleunigung der Molekülvergrößerung trocknender Öle*, wie Lein-, Oiticica- oder Holzöl. Man setzt diesen allein oder unter Zusatz anderer bekannter ungesätt., zur Polymerisation neigender Stoffe, wie Styrol oder dessen Derivv., metallhaltige Porphine, bes. Hämin, in kleinen Mengen zu. (**D. B. P. 904 231** Kl. 22h vom 9/10. 1951, ausg. 15/2. 1954.) GRÄGER. 7097

Chemische Fabrik Stockhausen & Co., Deutschland, *Herstellung von emulgierenden Bindemitteln*, dad. gek., daß man Harze in Ggw. von Aldehyden mit aliphat. Sulfamiden reagieren läßt, u. das Reaktionsprod. mit wss. Lsgg. flüchtiger Alkalien, z. B.

NH_3, Methylamin (I), verseift. — Man mischt z. B. 200 Teile Kopal, 80 Teile Sulfamid eines aliphat. KW-stoffs u. 60 Teile Paraldehyd u. erhitzt das Gemisch 4—6 Std. auf ca. 60°. Das gebildete Reaktionsprod. verseift man unter gelindem Erwärmen mit 12 Teilen I u. 150 Teilen Wasser. Die Verseifungsprodd. bilden mit W. in jeder Verdünnung äußerst stabile Emulsionen, absorbieren leicht Farbstoffe u. geben nach kurzem Trocknen einen transparenten *Film*. (**F. P. 1 005 252** vom 25/6. 1947, ausg. 8/4. 1952.) OPPERMANN. 7097

Chemische Werke Albert, Wiesbaden-Biebrich (Erfinder: **Felix Schlenker**), *Verbessern von Bindemitteln auf der Grundlage von Ölen oder Natur- oder Kunstharzen.* Man vermischt die Bindemittel mit Kunstharzen, die man durch Umsetzen von Metallalkoholaten bzw. -halogeniden von drei- oder mehrwertigen Metallen (Al, dreiwertiges Fe) mit tautomer reagierenden Verbb., welche enol. OH-Gruppen oder Ketolgruppen zu bilden vermögen, erhält; man vermischt z. B. Al-Butylat oder $AlCl_3$ u. Acetessigester, Malonsäureester oder ein β-Diketon, wie Formylacetophenon, mit den Bindemitteln. Man kann ferner auch solche tautomer reagierenden Verbb. verwenden, die durch Blasen mit O_2 — gegebenenfalls in Ggw. von Oxydationskatalysatoren, wie Benzoylperoxyd — u. bzw. oder durch Umsetzen mit Harzsäuren (Kolophonium) oder Dicarbonsäuren oder deren Anhydriden (Adipinsäure, Phthalsäureanhydrid) u. bzw. oder höhermol. einbas. Carbonsäuren, bes. höhermol. ungesätt. Fettsäuren oder deren polymerisierbaren Estern (Leinölfettsäuren, Vinyl- oder Allylester von Vorlauffettsäuren), modifiziert worden sind. Man erhält so Bindemittel von erhöhter Wasser- u. Alkalibeständigkeit, die sich zur Herst. von schnelltrocknenden *Lacken, Anstrichmitteln, Kitten, Klebstoffen* oder *plast. Massen* eignen. (**Oe. P. 174 135** vom 13/10. 1951, ausg. 25/2. 1953. D. Priorr. 12/1. u. 9/8. 1951.) RAETZ. 7097

Gaz de France (Service National), Seine, Frankreich (Erfinder: **Guedj**), *Herstellung eines Abietin–Phenolformaldehyd-Harzes* durch Rk. von Phenolöl, zweckmäßig vorher dest., Formol, Kolophonium (I), hydriertem I oder Pyroabietinsäuren u. einem alkal. oder sauren Katalysator. Man erhält in Leinöl lösl. Stoffe, die sich zur *Herst.* von *Farben* u. *Lacken* eignen. — Man erhitzt unter Rückfluß 300 (Teile) Phenolöl, 150 30%ig. Formol, 150 I u. 20 Ammoniak, entfernt nach der Rk. flüchtige Anteile u. erhält ein viscoses, bei Raumtemp. festes Prod. vom F. 130—135°. (**F. P. 1 017 731** vom 13/5. 1950, ausg. 18/12. 1952.) PANKOW. 7097

Titangesellschaft m. b. H., Leverkusen (Erfinder: **Werner Busch,** Leverkusen, und **Hanns Schaefer,** Opladen), *Farbpasten* enthalten neben einem öl- oder harzhaltigen Bindemittel u. dem Farbkörper (TiO_2, ZnO, $BaSO_4$, Kalkspat) ein Salz, bes. Alkalisalz, einer gesätt. oder ungesätt. aliphat. Fettsäure C_{11-20} (K-Salz der Leinölfettsäuren) u. ca. 3—6% Wasser. (**D. B. P. 907 564** Kl. 22g vom 26/5. 1944, ausg. 25/3. 1954.) GRÄGER. 7107

Badische Anilin- & Soda-Fabrik Akt.-Ges., Ludwigshafen/Rh. (Erfinder: **Oskar Lissner,** Mannheim), *Wässerige Anstrichmittel* von zu Harzen härtbaren Kondensationsprodd., gek. durch einen geringen Geh. (0,1—3%) an bekannten kationakt., die Oberflächenspannung von W. herabsetzenden Stoffen, wie Fettaminen, Hexamethyleniminderivv., Imidazolinen, Benzimidazolen oder Kondensationsprodd. aus Fettsäuren oder Alkyl- bzw. Aralkylsulfonsäuren mit mehrwertigen Aminen oder Oxalkylaminen. (**D. B. P. 904 337** Kl. 22h vom 25/10. 1951, ausg. 18/2. 1954.) GRÄGER. 7107

Chemische Werke Albert (Erfinder: **Felix Schlenker**), Wiesbaden, *Herstellung von Lacken und Anstrichmitteln,* dad. gek., daß Lsgg. von Ölen oder Harzen in organ. Lösungsmitteln mit Lsgg. von Alkoxosalzen (bei denen das Zentralatom Al u. das Außenatom ein zweiwertiges Metallatom, bes. Co, ist) in Lacklösungsmitteln versetzt werden. Die Alkoxosalzlsgg. sind mit tautomer reagierenden Estern, die enol. OH-Gruppen zu bilden vermögen, bes. Acetessigester oder Malonsäureester, stabilisiert. — Man versetzt z. B. 100 (Gewichtsteile) eines leinölmodifizierten Glycerinphthalatharzes mit 36 einer Lsg. von $Mg[Al(OC_4H_9)_4]_2$ in Toluol. Die nach der Stabilisierung mit einem Ketosäureester (Molverhältnis Mg : Ester = 1 : 1) sikkativierten u. aufgestrichenen Filme zeigen verbesserte Trocknung u. erhöhte Wasser- u. Alkalibeständigkeit. (**Oe. P. 174 133** vom 28/9. 1951, ausg. 25/2. 1953. D. Prior. 8/1. 1951.) OPPERMANN. 7107

Chemische Werke Albert (Erfinder: **Felix Schlenker**), Wiesbaden, *Herstellung von Lacken und Anstrichmitteln,* dad. gek., daß Lsgg. von Ölen oder Harzen in organ. Lösungsmitteln mit Kunstharzen (I) gegebenenfalls in Lsg. versetzt werden. Die I werden durch Umsetzung von Alkoholaten des Al oder anderer drei- oder höherwertiger Metalle mit Acetessigester (II), Malonsäureestern oder β-Diketonen, bes. Formylaceton, Formylacetophenon, oder durch Umsetzung von Halogeniden drei- u.

höherwertiger Metalle, bes. $AlCl_3$, u. tautomer reagierender Verbb. erhalten u. bei erhöhter Temp. mit O_2 geblasen u./oder mit Dicarbonsäuren oder ihren Anhydriden oder höheren einbas. Carbonsäuren, bes. Harzsäuren oder höhermol. gesätt. u. ungesätt. Fettsäuren oder deren polymerisierbaren Estern, umgesetzt. — Man erwärmt z. B. 1000 (Gewichtsteile) Al-Butylat (F. 101—102°, 10,9% Al-Geh.) mit 790 **II** ca. 3½ Stunden. Nach Entfernung der flüchtigen Bestandteile versetzt man 10 des gebildeten Harzes mit 143 einer 70% ig. Lsg. eines leinölmodifizierten Glycerinphthalatharzes in Lackbenzin: Butanol = 2 : 1. (**Oe. P. 174 134** vom 29/9. 1951, ausg. 25/2. 1953. D. Prior. 11/8. 1951.) OPPERMANN. 7107

N. V. de Bataafsche Petroleum Mij., Den Haag, Holland, *Überzugsmasse*, die als trocknenden Bestandteil Ester enthält, die mindestens teilweise von Fettsäuren mit konjugierten Doppelbindungen abgeleitet sind, z. B. verestertes Alkyd- oder Äthoxylinharz oder ein Ester aus einem mehrwertigen Alkohol u. dehydratisierter Ricinusölsäure mit einem Zusatz eines Erdalkali-, bes. Ca-Salzes, eines in den Phenolgruppen alkylierten Novolakharzes, wie des Kondensationsprod. von Alkyl-, bes. Octylphenol u. CH_2O oder des Reaktionsprod. von Alkylphenol u. Acetylen, zweckmäßig in Mengen von 0,2—1% des trocknenden Esters. Vermeidung von Faltenbldg. (Krähenfüßen, Eisblumen). (**Schwz. P. 291 199** vom 30/8. 1950, ausg. 1/10. 1953. A. Prior. 1/9. 1949.) GRÄGER. 7107

Farbenfabriken Bayer Akt.-Ges. (Erfinder: **Heinrich Seibert, Wilhelm Bunge** und **Otto Bayer**), Leverkusen, *Verbesserung der Lichtechtheit von Lackfärbungen.* Man setzt üblichen Lackgrundlagen Urethane zu oder verwendet solche Lackgrundlagen, die Urethangruppen besitzen oder diese Gruppen während der Filmbldg. entstehen lassen, wie die Reaktionsprodd. von Diisocyanaten mit Polyalkoholen. (**D. B. P. 903 984** Kl. 22h vom 28/4. 1951, ausg. 15/2. 1954.) GRÄGER. 7107

Rudolf Decker & Hellmuth Holz, Deutschland, *Herstellung von Siliconlacken,* dad. gek., daß man organ. Si-Halogenide (**I**) mit einer zur vollständigen Umsetzung ungenügenden Menge A. versetzt oder vollständig umsetzt u. das Prod. mit W. oder wss. HCl teilweise verseift, das zum Teil verseifte Prod. mit einem mit W. nicht mischbaren Lösungsm. absorbiert u. die Rk. zu Ende führt. Ähnlich kann man Gemische von **I** u. Alkoxysilanen oder Alkoxychlorsilanen ohne Verwendung von A. behandeln. (**F. P. 1 008 182** vom 10/1. 1950, ausg. 14/5. 1952. D. Prior. 25/5. 1949.) OPPERMANN. 7107

Arobiga Akt.-Ges., Zug, Schweiz, *Herstellung farbiger Anstrichmittel* aus gelösten Bitumina zur Verhütung von Korrosionen. Für Anstriche auf Dächern, Beton, Holz u. anderen Werkstoffen werden den Lsgg. von Bitumen oder Teerpech in Testbenzin oder aromat. KW-stoffen, wie Xylol, vor dem Einmischen von Pigmenten hochviscose Harze, bes. Kunstharze, wie Polyvinyläther, beigemischt. (**Schwz. P. 293 116** vom 5/8. 1950, ausg. 1/12. 1953.) GRÄGER. 7107

Office National d'Études et de Recherches Aéronautiques, Seine, Frankreich (Erfinder: **Samuel Kohn** und **Georges Taguet**), *Reinigen von Kolophonium.* Helle oder dunkle Kolophoniumsorten werden mit überhitztem Wasserdampf bei n. oder Unterdruck destilliert. Man erhält ein beträchtlich härteres Harz als Rückstand. — In verflüssigtes Kolophonium leitet man die 40—50fache Gewichtsmenge eines um 20° heißeren überhitzten Wasserdampfes. Es gehen nacheinander über: stark riechendes, saures W., hellgelbes, flüchtiges Öl, weißliche Prodd. mit hohem Abietinsäuregeh., prakt. reine, sofort kristallisierende Harzsäuren. Man kann das gleiche Ergebnis auch mit einer der Hälfte Kolophonium entsprechenden Wasserdampfmenge bei 30—50 mm Druck erreichen. Die Destillate sind lichtbeständig. Man verwendet so behandeltes Kolophonium als *Rißemail,* um isostat. Spannungen der Unterlagen sichtbar zu machen. Man löst z. B. solch Kolophonium (20 Gew.-%) u. Co-Resinat (2) in CS_2 (78) u. verwendet als Email. (**F. P. 1 011 395** vom 31/1. 1949, ausg. 23/6. 1952.) PANKOW. 7141

Stein Hall & Co., Inc., New York, N. Y., übert. von: **Nat Frisch,** White Plains, N. Y., und **Frank John Sweeney,** Forest Hills, N. Y., V. St. A., *Modifizieren von Johannisbrotgummi.* Man stellt eine Mischung aus 50—96 (Gew.-%) Johannisbrotgummi (**I**), 2—35 Borat (**II**) u. 1—20 Glyoxal, Brenztraubensäurealdehyd, NH_4Cl, Citronensäure, $B(OH)_3$, oder $Al_2(SO_4)_3$ her u. löst sie in W.; man erhitzt z. B. eine wss. Lsg. aus 85—90 **I**, 5—10 **II** u. 2—6 eines der üblichen Stoffe auf 200° F. (**Can. P. 489 879** vom 9/12. 1949, ausg. 20/1. 1953. A. Prior. 16/12. 1948.) PANKOW. 7141

Allied Chemical & Dye Corp., übert. von: **E. L. Cline,** New York, N. Y., V. St. A., *Reinigen von rohem pinenhaltigem Harzterpentin* durch ca. 1—6std. Verrühren bei 0—60° mit einem säureakt. natürlichen Ton, von dem ca. 2—5% zugesetzt werden.

Danach wird das gereinigte *Terpentin* mit Wasserdampf abdest. u. es bleibt eine dunkle polymerisierte Harzmasse als Rückstand. (**Can. P. 482 297** vom 26/2. 1944, ausg. 8/4. 1952. A. Prior. 13/4. 1943.) M. F. MÜLLER. 7141

XIb. Plaste (Kunstharze. Plastische Massen).

J. Bost und **J. Schick**, *Ein Verfahren in vollem Aufstieg: der Spritzguß von Polyvinylchlorid.* Kurze Beschreibung des Verfahrens. (Ind. Plast. mod. **5.** Nr. 7. 28—29. Juli/Aug. 1953. Comp. de Saint-Gobain.) SCHÄFF. 7172

H. A. K. Eden, *Anwendungen und Möglichkeiten von Polyesterharzen.* Übersicht über physikal. Eigg. u. Anwendbarkeit von Gießharzen, Alkydpreßmassen u. Polyester-Glasfasererzeugnissen. (Plastica [Delft] **7.** 112—14. März 1954. Eindhoven, N. V. Philips' Gloeilampenfabrieken.) WESLY. 7176

P. Dubois, P. Condette und **M. Valayer**, *Vergleichende Untersuchung mechanischer und thermischer Prüfungen an Stäben und Platten aus Phenolharzen.* Beschreibung, u. Erörterung der systemat. vergleichenden Unters. des Biege-, Schlagfestigkeits-, MARTENS- u. VICAT-Testes. (Ind. Plast. mod. **5.** Nr. 7. 47—49. Juli/Aug. 1953.) SCHÄFF. 7210

L. M. Mobers, *Die quantitative Analyse von Harnstoff-Formaldehyd-Kondensationsprodukten.* Übersicht über die Verff. zur Best. der Bestandteile von Harnstoff-Formaldehyd-Kondensationsprodukten. (Plastica [Delft] **6.** 392—94. Sept. 1953. Zutphen, N. V. Kleefstoffenfabriek Gebr. Struyck.) WESLY. 7210

Farbenfabriken Bayer Akt.-Ges., Leverkusen (Erfinder: **Karl Hamann**, Krefeld-Uerdingen, **Willi Geilenkirchen** und **Wolfgang Josten**, Krefeld), *Lösungs-, Weichmachungs- und Gelatinierungsmittel* für Lacke, Folien, Filme, Formstücke sowie Spachtel-, Belag- u. Imprägnierungsmassen auf der Grundlage von Kondensations- u. Polymerisationsprodd., wie Superpolyamiden, Polyvinylacetat, Polyacrylestern, Alkydharzen, Harnstoff- oder Phenol-Aldehyd-Kondensationsprodukten. Hierfür sind mit Vorteil Oxime oder deren funktionelle Derivv., wie Aldoxim des Acetaldehyds, Butyraldehyds, Crotonaldehyds oder Benzaldehyds, ferner das Oxim des Acetons, Butyrons, Mesityloxyds, Diacetyls, Benzoylacetons, Cyclohexanons, ferner der Methyläther des Acetaldoxims, der Äthyläther des Zimtaldoxims, der Dodecyläther des Acetaldoxims, das Acetat des Acetophenonoxims, verwendbar. Die aus so weichgemachten Massen hergestellten Erzeugnisse sind hervorragend kältefest. (**D. B. P. 904 106** Kl. 39b vom 27/4. 1941, ausg. 15/4. 1954.) HERBST. 7171

Allgemeine Elektricitäts-Ges., Berlin-Grunewald (Erfinder: **Wilhelm Langer**, Wuppertal-Barmen), *Verarbeitung von Kunststoffen.* Zur Einstellung der richtigen Verarbeitungstemp. werden den Kunststoffen Verbb. zugemischt, die bei einer bestimmten Temp. eine Farbänderung erleiden. Als solche temperaturanzeigende Zusatzmittel kommen Ammoniumdoppelsalze, Komplexsalze, Oxyde, Hydroxyde, Carbonate oder bas. Salze der Schwermetalle, so $[Co(NH_3)_6]_2(C_2O_4)_3$, in Betracht, u. zwar bei der Verarbeitung der thermoplast. Kunststoffe auf der Spritzmaschine, bei der Verarbeitung von härtbaren Kunststoffen zur Anzeige der Härtetemp. u. bei der Verarbeitung von vulkanisierbaren Stoffen zur Anzeige der Vulkanisiertemperatur. Zugleich werden so den Kunststoffen Färbungen erteilt, die als Kennfarben, z. B. bei *elektr.* Isolierhüllen, brauchbar sind. (**D. B. P. 904 244** Kl. 39b vom 22/10. 1940, ausg. 15/2. 1954.) HERBST. 7171

Imperial Chemical Industries Ltd., London, und **Arthur William Barnes**, Tewin, England, *Katalysator für Polymerisationen* von *Vinylchlorid*, gegebenenfalls im Gemisch mit äthylen. ungesätt. Verbindungen. Man verwendet einen Zusatz von $< 5\%$ CHJ_3. (**E. P. 674 060** vom 8/4. 1949, ausg. 18/6. 1952.) MÖLLERING. 7173

Badische Anilin- & Soda-Fabrik Akt.-Ges., Ludwigshafen/Rh., *Herstellung von Vinylchloridpolymerisaten* mit weitgehend einheitlichem Polymerisationsgrad in wss. Emulsion, dad. gek., daß man die Polymerisation kontinuierlich in einem Kessel unter vollständiger Durchmischung des Gutes u. unter Aufrechterhaltung einer konstanten Konz. des monomeren Vinylchlorids (**I**) u. unter ständiger Abführung der gebildeten Polymerisatdispersion ausführt. Tabellen über die Abhängigkeit des K-Wertes von **I**-Konz. u. über die Löslichkeit des **I** in W. unter Sättigungsdruck bei verschied. Temperaturen. (**Schwz. P. 295 067** vom 21/6. 1944, ausg. 16/2. 1954. D. Prior. 28/6. 1943.) SCHINDLER. 7173

Dow Chemical Co., Midland, Mich., V. St. A., *Im Kern halogenmethylierte Polyvinylharze* mit einem Mol.-Gew. von ca. 50000 erhält man durch Einw. von bes.

Chlormethylmethyläther (I) bei −10 bis 125° auf äthylen. ungesätt. Arylverbb., die mindestens 50% Monoalkenylverbb. enthalten. Die Prodd. dienen als solche oder in Form ihrer HCl-, H_2SO_4- oder anderer Salze als *Ionenaustauscher.* — 45 (g) Polystyrol werden in 200 CS_2 bei 0° mit 55 I u. 13 $SnCl_4$ behandelt. Das erhaltene Gel wird in Methanol gegeben, der Nd. abgetrennt u. getrocknet. (**E. P. 677 350** vom 10/11. 1949, ausg. 13/8. 1952. A. Prior. 29/12. 1948.) MÖLLERING. 7173

Soc. An. Soc. Minière des Schistes Bitumineux, Seine, Frankreich, *Plastiziermittel für Vinylharze* aus Schieferöl. Man behandelt Schieferöl mit 100—200 Vol.-% Methanol oder einer wss. Phenollsg., entfernt Lösungsm. u. die Fraktion vom Kp. unter 250 bis 300° u. gegebenenfalls bei red. Druck die Asphaltrückstände u. verwendet als Plastiziermittel. (**F. P. 1 007 735** vom 24/3. 1948, ausg. 9/5. 1952.) PANKOW. 7173

Badische Anilin- & Soda-Fabrik, Deutschland, *Plastiziermittel für Polyvinylchlorid,* bestehend aus neutralen aliphat. Estern der Kohlensäure oder schwefligen Säure, deren Alkylreste insgesamt wenigstens 6 u. höchstens 18 C-Atome u. wenigstens 1 Cl-Atom enthalten; genannt ist Butandiol-1.4-bis-chlorbutylcarbonsäureester, Di- oder Triäthylenglykol- oder 2.3-Dichlorbutandiol-1.4-bis-ω-chlorbutylcarbonat, 2.3-Dichlorbutandiol-1.4-bis-butylcarbonat, ω-Chlorbutyldicarbonsäureester oder-dischwefligsäureester, 2-Äthylhexyl-ω-chlorbutylcarbonsäureester, ω-Chloräthoxyäthylcarbonsäurediester u. entsprechende Sulfite. (**F. P. 1 011 173** vom 20/12. 1948, ausg. 19/6. 1952.) PANKOW. 7173

Dr. Alexander Wacker Gesellschaft für elektrochemische Industrie G. m. b. H., Seine, Frankreich (Erfinder: **Herbert Berg**), *Unlöslichmachen von Polyvinylalkohol* durch kurzes Erhitzen in einer Mischung aus W. u. einem mit W. mischbaren, Polyvinylalkohol (I) nicht lösenden Stoff, z. B. Mischungen aus 10—25 Gew.-% W. mit restlichem Methanol, A., Isopropanol, Butanol, Aceton oder Methyläthylketon. Das in kaltem W. lösl. I oder dessen Derivv. gleicher Löslichkeit sind in W. von Raumtemp. weder lösl. noch quellbar. Pulver aus solchem I bildet mit einer gleichen Mischung aus W. mit 40% Glycerin eine Paste, die sich als Tauchbad etwa zur Herst. von Handschuhen eignet, wobei die auf der Tauchform haftende Paste bei 75° gelatiniert wird. Die Unlöslichmachung kann im Anschluß an die Herst. von I erfolgen, die Mischung kann auch zur weiteren Verseifung noch etwas Lauge enthalten. (**F. P. 1 013 970** vom 12/10. 1943, ausg. 6/8. 1952.) PANKOW. 7173

Wacker Chemie G. m. b. H., München, übert. von: **Wolfgang Gruber, Joseph Heckmaier** und **Hugo Zoebelein,** Burghausen, *Granulierte Polyvinylalkoholkondensate.* Eine 10%ig. wss. Lsg. von Polyvinylalkohol (VZ. 185) (I) wird bei 20° in Ggw. von 5 (%) $HClO_4$ u. 78 Butyraldehyd (% bezogen auf I-Geh.) kondensiert. Das ausgefallene, gewaschene u. getrocknete Granulat enthält 60,9 (%) Acetal, 14,1 Acetat u. 25 Alkohol u. ist in Lösungsmitteln löslich. (**A. P. 2 652 387** vom 14/2. 1951, ausg. 15/9. 1953. D. Prior. 17/2. 1950.) MÖLLERING. 7173

Ernst Schnabel, Limburg/Lahn, *Herstellen von biegsamen Schläuchen aus Polyvinylalkohol.* Der aus Polyvinylalkohol u. einem geringen Wasserzusatz sowie gegebenenfalls Weichmachern u. Füllstoffen bestehende pulverförmige Ausgangsstoff wird vor seiner Einführung in den Raum, in welchem seine Umformung unter Druck u. Hitze in eine plast. M. erfolgt, der bekannten Vorbehandlung unterworfen, bei welcher der Rohstoff zu einem zusammenhängenden, noch nicht plast. Flächengebilde umgewandelt wird, das von der Förderschnecke einer Strangpresse mitgenommen u. im Knetraum in den verformbaren Zustand übergeführt wird. (**D. B. P. 905 314** Kl. 39a vom 29/2. 1936, ausg. 1/3. 1954.) SCHLITT. 7173

Dr. Alexander Wacker Gesellschaft für elektrochemische Industrie G. m. b. H., München, *Pulverförmige, klar und schleimfrei lösliche Polyvinylalkoholacetale.* Man acetalisiert das Polymerisat bei 15—40° in Ggw. von Essigsäure u. eines Katalysators mit n-Butyraldehyd, wobei man in von monomeren Alkoholen freier Lsg. oder knetbarer Dispersion arbeitet u. bei Ausscheidung des gebildeten Acetals auf 100 (Teile) im Reaktionsgemisch enthaltenem W. 240—280 Essigsäure zugegen sind. Nach Beginn der Ausscheidung wird zusätzlich W. zugesetzt. Geeignete Acetalisierungskatalysatoren sind H_2SO_4, HCl, $ZnCl_2$ u. Perchlorsäure. (**Schwz. P. 291 202** vom 8/2. 1943, ausg. 1/9. 1953. D. Prior. 21/2. 1942.) MÖLLERING. 7173

Badische Anilin- & Soda-Fabrik Akt.-Ges., Ludwigshafen/Rh. (Erfinder: **Curt Schuster,** Ludwigshafen/Rh., und **Ernst Gassenmeier †,** Mannheim), *N-Vinylverbindungen.* Man setzt heterocycl. Verbb., die 2 N-Atome im Ring enthalten, die jeweils ein reaktionsfähiges H-Atom tragen, bei erhöhter Temp. mit Acetylen unter Druck in Ggw. eines indifferenten Gases u. eines Katalysators um. — *N.N'-Divinylimid-*

azolidon, F. 66—67°, aus Imidazolidon (I), I-K (als Katalysator) u. einem Gemisch C_2H_2–N_2 (1 : 1) bei 10—25 at u. 80—120° in trockenem Toluol. — *N.N'-Divinylmaleinsäurehydrazid*, $Kp._{15}$ 130—135°, aus Maleinsäurehydrazid, K (als Katalysator) u. C_2H_2–N_2 wie vorstehend. — *Ausgangsstoffe* für die Herst. von harzartigen oder festen *Polymerisationsprodd.* mit wertvollen Eigenschaften. (**D. B. P. 911 017** Kl. 12p vom 20/3. 1952, ausg. 10/5. 1954. Anmeldung bekanntgemacht 1/10. 1953.) BRÖSAMLE. 7173

Röhm & Haas G. m. b. H., Darmstadt, *Polymerisation ungesättigter organischer Verbindungen* in wss. Emulsion, dad. gek., daß die Polymerisation in Ggw. geringer Mengen solcher Polymerisationsstabilisatoren ausgeführt wird, die in W. unlösl., in dem Monomeren aber lösl. sind. Verwendet werden z. B. S, Diäthyl-, Allyl- oder Diallylsulfid oder Aminoanthrachinon. Als Ausgangsstoffe sind z. B. Acrylsäurebutylester, Methacrylsäuremethylester u. Acrylsäureäthylester genannt. (**Schwz. P. 295 076** vom 16/7. 1951, ausg. 16/2. 1954. D. Prior. 21/9. 1944.) SCHINDLER. 7173

Koppers Co., Inc., übert. von: **Gaetano F. D'Alelio**, Pittsburgh, Pa., V. St. A., *Herstellung von Ionenaustauschharzen*. Man sulfoniert unlösl. u. nichtschm. Mischpolymerisate aus 75—98 (%) Monovinylaromaten oder mono-(α-alkylvinyl)-aromat. KW-stoffen, in denen die Alkylgruppe CH_3 oder C_2H_5 ist, z. B. Styrol oder α-Methylstyrol, u. 2—25 eines linearen aliphat. Polyen-KW-stoffes, z. B. 1.3-Butadien, Isopren oder Chloropren. (**A. P. 2 645 621** vom 24/9. 1949, ausg. 14/7. 1953.) LÜTTGEN. 7173

Dow Chemical Co., Midland, Mich., V. St. A., *Polymerisation von α-Methylstyrol* (**I**). Sie erfolgt bei 0—30°, bes. 10—25°, in Ggw. von 0,5—10% feinverteiltem metall. Na. Das von Na freigewaschene Prod. eignet sich für elektr. Isolierungen. — 180 (g) **I** u. 3,6 Na werden 115 Std. bei 10° gerührt. Die klare gelbe Lsg. wird in 1500 A. gegeben, worauf der weiße, faserige Nd. getrocknet wird; Ausbeute 43 g. (**E. P. 677 594** vom 14/8. 1950, ausg. 20/8. 1952. A. Prior. 31/10. 1949.) MÖLLERING. 7173

Kablo, Národní Podnik und **Považské Chemické Závody, Národní Podnik**, Tschechoslowakei, *Kunstharzmischung*. Man kondensiert Phenol mit CH_2O, bis das Prod. einen hohen Geh. an Phenolalkoholen u./oder Di-p-dioxydiphenylmethan enthält, löst darin ein hochmol. lineares Polykondensationsprod., wie Polyamide, Polyätheramide, Polyurethane, Polyhydrazide, Polyharnstoffe, Polycarbaminsäurederivv., u. beendet die Kondensation unter Abdest. des Flüchtigen. Vorteilhaft beginnt man die Kondensation im alkal. u. beendet sie im sauren Gebiet, etwa durch Zusatz von Milchsäure. Die Konz. des wss. CH_2O soll 15—36%, bes. 20%, betragen u. das CH_2O möglichst wenig Paraformaldehyd enthalten u. neutralisiert sein. — Man gibt bei 50° 480 (g) reines Phenol u. 640 20%ig. wss. CH_2O (kein Paraformaldehyd, wenig Säure), der 2,5 Hexamethylentetramin enthält, zusammen, hält 1 Std. bei 60°, gibt 240 faserbildendes Polyamid zu, hält 2 Std. bei 60°, setzt 0,75 cm^3 50%ig. Milchsäure zu u. dest. im Vakuum 3 Std., wobei die Temp. bis 125° steigt. Man kann dann mit Lösungsmitteln verdünnen u. zum Lackieren verwenden; die M. kann auch durch Pressen, Spritzen, Walzen verarbeitet werden. (**F. P. 1 016 996** vom 2/5. 1950, ausg. 27/11. 1952. Tschech. Prior. 3/5. 1949.) PANKOW. 7177

General Electric Co., New York, N. Y. (Erfinder: **John D. Nelson** und **Paul V. Steenstrup**, Pittsfield, Mass.), V. St. A., *Herstellung eines Phenolharzes mit Zellstruktur*. Ein W. enthaltendes, säure- u. hitzehärtbares, fl. Phenolharz wird mit einer wasserlösl., mit Säuren gasbildenden Substanz, wie $NaHCO_3$, u. einer Sulfonsäure, wie Phenolsulfonsäure, gehärtet u. verschäumt. Die Verschäumung erfolgt nach Vermischen der genannten Komponenten ohne zusätzliche Erwärmung. Bei Zugabe eines oberflächenakt. Stoffes, z. B. eines Polyäthylenäthers eines langkettigen Monofettsäureesters des Sorbits, wird ein Schaumstoff von verminderter D. erhalten. Die Kunststoffschaummassen gemäß Verf. sind zur *Wärme-*, *Schall-* u. *elektr. Isolation* verwendbar. (**D. B. P. 885 004** Kl. 39b vom 3/10. 1950, ausg. 24/8. 1953. A. Prior. 20/10. 1944.) HERBST. 7177

Allgemeine Elektricitäts-Ges., Berlin (Erfinder: **Anton Neuhaus**, Kassel), *Harzarme Kunstharzpreßmasse*, gek. durch einen Zusatz von Naphtholpech (I). Hierfür kann ferner ein organ. oder anorgan. Füllstoff verwendet werden. In ersterem Falle ist der Zusatz von **I** auf 5 (%), im letzteren auf 4 zu bemessen. Derartige Massen mit nur 20—25 Harzgeh. sind preßbar. — Beispiel: 25 *Phenolaldehydharz*, 5 **I** u. 70 Holzmehl. (**D. B. P. 906 996** Kl. 39b vom 1/7. 1943, ausg. 18/3. 1954.) HERBST. 7177

General Mills, Inc., V. St. A. (Erfinder: **David Aelony**), *Herstellung von Phenolformaldehydesterharzen*. Man gibt langsam 2—2,5 Mol CH_2O zu 4 Mol Phenol oder dessen Derivv., kondensiert mit einem sauren Katalysator, entfernt W., Phenol, niedere Kondensationsprodd. mit wenigstens 3 Phenolgruppen im Mol., gibt ungesätt. Fettsäuren (Lein- oder Sojaölsäuren) zu u. verestert bei erhöhter Temp., bis wenigstens 60% der vorhandenen OH-Gruppen verestert sind. Die Ester trocknen zu harten, widerstandsfähigen u. elast. Folien. — Man gibt 106 (g) Formol in 1 Std. zu 250 o-Kresol u. 0,78 wasserfreier Oxalsäure, heizt unter Rückfluß 14 Std., hält über Nacht bei Raumtemp., heizt von neuem 15 Std., dest. bei $Kp._{0,1}$ 310°; Harz vom F. 88—90° (Ring u. Ball). 90 des Harzes, 4 Zn-Stearat, 172 Sojaölsäuren u. 50 cm^3 Xylol erhitzt man unter Rückfluß 40 Std. unter Wasserentfernung u. trocknet unter Vakuum. (**F. P. 1 017 523** vom 7/3. 1950, ausg. 11/12. 1952. A. Priorr. 10/3. 1949 u. 6/2. 1950.) PANKOW. 7177

Süd-West-Chemie G. m. b. H., Neu-Ulm/Donau, und **Richard Hessen**, Bautzen, Sachsen (Erfinder: **Richard Hessen**), *Herstellung von Kunstharzen aus von Braunkohlen herstammenden Phenolölen* durch Kondensation mit Aldehyden, bes. CH_2O, dad. gek., daß von Brenzcatechin (I) u. vorzugsweise verharzten oder verpechten Stoffen befreites Braunkohlenphenolöl (II) mit über 250° sd. Anteilen im sauren oder alkal. Medium kondensiert wird. Dabei kann ein durch fraktionierte Dest. von I befreites, jedoch die verharzten u. verpechten Destillationsrückstände enthaltendes II im sauren oder alkal. Medium mit CH_2O kondensiert werden. Die so erhältlichen Harze lassen sich für die Herst. von *Preßmassen, Hartpapieren* u. *Lacken* verwenden. (**D. B. P. 904 470** Kl. 39c vom 13/5. 1943, ausg. 18/2. 1954.) HERBST. 7177

General Electric Co., New York, N. Y., übert. von: **Robert W. Martin**, Lafayette, Calif., V. St. A., *1.4-Bis-(2.6-dimethylol-4-methylphenoxy)-buten-2* (I) gewinnt man bei der Kondensation von p-Kresoldimethylol (F. 129,5—130,5°) mit 1.4-Dichlorbuten unter Rückfluß in Ggw. eines Lösungsm. in K_2CO_3. I hat F. 158—159°. I in Ggw. eines sauren Katalysators auf 100—200° erhitzt, ergibt einen *harzartigen* Stoff, der zur Herst. von Preßkörpern, auch mit Füllstoffen versetzt, geeignet ist. (**A. P. 2 636 875** vom 12/6. 1952, ausg. 28/4. 1953.) G. KÖNIG. 7177

United States Rubber Co., New York, N. Y., übert. von: **Pliny O. Tawney**, Passaic, N. J., V. St. A., *Lösliche und schmelzbare Vorpolymerisate*, die durch Hitze u./oder Trocknungsmittel oder Katalysatoren gehärtet werden können, erhält man mit guter Polymerisatausbeute aus Dialkenylestern der Citracon- oder Mesaconsäure (I), wenn man je Mol I ca. 0,2 Mol 2-Alkenylalkohole oder Chloride der Formel $XCH{=}CX{-}CH_2{-}Z$ (ein X = H, das andere X = CH_3- oder C_2H_5-Rest oder Cl, Z = OH oder Cl), wie 2-Methallyl-, 2-Äthylallyl- oder Crotylalkohol oder -chlorid, mitverwendet u. die Polymerisation durch organ. Peroxyde katalysiert. — Ein Gemisch aus Diallylestern der I u. Citraconsäure wird unter Zusatz verschied. Mengen Allylalkohol bei 60° in Ggw. von Benzoylperoxyd polymerisiert. — Tabelle der Eigg. der Prodd. u. Ausbeuten. (**A. P. 2 649 437** vom 15/11. 1949, ausg. 18/8. 1953.) MÖLLERING. 7177

Soc. An. de Matières Colorantes et Produits Chimiques Francolor, Seine, Frankreich (Erfinder: **André Durr** und **Georges Bruneau**), *Plastifikator, Stabilisator und Katalysator für Aminoplaste*, bestehend aus Monoäthermonoestern mehrwertiger Alkohole mit mehrwertigen anorgan. Säuren oder zweibas. organ. Säuren. Genannt sind das Hexamethylentetraminsalz des Glycerin-o-kresylmonoätherphosphorsäuremonoesters, $o\text{-}CH_3\cdot C_6H_4\cdot O\cdot CH_2\cdot CHOH\cdot CH_2\cdot O\cdot PO_3H_2\cdot[(CH_2)_6N_4]_2$, das entsprechende Oxalat, das Hexamethylentetraminsalz des m- oder $p\text{-}CH_3\cdot C_6H_4\cdot O\cdot CH_2\cdot CHOH\cdot CH_2O\cdot CO\text{-}o\text{-}C_6H_4\cdot COOH$. (**F. P. 1 014 808** vom 18/3. 1950, ausg. 22/8. 1952.) PANKOW. 7181

E. I. du Pont de Nemours & Co., übert. von: **Paul Arthur jr.**, Wilmington, Del., V. St. A., *Diprimäre Diamine*. Man red. Dinitrile der Formel $NC\cdot C(CH_3)_2\cdot(C_4H_6)_n\cdot C(CH_3)_2\cdot CN$, wobei C_4H_6 einen Butadienrest u. n = 5—15 bedeuten, mit H_2 u. Pd oder Ni bei 200—5000 at u. 180—300° in Ggw. von NH_3. Die Prodd. stellen farblose Öle bis niedrigschm. Massen dar u. sind unlösl. in W., lösl. in verd. Essigsäure. — Zwischenprodd. für *Polyamide*. (**A. P. 2 647 146** vom 1/7. 1949, ausg. 28/7. 1953.) LANGER. 7181

Rütgerswerke Akt.-Ges., Frankfurt/M. (Erfinder: **Georg Alaschewski**, Mannheim-Waldhof, und **Wilhelm Traube**, Berlin-Neukölln), *Apparat zur Herstellung von Thioplasten* (I). Zum Bau von Apparaten zur Herst. von I aus dihalogenierten aliphat. Verbb. u. Alkalipolysulfiden wird als Werkstoff elektr. oxydiertes Al verwendet. In solchen Apparaten wird eine Thioplaste erhalten, die im Gegensatz zum Arbeiten in eisernen Apparaten den Mangel des vorzeitigen Erhärtens infolge der Bldg. von verunreinigenden Fe-Sulfiden nicht aufweist. (**D. B. P. 903 861** Kl. 39c vom 18/8. 1944, ausg. 11/2. 1954.) HERBST. 7185

Farbenfabriken Bayer, Leverkusen (Erfinder: **Wolfgang Wiesemann**, Bergisch-Neukirchen), *Herstellung hochmolekularer Produkte* nach D.B.P. 878 858, dad. gek., daß man aldehydgruppenhaltige hochmol. Polymerisate mit solchen prim. Aminen umsetzt, die noch reaktionsfähige, aber gegen Aldehydgruppen indifferente Substituenten enthalten, u. diese Substituenten anschließend durch Einw. polyfunktioneller Verbb. zu Vernetzungs-Rkk. ausnutzt. — Z. B. wird ein Mischpolymerisat aus α-Äthylacrolein u. Butadien mit Äthanolamin behandelt u. dann mit Hexamethylendiisocyanat oder dimerem Toluylendiisocyanat erhitzt. Harte, elast. u. unlösl. Produkte. (**D. B. P. 889 073** Kl. 39c vom 9/4. 1944, ausg. 7/9. 1953. **Zusatz zu D. B. P. 878 858; C. 1954. 3807.**) SCHINDLER. 7189

Dow Corning Corp., übert. von: **Harold A. Clark,** Midland, Mich., V. St. A., *Organische Polysiloxane* (I) mit 1—1,5 organ. Radikalen auf 1 Si-Atom werden durch Zusatz von 0,01—0,4 Gew.-% β-Oxyäthyltrimethylammoniumbicarbonat bei 100 bis 500° gehärtet. Als I sind bes. Monomethyl-, Monophenyl-, Dimethyl-, Diphenyl- u. Phenylmethylsiloxane zu nennen. Wenn Mischungen von aliphat. u. aromat. I Verwendung finden, soll der Anteil der Phenylreste 50% der gesamten organ. Reste nicht überschreiten. (**A. P. 2 647 881** vom 20/8. 1951, ausg. 4/8. 1953.) G. KÖNIG. 7189

Dow Corning Corp. (Erfinder: **William R. Collings, Howard N. Fenn** und **Herbert I. Fletcher**), Midland, Mich., V. St. A., *Herstellung von Siloxanharzen*, dad. gek., daß Aryl- u. Alkyl-, bes. Phenyl- u. Methyl-GRIGNARD-Reagentien mit $SiCl_4$ gekuppelt werden, wobei Phenyl- u. Methylreste mit dem Si durch C—Si-Bindungen verknüpft werden u. aus dem Kupplungsprod. nicht in Rk. getretenes $SiCl_4$ u. niedrigsd. Organochlorsilane, die nur Methylreste enthalten, abdest. werden u. der Rückstand an höhersd. Organochlorsilanen, die mindestens einen Phenylrest enthalten, mit einem aus der Dest. oder auf andere Weise gewonnenem Alkyl-, bes. CH_3ClSi, vorzugsweise in einer Menge von 5—40 Mol-%, bezogen auf das Gesamtvol. der Mischung, vermischt u. diese Mischung, bes. in Ggw. eines organ. Lösungsm., z. B. Toluol, hydrolysiert u. in An- oder Abwesenheit des Lösungsm., gegebenenfalls durch Erhitzen oder Zugabe eines Säure- oder Alkalikatalysators, mischpolymerisiert wird. Die Harze härten bei 250° rasch. Verwendung zum Imprägnieren u. Abdichten von Spulen u. Wicklungen, zum Lacken von Stoffen, Bändern u. Muffen aus Glasfasern. (**D. B. P. 907 602** Kl. 39c vom 3/10. 1950, ausg. 25/3. 1954. Anmeldung bekanntgemacht 30/7. 1953. A. Prior. 21/1. 1946.) G. KÖNIG. 7189

Button Co., übert. von: **Egon Frankl,** Rochester, N. Y., V. St. A., *Härtbare Keratinmasse.* Mit H_2O_2 oder $NaHSO_3$ (I) gebleichte 100 (Teile) Klauenmehl werden 18 Std. mit 600 Harnstoff u. 31,7 I in 1000 W., das mit Triäthanolamin auf p_H 7,0 eingestellt ist, auf 40° erwärmt. Nach Ansäuerung mit H_3PO_4 wird filtriert. Der Filterkuchen wird mit 1000 W. u. 0,07 Ca-Lactat angerührt u. nach 2 Std. mit 20,5 Na_2PO_3 versetzt. 10 des getrockneten Keratins werden mit Türkischrotöl (bzw. Hexamethylentetramin u. Melaminharz) bei 135° verpreßt. (**A. P. 2 623 039** vom 2/5. 1949, ausg. 23/12. 1952.) SALZMANN. 7199

National Lead Co. (Erfinder: **John William Jordan, Don Sheldon Bolley, Lawrence William Carter** und **Delmar Herman Larsen**), New York, N. Y., V. St. A., *Herstellung von Kunststoffen*, die entweder in der Wärme verformbar sind oder in der Wärme erhärten, dad. gek., daß ein Ton mit starker Fähigkeit zum Kationenaustausch mit einer organ. Omniumverb. unter Substitution des Tonkations durch das organ. Omniumkation zur Rk. gebracht u. das so erhaltene Reaktionsprod. darauf mit einer weiteren organ. Verb., deren wirksame Gruppe eine Affinität zu der Omniumbase hat, unter Substitution eines H-Atoms dieser Base umgesetzt wird. — Octadecadienylamin wird in heißem W. u. 37%ig. Salzsäure gelöst u. anschließend eine wss. Aufschlämmung von Wyomingbentonit zugefügt. Der Nd. von Octadecadienylammoniumbentonit wird gewaschen, getrocknet u. mit Benzoylperoxyd vermahlen. Bei höherer Temp. u. Druck erhält man ein plast. Produkt. (**D. B. P. 901 958** Kl. 39c vom 1/1. 1949, ausg. 18/1. 1954. A. Prior. 13/11. 1945.) G. KÖNIG. 7205

Maurice Lannon, Polyester and fiberglas. 2nd ed. Hollywood, Cal.: Gem-O'-Lite Plastics Co. 1954. (67 S. m. Abb., Diagr.) $ 2,50.

XII. Kautschuk. Guttapercha. Balata.

A. E. Lever, *Mischpolymerisate.* 1. Mitt. *Aufbau thermoplastischer Materialien durch Mischpolymerisation.* Übersicht über mischpolymerisationsfähige Verbb. [Butadien (I) u. Vinylchlorid (II)] u. die damit hergestellten wichtigsten Mischpolymerisate (I/Styrol-, I/Acrylonitril- u. II/Vinylacetat-Mischpolymerisat). — 37 Literaturangaben. (Plastics **18.** 395—97. Nov. 1953.) SCHÄFF. 7224

C. H. Birkitt und **C. E. Webb,** *Mischungsbestandteile.* (Vgl. BIRKITT, C. **1953.** 5267.) Fortschrittsbericht 1952. Behandelt wurden: Füllstoffe, Vulkanisationsagentien, Beschleuniger, Antioxydantien, Vulkanisationsverzögerer, Blähmittel, Faktisse. — 109 Literaturhinweise. (Annu. Rep. Progr. Rubber Technol. **16.** 63—69. 1952.) WINIKER. 7228

C. E. Webb und **C. H. Birkitt,** *Mischungsbestandteile.* (Vgl. vorst. Ref.) Fortschrittsbericht 1953. — 102 Literaturhinweise. (Annu. Rep. Progr. Rubber Technol. **17.** 69—76. 1953.) WINIKER. 7228

J. L. Kay, *Fußbekleidung.* (Vgl. C. **1953.** 8471.) Fortschrittsbericht 1952. — 5 Literaturhinweise. (Annu. Rep. Progr. Rubber Technol. **16.** 105—08. 1952.) WINIKER. 7230

J. L. Kay, *Fußbekleidung.* (Vgl. vorst. Ref.) Fortschrittsbericht 1953. — 8 Literaturhinweise. (Annu. Rep. Progr. Rubber Technol. **17.** 109—12. 1953.) WINIKER. 7230

K. Leyland, *Kabel und elektrische Isolierung.* (Vgl. PRYER, C. **1954.** 2685.) Fortschrittsbericht 1952. — 39 Literaturhinweise. (Annu. Rep. Progr. Rubber Technol. **16.** 100—04. 1952.) WINIKER. 7230

K. Leyland, *Kabel und elektrische Isolierung.* (Vgl. vorst. Ref.), Fortschrittsbericht 1953. — 40 Literaturhinweise. (Annu. Rep. Progr. Rubber Technol. **17.** 104—08. 1953.) WINIKER. 7230

J. W. Illingworth, *Fasern und Gewebe.* (Vgl. C. **1953.** 8471.) Fortschrittsbericht 1952 über Herst. u. Eigg. von Reyon, Nylon, Terylen u. Orlon im Hinblick auf ihre Verwendung in der Kautschukindustrie. — 62 Literaturhinweise. (Annu. Rep. Progr. Rubber Technol. **16.** 70—78. 1952.) WINIKER. 7230

J. W. Illingworth, *Fasern und Gewebe.* (Vgl. vorst. Ref.) Fortschrittsbericht. 1953. — 62 Literaturhinweise. (Annu. Rep. Progr. Rubber Technol. **17.** 77—86. 1953.) WINIKER. 7230

Dow Corning Corp., V. St. A. (Erfinder: **Earl Leathen Warrick**), *Siliconkautschuk.* Diorganopolysiloxane der Form R_2SiO (R = Methyl, Phenyl oder $(CH_3)_3SiCH_2$—, wobei wenigstens 90% aller R = CH_3), die in Bzl. lösl. sind u. mit einer Viscosität unter 380 (in $^1/_{10}$ mm, 10 Sek., 25°) Penetrometerwert werden mit 20—50 Gew.-% SiO_2-Füller mit einem Porenvol. von wenigstens 4 cm^2/g u. einer Benetzungswärme von 0,3—1 cal pro cm^3 Porenvol. u. 1,5—6 Gew.-% eines Vulkanisiermittels, wie Benzoylperoxyd, gemischt u. bis zur Bldg. eines nichtklebenden, festen kautschukartigen Prod. bei 100—250°, bes. 110°, gehalten. Das Porenvol. wird durch Einbringen einer gewogenen Menge des Füllers in ein Pyknometer, Auffüllen mit W. u. Bestimmen der Wassermenge bestimmt. Man kann bestimmte SiO_2-Aerogele u. modifizierte Infusorienerden verwenden. Verwendung des erhaltenen kautschukartigen Prod., das lösungsmittelfest u. von —60 bis 250° stabil ist, für elektr. Installationen, biegsame Röhren, Schläuche u. Folien. (**F. P. 1 017 582** vom 17/3. 1950, ausg. 12/12. 1952. A. Priorr. 7/4. u. 25/5. 1949.) PANKOW. 7225

Märkische Seifen-Industrie o. H. G. und **Karl-Heinz Imhausen** (Erfinder: **Arthur Imhausen** und **Karl-Heinz Imhausen**), Witten/Ruhr, *Weichmacher* für natürlichen u. bes. synthet. *Kautschuk,* bestehend aus den Estern der im D. B. P. 886 453 (C. **1954.** 3820) beschriebenen Cl-haltigen Oxydationsprodd. von Paraffinen mit ≧14 C-Atomen. (**D. B. P. 895 373** Kl. 39b vom 24/6. 1943, ausg. 2/11. 1953.) OVERBECK. 7227

United States Rubber Co., New York, N. Y., übert. von: **Harry D. Glenn** und **Ivan Mankowich,** Naugatuck, Conn., V. St. A., *Frei fließende Beschleunigerzubereitung.* Beschleunigerpulver wird mit 0,05—3,5% (Trockensubstanz) Kautschukmilch u. W. zu einer spritzbaren Paste angerührt. Hieraus werden Stränge gespritzt, die zu kurzen Enden zerschnitten u. getrocknet werden. Es können auch 0,1—5% Härtemittel, z. B. ein Eiweißkörper, ein Pflanzengummi, Stärke, Dextrose, Kieselsäuregel, Harzseife u. bes. Carboxyalkylcellulose, zugesetzt werden. (**A. P. 2 640 088** vom 6/1. 1950, ausg. 26/5. 1953. **E. P. 684 125** vom 4/12. 1950, ausg. 10/12. 1952. A. Prior. 6/1. 1950.) OVERBECK. 7229

Soc. Caoutchoutière du Maroc (Soc. An.), Marokko, *Vulkanisierverfahren.* Aus beschleunigten Kautschukmischungen werden die zur Herst. von Schuhen gebrauchten Teile ausgeschnitten, mit einer 3%ig. Lsg. von Piperidinpentamethylendithiocarbamat in Toluol oder Bzl. überzogen an dem Schuh angebracht u. bei Raumtemp. oder bis zu 70° erhitzt u. vulkanisiert. (**F. P. 1 016 776** vom 27/4. 1950, ausg. 21/11. 1952.) PANKOW. 7229

Dunlop Rubber Co., London, übert. von: **Albert Nelson Ward, Evelyn William Madge** und **Frank Theodore Purkis,** Erdington, England, *Mikroporöse Kautschukbahnen* für die Herst. von z. B. *Separatorenplatten* werden hergestellt, indem man auf ein mit einem Koagulator benetztes endloses glattes Transportband eine nichtverschäumte Kautschukmilch aufstreicht, dieses, immer unter Vermeidung der Wasserverdunstung, durch eine z. B. erwärmte Gelatinierzone führt, worauf die gelatinierte Kautschukbahn auf ein poröses Transportband übergeführt u. mit diesem aufgehaspelt u. vulkanisiert wird. (**E. P. 698 613** vom 13/1. 1950, ausg. 21/10. 1953.) OVERBECK. 7231

Paul Klein, England (Erfinder: **David Noel Simmons, Arthur Thompson Spencer** und **Paul Klein**), *Schaumkautschukgegenstände mit dichter Oberfläche.* Man überzieht die Oberfläche des Schaumkautschuks mit einer Fl., die ein Eindringen von Kautschukmilch in die Schaumkautschukporen verhindert, u. überzieht dann mit Kautschukmilch. Man bedeckt etwa die Schaumkautschukoberfläche mit einem flüchtigen Koagulationsmittel, wie HCOOH, u. taucht in Kautschukmilch, man kann auch die Schaumkautschukoberfläche zunächst mit einer dünnen Kautschukmilchschicht versehen, diese mit HCOOH koagulieren u. dann Kautschukmilch aufbringen u. dieses Verf. nach Bedarf fortsetzen. Man schlägt Vulkanisiermittel enthaltende Kautschukmilch zu Schaum, füllt diesen in eine Form, koaguliert mit HCOOH-Dämpfen u. taucht dann in eine Vulkanisiermittel enthaltende Kautschukmilch; schließlich wird vulkanisiert. (**F. P. 1 016 991** vom 2/5. 1950, ausg. 27/11. 1952. E. Priorr. 4/5. 1949 u. 14/4. 1950.) PANKOW. 7231

Jean Lavandier, Loire, Frankreich, *Verbesserung der Abriebfestigkeit von Kautschukgegenständen* durch Zusatz von harten Körnern von ca. 3—15 mm Stärke, die auch vorher mit S u. Vulkanisationsbeschleunigern bedeckt sein können. Genannt sind Al-Oxyd, Carborundum, Korund, Metallcarbide, Diamant. (**F. P. 1 015 869** vom 3/4. 1950, ausg. 27/10. 1952.) PANKOW. 7231

Phillips Petroleum Co., Del., übert. von: **James H. Boyd,** Bronxville, N. Y., *Regenerieren von Altkautschukvulkanisat* in organ. Lsg. unter Verwendung eines Gemisches von „Gray Tower"-Polymerisat, das bei der Gasolinraffination anfällt, u. 5—50 Gew.-% Dicyclopentadien. (**A. P. 2 623 862** vom 18/3. 1949, ausg. 30/12. 1952.) OVERBECK. 7233

Jean Heyman, Dordogne, Frankreich, *Regenerieren von Kautschuk.* Vulkanisatabfälle werden zu mittlerer Feinheit gepulvert, mit 1—3 Gew.-% Kautschukmilch gemischt u. mit W. vermischt (ca. 1 Liter W. pro kg Kautschukpulver), die Kautschukmilch koaguliert, etwa durch Säure, worauf die erhaltenen Klumpen zentrifugiert werden. Die etwas W. enthaltende Mischung wird 1—2 Std. bei 120—150° gehalten; gegebenenfalls kann zu der erkalteten M. etwas W. gegeben werden. (**F. P. 1 015 924** vom 4/4. 1950, ausg. 28/10. 1952.) PANKOW. 7233

XIV. Zucker. Kohlenhydrate. Stärke.

H. Darpoux, *Der Cercospora-Befall der Rübe.* Vf. empfiehlt zur Bekämpfung des Cercospora-Befalls bei Zuckerrüben Beizung der Samen oder -knäule mit organ. Hg-Verbindungen. (Agric. prat. **118.** 69—70. Febr. 1954.) GRIMME. 7406

Hans Wenzl und **Raimund Krexner,** *Versuche zur Bekämpfung der Vergilbungskrankheit der Rübe.* Bei relativ schwachem Auftreten der Vergilbungskrankheit (maximal 7% kranke Zuckerrüben) konnte mit 3 Behandlungen mit je 400 cm³ Systox (I)/ha eine Verminderung des Anteils kranker Pflanzen um durchschnittlich die Hälfte erzielt werden. Hierbei ist zu beachten, daß wiederholt beobachtet wurde, daß in stärker befallenen Gebieten die relative Verminderung des Anteils kranker Pflanzen größer war als in weniger betroffenen. Ferner wurde festgestellt, daß eine einzige I-Spritzung zu Beginn einer stärkeren Blattlausvermehrung zur Unterbindung der Entw. von Großkolonien ausreichen kann. — 24 Literaturhinweise. (Pflanzenschutzberichte [Wien] **12.** 105—28. Mai 1954. Wien, Bundesanst. für Pflanzenschutz.) WINIKER. 7406

Tadeusz Kozakiewicz, *Über den Zusatz von Melasse zur dritten Füllmasse im Rührwerk.* Kurze Besprechung der durch Zugabe von *Melasse* (**I**) zur (dritten) Füllmasse (**II**) erzielten Vorteile, z. B. Vermeidung des Auflösens der Kristalle. Die Temp. der **I** ist 10° höher als die von **II.** Es wird nun so viel **I** zu **II** gefügt, daß deren Kristallgeh. 43—45% nicht übersteigt. Darlegung der Berechnung der Menge der gelösten **I.** (Gaz. Cukrownicza **55.** 16—17. Jan. 1953.) FREYTAG. 7414

R. D. Rege und **J. P. Mascaranhas,** *Biochemische Untersuchungen über die Mineralstoffernährung von Zuckerrohr.* Bei Düngungsverss. zu Zuckerrohr (**I**) mit NP im Verhältnis 2:1, 2:2, 2:3 bzw. 2:4 führten die Verhältnisse >2:1 zu früherer Reifung u. höherer Zucker (**II**)-Ausbeute, ohne den Gesamtertrag an **I** zu beeinflussen. Optimales Verhältnis 2:2 (je 450 lbs./acre) mit Ausbeute an 9,76 tons/acre **II** bei 14,92% **II**-Geh. im I-Saft. — Mit steigendem P-Anteil im NP-Verhältnis erfolgt während der akt.

Wachstumsphase beschleunigte Absorption von N, P u. K; die Ca-Aufnahme wird nicht beeinflußt. Die N- u. K-Mengen im reifen I nehmen mit steigendem P-Anteil der Düngergaben graduell ab. (Poona agric. Coll. Mag. **44**. 53—59. Aug. 1953.) RANG. 7440

Andrew van Hook, *Rohrzucker-Kristallisation.* Das Wachstum von Zuckerkristallen aus reiner Zuckerlsg. wird als monomol. Rk. aufgefaßt. Bei niedrigem Aschegeh. eines Zuckersaftes steigt die Kristallisationsgeschwindigkeit u. sinkt bei hohem Aschegehalt. Für eine homogene Kernbldg. aus reinen Zuckerlsgg. sind folgende Punkte zu erfüllen: 1. Krit. Übersättigung = 1,5—1,6; 2. Kernbildungsenergie = 4,4 kcal/Mol Zucker; 3. krit. Kern enthält 80—100 Mol; 4. Grenzflächenspannung über den Kristallisationsmechanismus werden gegeben. (Socker, Handl. II **8**. 45—51. 1953. Worcester, Mass., Dep. of Chem. Holy Cross Coll.) RUTKOWSKI. 7440

Giovanni D'Orazi, *Das „Saftvolumen" und die Zuckermenge in Rüben.* Vf. beschreibt eine neue Meth. zur Best. des Saftvol., wobei die Rechenmeth., die zur Best. des „Zuckerfaktors" dient, zugrunde gelegt wird. (Ind. saccarif. ital. **45**. 82—87. März/April 1952. Bologna.) KATTENHORN. 7472

Auxiliaire des Chemins de Fer et de l'Industrie, Frankreich, *Behandlung von Zuckersäften.* Der aus den Diffuseuren kommende u. in üblicher Weise durch Behandlung mit CaO u. CO_2 vorgereinigte Saft wird zur Beseitigung von Salzen der starken Säuren, von Carbonaten u. zur Ausflockung koll. Stoffe mit Ba- oder Sr-Aluminaten, welche Erdalkalibasen im Überschuß enthalten, behandelt u. nach Abfiltrieren des Nd. über eine Ionenaustauschbatterie geleitet. Man gewinnt einen Zuckersaft von 98—99,5%, der sofort entweder zur Kristallisation eingedampft oder durch Versprühen in ein Pulver von großer Reinheit übergeführt werden kann. (**F. P. 1 003 259** vom 27/12. 1946, ausg. 17/3. 1952.) HEYNE. 7413

Auxiliaire des Chemins de Fer et de l'Industrie, Frankreich, *Gewinnung von Zucker.* Die von den Diffuseuren kommende, in üblicher Weise durch Behandeln mit CaO u. CO_2 gereinigte, entfärbte u. filtrierte Zuckerlsg. wird über eine Batterie von Kationen- u. Anionenaustauschern geleitet u. sofort durch Versprühen oder mittels hochfrequenter Wechselströme in ein Prod. von 99% Reinheit übergeführt u. kann sofort dem Verbrauch zugeführt werden. Durch das Verf. wird einmal jede Inversion der Saccharose vermieden u. durch Fortfall des Eindampfens, des Kristallisierens u. Zentrifugierens eine wesentliche Abkürzung u. Vereinfachung der Herst. erzielt. (**F. P. 1 002 920** vom 31/10. 1946, ausg. 12/3. 1952.) HEYNE. 7417

Soc. An. Usines de Melle (Erfinder: **Jean Pigeot** und **Roland Mironneau**), Frankreich, *Gewinnung von Milchzucker.* Um während der Konz. der Molke u. Kristallisation des Milchzuckers die Ausscheidung von Ca-Lactat (I) zu verhindern, das bei der Reinigung der Molke mit Kalk zurückbleibt, setzt man I in freie Säure oder in ein Salz um, das löslicher ist als I. Man verwendet hierzu eine auf den Ca-Geh. berechnete Menge HCl, H_2SO_4, Oxal- oder Weinsäure oder Na_2CO_3. Die vollständige Eliminierung des Ca ist nicht erforderlich, es genügt die Umsetzung von 75% des vorhandenen Ca-Lactates. Der aus der gereinigten Lsg. erhaltene Milchzucker ist sehr rein, seine Asche beträgt nur ca. 0,1%. (**F. P. 1 006 342** vom 20/12. 1947, ausg. 22/4. 1952.) HEYNE. 7445

Adolf Gaschler, Deutschland, *Stärkesirup aus Maismehl.* Man geht aus von Maismehl 1. oder 2. Sorte oder von verdorbenem u. für die direkte Verwendung nicht mehr verwertbarem Maismehl. Das Mehl wird mit der 3—5fachen Menge 80° warmen W. angeteigt u. durch Zusatz von Gerstenmalz bei ca. 60° verzuckert. Die vom ausgeflockten Eiweiß abfiltrierte Lsg. wird eingedampft. Man erhält einen klaren Sirup mit 45% Traubenzucker von angenehmem Geschmack u. honigähnlichem Aussehen. (**F. P. 1 007 964** vom 21/4. 1948, ausg. 12/5. 1952.) HEYNE. 7447

Soc. An. Soc. des Produits du Mais, Frankreich, *Gewinnung von Fruchtzucker (Lävulose)* aus Fructose oder Fructosane enthaltendem pflanzlichem Gut, wie Zichorienwurzel, Knollen von Dahlien oder Topinambur. Das mechan. zerkleinerte pflanzliche Gut wird durch Auslaugen mit einem ca. 0,10—0,30% SO_2 enthaltendem W. von den lösl. Anteilen, bes. von den lösl. Zuckerstoffen, zweckmäßig im Gegenstromverf. befreit. Die erhaltene Extraktionslsg. wird durch Verrühren mit Bentonit oder mit einem anderen Quellton u. durch Filtrieren von den mechan. Verunreinigungen befreit. Das Filtrat wird mit einer basenaustauschenden Substanz, bes. mit einem Kationenaustauscher, versetzt u. dadurch die anschließende Hydrolyse u. Freimachung des Fructosezuckers gefördert. Die Raffination u. Entfärbung der Hydrolyse-Fl. geschieht unter Verwendung von ionenaustauschenden Substanzen mit verschied. polaren Affinitäten. Die gereinigten Fructoselsgg. liefern beim Eindampfen einen Sirup. — Zeichnung. (**F. P. 1 011 108** vom 8/12. 1948, ausg. 19/6. 1952.) M. F. MÜLLER. 7461

United States of America, übert. von: **Frank E. Young,** Berkeley, und **Francis T. Jones,** El Cerrito, Calif., V. St. A., *Isolieren von Lävulose aus lävulosehaltigen* Lösungen. Man impft die Lsg., die auf <20° abgekühlt ist, mit Lävulosedihydratkristallen u. trennt nach einiger Zeit die Kristalle von der Mutterlauge. (**A. P. 2 588 449** vom 3/3. 1950, ausg. 11/3. 1952.) LÜTTGN. 7461

XV. Gärungsindustrie.

T. C. Cordon und **A. L. Everett,** *Untersuchungen über Canaigre.* 10. Mitt. *Die Gärung von Canaigrebrühen durch Hefe.* (9. vgl. RIEDER u. Mitarbeiter, C. **1951.** II. 1992.) Die Unterss. hatten den Zweck, geeignete Heferassen zu finden, die in der Lage sind, den hohen Zuckergeh. der Canaigreextrakte unter gleichzeitiger Gewinnung von A. zu vergären. Hierbei wurde gefunden, daß die meisten Hefen durch die Anwesenheit des Gerbstoffes unwirksam werden, während die gerbstoffesten Rassen sich in den Gerbbrühen nicht vermehren. Im Verlauf weiterer Unterss. wurde gefunden, daß man durch Züchtung von gerbstoffesten Heferassen auf Hydrolysaten von Rückständen aus der Canaigreextraktion diese Rassen derart kräftigen kann, daß sie nun in der Lage sind, den größten Teil des Zuckers zu vergären, wenn sie in die Canaigrebrühen eingebracht werden. Eine entsprechende kontinuierliche Anlage zur Zuckervergärung wird vorgeschlagen. (J. Amer. Leather Chemists Assoc. **49.** 43—52. Jan. 1954. Philadelphia, Pa., Eastern Reg. Res. Labor.) H. G. FRÖHLICH. 7536

Robert Heuß, *Abschlußbericht über die Untersuchungsergebnisse von bayerischen Gersten der Ernte 1953.* (Brauerei **8.** 203—04. 6/5. 1954. Berlin-Neukölln, Berliner Kindl-Brauerei Akt.-Ges., Betriebslabor.) WINIKER. 7540

Orla Møller, *Über die Filtration von Bier.* (Vortrag.) Übersicht über moderne Methoden der Klärung von Bier durch Filtration u. Zentrifugieren. (Brygmesteren **10.** 177—98. Juli 1953. Kopenhagen, Carlsberg Bryggerierne.) BECKMANN. 7550

E. Benk, *Honigwein, ein neuer Importartikel.* Überblick über Herst., Eigg., Zus. u. Analyse von Honigwein. (Weinblatt **48.** 335—36. 1/5. 1954. Reutlingen, Chem. Landesuntersuchungsamt.) WINIKER. 7578

George F. Beyer, *Spektrophotometrische quantitative Methanolbestimmung in destillierten Spirituosen.* CH_3OH (I) wird durch eine phosphorsaure $KMnO_4$-Lsg. zu Formaldehyd oxydiert, welcher (nach Red. des MnO_4' durch $NaHSO_3$) eine spezif. violette Farb-Rk. mit Chromotropsäure gibt, mit einem Absorptionsmaximum bei ~580 mμ. Vf. verwendet diese Färbung zur colorimetr. Best. von I in dest. Spirituosen, unter Benutzung eines BECKMAN DU-Spektrophotometers; als Bezugslsg. dient ähnlich behandelter 23%ig. C_2H_5OH. Das Photometer ist entbehrlich; visueller Vgl. mit Standardpräpp. von I genügt. (J. Assoc. off. agric. Chemists **34.** 745—48. 15/8. 1951. Washington, D. C., Alcohol Tax Unit, Bur. of Internal Revenue.) GRIMME. 7596

Lesaffre & Cie., Marcq en Baroeul, Frankreich, *Herstellung von Lufthefe.* In einer oder in mehreren Phasen des Verf. wird zu den üblichen Mengen verd. Melasse Schlempe (enthefte u./oder enthefte u. entgeistete Würze) aus einer vorangehenden Gärung zugesetzt, wobei das p_H der Mischung, z. B. durch Zugabe von Alkalisalzen, konstant über dem relativen, isoelektr. p_H der Mischung gehalten wird. (**E. P. 694 786** vom 5/6. 1950, ausg. 29/7. 1953. F. Prior. 28/1. 1950.) KETTNER. 7507

Rudolf Schenk, Deutschland, *Herstellung von Hefeextrakten.* Als Kultur-Fl. für die Züchtung der Mikroorganismen (I) kann jede beliebige Fl. (II), die geeignete Nährstoffe enthält, genommen werden, sofern sie keine für Mensch oder Tier schädlichen Bestandteile aufweist, gegebenenfalls müssen diese vorher entfernt werden. Als I können z. B. Torulaarten, Aspergillis, Penicillium, Oidium lactis, einzeln oder gemeinsam, verwendet werden. Als II eignen sich z. B. Melassen, Sulfitablauge, Holzzuckerwürze, stärkehaltige Abwässer, Milchprodukte. Nach Beendigung der Hefebldg. wird die Kultur-Fl. mitsamt der Hefe im Vakuum konz., das Konz. plasmolysiert u. weiter im Vakuum zum Extrakt eingedickt u. gegebenenfalls getrocknet. Die Durchführung des Verf. mit Molke als Nähr-Fl. ist beschrieben. (**F. P. 1 002 238** vom 22/8. 1946, ausg. 4/3. 1952.) HEYNE. 7507

John Vincent MacDonough, Watertown, Mass., V. St. A., *Klären und Stabilisieren von Bier.* Das Bier wird pro Liter mit einer Mischung aus 10—300 mg Irischem Moos, 10—100 mg Gerbsäure oder gerbsauren Salzen u. 5—50 mg eines Reduktionsmittels (H_2SO_3 oder ihren Salzen) behandelt u. von den ausgeschiedenen Eiweißstoffen abgetrennt. (**A. P. 2 658 829** vom 19/4. 1952, ausg. 10/11. 1953.) KETTNER. 7551

Ernst Reinsch, Saarland, *Speiseessigpräparat in fester Form.* Man geht aus von $NaHCO_3$, welches so hoch erhitzt wird, daß die CO_2 allmählich abgespalten wird unter Bldg. von Na_2CO_3, während gleichzeitig Essigsäure aufgespritzt u. dabei gebunden wird. — In gleicher Weise läßt sich z. B. auch Citronensäure an einen festen Trägerstoff binden. (**F. P. 1 001 171** vom 12/12. 1949, ausg. 20/2. 1952.) M. F. MÜLLER. 7565

Ernst Vogt, Weinchemie und Weinanalyse. Stuttgart, z. Z. Ludwigsburg: Ulmer. 1953. (343 S. m. 19 Abb. u. 55 Tab.) = Handbuch d. Kellerwirtschaft. Bd. 3. DM 17,80.

XVI. Nahrungs-, Genuß- und Futtermittel.

P. F. Pelshenke und **G. Hampel**, *Stärkebeschädigung und Kornhärte.* Die Amylosezahl gibt den Grad der Stärkebeschädigung in Mahlprodd. des Weizens an. Ihre Werte liegen bei Schroten je nach Endospermhärte des Korns zwischen 40 u. 350. Sie sind unterschiedlich bei Weich- u. Hartweizen u. stark abhängig vom Wassergehalt. An Hand der Amylosezahl kann die Endospermhärte u. damit der Mürbungsgrad bestimmt werden. (Mühle **90.** 428—30. 16/7. 1953.) HOFER. 7670

Eugenio Giacanelli, *Proteinreichtum und Backfähigkeit von Mehl.* Bei krit. Sichtung des Schrifttums der letzten 20 Jahre wurde festgestellt, daß mit steigendem Proteingeh. des Mehles seine Eignung zum Backen, gemessen am Brotvol., erheblich ansteigt. (Chimica [Milano] [N. S.] **8** (**29**). Nr. 3. 52—53. Rom. März 1953. Ist. naz. di Genetrica per la Cerealicoltura N. Stramperli.) GRIMME. 7670

Alice Crang und **Margaret Sturdy**, *Eingewecktes und eingedostes Obst: Untersuchungen über Zubereitungserfordernisse und Brennstoffverbrauch bei Anwendung häuslicher Methoden.* Umfassende Unterss. an verschied. Obstsorten über p_H-Wert, zur Keimabtötung u. Inaktivierung der Oxydase-Enzyme erforderliche Tempp. u. Erwärmungszeiten der Konservierungsgefäße zeigten, daß bei Konservierung von nur einer Obstsorte das langsame Erhitzen im Wasserbad u. die Dampfdruckmeth. am rationellsten sind, bei Verarbeitung verschied. Obstsorten dagegen das Eindosen. (J. Sci. Food Agric. **4.** 449—59. Okt. 1953. Long Ashton, Bristol, Univ. of Bristol, Agric. and Hortic. Res. Stat.) KRUSEN. 7688

Werner Bötticher, *Die Herstellung von Pilzextrakt.* Allg. Ausführungen. (Ind. Obst- u. Gemüseverwert. **39.** 161—62. 6/5. 1954. München, Zentralstelle für Pilzforschung u. Pilzverwertung.) WINIKER. 7690

R. Illies, *Cocosraspeln.* In 14 Proben von Cocosraspeln fand Vf. in % 2,7—5,6 (im Mittel 4,4) W. u. auf Trockenmasse bezogen 68,4—70,3 (69,6) Fett; 1,18—1,46 (1,30) Asche, 8,41—10,48 (9,43) Eiweiß u. 5,02—8,78 (6,97) Rohfaser. Außerdem wurde ein durschnittlicher Geh. an Saccharose von 6,9% u. an direkt reduzierenden Zuckern von 0,2% gefunden. Die Konstanten des aus Cocosraspeln kalt extrahierten Fettes entsprechen denjenigen von n. Cocosfett. Zur Ermittlung des Geh. an Cocosraspeln in Süßwaren empfiehlt Vf. Fettbest. nach dem Aufschlußverf. mit HCl unter Annahme eines durschnittlichen Fettgeh. der Raspeln von 66,5%. (Zucker- u. Süßwaren-Wirtsch. **6.** 998—1000. 5/12. 1953. Köln-Marienburg, Wiss. Forschungs- u. Beratungsinst. des Fachverb. der Süßwarenind.) KRUSEN. 7704

Valbourg Aschehoug, *Die Bakteriologie halbsteriler Fischkonserven, besonders von „Gabelbissen" und „Anchovis".* Mit NaCl eingepökelte u. mit Gewürzen zu „Gabelbissen" u. „Anchovis" weiterverarbeitete Heringe zeigten während der Pökeldauer u. der Lagerung der in Dosen verpackten Endprodd. stark ansteigende Bakterienzahlen, was bei Zusatz von Konservierungsmitteln (Benzoesäure bzw. Hexamethylentetramin), ausblieb. — 8 Tabellen. (Tidsskr. Hermetikind. **38.** 30—33. 35—36. 39—41. Jan. 1952. Stavanger, Norwegian Canning Ind., Res. Labor.) KRUSEN. 7752

E. R. Hiscox und **C. A. E. Briggs**, *Überblick über den Fortschritt der Milchwissenschaft. Abteilung B: Bakteriologie und Mykologie in der Milchwirtschaft.* Übersichtsbericht mit 750 Literaturangaben. (J. Dairy Res. **20.** 381—429. Okt. 1953. Reading, Univ., Nat. Inst. for Res. in Dairying.) KRUSEN. 7756

Jens Nielsen, Anders N. Fisker, Aage H. Pedersen, Inge Prange, Ebbe Søndergaard und **Henrik Dam**, *Der Einfluß von Tocopherolgaben an Milchkühe auf Milch- und Milchfettlieferung und auf Tocopherolgehalt und Lagerungsqualität von Butter.* Die tägliche Zulage von 2 g dl-α-Tocopherolacetat (I) pro Kuh hatte keinen Einfl. auf Milchmenge, Fettgeh. der Milch oder Lagerungsqualität der daraus hergestellten Butter. Der Tocopherolgeh. der Butter stieg von 9,6—13,2 γ/g während der Zufütterung auf 23—31 γ/g u. sank nach Absetzen der I-Zufuhr schnell wieder ab. (J. Dairy Res. **20.** 333—39. Okt. 1953. Copenhagen, Nat. Res. Inst. of Animal Husbandry; Polytechn. Inst., Dep. of Biochem. and Nutr.; Hillerod, Government Res. Fairy.) KRUSEN. 7756

P. de Munter, *Relationen zwischen Proteinen und Fettstoffen der Milch. Statistische Untersuchung.* Durch statist. Auswertung von Werten aus der Literatur (3 Hinweise) kommt Vf. zu den Funktionen: $Y^* = 0{,}046\,x + 2{,}545$ ($Y^* = \log\,[1000 \log Y]$) bzw. $Y = 10^{0{,}046x - 0{,}455}$, worin Y = Proteingeh. u. x = Geh. an Fettstoffen ist. (Bull. Inst. agronom. Stat. Rech. Gembloux **21**. 29—36. 1953. Gembloux, Inst. Agron. de l'État.) KRUSEN. 7756

W.F. Shipe, A. C. Dahlberg und **B. L. Herrington,** *Änderungen der Gefrierpunkte von Kuhmilch.* An 534 Kuhmilchproben wurden Gefrierpunkte im Bereich von —0,513 bis —0,565° mit einem Mittelwert von —0,539° festgestellt. Es wurden signifikante Unterschiede in Abhängigkeit vom Futter gefunden, nämlich niedrige Werte bei Heu-Getreide-, mittlere bei Heu- u. höhere bei Weidefütterung. Daneben konnten Unterschiede zwischen Morgen- u. Abendmilch beobachtet werden, die von Futter u. Rasse der Tiere abhängig waren. (J. Dairy Sci. **36**. 924—33. Sept. 1953. Ithaca, N. Y., Cornell Univ., Dep. of Dairy Ind.) KRUSEN. 7756

H. Peleman und **Y. de Hemptinne,** *Calciumgehalt von natriumarmer Milch.* In Na-armen Milchprodd. wurde der Geh. an Ca nach der Meth. von MCGRUDDEN bestimmt (Abdampfrückstand der Milch in HNO_3 lösen, eindampfen, veraschen, Asche in W. aufnehmen, Ca als Oxalat fällen, abfiltrieren, mit verd. NH_4OH-Lsg. waschen, Auflösen des Ca-Oxalates in einem Überschuß an H_2SO_4, mit $KMnO_4$ titrieren). Es wurden in 4 verschied. Milchprodd., denen das Na durch Elektrodialyse entzogen war, 97 (mg/100 g), 101, 78 u. 36 gefunden. Die Möglichkeit, das den untersuchten Milchprodd. bei der Fabrikation Ca-Präpp. zugefügt wurden, wird nicht ausgeschlossen, da im Gegensatz zu diesen Befunden von einem holländ. Inst. nur 25 mg Ca/100 cm^3 Milch angegeben werden. — 23 Literaturangaben. (Meded. vlaamse chem. Veren. **16**. 15—18. Jan./Febr. 1954. Gent, Hogeschool voor Gistingsbedrijven Opleidingscentrum voor Dietisten.) PATZSCH. 7756

Stuart Patton, *Das Vorkommen von Hippursäure in Milch.* Als Bestandteil der Nichteiweiß-N-Fraktion von Milch konnte Vf. im Ae.-Extrakt *Hippursäure* (**I**) nachweisen. **I** läßt sich nach dem Verf. von GRIFFITH (J. biol. Chemistry **69**. [1926.] 197) bestimmen. Vf. fand in Magermilch 3,1—6,4, im Mittel 5,1 mg **I**/100 ml. (J. Dairy Sci. **36**. 943—47. Sept. 1953. Pennsylvania Agric. Exp. Stat., Dep. of Dairy Husbandry.) KRUSEN. 7756

T. C. Shotwell, W. J. Harper und **I. A. Gould,** *Der Gehalt von Eiscreme an freien Fettsäuren und Beobachtungen über seinen Zusammenhang mit dem Geschmack.* In einer Reihe Schokoladen- u. Vanilleeiscremes des Handels fanden Vff. 1,26—6,24% freie Fettsäure. Während in Milch u. Sahne bei Werten über 2% bereits ein ranziger Geschmack auftritt, war dies bei einfachem Eiscreme erst bei 4,0—4,5 u. bei Schokoladeneiscreme bei 5,0—6,0% der Fall. (J. Dairy Sci. **36**. 948—54. Sept. 1953. Columbus, O., Ohio State Coll., Dep. of Dairy Technol.) KRUSEN. 7756

J. H. Prentice, *Bemerkung zum elektrischen Widerstand und zur Lagerungsqualität von Butter.* An einigen Butterproben konnte Vf. nachweisen, daß zwischen elektr. Widerstand u. Lagerungsqualität von Butter ein bestimmtes Verhältnis besteht. Bei niedrigem Widerstand, sowohl bei hoher als auch niedriger Spannung, war schnelles Auftreten von Ranzidität, bei hohem Widerstand dagegen gute Lagerfähigkeit festzustellen. Der Widerstand ist abhängig von Wassergeh. u. -verteilung in der Butter. (J. Dairy Res. **20**. 327—32. Okt. 1953. Reading, Univ., Nat. Inst. for Res. in Dairying.) KRUSEN. 7758

P. Munro und **C. R. Barnicoat,** *Das Problem der Fischigkeit von Butter.* Durch experimentelle Maßnahmen (Einstellung verschied. p_H-Werte u. NaCl-Gehh., Änderungen in der Pasteurisation, Zusatz von Cu u. Boraten, Lagerung) gelang es nicht, Fischigkeit der Butter zu erzeugen, noch waren unter diesen Umständen nenneneswerte Mengen von Trimethylamin oder Trimethylaminoxyd entstanden. (J. Dairy Res. **20**. 274—79. Okt. 1953. Palmerston North, New Zealand, Massey Agric. Coll., Biochem. Dep.) KRUSEN. 7758

Vilho Kiuru, *Über Bakteriophagen bei der Käseherstellung.* Es wurden Bakteriophagen von verschied. Milchsäurebakterien u. auch Kokken isoliert. Von Phagen angegriffene Kulturen von *Lb. lactis* + *Str. thermophilus,* in denen die Stäbchen vernichtet waren, bewirkten bei der Herst. von Emmentaler Käse schon im Anfangsstadium der Pressung eine Verlangsamung der Milchsäuregärung, vermutlich weil nicht nur die Wirtsbakterien vernichtet, sondern auch andere Milchsäurebakterien gehemmt wurden. Dadurch wird die Käsequalität, bes. infolge Ausbildung einer anomalen Lochung, beeinträchtigt. — Es werden Maßnahmen zur Verhinderung der Infektion von Milchsäurebakterienkulturen durch Phagen vorgeschlagen. (Karjantuote **37**. 1—7. 8/1. 1954. Helsinki, Valion Labor.) BECKMANN. 7760

Leif Hvidsten, *Untersuchungen über die Wirkung von Silierung auf die Keimfähigkeit von Unkrautsamen.* Sowohl bei Löwenzahn als bei 16 anderen Unkrautarten zeigt sich, daß ihre Samen beim Silieren nach dem A. I. V-Verf. spätestens nach 199 Tagen ihre Keimfähigkeit verloren haben. Bei Verss. mit üblicher Konz. an A. I. V.-Fl. u. Ameisensäure genügt ein Eintauchen der Samen von 20—30 Min., um ihre Keimfähigkeit zu zerstören; Silopreßsaft mit p_H 4,35 wirkt bei eintägigem Einlegen ebenso. Zu beachten ist, daß man beim Silieren Unkräuter vermeiden muß, die für die Haustiere giftig sind. (Tidsskr. norske Landbruk **60.** 242—60. Sept./Okt. 1953.) R. K. MÜLLER. 7782

Knut Breirem, Magnus Husby und **Harald Hvidsten,** *Wärmebehandlung von Sojamehl und Sojakuchenmehl.* Bei der Fütterung von Schweinen zeigte sich Heringsmehl als Proteinzusatz dem Sojamehl (I) überlegen, wenn dieses nicht genügend wärmebehandelt ist; durch Kochen wird eine wesentliche Verbesserung erzielt, noch besser bewährt sich amerikan. Sojakuchenmehl. Bei der Fütterung von Milchkühen, Schlachtrindern, Schafen u. Pferden scheint die Wärmebehandlung des I ohne Bedeutung zu sein. — 21 Literaturzitate. (Tidsskr. norske Landbruk **60.** 227—41. Sept./Okt. 1953. Landbrukshogskolens Foringsforsøk.) R. K. MÜLLER. 7786

H. J. Wichmann, *Bericht über (schädliche) Metalle und andere Elemente sowie Rückstände (von Schädlingsbekämpfungsmitteln) in Nahrungsmitteln.* Übersichtsbericht über den Nachw. u. die Best. von Cu, Zn, Hg u. F, sowie von chlorierten KW-stoffen (vor allem DDT), Parathion u. Compound 1080 (= Na-Fluoracetat) in Nahrungsmitteln. (J. Assoc. off. agric. Chemists **34.** 524—29. 15/8. 1951. Washington, D. C., Ford and Drug Admin.) GRIMME. 7788

C. R. Szalkowski und **W. J. Mader,** *Gebrauch von Enzymen bei der Bestimmung von Sulfonamiden.* Bei der Unters. von mit Sulfonamiden (Sulfachinoxalin) versetzten Hühnerfuttern fanden Vff., daß die übliche Meth. (Extraktion mit NaOH u. colorimetr. Best. unter Verwendung der Meth. von BRATTON-MARSHALL) zu tiefe Werte lieferte. Dies wird durch eine teilweise Bindung des Sulfachinoxalins an Eiweißstoffe des Futtermittels gedeutet. Es wird gezeigt, daß diese Bindung durch Digerieren mit Ficin (Ferment aus dem Latex von Ficus) aufgehoben werden kann, so daß das gesamte Sulfachinoxalin in den Analysen erfaßt werden kann. Eine Arbeitsvorschrift u. Beleganalysen werden angegeben. (Science [Washington] **118.** 364. 25/9. 1953. Rahway, N. J., Merck & Co. Inc., Chem. Control Div.) EBERZ. 7788

W. O. Winkler, *Bericht über Blausäureglucoside.* Zur Best. der HCN, die bei der Hydrolyse von Glucosiden in pflanzlichen Nahrungs- u. Futtermitteln frei wird, verbindet Vf. die hydrolyt. Wrkg. des begleitenden Enzyms mit der „glucosid." oder sauren Hydrolysemeth., durch Stehenlassen der fein gemahlenen Substanz mit W. u. anschließendes abwechselndes Erwärmen mit 30%ig. H_2SO_4 im sd. Wasserbad u. Übertreiben der HCN im Wasserdampfstrom. Im Kondensat wird HCN mit $AgNO_3$ titrimetr. bestimmt. (J. Assoc. off. agric. Chemists **34.** 541—48. 15/8. 1951. Washington, D. C., Ford and Drug Admin.) GRIMME. 7788

Helen C. Barry, *Bericht über Harnsäure in Getreideprodukten.* Die vom Vf. benutzte Meth. ist eine Kombination der Chinolinextraktion nach DUGGAN (vgl. J. Assoc. off. agric. Chemists **29.** [1946.] 76) u. dem colorimetr. Nachw. von FEARON (vgl. Biochem. J. **38.** [1944.] 399) mit 2.6-Dichlorchinon. Die zur Unters. vorliegende Probe wird 2 Std. lang mit Chinolin geschüttelt, aus der Lsg. wird die Harnsäure mit 2%ig. Dinatriumphosphatlsg. ausgeschüttelt, die Lsg. mit Bzl. chinolinfrei gewaschen, ein aliquoter Teil wird dann mit Dichlorchinon colorimetriert. (J. Assoc. off. agric. Chemists **34.** 520—22. 15/8. 1951. New Orleans, La., Food and Drug Admin.) GRIMME. 7798

Paul A. Mills, *Bericht über Galakturonsäure in Erdbeersaft.* Vf. hat die Meth. von DEICHMAN u. DIERKER (vgl. J. biol. Chemistry **163.** [1946.] 753), ausgearbeitet für den Nachw. in Apfelsaft, mit geringen Abänderungen auf die Unters. von Erdbeersaft angewendet. Hierbei wird der Saft konz., die Pektine werden mit A. ausgefällt, die Galakturonsäure (I) wird in der A.-freien Lsg. zugleich mit den anderen Fruchtsäuren als Pb-Salz abgeschieden u. nach TOLLENS mit Naphthoresorcin colorimetr. bestimmt. Zur Isolierung von I wird mittels Ionenaustauschern chromatographiert. (J. Assoc. off. agric. Chemists **34.** 513—20. 15/8. 1951. San Francisco, Calif., Food and Drug Admin.) GRIMME. 7818

Lawrence Kogan, Frederick J. DiCarlo und **Wayne E. Maynard,** *Papierchromatographische Bestimmung von Kaffein und Trigonellin.* Aus grünen u. gerösteten Kaffeebohnen, lösl. Kaffeeprodd. u. -extrakten wird *Kaffein* (I) u. *Trigonellin* (II) mit verd. H_2SO_4 extrahiert u. die *Chlorogensäure* (III) durch Zugabe von MgO entfernt. Auf

WHATMAN Nr. 1-Papier wird **I** u. **II** mittels 65% Isopropanol, der 2n an HCl ist, getrennt. Identifizierung durch UV-Fluorescenz ergibt folgende R_F-Werte: **I** 0,78; **II** 0,59 u., falls nicht quantitativ entfernt, für **III** 0,86. Die quantitative Best. der mit 0,1nHCl von ihren ausgeschnittenen Flecken eluierten **I** u. **II** erfolgt in einem BECKMAN-Spektrophotometer. (Analytic. Chem. **25**. 1118—20. Juli 1953. New York, Fleischman Labor. of Standard Brands.) BRINKMANN. 7828

T. A. Venkitasubramanian und **C. V. Ramakrishnan,** *Brechungsindex und Fluorescenz verschiedener Milchsorten.* An Büffel-, Kuh- u. Sojamilch u. Mischungen derselben wird gezeigt, daß zum Nachw. von Verfälschungen (Wasserzusatz) Bestimmungen von D., n_D, Fettgeh. sowie der Farbe bei Tages- u. UV-Licht geeignet sind. (Sci. and Cult. **17**. 260—61. Dez. 1951. Bangalore, Dep. of Biochem., Indian Inst. of Sci.) GRIMME. 7856

W. F. Shipe, A. C. Dahlberg und **B. L. Herrington,** *Ein halbautomatisches Kryoskop zur Gefrierpunktsbestimmung von Milch.* Beschreibung einer App. zur Gefrierpunktsbest. von Milch, bei der das Rühren der Probe u. Klopfen des Thermometers mechan. geschieht. Konstante Kühlung wird mittels Durchfluß von gekühltem Glycerin—W. erreicht. Die maximale Abweichung bei Unterss. der gleichen Probe beträgt 0,003°. (J. Dairy Sci. **36**. 916—23. Sept. 1953. Ithaca, N. Y., Cornell Univ. Dep. of Dairy Ind.) KRUSEN. 7856

Georg Roeder, *Zur Berichtigung der Gerber-Methode für die Milchfettbestimmung.* Vf. bespricht die schon früher erörterten Abweichungen der Milchfettbest. nach GERBER von der gewichtsanalyt. Meth. u. deren Ursachen. Die mittlere Abweichung, der GERBER-Meth. könnte wesentlich dem gewichtsanalyt. Wert angenähert werden, wenn 10,75 ml statt 11,0 Milch verwendet würden. (Dtsch. Molkerei-Ztg. **73**. 1489—92. 21/11. 1952. Gießen, Justus-Liebig-Hochschule.) KRUSEN. 7856

J. J. Janzen, A. M. Swanson und **J. M. McIntire,** *Teilchenform von getrockneten Milchprodukten.* 1. Mitt. *Ein statistisches Verfahren zur Messung der Teilchenform.* Der Mittelwert von Messungen aller Teilchen in 10 mkr. Feldern wird als repräsentativ für die Teilchengröße des untersuchten Milchpulvers angenommen. (J. Dairy Sci. **36**. 905—08. Sept. 1953. Madison, Wis., Univ. of Wisconsin, Dep. of Dairy and Food Ind.; Chicago, Ill., Food and Container Inst. for Armed Forces.) KRUSEN. 7856

J. Hanusch, *Die Bedeutung der Katalaseprobe für die Emmentaler Käserei.* Zur Beurteilung der Brauchbarkeit von Milch zur Emmentaler Käserei empfiehlt Vf. die Katalaseprobe durchzuführen, da sonst noch nicht erkennbare patholog. Veränderungen der Milchdrüse meist durch erhöhten Katalasegeh. gekennzeichnet sind. Milch mit Katalasezahlen über 2,5 ml O_2 sollte nicht mehr auf Emmentaler Käse verarbeitet werden. (Dtsch. Molkerei-Ztg. **73**. 1492—94. 21/11. 1952. Weiler/Allgäu, Dr. Anton-Fehr-Schule.) KRUSEN. 7860

American Seal-Kap Corp. of Delaware, übert. von: **G. P. Butterfield** und **Lois A. Thorne,** Wilmington, Del., V. St. A., *Herstellung von Lactalbumin,* welches befähigt ist, mit W. eine koll. Suspension zu bilden. Ein Gemisch von Lactalbumin mit W. wird bei einem p_H 7,3—8,0 mit einem proteolyt. Enzym, wie pankreat. Enzyme u. Papain, versetzt. Temp. wird dabei auf 100°F gehalten. Danach wird die Temp. gesteigert in der Weise, daß, nachdem das Proteinmaterial in einen hinreichend koll. Zustand gebracht worden ist, die Wirksamkeit der Enzyme auch beendet ist. Das Material wird danach zur Trockne gebracht u. man erhält ein Pulver, welches mit W. verrührt eine koll. Suspension bildet. (**Can. P. 482 300** vom 24/3. 1947, ausg. 8/4. 1952. A. Prior. 8/4. 1946.) M. F. MÜLLER. 7647

Hall Laboratories, Inc., übert. von: **Casimir J. Munter,** Pittsburgh, Pa., V. St. A., *Glasiges Phosphat zur Wasserbehandlung.* Ein gepulvertes, wasserlösl. Alkaliphosphatglas (**I**) mit einem Mol.-Verhältnis von 0,9 Alkalioxyd : 1 P_2O_5 (oder 1,7 : 1) wird mit gepulverter Citronensäure (**II**) u. pulverförmigem Na_2CO_3 (**III**) gemischt, so daß **II** u. **III** die Teilchen von **I** bedecken. Die Mischung besitzt eine hohe Löslichkeit in W. u. beim Lösen erfolgt Gasentwicklung. — Z. B. hydratisiert man **I**, trocknet u. vermischt dann mit **II** u. **III**. (**Can. P. 482 501** vom 21/6. 1946, ausg. 15/4. 1952. A. Prior. 28/2. 1946.) BEWERSDORF. 7707

Siemens-Schuckertwerke Akt.-Ges., Berlin und Erlangen (Erfinder: **Hellmuth Bayha,** Erlangen), *Entkeimung und/oder Vitaminisierung von Milch* u. anderen organ. Fll. mittels *UV-Bestrahlung.* Man verwendet Bestrahlungslampen, deren Strahlung zum größten Teil im Bereich von 2200—3000 Å liegt. (**D. B. P. 888 350** Kl. 53e vom 23/8. 1940, ausg. 31/8. 1953.) MAASS. 7757

Swift & Co., übert. von: **G. E. Brissey** und **H. H. Young,** Chicago, Ill., V. St. A., *Mittel zur Lösung eines Films von koaguliertem Milchprotein,* bestehend aus einer wenigstens 7% ig. wss. Lsg. eines Gemisches, welches 10—30 (%) Oxyessigsäure oder einer anderen Säure, welche stärker als Essigsäure, aber schwächer als eine Mineralsäure ist, ferner 3—10 H_3PO_4, 3—10 $NaHSO_4$ oder eines anderen Alkalisulfats u. 2—10 eines Netzmittels enthält. (**Can. P. 487 296** vom 27/4. 1946, ausg. 14/10. 1952. A. Prior. 13/2. 1946.) M. F. MÜLLER. 7757

Siemens-Schuckertwerke Akt.-Ges., Berlin und Erlangen (Erfinder: **Andreas Lembke**, Sielbeck), *Erhöhung der Haltbarkeit von Milcherzeugnissen*, bes. Butter, u. anderen mikrobenhaltigen Emulsionen, bei welchen W. in einem beliebigen Dispersionsstoff, z. B. in Fett, dispergiert ist. Man setzt die Emuslion der Einw. von Schall- oder Ultraschallschwingungen aus. (**D. B. P. 888 501** Kl. 53e vom 27/4. 1940, ausg. 3/9. 1953.) MAASS. 7759

Westfalia Separator Akt.-Ges., Oelde (Erfinder: **Georg Kottenhahn**, Stuttgart), *Kontinuierliches Herstellung von Butter*, bes. *Süßrahmbutter* mittels schnelllaufender Schläger. Man beschallt den Rahm vor Eintritt in den Butterungszylinder. — Vorrichtung. (**D. B. P. 888 351** Kl. 53e vom 6/12. 1951, ausg. 31/8. 1953.) MAASS. 7759

XVII. Fette. Seifen. Wasch- u. Reinigungsmittel. Wachse. Bohnermassen usw.

J. B. Harrison und **B. F. Daubert**, *Geschmacksumschlag bei Sojaöl.* 7. Mitt. *Die Autoxydation von Isolinolsäure.* (6. vgl. STAPF u. DAUBERT, C. **1951**. II. 2537.) Überblick an Hand des Schrifftums über die bisherigen Kenntnisse über die den Geruchs- u. Geschmacksumschlag bei Fetten u. Ölen hervorrufenden Verbb.; Nachprüfung der Annahme, daß die sich beim Fetthärten bildende Isolinolsäure eine der Ausgangssubstanzen für die sinnesphysiol. wirksamen Zersetzungsprodd. ist. Darst. von Methylisolinolat (I) aus partiell hydriertem, hochgereinigtem Methyllinolenat; durch Mol.-Dest. wird ein 94,8% ig. Prod. erhalten, das ca. 0,5% Methyllinolenat, 1,5% Methyllinolat u. 3,2% Methyloleat u. -isooleat enthält. I wird in einer Glasapp. 30 Min. auf 200° erhitzt (Reversion); anschließend Wasserdampfdest. (1 Std. bei 110° u. 2—3 mm Druck [Desodorierung]; 25 derartige Reversions- u. Desodorierungsverss. liefern ein Destillat, das einen strengen Geruch wie umgeschlagenes Sojaöl aufweist). Aufarbeitung des Destillats über die Dinitrophenylhydrazone, gewonnen aus der ätherlösl. flüchtigen zentralen Fraktion bzw. deren ätherlösl. Rückstand. An Hand der physikal. (UV- u. Infrarotspektren) u. der chem. Eigg. werden charakterisiert 2-Hexenal, 2.6-Decadienal, Propionaldehyd u. Aceton; ferner dürfte ein $\alpha.\beta$-ungesätt. Keton vorhanden sein. Die diskutierende Auswertung der Ergebnisse führt zu dem Schluß, daß Isolinolsäure als Ausgangssubstanz für die abträglichen Reversionsprodd. zu betrachten ist. (J. Amer. Oil Chemists' Soc. **30**. 371—76. Sept. 1953.) TÄUFEL. 7894

Yvonne Moulé, *Über die enzymatische Hydrolyse durch die Ricinuslipase. Einfluß der Natur des Substrates und der Gegenwart gewisser Ionen.* Unter Hinweis auf das vorliegende Schrifttum werden weitere Verss. unter Heranziehung eines aus Ricinussaat durch Extraktion mit Aceton gewonnenen, früher beschriebenen Trocken-Lipase-Präp. in üblicher Arbeitsweise ausgeführt; Titration der Versuchsansätze nach WILLSTÄTTER/WALDSCHMIDT-LEITZ; es wird mit einem Essigsäure/Ammoniumacetatpuffer (p_H 4,7) gearbeitet; als Substrat werden die natürlichen Triglyceridgemische von Ölen herangezogen (s. Original); geprüft wird der Einfl. einer Reihe von anorgan. Salzen (s. Original) auf die Hydrolyse. Es zeigt sich, daß die Ricinuslipase eine „wahre" Lipase darstellt, die natürliche, höhermol. Glyceride stärker hydrolysiert als niedriger mol. Ester (z. B. Aethylacetat, -butyrat). Anorgan. Salze hemmen die Hydrolyse mehr oder minder stark, unter Umständen vollständig; $MnSO_4$ aber verursacht eine ca. 30% ig. Verstärkung der Hydrolyse. (Oléagineux **8**. 561—63. Aug./Sept. 1953. Paris, Labor. de Chimie Physiol. et d'Enzymol. des Hautes Études.) TÄUFEL. 7894

M. D. Reinish, *Seifen aus Fettsäuren.* Inhaltlich ident. mit der C. **1954**. 6855 referierten Arbeit. (Soap, Perfum. Cosmet. **26**. 682—86. Juli 1953.) BÖSS. 7910

Paul I. Smith, *Weichseifen für die Körperpflege. Beurteilung einer Seife nach ihrem Äußeren, ihrer Verpackung und ihrem Gehalt an Fett, Harz und Alkali.* Bewertung der Seife erfolgt nach dem Aussehen (goldene Farbe, geleeartige Konsistenz); verlangt werden leichte Löslichkeit sowie gutes Schaum- u. Reinigungsvermögen. Frischhalteverpackung ist wichtig. Harzsäure u. andere Zusätze sind zu vermeiden. Geh. an freiem Ätzalkali unter 0,1%, bes. als K_2O. Der Gesamtalkaligeh. soll 1% nicht überschreiten, bei medizin. Seifen noch darunter liegen. Eine gute Weichseife soll 38—40% Fett enthalten. (Amer. Perfumer essent. Oil Rev. **62**. 229. Sept. 1953.) SEIFERT. 7910

J. J. Vosganiantz, *Zentrifugale Trennung von Reinseife beim Vorgang des Richtens.* Die verwendete Anlage u. die prakt. Verss. werden beschrieben. Es folgt die industrielle Anwendung. Vorteile u. Nachteile des Verf. werden dargelegt. (Soap, Perfum. Cosmet. **26.** 1017—21. Okt. 1953.) BOYE. 7910

N. A. Schönfeldt, *Synthetische oberflächenaktive Stoffe.* Zusammenfassende Übersicht über die oberflächenakt. Stoffe u. deren Verwendung. (Svensk kem. Tidskr. **65.** 145—56. 1953. Göteborg, AB. Berol-Produkter.) BECKMANN. 7912

F. O. Walter Meyer, *Mindest-Gütevorschriften für Wasch- und Reinigungsmittel in der DDR.* 1. Mitt. Es werden 9 Gruppen von Wasch- u. Reinigungsmitteln unterschieden, u. zwar Feinwaschmittel; Waschpulver für Weiß-, Grob- u. Buntwäsche; Einweich- u. Vorwaschmittel; Füllseifen 40%ig; Handwaschmittel; Waschseife, Rasierseife 60%ig; Feinseife, Rasierseife 80%ig; Starkreiniger; Schmierseife. Vf. definiert die einzelnen Klassen, deren Anwendungsgebiet, Mindestanforderungen (physikal., chem., techn. Eigg.), Verpackung u. Kennzeichnung. (Fette u. Seifen, Anstrichmittel **55.** 830—32. Nov. 1953. Leipzig.) BÖSS. 7912

Lucien Kehren, *Über einige Methoden zur Bestimmung der Ranzidität von Ölen und über einen Test, der sich des reduzierten Phenolphthaleins bedient.* Krit. Ausführungen über die Verdorbenheits-Rkk. bei Fetten u. Ölen. Es wird eine neue Meth. vorgeschlagen, die auf der Wiederfärbung von red. Phenolphthalein in schwach alkal. Milieu (p_H 9) durch die bei der Autoxydation der olefin. Fette entstehenden Hydroperoxyde beruht. Reagens: 2 g Phenolphthalein + 20 g K_2CO_3 + 100 ml dest. W. + 10 g Zinkpulver werden bis zur Entfärbung im Sieden erhalten; wenn für Überschuß an Zinkpulver gesorgt wird, ist das Reagens, in verschlossenen Flaschen aufbewahrt, gut haltbar. Arbeitsweise (auch mikroanalyt. ausführbar): 0,5 ml Öl + 1,5 ml Benzin werden im Reagensglas nacheinander versetzt mit 2,5 ml Puffer (p_H 9; verd. auf 1 : 5), 0,4 ml $CuSO_4$-Lsg. (0,2%ig) u. 0,5 ml der Lsg. des reduzierten Phenolphthaleins. Man schüttelt 10 Sek. lang energ. u. bestimmt die Färbung während der ersten 2 Minuten. Bleibt das Gemisch farblos, so ist Autoxydation nicht eingetreten; Rosafarbe bedeutet den Beginn der Autoxydation (Induktionsperiode); deutliches Rot u. stärkere Nuancen zeigen Ranzigkeit an. Die neue Arbeitsweise wird an Hand von Verss. mit Äthyloleat, Arachisöl u. Rindertalg (Aufbewahrung bei 45 u. bei 90°) mit den Ergebnissen der Teste nach KREIS, mit SCHIFFschem Reagens, der Peroxydzahl (nach WHEELER) verglichen u. krit. ausgewertet (vgl. Original). Es wird gefolgert, daß die neue Meth. — besser als die bekannten Verff. — sehr gut reproduzierbar ist u. unabhängig von der Art des zu untersuchenden Öles zuverlässige Resultate liefert. (Oléagineux **8.** 555—60. Aug./Sept. 1953. São Paulo, Univ., Fac. de Pharmacie et d'Odontologie, Labor. de Pharmacie Galénique.) TÄUFEL. 7932

Edgar Weber, *Über die Verseifungszahl aliphatischer Sulfochloride.* Beschreibung einer Meth. u. Formulierung zur Best. der wirklichen VZ. der Sulfochloridgruppe (I). VZ. der I des Sulfochlorids = $VZ_{SCl} = 2 \times VZ_t - 31{,}6 \times \%\ Cl_a$ VZ_t = VZ. des techn. Sulfochlorids, Cl_a = abgespaltenes Kettenchlor als Alkalichlorid. Einzelheiten s. Original. (Fette, Seifen einschl. Anstrichmittel **54.** 201—03. April 1952. Witten/Ruhr, Imhausen-Forschung, Analyt. Labor.) BÖSS. 7932

N. Drosdow und **N. Materanskaja,** *Bestimmung der Carbonylverbindungen in Fetten.* Zur Best. von CO-Gruppen (Aldehyde u. Ketone) als Gradmesser des Verderbs von Fetten wird das bekannte Verf. unter Verwendung von NH_2OH als einfach u. zuverlässig empfohlen: 0,4—1,0 g Fett werden mit 25 ml NH_2OH-Lsg. (I) auf sd. Wasserbad mit Rückflußkühler 30 Min. erhitzt. Nach dem Abkühlen wird mit 0,1 n HCl bis p_H 3 titriert (Methylorange). Freie CO-Gruppen (saure Rk.) in der Probe sind zu berechnen. (Мясная Индустрия СССР [Fleisch-Ind. UdSSR] **23.** Nr. 3. 73—75. Mai/Juni 1952.) v. WILPERT. 7932

K. A. Williams, *Bestimmung hoher Anteile an Unverseifbarem.* An Hand von Kontrollanalysen mit verschied. Modellsubstanzen u. ihrem Gemisch werden die von SHERMAN u. DILLISTONE (C. **1953.** 2855) gegen die Genauigkeit der brit. Standard-Meth. zur Best. hoher Anteile an Unverseifbaren erhobenen Einwände widerlegt. (Chem. and Ind. **1952.** 379—80. 26/4. London.) SCHULENBURG. 7932

Elisabeth Siebel, Frankreich, *Reinigung von tierischen und pflanzlichen Ölen und Fetten,* dad. gek., daß man die Öle, z. B. Ricinusöl (I), Rüböl, Leinöl, Baumwollsaatöl, Maisöl, oder Fette durch Behandeln mit akt. Oxyden, z. B. Al_2O_3, akt. Hydroxyden, z. B. $Ca(OH)_2$ (II), Permutiten, Frankonit, akt. Kohle oder durch Waschen mit Bzn. von Giftstoffen, schlechten Geschmacksstoffen, ranzigen Fetten oder die Ranzidität erzeugenden Stoffen befreit. Man mischt z. B. 25 kg rohes I u. 10 kg akt. II mehr als 20 Std. bei 30°. (**F. P. 991 878** vom 21/5. 1949, ausg. 11/10. 1951.) OPPERMANN. 7875

Comp. Française de Raffinage (Soc. An.), Frankreich, *Verbesserung von fetten Ölen,* dad. gek., daß man die Öle mit einem einwertigen Alkohol umestert u. gegebenenfalls vor der Umsetzung durch Blasen mit Luft in Ggw. oder Abwesenheit eines Katalysators oder nach der Umesterung z. B. mit $AlCl_3$ polymerisiert. Das so behandelte Öl kann man noch z. B. durch Arylierung u./oder Hydrierung stabilisieren u. ferner die gegebenenfalls bei der Polymerisation gebildeten Säuren verestern. (**F. P. 980 328** vom 28/1. 1943, ausg. 10/5. 1951.) OPPERMANN. 7883

Colgate-Palmolive-Peet Co., übert. von: **W. R. Trent,** Jersey City, N. J., V. St. A., *Ununterbrochenes Verfahren zur Alkoholyse von Fettsäureglyceriden* unter Verwendung von einwertigen aliphat. Alkoholen mit 1—6 C-Atomen in Ggw. eines alkal. Alkoholysekatalysators bei Raumtemp., während Reaktionsgemisch nur für eine kurze Zeit auf eine so hohe Temp. gebracht wird, daß die Alkoholyse rasch verläuft. In dem Reaktionsgemisch sind der gebildete Fettsäurealkylester, Glycerin u. unveränderter aliphat. Alkohol enthalten, der unter reduziertem Druck abdest. wird. Der restliche Anteil des Reaktionsgemisches scheidet sich in zwei Schichten, wovon die obere Schicht den Alkylester u. die untere Schicht das Glycerin enthält. — Zeichnung. (**Can. P. 487 214** vom 18/10. 1943, ausg. 14/10. 1952. A. Priorr. 17/10. 1942 u. 30/1. 1943.) M. F. MÜLLER. 7889

Axel L. Sodergreen, Great Neck, N. Y., V. St. A., *Gewinnung von Cocosnußöl.* Man behandelt Cocosnüsse kurze Zeit mit Dampf, um die Bindung zwischen Hülse u. Nußfleisch zu lösen. Das Fleisch wird in ca. $^1/_4$ inch. großte Stücke zerteilt, mit einem wasserfreien Luftstrom von 130—165°F bis auf unter 5% Feuchtigkeit getrocknet u. dann bis zur Bldg. eines Ölschlammes von Cocosnußmehl gerieben. Das Öl wird dann aus dem Schlamm abgetrennt. (**A. P. 2 583 022** vom 19/10. 1945, ausg. 22/10. 1952.) W. HAUSWALD. 7895

Paul Gregory und **Éliane Le Breton,** Frankreich, *Gewinnung von Lipaseprodukten.* Entschälte u. zerkleinerte Ricinussamen werden, z. B. im SOXHLET, mit wasserfreiem Aceton erschöpfend ca. 5—7 Std. lang extrahiert. Man trennt den Rückstand vom Lösungsm., in welchem das Öl enthalten ist. Der Rückstand, welcher die Lipase nebst allen Albuminoiden enthält, stellt ein leichtes weißes Pulver dar. Es hat je g ca. 22 Lipaseeinheiten nach WILLSTÄTTER. Das Lipaseprod. (I) eignet sich bes. zur *Fettspaltung.* Zu diesem Zweck emulgiert man das Fett mit ca. 24—48% W. unter Hinzufügen von ca. 2% I u. Mn- oder $CaSO_4$ als Katalysator. (**F. P. 1 005 898** vom 14/10. 1947, ausg. 16/4. 1952.) HEYNE. 7907

Soc. de Savons Français Monsavon (Soc. An.), Frankreich (Erfinder: **P. Leplieux** und **J. Seemuller**), *Toilettenseife* mit geringem Geh. an Fett- u. Harzsäuren. Man stellt z. B. eine Seife von folgender Zus. her: Bentonit 60 (kg), Ton 30, Kaolin 30, W. 14, Na-Resinat 4, Na_2CO_3 0,6, Na-Silicat 1,5, Na-Alginatpaste 12, Parfüm 1,5. (**F. P. 980 258** vom 8/1. 1943, ausg. 10/5. 1951.) OPPERMANN. 7911

F. E. J. Oneto, Frankreich, *Flüssiges Reinigungsmittel für Leder und Häute,* bes. für Lederhandschuhe, bestehend aus einer wss. Lsg. eines sulfonierten u. nichtsulfonierten Fettalkohols mit einem Zusatz von Celluloseestern, eines Glykols, z. B. Methylenglykol, u. eines Parfüms. — Genannt sind z. B. das Na- oder Triäthanolaminsalz des sulfonierten Laurinalkohols, ferner der nichtsulfonierte Myristinalkohol u. Oleocetylalkohol. (**F. P. 1 004 565** vom 9/5. 1947, ausg. 31/3. 1952.) M. F. MÜLLER. 7913

Albert Casimir Malzac, Frankreich, *Reinigungsmittel.* Man stellt ein Kieselsäuregel her durch Fällen von Na-Wasserglas mit HCl oder CO_2, wäscht dieses salzfrei u. mischt es mit Na_2CO_3 im Verhältnis 1 : 1. Die Mischung bleibt 24 Std. stehen. Die entstandene harte M. wird zu einem feinen Pulver gemahlen. Durch Lösen des Pulvers in W. erhält man das gebrauchsfertige Reinigungsmittel. (**F. P. 1 008 615** vom 3/5. 1948, ausg. 20/5. 1952.) HEYNE. 7917

Westfalia Separator Akt.-Ges. (Erfinder: **Pater Steinacker**), Oelde/Westf., *Trennen von Wachs- und Paraffingemischen.* Man löst das Gemisch heiß in z. B. Trichloräthylen u. trennt die beim Abkühlen fraktioniert auskristallisierenden Wachse mittels einer Schleuder, bes. Schälschleuder, ab. Dabei sind die Spiegel der Schleudergutanteile (I) während des Betriebes, nachdem sich die Trommel mit Wachs genügend gefüllt hat, so weit gegeneinander zu verschieben, daß der Widerstand der plast. I in der Trommel überwunden u. die gewünschte Wachskonz. erreicht wird. — Zeichnung. (**D. B. P. 886 514** Kl. 23a vom 8/10. 1953, ausg. 28/9. 1953.) LÜTTGEN. 7925

Karl Knollmüller und **Karl Möhner,** Graz, Österreich, *Färben von Kreppsohlen* durch Aufbringen eines Mittels, das eine Wachslsg. als Filmbildner u. ein Pigment enthält, das zweckmäßig in mit Kautschuk leicht anquellenden Lösungsmitteln angeteigt ist. Man nimmt z. B. Bzn., Bzl., Terpentin, Trichloräthylen, Aceton, Äthylacetat, Amylacetat, Alkohol oder deren Mischungen. (**Oe. P. 175 650** vom 17/11. 1950, ausg. 25/7. 1953.) PANKOW. 7927

XVIIIa. Holz. Cellulose. Zellstoff. Papier. Papierdruck. Celluloid. Linoleum.

Boris Koljo, *Die Abhängigkeit der Tränkmittelaufnahme des Holzes von verschiedenen Faktoren unter besonderer Berücksichtigung von Kiefer und Fichte.* Nach Erläuterung der angewendeten Versuchstechnik werden die anatom. Unterschiede zwischen Nadel- u. Laubholz besprochen. Auf Grund des strukturellen Aufbaus sind Kieferkern, Eichenkern u. Fichte schwer, Kiefernsplint u. Birke leicht tränkbar. Die Faserrichtung beeinflußt die Aufnahme so, daß durchweg in Tangentialrichtung die kleinste, in Radialrichtung die größte Aufnahme stattfindet. Nur Birke zeigt in Radialrichtung die kleinste Aufnahme. In den ersten 10 Min. ist die Eindringgeschwindigkeit am größten. Holzfeuchtigkeit bewirkt bis zum Fasersättigungspunkt eine relativ kleine Porenvolumenverringerung, darüber hinaus eine starke Einengung des tränkbaren Holzinnenraumes. Luft im Holz behindert die Aufnahme; Druck- u. Temperatursteigerungen sowie längere Tränkungszeiten verringern den Lufteinfluß. Im Druckverf. behandeltes Kiefernsplintholz nahm bei kleinerem Druck u. kürzeren Zeiten mehr W. als Teeröl auf, bei größerem Druck u. längeren Tränkzeiten sind keine Unterschiede vorhanden. Bei der Fichte ist das Aufnahmeverhältnis W./Teeröl 3,6 : 1. Die Teerölaufnahme Kiefer/Fichte verhält sich wie 2,6 : 1. (Holz Roh- u. Werkstoff **11.** 303—11. Aug. 1953. Stockholm, Mechan. technol. Institut der Schwed. Holzforschungsanstalt.) SEIFERT. 7952

Kurt Edelmann, *Der Ultraschallabbau der Cellulose.* Eine 0,5%ig. Lsg. eines nitrierten Buchzellstoffes (DP 1060) wurde mit einer Frequenz von 800 kHz beschallt. Nach verschied. Zeiten (10 Min. bis 1 Std.) wurde durch Fraktionierung u. Aufstellung von Kettenlängendiagrammen der Abbau der Moll. verfolgt. Beim Ultraschallabbau werden die Anteile mit dem höchsten Mol.-Gew. durch Zerreißen einer C—C-Bindung abgebaut bis zu einer Grenzkettenlänge, bei der die Moll. den Schwingungen des Lösungsm. folgen können. Es fällt dann die für das Zerreiben erforderliche Relativbewegung zwischen dem Lösungsmittel u. dem lockeren Gelgerüst fort u. die abbauende Wrkg. des Ultraschalls hört auf. Zum Vgl. wurde die abbauende Wrkg. durch Schwingmahlung untersucht. Im Gegensatz zum Ultraschall werden in der Schwingmühle wahrscheinlich nicht nur bevorzugt die längsten, sondern gleichzeitig alle Fadenmoll. abgebaut, da eine Anreicherung von niedermoll. Anteilen stattfand. (Faserforsch. u. Textiltechn. **4.** 407—12. Okt. 1953. Teltow-Seehof, Dtsch. Akad. der Wiss. Berlin, Inst. für Faserstoff-Forsch.) WERGIN. 7954

J. Desforges, *Die Holzhydrolyse nach dem Verfahren A. Hereng.* Nach einem Überblick über die Entw. der techn. Holzverzuckerung mit Hilfe von verd. u. konz. Mineralsäuren, wird das Bergius- (Rheinau-) Verfahren u. bes. die von HERENG entwickelte Modifikation dieses Prozesses eingehend besprochen. Nach HERENG wandern Holzhackspäne (aus Sägewerks- oder Waldabfällen hergestellt) mit 25—30% Feuchtigkeitsgeh. in einem Turm mit 30%ig. HCl von oben nach unten, während HCl-Gas im Gegenstrom das Holz passiert u. die wss. Säure auf 41—42% anreichert. Im oberen Fünftel des Turmes werden Hemicellulosen hydrolysiert, im unteren Teil wird Glucose gebildet; beide Würzen werden durch Kreislauf angereichert. Das Endprod. wird im „Trockner“ von HCl befreit u. aus dem Trockengut (Zucker u. Lignin) der Zucker herausgelöst. Die HCl in einem Entwässerungsturm durch Besprühen mit gesätt. $CaCl_2$-Lsg. von H_2O befreit u. zurückgeführt. Das Verf., das kontinuierlich, sowie ohne Hitze u. Druck arbeitet, bedarf nur geringer Wartung u. verlangt nur $^1/_4$ des Kapitalaufwands für den Rheinau-Prozeß. Die Gestehungskosten werden mit 25 fr. je Liter Alkohol angegeben. (Chim. et Ind. **67.** 753—60. Mai; **68.** 537—38. Okt. 1952.) SEIFERT. 7968

D. A. Sitch, *Die Methylierung von Cellulose mit Diazomethan und einige Eigenschaften der Produkte.* Vergleichende Methylierungen von Baumwolle (**I**) mercerisierter I, Kupfer-Reyon, Hydrocellulosepulver (0,5 n H_2SO_4, 90°, 18 Std.) aus mercerisierter **I** u. in der Kugelmühle gemahlener **I** mit Diazomethan in mit W. gesätt. Ae. ergaben, daß der Methylierungsgrad der Kristallinität der Cellulose (**II**) invers proportional ist. (**I**: 7,0%, gemahlene **I**: 20,6% OCH_3). Röntgenograph. Unterss. ergaben, daß aber auch die kristallinen Bereiche betroffen werden, da der 1 0 1-Reflex nach der Methylierung diffus wird. Methylierte **II** verliert bei der heterogenen Säurehydrolyse (0,5 n H_2SO_4, 90°, sowie 6 n HCl bei 20°) mehr Gewicht, was auf die Zunahme der amorphen Fraktion auch auf Grund der röntgenograph. Messungen schließen läßt. Wichtiger ist die Verhinderung der Kristallisation dieser Fraktion während der Hydrolyse durch die Methoxylgruppen. In Hydrolysaten der methylierten **II** (in 0,5 n H_2SO_4, 90°, 27 Std.) wurden papyrograph. Mono-, Di- u. Trimethylglucosen gefunden. Demnach sind die 2-, 3- u. 6-Oxygruppen in **II** methylierbar. Je höher der Methylierungsgrad ist (untersucht am mercerisierter **I** bis zu OCH_3-Geh. von 12,3%), um so langsamer verläuft die MALAPRADE-Rk. (Oxydation mit 0,1 n Na-Metaperjodatlsg.) im Dunkeln bei 20°. Dagegen wird der abbauende Überoxydationsprozeß verstärkt. Eine Methyl-**II** mit einem Substitutionsgrad von 2,7 (Darst. mit Dimethylsulfat + Alkali, Methoxylgeh. 41,9%) wird von Metaperjodat stark oxydiert, obwohl die Zahl der α-Glykolgruppen 0,15 je Glucoseeinheit nicht überschreitet. Daher eignet sich die Perjodatoxydation nicht zur Best. freier Glykolgruppen in der untersuchten Methyl-**II**. (J. Textile Inst., Trans. **44**. T 407—19. Okt. 1953. Manchester, Shirley Inst., Brit. Cotton Md. Res. Assoc.) ZAHN. 7970

C. J. Malm, O. W. Kaul und **G. D. Hiatt,** *Schmelzguß von Celluloseacetatbutyrat.* Es wird ein Verf. beschrieben, nach dem man aus Celluloseacetatbutyrat (**I**) durch passende Wahl der Zusatzstoffe eine zum Schmelzguß geeignete M. herstellen kann. Diese M. enthält 35—56% **I**, gelöst in einer Mischung von Weichmacher, Wachs u. Harz. Das verwendete **I** hat 5—7% Acetyl- u. 47—50% Butyrylgehalt. Als Weichmacher bewährte sich am besten Dioctylphthalat, als Wachs Opalwachs (hydriertes Ricinusöl) u. als Harz ein polymeres Methylstyrol (DOW 176 V-2). Schwierigkeiten bei der Herst. der Gußform wurden am besten durch Verwendung eines Kautschuk-Latex (Anodenlatex) überwunden, der als pastenförmiges Prod. mit einem Spatel auf das Gußmodell aufgetragen wird. Dicke der getrockneten Gummihaut ca. 1,5 mm. Um die elast. Kautschukform herum wird noch zu ihrer Stütze eine Gipsform angefertigt, die sich in zwei Hälften abnehmen läßt. Dann streift man die Gummiform von dem Modell ab u. stellt sie wieder in die Gipsform, die zugleich als Handhabe dient. Die 160—170° warme Lsg. von **I** in dem Weichmachergemisch wird in Form gegossen, dann wieder ausgegossen u. die an der Innenwand der Form haften gebliebene Gießform durch Eingießen von kaltem W. zum Erstarren gebracht. Die elast. Form wird von dem fertigen Gußstück abgestreift u. ist wieder gebrauchsfähig. (Ind. Engng. Chem. **43**. 1094—98. Mai 1951. Rochester, N. Y., Eastman Kodak Co.) MÖHRING. 7970

S. Ishikawa, S. Mitsuhashi und **H. Maeda,** *Über den Zellstoff für Acetylcelluloseherstellung.* 1. Mitt. *Die Verhornung kaltgereinigten Zellstoffs und dessen Verhinderung.* Das Acetylierungsverh. von *Zellstoffen* (**I**), die mit 6—12%ig. NaOH kalt gereinigt wurden, wurde experimentell geprüft. **I**, die mit über 8%ig. NaOH behandelt waren, zeigten beim Trocknen eine Verhornung u. ließen sich unter n. Bedingungen schwer acetylieren. Wenn die **I** vor dem Trocknen eine geeignete Zeit lang in W. gekocht werden, wird die Verhornung stark hintangehalten u. die Acetylierung glatter. Auch Vorbehandlung bereits verhornter **I** mit Essigsäure ist günstig für die Acetylierung. (J. Soc. Textile Cellulose Ind., Japan **9**. 63—67. Febr. 1953. Tokyo, TH.) SCHULER. 7970

H. Maeda, S. Enomoto und **S. Ishikawa,** *Über Zellstoffe für Acetylcelluloseherstellung.* 2. Mitt. *Wirkung der Änderung der Feinstruktur des Zellstoffs, die die Verhornung begleitet, auf die Acetylierungsfreudigkeit.* (1. vgl. vorst. Ref.) Die Änderung der Feinstruktur des *Zellstoffs* bei Verhornung wurde untersucht durch Messung des Absorptionsgleichgewichts für Essigsäure unter relativ hohem Dampfdruck (70—100%). Unveränderte Cellulosefasern besitzen ziemlich reichlichen Capillar- oder Intermicellarraum von der Größenordnung 60—70 Å, während verhornte Faser nur wenig oder keinen besitzt. Beim Kaltreinigen mit 8%ig. NaOH u. Wasserkochung vor dem Trocknen wird das Capillarsyst. wieder hergestellt u. die Acetylierungsfreudigkeit in gewissem Grade wiedergewonnen. Das Capillarsyst. scheint für die glatte Acetylierung wichtig zu sein. Erörterung des Acetylierungsmechanismus. (J. Soc. Textile Cellulose Ind., Japan [Sen-i Gakkaishi] **9**. 67—70. Febr. 1953. Tokyo, TH.) SCHULER. 7970

R. J. Pavlin, *Stearatochromichlorid zur Leimung von Papier.* Stearatochromichlorid (**I**), ein Komplex nach WERNER, hydrolysiert in W. zu **II**, das dann beim Erhitzen auf 95—120° unter Bldg. von —Cr—O—Cr-Bindungen polymerisiert. In Ggw. von Papier wird in **II** H_2O durch OH-Gruppen der Cellulose ersetzt u. beim Erhitzen entsteht eine wasserfeste Leimung. **I** läßt sich für alle Arten Papier verwenden u. kann mit sauren

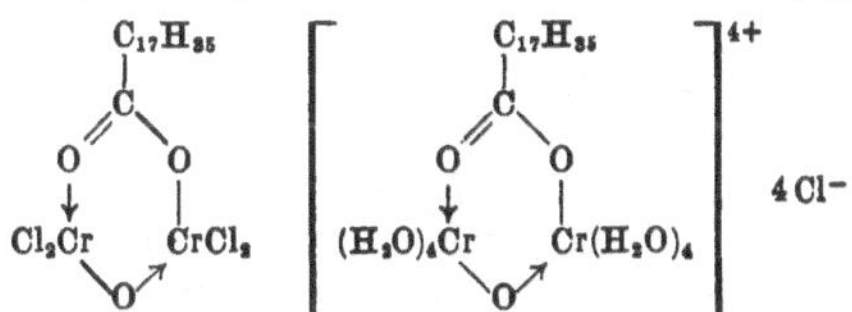

Leimen kombiniert werden, die keine mehrwertigen Ionen abspalten. Es werden 0,5% I als Lsg. in W. beim Mahlen zugegeben oder auf das Papier gewalzt. (Tappi **36.** Nr. 7. A 107. Juli 1953. Referiert nach Paper Mill News **76.** Nr. 49. 76—82. 92. 5/12. 1953. Wilmington, Del., E. I. du Pont de Nemours & Co., Ind. Prod. Development.) H. BECKER. 7978

W. Ss. Lapatuchin, *Hydrophilisierende Lösungen für die Offsetformen.* Für die Herst. von Filmen für die Offsetformen sind Lsgg. mit folgenden Eigg. erforderlich: eine hydrophile koll. Substanz, Elektrolyte, die mit dem Metall der Formen unlösl. Salze bilden, u. ein p_H, das die Formen nicht angreift, aber doch die Rk. des Elektrolyten mit dem Metall begünstigt. Nach diesen Gesichtspunkten gibt Vf. 2 Rezepte, für Al u. Zn: 100 g NaH_2PO_4, 75 g $(NH_4)_2S_2O_8$ (I), 30 g Kartoffelstärke (II), 1000 ml W., p_H 2,9—3,1; 50 g $K_4[Fe(CN)_6]$, 50 g **I**, 4—8 ml konz. NaOH oder KOH, 30 g **II**, 1000 ml W., p_H 8,9—9,2. (Полиграфическое Производство [Polygraph. Betrieb] **1953.** Nr. 9. 14—16. Nov./Dez.) v. SCHROEDER. 7988

—, *Über kornfreie Offsetplatten.* Es wird kurz über das CROMAK- u. BRUNAK-Verf. berichtet, bei dem Zn- oder Al-Platten mit einem Gummi überzogen werden, was die relative Aufnahmefähigkeit von farbaufnehmenden u. farbabweisenden Oberflächen verbessert. Bimetallschichten wurden entwickelt, bei denen die Bildflächen aus Cu oder Ni, die Nichtbildflächen aus Al, Cr oder nichtrostendem Fe bestehen. Ein Inkometer zur Messung der Klebrigkeit u. eine Wasch-Fl. zum Reinigen der Walzen werden erwähnt. (Amer. Ink Maker **30.** Nr. 12. 53—55. Dez. 1952.) DU MONT. 7988

D. J. Andella, *Mehrfarben-Buchdruck.* Erläuterung der Mehrfarben-Buchdruckverff. u. die an die Papierbeschaffenheit zu stellenden Forderungen: Gleichmäßige Fabrikation, Gleichmäßigkeit des Papiers, Oberflächenglätte u. Geschmeidigkeit, Farbaufnahme, Oberflächenfestigkeit, Gleichmäßigkeit der Dicke, Opazität gegen Durchscheinen, Oberflächenglanz, Feuchtigkeitskonstanz, Permanenz der Farbe beim Lagern. Bes. eingegangen wird auf gestrichene u. gefüllte Papiere. Manche sich gegenüberstehende Forderungen sind schwierig optimal in Einklang miteinander zu bringen (Dichte des Papiers u. Farbaufnahme, Feuchtigkeit u. Wachszahl, Mullentest u. Reiß- u. Biegefestigkeit, starke Kalanderglätte u. Opazität, Helligkeit des Bogens u. Dauerhaftigkeit). (Paper Mill News **75.** Nr. 52. 9—15. 27/12. 1952.) DU MONT. 7988

Kurt Schuch, *Chemische Untersuchungen an alten „Kupfervitriolstangen".* Im Hinblick auf die unterschiedliche Beurteilung der Holzkonservierung mit $CuSO_4$ werden Methoden für Best. u. Nachw. von Cu im Holz erläutert. Für den qualitativen Nachw. eignet sich die Tüpfelanalyse mit Benzoinoxim bzw. Na-Diäthylthiodicarbamat, für den quantitativen Nachw. Salicylaldoxim. Zwei seit 50 Jahren benutzte Kupfersulfatstangen zeigten im oberirdischen Holz noch ausreichenden Schutz gegen Pilzangriff. Die Schutzwrkg. in den unteren Holzteilen reicht jedoch nicht in jedem Fall aus. (Holz Roh- u. Werkstoff **12.** 91—95. März 1954. Hannoversch-Münden, Biolog. Bundesanst. für Land- u. Forstwirtschaft, Inst. für angew. Mykologie u. Holzschutz). SEIFERT. 8004

Alfred Nowak, Steeg am Hallstättersee, Oberösterreich, *Gleichmäßiges Imprägnieren von Holz* mit geringen Mengen wasserabweisender organ. Stoffe, wie Paraffin, Wachs, Pech, Natur- oder Kunstharz, durch Tränken des Holzes unter Druck mit einer Lsg. der genannten Stoffe in mit W. nicht mischbaren, leichter als W. flüchtigen organ. Lösungsmitteln u. durch anschließende Rückgewinnung des organ. Lösungsm. durch Ausdämpfen mit Wasserdampf. Das Holz wird in der Imprägnierlsg. auf über dem Kp. des Lösungsm. liegende Temp. erhitzt, bis es vollkommen gleichmäßig diese Temp. angenommen hat. Es werden organ. Lösungsmittel mit niedriger Verdampfungswärme verwendet. Die Dampfeinw. zwecks Rückgewinnung der Lösungsmittel erfolgt zweckmäßig periodisch. — Zeichnung. (**Oe. P. 174 732** vom 19/7. 1950, ausg. 25/4. 1953.) M. F. MÜLLER. 7953

T. I. Moss Tie Co., St. Louis, übert. von: **Estes E. Pershall,** Hazelwood, Mo., V. St. A., *Konservierung von Holz.* Man behandelt das Holz mit einer ammoniakal. Lsg. eines ammonisierten bas. $ZnCl_2$ von der Trockenzus. 2 ZnO : 1 $ZnCl_2$: 2 NH_3 bis 4 ZnO : 1 $ZnCl_2$: 2 NH_3, wobei die Konz. des bas. ammonisierten $ZnCl_2$ in der Lsg. ca. 16—18% in ca. 20%ig. NH_3 beträgt. Das behandelte Holz wird gegen Insekten- u. Fungibefall geschützt u. ist feuerfest. (**A. P. 2 637 691** vom 16/7. 1951, ausg. 5/5. 1953.) KARST. 7953

Gustav Haglund, Storangen bei Stockholm, Schweden, *Herstellen von Sulfitkochsäure.* Eine Lsg. mit dem gewünschten Bisulfitgeh. wird mit SO_2-Gasen (aus S) in einer Absorptionszone durch Rührer gut vermischt, so daß mindestens 25% des SO_2 absorbiert werden. Das restliche SO_2-Gas wird abgezogen u. mit bas. Stoffen (Na-,

Ca-Verbb.) im Gegenstrom zu W. in einer zweiten Kammer fast völlig zu Bisulfitlsg. gewünschter Stärke umgesetzt, die der Absorptionszone zugeführt wird. Wenn $CaHSO_3$-Lsg. hergestellt wird, wird diese nochmals über Kalkstein geführt, um genügend CaO aufzunehmen. — Zeichnung. (**A. P. 2 637 627** vom 5/8. 1947, ausg. 5/5. 1953. Schwed. Prior. 31/5. 1946.) G. VOGEL. 7963

G. Sivola, Finnland, *Gewinnung von Cellulose aus zellstoffhaltigen Pflanzen.* Die aufzuschließenden Pflanzenstücke werden zunächst 2½—5 Std. bei 110—160° einer Kochung in saurer Aufschlußlauge (p_H 0,7—3), z. B. saurem Bisulfit, wie Na-, K- oder Ammoniumbisulfit, mit einem Überschuß an SO_2 gekocht. Nach Ablassen der freien SO_2 erfolgt in demselben Kocher oder in weiteren Kochern eine weitere Behandlung während 1—5 Std. mit einer alkal. Lauge (p_H 7—13), welche durch Zusatz von Alkali, z. B. Na-Carbonat, -Bicarbonat, -Sulfid, -Thiosulfat oder -Sulfat zur alten Kochlauge alkal. gemacht ist (p_H 7—13). Nach beendeter Kochung wird die Ablauge eingedampft, aus ihr durch Einleiten des im Betrieb anfallenden CO_2 Alkalicarbonat ausgefällt u. aus dem Rest die anderen Chemikalien sowie H_2S wiedergewonnen. (**F. P. 1 014 582** vom 6/11. 1948, ausg. 19/8. 1952. A. Prior. 6/11. 1947.) GLAFEY. 7965

G. M. Henriette Desorbay, Paris, *Aufschließen pflanzlicher Rohstoffe mittels Salpetersäure.* Die Säurebehandlung erfolgt mit über 35%ig. HNO_3 bei einer 15° in keinem Behandlungsraum überschreitenden Temperatur. Anschließend folgt eine Nachbehandlung mit einer mindestens 0,5%ig. Lauge bei einer Temp. unter 35°. Die von der Cellulosemasse nach der Behandlung abgetrennten alkal. Laugen werden abgekühlt u. wieder verwendet. (**Oe. P. 175 453** vom 29/12. 1948, ausg. 10/7. 1953. F. Prior. 19/3. 1945.) GLAFEY. 7965

Povazské Celulozky a Papierne, Národní Podnik, Tschechoslowakei, *Verwertung der Sulfitablaugen der Cellulosefabrikation,* dad. gek., daß man durch Vergärung der Zucker u. Behandlung der Laugen mit NH_3 u. mit H_2SO_4, HCl, HNO_3, Oxalsäure oder einer anderen stark dissoziierten anorgan. oder organ. Säure oder mit einem Al-, Sn-, Cr-Katalysator je nach Art der Lauge u. Behandlungsweise SO_2, $CaSO_3$, A., Methylalkohol, Furfurol u. eine organ. M. gewinnt, die man als Brennstoff verwenden oder auf chem. Wege auf synthet. Stoffe, *Vanillin* usw. verarbeiten kann. (**F. P. 1 000 702** vom 8/11. 1949, ausg. 15/2. 1952. 2 Tschech. Priorr. 8/11. 1948.) OPPERMANN. 7967

État Français (Erfinder: **Jean Fauveau** und **Louis Brissaud**), *Gekörnte technische Nitrocellulose,* für die Herst. von Lacken, Farben, Folien u. Celluloid. Nitrocellulose, in wss. Suspension, wird mit einem Gemisch aus Lösungsmitteln u. Weichmachern, wie Bzl., Amylacetat, Butylphthalat u. a. versetzt, die Mischung bis zum Kp. der Lösungsmittel so lange erhitzt, bis daß das Lösungsm. langsam abdest. ist, dann läßt man abkühlen, trennt durch Zentrifugieren die granulierte Nitrocellulose ab u. trocknet bei 55°. (**F. P. 1 002 689** vom 29/11. 1949, ausg. 10/3. 1952.) WITTHOLZ. 7971

American Viscose Corp., Wilmington, Del., übert. von: **George T. Detwiler,** Chester, Pa., V. St. A., *Ausfällen von Celluloseacetat.* Das Acetylierungsgemisch läuft aus einem Vorratsbehälter durch ein senkrechtes, fast bis auf den Boden des Fällbottichs reichendes Rohr, an dessen Ende sich eine Schlitzdüse befindet. Beim Austritt in das 12% CH_3COOH enthaltende Wasserbad wird die Acetylcellulose von einem rotierenden Messer in flache Stückchen zerteilt, die von dem Rührer erfaßt werden. Das sehr lockere Prod. läßt sich gut auswaschen u. leicht lösen. — Vorrichtung. (**A. P. 2 622 273** vom 3/7. 1948, ausg. 23/12. 1953.) SALZMANN. 7971

Soc. pour la Fabrication d'Isolants et Revêtements Ligneux „Isorel" (Soc. An.), Frankreich, *Herstellung von Holzschliff,* dad. gek., daß man das dem Dämpfprozeß unterliegende Holz noch mit über 80° warmem W. u. hydrolysierend wirkenden anorgan. oder organ. Säuren, bes. Polycarbonsäuren (Oxalsäure), behandelt, die man z. B. dem warmen W. zusetzt. (**F. P. 999 922** vom 1/2. 1946, ausg. 6/2. 1952.) OPPERMANN. 7975

Georg Hockel, Leutkirch, Allgäu, *Herstellen von Halbzellstoff,* z. B. aus Laubholzabfällen, Stroh usw. Der Rohstoff wird mit alkal. Lauge, z. B. 1—3 Std. mit Ablaugen der Fertigkochung, gedämpft u. bis zur Übersäuerung der Fl. vorgekocht, mit Alkali- oder Erdalkalisalzen mindestens 2 Std. bei 120—180°, bes. 140—155°, bei alkal. End-Rkk. fertiggekocht u. bei $p_H > 7{,}15$ mechan. (Reiben in Prall- oder Quetschmühlen) zerfasert. Bei der drucklosen Vorbehandlung können Schwingungen, z. B. Ultraschall, mitwirken. — Vorr., Zeichnung. (**D. B. P. 904 376** Kl. 55b vom 28/8. 1951, ausg. 18/2. 1954.) G. VOGEL. 7977

Buffalo Electro-Chemical Co., Inc., Buffalo, N. Y., V. St. A., *Schonendes Bleichen von Sulfitzellstoff.* Bei Verwendung von alkal. Peroxydlsg. als Bleichmittel wird das

Bleichgut bei einer Stoffdichte von 20—65% mit 0,3—1,75% H_2O_2 (Basis 100% ig) bei einem Gesamtalkaligeh. von 0,75—3,25% berechnet als NaOH, bezogen auf die Faser, behandelt u. durch einen längeren Zeitraum von ca. 1—20 Tagen feucht gehalten, während welchen Zeitraumes die Temp. des Bleichgutes unterhalb 55°, vorzugsweise zwischen 10 u. 43°, gehalten wird. (**Oe. P. 175 455** vom 2/3. 1951, ausg. 10/7. 1953. A. Prior. 8/3. 1950.) GLAFEY. 7979

Robert R. Parmentier, Upper Darby, Pa., V. St. A., *Überzugsmasse für durchsichtig gemachtes Papier.* Zu A. P. 2 616 815; C. **1953.** 5957 ist nachzutragen: Nach A. P. 2 646 363 kann der Erdöl-KW-stoff für die Deckschicht desodorisiert oder durch einen aliphat. KW-stoff mit gleichem Kp. ersetzt sein. Nach A. P. 2 646 369 wird auf das durchsichtig gemachte Papier in jedem Falle die Deckschicht aufgetragen. (**A. PP. 2 646 363** u. **2 646 369** vom 12/4. 1950, ausg. 21/7. 1953.) G. VOGEL. 7987

Astra Ivanowna Sark, England, *Druckfarben.* Die Farben für Mehrfarbendruck mittels einer einzigen Druckform enthalten ein oder mehrere Substanzen, die die Farben nach dem Druck für W. undurchdringlich machen, z. B. Polyvinylchlorid, -acetat, Kautschuk, Nitrocellulose, natürliche u. synthet. Wachse. Die Zus. einer solchen Druckfarbe ist z. B. 24 (g) Ceresin, 12 Bienenwachs, 4 Vaseline, 2—4 Farbstoffpulver oder -paste u. Lösungsm., wie z. B. Terpentin, Aceton, Äthylacetat, -lactat, Amylacetat, Butanol. Nach erfolgtem Druck oder Übertragung des Motivs behandelt man es mit Wärme, vulkanisiert es oder fixiert es auf physikal. oder chem. Wege. (**F. P. 1 029 959** vom 20/12. 1950, ausg. 9/6. 1953.) OPPERMANN. 7989

Jaroslav Durst, Anatomie und Chemie des Holzes. Leipzig: Fachbuchverl. 1953. (116 S. m. Abb.) DM-Ost 4,—.

XVIIIb. Textilfasern.

O. Fukushima, *Anwendung von Siliconharzmonomeren.* Mol. Mischungen (1:3 u. 1:2) von CH_3SiCl_3 bzw. $(CH_3)_2SiCl_2$ bzw. $CH_3C_6H_5SiCl_2$ mit Pyridin wurden bei 0° u. ohne Katalysatoren zur Vorbehandlung von Cellulosefasern benutzt u. die Wrkg. bzgl. Zugfestigkeit, Streckung, Wasserabstoßung u. Verbrauch bzw. Aufnahme an *Alkylchlorsilan* usw. tabellar. dargestellt. — 6 Literaturangaben. (J. Soc. Textile Cellulose Ind., Japan [Sen-i Gakkaishi] **9.** 190—92. April 1953. Textiltechn. Labor. [Orig.: japan.; Auszug: engl.]) SCHULER. 8032

G. J. Morris, *Thermische Eigenschaften von Textilien.* Die Literatur der Jahre 1930 bis 1950 über therm. Eigg. von Textilien wurde krit. verarbeitet u. nach folgenden Gesichtspunkten unterteilt: a) Therm. Isolierung = Wirksamkeit eines Gewebes, die n. Körpertemp. aufrechtzuerhalten. b) Kalter Griff wird als erste Rk. beim Berühren eines Gewebes empfunden. c) Erkältungsschutz („chillproofness") = Fähigkeit eines Gewebes, plötzliche Veränderungen in Temp. u. Feuchte der Atmosphäre in ihrer Wrkg. auf den Körper abzuschwächen. Es wurde festgestellt, daß die therm. Isolierung von der Gewebedicke, nicht vom Faserstoff abhängt. Der kalte Griff hängt bes. von der Kontaktfläche Gewebe/Haut ab, so daß Gewebe aus endlosen Fäden „kälter" sind als solche aus stark gekräuselter Stapelfaser. Der Erkältungsschutz hängt von der Wasserabsorption u. der Absorptionswärme des Fasermaterials selbst ab u. ist am größten bei Wolle. (J. Textile Inst., Trans. **44.** T 449—76. Okt. 1953. British Nylon Spinners.) ZAHN. 8040

Julien Dungler, *Anwendung von überhitztem Dampf in der Textilindustrie.* Überblick über die Anwendungsmöglichkeiten: Carbonisieren von Wollgeweben; Knitterfreibehandlung von Kunstfasern u. Baumwollgeweben; Entschlichten, Beuchen u. Bleichen von Baumwollgeweben; Entschlichten u. Kreppen von Reyongeweben. (Färgeriteknik **29.** 143—51. Juli; 166—67. Aug. 1953.) R. K. MÜLLER. 8040

H. Fujita und **A. Kishimoto,** *Über den Spannungsausgleich in mit Baumwolle verzwirnten Garnen.* Experimentelle Nachprüfung der Daten für die Aktivierungsenergie (AE) des Spannungsausgleichvorganges (Relaxation) von BURLEIGH u. WAKEHAM (Textile Res. J. **17.** [1947.] 245). Die Ergebnisse wurden nach der Reaktionsgeschwindigkeitstheorie von TOBOLSKY-EYRING ausgewertet. Es ergab sich eine AE (= U) von ca. 20 kcal/Mol gegen 40 nach BURLEIGH u. WAKEHAM. Skizze des benutzten Relaxometers. (J. Soc. Textile Cellulose Ind., Japan **9.** 74—78. Febr. 1953. Kyoto, Univ.) SCHULER. 8044

Jean F. Couchman, *Die Beziehung der wasserlöslichen Substanzen zur Spinnqualität der Flachsfaser.* Hauptbestandteile der in W. bei 16 sowie bei 100° lösl. Anteile verschied. Proben austral., belg. u. irischer gerösteter Flachsfaser (I) waren Uronsäureanhydride (**II**), bes. Pektin, Hexosane, wie durch Papyrographie der Hydrolysate der Extrakte in 1 n H_2SO_4 gezeigt wurde. Nachgewiesen wurden Galaktose, Glucose,

Mannose, Xylose, Rhamnose u. Uronsäuren. Ein erheblicher Teil, bes. der II-Komponente, war bereits in kaltem W. löslich. Viel in W. Lösliches findet sich in schlecht verspinnbaren I-Qualitäten, während zwischen Faserqualität u. dem Geh. des einzelnen Bestandteiles keine Beziehung besteht. Bzgl. der umfangreichen experimentellen u. analyt. Daten wird auf das Original verwiesen. (Austral. J. sci. Res., Ser. A **4**. 118—35. März 1953. Highett, Vic., Australien, C. S. I. R. O., Plant Fibre Section.) ZAHN. 8050

Siegfried Wolf, *Motten und nichtwollenes Textilmaterial.* Ausführlich werden die in der Literatur beschriebenen Tatsachen über Lebensweise u. Ernährung der Motten (Kleider-, Pelz- u. Mehlmotte) zusammengestellt. Dann wird über Fraßverss. mit nichtwollenem Textilmaterial (Viscoseseide, Viscosezellwolle, Acetatseide, Polyvinylfäden, Polyamidmaterial, Polyacrylnitrilmaterial, Chemoproteinmaterial, Alginmaterial, Glasfäden u. Folien) berichtet. In der Regel stellen nichtwollene Faserstoffe nur eine unverdauliche Füllnahrung, bestenfalls eine Kümmernahrung, nie eine Normalnahrung für Mottenraupen dar. Aber alle erwähnten Fasern in textilüblicher Form können ohne Schwierigkeit verbissen u. gefressen werden, wobei fast alle den Darmtraktus unbeeinflußt passieren (Mikroaufnahmen). Sichtliche Schwiergkeiten bereitet anscheinend nur gläsernes Material, Schäden an nichtwollenen Textilien werden hervorgerufen durch Fraß, Zerbeißen (ohne Verschlingen, Beseitigung von Hindernissen, Verwendung großer Mengen abgebissener Partikel zum Bau von Köchern), Verspinnen u. Umspinnen, Verschmutzung durch Raupen- u. Falterkot. Der Befall nichtwollener Faserstoffe ist gegenüber Wolle geringer, wobei nicht nur die Nähreignung u. Zerbeißbarkeit des Materials, sondern auch die äußere Aufenthaltseignung für Ruhe- u. Metamorphosestadien eine Rolle spielen. (Faserforsch. u. Textiltechn. **4**. 417—39. Okt. 1953. Pirna-Copitz u. Dresden, Dtsch. Akad. der Wiss., Inst. für Technol. der Fasern.) WERGIN. 8060

D. L. C. Jackson, *Modifizierung von Wolle durch Anwendung linearer synthetischer Polyamide.* 3. Mitt. *Vorbehandlung der Wolle.* (2. vgl. Textile Res. J. **21**. [1951.] 655.) Die Ggw. von Fremdstoffen wie Seifen u. Ölen (untersucht wurden Seifen aus Stearin-, Ölsäure, Na-sek. Alkylsulfat, ferner Cetylpyridiniumchlorid, Lubrol W, Ölsäure, Mineralöl, Oliva 431, Wollfett) auf Wolle (I) stört die Abscheidung von Filmen aus N-Alkoxypolyamiden zur filzfesten I-Ausrüstung (vgl. C. **1951**. II. 2822). Wenn I durch Extraktion mit A. gründlich gereinigt wird oder die Faseroberfläche durch Vorbehandlung mit H_2O_2 (1—4% vorzugsweise 2%ig. H_2O_2, 0,8% Na-Pyrophosphat, p_H 10,50°, Flotte 20 : 1) modifiziert wird, ist die Polyamidbehandlung schon bei 3% vom I-Gewicht wirksam. Beide Vorbehandlungen verbessern die Adhäsion zwischen dem Polyamidfilm u. I. (Textile Res. J. **23**. 616—22. Sept. 1953. Ceelong, Australien, Wool Textile Res. Labor.) ZAHN. 8060

A. Takizawa, A. Iuchi und **T. Owashi,** *Untersuchungen über die Filtration von Viscose.* 1. Mitt. *Über den Begriff „Filtrationsindex" bei Viscose.* Zur Kennzeichnung der Viscosequalität wird der „*Filtrationsindex*" (FI) herangezogen. Bei Filtration mit 3 Lagen feinen Baumwollstoffs gilt für den resultierenden Standardtyp der Filtration $K \cdot t = t/V - 1/S_0$, worin S_0 anfängliche Filtrationsgeschwindigkeit, t Zeit, V Filtratvolum u. K eine Konstante, die dem FI oder der „Verstopfungskonstante" entspricht. — 1 Apparaturskizze. (J. Soc. Textile Cellulose Ind., Japan [Sen-i Gakkaishi] **9**. 164—67. April 1953. Otake, Aramitsu Co. [Orig.: japan.; Auszug: engl.]) SCHULER. 8074

A. Takizawa, A. Iuchi, T. Owashi und **H. Ito,** *Untersuchungen über die Filtration von Viscose.* 2. Mitt. *Allgemeine Filtrationsart für Viscoselösungen.* (1. vgl. vorst. Ref.) Die 4 von HERMANS u. BREDÉE (C. **1936**. II. 830) abgeleiteten Filtrationsarten (FT) sind mit den Versuchsergebnissen nur unter streng spezialisierten Bedingungen in Übereinstimmung. Im allg. ist die FT nicht konstant, sondern ändert sich allmählich im Fortschreiten der Filtration, in allg. Form: „charakterist. Form" $\varphi = dr/dV = k \cdot r^n$, worin r Filtrierwiderstand, V Filtratvol., n u. k müßten danach variabel sein u. für den Übergangstyp der Filtration muß die Änderung von n untersucht werden. Dies wurde für 2 Filtermedien (Baumwollflanell Nr. 9 A u. Baumwollvlies A) durchgeführt u. eine kennzeichnende n–V-Beziehung erhalten. Die Meth. eignet sich zur Vergleichung der Kapazität u. Leistung einer Filtration. (J. Soc. Textile Cellulose Ind., Japan [Sen-i Gakkaishi] **9**. 360—63. Juli 1953. [Orig.: japan.; Auszug: engl.]) SCHULER. 8074

M. Katayama und **S. Kambara,** *Untersuchungen über synthetische Acrylnitrilfasern.* 10. Mitt. *Über die Wirkung von Zug und Streckung auf das Spinnen im n-Butanol-Koagulationsbad.* (9. vgl. J. Soc. Textile Cellulose Ind., Japan [Sen-i Gakkaishi] **9**. [1953.] 268.) Der Koagulationsgrad der Fasern, entsprechend der Badlänge, u. die

Spinngeschwindigkeit beeinflussen die Wrkg. von Zug u. Streckung (durch Führungen). Der Ersatz unvollständiger Fällung durch ein 2. Fällbad ist unwirksam für die Stärke u. Streckung der Faser. Ein Führungswinkel von 60^0 u. ein Zuggrad von 60% kann bei 60 cm Badlänge u. einer Spinngeschwindigkeit von 34 m/Min. ohne Gefahr verwendet werden. (J. Soc. Textile Cellulose Ind., Japan [Sen-i Gakkaishi] **9.** 328—32. Juli 1953. Tokyo, TH. [Orig.: japan.; Auszug: engl.]) SCHULER. 8080

M. Katayama und **S. Kambara,** *Untersuchungen über synthetische Acrylnitrilfasern.* 11. Mitt. *Untersuchungen über das alkoholische Fällungsbad.* (10. vgl. vorst. Ref.) Der Koagulationsgrad u. die Fällungszeit beim Fällen von in Dimethylformamid gelöstem *Polyacrylnitril* sowie der Einfl. auf das Spinnen wurden für Bäder mit Methyl-, Äthyl-, n-Isopropyl-, n-Isobutyl- u. Amylalkohol verglichen. Die Gerinnwrkg. der niederen Alkohole u. die Fällzeit der höheren A. sind gering. Am stärksten beeinflußt wird die Gerinnzeit. Höhere Temp. verbessert die Gerinnung wegen der Viscositätsabnahme. Propyl- u. Butylalkohole sind für das Spinnbad geeignet, Amylalkohol nur bei besonderen Bedingungen. (J. Soc. Textile Cellulose Ind., Japan [Sen-i Gakkaishi] **9.** 332—37. Juli 1953. Tokyo, TH. [Orig.: japan.; Auszug: engl.]) SCHULER. 8080

M. Katayama und **S. Kambara,** *Untersuchungen über synthetische Acrylnitrilfasern.* 12. Mitt. *Über das Ziehen von Polyacrylnitrilfasern bei trockner Hitze.* (11. vgl. vorst. Ref.) Die Beziehung zwischen Polymerisationsgrad ($p = 1000-3000$) u. maximaler Ziehtemp. ist eine Gerade, die Festigkeit ist bei dieser Temp. maximal. Fasern geringerer Festigkeit zeigen hohen Streckungsgrad, bis zu einer Grenze. 0,7 g/d-Faser zeigt eine ziemlich niedrige Festigkeit. Faser großer Zugfestigkeit gibt guten Hitze-Zieheffekt. Die Knotungsstärke wird durch Ziehen erniedrigt. Gezogene u. hitzebehandelte Faser (1,2—2,1 g/d) gibt dagegen gute Ergebnisse. (J. Soc. Textile Cellulose Ind., Japan [Sen-i Gakkaishi] **9.** 337—42. Juli 1953. Tokyo, TH. [Orig.: japan.; Auszug: engl.]) SCHULER. 8080

R. W. Moncrieff, *Faserbildende Polymere aus Hydrazin.* 2. Mitt. (1. vgl. C. **1954.** 4520.) Neben Aminotriazolen kann man Triazole erhalten durch Rk. von Diamiden mit Dihydraziden oder durch Rk. von Monohydraziden u. Monoamiden von Dicarbonsäuren. Bei Aminotriazolen kann Vernetzung durch Kondensation in Ggw. von W., Lösungsm. oder Verdünnungsmittel verhindert werden. Verharzung kann durch Behandlung mit überhitztem Wasserdampf, der die Amidbindungen hydrolysiert, aber Triazolringe nicht angreift, rückgängig gemacht werden. Stabilisierung erfolgt durch Zugabe von monofunktionellen Hydrazinen, z. B. Acetohydrazid, Hydrazin im Überschuß ist nicht zur Stabilisierung geeignet. Die Zugabe des Stabilisators soll bei einer Zwischenstufe der Kondensation erfolgen u. nicht am Anfang. Die Polymeren sind in Säuren lösl., die niedrigen Polymeren in Alkoholen. Höhere Polymere sind in Mischungen von CH_3OH, Cl_3CH, Cl_2CH_2 u. anderen organ. Verbb. löslich. Als Lösungsm. dienen auch Cyanhydrine, wie Acetaldehydcyanhydrin. (Textile Manufacturer **79.** 635—38. Dez. 1953.) HUNYAR. 8080

Badische Anilin- & Soda-Fabrik Akt.-Ges., Ludwigshafen/Rh. (Erfinder: **Conrad Schöller,** Mannheim), *Schlichten von Fasern.* Das Verf. des Hauptpatents wird dahin abgeändert, daß man mit der wss. Lsg. des Reaktionsprod. aus 4 (Mol) Alkylen-, bes. Äthylenimin, u. 1 Oxalsäuredialkyl-, bes. Äthylester, das Gut imprägniert u. die Polymerisation des Reaktionsprod. auf den Fasern bzw. Geweben, z. B. durch Erwärmen auf 110^0, bewirkt. Die Schlichte ist waschbeständig. (**D. B. P. 903 087** Kl. 8k vom 28/5. 1942, ausg. 1/2. 1953. **Zusatz zu D. B. P. 866 638; C. 1953. 7692.**) MÖLLERING. 8031

Diamalt Akt.-Ges. (Erfinder: **Wolfgang Jülicher,** Planegg, und **Otto Appelt**), München, *Herstellung von kaltwasserlöslichen, salzbeständigen Umsetzungsprodukten von Johannisbrotkernmehl* (**I**). Vor der gemäß D. B. P. 896 795 erfolgenden Verätherung von I wird dieses mit Säure vorbehandelt, z. B. 20—30 Min. bei 50^0 mit HCl. (**D. B. P. 900 697** Kl. 12o vom 25/11. 1949, ausg. 4/1. 1954. **Zusatz zu D. B. P. 896 795; C. 1954. 2084.**) FABEL. 8031

Union Chimique Belge (Soc. An.), Belgien (Erfinder: **Harold Garton Emblem**), *Verminderung des Gleitens der Textilfasern, besonders bei Geweben aus Wolle, Baumwolle und synthetischen Fasern* (*Nylon*), dad. gek., daß man sie während oder nach der Herst. des Garns oder die Gewebe mit einer wss. Emulsion von Äthylsilicat (**I**) in Ggw. von Mono- oder Diäthanolamin, Butyllaurat, Na-Alginat (**II**), Casein, Piperidin (**III**), Dicyclohexylamin behandelt. — Man gibt z. B. zu einer Lsg. von 0,15 g **II** in 50 cm^3 W. 50 cm^3 teilweise hydrolysiertes u. polymerisiertes **I**, hergestellt durch Einw. von $SiCl_4$ auf 6% W. enthaltenden Äthylalkohol. Man kann dem **I** 2 Vol.-%

III als Kondensationsmittel zusetzen. (**F. P. 1 010 301** vom 3/2. 1950, ausg. 10/6. 1952. E. Prior. 4/2. 1949.) OPPERMANN. 8033

Soc. d'Électro-Chimie, d'Électro-Métallurgie et des Aciéries Électriques d'Ugine, Soc. An., Frankreich, *Bleichen von Baumwollgeweben mittels Chlorit.* Man behandelt das Gewebe mit einer sauren Lsg. von $NaClO_2$ oder $Ca(ClO_2)_2$ (p_H 2—4) u. dann mit einer alkal. Peroxydlsg. bei erhöhter Temp. oder einer alkal. Hypochloritlsg. bei gewöhnlicher Temp. oder einer aktivierten $NaClO_2$-Lsg. bei gewöhnlicher oder erhöhter Temperatur. — Z. B. läßt man auf 100 g Baumwollgewebe bei 70° $^1/_2$ Std. eine Lsg. von 0,5 g $NaClO_2$/Liter (p_H 3) einwirken. Dann behandelt man es bei 80° $^1/_2$ Std. mit einer NaOH-Lsg. von 3 g/Liter u. schließlich $^1/_2$ Std. bei 80° mit einer Lsg., die je Liter 2 cm³ 35% H_2O_2, 1 g NaOH u. 4 g Na-Silicat enthält. Zwischen Alkali- u. Peroxydbehandlung läßt man ca. 5 Min. eine Lsg. von 2 cm³/Liter 40%ig. HCl auf das Gewebe einwirken. (**F. P. 1 021 147** vom 29/6. 1950, ausg. 16/2. 1953. D. Prior. 2/7. 1949.) OPPERMANN. 8033

Titan Co., Inc., New York, N. Y., V. St. A., *Flammenfeste Gewebe.* Man imprägniert das Gut mit einer wss. Lsg., die die Verb. $TiCl_{1,2}(C_2H_3O_2)_{2,8}$ (erhalten durch Rk. von $TiCl_4$ mit Pb-Acetat) enthält. Beim Trocknen des imprägnierten Gutes wird die aufgebrachte Lsg. in ein Gel übergeführt. Man wäscht mit verd. NaOH-Lsg. u. trocknet. Auch entsprechende Propionatverbb. sind geeignet. Wird bei der Imprägnierung zusätzlich noch $SbCl_3$ mitverwendet, so ist das Gewebe auch nach 6 Wäschen flammenfest. (**E. P. 698 742** vom 11/12. 1950, ausg. 21/10. 1953. A. Prior. 21/12. 1949.) MÖLLERING. 8037

Heberlein & Co., Schweiz, *Herstellung von mechanisch gemusterten Stoffen, insbesondere Baumwollstoffen mit pelzartigem Aussehen.* Man imprägniert den Stoff (z. B. Baumwollperkal) mit einer wss. Lsg., die ein Kondensationsprod. von CH_2O u. Acetylendiharnstoff (z. B. Tetramethylolacetylendiharnstoff), einen Weichmacher, ein Appretierungsmittel (z. B. Stärke, Casein) u. einen Katalysator (z. B. NH_4NO_3, $Zn(NO_3)_2$, γ-Chlorbuttersäure, Glykolsäure, p-Toluolsulfonsäure) enthält. Zur Erzielung örtlich begrenzter Musterungen verwendet man diese Lsgg. mit Karobenkernmehl oder Traganth verdickt. Dann werden die Stoffe bis auf einen geringen Feuchtigkeitsgeh. getrocknet, kalandert u. auf hohe Tempp. erhitzt. (**F. P. 1 027 745** vom 16/11. 1950, ausg. 15/5. 1953. Schwz. Prior. 1/12. 1949.) OPPERMANN. 8037

Ciba Akt.-Ges., Basel, Schweiz, *Schrumpfechtmachen von Baumwollgeweben.* Man imprägniert die Gewebe mit koll. wss. Lsgg. von Di- oder Triaminotriazinaldehyd-Kondensationsprodd. (**I**) in Ggw. von 0,5—7,0 Mol einer wasserlösl. gesätt. aliphat. Monocarbonsäure mit einer Dissoziationskonstante zwischen ca. $1,4 \cdot 10^{-5}$ u. $2,5 \cdot 10^{-4}$, wie CH_3COOH (**III**), HCOOH (**IV**) oder $CH_2OH \cdot COOH$ (**V**), derart, daß ca. 2,5—15,0 Gew.-% der Kondensationsprodd. (bezogen auf das Trockengewicht der Gewebe) abgelagert werden, u. trocknet die Ware durch Erhitzen auf ca. 107—177°, wobei die Kondensationsprodd. in den Geweben in einen im wesentlichen wasserunlösl. Zustand übergehen. Man verwendet als **I** bes. polymerisierte positiv geladene Melamin-CH_2O-Kondensationsprodd., wie polymerisiertes Dimethylol- oder Trimethylolmelamin (**II**) oder polymerisiertes methyliertes **II**, die auf je 1 Mol des im wesentlichen monomeren Kondensationsprod. ca. 3 (Mol) **III** oder ca. 1,5 **IV** oder ca. 2,0—2,5 **V** enthalten. Anstatt der oben genannten Monocarbonsäuren können auch Propion-, Butter-, Isobutter-, Glykol- oder Milchsäure verwendet werden. Es ist ferner wichtig, daß man die angesäuerte Lsg. der **I** vor dem Imprägnieren der Gewebe mindestens 3 Std. lang reifen läßt. Man erhält so eine verbesserte Schrumpfechtheit ohne Verminderung der Reißfestigkeit u. ohne wesentliche Beeinträchtigung der Farbnuance des Textilgutes. (**Oe. P. 172 336** vom 30/10. 1950, ausg. 25/8. 1952. A. Prior. 26/10. 1949.) RAETZ. 8045

Tootal Broadhurst Lee Co. Ltd., Manchester (Erfinder: **Robinson Percy Foulds**, Lancashire), England, *Behandeln von reinwollenen oder wollhaltigen Textilstoffen mit Halogenen.* Zu N. P. 77 344; C. **1951**. II. 1684, ist nachzutragen: Krumpf- u. Filzvermögen von Garnen, Geweben oder Gewirken aus derartigen Textilstoffen werden herabgesetzt u. bzw. oder ihre Farbstoffaufnahmefähigkeit erhöht, wenn man Halogene, wie Cl_2 oder Br_2, aus festen pulverförmigen Substanzen, wie Chlor- oder Bromkalk, für sich oder im Gemisch mit inakt. pulverförmigen Stoffen, wie Kaolin, Porzellanerde, Soda oder Sand, auf sie einwirken läßt; gegebenenfalls kann man die so behandelte Ware mit einem Oxydations- oder Reduktionsmittel, wie H_2O_2, nachbehandeln. Das Behandlungspulver wird zum Schluß durch Schütteln, Ausbürsten oder Waschen aus dem Textilgut entfernt, wobei man im letzteren Falle ein Entchlorungsmittel, wie $NaHSO_3$, mitverwenden kann. (**D. P. [DDR] 1 573** Kl. 8k vom 29/12. 1950, ausg. 8/9. 1952 [Ausschließungspatent].) RAETZ. 8061

Spinnstoffwerk „Otto Buchwitz" VEB (Erfinder: **Konrad Theissen** und **Alfred Stein**), Glauchau, Sachsen, *Herstellung von Kunstfäden bzw. -fasern von erhöhter Spinn-, Filz- und Walkfähigkeit und verbessertem Wärmehaltungsvermögen.* Man imprägniert die frisch gefällte, entsäuerte u. noch feuchte Faser mit einer Viscoselsg., die weniger als 1% Cellulose, gasbildende Verbb., wie Na_2CO_3, u. in NaOH gelöste — vorzugsweise in der Hitze koagulierende — Eiweißstoffe, wie Hefe- oder Gerüsteiweißstoffe oder xanthogenierte Eiweißstoffe, u. bzw. oder Kunstharze oder auch N-haltige Kondensationsprodd. anderer Art enthält, wäscht sie alsdann z. B. mit sehr verd. Säuren aus, bleicht oder aviviert sie gegebenenfalls bzw. schneidet sie auf Stapel u. trocknet sie. (**D. P.** [**DDR**] **478** Kl. 29b vom 22/4. 1941, ausg. 10/2. 1953 [Wirtschaftspatent]. **Zusatz zu D. R. P. 744773; C. 1944. I. 1458.**) RAETZ. 8075

Max R. Wirth, Basel, Schweiz, *Veredeln von Fasern und Textilstoffen, insbesondere aus Cellulosehydratfasern, wie Viscosekunstseide oder Zellwolle.* Zu Schwz. P. 278 901; C. **1953**. 2053, ist nachzutragen: Man imprägniert z. B. Gewebe aus Viscosekunstseide oder -zellwolle mit einer wss., kristalloid-dispersen, prakt. neutralen Lsg. eines Mischvorkondensates aus CH_2O, Dicyandiamid (I) u. Harnstoff oder Melamin, wobei man an Stelle von I auch einen I-haltigen Auszug von Kalkstickstoff verwenden kann, u. trocknet sie ohne Spannung; zweckmäßig versetzt man die Lsg. mit vernetzend wirkenden Verbb., wie NH_4-Salze der $(CONH)_3$ oder Barbitursäure oder NH_4CNS. Das neue Verf. ermöglicht die Einlagerung großer Kunstharzmengen in die Textilstoffe, wodurch Knitterfestigkeit, Griff, Schrumpffestigkeit, Reiß-, Naß- u. Scheuerfestigkeit der Ware sowie die Waschbeständigkeit der Kunstharzausrüstung wesentlich verbessert werden. Man kann ferner auch noch Weichmacher mitverwenden u. Appreturmittel, wie Stärke oder Gummi arabicum, wasser- u. waschfest auf dem Textilgut befestigen. (**Oe. P. 174 595** vom 1/7. 1949, ausg. 10/4. 1953. Schwz. Prior. 9/7. 1948.) RAETZ. 8075

Akt.-Ges. Cilander, Herisau (Erfinder: **Christian Bener**, Chur), Schweiz, *Veredlung regenerierter Cellulosetextilien.* Nach der alkal. Quellmittelbehandlung erfolgt die Absäuerung des Gutes bei 30—50° mit sauren Lsgg., z. B. 5—50%ig. Essigsäure. Durch das warme Absäuern wird der Glanz der transparentierten Ware erhöht. (**D. B. P. 902 484** Kl. 8k vom 9/12. 1950, ausg. 25/1. 1954. Schwz. Prior. 30/12. 1944.) MÖLLERING. 8075

Fothergill & Harvey Ltd., Manchester, England (Erfinder: **Brindley Jack Brown** und **Leonard Steger**), *Krumpffreie Cellulosetextilien.* Man imprägniert das Gewebe mit Epichlorhydrin oder Verbb., die in Ggw. von Alkali Epoxyringe bilden, wie 1.3- oder 1.2-Dichlorpropanol-2-, Glycerin-1.3- oder -1.2-dibromhydrin oder Chlorbrompropanol-2 oder -3, u. bewirkt durch Rk. mit Ätzalkali eine Vernetzung mit den Glucosegruppen. — Z. B. wird ein *Viscosezellwollgewebe* mit einer wss. 15%ig. Lsg. von Glycerin-1.3-dichlorhydrin imprägniert, getrocknet u. nachbehandelt mit einer Lsg., die in 100 (Teilen) 3 NaOH u. 25 NaCl enthält. Man wäscht kalt, dann mit wss. 0,5%ig. H_2SO_4-Lsg., spült u. kocht mit Seifenlsg. ab. (**E. P. 696 282** vom 7/10. 1948, ausg. 26/8. 1953.) MÖLLERING. 8075

Eugène Gouttebaron, Frankreich, *Verbesserung der Eigenschaften von Celluloseacetatfasern* durch Austausch von einem oder mehreren Acetylresten gegen Metalle oder Metallsalze oder durch Anlagerung solcher. — Celluloseacetatfasermaterial wird in eine Lsg. von 75 g β-Naphthol in 1000 g NaOH von 8° Bé bei 15° ca. 3 Min. lang eingetaucht. Danach wird zunächst mit W. von 15° gewaschen, welches vorteilhaft 2 g CH_2O u. 2 g NH_3 im Liter enthält. — Das β-Naphthol hat die Wrkg., daß nicht alle Acetylreste durch Metalle oder Metallsalze ersetzt werden. (**F. P. 971 391** vom 9/5. 1940, ausg. 16/1. 1951.) M. F. MÜLLER. 8077

Monsanto Chemical Co., St. Louis, Mo., übert. von: **Oscar P. Cohen**, Brighton, Mass., V. St. A., *Nicht schrumpfende Textilien aus Keratinfasern*, bes. *Filze*, erhält man durch Imprägnierung mit einer Lsg. oder wss. Dispersion eines durch Hitze härtbaren Harzes u. eines fein verteilten aliphat. mehrbas. Mercaptoalkohols, bes. *2-Mercaptoäthanol* (I). Das imprägnierte Gut wird, z. B. durch Erhitzen, vergütet. — Mit einer Lsg. von 10 (Teile) niedrigpolymerem Melamin–CH_2O-Harz in 90 W. unter Zusatz von 3 (%) I u. 1 2-Amino-2-methylpropanolphosphat wird ein Filz imprägniert, so daß 6,3 festes Harz nach der Vergütung bei 149° im Filz fixiert sind. (**A. P. 2 622 996** vom 28/11. 1947, ausg. 23/12. 1952.) MÖLLERING. 8079

Petrocarbon Ltd., England (Erfinder: **Michael Mojzesz Szwarc**), *Herstellung von Höhermolekularen* durch Erhitzen von N-haltigen Heterocyclen mit 2 CH_3-Gruppen in p-Stellung nicht länger als 10 Sek. bei 700—1000°, bes. bei 700—900° u. Abkühlen. — Man leitet 2.5-Dimethylpyrazindämpfe bei 5—17 mm durch ein Rohr von 800—820° 0,3 Sek. lang. Beim Abkühlen erhält man ein relativ niedrig polymeres, harzartiges

Prod., das in organ. Lösungsmitteln u. verd. Mineralsäuren lösl. ist, u. ein relativ Hochpolymeres als Film, das in organ. Lösungsmitteln unlösl., in verd. Mineralsäuren lösl. ist. Verwendung zur Herst. von *Fäden.* (**F. P. 1 011 584** vom 1/2. 1950, ausg. 24/6. 1952. E. Prior. 10/2. 1949.) PANKOW. 8081

XIX. Brennstoffe. Erdöl. Mineralöle.

A. C. Monkhouse, *Die Niederbestandteile der Steinkohle.* Vf. behandelt Niederbestandteile u. Spurenelemente, die neben der organ. Substanz in der brit. Kohle als mineral. Bestandteile (Beimischungen) oder als Baubestandteile der früheren Pflanzen vorkommen. Im einzelnen werden näher besprochen: N, S, P, Cl, F, As u. B, Zn, Ge, Ga, V, Pb, Cu sowie Ba. Analyse der Asche einer engl. Kohle (North Sheffordshire): SiO_2 18,8%; Al_2O_3 23,5; Fe_2O_3 11,2; TiO_2 15,0; NiO 1,5; MnO Spuren; CaO 6,4; MgO 0,7; Na_2O 0,5; K_2O 0,8; SO_3 6,0; P_2O_5 0,4; V_2O_3 14,1; B_2O_3 0,4 (Summa 100,3%). Mengen der besprochenen Elemente in Steinkohle selbst: N 1—2%; S 0,5 bis 4,0; P 0,001—0,1; Cl 0,01—1,0; F 0,005—0,05; As 0,0001—0,006; B 0,0005—0,01; Ge 0,0002—0,008; Ga 0,0003—0,001; V 0,001—0,003; Pb 0,001—0,003; Cu 0,0005 bis 0,005; Zn 0,0005—0,7. (Int. chem. Engng. Process Ind. **31.** 510—14. Nov. 1950.) WINGCHEN. 8126

S. S. Ghosh, P. U. Sanyal und **V. Aravamuthan,** *Studien an geringwertigen indischen Kohlen.* Vff. berichten über systemat. Unterss. zur Feststellung der Zus. geringwertiger ind. Kohlen u. der Eignung zur Verschwelung sowie über Entw. u. Ausbau von Großanlagen (erste 50 t-Schwelanlage im Iharia-Feld 1944). Da die Vorräte an Kohle 2. Klasse bzw. an geringwertiger Kohle (über 13% Asche) in Indien unbegrenzt groß sind, ist die Bewältigung der mit der Verschwelung dieser Kohlen verbundenen Probleme von starker Bedeutung. Es werden zunächst Mitteilungen über Untersuchungsergebnisse an 2 Sorten, 2 Muster aus dem Ranigunj-Feld (Flöze 5—6 m dick; hoher Geh. an flüchtigen Bestandteilen, Asche 13,63 u. 13,84% [lufttrocken]) u. 7 Muster aus dem Iharia-Feld (Flöze 2 u. 6—7 m dick; Asche 16,68—25,21; 39,19%) gemacht u. Vgll. angestellt. Die Zus. nach Immediat- u. Elementaranalysen (mit S-Geh.), Zersetzungspunkte (bzw. Zersetzungstempp.) der Kohleproben, Brennstoffverhältnis C : H u. Heizwerte werden tabellar. oder in Diagrammen angegeben. In einer Diskussion werden Feuchtigkeits- u. Mineralgeh., die Rolle des Inkohlungsgrades, Alter u. Heizwerte (nach Bombenverss. u. berechnet) dieser Kohlen noch näher erörtert. (Brennstoff-Chem. **32.** 368—74. 19/12. 1951.) WINGCHEN. 8126

E. Wicke, *Die wichtigsten Einflußgrößen der Kohleverbrennung.* An Hand von Modellverss. ist der Einfl. einzelner Größen auf die Kohleverbrennung untersucht worden. Bei kleinen Verweilzeiten der Verbrennungsluft entsteht vorwiegend CO, das bei Steigerung der Verweilzeit zu CO_2 nachverbrennt. Bei ganz langen Verweilzeiten setzt die BOUDOUARD-Rk. ein u. der CO_2-Geh. nimmt wieder ab. Durch O_2-Überschuß werden höhere CO_2-Gehh. erzielt. Feuchtigkeit in der Verbrennungsluft u. bei hoher Temp. entstandene H-Atome oder OH'-Radikale fördern die Nachverbrennung des CO. Die Reaktionsgeschwindigkeit ist erst oberhalb 1100° so groß, daß Diffusion durch die hydrodynam. Grenzschicht die Rk. bremst. Bei großen Verweilzeiten u. reaktionsfähiger Kohle macht sich die Diffusion schon bei tieferen Tempp. bemerkbar. Ferner wird der Einfl. von flüchtigen Bestandteilen, Asche, Alkalien u. Schwermetallen auf die Verbrennungs-Rkk. dargelegt. (Zement-Kalk-Gips **6.** 325—29. Sept. 1953.) H. SCHÖBERL. 8128

Erich Rammler und **Fritz Baunack,** *Kombinierte Trocknung der Braunkohle in Brikettwerken.* Die kombinierte Trocknung besteht in einer gleichzeitigen Anwendung von Dampf- u. Feuergastrocknern, wobei die Feuerungen mit hohem CO_2-Geh. gefahren werden, wodurch sich infolge der tiefen Rauchgastemp. ein hoher therm. Gesamtwirkungsgrad ergibt. (Bergakademie, Freiberger Forschungsh., Ausg. A. **1953.** Nr. 18. 41—74. Dez.) H. SCHÖBERL. 8136

Erich Rammler, Helmut Jacob und **Georg Bilkenroth,** *Beitrag zur Mikroskopie des Braunkohlen-Hochtemperaturkokses.* Zur Erweiterung der Kenntnisse über den Braunkohlen-Hochtemperaturkoks wird hier zum erstenmal über mkr. Unterss. berichtet. Während für die Verkokung geeignete Steinkohlen beim Erhitzen einen plast. Bereich durchlaufen, in dem die eigentlichen Kohlekörner ihre Gestalt fast völlig verlieren u. hierauf die Schmelze bei weiter gesteigerter Temp. erstarrt u. ein festes Schmelzgefüge liefert, tritt bei Braunkohlen nach einem kurzen Quellprozeß fortdauerndes Schrumpfen ein, das dem Koks ein feinporiges, dichtes Gefüge verleiht. Die Strukturelemente der Braunkohle sind trotz chem. Umwandlung auch im Koks noch vorhanden. Die petrograph. Faktoren „Streifenart“ u. „Inkohlungsgrad“ der Steinkohlen können auf

Braunkohlen nicht angewandt werden. Hier unterscheidet man Gefügebestandteile (nach Kondensationsstärke des Humus u. Porenvol.) u. einen biochem. bedingten Inkohlungsgrad, während der bei Steinkohlen gebräuchliche therm. Inkohlungsgrad keine Bedeutung hat, da Braunkohlen keine thermometamorphe Veränderung erfahren haben. (Bergakademie, Freiberger Forschungsh., Ausg. A **1953**. Nr. 18. 23—35. Dez.) H. SCHÖBERL. 8144

Erich Rammler, Karl Jakob und **Georg Bilkenroth,** *Über die Messung der Warmdruckfestigkeit von Braunkohlen-HT-Koks.* Zur Best. der Warmdruckfestigkeit von Koksen dient eine LOSENHAUSEN-Presse mit einer Zusatzapp., die die Prüfung bei Tempp. bis 800° zuläßt. Es wurde gefunden, daß die Warmdruckfestigkeit bei diesem Koks nur 5—15% unter der Kaltdruckfestigkeit liegt u. daß die Ofenstandfestigkeit des Braunkohlen-Hochtemperaturkokses ausreichend ist, obwohl er nur einen Schrumpfverband u. keinen Schmelzverband wie Steinkohlenkoks darstellt. (Bergakademie, Freiberger Forschungsh., Ausg. A **1953**. Nr. 18. 36—40. Dez.) H. SCHÖBERL. 8144

C. A. Masterman, *Versuche über Vergasung unter Tage.* Die Verss., vgl. C. **1951**. II. 1228 u. 1836, werden fortgesetzt. Die Zus. eines anfallenden Gases ist 13,4% CO_2, 0,1% O_2, 11,2% CO, 1,3% CH_4, 0,2% C_nH_m, 10,8% H_2 u. 63% N_2 mit einem Heizwert von ca. 85 BThU/ft³ (756 kcal). (Fuel **30**. 73—75. April 1951.) K. O. MÜLLER. 8148

M. German und **A. Karasik,** *Die Vergasung von Gangart.* Die bei Aufbereitung der Kohle anfallenden Rückstände, die sonst auf Halden geworfen werden, können mit 20% Koksstaub u. 1—2% Kalk in Generatoren vergast werden, wobei ein Gas entsteht, das dem aus Kohle nicht nachsteht. Tabellen über Ausgangsprodd. u. Betriebsergebnisse. (Paliva **32**. 7—8. Jan. 1952.) ROTTER. 8148

Kurt Traenckner, *Gas aus nicht verkokungswürdigen Kohlen.* Vf. berichtet zunächst über die verschied. Verff., um aus nicht verkokungswürdigen Kohlen ein geeignetes Gas zu gewinnen: Vergasung von Kohlenstaub in einer Wirbelkammer, Vergasung im Schwingrohr, LURGI-Verf. der Vergasung unter Druck im ruhenden Bett. Anschließend wird eingehend über die ununterbrochene Entgasung feinkörniger Brennstoffe sowie deren ununterbrochene Vergasung mittels fester Wärmeüberträger ohne Anwendung von Sauerstoff berichtet. Dieses L(LURGI)R(Ruhrgas)-Verf. beruht darauf, daß hocherhitzte Tonkugeln durch feinen Kohlenstaub geführt werden. An Hand verschied. Verfahrensschemata werden die Möglichkeiten der Überführung des genannten Prinzips in die Praxis aufgezeigt. (Gas- u. Wasserfach Ausg. Gas **93**. 537—47. Okt. 1952.) ROSENDAHL. 8156

—, *Über die Herstellung, Vergasung und Verhüttung von eisenreichem Koks zur Schwachgasherstellung.* Durch Verkokung von Walsumer Kohlen (Gaskohle) mit wenig oxydierend wirkenden Feinerzen in Schrägkammeröfen u. Horizontalkammeröfen gelang es, einen eisenreichen Koks im halbtechn. Vers. mit 50%, im Großvers. mit 30% Eisengeh. herzustellen, der die Festigkeit von Hüttenkoks erreichte. Daneben wurde ohne Rückgang der Benzol- u. Teerausbringung ein Starkgas von 4500 kcal/Nm³ gewonnen. Dieser Eisenkoks ließ sich in 40—50% Möllerung mit Stückerzen im THYSSEN-Generator (Abstich) bei hohem Durchsatz unter Anfall von hochwertigem Roheisen u. sauberem Schwachgas (1125 kcal/Nm³) vergasen. Das Verf. hat den Vorteil, ursprünglich wenig geeignete Grundstoffe wie Gasfeinkohlen u. Eisenfeinerze metallurg. zu verwenden, u. gibt darüber hinaus der Kokerei die Möglichkeit, durch Gewinnung eines guten Schwachgases zur Unterfeuerung wertvolles Starkgas frei zu machen. (Gas- u. Wasserfach, Ausg. Gas **94**. 66—71. 1/2. 1953.) EYBER. 8156

Ch. Tixier, *Englische Versuche über die Reinigung von Gas mit Hilfe von Eisenoxyd.* Vf. gibt einen ausführlichen zusammenfassenden Bericht über verschied. engl. Arbeiten aus den Jahren 1948 u. 1952, die sich mit der Entschwefelung von Gasen mit Eisenoxyd befaßten. (J. Usines Gaz **77**. 335—42. Okt. 1953.) ROSENDAHL. 8172

Otto Kruber und **Armin Raeithel,** *Zur Kenntnis des Steinkohlenteer-Anthracenöls.* 15 kg einer fl. Steinkohlenteer–Anthracenöl-Fraktion der Siedegrenzen 311—321° wurden verarbeitet. Nach dem Entfernen von Säuren u. bas. Bestandteilen wurden jeweils 5 kg in 46 Fraktionen zerlegt. Durch Ausfrieren wurden an bisher im Anthracenöl noch nicht nachgewiesenen Stoffen *2.3.6.7-Tetramethylnaphthalin* (**I**), *1.2.3.4-Tetrahydroanthracen* (**III**) u. *1.8-Dimethyldiphenylenoxyd* (**IV**) isoliert; ihre Konst. wurde durch Überführung in bekannte Verbb. bewiesen. 2 weitere *Dimethyldiphenylenoxyde*, die durch Ringschluß aus Dimethyldiphenolen erhalten wurden, konnten noch nicht identifiziert werden. Ferner wurden aus dem schwefelsauren Auszug *7.8-Benzochinolin* u. *9.10-Dihydroacridin* isoliert.

V e r s u c h e: *2.3.6.7-Tetramethylnaphthalin* (**I**), $C_{14}H_{16}$, F. 191°, Kp.$_{757}$ 311,5°, aus den Fraktionen 9—17 (Kp. 310—313°) neben *2-Methylfluoren*. **I**-*Pikrat*, F. 179 bis

180°, orangegelbe Nadeln. — *2.3.6.7-Tetramethylnaphthochinon-(1.4)* (II), $C_{14}H_{14}O_2$, F. 170°, aus I mit CrO_3 in verd. Essigsäure. — *Pyromellitsäure*, F. 271—273°, aus II mit $KMnO_4$. *Tetramethylester*, F. 141—141,5°. — *2.3.6.7-Tetramethylnaphthohydrochinon-(1.4)-diacetat*, $C_{18}H_{20}O_4$, F. 216,5—217,5°, aus II durch reduzierende Acetylierung. — *1.8-Dimethyldiphenylenoxyd* (IV), F. 87° (A.), $Kp._{757}$ 313°, aus den Anthracenölfraktionen 13—25 (Kp. 311—314°). — *1-Methyldiphenylenoxydcarbonsäure-(8)*, $C_{14}H_{10}O_3$, F. 233—235° (A.), aus IV mit verd. HNO_3. — *Diphenylenoxyddicarbonsäure-(1.8)* (V), aus IV mit $KMnO_4$. *Dimethylester*, F. 162—162,5°. — *Dimethyldiphenylenoxyd vom F. 45—46°*, $C_{14}H_{12}O$, aus den Fraktionen 33—40 (Kp. 316,5—318°) durch Na-Schmelze u. anschließende Sulfonierung mit 97%ig. H_2SO_4 u. Spaltung mit 50%ig. H_2SO_4 bei 115—130°. — *2.2'-Dioxydimethyldiphenyl* (V) *vom F. 145,5—146,5°*, $C_{14}H_{14}O_2$, aus dem fl. Phenanthrenvorlauf (Kp. 317—321°) durch Na-Schmelze, anschließende KOH-Schmelze u. Kristallisation aus Benzol. — *Dimethyldiphenylenoxyd vom F. 58—59°*, $C_{14}H_{12}O$, aus V durch Ringschluß mit $ZnCl_2$ bei 270°. — *1.2.3.4-Tetrahydroanthracen* (III), $C_{14}H_{14}$, F. 104° (A.), neben V nach der Na-Schmelze. *Pikrat*, F. 116,5—117,5°. — *Anthracen*, F. 214°, aus III mit Se bei 270°. — *1.2.3.4-Tetrahydroanthrachinon*, F. 154,5—155,5°, aus III mit CrO_3 in Eisessig. — *7.8-Benzochinolin*, F. 51°, $Kp._{760}$ 335°, aus der Rohbasenfraktion Kp. 332—335° mit HCl als *Hydrochlorid*, F. 218°. — *9.10-Dihydroacridin*, F. 170°, $Kp._{764}$ 348, aus der Rohbasenfraktion Kp. 338 bis 341 mit 20%ig. HCl. — Die Kurve des UV-Spektr. von I im Vgl. mit der von Naphthalin wird angegeben. (Chem. Ber. **85**. 327—33. 1952. Duisburg-Meiderich, Ges. für Teerverwert., Wiss. Labor.) KLEINWAECHTER. 8176

V. A. Kalichevsky und **Kenneth A. Kobe**, *Aufarbeitung mit Adsorbentien*. 3. Mitt. (2. vgl. Petroleum Refiner **32**. [1953.] Nr. 7. 107.) Vff. schildern eingangs die Reinigung von Mineralölen, Wachsen u. Medizinalölen über Kalk als Adsorbent. Bauxit hat für Mineralöle eine stärkere entfärbende Kraft als Fullererde. Die Arbeitstemp. spielt bei der Wrkg. eine große Rolle. So wird Naphtha am besten bei Raumtemp. bis 100° F gereinigt, für dickere Öle muß die Temp. auf 220° F gesteigert werden. Wachse müssen bei Tempp. behandelt werden, die um 20—30° F über ihrem F. liegen. Propan kommt als Lösungsm. für dickere Öle in Frage. Die Wiederbelebung der Adsorbentien erfolgt durch Glühen, wobei die Höhe der Temp. u. die Dauer der Erhitzung eine Rolle spielen u. das Endergebnis stark beeinflussen können. (Petroleum Refiner **32**. Nr. 8. 135—137. Aug. 1953. Beaumont, Tex., Magnolia Petrol. Comp., Austin, Tex., Univ.) ROSENDAHL. 8194

R. J. Wakelin, R. Heron und **R. R. Baldwin**, *Untersuchung über Eigenschaften der Flammenstabilität von verschiedenen in einem kleinen Verbrennungsraum vergasten Brennstoffen*. Die Grenzen der Flammenstabilität einer Anzahl von Kraftstoffen wurde untersucht, um die Faktoren zu ermitteln, die die Ausbldg. der Flamme im Verbrennungsraum von Gasturbinen beeinflussen. Zu diesem Zweck wurde eine kleine Verbrennungskammer konstruiert, um auch reine KW-stoffe untersuchen zu können. Die Kraftstoffe werden in Dampfform eingespritzt, um den Schwierigkeiten aus dem Weg zu gehen bzgl. Teilchengröße u. Verdampfbarkeit, wenn eine Einspritzpumpe für fl. Brennstoffe benutzt wird. Unter diesen gewählten Spezialbedingungen wurde gefunden, daß die Verbrennung mehr im Sinne einer Flammenausbreitung verläuft als einer spontanen Verbrennung, die für das Klopfen in OTTO-Motoren verantwortlich ist. Unter bestimmten Versuchsbedingungen wurde ein Zusammenhang festgestellt zwischen der Flammenstabilität u. den stat. Verbrennungsgrenzen der Kraftstoffe. Die Löschgrenzen haben nichts zu tun mit der Oxydationsneigung des Kraftstoffes. Die Verbrennung in dem Flammenrohr verläuft mehr als Flammenausbreitung. Diese Ansicht findet ihre Stütze in der Tatsache, daß Additive, die die spontane Verbrennung u. das Klopfen beeinflussen, aber keine Wrkg. auf Flammenausbreitung haben, auch nicht die Löschgrenzen der Flamme beeinflussen. Weitere Messungen befassen sich mit den Löschgrenzen handelsüblicher Kraftstoffe im Flammenrohr u. den stat. Verbrennungsgrenzen u. der Flammengeschwindigkeit. Bebilderter Bericht über Versuchsdurchführung mit tabellar. u. graph. Wiedergabe der Ergebnisse. — Literaturhinweise. (Fuel **30**. 82—91. April 1951. Thornton Res. Centre, Aero Engng. Labor.)
K. O. MÜLLER. 8204

A. Drierichs und **K. Thieme**, *Ölkennzahlen und die weitere Entwicklung der Strukturanalysen von Mineralölen*. Auf Grund der von UBBELOHDE ermittelten absol. Meßwerte für die stat. Tragfähigkeit von Schmierölen durch die Dicke–Druck-Funktion von Ölschichten u. anschließend an die Forschungsarbeiten des VEB Mineralölwerkes Herrenleite in Verbindung mit dem Inst. für Schmierungs- u. Lagerforschung an der TH Dresden über den Verschleißeffekt untersuchen Vff. den chem. Aufbau dieser Öle.

Die chem. Zus. kann durch bekannte Strukturanalysen ermittelt werden. Wichtige u. brauchbare Strukturanalysen werden beschrieben. Die bekannte WATERMANNsche Ringanalyse ist abgelöst durch die Dichtemethode. Daraus wurde die n-d-M-Meth. entwickelt, die mit der physikal. Kenngröße, D., Brechungsindex u. Mol.-Gew. arbeitet u. die schnell einen Einblick in die Zus. von Schmierölen gibt. An Hand von Beispielen wird die Durchführung der Meth. erläutert. Nomogramme ermöglichen auf graph. Weg, Mineralöle in ihrem strukturellen Aufbau in kurzer Zeit zu kennzeichnen. Auf die Dispersions–Refraktions-Meth. wird hingewiesen. Eingehende Analysenbeschreibung. — Literaturhinweise. (Chem. Techn. **6.** 272—84. Mai 1954.) K. O. MÜLLER. 8220

Th. Temme, *Der Einfluß von synthetischem Kautschuk auf die Eigenschaften von Bitumen.* Vf. referiert über Unterss. von ENDRES, COLEMAN u. PIERSON, die den Einfl. von synthet. Kautschukpulver (Butadienbasis) auf die Eigg. von Bitumen studierten. Sie befaßten sich mit der Herst. des Kautschukpulvers u. dem Einmischen desselben in Bitumen. Ferner prüften sie den Einfl. der Erhitzungszeit u. des Mengenzusatzes von Gummi auf den Erweichungspunkt von Gummi–Bitumen-Mischungen. Die Auswirkungen von synthet. Gummipulver verschied. Polymerisationsgrades auf die Mischungen wurden untersucht. Die Prüfung der Gemische ergab eine Erniedrigung des Brechpunktes durch die hochgequollenen u. elast. Gummiteilchen u. eine Erhöhung des Erweichungspunktes, sowie eine Erniedrigung der Eindringtiefe. Vergleichsverss. wurden mit Naturkautschuk u. Regeneratkautschukpulver durchgeführt. (Bitumen, Teere, Asphalte, Peche verwandte Stoffe **4.** 8—14. Jan. 1953. Köln-Mülheim.)
F. C. MÜLLER. 8236

E. Mabbs und **B. H. Thorp,** *Kälte in der Erdölforschung.* Beschreibung der Bauart u. der techn. Einrichtungen eines Motorprüfstandes für Tieftemperaturverss. an kleineren u. mittleren Verbrennungskraftmaschinen bis 500 b.h.p. bei Tempp. bis —40 bzw. —60°. (Mod. Refrigerat. **1954.** 88—93. März. Thornton Res. Centre, Shell Petroleum Co. Ltd.) BLAUHUT. 8242

Antoine Vloeberghs, Antwerpen, Belgien, *Brennstoff-Formlinge.* Als Bindemittel dienen Sulfitabfall-Lauge (4%) der Celluloseherst., CH_2O (1%) u. ein Formaldehydkondensationsprod. (2—4), das man unter Wärme u. Druck aus Casein, Hefe oder Zucker u. CH_2O gewinnen kann. (**E. P. 650 671** vom 20/5. 1946, ausg. 28/2. 1951. Belg. Prior. 21/5. 1942.) W. HAUSWALD. 8137

Texaco Development Corp., New York, N. Y., übert. von: **William P. Gee,** Plainfield, N. J., V. St. A., *Herstellung von Synthesegas.* Ein wenig H enthaltender, hochsd., fl. KW-stoff wird bei 1600—2600° F mit so viel O_2 zur Rk. gebracht, daß nicht nur H_2 u. CO, sondern auch C gebildet wird, der abgetrennt u. in einem weiteren Verfahrensschritt mit einer Mischung von Dampf u. reinem O_2 zu H_2 u. CO umgesetzt wird. (**A. P. 2 630 378** vom 23/7. 1949, ausg. 3/3. 1953.) DEMMLER. 8153

Phillips Petroleum Co., übert. von: **Bertrand I. Mayland,** Bartlesville, Okla., V. St. A., *Herstellung von Synthesegas* (**I**). Ein leichter KW-stoff, z. B. CH_4, wird bei ca. 1800° F teilweise zu CO u. H_2 unter Bldg. einer kleinen C-Menge oxydiert, worauf die Reaktionstemp. durch Zusatz eines wss. C-Schlammes auf ca. 1100—1200° F u. weiter auf 800—900° F gesenkt u. aus dem das **I** enthaltenden Strom der zur Senkung der Reaktionstemp. wieder zu verwendende wss. Schlamm von elementarem C durch gemeinsames Niederschlagen von Wasserdampf u. C abgeschieden wird. (**A. P. 2 618543** vom 19/8. 1949, ausg. 18/11. 1952.) DEMMLER. 8153

United Engineers & Constructors, Inc., Philadelphia, Pa., V. St. A., *Carburiertes Brenngas.* Der feste Brennstoff wird im Generator mittels konz. O_2 (vorzugsweise mindestens 85% ig) u. Dampf vergast. Das Gas, das ein höheres Verhältnis CO : H_2 als das Wassergas besitzt, wird dann in eine KW-stoffzersetzungszone geleitet u. mit dem gebildeten KW-stoffgas angereichert. Als KW-stoff verwendet man Petrolöl. Um eine gleichmäßige Temperaturverteilung im Brennstoffbett zu erzielen, wird der eingangs genannte Vergasungsprozeß gelegentlich unterbrochen u. während dieser Unterbrechung der Brennstoff mit Luft heißgeblasen. (**E. P. 673 418** vom 22/3. 1950, ausg. 4/6. 1952.) W. HAUSWALD. 8159

Gottfried Bischoff G. m. b. H., Essen, *Gasreinigungsanlage,* bei der mehrere Reiniger mit auswechselbaren, zur Aufnahme der Reinigermasse dienenden Einsätzen unmittelbar hintereinandergeschaltet u. nur der erste Reiniger mit der Rohgas- u. der letzte Reiniger mit der Reingasleitung absperrbar verbunden sind u. eine Reservereinigungsanlage absperrbar in den Gasstrom einzuschalten ist. Die Gasverbindungsleitungen sind derart angeordnet, daß benachbarte Reiniger von Gas in entgegengesetzter Richtung durchströmt werden. Innerhalb der Reiniger sind mehrere Stapel von Einsätzen untergebracht, welche durch entsprechende Ausbldg. der Gaswege vom Gase bes. in Hintereinanderschaltung durchströmt werden. — Entfernung von H_2S aus Koksofen- oder Synthesegasen. (**Oe. P. 174 441** vom 17/2. 1951, ausg. 25/3. 1953. D. Prior. 16/2. 1950.) M. F. MÜLLER. 8173

Koppers Co., Inc. (Erfinder: **Herbert A. Gollmar**), Pittsburgh, Pa., V. St. A., *Regenerieren von Waschlösung, insbesondere Thioarsenatlösung*, aus einer H_2S-Wäsche durch Einleiten von Gasen unter Druck, bes. Luft, in die Lsg., wobei S abgeschieden wird, der mit der Lsg. eine schäumende Suspension bildet, dad. gek., daß die Lsg. in mehreren, wenigstens an ihrem oberen Ende vollständig getrennten parallelen Flüssigkeitssäulen aufwärts geführt wird u. am oberen Ende der Flüssigkeitssäulen als Überlauf dienende Trennwände u. ferner Flüssigkeitsstandregler vorgesehen sind, die auf den einzelnen Flüssigkeitssäulen unterschiedliche Flüssigkeitsspiegel bewirken, wobei der sich oberhalb der einzelnen Flüssigkeitsspiegel bildende S-Schaum über die Trennwände hinweg auf eine Flüssigkeitssäule von jeweils niedrigerer Höhe u. schließlich in ein Sammelgefäß übertreten kann, derart, daß jede der S-Schaumschichten um so dünner ist, je höher die zugehörige Flüssigkeitssäule steht. — Vorrichtung. (**D. B. P. 859 786** Kl. 26d vom 3/10. 1950, ausg. 15/12. 1952. Anmeldung bekanntgemacht 13/3. 1952. A. Prior. 29/8. 1944.) DEMMLER. 8173

Brennstoff-Technik G. m. b. H., Essen, und **Byk-Gulden Lomberg Chemische Fabrik G. m. b. H.**, Konstanz (Erfinder: **Eduard Kuhl**, Essen, **Christian Hansen**, Bochum, **Wilhelm Müller**, Sterkrade, **Hermann Hempel**, Finkenkrug, und **Helmut Weissenburger**, Konstanz), *Verfahren und Anlage zur Aufarbeitung von Schwelteeren und Teerölen.* Die Gewinnung u. Trennung der Neutralölanteile u. Phenole aus Steinkohlen-, Braunkohlen- u. Ölschieferschwelteeren sowie Mitteltemperaturteeren u. daraus gewonnenen Teerölen durch Behandlung mit Alkalilsgg., ist dad. gek., daß der zu behandelnde, gegebenenfalls durch ein wasserunlösl. Lösungsm. verd. Schwelteer oder das Teeröl sowie die verd. NaOH im Gegenstrom in ruhigen Strombahnen an- u. ineinander vorbeigeführt werden, wobei mindestens das eine der beiden Mittel in feinverteilte Tropfen oder Stromfäden aufgeteilt ist. Dabei wird durch eine von oben nach unten in einem Zylinderraum sich bewegende Flüssigkeitssäule von NaOH von unten nach oben der verd. Schwelteer oder das Teeröl in Form aus einem Verteiler austretender Tropfen oder Stromfäden hindurchgeschickt. Die Nachbehandlung der Phenolatlauge mit Bzn. oder dgl. zur Entfernung von Ölspuren einerseits u. des Neutralöles mit W. zur Entfernung von Phenolatlaugeresten u. ähnliche zusätzliche Operationen andererseits werden in gleicher Weise vorgenommen, wobei in jedem Falle das spezif. schwerere Mittel oben, das spezif. leichtere Mittel unten eingeführt wird. Die aufeinander einwirkenden Stoffe werden nach Durchfließen der zwischen den Verteilern befindlichen Reaktionszonen in jenseits der Verteiler angeordneten Klärzonen geführt, von welchen sie nach außen abgenommen werden. In 3 nebeneinander angeordneten Waschzylindern wird die unten aus dem 1. Zylinder austretende Phenolatlauge oben in den 2. Zylinder eingeführt, dem von unten Bzn. zuströmt, während das oben aus dem 1. Zylinder austretende Neutralöl unten in den 3. Zylinder eingeleitet wird, der von oben mit W. berieselt wird. — Schemat. Zeichnungen. (**D. B. P. 892 900** Kl. 12r vom 5/9. 1943, ausg. 12/10. 1953.) HERBST. 8179

Shell Development Co., San Francisco, Calif., V. St. A., übert. von: **Gordon Kenneth Jones**, Port of Spain, Trinidad, *Bohrflüssigkeit.* Die Fl. besteht aus Mineralöl u. Beschwerungsstoffen u. einem nichtoxydierten u. ungeschwefelten Asphaltbitumen. Dieses Bitumen wird durch Erhitzen während ½—8 Std. bei 150—350° in Ggw. von 0,25—10 Gew.-% Trinitrophenol polymerisiert. Dieses polymerisierte Bitumen besitzt die Fähigkeit, die Bldg. von Filterkuchen an den Bohrwandungen zu unterstützen. (**A. P. 2 605 222** vom 24/10. 1949, ausg. 29/7. 1952. Holl. Prior. 14/12. 1948.) W. HAUSWALD. 8191

Atlantic Refining Co., übert. von: **V. L. Chechot**, Philadelphia, Pa., V. St. A., *Raffinieren von Kohlenwasserstoffölen mit H_2SO_4*, wobei das Gemisch in Form eines Filmes über eine geneigte erhitzte Fläche geleitet wird, deren Temp. so hoch gehalten wird, daß die bei der Raffination entstehenden Schlämme auf der erhitzten Fläche verkokt werden, ohne daß aber das Öl in irgendeiner Weise zers. wird. Der auf der erhitzten Fläche angesammelte verkokte Schlamm wird ebenso wie das Öl fortlaufend entfernt. (**Can. P. 475 638** vom 29/4. 1946, ausg. 31/7. 1951.) M. F. MÜLLER. 8195

Lummus Co., New York, übert. von: **Vernon O. Bowles**, Rye, und **August H. Schutte**, Hastings on Hudson, N. Y., V. St. A., *Kohlenwasserstoffumwandlung.* Zwecks Umwandlung hochsd. KW-stoffe (z. B. Rückstandsöle) in niedrigsd. u. Koks in einer Reaktions- u. Verbrennungszone durch eine freifließende Säule von vorerhitztem Koks werden auf diesen Koks schwere, fl. KW-stoffe aufgespritzt, wobei sie in Koks u. leichte KW-stoffe umgewandelt werden. Der Koks gelangt dann in eine Verbrennungszone, in der eine Teilverbrennung stattfindet. Der so erhitzte Koks wird dann oben auf die Kokssäule aufgegeben. Die durchschnittliche Aufenthaltszeit der Kokssäule in der Umwandlungszone beträgt ca. 70 Minuten. Zwischen der Kokszone u. der Verbrennungszone ist eine „Läuterungszone" eingeschaltet, in der Dampf oder ein anderes Gas eingeleitet wird, das dann mit den abziehenden Verbrennungsgasen abgeführt wird. (**A. P. 2 561 334** vom 22/1. 1948, ausg. 24/7. 1951.) W. HAUSWALD. 8197

Sun Oil Co., Philadelphia, übert. von: **Leland W. T. Cummings,** Wyncote, Pa., V. St. A., *Katalytische Umwandlung von Kohlenwasserstoffen*, dad. gek., daß die KW-stoffe in Ggw. einer in mehreren Schichten übereinander angeordneten Katalysatormasse (I) mit hohem Wärmeadsorptionsvermögen im Kreisprozeß endotherm gespalten, reformiert oder dehydriert werden u. die I period. durch Verbrennen der Kohleabscheidungen mit O_2-haltigen Gasen, z. B. Luft, regeneriert wird. Die hierbei frei werdende Wärme wird von der I aufgenommen. — Vorrichtung. (**A. P. 2 512 562** vom 13/10. 1947, ausg. 20/6. 1950.) OPPERMANN. 8197

Universal Oil Products Co., Des Plaines (Erfinder: **Clarence George Gerhold,** Riverside), Ill., V. St. A., *Verfahren und Vorrichtung zur Kontaktbehandlung feinstverteilter fester Teilchen in Reaktionsströmen.* Das Verf. dient der Umwandlung fl. KW-stoffe, z. B. der katalyt. *Crackung*, Dehydrierung, Dehydrocyclisierung, Aromatisierung aber auch für die Schieferdest. oder fortlaufende Verkokung von schweren KW-stoffen u. bedient sich einer Einkammeranlage mit getrennten Kontaktzonen. Die in eine erste Kontaktzone eingeführten festen Teilchen werden mit einem O_2-haltigen Gasstrom behandelt, der in 2 Anteilen an entgegengesetzten Enden eines absinkenden Bettes der festen Teilchen eingeführt wird, wobei die gas- oder dampfförmigen Reaktionsprodd. etwa in der Mitte der ersten Kontaktzone abgezogen werden u. die behandelten festen Teilchen am unteren Ende der Zone ausgetragen u. in die 2. Kontaktzone zur Behandlung mit einem die brennbaren Ablagerungen liefernden 2. Reaktionsstrom übergeführt werden, wobei der O_2-Geh. des Gasstroms so eingestellt wird, daß nur ein Teil der brennbaren Stoffe im oberen Teil der 1. Zone u. der Rest der brennbaren Ablagerungen im unteren Teil der 1. Zone verbrannt werden. Die Aufteilung des Regeneriergasstroms zwecks Gewinnung eines Gleich- wie Gegenstromes für das absinkende Katalysatorbett gestattet dem Regenerierabschnitt einen kleineren Querschnitt zu geben u. höhere Gasgeschwindigkeit. Die benutzte Reaktionskammer weist eine einzige Fließmittelsammel- u. Abzugseinrichtung innerhalb des oberen Kontaktabschnittes auf u. ist durch eine kegelstumpfförmige Trennwand im Mittelteil in einen oberen u. unteren Kontaktabschnitt unterteilt. — Zeichnung. (**D. B. P. 902 729** Kl. 12g vom 6/11. 1951, ausg. 28/1. 1954. A. Prior. 28/11. 1950.) MATTHAES. 8197

Socony-Vacuum Oil Co., Inc., übert. von: **Edward J. R. Sorf,** Haddon Heights, N. J., V. St. A., *Regenerierung von schwefelvergifteten, natürlichen oder synthetischen* SiO_2-, Al_2O_3-, SiO_2–Al_2O_3-*Katalysatoren*, dad. gek., daß man die bei der Katalyse von KW-stoffen gebildeten Kohleabscheidungen durch 24 Std. Erhitzen des Katalysators (I) mit trockener Luft bei ca. 1050° F verbrennt u. dann den I 5—10 Std. auf 1050—1425° F in trockner Luft, einem trocknen Luft- oder inerten Gasstrom, z. B. N_2, erhitzt. (**A. P. 2 504 102** vom 10/3. 1947, ausg. 18/4. 1950.) OPPERMANN. 8197

M. W. Kellogg Co., Jersey City, N. J., übert. von: **Walter H. Borcherding,** San Francisco, Calif., V. St. A., *Katalysatorabstreifer.* Wirbelschichtkontakte (I) werden bei der Dampfphasenumwandlung von KW-stoffen (II) mit Koks beladen, durch Abstreifer zwecks Entfernung adsorbierter II geleitet, in Regenerierzonen abgebrannt, wobei sich ihre fühlbare Wärme erhöht u. in die Reaktionszone zurückgeleitet, um dort Hitze abzugeben u. weitere Umwandlung zu bewirken. Man führt nun einen Strom heißen regenerierten I von der Regenerierzone nach der Umwandlungszone u. einen anderen Strom von I direkt von der Regenerierzone in die Abstreifzone, mischt beide I im oberen Teil der Abstreifzone, streicht die gemischten I ab u. leitet sie vom Boden der Abstreifzone in die Regenerierzone. — Zeichnung. (**A. P. 2 589 984** vom 1/7. 1947, ausg. 18/3. 1952.) UNGER. 8197

Standard Oil Development Co., übert. von: **C. E. Adams** und **Charles N. Kimberlin jr.** V. St. A., *Katalytische Umwandlung von Kohlenwasserstoffen* in Dampfform mit akt. Kohle als Katalysator zwecks Gewinnung von *Motortreibmitteln*. Reaktionstemp. 510—610°, Druck 28,1 at. Im oberen Teil der Reaktionszone entweichen die umgewandelten KW-stoffdämpfe u. im unteren Teil werden die verbrauchten Katalysatorteile, welche mit einer Kohlenstoffschicht überdeckt sind, abgelassen. Zur Regenerierung des Katalysators in der Regenerierzone wird bei 760—871° ein Luftstrom oder ein anderes sauerstoffhaltiges Gas darübergeleitet; gleichzeitig wird eine kohlenstoffhaltige Substanz, wie Petrolkoks oder Steinkohle, zugeführt. — Zeichnung. (**F. P. 1 018 033** vom 18/4. 1950, ausg. 24/12. 1952. A. Prior. 18/6. 1949.) M. F. MÜLLER. 8205

Socony-Vacuum Oil Co., Inc., New York, N. Y., übert. von: **Harry J. Andress jr.**, Woodbury, und **Frederick L. Nelson**, Pitman, N. J., V. St. A., *Motortreibmittel.* Man setzt zu Bzn., um die Harzbldg. in den Motorventilen zu verhindern, ca. 0,05 bis 0,3 Vol.-% einer aus Mid-Continent-Rohöl erhaltenen Vaselinefraktion, die eine SAYBOLT-Viscosität zwischen 95 u. 120 Sek. bei 210° F, einen F. zwischen 115 u. 135° F, eine „ASTM"-Penetration bei 77° F zwischen 60 u. 110 u. keine Kauributanolzahl besitzt. (**A. P. 2 654 697** vom 31/10. 1950, ausg. 6/10. 1953.) DERSIN. 8205

Socony-Vacuum Oil Co., New York, übert. von: **Jack M. Godsey**, Wenonah, N. J., V. St. A., *Motortreibmittel für Strahltriebwerke*, bestehend aus einem KW-stoffdestillat mit Kp. von 100—600° F mit Zusatz von 0,1—10% eines Gemisches von α- u. β-tert.-Butylthiophen. (**A. P. 2 645 568** vom 21/4. 1949, ausg. 14/7. 1953.) DERSIN. 8205

Universal Oil Products Co., Chicago, Ill., übert. von: **Ralph B. Thompson**, Hinsdale, und **Joseph A. Chenicek**, Bensenville, Ill., V. St. A., *Verhinderung der Verfärbung von Kohlenwasserstoffölen, zum Beispiel Kerosin, Diesel- oder Heizölen.* Man setzt diesen 0,0005—0,1% Kondensationsprodd. von Benzaldehyd oder Furfurol mit einem Alkanolamin mit 2—12 C-Atomen zu, z. B. *Benzalaminoäthanol, -propanol, -butanol* oder *Furfuralaminoäthanol* zu. Zur Verbesserung der Wrkg. kann man noch geringe Mengen eines Alkanolamins mit 8—40 C-Atomen, z. B. *Octanol-, Nonanol-* oder *Tetracontanolamin*, u. eines Alkylamins mit 6—20 C-Atomen, z. B. *Hexyl-, Heptyl-* oder *Octylamin*, u. ferner als Metalldesaktivator eine Verb. zusetzen, die Chelate mit Metallen zu bilden vermag, z. B. *Disalicylaldiaminopropan*, erhalten durch Kondensation von Salicylaldehyd u. Propylendiamin. (**A. PP. 2 641 538** vom 6/4. 1950, u. **2 641 539** vom 12/4. 1950, beide ausg. 9/6. 1953.) DERSIN. 8217

Socony-Vacuum Oil Co., Inc., New York, N. Y., übert. von: **Bernard A. Orkin**, Philadelphia, Pa., und **Frederick P. Richter**, Woodbury, N. J., V. St. A., *Synthetische Schmieröle.* Man erhitzt 1 (Mol) eines cycl. Thiols, z. B. Cyclohexanthiol, Arylthiol, Thienylthiol-(2), Thienylthiol-(3), 2-Äthylthienylthiol-(3) oder Pyridylthiol-(2), mit 3 eines Alkanthiols, z. B. Octanthiol-(1) oder Decanthiol-(1), u. mit 1 $SiCl_4$ auf 80—140° u. erhält Öle mit hoher Viscosität, niedrigem Fließpunkt u. guter Stabilität. (**A. P. 2 562 474** vom 4/8. 1948, ausg. 31/7. 1951.) DERSIN. 8221

Socony-Vacuum Oil Co., Inc., New York, übert. von: **John J. Giammaria**, Woodbury, N. J., V. St. A., *Synthetische Schmieröle*, bestehend aus Reaktionsprodd. von Diestern von mehrbas. α.β-ungesätt. Säuren mit geradkettigen, prim., aliphat. Alkoholen mit 1—18 C-Atomen u. Vinylestern von gesätt. Fettsäuren, α-Olefinen, Styrol oder α-Methylstyrol, die durch Erhitzen der Komponenten 1—10 Std. bei 50—150° in Ggw. von Benzoylperoxyd erhalten wurden. Man kondensiert z. B. Di-n-octylmaleinat (I), -fumarat oder Di-n-butylmaleinat (II) mit Vinylacetat, ferner I oder II mit Styrol, Di-n-amylmaleinat mit Propylen, I mit C_2H_4 oder Octen-(1). Man erhält klare Öle von hoher Viscosität u. extrem niedrigem Fließpunkt, die sich mit Mineralölen in jedem Verhältnis mischen lassen. (**A. P. 2 570 788** vom 17/2. 1948, ausg. 9/10. 1951.) DERSIN. 8221

Socony-Vacuum Oil Co., Inc., übert. von: **Frederick P. Richter**, Woodbury, N. J., und **Bernard A. Orkin**, Philadelphia, Pa., V. St. A., *Organische Siliciumverbindungen*, die als *Schmieröle* geeignet sind, erhält man durch Rk. von $(C_2H_5)_2SiCl_2$, $(CH_3)_2SiCl_2$ oder $(C_6H_5)_2SiCl_2$ mit 1.4-Butan- bzw. 1.2-Äthandithiol in Benzollsg. bei Ggw. von $(C_2H_5)_3N$. Das sich abscheidende $(C_2H_5)_3NHCl$ wird abfiltriert u. das Filtrat bis zur Bldg. viscoser Öle erhitzt. Bei der Herst. der polymeren Siliciummercaptole können vorteilhaft, in kleineren Mengen, Octylmercaptan oder $(C_2H_5)_3SiCl$ zugesetzt werden. (**A. P. 2 590 039** vom 30/7. 1948, ausg. 18/3. 1952.) BRÖSAMLE. 8221

Socony-Vacuum Oil Co., Inc., New York, übert. von: **Thomas F. Rutledge**, St. Louis, Mo., und **Francis M. Seger**, Titman, **Alexander N. Sachanen**, Woodbury, und **William E. Garwood**, Haddonfield, N. J., V. St. A., *Herstellung von Schmierölen.* Bei der FISCHER-TROPSCH-Synth. erhaltene, Olefine u. Oxyverbb. enthaltende, von 300 bis 450° F. sd. Fraktionen werden zwecks Entfernung der Oxyverbb. u. Aromaten der selektiven Raffination mit wss. oder alkoh. Lsgg. von Alkalisalzen von Alkylphenolen, z. B. K-m-Kresylat, unterworfen u. das an Olefinen angereicherte Raffinat durch Druckerhitzung (10 Std., 652° F) in Schmieröle übergeführt. (**A. P. 2 569 429** vom 28/9. 1950, ausg. 25/9. 1951.) DERSIN. 8221

Socony-Vacuum Oil Co., Inc., New York, übert. von: **John J. Giammaria**, Woodbury, N. J., V. St. A., *Mineralschmieröle.* Ein Mineralschmieröl enthält 0,01—10%

eines Reaktionsprod. aus Vinylacetat u. einem α.β-ungesätt. Dicarbonsäureanhydrid. Dieses Reaktionsprod. wird mit einem n., gesätt. aliphat. Alkohol mit 12—18 C-Atomen verestert. (**A. P. 2 616 851** vom 29/4. 1947, ausg. 4/11. 1952.) UNGER. 8221

Socony-Vacuum Oil Co., Inc., New York, N. Y., übert. von: **Ferdinand P. Otto, Orland M. Reiff,** Woodbury, und **Robert W. Barrett,** Westville, N. J., V. St. A., *Zusatzmittel für Mineralschmieröle,* bestehend aus Copolymerisaten von Maleinsäureanhydrid u. Styrol, die mit aliphat. Alkoholen von 12—14 C-Atomen verestert sind. Durch den Zusatz sollen der Stockpunkt u. der Viscositätsindex verbessert werden. (**A. P. 2 570 846** vom 20/3. 1947, ausg. 9/10. 1951. **E. P. 655 093** vom 18/3. 1948, ausg. 11/7. 1951. A. Prior. 20/3. 1947.) DERSIN. 8221

Socony-Vacuum Oil Co., Inc., New York, N. Y., übert. von: **John J. Giammaria,** Woodbury, N. J., V. St. A., *Viscositätsverbesserer und Stockpunktserniedriger in Schmierölen.* Ein Mineralschmieröl enthält 0,01—50% eines Mischpolymeren aus Maleinsäureanhydrid mit einem Diester der Itaconsäure, den man durch Veresterung der Itaconsäure mit einem prim., n., aliphat. Alkohol mit 1—18 C-Atomen enthält, u. ein Metallsalz dieses Mischpolymeren. (**A. P. 2 616 849** vom 11/5. 1949, ausg. 4/11. 1952.) UNGER. 8221

Socony-Vacuum Oil Co., Inc., übert. von: **Frederick P. Richter** und **Everett W. Fuller,** Woodbury, N. J., New York, V. St. A., *Schmierölzusätze,* bestehend aus 0,05—1 Gew.-% Monoestern der Thiodiessigsäure $S(CH_2COOH)_2$ mit Alkoholen C_{10-18}. — Beispiele: Mono-n-octadecyl-, -hexadecyl- u. -decylester. Rost- u. Oxydationsinhibitoren. (**A. P. 2 649 416** vom 3/3. 1949, ausg. 18/8. 1953.) DREWS. 8221

Socony-Vacuum Oil Co., Inc., New York, N. Y., übert. von: **John W. Brooks,** Wenonah, und **Sigmund J. Lukasiewicz,** Woodbury, N. J., V. St. A., *3-Thienylthioäther* dienen zur *Stabilisierung* von *Mineralölen.* Sie entstehen durch Rk. von Thiophenthiol-(3) mit organ. Halogenverbb. in Ggw. von alkal. Kondensationsmitteln oder mit Olefinen, gegebenenfalls in Ggw. von Kondensationsmitteln, wie BF_3, H_2SO_4 u. anderen. — (-3-*thienylthioäther* = **I.**) *Tetradecyl-***I**, F. 44—45°. — *1.1.3.3-Tetramethylbutyl-***I**, $Kp._{0,5}$ 102—110°. — *1-Methylheptyl-***I**. — *Benzyl-***I**, F. 37—38°. — *α-Pinenyl-***I**, $Kp._{0,7}$ 118—122°. — *Allyl-***I**, $Kp._{0,4}$ 50—54°. — *2-Phenyläthyl-***I**, $Kp._{0,5}$ 120—122°. — *Nonyl-***I**, $Kp._1$ 105—110°. — *1.2.3-Tris-(3′-thienyl)-thiopropan.* — *Isopropyl-***I**, $Kp._3$ 65—66°. — *tert.-Butyl-***I**, $Kp._1$ 65—67°. — *Dodecyl-***I**, $Kp._8$ 174—176°. — *Wachs-***I**. — *1.2-Bis-(3′-thienyl)-thioäthan,* F. 54—55°. — *1.4-Bis-(3′-thienyl)-thiobutan,* F. 62—63°. — *2.4-Dinitrophenyl-***I**, F. 133°. (**A. P. 2 577 566** vom 13/12. 1947, ausg. 4/12. 1951.) LANGER. 8221

Socony-Vacuum Oil Co., Inc., New York, N. Y., übert. von: **Sigmund J. Lukasiewicz** und **Alexander N. Sachanen,** Woodbury, N. J., V. St. A., *Oxydationsschutzmittel für Mineralschmieröle,* bestehend aus Reaktionsprodd. von S-haltigen Teerprodd. u. fetten, tier. u. pflanzlichen Ölen. Man erhitzt z. B. KW-stoffe mit 4—6 C-Atomen in Dampfform mit S-Dampf sehr kurze Zeit, z. B. 0,01 Sek. auf 400—700° unter schneller Abkühlung mit W. u. erhält ein teerartiges Prod., das aus ca. 70% Thiophen, 3% Homologen u. 27% CS_2 besteht. Von diesem Prod. erhitzt man 1 (Teil) mit 5 eines fetten Öles, z. B. Specköl, auf 160—250° u. erhält ein Öl mit 10—12% S. Zusatz zu Mineralölen 1—3%. (**A. P. 2 562 238** vom 13/3. 1946, ausg. 31/7. 1951.) DERSIN. 8221

Socony-Vacuum Oil Co., Inc., New York, N. Y., übert. von: **Howard D. Hartough,** Pitman, N. J., V. St. A., *Oxydationsschutzmittel für Mineralöle.* Man setzt 0,05—10%

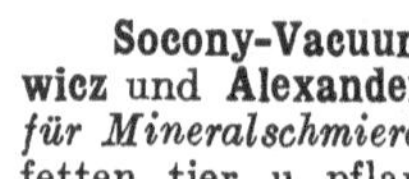

von Verbb. der allg. Formel **I** zu, in der R eine Alkylgruppe mit 1—17 C-Atomen, R′ Alkyl- oder Arylradikale mit wenigstens 5 C-Atomen u. R″ H, Halogen-, Amino-, Nitro- oder Alkylgruppen u. n eine ganze Zahl von 1—3 bedeuten, z. B. N-Phenyl-2-thienylmethylketimin (**II**) oder -propylketimin (**III**) oder N-(2-Äthylhexyl)-2-thienylmethylketimin (**IV**). Man erhält **II** durch langsames Erhitzen unter Rückfluß von 1 Mol 2-Acetylthiophen mit Anilin, **IV** mit 2-Äthylhexylamin, **III** aus 2-Butanoylthiophen u. Anilin. (**A. P. 2 566 611** vom 3/12. 1949, ausg. 4/9. 1951.) DERSIN. 8221

Socony-Vacuum Oil Co., Inc., New York, übert. von: **Clayton W. Nichols jr.,** Mineola, **Eldon L. Armstrong,** Garden City, und **Harold J. Schroeder,** Brooklyn, N. Y., V. St. A., *In Wasser emulgierbares Walzöl* für die Bearbeitung von Nichteisenmetallen, bestehend aus Mineralöl mit Zusatz von 0—40% eines fetten Öles, 0,1—3 W., 0,5—15 eines nicht ionisierten Emulgators, z. B. Glycerinoleat oder Polyoxyalkylenderivv. eines Hexitolanhydridpartialesters, u. ca. 0,5 2-Äthylhexandiol-(1.3). (**A. P. 2 617 769** vom 2/6. 1948, ausg. 11/11. 1952.) DERSIN. 8221

Socony-Vacuum Oil Co., Inc., New York, übert. von: **Robert B. Killingsworth,** Roslyn, N. Y., V. St. A., *Wasserlösliche Schneidölemulsion,* bestehend aus 5—25 (Gew.-%)

Mineralöl, 0,1—20 eines organophilen Bentonits 0,5—10 eines Öl-in-W.-Emulgators, z. B. aus 1 (Teil) Triäthanolamin u. 3 Ölsäure, alles gelöst in 94,4—45 Wasser. Anwendung: 1 Emulsion in 10 Wasser. (**A. P. 2 628 197** vom 17/8. 1950, ausg. 10/2. 1953.) DREWS. 8221

Lummus Co., V. St. A. (Erfinder: **Hyman R. Davis** und **Charles F. Montross**), *Raffinieren von Fettsäuren, Wachsen, Schmierölen und ähnlichen Produkten,* dad. gek., daß man sie mit Al-Silicaten (I) (Fullererde, Bauxit, Montmorillonit) behandelt. Man nimmt z. B. 0,9—3,6 kg I/136 kg Öl. — Vorrichtung. (**F. P. 988 217** vom 13/6. 1949, ausg. 24/8. 1951. A. Prior. 4/11. 1948.) OPPERMANN. 8221

Socony-Vacuum Oil Co., Inc., übert. von: **Joe E. Penick,** Woodbury, N. J., V. St. A., *Regeneration von Raffinationsmitteln, zum Beispiel Fuller-Erde, Silicagel, Bauxit,* für Schmieröle, Speiseöle, Wachse usw. Die aus dem Raffinationsprozeß abgezogenen Adsorptionsmittel werden zunächst mit einem Lösungsm. gewaschen, anschließend ausgedämpft u. dann zur Entfernung von Ndd. abgebrannt. — Zeichnung. (**A. P. 2 571 380** vom 23/6. 1948, ausg. 16/10. 1951.) v. HUHN. 8221

Standard Oil Development Co., übert. von: **Elmer B. Cyphers,** Clark Township, und **George M. McNulty,** Union, N. J., V. St. A., *Hochdruckschmieröl.* Man setzt Mineralschmierölen ca. 10% eines P- u. S-haltigen Öles zu, das durch Erhitzen eines fetten Öles, z. B. Winterspermöl, mit 12% S auf 300—450° F, Abkühlen, Verdünnen mit Mineralöl u. Erhitzen mit 0,1—5% P_4S_3 auf 200° F erhalten wurde, u. das ca. 9% S u. 1,1% P enthält. Man kann noch 0,1—2% eines Metalldesaktivators, z. B. ein Salicylaldehyd-Äthylen- oder -Propylendiamin-Kondensationsprod. oder ein Isooctylphenolmethylaminpolymeres, zusetzen. (**A. P. 2 580 005** vom 31/12. 1947, ausg. 25/12. 1951.) DERSIN. 8221

Socony-Vacuum Oil Co., Inc., New York, N. Y. (Erfinder: **Ferdinand Philip Otto, Leo William Manley,** Woodbury, und **Ralph Victor White,** Pitman, N. J.), V. St. A., *Hochdruckschmieröle,* bestehend aus Mineralschmierölen mit einem Zusatz von 1—10(%) eines Prod., das durch Ersatz nur eines Teils des Cl chlorierter aliphat. Verbb. durch eine CS-Gruppe entsteht (a), von ca. 0,1—3 Dihydroabietylmaleat (b) u. von ca. 0,1—1,5 des Reaktionsprod. von alkylierten Phenolen mit P_2O_5 (c). a) soll aus chlorierten Erdöl-KW-stoffen (I) mit 5—10 C-Atomen bestehen, in denen 25—40 Cl u. 7—22 CS, z. B. Alkylxanthogenatgruppen enthalten sind u. die durch Rk. von I in Aceton als Lösungsm. mit K-Äthylxanthogenat erhalten wurden. c) besteht z. B. aus dem Reaktionsprod. von 3 (Mol) Di-tert.-amylphenol, Mono-tert.-octylphenol oder Wachsphenol mit P_2O_5; b) wird z. B. durch Rk. von 2-Hydroabietylalkohol (Gemisch von 15% Dehydro-, 40% Dihydro- u. 45% Tetrahydroabietylalkohol) mit 1 Äpfelsäure erhalten. (**D. B. P. 875 384** Kl. 23c vom 29/11. 1950, ausg. 4/5. 1953. A. Prior. 8/2. 1950.) DERSIN. 8221

Monsanto Chemical Co., St. Louis, Mo., übert. von: **Edward Schulze Blake,** V. St. A., *Hochdruckzusatz für Mineralschmieröle,* bestehend aus Diestern von Glykolen oder Polyglykolen mit ungesätt. Fettsäuren, die durch Erhitzen mit S sulfurisiert u. mit P_2S_5 phosphorisiert wurden u. die 5,8—11,4 (%) S u. 0,1—0,8 P enthalten. Man erhitzt z. B. Glykoldioleat mit S 7 Std. auf ca. 180° u. anschließend mit P_2S_5 9,5 Std. auf 105°. Das Prod. enthält 8 (%) S u. 0,3 P. Zusatz: 0,1—30. (**E. P. 680 428** vom 23/10. 1948, ausg. 8/10. 1952. A. Prior. 21/11. 1947.) DERSIN. 8221

Socony-Vacuum Oil Co., Inc., V. St. A. (Erfinder: **Celeste M. Fontana**), *Polymerisation von Alkylolefinen zu Verdickungsmitteln für Schmieröle.* Im ersten Stadium der Polymerisation hält man die Konz. von Alkylolefin (I) u. frischem gelöstem $AlBr_3$ (II) niedrig u. arbeitet in Ggw. eines Anregers für **II**, wie HBr oder Bromalkane mit mindestens 3 C-Atomen, in der zweiten Phase gibt man langsam weiteres gleiches oder verschiedenes Alkylolefin zu der Reaktionsmischung. In der ersten Phase leitet man pro Min. nicht über 4 Mol **I** pro Mol **II** ein, desgleichen in der zweiten Phase. Als **I** sind genannt Propylen, 1-Buten, -Penten, -Hexen, -Hepten-, -Octen, -Decen. Als Anreger nimmt man 0,05—1,6 Mol pro Mol **II** u. arbeitet bei 0 bis —80°. Man füllt z. B. einen Behälter mit Innenkühlung zu $^1/_3$ mit n-Butan, gibt bei —40° Propylen, $AlBr_3$ in n-Butan u. HBr (Mol-Verhältnis Propylen : **II** = 3; HBr : **II** = 0,3) zu u. hält die Temp. 9 Minuten. Man unterbricht den Zulauf von **II** u. HBr u. gibt nur Propylen zu u. nach Bedarf die anderen beiden Stoffe, so daß ein Mol-Verhältnis von Butan zu Propylen = 5, Propylen : **II** = 40 u. HBr : **II** = 1 besteht. Durch Isopropylalkohol-W.-Zusatz wird unterbrochen u. das Polymere durch Dest. abgetrennt. (**F. P. 1 007 586** vom 4/1. 1950, ausg. 7/5. 1952. A. Prior. 22/1. 1949.) PANKOW. 8221

Standard Oil Development Co., V. St. A. (Erfinder: **Paul V. Smith jr.**), *Herstellung von synthetischen Schmierölen, besonders für Verbrennungsturbinen,* dad. gek., daß man eine dibas. aliphat. Säure, z. B. Oxal-, Malon-, Bernstein-, Thiodiglykol-, Pentadecandicarbonsäure, mit einem Glykol, z. B. Trimethylenglykol, Triäthylenglykol, Pinakon, Bis-2-(2-oxyäthoxy)-äthylsulfid, reagieren läßt u. die Carboxyl- u. Oxygruppen des Halbesters mit einem aliphat. Monoalkohol, z. B. A., Cetylalkohol, β-n-Butylmercaptoäthanol, Diäthylenglykolmono-2-äthylbutyläther, u. einer aliphat. monobas. Säure, z. B. Essigsäure, Stearinsäure, β-tert.-Octoxypropionsäure, β-tert.-Dodecylmercaptopropionsäure, verestert. (**F. P. 990 983** vom 19/7. 1949, ausg. 28/9. 1951. A. Prior. 1/10. 1948.) OPPERMANN. 8221

Standard Oil Development Co., V. St. A. (Erfinder: **Paul V. Smith jr.** und **Alexander H. Popkin**), *Synthetische Schmieröle, besonders für Verbrennungsturbinen*, bestehend aus einem Ester einer zweibas. Säure (z. B. 4.7-Dioxa-1.10-decandisäure, Thiodipropionsäure, 4.10-Dioxa-7-thia-1.13-tridecandisäure) u. eines Monoalkohols (z. B. Butylcarbitol, β-tert.-Octylmercaptoäthanol, n-Amylalkohol, Isobutylalkohol). Man erhitzt 1 Mol zweibas. Säure, 2,2 Mol Alkohol, 0,5% (Gewicht) p-Toluolsulfosäure u. 100 bis 200 cm^3 Bzn. oder Bzl. oder Toluol bis keine H_2O-Bldg. mehr erfolgt. Das Reaktionsprod. wird mit einer gesätt. wss. Na_2CO_3-Lsg. u. mit H_2O gewaschen, über wasserfreiem $CaSO_4$ getrocknet u. bei 5 mm Hg u. einer Badtemp. von 200—225° destilliert. (**F. P. 991 514** vom 30/7. 1949, ausg. 8/10. 1951. A. Prior. 27/11. 1948.) OPPERMANN. 8221

Standard Oil Co., Chicago, Ill., übert. von: **Leonard A. Mattano** und **Lawson W. Mixon**, Hammond, Ind., V. St. A., *Korrosionverhütende Schmierölzusätze*, bestehend aus 1.3.4-Tricarboxy-2-thiabutanen (z. B. 1-Dodecyloxyformyl-, 1-Tetradecyloxyformyl-, 1-Cetyloxyformyl-3.4-dicarboxy-2-thiabutan). Sie werden dem Schmieröl in Mengen von 0,001—2% zugesetzt. Zur Herst. von 1-Tetradecyloxyformyl-3.4-dicarboxy-2-thiabutan neutralisiert man 0,25 Mol Maleinsäure mit 15% ig. NaOH-Lsg., versetzt mit 0,25 Mol einer alkoh. Lsg. von Tetradecylthioglykolat u. rührt das Gemisch ca. 5—6 Std., bis eine Probe des Reaktionsprod., mit J titriert, die erfolgte Addition anzeigt. Dann säuert man mit HCl an, extrahiert mit Ae. u. verdampft den Äther. (**A. P. 2 503 401** vom 26/3. 1949, ausg. 11/4. 1950.) OPPERMANN. 8221

Gulf Research & Development Co., Pittsburgh, übert. von: **Charles W. Montgomery** und **William I. Gilbert**, Oakmont, und **Robert E. Kline**, Penn Township, Pa., V. St. A., *Herstellung synthetischer Schmieröle.* Bituminöse Kohle oder Schwelkoks wird in wss. Aufschwämmung in Ggw. von NaOH in einem Autoklaven bei 200—300° mit O_2 unter Drucken von 500—1200 lbs./sq.in. zu Carbonsäuren oxydiert, die alkal. Lsg. von der Asche abfiltriert u. mit H_2SO_4 angesäuert. Die freien Säuren werden mit Methyläthylketon extrahiert, zur Trockne gebracht u. mit einwertigen Alkoholen von 4—12 C-Atomen mittels HCl als Katalysator verestert. Bes. geeignet sind Butyl-, Octyl- oder Laurylalkohol oder das als „Lorol" bekannte Gemisch von Cocosnußölalkoholen. Durch Zusatz von 0,1—20% der Ester zu Mineralschmierölen soll der Reibungskoeff. zwischen Metallflächen vermindert werden. (**A. P. 2 568 965** vom 26/5. 1947, ausg. 25/9. 1951.) DERSIN. 8221

Gulf Oil Corp., Pittsburgh, übert. von: **Herschel G. Smith**, Wallingford, **Troy L. Cantrell**, Lansdowne, Pa., und **John G. Peters**, Audubon, N. J., V. St. A., *Herstellung von Sauerstoffinhibitoren*, bestehend aus einem Kondensationsprod. (I) von 1 bis 4 Mol eines einwertigen Phenols mit mindestens einer nicht substituierten Kernstellung (z. B. Thymol [**II**], α-, β-Naphthol, Kresol, Octylphenol, 2.4.6-tert.-Butylphenol), 1—4 Mol N-Dimethylanilin (**III**) u. 0,5—4 Mol CH_2O (**IV**)/Mol Phenol. Von den **I** werden den *Schmierölen* 0,001—1% zugesetzt. Man erhitzt z. B. 1 Mol **II**, 1 Mol **III** u. 1 Mol wss. 37% ig. **IV** in Ggw. von 10% mit Säure aktiviertem Tonkatalysator (z. B. Bentonit, Floridin, Fullererde, Smektit) 8 Std. auf 210° F, entfernt das zugesetzte u. gebildete W. durch Erhitzen auf 280° F u. filtriert. (**A. P. 2 504 742** vom 3/9. 1947, ausg. 18/4. 1950.) OPPERMANN. 8221

Gulf Oil Corp., Pittsburgh, Pa., übert. von: **Herschel G. Smith**, Wallingford, **Troy L. Cantrell**, Lansdowne, Pa., und **John G. Peters**, Audubon, N. J., V. St. A., *Herstellung von Sauerstoffinhibitoren*, bestehend aus einem Kondensationsprod. (**I**) von p-Oxydiphenyl (**II**) mit 4—9 Mol N-Dimethylanilin (**III**) u. 4—9 Mol CH_2O (**IV**)/Mol **I**. Von **I** werden den *Schmierölen* 0,001—1% zugesetzt. Man erhitzt z. B. ein Gemisch von 1 Mol **II**, 5 Mol **III**, 5 Mol einer wss. 37%ig. **IV**-Lsg. u. 80 lbs. „Filtrol" (akt. Erde) 6 Std. auf 210° F, dest. das gebildete u. zugesetzte W. bei 280° F ab u. filtriert durch ein „Celit"-(Diatomeenerde)-Filter. (**A. P. 2 504 743** vom 10/3. 1948, ausg. 18/4. 1950.) OPPERMANN. 8221

Gulf Research & Development Co., Pittsburgh, übert. von: **Donald R. Stevens**, Wilkinsburg, und **Arthur C. Dubbs**, Springdale, Pa., V. St. A., *Antioxydans* (**I**). Bis-(2-oxy-3-butyl-5-methylphenyl)-methan (Butylgruppe sek. oder tert.) wird als **I**

Schmierölen, tier. oder pflanzlichen Fetten u. Ölen zugesetzt. (**A. P. 2 570 402** vom 22/12. 1947, ausg. 9/10. 1951.) LÜTTGEN. 8221

Gulf Oil Corp., Pittsburgh, Pa., übert. von: **Herschel G. Smith**, Wallingford, und **Troy L. Cantrell**, Lansdowne, Pa., V. St. A., *Schmierölzusammensetzung*. Man erhitzt ein Schmieröl auf Paraffinbase mit wasserfreiem $AlCl_3$ auf 14—300° F., entfernt $AlCl_3$ von dem Reaktionsprod. u. setzt es zusammen mit 5—50 Gew.-% eines einwertigen alkylierten Phenols (mindestens 4 C-Atomen in der Alkylgruppe) mit P_2S_5 bei nicht unter 300° F, aber nicht oberhalb der beginnenden Spalttemp. um. Dabei wird dem Reaktionsprod. P u. S einverleibt. Beispiele für alkylierte Phenole mit mindestens 4 C-Atomen im Alkylrest sind folgende: 4-tert.-Butyl-, 2-tert.-Butyl-4-sek.-butyl-, 2.4-Di-tert.-butyl-, 2.6-Di-tert.-butyl- 2.4.6-Tri-tert.-butyl-, 2.6-Di-tert.-butyl-4-sek.-butyl-, 2.6-Di-tert.-butyl-4-methyl-, 4.6-Di-tert.-butyl-2-methyl-, 2-tert.-Butyl-4.6-dimethyl-, 2-tert.-Amyl-4.6-dimethyl-, 2.4.6-Tri-tert.-amyl-, 2-tert.-Butyl-4.6-di-tert.-amyl-, Diisobutyl-, Triisobutylphenol. (**A. P. 2 603 600** vom 7/6. 1948, ausg. 15/7 1952.) UNGER. 8221

Monsanto Chemical Co., St. Louis, Mo., übert. von: **John Mann Butler**, Dayton, O., V. St. A., *Alkylierte Polystyrole* erhält man durch Behandeln von Polystyrol mit Olefinen, Alkylchloriden, -bromiden, -fluoriden, -jodiden mit 3—30 C-Atomen, ungesätt., aliphat. Estern mit 8—20 C-Atomen in Ggw. von HF. — Eine 10%ig. Polystyrollsg. (Mol.-Gew. ca. 85000) in Äthylendichlorid wird mit fl. HF u. einer Nonenfraktion (erhalten durch Polymerisation von Propylen) bei 0—5° 1$^1/_2$ Std. behandelt. Mit HF erhält man wesentlich bessere Alkylierungsprodd. als mit $AlCl_3$. Verwendung als *Schmierölzusatzmittel*. (Vgl. auch Can. P. 488 414; C. **1953**. 6372.) (**A. P. 2 569 400** vom 27/5. 1948, ausg. 25/9. 1951.) KRAUSS. 8221

Monsanto Chemical Co., St. Louis, Mo., übert. von: **John Mann Butler**, V. St. A., *Schmierölmischung*, bestehend aus Mineralöl mit Zusatz von 1—20 (%) Seifen von Fettsäuren u. 0,1—5 eines alkylierten Polystyrols (I) mit Mol.-Geww. von 60000 bis 1000000 u. 6—12 C-Atomen in der Alkylgruppe. Dad. soll die Zähigkeit u. Haftfähigkeit des Ölfilms verbessert werden. I wird durch Alkylierung von Polystyrol mit polymerem Propylen in Ggw. von FRIEDEL-CRAFTS-Katalysatoren erhalten. (**E. PP. 674 143** vom 10/5. 1949, ausg. 18/6. 1952 u. **681 428** vom 10/2. 1949, ausg. 22/10. 1952. Beide A. Prior. 16/7. 1948.) DERSIN. 8221

Sinclair Refining Co., New York, N. Y., übert. von: **Robert H. Gardner**, Munster, Ind., V. St. A., *Geschwefelte Paraffinkohlenwasserstoffe*. Man setzt ein Schwefelchlorid (S_2Cl_2) mit einem Paraffin-KW-stoff (Isooctan, Alkylierungsrückläufe, Paraffin) unter Kühlung (27° F) in Ggw. von wasserfreiem $AlCl_3$ (0,1 Mol) um, säuert mit einer Mischung aus Eis u. konz. HCl an, trennt die wss. Schicht ab u. dest. die Ölschicht. Die neuen Prodd. eignen sich als *Schmierölzusätze* u. als *Oxydationsverhinderer*. (**A. P. 2 565 493** vom 15/11. 1947, ausg. 28/8. 1951.) UNGER. 8221

Sinclair Refining Co., New York, N. Y., übert. von: **Harold E. Latier**, Sinclair, Wyo., und **Franklin M. Watkins**, Flossmoor, Ill., V. St. A., *Ca-Sulfonate*. Die mit H_2SO_4 behandelten Petroleumöle werden mit überschüssigem $Ca(OH)_2$ (wenigstens ca. 50%) neutralisiert, z. B. 1—2 Gew.-% bei einer SZ. von 14,2. Nach der Schichtentrennung wird das Ca-Sulfonat filtriert u. eingedampft. Beispiele, Tabellen. Verwendung als *Schmierölzusatzmittel*, bes. als *Korrosionsschutzmittel*. (**A. P. 2 573 796** vom 27/7. 1948, ausg. 6/11. 1951.) KRAUSS. 8221

Sinclair Refining Co., New York, N. Y., übert. von: **Franklin M. Watkins**, Flossmoor, Ill., V. St. A., *Korrosionsverhinderer*. Man verleibt leichten Erdöldestillaten sehr geringe Mengen von NH_4-Mahoganysulfonaten u. einer höheren öllösl. Carbonsäure (Korrosionsverhinderer) aus der Gruppe der Acyloxycarbonsäuren mit mindestens 10 C-Atomen im Mol. ein, ferner veresterte aliphat. Oxysäuren, worin der aliphat. Rest 10—18 C-Atome enthält u. synthet. Fettsäuren von 18 C-Atomen aufwärts, die durch Oxydation von C_{54} bis C_{55}-Paraffinen (mikrokristallin) unter festgelegten Bedingungen erhalten wurden. Mengenverhältnisse: 0,2:2,5 (lbs.) Mahoganysulfonate u. 0,05—5,0 Korrosionsverhinderer auf je 1000 Barrels des Destillats. (**A. P. 2 632 694** vom 14/11. 1950, ausg. 24/3. 1953.) UNGER. 8221

Farbenfabriken Bayer (Erfinder: **Walter Schulte, Heinrich Morschel** und **Detlef Delfs**), Leverkusen, *Stabilisieren von Polymerisationsprodukten aus Tetrahydrofuran* bzw. Gemischen desselben mit 1.2-Oxidoverbb., dad. gek., daß man diese Verbb. durch doppelte Rk. von austauschfähigem Halogen befreit. Hierfür können z. B. NH_3, Amine, Metallverbb. von Alkoholen oder Phenolen oder entsprechenden Thioverbb. sowie Metallverbb. von aliphat. oder aromat. Carbonsäure verwendet werden. Stabile *Schmiermittel*. (**D. B. P. 883 506** Kl. 39c vom 29/8. 1943, ausg. 20/7. 1953.) SCHINDLER. 8223

Dow Corning Corp., übert. von: **Chester C. Currie,** Midland, Mich., V. St. A., *Polysiloxanschmierfette für hohe und tiefe Temperaturen,* bestehend aus fl. Organopolysiloxanen mit 1,9—2,5 organ. Resten je Si-Atom (Methyl, Phenyl, Tolyl) u. einer geringen Menge eines Alkali- oder Erdalkalimetallsalzes einer alicycl. substituierten Fettsäure mit 2—6 C-Atomen in der Fettsäurekette. Zweckmäßig beträgt die Alkalizahl des Schmierfettes wenigstens 5. Als Fettsäuren sind genannt: Cyclohexylessig-, -propion-, -butter-, -valerian-, -capronsäure, α-Butylcyclohexylessig-, γ-Äthylcyclohexylbutter-, α-[4-(Di-tert.-butyl)-cyclohexyl]-butter-, α-[4-(Di-sek.-butyl)-cyclohexyl]-butter-, Pentalanessig-(I), Cyclopentylvaleriansäure. — 5 (g) LiOH · H_2O in 20 W. werden mit Cyclohexylcapronsäure in 20 Phenylmethylpolysiloxan (II) auf 80° erhitzt, dann wird die Temp. auf 100° erhöht, 60 II werden noch zugesetzt u. dann wird 1 Std. auf 200° erhitzt. Das erhaltene Fett schm. >315° u. hat eine Alkalizahl von 8,96. Es verändert sich nach 24 std. Erhitzen auf 200° nicht. — Weitere Beispiele. (**A. P. 2551931** vom 29/9. 1948, ausg. 8/5. 1951.) KRAUSS. 8223

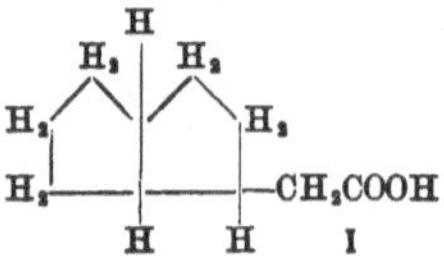

Texas Co., New York, N. Y., übert. von: **Robert T. Sanderson,** Fishkill, N. Y., V. St. A., *Schmiermittel auf Polyesterbasis,* bestehend aus Polyestern von aliphat. zweibas. C_{6-20}-Säuren (I) mit Glykolen (II) u. einwertigen C_{4-20}-Verbb. (III), wobei das Mol-Verhältnis der zweiwertigen Verbb. untereinander = 1:1,25 bis 2 oder 1,25 bis 2:1 ist. Beispiele für II: Äthylen-, Propylen-, Butylen-, Diäthylen- u. Dipropylenglykol; für III: einwertige Alkohole u. Monocarbonsäuren, z. B. 2-Äthylhexanol u. 2-Äthylhexansäure. Herstellung: Aus einer Mischung von 404 (g) Sebacinsäure, 106 Diäthylenglykol, 260 2-Äthylhexanol, 200 cm³ Toluol u. 2 Benzol-m-disulfonsäure werden 72 cm³ W. abdest., das Reaktionsprod. mit $NaHCO_3$ gewaschen u. das Lösungsm. abdestilliert. Erhalten wird ein Öl vom Mol.-Gew. 694; VI. 150, Fließpunkt —30° F., Flammpunkt 510° F. (**A. P. 2 628 974** vom 27/3. 1948, ausg. 17/2. 1953.) DREWS. 8223

Universal Oil Products Co., Chicago, übert. von: **Louis Schmerling,** Riverside, Ill., V. St. A., *Cycloalkylpolyäthylene,* die dem Petrolatum ähnliche physikal. Eigg. aufweisen, werden durch den Zusatz geringer Mengen (10—30 Gew.-%) an Äthylenpolymeren mit Mol.-Geww. von 10000—30000, bes. im F. verbessert. (**A. P. 2 558 882** vom 29/11. 1946, ausg. 3/7. 1951.) G. KÖNIG. 8223

Pure Oil Co., Chicago, Ill., übert. von: **Langley B. Stevens,** Wilmington, Del., V. St. A., *Kontinuierliche Herstellung von seifenhaltigen Mineralschmierölen.* Man vermischt Alkali-, Erdalkali- oder Al-Seifen höherer Fettsäuren mit Mineralöl unter Erhitzen auf 220—290° F, so daß sich die Seife oberhalb ihres Plastizitätspunktes, aber unterhalb ihres wahren F. befindet, homogenisiert das Gemisch bei dieser Temp., kühlt es auf 150—200° F, den undimensionalen F. der Seife, ab, homogenisiert es erneut, worauf es gekühlt u. verpackt wird. Man kann auch Füllstoffe, wie Graphit, Asbest oder S, u. zur Erhöhung der Zähigkeit noch geringe Mengen von Polyisobutylenpolymeren oder Kautschuk zusetzen. (**A. P. 2 542 159** vom 14/12. 1946, ausg. 20/2. 1951.) DERSIN. 8223

Socony-Vacuum Oil Co., Inc., New York, übert. von: **Emmett S. Carmichael** und **Eldon L. Armstrong,** Jackson Heights, N. Y., V. St. A., *Schmierfett,* bestehend aus Mineralschmierölen mit Zusatz von 5—30 (%) Ba-Salzen (I) höherer Fettsäuren (II) u. 0,5—10 von I niederer II (bis 6 C-Atome), z. B. Ba-Acetat, u. 1—10 eines Wachses, z. B. Candelilla- oder Montanwachs. Die Schmiere ist beständig bis >200° F. (**A. P. 2 564 561** vom 20/5. 1944, ausg. 14/8. 1951.) DERSIN. 8223

Gulf Oil Corp., Pittsburgh, übert. von: **Herschel G. Smith,** Wallingford, **Troy L. Cantrell,** Lansdowne, und **Mark L. Hill,** Boothwyn, Pa., V. St. A., *Schmiermasse.* Einem durch Seife, z. B. Al-Stearat, verdickten Mineralöl werden 0,1—5% Metallsalze von Phthalylalkylamidsäuren der allg. Formel I zugesetzt, in der R Alkylgruppen von 8—20 C-Atomen, M ein Metall u. x einen der Wertigkeit des Metalls entsprechenden Faktor darstellen, z. B. das Ca- oder Al-Salz der N-Dodecylphthalamidsäure. Durch den Zusatz wird eine bes. Gelstruktur des Schmierfetts bewirkt, so daß es für hohe Drucke u. Tempp. geeignet ist. (**A. P. 2 578 851** vom 12/9. 1949, ausg. 18/12. 1951.) DERSIN. 8223

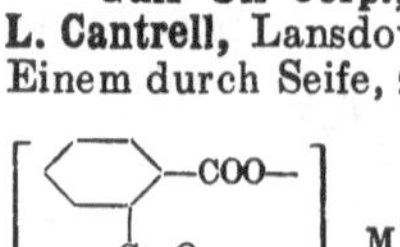

Phillips Petroleum Co., übert. von: **George F. Ford,** Bartlesville, Okla., V. St. A., *Schmierfett.* Man vermischt eine Fettschmiere von Faserstruktur, die durch Verseifen von Fettsäure mit Alkali in Ggw. eines niederviscosen Mineralöls u. Rühren bis zur Faserstruktur erhalten wurde, mit 20—70% einer Fettschmiere mit Gelstruktur, die aus einem höherviscosen Mineralöl mit ca. 50% Seife gebildet wurde. (**A. P. 2 619 461** vom 4/1. 1950, ausg. 25/11. 1952.) DERSIN. 8223

Sinclair Refining Co., New York, N. Y., übert. von: **George Entwistle** und **Henry John Voss,** Chicago, V. St. A., *Schmierfett* aus Mineralölen u. Seifen, enthaltend Zusätze von 0,05—2 Gew.-% eines öllösl. höheren Alkyldiphenylamins (I) u. eines Dimethylaminalkylphenols (II). Beispiele für I: Gemisch aus Mono- u. Diheptyldiphenylamin; für II: 2.6-Di-(dimethylaminomethyl)-4-butyl- u. -4-octylphenol. (**A. P. 2 636 859** vom 29/1. 1951, ausg. 28/4. 1953.) DREWS. 8223

C. C. Wakefield & Co. Ltd., London, England (Erfinder: **William Helmore**), *Schmiermittel.* Man setzt Schmieröldestillaten geringe Mengen von Cr- u. Sn-Salzen von Mineralölsulfonsäuren (I), Ölsäure oder Naphthensäuren, gegebenenfalls zusammen mit Na- oder Ca-Salzen von I zu. Dad. soll die Oxydations- u. Korrosionsbeständigkeit der Öle erhöht werden. (**E. P. 658 243** vom 27/2. 1947, ausg. 3/10. 1951.) DERSIN. 8223

Anglamol Co. Ltd., London, England, *Zusätze für Schmiermittel* auf KW-stoff-Basis, bestehend aus Umsetzungsprodd. eines ungesätt. KW-stoffs (I) mit einer P–S-haltigen Verb., z. B. P_2S_5, die durch Behandeln mit Alkoholen, z. B. Butanol, Benzylchlorid, P, P-Chloriden, S, S-Chloriden, Halogen, Metalloxyden oder öllösl. Metallsulfonaten stabilisiert sind. Beispiele für I: Terpentin, Terpene, bes. Pinen. Zahlreiche Beispiele für andere Ausgangsstoffe. (**E. PP. 693 421** u. **693 422,** beide vom 5/2. 1948, ausg. 1/7. 1953. A. Prior. 31/1. 1944.) DREWS. 8223

Robert Lacau, Frankreich, *Gewinnung von Schmierölen oder -fetten* aus Steinkohlenteeren oder Steinkohlenteerölen. Zunächst werden die leichten Anteile, W. u. Phenole als störende Begleitstoffe durch Dest. entfernt. Danach wird das Öl oder der Teer durch Erhitzen im geschlossenen Gefäß unter Luftausschluß polymerisiert, um die gewünschte Viscosität bzw. salbenartige Konsistenz zu erreichen. Zur Herabsetzung der Oberflächenspannung u. zur Steigerung der Netzwrkg. werden 1,5—3,0% eines Öles, z. B. Ricinusöl, Olein, pflanzliche oder tier. Fettsäuren, Tallöl oder Harzsäuren zugegeben. (**F. P. 972 824** vom 7/5. 1941, ausg. 5/2. 1951.) M. F. MÜLLER. 8223

Soc. Armoricaine des Dérivés Organiques et Minéraux, Frankreich, *Herstellung von stabilen Mineralölemulsionen,* dad. gek., daß man die Mineralöle in Kondensationsprodd. von abgebautem Eiweiß (Polypeptid) mit höheren Fett- oder Harzsäuren emulgiert u. mit Naphthensäuren (I) versetzt oder die I zu Fett- u. Harzsäurechloriden vor ihrer Kondensation mit den Eiweißabbauprodd. zugibt. Man mischt z. B. 3 kg Spindelöl mit 1 kg eines Kondensationsprod. von Na-Protalbuminat u. Oleinsäurechlorid mit 15% Fettsäuregeh., 160 g I (SZ. 140), 5—10 cm^3 20% ig. NaOH u. zur Herabsetzung der Viscosität mit 90 cm^3 Isopropylalkohol, (**F. P. 980 134** vom 11/12. 1948, ausg. 8/5. 1951.) OPPERMANN. 8223

N. V. de Bataafsche Petroleum Mij., Holland (Erfinder: **A. A. Bondi** und **Walter H. Peterson**), V. St. A., *Herstellung von Aerogelen sowie von Schmierstoffen,* welche solche enthalten. Ein in fl. Phase hergestelltes Gel wird unter Entfernung der Fl., z. B. durch Abkühlen auf eine Temp., bei der die fl. Phase fest wird, in ein Aerogel verwandelt u. danach die Fl. durch Sublimation entfernt. — Für die Gelbldg. geeignet sind z. B. SiO_2, Al_2O_3, ThO_2, TiO_2, Oxyde u. Sulfide von W u. Fe''', Cr_2O_3, As_2S_3, $Ni(OH)_2$, $Mg(OH)_2$, Pyroxylin, Cellulose, Nitrocellulose, Kollodium, Gelatine, Agar-Agar, Kautschuk. Bes. vorteilhaft werden Seifenaerogele hergestellt, z. B. von Na-Stearat, Na-12-Oxystearat, Na-Seifen von Fettsäuren von hydrierten Fischölen, Li-Stearat u. -Oleat, Ca-, Ba-, Pb- u. Al-Stearat, Pb-Palmitat. — Für *Schmierölzwecke* wird z. B. ein Gemisch einer Na-Seife mit einem Mineralöl verwendet, ferner von Li-, K-, Ca-, Ba-, Al-, Zn-Seifen mit Mineralölen, ferner Li-Seife u. Trioctylphosphat, Al-Seife u. Dioctylphthalat, Pb-Seife u. Trixylenylphosphat, Al-Seife u. Di-(2-äthylhexyl)-sebacat, Aerogel aus SiO_2 u. Mineralöl, SiO_2 u. Dioctylphthalat, Aerogel aus $Mg(OH)_2$, Cellulose oder Gelatine u. Mineralöl; ferner sind Dreistoffgemische genannt, z. B. die Aerogele aus Na-Seife u. SiO_2 mit Zusatz von Mineralöl, oder von Al-Seife u. SiO_2 mit Mineralöl. (Vgl. auch D. B. P. 832 034; C. **1953.** 5965 u. Schwed. P. 129 771; C. **1952.** 3926.) (**F. P. 987 611** vom 28/5. 1949, ausg. 16/8. 1951. A. Prior. 1/6. 1948.) M. F. MÜLLER. 8223

C. C. Wakefield & Co. Ltd., London, England (Erfinder: **W. Helmore**), *Schmiermittel,* gek. durch eine kleine Menge öllösl. organ. Cr- u./oder Sn-Verbb., wobei mindestens eine dieser Verbb. ein Erdölsulfonat darstellt. Daneben können noch Alkali- oder Erdalkalisulfonate vorhanden sein. Z. B. enthält das Schmiermittel 0,1—0,3% Cr- oder Sn-Erdölsulfonat. Die Zusätze bewirken eine Verschleißminderung der geschmierten Maschinenteile, bes. Kolben u. Zylinder von Flugmaschinen. (**Schwed. P. 131 026** vom 25/2. 1948, ausg. 6/3. 1951. **N. P. 76 274** vom 26/2. 1948, ausg. 13/2. 1950. Beide E. Priorr. 27/2., 20/5. u. 26/8. 1947.) JÜRGEN SCHMIDT. 8223

Alpinapharm Akt.-Ges., Zürich, Schweiz, *Schmiermittel,* bestehend aus Mineralöl, in dem aus anorgan. Oxyden oder Hydroxyden, z. B. $Ca(OH)_2$, u. höheren Fettsäuren,

z. B. Stearinsäure, bei n. Temp. Seifen erzeugt sind. Man kann ferner Glycerin oder Glykole zusetzen u. das Prod. für kosmet. Zwecke verwenden. (**Schwz. P. 283 428** vom 17/10. 1952, ausg. 17/11. 1952.) DERSIN. 8223

Standard Oil Development Co., Elizabeth, N. J., V. St. A., *Schmierfett für hohe Temperaturen,* bestehend aus Mineralschmieröl, das durch Zusatz von Alkali- oder Erdalkalisalzen von $C_{12}-C_{22}$-Fettsäuren (I), z. B. hydrierten Fischölsäuren, verdickt ist, u. 2—20% Metallsalze heterocycl. Carbonsäuren (II), z. B. Furan- oder Thiophen-α-carbonsäure, u. 0,01—5% Ester der I mit den II entsprechenden Alkoholen enthält. (**E. P. 669 947** vom 27/9. 1949, ausg. 9/4. 1952. A. Priorr. 30/10. u. 17/11. 1948.) DERSIN. 8223

Deutsche Shell Akt.-Ges. (Erfinder: **Hans Joachim Hofmann**), Hamburg, *Herstellung von Hochdruckschmiermitteln* nach D. B. P. 876 437, dad. gek., daß man das Ausgangsmaterial für die Zusatzstoffe vor Behandlung mit S_2Cl_2 mit Polymerisationskatalysatoren, z. B. mit Metallhalogeniden, behandelt. (**D. B. PP. 897 137** u. **897 305** beide Kl. 23c vom 25/2. 1944, ausg. 19/11. 1953. **Zusätze zu D. B. P. 876 437; C. 1953. 8264.**) DREWS. 8223

Deutsche Shell Akt.-Ges. (Erfinder: **Hans Joachim Hofmann**), Hamburg, *Herstellung von Hochdruckschmiermitteln* nach D. B. P. 876 437, gek. durch die Verwendung von Al-Komplexverbb., die sich aus den durch Polymerisation der bei der Dampfphasenspaltung fester Paraffine erhaltenen Olefine schlammförmig abscheiden, als Ausgangsmaterial für die Behandlung mit S_2Cl_2. Vor der Behandlung mit S_2Cl_2 kann man in dem Ausgangsmaterial mol. S_2 in Lsg. bringen. (**D. B. P. 897 138** Kl. 23c vom 29/2. 1944, ausg. 19/11. 1953. **Zusatz zu D. B. P. 876 437; C. 1953. 8264.**) DREWS. 8223

Shell Development Co., San Francisco, übert. von: **Rupert C. Morris,** Berkeley, **John L. Van Winkle,** San Lorenzo, Calif., und **Alva V. Snider,** Hempstead, N. Y., V. St. A., *Hochdruckschmiermittel.* Man setzt zu Mineralölen 0,1—20% chlorierte, cycl. Polymere zu, die wie folgt erhalten werden: Man erhitzt Methyl-1.3-pentadien mit SO_2 im Autoklaven auf 100—130°, entfernt die gebildeten Sulfolene u. anschließend das SO_2 mit NaOH-Lsg., behandelt dann die erhaltenen cycl. Methylpentadienpolymeren, die 4—10 Methylpentadieneinheiten enthalten u. $>250°$ sd., mit Cl_2 bei 15—30°, bis das Prod. 10—20% Cl_2 enthält. (**A. P. 2 542 286** vom 26/9. 1944, ausg. 20/2. 1951.) DERSIN. 8223

Michael W. Freeman, Detroit, Mich., V. St. A., *Korrosionsbeständige Schmiermittel für hohe Drucke und Temperaturen.* Man setzt Mineralschmierölen 0,1—25% eines Reaktionsprod. zu, das durch Erhitzen von 10—75 (Mol) eines Prod. a) mit 25—90 eines Prod. b) unter Rühren bis zur Homogenität erhalten wurde. a) besteht aus dem Reaktionsprod. von 1—5 eines Alkylamins, z. B. Diäthyl-, Phenyldiäthanol-, Diäthanol oder Triäthanolamin, mit 1 einer höheren Fettsäure, z. B. Stearin-, Öl-, Myristin- oder Degrasfettsäure. b) wird durch Erhitzen eines Mineral- oder Ricinusölsulfonates mit bis zu 50% P_2S_5 oder P_4S_7 auf 150—500° F u. anschließende Oxydation, z. B. durch Luftdurchblasen bei 200—500° F, bis wenigstens 1% gebundener O aufgenommen wurde, erhalten. Nach Entfernen der nicht umgesetzten Ausgangsstoffe u. Nebenprodd., z. B. H_2S, erfolgt die Rk. mit dem Prod. a). (**A. P. 2 562 904** vom 27/8. 1946, ausg. 7/8. 1951.) DERSIN. 8223

Georges C. Bruckert, Frankreich, *Herstellung eines konsistenten Schmierfettes.* Einer verhälnismäßig dicken wss. Suspension von Tonerde wird koll. Graphit zur Erhöhung der Schmierwrkg. u. $K_2Cr_2O_7$ zur Verhinderung von Oxydation zugesetzt. (**F. P. 974 052** vom 26/11. 1941, ausg. 19/2. 1951.) M. F. MÜLLER. 8223

Comp. Française de Raffinage (Soc. An.), Frankreich, *Herstellung von konsistenten Schmierfetten,* dad. gek., daß man ein Öl, z. B. Kolophoniumöl, mit einer Seife, z. B. wasserfreiem Na-Stearat, mischt oder eine verseifbare Fettsubstanz in Ggw. eines nicht verseifbaren Öles (Mineralöl) verseift unter Vermeidung jeglichen metall. Kontaktes. — Vorrichtung. (**F. P. 980 358** vom 8/2. 1943, ausg. 11/5. 1951.) OPPERMANN. 8223

Shell Development Co., San Francisco, übert. von: **Ellis R. White,** Albany, Calif., V. St. A., *Schmiermittel* zur Verhinderung des Festfressens der Kolbenringe bei Brennkraftmaschinen, bestehend aus einem Mineralschmieröl, in dem eine geringe Menge eines öllösl. Al-Salzes einer α-aromat. Aminomonocarbonsäure enthalten ist. Diese besitzt nicht mehr als eine olefin. Doppelbindung u. entspricht der allg. Formel $[(R_1)(R_2)\cdot N-C(R_3)(R_4)-COO]_x-Al(OH)_y$, worin R_1 ein aromat. Rest ist; R_2 u. R_3 sind H oder KW-stoffreste, R_4 = KW-stoffrest. $x+y=3$, wobei x wenigstens 1 ist. Genannt ist z. B. *Al-α-Toluidinostearat.* (**Can. P. 495 268** vom 17/4. 1943, ausg. 11/8. 1953. A.Prior. 13/4. 1942.) M. F. MÜLLER. 8223

Standard Oil Development Co., V. St. A. (Erfinder: **Jones I. Wasson** und **Douglas L. Bonham**), *Rostschutzzusätze enthaltende Schmieröle und Schmierfette*, dad. gek., daß sie aus einem mineral. Schmieröl oder Schmierfett u. einem Diglycerinfettsäure- oder -naphthensäureester von der allg. Formel $RCOOCH_2CHOHCH_2OCH_2CHOHCH_2OX$ (worin R ein Rest mit 10—24 C-Atomen u. X eine P, S, Cl oder mehrere dieser Elemente enthaltende Gruppe oder H bedeutet) mit oder ohne Zusatz von Alkali- oder Erdalkalisulfonaten u. Degras bestehen. (**F. P. 983 693** vom 25/3. 1949, ausg. 26/6. 1951. A. Prior. 5/6. 1948.) OPPERMANN. 8223

Gilron Products Co., Cleveland, übert. von: **Gilbert H. Orozco**, Euclid, und **Richard F. Roy**, Cleveland, O., V. St. A., *Wasserlösliches Schmiermittel für die Metallbearbeitung*. Man mischt 5—30 (Teile) wasserlösl. Seife, F. 36—42°, z. B. Stearin-, Palmitin- oder Talgseife mit 30—5 Polyäthylenglykol (**I**), **I**-Oleat, -Stearat, Propylenglykol-, Glycerinmono- oder Diglykolstearat u. mindestens 65 Borax, Li- oder K-Borat, u. taucht die Metallteile in eine wss. Lsg. der Mischung, die nach dem Trocknen auf dem Metall einen zur Bearbeitung, z. B. durch Pressen oder Ziehen, ausreichenden Schmierfilm hinterläßt. (**A. P. 2 578 586** vom 11/8. 1949, ausg. 11/12. 1951.) DERSIN. 8223

Martial Beguier, Frankreich, *Schmiermittel für die Metallbearbeitung*, bestehend aus einer stabilen wss. Lsg. von tier., pflanzlichen u. Mineralölen, welche 10—50% Öl enthält. In dem W., welches dem Öl zugesetzt wird, werden vorher Schleimstoffe oder die in solchen enthaltenen wirksamen Stoffe gelöst. — Bei Verwendung von Mineralölen wird zur Erleichterung der Emulsionsbldg. eine geringe Menge tier. oder pflanzlicher Öles zugegeben. — Als Schleimstoff ist *Na-Alginat* genannt. — Man verwendet z. B. ein Gemisch aus 20 (%) Mineralöl, 5 geschwefeltes Rapsöl u. 75 Na-Alginatlösung. (**F. P. 975 132** vom 12/2. 1942, ausg. 1/3. 1951.) M. F. MÜLLER. 8223

Max-Planck-Institut für Kohleforschung. Mühlheim a. d. Ruhr. Arbeiten des MPI für Kohlenforschung. Köln u. Opladen: Westdt. Verlag. 1953. 96 S. m. 9 Abb. = Forschungsberichte d. Wirtschafts- u. Verkehrsministeriums Nordrhein-Westfalen. Nr. 16. DM 21.—.

XXI. Leder. Gerbstoffe.

David B. Eisendraht, *50 Jahre Fortschritt auf dem Gebiet der Chromgerbung.* Vortrag über die chem. u. vor allem verfahrenstechn. Entwicklungen auf dem Gebiet der Chromgerbung unter bes. Berücksichtigung der Entw. in den USA. (J. Amer. Leather Chemists Assoc. **49**. 52—58. Jan. 1954. Racine, Wis., B. D. Eisendraht Tanning Co.) H. G. FRÖHLICH. 8336

A. J. Pilar, *Lederzurichtung.* (J. Amer. Leather Chemists Assoc. **49**. 58—66. Jan. 1954. Newark, N. J., A. J. and J. O. Pilar. — C. **1954**. 463.) H. G. FRÖHLICH. 8340

T. J. Carter und **J. R. Kanagy**, *Ein Biegefestigkeits-Test für Leder.* Es wird eine Prüfmeth. für Schuhoberleder u. sonstige durch häufiges Biegen u. Strecken stark beanspruchte Ledersorten beschrieben, die es gestattet, die geeigneten Gerb-, Fettungs- u. Zurichtmethoden einerseits u. den Einfl. von Alterung oder sonstiger chem. u. physikal. Einw. andererseits auf die Biegefestigkeit zu ermitteln. Die Arbeitsweise sowie die App. für die Ausführung des Biegetestes werden an Hand von Abbildungen ausführlich beschrieben u. die hiermit erhaltenen Ergebnisse sowie die Beziehungen zwischen den verschied. ermittelten Größen diskutiert. (J. Amer. Leather Chemists Assoc. **49**. 23—42. Jan. 1954. National Bureau of Standards, Leather Section.) H. G. FRÖHLICH. 8368

Henkel & Cie. G. m. b. H. (Erfinder: **Bernhard Raecke**), Düsseldorf, *Gerbverfahren für Häute und Felle*, gek. 1. durch die Behandlung des zu gerbenden Materials mit Estern oder Amiden aus α-Halogenfettsäuren u. vorzugsweise höhermol. Hydroxyl- oder Aminoverbb. (**I**); 2. gek. durch die Behandlung mit Chloressigsäureestern oder -amiden (**II**) von höhermol. aliphat. Reste enthaltenden **I**; 3. gek. durch die Behandlung mit **II** von höhermol. ungesätt., aliphat. Reste enthaltenden **I**; 4. gek. durch die Behandlung mit Estern oder Amiden aus höhermol. α-Halogenfettsäuren u. vorzugsweise niedermol. **I**. — Mit 0,5 (%) Cr_2O_3 gegerbte Kaninblößen werden im Gerbfaß mit 16 Chloressigsäuredodecylester u. 3,5 Na_2CO_3 nachgegerbt u. nach 15 Min. Heißluft von 60° eingeblasen. Nach Beendigung der Gerbung werden die Leder 20 Tage gelagert. Die Rk. der Leder ist dann neutral. Dann wird mit 200 W. u. 0,5 Na_2CO_3 bei 30° 2 Std. gewaschen u. gründlich gespült. Nach dem Auftrocknen wird gestollt. Die erhaltenen Leder zeigen gute Haltbarkeit, sind weich u. geschmeidig. (**D. B. P. 904 098** Kl. 28a vom 4/8. 1951, ausg. 15/2. 1954.) SEITZ. 8337

George Hugo von Fuchs, Niagara Falls, N. Y., V. St. A., *Wasserundurchlässigmachen von Leder und Schuhwerk,* gek. durch die Verwendung von Lsgg. von Derivv. von Bernsteinsäure (I), wie Alkyl- u. Alkenylbernsteinsäuren in organ. Lösungsmitteln, wie CCl_4, Chlf. u. A., oder von alkylierten I, die mit flüchtigen Basen, wie NH_3 oder Morpholin, in W. lösl. gemacht sind, allein oder in Mischung mit anderen Lederschmiermitteln. Brauchbar sind auch Halbester der alkylierten I mit einfachen oder mehrwertigen Alkoholen. — Chrom- oder lohgare Leder werden mit 6—20% ihres Gew. an Isooctadecenylbernsteinsäure in CCl_4 behandelt. Nach dem Trocknen bei 65° zeigen die behandelten Leder keine Wasserdurchlässigkeit nach 5000 Biegungen mehr. (**Schwz. P. 290 897** vom 28/11. 1950, ausg. 17/8. 1953. A. Prior. 28/11. 1949.) SEITZ. 8341

Edwin L. Gustus, übert. von: **Nicholas D. Cheronis,** Chicago, Ill., V. St. A., *Imprägnieren von Leder,* dad. gek., daß man dasselbe in eine Lsg. eines unvollständig polymerisierten Silconaminharzes (I) von 0,5—45% einlagert u. das Harz durch Erwärmen der Leder auf 90° im Innern derselben auspolymerisiert. Ferner kann das Leder mit der Lsg. eines Alkylmethacrylates, Styrols, Chlorstyrols, Vinylacetates oder Vinylidenchlorides u. einem Geh. an 10—40% I imprägniert werden. — Z. B. erhitzt man eine Mischung aus 30 (Teilen) Butylacrylat, 25 Butylmethacrylat, 11 Styrol 15 Min. auf 125°. Nach dem Zusatz von 0,5 Benzoylperoxyd u. 0,1 Cyclohexylamin wird mit Xylol oder Toluol verdünnt. Nach dem Abkühlen auf Raumtemp. werden 30 I (hergestellt aus 60 Äthyltrichlorsilan u. 40 Diäthylchlorsilan) 14 Octylphthalat u. so viel Lösungsm. zugesetzt, daß die Lsg. 25%ig. wird. (**A. P. 2 635 059** vom 26/10. 1948, ausg. 14/4. 1953.) SEITZ. 8341

J. Greenebaum Tanning Co., übert. von: **Nicholas D. Cheronis,** Chicago, Ill., und **Edwin W. Newbury,** Milwaukee, Wis., V. St. A., *Imprägnieren von Leder,* dad. gek., daß die in üblicher Weise chromgegerbten Leder nach dem Färben u. Fetten mit einer auf p_H 5—6 eingestellten Emulsion, bestehend aus einem in W. unlösl. organ. Lösungsm., in welchem ein noch polymerisierbares Siliconharz (I) der Formel $R_nSi\ X_{4-n}$, wobei n = 1—2, X = Halogen, R = KW-Stoffrest mit einem an ein Si-Atom gebundenen C-Atom bedeutet, oder dessen Umsetzungsprodd. mit NH_3 oder prim. Aminen, gelöst ist, aus sulfonierten Lederfettungsmitteln (II) als Emulgator u. einem Weichmacher für I, z. B. Paraffinöl. Als I sind genannt: NH_3-Verbb. von Methyltrichlorsilan, Dimethyldichlorsilan, Dibenzyldichlorsilan, Monophenyltrichlorsilan u. dergleichen. Als II wird sulfoniertes Klauenöl, Laurylsulfat, „Tergitol", „Nacconal", „Duponal" u. „Igepon" genannt. Die imprägnierten Leder sind porös, wasserbeständig u. abriebfest. (**A. P. 2 635 060** vom 25/1. 1946, ausg. 14/4. 1953.) SEITZ. 8341

XXII. Leim. Klebstoffe usw.

Isidor Wetzler, Seine, Frankreich, *Herstellung von Leim und Verdickungsmitteln.* Man erhitzt wss. Lsgg. von Polysacchariden, wie Agar, Gelose, Mehl der Johannisbrot-, Kirsch-, Mandel-, Lorbeer- u. dgl. Kerne, auch zusammen mit Stärke u. auch in Ggw. von Salzen oder schwachen Säuren oder Alkalien, u. trocknet rasch bei 80—130°. — Verwendung als Kleb-, Appretier-, Verdickungsmittel. Große Quellfähigkeit. (**F. P. 1 013 156** vom 22/2. 1950, ausg. 23/7. 1952.) PANKOW. 8389

Siegfried Glaubert, Seine, Frankreich, *Holzleim* aus einer wss. Caseinlsg., einem Phenolaldehydkondensationsprod., einem Katalysator (NaOH) für letzteres, der zugleich ein Verflüssigungsmittel für Casein ist, Alkali- oder Erdalkalifluorid. — Zu einem Kondensationsprod. aus 5 kg Rohphenol, 5,5 kg 40%ig. HCHO, 900 g NaOH, 90 g MgF_2, 230 g NaF gibt man 450 g NaOH, 10 g Netzmittel, 9,5 kg W. u. 5 kg Casein. (**F. P. 1 013 844** vom 4/3. 1950, ausg. 5/8. 1952.) PANKOW. 8389

Westinghouse Electric Corp., V. St. A. (Erfinder: **Robert H. Runk, Mechtild E. Grapes** und **William C. Weltman**), *Im Kalten erhärtende Klebemittel,* hergestellt aus einem Oxybenzol (z. B. Kresol, Phenol, Xylenol) u. CH_2O (I) oder dessen Polymeren in Ggw. von 0,2—0,5% alkal. Polymerisationskatalysator, z. B. NaOH, KOH, $Ca(OH)_2$, Na_2CO_3, $NaHCO_3$, Äthylendiamin, einer nichtreagierenden Fl., z. B. H_2O, A., Methanol (II), Isopropanol, u. Zusatz von 0,2—2 Mol eines Polyoxybenzols, z. B. Resorcin (III), zu dem gebildeten Phenolaldehydharz. — Man erhitzt z. B. 432 (Gew.-Teile) m.p-Kresol, 324 37%ig. wss. I-Lsg. u. 2,16 NaOH $^1/_2$ Std. gibt 236 III hinzu, erhitzt 1 Std. u. versetzt dann mit 320 95%ig. II. Zu der Harzlsg. gibt man noch 0,8 NaOH/100 Lsg. u. 20 eines Gemisches im Verhältnis 1:1 von Paraformaldehyd u. Nußschalenmehl. (**F. P. 1 008 007** vom 5/1. 1950, ausg. 13/5. 1952. A. Prior. 7/1. 1949.) OPPERMANN. 8389

United States Rubber Co., New York, N. Y., übert. von: **David D. M. Streed** und **Jack M. Broadhurst**, South Bend, Ind., V. St. A., *Klebstoff*, bestehend aus 100 (Teilen) eines thermoplast. Mischpolymeren von 40—60 (%) Styrol u. 60—40 Isobutylen, 50—125 einer klebrigmachenden Komponente, bes. Diäthylen- u. Triäthylenglykolestern von C_6—C_{10}-Monocarbonsäuren, z. B. Diäthylenglykoldipelargonsäureester, u. 70—200 eines Glycerinesters von hydriertem Kolophonium. Der Klebstoff spricht auf Druck an, gibt sehr feste Bindungen u. ist bes. zur Herst. von Schichtstoffen aus Polyesterharzen u. zum Verkleben von Schwammgummi geeignet. Gebrauchsfertige Klebschichten werden vor dem Gebrauch durch Aufstriche, z. B. von Seife, vor dem Zusammenkleben geschützt. — Zeichnung. (**A. P. 2650181** vom 13/2. 1951, ausg. 25/8. 1953.) LÜTTGEN. 8389

Ciba Akt.-Ges., Basel, Schweiz, *Kunstharzemulsionen vom Typ Öl-in-Wasser-Emulsionen.* Lsgg. von härtbaren wasserunlösl. Kunstharzen, wie Harnstoff–Formaldehyd-, Melamin–Formaldehyd oder Dicyandiamid–Formaldehyd-Kondensationsprodd., in einem mit W. im wesentlichen nicht mischbaren organ. Lösungsm., wie Butanol, Lackbenzin oder Toluol, werden in wss. Medium unter Verwendung von Umsetzungsprodd. aus Eiweißstoffen, wie Fischleim, Milchcasein oder Gelatine, u. einem Alkylenoxyd, wie Äthylenoxyd, Propylenoxyd oder Epichlorhydrin, als Emulgatoren, gegebenenfalls unter Zusatz von Verdickungs- bzw. Stabilisierungsmitteln, wie Polyvinylalkohol, Traganth, Stärke oder Methylcellulose, dispergiert. Diese Emulsionen eignen sich zur Verwendung als *Klebemittel* für die Papier-, Leder-, Textil- u. Holzindustrie. (**Schwz. P. 290 251** vom 8/9. 1950, ausg. 1/8. 1953.) R. HERBST. 8389

Industrial Tape Corp., New Brunswick, N. J., V. St. A., *Thermoplastisches Klebband*, bestehend aus einem Band aus porösen Material, dessen eine Seite einen heißsiegelbaren Klebstoff (I) mit einem Erweichungspunkt von $>100^0$ F trägt u. dessen Rückseite zwecks Vermeidung von Beschmutzung des Benutzers u. Werkzeuges mit einer dünnen Schicht aus Wachs (**II**) oder mindestens 75% **II** mit einem niederen Erweichungspunkt als **I** versehen ist. (**E. P. 692 945** vom 9/10. 1950, ausg. 17/6. 1953. A. Prior. 8/10. 1949.) LÜTTGEN. 8389

Plastanol Ltd., Belvedere, Kent, und **St. Anne's Board Mill Co. Ltd.**, Bristol, England (Erfinder: **Charles William Henry King** und **Stanley Fred Smith**), *Heißsiegelbarer Klebstoff*, bestehend aus einer Mischung von isomerisiertem Kautschukharz, Paraffin, F. 130—135° F, u. einem mikrokristallinen Paraffin, F. 140—145° F. Das Prod. wird auf Papier oder Pappe in dünnen Schichten aufgetragen. — Mischungsdreieck. (**E. P. 689 235** vom 20/5. 1949, ausg. 25/3. 1953.) LÜTTGEN. 8389

Farbwerke Hoechst vormals Meister Lucius & Brüning, Frankfurt/M., *Klebverfahren.* Man verwendet zum Verkleben bzw. Überziehen von Holz, Glas, Metallen, Steinen, Pappe oder Kunstharzen Lsgg. von polymerisierbaren Verbb., wie Acrylsäureester oder -amide oder Vinylester, gegebenenfalls im Gemisch mit z. B. Actylcellulose, Polyvinylestern, Polyacrylsäureestern oder Polyvinylacetaten, indem man diese zwischen die zu verklebenden Flächen bringt u. sie alsdann bei Raumtemp. mit Hilfe eines eine Schwermetallverb. enthaltenden Redoxsyst., z. B. aus Dibenzoylperoxyd, Fe-Acetylacetonat bzw. Pb-Naphthenat u. Benzoin, polymerisiert; man kann den Lsgg. ferner noch Weichmacher, Pigmente oder Füllmittel zusetzen. Die Erhärtung der Leimschicht beginnt erst bei Ausschluß des Luftsauerstoffes. Das neue Verf. eignet sich bes. für die Auskleidung von größeren Gefäßen mit Überzügen aus Kunststoffolien. (**Oe. P. 172 331** vom 23/7. 1949, ausg. 25/8. 1952. D. Prior. 1/10. 1948.) RAETZ. 8389

XXIV. Photographie.

J. W. Mitchell, *Einige neuere Entwicklungen in der Theorie des photographischen Prozesses.* Vf. gibt einen Übersichtsbericht über den Stand der Kenntnisse von der Theorie des latenten Bildes u. der photograph. Empfindlichkeit. Ausgehend von der Theorie von GURNEY u. MOTT über die Entstehung des latenten Bildes werden die Arbeiten von LOENING über die Herst. stabiler Bromsilberhydrosole einer krit. Würdigung unterzogen. Es folgt eine Zusammenstellung der Versuchsergebnisse von LOWE u. Mitarbeitern über die Reduktionssensibilisierung u. der Arbeiten von LORENZ, LOENING, COLLINS u. DICKINSON über die S-Sensibilisierung. Der Überblick schließt mit der Diskussion eines Modells, das Sensibilisierungszentren enthält, die durch Einführung von S entstanden sind, u. mit einem Beitrag zur Entstehung des latenten Bildes in chem. sensibilisierten Emulsionen. (Photographic J., Sect. B. **92** B. 38—42. März/April 1952. Bristol, Univ., H. H. Wills Physical Labor.) W. GÜNTHER. 8594

Ostap Stasiw, *Über die Natur der photochemischen Reaktionsprodukte in mit Schwefelsilber versetzten Silberhalogeniden.* Werden Mischkristalle aus *AgCl* oder *AgBr* mit

0,01 Mol.-% Ag_2S bei —183° mit Licht von der Wellenlänge 436 mμ bestrahlt, so werden bisher noch nicht beobachtete Absorptionsbanden bei 700 u. 445 mμ festgestellt. Bewahrt man die Kristalle mehrere Tage bei Zimmertemp. auf, so ist die Bande bei 700 mμ fast vollständig verschwunden, während die Bande bei 445 mμ, die sich zunächst verstärkt, ebenfalls langsam zurückgeht. Aus den Versuchsresultaten wird geschlossen, daß nach Einführung von Ag_2S in das Halogensilber gleichzeitig zwei Arten von Fehlordnungen im Kristallgitter vorliegen müssen. Vf. weist darauf hin, daß seine Vorstellungen mit denen von MITSCHELL nicht in Einklang zu bringen sind, da dessen Farbzentren in seinem Modell nicht unterzubringen sind. Vf. ist im Gegensatz zu MITSCHELL der Meinung, daß in Nachbarschaft von S-Ionen auf dem Gitterplatz sich Komplexe aus Bromionenlücken u. S-Ionen bilden. (Sci. Ind. photogr. [2] **24**. 297—302. Aug. 1953. Berlin-Adlershof, Deutsche Akademie der Wissenschaften, Inst. für Kristallphysik.) W. GÜNTHER. 8596

Hans Stenner, *Herstellung von Schwarzweiß-Kopien von Agfacolornegativen.* Vf. behandelt das Problem der Herst. von Schwarzweißkopien aus Farbnegativen u. -positiven u. die hierbei auftretenden Schwierigkeiten. Günstige Ergebnisse werden erzielt, wenn das Farbnegativ direkt auf n. Positivmaterial kopiert u. dieses zu einem Gamma von 1,3—1,5 entwickelt wird. Soll ein Farbpositiv kopiert werden, so empfiehlt es sich, das Schwarzweiß-Zwischennegativ zu einem Gamma von 0,6—0,7 u. die Positive zu einem Gamma von 1,6—1,7 zu entwickeln. Die Verwendung panchromat. Negativmaterials zur Herst. der Zwischennegative hat sich in Übereinstimmung mit der Beobachtung beim Direktkopieren von Farbnegativen im allg. nicht bewährt, da die Bilder zu flau werden. Ist zur Schonung des Farbnegatives die Herst. eines „Meisterpositives" notwendig, so soll dieses zweckmäßigerweise zu einem Gamma von 1,5 entwickelt werden. (Bild u. Ton **6**. 354—55. Dez. 1953. Berlin-Köpenick, DEFA, Kopierwerke.) W. GÜNTHER. 8624

Kurt Meyer, *Zur Kenntnis der Farbenentwicklung.* 1. Mitt. *Über den Oxydationsschutz der Farbentwickler.* Vf. gibt eine zusammenfassende Darst. der Versuchsergebnisse seiner Arbeiten über den Oxydationsschutz von Farbentwicklern (12 Literaturhinweise). Ausgehend von einem Rezept nach ANTONOFF (3,0 g *Diäthyl-p-phenylendiaminsulfat*, 50 g K_2CO_3 wasserfrei, 2,4 g Na_2SO_3 wasserfrei, 1,2 g *Hydroxylaminsulfat*, 2,5 g KBr, 2,0 g *Trilon B*, W. auf 1000 cm³) ergeben sich für die Praxis folgende Folgerungen. Sulfit setzt die Autoxydation der Farbentwicklersubstanz auf eine prakt. ausreichende Geschwindigkeit herab. Die Sulfitmenge soll 2,5 g im Liter nicht übersteigen Die Verwendung von Trilon B als Kalkschutzmittel in sulfithaltigen Farbentwicklern ist im allg. nicht zu empfehlen, da infolge Bindung von *Cu*-Spuren die Autoxydation der Entwicklersubstanz rascher verläuft, während sonst ein Teil des Luft-O_2 für direkte Oxidation des Sulfits zu Sulfat abgefangen wird. Der Cu-Geh. soll einige γ pro Liter Farbentwickler nicht übersteigen, er soll in den Ausgangschemikalien u. im W. überwacht werden. Durch Zusatz von Hydroxylamin zu sulfithaltigen Farbentwicklern kann ein idealer Oxydationsschutz erreicht werden. Seine Menge soll 1,2 g nicht übersteigen, da sonst das Farbgleichgewicht beeinflußt wird. Dabei ist die Verwendung von Trilon B in hydroxylaminhaltigen Farbentwicklern zu vermeiden, das durch katalysierte Selbstzersetzung das Hydroxylamin in N_2 u. NH_3 aufspaltet, wodurch der Oxydationsschutz vermindert wird u. (T) durch das entstehende NH_3 ein verstärkter Berührungsschleier entsteht. An Stelle von Trilon B empfiehlt sich die Verwendung von *Calgon*, das keinen Einfl. auf die Autoxydation oder die Hydroxylaminzers. ausübt. (Bild u. Ton **7**. 69—72. März 1954. Wolfen.) W. GÜNTHER. 8630

R. H. Bomback, *Die chemische Überwachung von Gebrauchslösungen.* Es wird auf die Notwendigkeit hingewiesen, photograph. Entwickler während ihres Gebrauches analyt. zu überprüfen. Es werden Methoden beschrieben zur Best. von *Metol, Hydrochinon, p-Aminophenol, Glycin, Pyrogallol, p-Phenylendiamin* u. des Geh. an Halogenid, Sulfit u. Carbonat. Die Kontrolle des p_H ist ebenfalls wichtig. In gleicher Weise wird die Überwachung des Fixierbades behandelt. — 15 Literaturangaben. (Photographic J., Sect. B **92** B. 64—68. März/April 1952. Associated British-Pathé Limited.) W. GÜNTHER. 8658

Herausgeber u. verantwortlich für den Inhalt: Prof. Dr. Maximilian Pflücke, Berlin NW 7, Schiffbauerdamm 19, Fernsprecher: 42 55 71. Redaktion: Chefredakteure Dr. Eugen Klever und Prof. Dr. Maximilian Pflücke. Verlag: Akademie-Verlag GmbH, Berlin W 8, Mohrenstraße 39 (Fernsprecher 20 03 86, Postscheckkonto Berlin 350 21), u. Verlag Chemie GmbH, Weinheim/Bergstraße (Postscheckkonto Frankfurt/M. 145314 u. Berlin [West] 7430, Fernsprecher: Weinheim 2017). Bestell- u. Verlags-Nr. dieses Heftes: 10071/25/31. Das Chemische Zentralblatt erscheint wöchentlich.
Satz u. Druck: VEB Leipziger Druckhaus, Leipzig, III/18/203. V III. 54.
Veröffentlicht unter der Lizenznummer 1212 des Amtes für Literatur und Verlagswesen der Deutschen Demokratischen Republik.
Printed in Germany. DDR.

Prof. Dr. EDUARD MAURER
Prof. Dr. KARL-FRIEDRICH LÜDEMANN

Das Verhalten des Chroms und des Mangans im basischen Siemens-Martin-Ofen unter Berücksichtigung der Schlackenzusammensetzung und der Temperatur

Nach einem Überblick über die in der deutschen Stahlwerkspraxis entwickelten Schmelzverfahren zur möglichst weitgehenden Chromrückgewinnung im basischen Siemens-Martin-Ofen wird auf die im Schrifttum vorliegenden, in ihren Ergebnissen zum Teil erheblich voneinander abweichenden Arbeiten über die Reaktionen des Chroms mit basischen Schlacken eingegangen. An Hand von Chromreduktionsschmelzen, denen während ihres Verlaufes Stahl- und Schlackenproben bei gleichzeitiger Messung der Badtemperatur mit dem Farbpyrometer „Bioptix" entnommen worden sind, sowie durch Auswertung im Schrifttum vorhandener Schmelzunterlagen werden die Gesetzmäßigkeiten der Chromverteilung zwischen Stahlbad und basischer Schlacke aufgezeigt. Hierbei wird auch das Verhalten des Mangans, das dem des Chroms weitgehend entspricht, mit berücksichtigt. Die auf physikalisch-chemischem Wege erhaltenen Ergebnisse werden auf die Verhältnisse des praktischen Betriebes übertragen. Hierbei wird besonders auf die Beziehung zwischen der Entphosphorung des Stahlbades und der Ausnutzung des Chroms eingegangen.

48 Seiten - 22 Abbildungen - 5 Tafeln - 4° - 1954 - 5,60 DM

Prof. Dr. EDUARD MAURER

50 Jahre wissenschaftliche Stahlhärtung

In der Veröffentlichung wird gezeigt, daß die wissenschaftliche Stahlhärtung bereits auf den Physiker Réaumur zurückgeht, da dieser erstmalig die beim Härten sich einstellende Volumvergrößerung feststellte. Letztere zusammen mit der Osmondschen Alpha- und Gamma-Eisenform geben die Grundlage der Volumhärtungstheorie des Verfassers ab, die auch den späteren röntgenographischen Feststellungen gegenüber standhielt.

Im Anschluß hieran behandelt der Verfasser in einem zweiten Abschnitt das Verhalten des Stahls während des Abschreckens, einmal an Hand der Zeit-Temperatur-Umwandlungs-Schaubilder von Davenport und Bain, das andere Mal an Hand der Abkühlungsgeschwindigkeits-Umwandlungs-Schaubilder des Max-Planck-Instituts, Düsseldorf.

In einem dritten Abschnitt wird auf die Anlaßvorgänge eingegangen. Hier wird gezeigt, daß die röntgenographische Forschung gegenüber der älteren rein physikalischen nicht grundsätzlich Neues brachte. Die noch offenstehenden Fragen, insbesondere die Erhaltung der Härte über große Zeiträume, werden eingehend besprochen.

38 Seiten - 32 Abbildungen - 2 Lichtdrucktafeln - 4° - 1954 - 7,- DM

Bestellungen an eine Buchhandlung erbeten!

AKADEMIE-VERLAG · BERLIN

Aufforderung zu Vorbestellungen

Das Buch der großen Chemiker

Unter Mitwirkung namhafter Gelehrter

herausgegeben von

GÜNTHER BUGGE

Band I: Von Zosimos bis Schönbein

37 Biographien. 508 Seiten mit 62 Abbildungen im Text und auf Tafeln. 1929

Band II: Von Liebig bis Arrhenius

30 Biographien nebst einer ausführlichen Bibliographie 560 Seiten mit 78 Abbildungen im Text und auf Tafeln. 1930

Die „Zeitschrift für angewandte Chemie" schrieb u. a.:

„... Überall treten uns die großen Männer in plastischer Darstellung entgegen und wir erkennen mit Erstaunen, was diese Forscher alles gewußt und gekonnt haben. Die Darstellungsweise der verschiedenen Verfasser ist fast durchweg so fesselnd und eindringlich, daß die Lektüre des Buches eine reine Freude bereitet ..."

Geplant ist eine Neuausgabe

Bei genügendem Interesse soll von diesem bekannten Werk ein unveränderter Nachdruck hergestellt werden. Die beiden Bände werden in Ganzleinen gebunden zusammen etwa DM 80.— kosten; sie sind nicht einzeln erhältlich.

Senden Sie bitte Ihre Vorbestellung an:

VERLAG CHEMIE · GMBH · WEINHEIM/BERGSTR.
Abt. Sortiment und Antiquariat

FSC
www.fsc.org
MIX
Papier | Fördert
gute Waldnutzung
FSC® C083411

Kolibri 360 GmbH
Ferdinand-Jühlke-Straße 7
99095 Erfurt, Deutschland
produktsicherheit@kolibri360.de